Die geologischen Studien GOETHES

Beiträge zur Biographie Goethes und zur Geschichte und Methodenlehre der Geologie

von

Max Semper

Bearbeitet im Auftrag
des Goethe-National-Museum in Weimar
herausgegeben mit Unterstützung
der Goethe-Gesellschaft und der Rheinischen Gesellschaft
für wissenschaftliche Forschung

Mit einem Titelbild und 9 Abbildungen im Text

Leipzig
Verlag von Veit & Comp.
1914

Druck von Metzger & Wittig in Leipzig.

Vorwort.

Als Motto dieser Schrift bieten sich zwei Sprüche an, entweder: „Wer vieles bringt, wird manchem etwas bringen", oder weniger verheißungsvoll: „Niemand kann zween Herren dienen." Wer in Goethes Gedankenkreise einzudringen sucht, wird stets durch die Hoffnung, noch tiefere Einblicke zu gewinnen, gelockt weiter zu gehen als er anfangs beabsichtigte; die Geologie ist mit sämtlichen Naturwissenschaften durch feste Fäden verbunden, so daß theoretische Betrachtungen über ihre Forschungsweise nach den verschiedensten Seiten auszublicken und vorzuschreiten haben, ohne jemals andere als von persönlicher Willkür gesteckte Grenzen zu finden; die Erkenntnislehre und Logik, das dritte der hier zu behandelnden Themen, eröffnet nicht weniger unbeschränkte Perspektiven, in denen nur der Wille den Horizont bestimmt.

Um nicht im Endlosen zu verirren oder im Streben nach Allseitigkeit auch das naheliegende Einzelne aus den Händen zu verlieren, mußte die Betrachtung sich zur Einseitigkeit entschließen und vieles, das sich herandrängte, absichtlich und bewußt abweisen. Daher schieden in philosophischer Beziehung alle Untersuchungen über Prinzipienfragen aus: der Standpunkt des „relativistischen Positivismus", dem Naturforscher der gemäßeste, wurde als gegeben und berechtigt unterstellt. Zwischen der Abfassung der Einleitung, dem zu allererst, und den „Betrachtungen über die Logik und die Methode geologischer Untersuchungen", dem zuletzt Niedergeschriebenen, worin das eingangs angeschlagene philosophierende Thema wieder aufgenommen ist, liegen drei Jahre; doch schien es nicht vorteilhaft, die kleinen Differenzen der Anschauungsweise zu tilgen, die ihrerseits nur eine Folge der vorgetragenen Untersuchung sind. Wenn die von philosophischer Seite erbauten Systeme der Logik außer Betracht blieben, so geschah das anfangs aus einem rein subjektiven Grund: es wollte mir nicht gelingen, diese Theorie des Denkens mit der Forschungspraxis des Geologen in Verbindung zu setzen. Erst vor kurzem erfuhr ich aus einem Aufsatz von Kleinpeter

(Die alte und die neue Logik. Zeitschr. f. pos. Phil. Bd. I. S. 160ff.), daß solches Mißlingen in der Sache begründet sei, da die „alte Logik“ wirklich auf die Praxis der Naturforschung nie Rücksicht genommen habe. Diese wertvolle Bestätigung weckte den Mut, eine mit unzulänglichem Werkzeug „für den Hausgebrauch“ zurechtgezimmerte Systematisierung des Denkverfahrens mitzuteilen, in der Hoffnung, daß ein für solche Betrachtungsweise besser vorbereitetes Denken in diesen ziemlich rohen Versuchen brauchbares Material für feinere Durcharbeitung finde. Einstweilen scheint sich von dem hier gewonnenen provisorischen Standpunkt aus bereits erkennen zu lassen, wo in einigen viel umstrittenen Fragen der Geologie das eigentliche Problem sich verbirgt, und weshalb die Geologie so sehr viel mehr als andere Wissenschaften mit unangreifbar scheinenden Problemen erfüllt ist. In zwei Beiträgen zum Handwörterbuch der Naturwissenschaften (Bd. III, Artikel: Eiszeiten; Bd. VII, Artikel: Paläoklimatologie) sowie in einigen Aufsätzen (Bemerkungen über Geschichte der Geologie und daraus resultierende Lehren. Geol. Rundschau, Bd. II, 1911; Über Artenbildung durch pseudospontane Evolution. Zentralblatt für Min. usw., 1912; Zur eocänen Geographie des nordatlantischen Gebiets. Ebenda, 1913) suchte ich vorgreifend die nunmehr in ausführlicher Begründung entwickelte Betrachtungsweise als nützlich darzutun.

Die Frage, ob man auf Grund theoretisch-methodologischer Betrachtungen über Kritik und allgemeine Diskussion hinaus, also bei durchgeführter Einzeluntersuchung zu produktiven Gesichtspunkten gelangen könne, blieb in jenen Aufsätzen wie auch in der vorliegenden Schrift im Hintergrund. Hier lagen die „zween Herren“ im Streit, und es war nötig, im Rahmen einer nun einmal hauptsächlich auf Goethe gerichteten Studie die Betrachtung von Problemen der heutigen Geologie auf Hinweise und das Aufstecken allgemeiner Richtlinien zu beschränken, erst die theoretische Betrachtung zu beenden und das Aufsuchen der im Einzelnen und Besonderen zur Praxis führenden Wege einstweilen aufzuschieben.

Andererseits wäre der in die Goetheforschung eingreifende Geologe vor einer völlig unlösbaren Aufgabe gestanden, wenn er dabei vollständige Benutzung der Goetheliteratur hätte von sich fordern müssen. Wenn die Betrachtung sich einseitig geologisch verhielt, so schien jene Forderung auch wegfallen zu dürfen, denn alles, was vor G. Lincks akademischer Rede (Goethes Verhältnis zur Mineralogie und Geognosie, 1906) über Goethes geologische Studien gesagt worden ist, fußte nur auf einem Bruchteil des überlieferten und durch die Weimarer Ausgabe zugänglich gewordenen Materials, steht also ohnehin veraltet beiseite; durch Berücksichtigung der Sammlungen Goethes sowie der zeitgenössischen geologischen Literatur, die beide viel an neuer Aufklärung boten, war es möglich, über Lincks Bearbeitung des Themas hinauszuschreiten, so daß die Untersuchungsbedingungen sich fast wie beim Betreten wissenschaftlichen Neulands gestalteten. Nur um den Zusammenhang mit dem nicht auf Geologie bezüglichen Denken Goethes herzustellen war die eigentliche Goetheliteratur zu berücksichtigen, doch machten sachliche und persönliche Gründe unvermeidlich, daß Zufall und Gelegenheit bei der Auswahl des Herangezogenen mehr als wünschenswert den Ausschlag gaben.

Drittens aber hieß es, sich in bezug auf die alte geologische Literatur nach der Decke zu strecken und vielfach Referate an Stelle der Originalschriften treten zu lassen. Doch lassen sich hierfür sachlich begründete Entschuldigungen anführen, denn es wurde auf diese Weise die sonst sehr bedrohliche Gefahr vermieden, irrtümlich in jene Arbeiten vom heutigen Standpunkt der Kenntnis etwas hineinzulesen, was die Zeitgenossen nicht darin fanden, und umgekehrt zu übersehen, was ihnen wichtig erschien. Auch war Leonhards Taschenbuch für die gesamte Mineralogie, das Goethe besaß und das schon deshalb hier vorzugsweise in Betracht kam, anscheinend außerordentlich unparteiisch redigiert, so daß es für wissenschaftsgeschichtliche Zwecke als Quellenschrift vielleicht wertvoller ist als die Originalarbeiten selbst, denn es gibt wieder, was jene Zeit als Quintessenz ihrer Forschung betrachtete.

Aber auch in dieser Begrenzung wäre das Unternehmen zum Mißlingen verurteilt gewesen ohne die allseitige Unterstützung, die ich von Anfang an erhielt und für die ich an dieser Stelle nochmals meine dankbarste Verpflichtung zu bekennen habe. Das Eingreifen des Großherzoglich sächsischen Ministeriums, der Goethe-Gesellschaft und der rheinischen Gesellschaft für wissenschaftliche Forschung räumte ernsthafte Schwierigkeiten hinweg, die sonst wohl verhindert hätten, daß diese Schrift jemals an das Tageslicht trat. Die Direktionen des Goethe-National-Museums und des Goethe- und Schiller-Archivs in Weimar, die Herren Prof. Dr. Koetschau, Geheimer Hofrat Prof. Dr. Suphan und Geheimrat Prof. Dr. v. Oettingen gestatteten mir unbeschränkte Benutzung der ihrer Obhut unterstellten Schriften und Sammlungen und förderten mich in jeder Beziehung, namentlich in Hinsicht auf Literaturwünsche, die sonst, wenn überhaupt, so doch nur unter großen Unbequemlichkeiten erfüllbar gewesen wären. Herr Geheimrat Prof. Dr. Klockmann bot mir eine große Erleichterung, indem er mir seine an älteren geologischen Werken besonders reiche Bibliothek eröffnete. Auch Herrn Prof. Dr. J. Wahle sowie allen übrigen, die auf meine Fragen so ausführliche und zuweilen nur mühevoll erhältliche Auskunft erteilten, sei für ihre Hilfe nochmals besonderer Dank erstattet.

Nicht vergessen sei auch meine im Abschreiben der umfangreichen Exzerpte und der Ausfertigung von Sammlungsetiketten unermüdliche Frau, sowie zuletzt — Lotte, ein freundliches Waisenmädchen aus Weimar, das aus der unerfreulichen Arbeit, den frei aufgestellten Gesteinsstufen der Sammlung Nummern aufzukleben, eine für uns beide erheiternde Tätigkeit zu machen wußte.

Möge nun in den Augen der vielen, deren Hilfe ich erbat und erhielt, das Ergebnis der Mühe wert erscheinen und nicht allzusehr der Heranziehung eines dritten Spruches bedürftig:

Ut desint vires, tamen est laudanda voluntas!

Inhalt.

Einleitung.

Äußere Veranlassung zur Behandlung des Themas. — Verschiedene Bedenken. — Beschaffenheit der Überlieferung. — Bedeutung einer wissenschaftsgeschichtlichen Untersuchung für die moderne Geologie.

In seiner Geschichte der biologischen Theorien bemerkt Radl einmal, daß der erste Ansporn zur Behandlung theoretischer Fragen nur selten von den Problemen ausgehe, sondern meistens von einer Beobachtung, von einer durch Zufall entgegentretenden Tatsache, und erst sekundär, um der Untersuchung oder der Veröffentlichung Richtung und Relief zu geben, werde ein Zusammenhang mit den aktuellen Problemen aufgesucht.[1]

Die Darstellung sieht geschlossener und logisch straffer aus, wenn sie mit dem Theoretischen beginnt, als sei sekundär ein Tatsachenmaterial gesucht und gefunden, das sich zur Entscheidung eines interessanten Streitpunktes der Theorien besonders eigne. Methodologische Fragen gehören nun nicht gerade zu den aktuell genannten Problemen der Geologie; schon der Titel dieser Arbeit kann allerlei Einwänden begegnen. Deshalb empfiehlt es sich, wahrheitsgemäß die Gedankengänge zu entwickeln, die hier vom äußeren Anlaß zu den theoretischen Fragen führten, und dabei jene Einwendungen, wenn auch nicht zu widerlegen, doch zu besprechen.

Zu Anbeginn steht ein Auftrag der Direktion des Goethe-National-Museums in Weimar, Goethes Sammlungen zur Mineralogie und Geologie wieder zu ordnen, zu inventarisieren und im Anschluß daran Goethes Studien auf diesen Gebieten zu schildern.

Wer eine Arbeit übernimmt, bekundet damit, daß er sich ihr gewachsen glaubt, und es gehört immerhin Mut dazu, auf offenem Markt sich geeignet zu nennen, einen Goethe und sein achtzigjähriges, innerlich und äußerlich so begünstigtes, so überreiches Leben zu durchdringen, seinen Gedanken bis in die tiefsten Wurzeln nachzugehen, das geistige Leben des Heroen so kennen zu lernen und in sich aufzunehmen, daß man sicher ist, nur Goethes Gedanken zu denken und sie ganz zu denken mit allen geistigen Bezügen und Verbindungen, wie er sie dachte.

Ein anderes ist ein Dichter, ein anderes ein Forscher. Es wäre, ganz abgesehen von der Frage des Genies, vergebliches, beinah groteskes

Bemühen, Goethes, des Dichters innerstes Wesen verstandesmäßig begreifen zu wollen und zu erklären, weshalb er unter den gegebenen Bedingungen gerade diese und keine andern Werke schuf. Denn im Gebiet des Künstlerischen, der im rein Gedanklichen wirkenden Phantasie gilt kein Kausalgesetz, kein unbedingt zwingender Zusammenhang zwischen Ursache und Folge. Der Geschichtschreiber des Künstlers kann wohl feststellen, aus welchen Anregungen ein Kunstwerk entstanden sein dürfte, aber niemals haben solche Konstruktionen zwingende Kraft, niemand würde dafür bürgen, daß sie mit den wirklichen Verbindungen zwischen Erleben und Schaffen irgendwelche Ähnlichkeit besitzen. Auch bleiben Natur und Menschenart, der Rohstoff, den die Kunst verarbeitet, sich in ihrem Wesen zu allen Zeiten gleich; auf jeder Stufe der Kultur, der wissenschaftlichen und sonstigen Erfahrung kann ein Höchstes, nur sich selbst Vergleichbares, sonst Inkommensurables geschaffen werden und nichts ist, was den geistigen Unterschied zwischen dem produktiven Genie und dem konstruierenden Forscher ausgleichen könnte.

Im Gebiet der Wissenschaften aber hat der Nachgeborene an der bereicherten Erfahrung ein Piedestal, das den Unterschied der persönlichen Größe vermindert, ja sogar in sein Gegenteil zu verkehren vermag. Den „Rohstoff“ bilden hier Tatsachen und Begriffe; auch zwischen ihnen schafft die Phantasie zahllose verbindende Wege, aber nicht Willkür, sondern der Verstand wählt aus und gestaltet so ein verstandesmäßiger Auffassung und Durchdringung zugängliches Gebilde. Wir wissen ja, was jene Zeit an Tatsachen beherrschte; wir vermögen in dem, was sie als ihre Erfahrung betrachtete, Irrtümer zu erkennen, vermögen uns in ihre Erfahrungen hineinzudenken, also auch zu verstehen, weshalb sie in dieser, ihr eigenen Weise Beobachtung und Schluß, Ursache und Wirkung verknüpfte und zu den ihr eigenen Ergebnissen gelangte. Ihr Ausgangspunkt und ihr Ziel ist uns bekannt, ebenso was ihr zum Ausbau des Wegs zur Verfügung stand; von unserem erhöhten Standpunkt aus können wir also wagen, die Faktoren anzugeben, durch welche die Gedanken in diese Bahn gezwungen und auf diese Ziele gerichtet wurden: Rekonstruktion immerhin, aber mit zulänglicheren Mitteln unternommen. Selbstverständlich beeinflußt die Subjektivität des Schildernden das Bild, das er entwirft. Andere sehen anders und entwerfen andere Bilder, und eine jede Subjektivität freut sich, Spuren ihres Wesens in Goethe wiederzufinden und als bedeutungsvolle Züge hervorzuheben.

Das Lockende der gestellten Aufgabe bedarf keiner Besprechung; doch unmittelbar daneben steht mancher Anlaß zum Bedenken. Das Zeitalter Goethes gehört in der Geologie zu den längst vergangenen Kinderjahren. In stürmischer Entwicklung und mit ungeheurer Vermehrung des eifrigst gesichteten und wohlgeordneten Tatsachenbestandes ist das Lehrgebäude jener Zeit bis in die Fundamente umgestaltet, höchst wichtige Teile sind erst nach Goethes Tod in Angriff genommen oder seitdem zu unerwartetem Umfang ausgedehnt; die damals interessanten Probleme haben eine ganz andere Gestalt angenommen, die für uns sichtbarsten wurden aber in jener Zeit entweder mit ganz unzureichenden Mitteln behandelt oder überhaupt nicht als Probleme anerkannt.

Nun mag es zwar für die eigentliche Goetheforschung eine Art von sachlichem Interesse haben, zu wissen, welche Stellung Goethe zur Geologie seiner Zeit einnahm, welche Tatsachen er kannte und welches dabei seine Anschauungen waren. Aber für das Verständnis Goethes und für die Allgemeinheit wird dadurch noch wenig gewonnen; das eigentlich Begehrte ist vielmehr Aufklärung über die Wege, welche ihn von Tatsachen zu Ansichten führten, über die Geistesart, die in seinem Verhalten gegenüber Beobachtungen und Tatsachen, in der Problemstellung und -lösung zum Ausdruck kommt, lauter Fragen, die durch Methodenfeststellung und Methodenkritik zu beantworten sind, von dem Forschungsstoff abstrahieren und für Goethe, den Geologen, nichts anderes ergeben können, als was für ihn als Botaniker und Morphologen sich schon ergeben hat. Wenn sich auf diesen verschiedenen Gebieten ein verschiedenes Verhalten zeigen sollte, so kann die Ursache davon bei der Einheit der Forscherpersönlichkeit nur in der Beschaffenheit des untersuchten Materials liegen. Am wirkungsvollsten wird die geistige Eigenart des Naturforschers Goethe dort bezeichnet und bestimmt, wo Früchte, Ergebnisse, die er vermöge seiner Eigenart der Nachwelt vorgreifend gewann, unmittelbar für deren Wert zeugen, also besser auf dem Gebiet der Botanik, der Morphologie, selbst der Farbenlehre, als auf dem der Geologie, in dem er mehrfach auf Nebenwege geriet, ja hinter seiner Zeit zurückblieb und kein einziges Resultat gewann, das in der heutigen Wissenschaft fortlebt und das er damals allein, als einziger oder erster vertrat. Auf jenen günstiger gelegenen Gebieten ist alles Einschlägige mehrfach mit aller wünschenswerten Ausführlichkeit dargestellt und so scheint eine Behandlung von „Goethe als Geologen“ nichts weiter bieten zu können als eine sog. Parallelarbeit, die nur die Identität der Persönlichkeit in ihren verschiedenen Studien bestätigen würde. Die Geologie hätte von allem keinen direkten Nutzen gehabt, denn die alten Methoden sind für sie, die jetzt auf anderen Wegen andere Ziele verfolgt, doch unanwendbar. Auch pflegt eine junge, rasch fortschreitende Wissenschaft wenig Aufmerksamkeit zu hegen für rein historische Untersuchungen, weil sie alle Kräfte in Anspruch nehmen möchte für stetiges Vordringen, für das Erweitern und Ausbauen ihrer eigenen Tatsachenkenntnis.

Was vor solchen sachlichen Bedenken als ein ziemlich gleichgültiger Beitrag zur Goethephilologie erschien, trotz der Menge von Arbeit, die Goethe auf Geologisches verwandt hat, das stellte sich vor anderen, mehr äußerlichen Erwägungen fast als schädlich dar. Zahl und Umfang der Aufsätze über „Goethe als —“ und „Goethe und die —wissenschaft“ zeigt jetzt ein so üppiges Wachstum, daß der Ruf „Goethe und kein Ende!“ anders gewendet, anders begründet wieder auftreten könnte, und daß schon für viele Goethes Name im Titel eines Buches nur die Empfindung leiser Unlust hervorruft. Oft liegt die mißtrauische Vermutung nicht fern, der Autor habe diesen Namen nur als billigen Vorspann genommen, um seine Ware an den Mann zu bringen, und der Lebenskern der heutigen Goetheliteratur, Heroenverehrung, hero worship im Sinne Carlyles, leidet Schaden durch dieses Allzuviel, das den Heros ins Alltagsgeschrei hineinträgt. Wohl ist es nötig, alle Seiten der Gesamtpersönlichkeit herauszuarbeiten; wenn aber dabei ohne Unterschied, ohne Wertung von Wichtig und Unwichtig alles in der gleichen Weise grell beleuchtet wird, wenn eine Tätigkeit, die durch Goethes ganzes Leben hindurchsetzt und deren Darstellung daher den Charakter einer Biographie annimmt, nirgends unmittelbar, sondern nur durch mühsam einfühlendes Studium die Wirkung und Kraft des Genius erkennen läßt, dann wird durch solchen Beitrag die Kenntnis nur verbreitert, nicht vertieft, das Gesamtbild nicht plastischer gestaltet, sondern nur durch Überfülle von Einzelheiten getrübt. Aus diesen Zusammenhängen heraus sollte jede Darstellung Goetheschen Tuns, die durch ihren Inhalt, wie diese, gezwungen ist, aus dem esoterischen Kreis der Goethephilologie herauszutreten, mehr erstreben als nur die einfache Feststellung von Tatsachen; sie sollte wenigstens wünschen, etwas Wesentliches zu bedeuten, in Goethes Sinne „bedeutend“ zu sein, entweder für das Verständnis der Persönlichkeit oder für ein anderes Gebiet des Wissens.

Es gebot sich also, Anschluß zu suchen an die heutige Geologie, an die heute aktuellen Probleme, denn nur diese, nur theoretische Geologie kann in Betracht kommen, da niemand auf den Gedanken geraten wird, aus Goethes Sammlungen und Aufzeichnungen unsere Tatsachenkenntnis wesentlich zu bereichern. War aber schon bei der Darstellung der Goetheschen Studien vorzugsweise nach den Methoden zu fragen, so wird das Ergebnis, wenn überhaupt verwertbar, nur im Rahmen einer Kritik der modernen geologischen Methoden, einer Theorie und Kritik der geologischen Erkenntnis überhaupt, zu weiteren Aufschlüssen führen können.

Gibt man für eine Weile zu, daß die Geologie eine erkenntnistheoretische Prüfung ihrer Grundsätze und Lehren brauchen könne, so wird man ein Hilfsmittel, das sich bei ähnlicher Behandlung anderer

Naturwissenschaftsdisziplinen bewährt hat, hier nicht ausschließen wollen, und mit einem Zitat aus P. Volkmanns erkenntnistheoretischen Grundzügen der Naturwissenschaft, die ganz überwiegend Physik und Chemie behandeln, ließe sich jeder Einwand gegen das hier eingeführte Thema erledigen: „Die Geschichte älterer Entwicklungsepochen der Wissenschaft kann und muß sich dabei (bei der Heraushebung erkenntnistheoretischer Grundzüge der Naturwissenschaften) von gleicher Wichtigkeit, wie die Verfolgung neuer und neuester Phasen der Wissenschaft ergeben — ja, unter Umständen kann das Studium einer älteren Epoche für die Erkenntnistheorie von größerer Wichtigkeit werden, weil in vielen Fällen bei Begründung einer Disziplin sich viel deutlicher die Momente aufdecken lassen, welche für die Aufstellung und Darstellung eines wissenschaftlichen Systems als maßgebend in Betracht kommen."[5]

Nun ist freilich zu erwägen, ob nicht allzu offensichtlich aus der Not eine Tugend gemacht werde, wenn man dabei gerade von Goethe ausgeht. G. A. Werner oder Leopold von Buch, Männer, die sich mit ganzer Kraft der Geologie widmeten, schienen doch der Untersuchung eine bessere Grundlage zu bieten als Goethe, der meistens nur als Dilettant gewertet wird. Wenn Zittel in seiner Geschichte der Geologie bemerkt, daß Goethes Leistungen auf dem Gebiet der Geognosie keine nennenswerte Bedeutung hätten,[7] und Linck nach einer langen Besprechung sie halb und halb entschuldigt als die eines Mineralogie und Geologie treibenden Weimarischen Ministers,[8] so erweckt das in der Tat kein günstiges Vorurteil. Nur könnte diese Wertung mehr durch äußere Merkmale, durch den Erfolg und den Inhalt der Ergebnisse als durch ein Urteil über den inneren wissenschaftlichen Wert des Studiums bestimmt sein. Müßte man den als verdienstvollsten Forscher bezeichnen, dessen Theorien am längsten angewendet werden, so gehörten Leucippus und Demokrit, die im V. Jahrhundert v. Chr. die Atomlehre aufstellten, zu den größten Heroen der Chemie und Joh. Georg Stahl wäre mit seiner längst gestürzten Phlogistonlehre einer der unbedeutendsten. In Wirklichkeit verhält es sich genau umgekehrt: jene griechischen Naturphilosophen haben für die heutige Chemie nicht mehr und nicht weniger geleistet als etwa Plato und Aristoteles, Stahl aber gehört zu ihren bedeutendsten Vorläufern und Förderern. Vagierende Phantasie kann zufällig und „unter anderem auch" oder wie man sagt, divinatorisch auf eine Vorstellungsweise geraten, die in späterer Zeit einmal brauchbar wird. Den Charakter der Wissenschaftlichkeit trägt ein Forschungsergebnis, wenn es in zwangsläufig geschlossener Logik von den gegebenen Voraussetzungen und der gegebenen Tatsachenkenntnis aus zu Vorstellungsnotwendigkeiten gelangt, nicht wenn es bloße Vorstellungsmöglichkeiten ausspricht und ausmalt. Der Inhalt der Aussage ist dabei gleichgültig, genau so wie der künstlerische Wert eines Gemäldes oder einer Statue nicht bestimmt wird durch ihr Verhältnis zu den gerade landläufigen Begriffen von Schön und Hässlich.

Ob von diesem Standpunkt aus Goethes Forschungsergebnisse als wissenschaftlich, Goethe selbst als wissenschaftlicher Forscher zu bezeichnen ist, das läßt sich nicht einleitungsweise mit allgemeinen Betrachtungen beantworten, sondern erst durch eine speziell darauf gerichtete Untersuchung. Wohl aber kann man von vorneherein vermuten, daß er die wissenschaftliche Denkweise, die er sonst nachgewiesenermaßen betätigte, auf geologischem Gebiet nicht verließ. Erstaunlich wäre es jedenfalls, daß er, wenn seine Kraft hier völlig versagte, anders als in der Mathematik seiner Uneignung sich nie bewußt geworden wäre, vielmehr in Selbsttäuschung immer wieder das für ihn unfruchtbare Feld in heißem Bemühen bebaut hätte. Auf die Farbenlehre darf man nicht verweisen, denn diese enthält keine physikalische, sondern eine physiologische Optik und ist nicht als solche, sondern nur in ihrer Polemik gegen Newton verfehlt. Wollte man schließlich dem Dichter Neigung und Fähigkeit zu wissenschaftlichem Denken absprechen, so mag G. A. Werners anerkennendes Urteil die Antwort geben: „Goethe ist zwar ein großer Poet, aber in seinen mineralogischen und geognostischen Ansichten doch nicht so poetisch, wie man wohl erwarten sollte, vielmehr nüchtern.“[9]

Bereitwilligst sei jedoch zugegeben, daß solche Studien besser an Werner, v. Buch oder an andere Geologen von anerkannter Bedeutung anknüpfen würden, wenn nur ein Material vorläge, an das sich dabei anknüpfen ließe. Wir besitzen ihre fertigen Arbeiten, nicht ihre Studien und Notizen, die uns über den Weg von der ersten Beobachtung bis zur abgeschlossenen Ansicht allein Aufschluß geben können; vor allem aber sind ihre Sammlungen nicht erhalten, die in mancher Beziehung für das Verständnis höchst wichtig sind.

Es ist auf die Beschaffenheit dieses Materials mit einigen Worten einzugehen. Die Sammlungen sind in allem Wesentlichen so erhalten, wie sie bei Goethes Tod aufgestellt waren. Sie enthalten eine systematisch-mineralogische, eine systematisch-geologische Abteilung, sowie regionale und lokale Gesteinssuiten. Aber nur in verhältnismäßig wenigen Fällen ist authentisch überliefert, wie Goethe die Stufen bezeichnete; sehr weniges ist etikettiert, manche Teile verweisen durch aufgeklebte Zahlen auf Verzeichnisse, die jedoch nicht sämtlich überliefert sind. In den meisten Fällen ist man gezwungen, bei den Angaben eines etwa 1842/43 verfaßten, 1849 gedruckten Inventars stehen zu bleiben, das nachweislich nicht immer die Ansichten Goethes wiedergibt, sondern die der Abfassungszeit. Die Originalverzeichnisse, die bei Anfertigung dieses Inventars noch vorhanden gewesen sein müssen, sind seitdem verloren gegangen oder nicht wieder aufgefunden. Später eingerissene Unordnung erschwert mitunter die Feststellung der zu den Inventarnummern gehörigen Stufen, hat auch zuweilen Etiketten und zugehörige Stufen getrennt, so daß in mancher Hinsicht die Benutzbarkeit der Sammlung erheblich verringert ist. Trotzdem bleibt sie ein unersetzliches Hilfsmittel zu den hier eingeführten Untersuchungen, das durch Wiederherstellung der Ordnung und eine alle verfügbaren Quellen aus Goethes Zeit heranziehende Neuinventarisierung soweit als möglich wieder zugänglich geworden ist.

Um so reicher ist das handschriftliche Material, und durch Aufnahme alles Wesentlichen in die Weimarer Ausgabe von Goethes Werken ward es allgemeiner Kenntnisnahme erschlossen. Aber dieser Reichtum birgt zugleich eine unvermutete Gefahr.

Goethe schrieb einmal an Sömmering: „Der Welt bleibt vieles unbekannt; von der Nachwelt wird das Bekannte vergessen, engherzig Mitlebende und anmaßliche Nachkömmlinge verdüstern und oblitterieren vieljährige, folgenreiche Bemühungen, bis zuletzt historisches Interesse, wenn es nicht gar unruhige Spätgierde zu nennen ist, mit der Nachfrage nach Memoiren, Lebensnotizen und sonstigem Papierschnitzel nicht enden kann."[10]

Auf Collini, einen fast verschollenen Paläontologen, der 1780 Aufsehen erregt hatte mit seiner Entdeckung und ersten Beschreibung des Pterodactylus, bezieht sich diese Bemerkung, aber sie spricht sicherlich zugleich Befürchtungen und Hoffnungen aus, die Goethe für das Schicksal seiner eigenen morphologischen und besonders optischen Forschung hegte. Halb mitleidig, halb ironisch scheint er auf den ungeheuren Papierwust hinzudeuten, durch welchen die heutige Goetheforschung sich hindurcharbeiten muß, und scheint die Mühe zu belächeln, welche von einer ablehnenden Mitwelt einer rückblickenden, Vorgänger aufsuchenden Nachwelt zwecklos aufgebürdet werde.

Auch auf geologischem Gebiet möchte man paradox weit eher über die Fülle des Überlieferten, als über Mangel daran klagen, denn jetzt wird der hemmende „Dämon der Vollständigkeit" erweckt, die Überzeugung, es sei möglich und erforderlich, an Hand dieses Materials nun ein vollständiges „System der Geologie nach Goethe" zu entwickeln, in dem jede kleine und kleinste Notiz ihren Platz finden müsse. Aus vielen Entwürfen wissen wir, daß Goethe zusammenhängende Darstellungen beabsichtigt hatte, die wohl den Titel eines „Antlitz der Erde" tragen könnten. Aber keine davon gelangte über das Stadium eines ersten Konzeptes hinaus, vielleicht aus Zeitmangel, vielleicht auch weil in diesem Umfang die Materie doch zur Niederschrift nicht reiflich genug durchdacht war. Goethe selbst charakterisiert in einem der letzten Briefe, die er schrieb, seine Naturstudien als „zwar geistig immer zusammenhängend, in ihrem Vorschreiten aber immer desultorisch".[11] Es ist unwahrscheinlich, daß so ein allseitig durchgearbeitetes System sollte entstanden sein. Kein Zweifel, daß Goethe seine persönliche geologische Erfahrung zum System geordnet hatte, aber ein „System der Geologie" ist etwas anderes.

So müssen wir von vorneherein überzeugt sein, daß nicht jeder Gedanke, der sich niedergeschrieben findet, ein vollgültiges Resultat seines Forschens darstellt. Einfälle, verworfene oder nur nicht weiter verfolgte, müssen sich in größerer oder geringerer Zahl darunter finden und man gewänne ein überall verzerrtes Bild, wenn man die Ungleichwertigkeit des Überlieferten nicht beachten wollte. Aber auch dann wäre das Bild verzerrt, wenn es sich nur auf solche Ergebnisse beschränkte, die Goethe selbst durch Veröffentlichung als vollgültig anerkannte, denn einerseits entschied dabei häufig Zufall und Gelegenheit, andererseits muß gerade der Einblick in das, was er als flüchtigen Einfall notierte, bei genauerer Prüfung aber verwarf, zu mancherlei Aufschlüssen führen. Nur ist schwer festzustellen, was er verwarf und was er nur nicht weiter verfolgte. Äußere Kriterien gibt es dafür nicht, oder nicht immer, und innere Kennzeichen sind stets schwankend und ungewiß. Hinzu kommt, daß in einigen Fällen die Entstehungszeit einer Niederschrift nicht festzustellen war.

Nicht in prinzipieller Betrachtung, sondern nur von Fall zu Fall, je nach den Begleitumständen, läßt sich entscheiden, wie diesen Schwierigkeiten zu begegnen sei. Zu beachten ist nur, daß ein Einfall, der aus unsern ganz anders gearteten Anschauungen heraus irrtümlich genannt werden muß, vor dem Standpunkt Goethes nicht verwerflich gewesen zu sein braucht, und umgekehrt konnte ihm falsch erscheinen, was uns oder einer zwischenliegenden Zeit als das Richtige galt.

Gesetzt nun, dieses dem ersten, dem speziell auf Goethe bezüglichen Teil der Arbeit gesetzte Ziel könne erreicht werden, so erhebt sich doch der Wunsch, von vorneherein auch über die späteren Ziele etwas näher orientiert zu sein und zu erspähen, mit welchen Mitteln und in welcher Richtung eine Kritik der modernen geologischen Methoden sich zu bewegen hätte.

Unter den von Goethe selbst veröffentlichten Theorien, die also bestimmt vollgültige Studienergebnisse darstellen, befindet sich neben manchem Verfehlten anderes, was damals noch für sehr unwahrscheinlich galt und allgemeine Ablehnung erfuhr, jetzt aber allem Zweifel enthoben und die einzig als richtig anerkannte Meinung ist. So erklärte er seit 1829 die erratischen Blöcke der Schweiz für Zeugen einer einstmals größeren Ausdehnung der Gletscher und sprach von einer Kälteperiode, einer Eiszeit, die in ganz Europa der Gegenwart vorangegangen sei.[12] Alpine Vergletscherung und norddeutsche Eisdrift waren für ihn feststehende Dinge, lange bevor die führenden Geologen der damaligen Zeit diese Ansichten auch nur für diskutabel hielten. Als Beispiel für schier unglaubliches Abweichen von den allgemein anerkannten und als richtig bewährten Ansichten seiner Epoche mag angeführt werden, daß er „in manchem Gestein“ (z. B. Puddingstein), „das andere für ein Konglomerat, für ein aus Trümmern Zusammengebackenes halten, ein auf Porphyrweise aus einer heterogenen Masse in sich selbst Geschiedenes und Getrenntes und sodann durch Konsolidation Festgehaltenes zu erschauen“ glaubte.[13] Es ist vorteilhaft, zu betonen, daß eine solche Ansicht, die allerdings, in der Gegenwart geäußert, auch einen Goethe aus dem Kreis der um Geologie Wissenden ausschließen würde, damals doch wohl nicht unzulässig war, denn sie ward nicht nur in Leonhardts Taschenbuch für die gesamte Mineralogie 1808 gedruckt, sondern ward auch mit Werner besprochen, der sich zwar ablehnend verhielt, aber allem Anschein nach nichts wirklich Widerlegendes vorzubringen wußte. Sein Urteil über Goethe als Geologen hätte sonst anders gelautet und ebenso Goethes Bericht in den Tages- und Jahresheften: „Es lag mir damals mehr als je am Herzen, die porphyrartige Bildung gegen die konglomeratische hervorzuheben, und ob ihm (Werner) auch das Prinzip nicht zusagte, so machte er mich doch im Gefolge meiner Fragen mit einem höchst wichtigen Gestein bekannt“ usw.[14] Wenn Goethe eine schroffe Ablehnung erfuhr, was ihm ja mehrfach begegnete, so drückte er sich darüber anders aus.

Schon die hier zunächst gestellte Aufgabe gebietet, solche und ähnliche Abweichungen von den Lehrbegriffen der gleichzeitigen und von denen der heutigen Wissenschaft nicht nur zu konstatieren, sondern durch Aufdeckung des Gedankenganges zu erklären. Dadurch müssen sich zugleich die Fehlerquellen entdecken lassen, welche bei Goethe oder bei seinen Zeitgenossen die Beobachtung oder die Abstraktion der Schlüsse beirrten und ohne weiteres knüpft sich daran die Frage, ob die gegenwärtige Forschung nur die historisch als richtig bewährten Wege geht oder ebenfalls von diesen oder ähnlichen Fehlerquellen beeinflußt wird.

Niemand, der einmal den Blick darauf lenkte, wird ja die mannigfachen Unsicherheiten und Unklarheiten im heutigen Lehrgebäude der Geologie verkennen wollen. Im Vertrauen auf den Fortschritt der Wissenschaft wird man sogar hoffen, daß in abermals hundert Jahren die heutigen Anschauungen ebensosehr veraltet sein mögen, als jetzt die der Zeit Goethes. Ja, es spricht sich ein eigentümlicher Zweifel an unserer Fähigkeit, jetzt schon das richtige zu finden, darin aus, daß ein Forscher sich meist um so sorgfältiger von ferner liegenden, umfassenderen Problemen fern hält und um so ängstlicher mit seinen Schlüssen in der Nähe der tatsächlichen Beobachtungen bleibt, je größer seine persönliche Erfahrung ist. Jedoch wird auf diese Weise die Unklarheit der Vorstellungen nur nicht ausgesprochen; die Gedankenreihe wird da abgebrochen, wo sie sich im Unklaren, Widerspruchsvollen verliert.

Die Tektonik, den Aufbau der Erdoberfläche zu erforschen, ist das Ziel, das die letzten Generationen mit rastloser Mühe verfolgt haben, und man möchte glauben, es sei erreicht, seitdem Suess das Ergebnis unter einheitlichen Gesichtspunkten zu einem Monumentalbau zusammenfügte. Wirkungen und Gegenwirkungen zwischen Erdkern und Erdkruste sind letzten Endes die Triebkräfte dieser Faltungen, Senkungen und Überschiebungen, die wie plastisch gestaltet vor uns stehen. Und doch! Welch ein Chaos widerspruchsvoller Meinungen enthüllt sich, wenn wir auf diese End- und Grundvorstellungen blicken, die zumeist unbeachtet im Hintergrund bleiben!

So soll nach einer weitverbreiteten Ansicht der Erdkern gasförmig und doch zugleich starr wie ein fester Körper sein, ganz analog dem Äther, bei dem die Physik zu dem gleichen, Feuer und Wasser mischenden Ergebnis gelangte. So muß auch vom gasförmig-starren Erdkern gelten, was Ostwald in seinen Vorlesungen über Naturphilosophie vom Äther ausgesagt hat: „Alle Versuche, die Eigenschaften des Äthers nach Analogie der bekannten Eigenschaften der Materie gesetzmäßig zu formulieren, haben zu unlösbaren Widersprüchen geführt. So schleppt sich die Annahme von der Existenz des Äthers durch die Wissenschaft, nicht weil sie eine befriedigende Darstellung der Tatsachen gewährt, sondern vielmehr, weil man nichts Besseres an ihre Stelle zu setzen versucht oder weiß."[15]

Es verschlägt gar nichts, daß es über die Beschaffenheit des Erdkerns auch andere Vorstellungen gibt, und daß die neueste Physik ohne Annahme eines Äthers auszukommen sucht, denn auch diese andern, anscheinend befriedigenderen Auffassungen können scharfe Widersprüche enthalten, die nur noch nicht hervorgetreten oder zu Bewußtsein gekommen sind. Auch ist es durchaus nicht nötig, zu so fernliegenden Fragen zu greifen: ein jedes, nur einigermaßen ausgedehnte und komplizierte geologische Profil würde Widersprüche zeigen, wenn die Darstellung nicht rechtzeitig abbräche, ehe sie hervortreten. Man versuche aber, diese Falten, Verwerfungen und Überschiebungen nach der Tiefe hin fortzusetzen, sich ein alle Einzelheiten berücksichtigendes, bis in alle Einzelheiten klares Bild zu entwerfen von dem Vorgang, der horizontal liegende, zusammenhängende Schichten in ihre jetzige zerstückte und geknickte Lage brachte, und man wird zum Stillstand kommen lange bevor die Vorstellung allseitig abgeschlossen ist, und zwar nicht, weil die Beobachtung im Stich läßt, denn deren Grenze ist ohnehin schon längst und weit überschritten, sondern weil die verschiedenen Anforderungen an die Gestaltung sich nicht mehr in ein wirklich gestaltetes Bild zusammenfassen lassen.

Eine sonderbare Vorsicht, die Irrtümern dadurch entgehen will, daß sie ihre Gedanken nicht zu Ende denkt! Und doch glaubt man ziemlich oft etwas Derartiges als mehr oder minder bewußte Grundüberzeugung der Autoren aus ihren Arbeiten herauszulesen. Ein Gedankengang, der letzten Endes zu Unklarheiten und Unvorstellbarkeiten führt, muß diese — gewissermaßen als Keimanlage — schon während der ersten Schritte enthalten. Um sie zu beseitigen, gibt es zwei Mittel: Entweder schafft man ungestört in der bisherigen Weise fort, vermehrt die Tatsachenkenntnis und hofft, daß in irgend einer Zukunft irgend eine Entdeckung bessere Wege zeigen wird, oder man sucht nach einem Standpunkt, von dem aus man direkt und mit Hilfe des heutigen Wissens sich des Wahrheitsgehalts in den heutigen Anschauungen vergewissern kann. Jenes legt den Vergleich mit einem Tunnelbauunternehmen nahe, bei dem in der einmal eingeschlagenen Richtung weitergebohrt wird, in der Überzeugung, später, wenn man irgendwo wieder an das Tageslicht gelangt ist, schon zu sehen, ob man vom Ziele abirrte, und dann einen neuen, richtiger orientierten Tunnel bauen zu können; es ist das Verfahren einer Naturforschung, die alles Heil im Herbeischaffen neuer Tatsachen erblickt und von ihrem Standpunkt aus allerdings in Studien über die Forschungsmethoden eines primitiven, längst überwundenen Zustands der Wissenschaft keine Förderung, in der Kritik der eigenen durch zahlreiche „Ergebnisse" bewährten Methoden aber eher eine Hemmung des Fortschritts finden kann. Das andere Verfahren ist das der erkenntnistheoretischen, philosophischen Betrachtung.

Die Nützlichkeit solcher „Untersuchungen am Schreibtisch" wird allein durch ihr Ergebnis dargetan. Allgemeine und einführende Erörterungen reichen dazu nicht aus, können und müssen aber das Thema als der Behandlung würdig rechtfertigen. Wenn es von irgend einem Standpunkt aus kaum mehr als eine müßige Frage, die daran gesetzte Mühe vergeudet zu sein scheint, so wird dieser Standpunkt erschüttert, mindestens als einseitig nachgewiesen werden müssen.

Den exakten Naturwissenschaften ist nun freilich erkenntnistheoretische Betrachtung nichts Ungewöhnliches mehr; vor dem beschreibenden Naturforscher, dem Zoologen, Botaniker und Geologen aber pflegt oder pflegte wenigstens bis vor kurzem mit dem Wort „Philosophie" das Gespenst Okens aufzutauchen und mit ihm die Furcht vor leeren Worten und Gedankenorgien. Der Philosoph gilt da — mit den Worten von

R. Avenarius — für einen Denker, „der sich auf der ‚dürren Heide‘ des philosophischen Idealismus befindet; um ihn herum, ihm verschlossen, liegt die ‚grüne Weide‘ des sogenannten Realismus, auf welcher die Naturwissenschaften so wohl gedeihen.“[16] Und die Inhaber der grünen Weide glauben allen Anlaß zu haben, sich nicht unter die Bewohner der dürren Heide zu mischen; sie ziehen einen hohen Zaun um ihren Bereich, damit keines der Ihren sich verlaufe, denn wer einmal von den Kräutern der Heide genascht hat, der steht im Verdacht, für die Obliegenheiten des Weidebürgers verdorben zu sein.

Jene ältere Naturphilosophie wollte auf Grund der theoretischen Anschauungen über das Wesen der Erkenntnis, den Inhalt des Erkennbaren bestimmen; die neuere Erkenntnistheorie ist Erfahrungswissenschaft wie die naturwissenschaftlichen Disziplinen, nur materiell, nicht methodologisch von ihnen verschieden, denn sie beobachtet die Formen der Erkenntnis und legt ihre Ergebnisse nieder in Theorien über das Wesen der Erkenntnis. Was einst die Basis war, ist Abschluß geworden; das Empirische, einst verachtet und vergewaltigt, bildet jetzt die Grundlage.

Gleich der Leitgedanke der naiv-empirischen Naturforschung hält nun der Prüfung nicht stand, die Überzeugung, daß die Wissenschaft mit Sicherheit zu einer verbesserten Erkenntnis der Natur fortschreite, indem sie die überlieferte Form des Lehrgebäudes unter dem Zwang neu erworbener, Einordnung heischender Tatsachen schrittweise umgestalte, und daß auf diese Weise unsere Vorstellung von der Naturbeschaffenheit allmählich mit der wirklichen Naturbeschaffenheit zur Deckung gebracht werde.

Das zu Anfang genannte Werk Radls gelangt an Hand geschichtlicher Feststellungen zu einer ganz abweichenden Definition vom Inhalt der Wissenschaftsgeschichte. „Es gibt — sachliche Bedenken gegen die Auffassung der Wissenschaft als eines Strebens nach der Wahrheit. Ohne Zweifel gibt es ein ideales Streben nach der Wahrheit; es kommt wahrscheinlich häufiger vor, als man anzunehmen geneigt ist; das Wort ‚Wahrheit‘ ist aber nicht eindeutig. Wahrheit als Gegensatz zum Irrtum (oder zur Lüge) wird oft als das Wesen der Wissenschaft hingestellt; doch scheint es, daß diese bloß logische, allen Inhalts bare Wahrheit (Klarheit, Richtigkeit) als bloße Triebkraft der Forschung nicht so häufig vorkommt; die Geschichte belehrt uns, daß die Wahrheit als Negation des Irrtums von schwacher Wirkung auf die Gemüter zu sein pflegt: gegen Darwins Ideen wurde gleich anfangs fast alles vorgebracht, was sich überhaupt gegen dieselben einwenden läßt; gegen Haeckel wurden gleich an der Schwelle seiner literarischen Tätigkeit schwerwiegende Argumente ins Treffen geführt — die Kritik blieb aber erfolglos; umgekehrt wirkten die Begründer des Darwinismus nicht als Verbesserer des früheren, als Träger besserer Wahrheiten, sondern als Kämpfer für neue Ideen, für neue Wirklichkeiten. Am lehrreichsten ist in dieser Hinsicht die Einwirkung Kants auf die Naturphilosophie; seine Leistung war eine potenzierte Kritik, eine Logik an sich, und doch rief er bei seinen Nachfolgern keineswegs schärfere Kritik (d. h. Unterscheidung von Wahrheit und Irrtum) hervor, sondern er wirkte vorzüglich als Entdecker des A priori."[2]

Die Wissenschaftsgeschichte hat also nach Radl nicht zum Gegenstand, den Fortschritt in der Erkenntnis eines ewigen und unvergänglichen Wahren darzustellen, sondern die Ideen sind das Wirkliche für sie, und unsere Auffassung des „Wahren in der Natur" hängt viel weniger von dessen eigentlicher Beschaffenheit ab, als von den Ideen, unter denen wir die Natur betrachten. Die Ideen aber treten nicht vor besserer Erkenntnis zurück, sondern sie vergehen. Die Forscher, welche einer Idee anhängen und sie nach allen Richtungen hin ausbauten und vollendeten, werden alt, verlassen die Welt, werden durch neue Forscher ersetzt, in denen neue, andere Ideen lebendig sind. Denn „mit den Ideen verhält es sich wie mit den Menschen. Aus unbekannten Regionen kommen sie auf diese Welt, wachsen und gedeihen, leben eine Zeit in der menschlichen Hoffnung, ewig leben zu müssen und gehen dann dahin in jenes Land, von des Bezirk kein Wanderer wiederkehrt. Dieses Schicksal traf die Aristotelische Wissenschaft, die ruhmsüchtige Wissenschaft des 18. Jahrhunderts, die Ideen Cuviers, die Naturphilosophie; dieses Schicksal ereilt nun auch den Darwinismus."

Die Geschichtsschreibung der Geologie ist bisher über die Stufe der Chronistik, der rein pragmatischen Erzählung kaum hinausgelangt, und ein rascher Überblick, der nur die überragenden Gipfel betrachtet und die zahllose Menge der weniger hell beleuchteten Einzelarbeit ignoriert, um allgemeine Leitlinien der Entwicklung zu erfassen, der läuft Gefahr, sich gröblich zu irren. Dennoch aber scheint auch hier die Ansicht Radls zuzutreffen. Werner, dann Murchison, de Verneuil, v. Buch und schließlich Eduard Suess treten auf, werden als Führer und Meister der Forschung anerkannt. Der Inhalt ihres Wirkens enthüllt, wie verschieden die leitenden Ideen sich gestalten, und es zeigt sich, daß einst leitend gewesene Ideen nicht widerlegt sind, sondern daß sie nur ihren Rang verloren haben. Denn wer in seiner Forschung nur ihnen noch dient, bleibt ausgeschlossen von der durch unbewußte, stillschweigende Übereinkunft verliehenen Führerschaft unter seinen Zeitgenossen.

Aber es ist auffällig, daß das Zentrum der geologischen Forschung, die geistige Führung gleichzeitig mit dem Wechsel der Idee auch einem anderen Volke zugleitet, und daß verschiedene Nationalitäten sich verschieden stellen zu den Ideen, die in einer Zeit herrschen. Am Streit des Vulkanismus und Neptunismus, dem notwendigen Ergebnis beim vollständigen Ausbau Wernerischer Ideen, nahm England keinen Anteil, wohl aber Schottland. Dieser Tatsache bedient sich Buckle in seiner History of civilization in England, um den Gegensatz des englischen und des schottischen Nationalcharakters aufzuklären.[17] Dabei übersah er freilich, daß in Frankreich dieser Streit ebenfalls keinen Widerhall fand, aber weil die geologischen Verhältnisse des Landes in dieser Hinsicht keinen Zweifel zuließen, und zugleich die Forschung auf andere Ziele richteten. Analoges muß wohl auch für England-Schottland beachtet werden; aber trotzdem ist kein Zweifel, daß die Geschichte der Geologie, ebenso wie nach Volkmann die der Physik,[6] mitbestimmt wird durch den Charakter der führenden Nationen. Eine große Anzahl nicht-geologisch-wissenschaftlicher, sondern ökonomischer, politischer und andersartiger Faktoren spielen mit, um die Geistesart eines Volkes, die ihm zugänglichen Ideen und Probleme in den Vordergrund der Wissenschaft zu drängen, weil sie diesem Volk die allgemeine Vorherrschaft zuweisen oder weil seinen Angehörigen durch sie die günstigsten Forschungs- und Wirkungsmöglichkeiten geboten sind. So ward unstreitig Werners Einfluß wesentlich dadurch gemehrt, daß er an einer Bergakademie, im Mittelpunkt uralt berühmten Bergbaus wirkte, und daß im rein technischen Sinne der deutsche Bergbau unbestrittenes Vorbild der anderen Nationen war. Die mittlere Zeit erlaubte nur wohlhabenden, unabhängigen Männern so weite Reisen, wie sie zur Gewinnung einer überragenden Kenntnis der damals interessantesten Phänomene nötig waren, und notwendig trat das verarmte Deutschland dabei zurück. Die neueste Zeit, auf die Genesis der Gebirge, auf die Entstehung des Antlitzes der Erde gerichtet, konzentriert die Blicke auf die Alpen, das genauest bekannte, der Forschung zugänglichste der jungen Hochgebirge und weist den dort ansässigen Nationen die Führung zu, weil die anderen zum Verständnis der Tektonik ihrer Heimat immer wieder zu den Ergebnissen der Alpenforschung Stellung nehmen müssen.

Man darf sich eines Wortes von Lessing erinnern: Zufällige Geschichtswahrheiten können der Beweis von notwendigen Vernunftwahrheiten nie werden. Für Radls These, daß in der Wissenschaftsgeschichte Ideen sich ablösen, daß das wissenschaftliche Ringen an den Ausbau von Ideen geknüpft sei, ist bisher nur ein geschichtlicher Wahrheitsbeweis gegeben, aber der Vernunftbeweis, daß es gemäß dem Wesen der wissenschaftlichen Forschung so sein müsse und nicht anders sein könne, ist dadurch nicht geliefert, vor allem aber ist nicht gezeigt, daß in dem Wechsel der Ideen trotz aller von außen wirkenden Einflüsse nicht doch eine wachsende Erkenntnis der Natur zum Ausdruck gelangt. Denn unzweifelhaft ist, daß die Natur eine bestimmte Beschaffenheit besitzt, daß die Forscher mit ihren Leitideen diese Beschaffenheit näher und besser als ihre Vorgänger bezeichnen wollen und zu bezeichnen glauben, und daß wir auf Radls Spuren Gefahr laufen, rettungslos in Skeptizismus oder auf die „öde (und unfruchtbare) Heide des philosophischen Idealismus" zu geraten, nach dem die „Dinge außer uns", die wirkliche Natur, und die „Dinge in uns", unsere Vorstellungen und Ideen von der Natur mehr oder weniger selbständige Dinge sind. Die Abneigung aller Naturforschung gegen diesen Gedanken ist tief und unzerstörbar begründet, denn wenn sie ihn anerkennen wollte, so würde sie dadurch die stärkste Triebkraft des Forschens, den Willen zur Erkenntnis der Wahrheit und die Überzeugung von der Möglichkeit solcher Erkenntnis lähmen und morden. Die Unanwendbarkeit des philosophischen Idealismus auf das tätige Leben beweist schlagender fast als alle scharfsinnige Kritik, wie z. B. in R. Avenarius' „menschlichem Weltbegriff", daß er nichts mit dem Leben gemein hat, sondern daß seine Begriffe nur noch Worte sein können, jedes lebenden, dem Leben angehörigen Inhaltes beraubt.

Wunsch und Wille, etwas zu erreichen, ist noch kein Beweis dafür, daß es erreichbar ist. Nun wird die Frage: „Was ist oder wie erkennen wir die Wahrheit?" dem Sinn oder auch den Worten nach gestellt, seitdem Menschen zu denken begannen, und sie ist von jeder Philosophie, so auch von der nach naturwissenschaftlichen Prinzipien vorgehenden Erfahrungsphilosophie erwogen worden. So mag denn Petzoldt, der auf den Schultern von R. Avenarius steht und seines Meisters Kritik der reinen Erfahrung erläuterte, die Antwort geben: „Wahrheit ist das, was man im einstigen Dauerzustand dafür halten wird, der logische Dauerbestand der Menschheit."[18]

Aber es ist doch ein Glaube, keine Erfahrung, daß der Geist des Menschen einen Dauerzustand erreichen wird, in dem es keine Entwicklung mehr gibt, weil die Anpassung vollendet ist, ein Glaube, der sich darauf gründet, daß die Körperlichkeit des Menschen wie der ganzen Organismenwelt solchen Dauerzuständen zuzustreben scheint, und daß durchweg ein psycho-physischer Parallelismus bestehen soll! Und selbst wenn man sich zu dem Glauben bekennen wollte, daß Lessings bekanntes Wort über die Wahl zwischen dem Besitz der Wahrheit und dem „einzigen immer regen Trieb nach Wahrheit, obschon mit dem Zusatz, immer und ewig zu irren", einmal seine Geltung verlieren wird, selbst dann müssen wir uns sagen: dieser logische Dauerbestand wird seinem Inhalt nach doch nicht in einer bestimmten Form kommen „von ihm selbst", wie immer unser Forschen gerichtet sei, sondern unser Forschen bestimmt den Inhalt. Die Welt hat nur eine, die einzig und allein wahre Beschaffenheit, ob wir sie nun erkennen oder nicht. Forschung ist trotz aller Fehlerquellen, die darin sprudeln mögen, dennoch das einzige Mittel, sie zu erkennen, also ist „Wahrheit" auch nicht Ziel, sondern Produkt der Forschung. Insofern hat die unkorrigierte Ansicht vom Wesen der Wissenschaft recht mit ihrem Glauben, daß sie auf ihrem Wege durch schrittweise Abänderung ein Bild der „Wahrheit" erhalte, denn ihr Endergebnis ist jedesmal zugleich auch ihre „Wahrheit". Jedoch spricht sie von der absoluten Wahrheit, von der Erkenntnis der wirklichen Naturbeschaffenheit, wähnt sich auf dem Weg zu ihr, ohne sich auf etwas anderes als auf ihren Glauben berufen zu können. Sie irrt.

Zur Gewinnung einer absoluten Wahrheit reicht auch das Werkzeug nicht aus, denn sie soll durch Sammlung und Gruppierung von Tatsachen erkannt werden. „Tatsachen" sind aber ebensowenig etwas „absolut" Erkanntes und Erkennbares. Die naive Annahme der Identität von Beobachtung und Beobachtetem hält ebenfalls einer Prüfung nirgends stand.

Damit die Besprechung, die nichts Neues bringt, sich wenigstens nicht in gestaltlose Allgemeinheiten verliere, möge die Beschreibung als Ausgang dienen, die R. Avenarius einmal vom Inhalt der Geologie gegeben hat: „Was der Naturwissenschaftler will (ob er sich gleich darüber nicht immer hinreichend klar sein mag) ist im Grunde nur das: Wie würde die Erde — vor dem Auftreten — des Menschen zu bestimmen sein, wenn ich mich als ihren Beschauer hinzudenke. — Oder mit anderen Worten: Nachdem nun einmal analytische Bestimmungen des jetzigen Zustandes der Erde — zu der Annahme früherer Zustände derselben, und zwar über das erste Auftreten — des Menschen hinaus geführt haben, so fragt sich, welcher Art ich meine jetzige Umgebung zurückgeändert denken muß, um denjenigen Zustand hypothetisch zu erhalten, den ich vorgefunden haben würde, wenn ich damals zu ihr in der Beziehung eines Zentralgliedes (d. h. Beobachters) zu seinen Gegengliedern (seiner Umgebung) gestanden hätte. Und schließlich ist das ja auch in der Tat alles, worauf es dem menschlichen Denken logischerweise ankommen kann."[20]

Ein sonderbares, unerklärliches Mißverständnis, das Petzoldt bei Besprechung dieser Inhaltsbestimmung untergelaufen ist, eignet sich vortrefflich, die wahre Meinung in helleres Licht zu setzen. Er zitiert nämlich nur den ersten der eben angeführten Sätze, und glaubt dann ergänzend, verbessernd eingreifen zu müssen. Ein Irrweg sei es, das Vorhandensein eines individuellen Fragenden „zur Existenzbedingung für die Sekundärzeit der Erde" zu machen oder „zur Bedingung für die Berechtigung des Glaubens an die Existenz der Erde in jener Zeit".[19] Unstreitig wäre das ein Irrweg, nur ist Avenarius ihn, wie der zweite Satz des obigen Zitates zeigt, nicht gegangen. Die Existenz der Erde in der Sekundärzeit (um diesen antiquierten Ausdruck beizubehalten) ist eine Annahme, die aus der analytischen Bestimmung des jetzigen

Zustandes der Erde resultiert. Dagegen setzt die Bestimmung des Zustandes der Erde in der Sekundärzeit unbedingt voraus, daß der Forscher, der Bestimmende, sich als Beobachter hinzudenke, denn wie sonst sollte er etwas bestimmen können?

Das scheinen gleichgültige Arabesken und Selbstverständlichkeiten; man braucht jedoch nur die naive, unkorrigierte Definition vom Inhalt der Geologie daneben zu stellen, um sofort einen großen und bedeutungsvollen Unterschied wahrzunehmen. Die Existenz der Erde vor dem Auftreten des Menschen gilt im Bewußtsein der meisten Geologen als einfache Tatsache, und Tatsache soll auch alles sein, durch was wir den Zustand der vormenschlichen Erde bestimmen: die Faltungen im Karbon und im Tertiär, die Transgression der Kreide, die permische und diluviale Eiszeit, die universell verbreiteten oder provinziell gegliederten Faunen usw.

Es mag sein, daß alle diese Dinge und Vorgänge Tatsachen waren; wir wissen von ihnen aber nur durch Schlüsse, nicht aus Beobachtungen noch durch Tradition von Beobachtungen. Der Inhalt der Schlüsse hängt sehr wesentlich ab von unserer Fähigkeit und unseren Mitteln, „die jetzige Umgebung zurückgeändert zu denken", von unserer Kenntnis der jetzigen Umgebung, von der Kenntnis der umgestaltenden Kräfte und der Wirkung, die jede bestimmte dieser Kräfte hervorruft, und schließlich von der Sicherheit, mit der wir einem gegebenen Zustand auch eine bestimmte hervorbringende Kraft, eine bestimmte Art der Entstehung zuweisen und alle übrigen Möglichkeiten ausschließen können. Es ist fast allzu bekannt, daß die zwingende Bündigkeit und die Genauigkeit der geologischen Schlüsse verschieden, im allgemeinen aber gering ist, schon deshalb, weil meistens Beobachtungen von räumlich und zeitlich engen Dimensionen zur Aufklärung von Vorgängen mit sehr großen Dimensionen dienen müssen, Experimente über gepreßte und dadurch gefaltete Tonschichten als Analogon der Gebirgsfaltung u. dgl. Ferner erreicht in der Geologie der Schluß vom Bekannten auf das Unbekannte sehr bald die Region des durch keine Beobachtung mehr Kontrollierbaren, und besonders bezeichnend ist, daß man eine der alltäglichsten Erscheinungen, die bei jeder geologischen Untersuchung ungezählte Male beachtet und verwertet wird, einfach darum nicht oder nur im Vorübergehen als Problem behandelt, weil unsere Kenntnis der Gegenwart nichts zur Lösung Geeignetes an die Hand gibt, nämlich das Problem, wie in den Sedimentgesteinen die Bankung und Schichtung entsteht.

Nun ergeben aber auch unsere Beobachtungen am Gegenwärtigen keine „Tatsachen schlechtweg", sondern Begriffe von Tatsachen, Beschreibungen des Vorgefundenen, dessen Beschaffenheit sie allseitig aufzufassen streben. Doch enthält der Begriff immer etwas dem Vorgefundenen Fremdes, nämlich mindestens eine Wertung der Beschaffenheiten nach Wesentlich und Unwesentlich, und diese Wertung wird bestimmt durch den gedanklichen Zusammenhang, in dem der Forscher das Vorgefundene betrachtet, durch die Probleme, die zu seiner Zeit aktuell sind, und durch seine wissenschaftliche Grundidee. Was auf diese Weise sich seinem Interesse als das Wichtigste entgegendrängt, das erscheint als das Wichtigste, das Charakteristischeste des Begriffes und bestimmt zugleich wesentlich die Art, wie er die Begriffe in Zusammenhang setzt.

Man gelangt also auf diesem Wege wieder zur Ansicht Radls zurück, daß die wissenschaftliche Arbeit dem Ausbau von Ideen diene: sämtliche Begriffe von Naturtatsachen ändern ihren Inhalt, sobald sie unter den Zwang einer neuen Idee treten und dadurch eine neue Wertung der Beschaffenheiten erhalten. Es läßt sich nicht mehr als Prinzip vertreten, daß ein wissenschaftliches System, dem die größere Menge von Begriffen eingeordnet ist, darum auch das getreuere Abbild der Natur liefere. Es ist sicherlich das reicher ausgestaltete System, aber wenn die spätere Idee, was jederzeit möglich ist, mit der Naturwahrheit weniger übereinstimmt als die eines älteren, weniger reich ausgestalteten Systems, so wird mit jedem neuen Schluß die Forschung weiter von der Bahn zur Wahrheit abgedrängt. Läßt sich ein neugewonnener Begriff den bisherigen Anschauungen widerspruchslos einfügen, so kann das ebensogut Folge seines tatsächlichen Wirklichkeitsgehaltes als Folge der Wertung der Beschaffenheiten sein, durch welche das Widersprechende unterdrückt ist, wie denn auch zuweilen die Beobachtung ein und derselben Tatsache zu genau entgegengesetzter Begriffsbildung geführt hat. Ebenso ist es nicht ein unbedingt sicherer Beweis für Fortschritt in der Erkenntnis, wenn ein solcher neu gewonnener Begriff zur Umgestaltung des Lehrgebäudes führt: sicher ist das ein Fortschritt im Ausbau der Grundidee, aber es bleibt möglich, daß der Begriff durch die Wertung der Beschaffenheiten oder durch andere bei der Begriffsbildung mitwirkende Einflüsse im System eine Stellung erhalten hat, die nicht der Stellung der Tatsache in der Natur entspricht, daß er in „falschen Zusammenhang gesetzt ist“ und daher eine Veränderung des Systems hervorruft, durch welche die Differenz zwischen der Wirklichkeit und der Vorstellung von ihr sich vergrößert.

„Erkenntnis und Irrtum fließen aus denselben Quellen; nur der Erfolg vermag beide zu scheiden. Der klar erkannte Irrtum ist als Korrektiv ebenso erkenntnisfördernd wie die positive Erkenntnis“ heißt es einmal in Machs Erkenntnis und Irrtum.[21] Nur können wir, solange wir uns Radls Resultat zu eigen machen (und wir haben keinerlei Gründe, uns dessen zu weigern), den wahrheitsbewährenden Erfolg nicht daran prüfen, ob eine Lehre in das von der gerade herrschenden Idee gestaltete Begriffssystem paßt oder nicht.

Bedenklich und im Interesse gedanklicher Klarheit zu bedauern ist nur bei alledem, daß mit dem Worte „Idee" ein sehr schwankender Begriff bezeichnet wird, und daß Radl keine Definition, sondern nur Beispiele dafür gibt. So mag es denn an dieser Stelle auch genügen, die Ideen zu benennen, unter deren Herrschaft nach Radl die Biologie in der Zeit Goethes und in der Gegenwart oder der allerjüngsten Vergangenheit gestanden haben.[3] Es ist, kurz gesagt, im 18. Jahrhundert das Bestreben, den Organismus als etwas Gegebenes verstandesmäßig zu begreifen, und 100 Jahre später das Bestreben, seine Beschaffenheit zu erklären durch Aufdeckung der Geschichte seines Werdens. Es ist der Gegensatz der rationalen und der empirischen Betrachtungsweise, der beide Epochen charakterisiert in allen ihren Lebensäußerungen, nicht nur in den naturwissenschaftlichen, sondern überall; einst die Herrschaft der Idee, die Welt sei vernunftgemäß gestaltet oder könne, etwa auf den Spuren von Rousseaus Contrat social, vernunftgemäß umgestaltet werden, heute (oder nach Radl, der uns auf der Wende zu neuem Rationalismus glaubt, bis vor kurzem) der Verzicht auf vernunftgemäßes Begreifen und Herrschaft der Idee, die Gestaltung der Welt könne nur durch Erfahrung erkannt werden, durch Beobachtung der gestaltenden Kräfte. So denkt im Gegensatz zu Rousseau die heutige Soziologie, und so dachte auch Bismarck, ein gewiß des Darwinismus unverdächtiger Zeuge: „Der Mensch kann den Strom der Zeit nicht schaffen, er kann nur auf ihm fahren und steuern; mit mehr oder weniger Erfahrung oder Geschick den Schiffbruch vermeiden."[22]

Nun hat zwar die Geologie nicht nur die von Avenarius allein hervorgehobene Aufgabe, den Zustand der Erde vor dem Auftreten des Menschen zu bestimmen, sondern sie ist Erdgeschichte, die mit langdauernden Vorgängen, mit vielen Veränderungen der Zustände zu rechnen hat. Doch wird durch diese Änderung der Definition nichts in den weiteren Betrachtungen geändert; im Gegenteil zeigt ein Blick auf die Geschichte der Geschichtsschreibung mit aller wünschenswerten Klarheit, wie sehr unsere Vorstellung vom Inhalt der Geschichte abhängig ist von unserer Vorstellung über die im Geschehen der Gegenwart tätigen Kräfte. Es ist daher zu vermuten, daß der Gegensatz von Rationalismus und Empirismus Goethes geologische Anschauungen von den unsern scheide. Zwar ist Geologie zu allen Zeiten als Erdgeschichte verstanden worden, auch als die Biologie noch jeder historischen oder genetischen Betrachtungsweise fernstand, aber Erdgeschichte kann, ebenso wie das bei der Menschheitsgeschichte der Fall war, unter rationalen wie unter empirischen Ideen betrachtet werden.

Wie sich diese Ideen im Lehrgebäude äußern und wie sie zu charakterisieren sind, das kann nur Ergebnis einer darauf gerichteten Untersuchung, eines der hier einzuführenden Probleme sein.

Bis zum Beweis des Gegenteils muß man den Erkenntnisgesetzen und Erkenntnisbedingungen, die sich bei kritischer Behandlung der andern Disziplinen ergeben haben, volle Gültigkeit und Anwendbarkeit auf geologische Fragen zuschreiben. Dann erweist sich die Gleichberechtigung von Begriff und Tatsache, von Beobachtung und Schluß, die in der geologischen Forschungspraxis üblich ist, als Irrtum. Wenn man diese unkorrigierte Auffassung vom Wesen der Wissenschaft der Kritik unterwirft, so ist das einzig mögliche Ergebnis Negation und Skepsis, der Tod jedes Forschungstriebes und jeder Forschungsfreude. Man versucht wohl, solche Kritik abzulehnen, „weil sie zu nichts führe", aber solches Verfahren richtet sich selbst. Ist Petzoldts Lehre vom logischen Dauerbestand als Inbegriff der menschlichen „Wahrheit" unweigerlich das Ergebnis kritischer reiner Erfahrung, so legt sich damit eine Verantwortung auf uns, die Verpflichtung, uns des richtigen Weges zu versichern. Wer diesen Glauben nicht teilt, wird trotzdem aus Wunsch und Willen die gleiche Verpflichtung fühlen, wird Kritik nicht zu meiden, sondern zu nutzen trachten und die ins Allgemeine gehende Kritik, die nur allgemeine Zweifel und Unsicherheiten bringt, auch nichts anderes bringen kann, umzuwandeln suchen in einen Antrieb zu neuer Forschung, in Negation einzelner und bestimmter Lehren. So sähe man sich denn der schon früher aufgeworfenen Frage gegenübergestellt, „ob die gegenwärtige Geologie nur die historisch als richtig bewährten Forschungswege geht, oder ob nicht auch manche Fehlerquellen, die Goethe hemmten, noch jetzt unbeachtet weiterfließen". Nach dem Vorhergehenden wird es aber erforderlich, aus dieser Fragestellung ausdrücklich den Gedanken auszuschalten, daß Forschungswege ganz allgemein und ohne weiteres dann richtig sind, wenn sie zu einem in der Gegenwart anerkannten Forschungsergebnis geführt haben, und umgekehrt dann immer falsch, wenn in unserem System andere Resultate stehen.

Es ist und bleibt zu allen Zeiten unvermeidlich, daß die Begriffe der Naturwissenschaften von den Tatsachen der Natur abweichen. Daher ist nicht von Fehlerquellen zu reden, wenn und so weit der Kontrast zwischen unseren Lehrbegriffen und denen der Goetheschen Zeit zurückzuführen ist auf den Einfluß, den die allgemeinen Zeitideen auf die Wertung der Beschaffenheiten, überhaupt auf die Begriffsbildung gewonnen haben. Man kann vergleichend das Wesen dieses Einflusses bezeichnen, aber ihn nicht vollständig eliminieren, höchstens neue Begriffe mit neuen Wertungen usw. bilden. Ebensowenig kommt für die Bestimmung des Wahrheitsgehaltes in Betracht, daß unsere Anschauungen sich auf eine quantitativ größere Masse von Tatsachen stützen können. Wir wissen genauer Bescheid über die Lagerung und das Vorkommen der Gesteine, können ihr Auftreten räumlich fester begrenzen und haben Erfahrungen über weite Länderstrecken, die zu Goethes Zeiten noch völlig unbekannt waren, aber dadurch allein wird die hypothetische Rekonstruktion früherer Erdzustände nur mehr ins Einzelne geführt, räumlich weiter ausgedehnt, braucht aber in keinem einzigen Teile der Erde prinzipiell anders auszufallen, als vor der Erweiterung des Beobachtungsgebietes. Daher ist für die Erkenntnistheorie nichts gewonnen mit der Aufdeckung von Fehlern, die nichts sind als Folgen einer aus äußeren Gründen noch unvollständigen oder irrtümlichen Beobachtung.

Wenn ein Wertunterschied der einstigen und der heutigen Anschauungen besteht, so beruht er allein darauf, daß wir Forschungsmittel, Forschungswerkzeuge besitzen, welche uns befähigen, qualitativ neue Tatsachen zu erfassen. So konnte Goethe die felsitische Grundmasse des Porphyrs dem Bindemittel des konglomerierten Puddingsteins gleichsetzen, weil es noch keine mikroskopierende Petrographie gab, die sofort und unwiderleglich den Unterschied gezeigt hätte. In diesem Fall ist die Rückkehr zu den Anschauungen Goethes völlig ausgeschlossen; sie wäre es dagegen nicht, wenn das vergangene Jahrhundert nur die überlieferten Forschungsmittel zu rein quantitativer Vermehrung der Kenntnis angewendet hätte.

Nur soweit also, als unsere Anschauungen durch Verwertung qualitativ neuer Beobachtungsmittel zustande gekommen sind, lassen sich Goethes Lehren, wenn sie davon abweichen, unbedingt als Irrtum bezeichnen, als ein Irrtum, der damals nicht als solcher erkennbar und nicht vermeidlich war, weil die Notwendigkeit und die Existenz eines qualitativ neuen Forschungsmittels nicht eingesehen oder vorausgeahnt werden konnte. Auch wir jetzt sind nicht imstande, die zukünftigen Wege der Wissenschaft zu antezipieren und zu vermuten, was sie mit Hilfe qualitativ neuer Forschungsmittel an unseren Anschauungen verwerfliches finden wird. Wir halten unsere Schlüsse für richtig, solange wir keinen Grund haben, an der Richtigkeit der Prämissen zu zweifeln. Sicherlich stehen diese inhaltlich irrigen Schlüsse im Widerspruch mit anderen, inhaltlich zutreffenderen. Wenn nur die Geologie in der Lage wäre, jenseits aller Beobachtungsmöglichkeit solche Widersprüche zu konstatieren, und wenn sie nur nicht befähigt wäre, durch weitere, logisch-formal unanfechtbare Schlüsse tiefgründige Widersprüche kühn zu überbrücken! Es bedarf, um darüber ins Klare zu kommen, der Prüfung, wieweit die Idee, die Wertungsweise und alles, was sonst noch bei der Begriffsbildung zur beobachteten Tatsache hinzutreten kann, den Inhalt des Begriffs beeinflußt, doch am Beispiel läßt sich zeigen, daß auch durch die stärkste Betonung des tatsächlichen Gehalts eines Begriffs die beirrenden Einflüsse nicht zurückzudrängen sind. Man sollte meinen, eine ganze Reihe von Beobachtungen über das Auftreten von Porphyr einerseits, von Puddingstein und ähnlichen Gebilden andererseits hätte Goethe über das Irrtümliche der Zusammenstellung belehren müssen. Aber er konnte sich ja diese Beobachtungen zu eigen machen; sie blieben ihm sogar keineswegs fremd und schienen ihm im Gegenteil seiner Theorie zuzustimmen. Es erhebt sich hier nur ein weiteres Problem auf dem Wege dieser Untersuchung, die Frage, wie sich die Forschung der Vergangenheit verhielt vor solchen Beobachtungen, die nach späterer Erfahrung eigentlich die damaligen Theorien hätten sprengen müssen und die sie dennoch darin einzubegreifen verstand.

Formale Logik, Tatsachenkenntnis lassen im Stich. Aber es ist denkbar, daß die Endergebnisse von Schlüssen, die Unzusammengehöriges verbinden, inhaltlich durch irgendwelche Eigentümlichkeiten ausgezeichnet sind, und daß sich die Merkmale dafür aus Goethes geologischen Studien ableiten lassen. Wir erhielten dann die Möglichkeit, im modernen Lehrgebäude ähnlich charakterisierte und ähnlich zustande gekommene Schlüsse und Begriffe zu isolieren und ihre Grundlagen zu prüfen.

Auf dem Wege zu diesem letzten Problem liegen eine ganze Anzahl anderer, die gelöst sein müssen, wenn dieser ganze Gedankengang Rückgrat und feste Form erhalten soll. Es wurde der üblichen und allgemein als einzig vollgültig angesehenen Forschungsweise ja nur entgegengehalten, daß sie Irrtumsmöglichkeiten ausgesetzt sei und kein sicheres Mittel besäße, Irrtümer zu erkennen und zu meiden. Wenn dabei nur von imaginären Möglichkeiten geredet würde, so könnte man es fast frivol nennen, einem Wanderer, der sich emsig und mühevoll den Weg zu bahnen sucht, solche Steine in den Weg zu werfen, wenn deren Beseitigung ihn nur aufhält und hindert, ohne ihn zu fördern. Auch hier kann erst die Lösung der speziellen Probleme, die im Gefolge der allgemeinen, halb spekulativen, halb mit Analogien operierenden Betrachtung aufgeworfen wurden, das Recht der Fragestellung erweisen.

Fortschreitende Tatsachenbeobachtung und Begriffsbildung auf den bisherigen Bahnen würde niemals die Geologie, die am meisten hypothetische der Naturwissenschaften, von dem Druck unbestimmt drohender Irrtumsmöglichkeiten befreien, und nur durch Mißachtung jeglicher Kritik könnte sie sich ihm entziehen. Fortzuarbeiten wie bisher und der Entdeckung qualitativ neuer Forschungsmittel entgegenzuharren, ist nicht jedermanns Sache. Da wäre es schon ein Fortschritt, wenn man die Kriterien gewänne, um aus dem Inhalt eines Schlusses bestimmt zu erkennen, daß seine Grundlagen Irrtümer enthalten; eine völlig theoretische Untersuchung und wie alle Kritik vorwiegend negierend, dennoch aber nicht zwecklos. Sich des Erkenntniswertes, des Wahrheitsgehaltes in der so reich gemehrten Erfahrung bewußt zu werden, ist ein Wunsch, der jetzt überall auf dem Gebiet der Naturwissenschaften hervortritt. Auch er entspringt vielleicht einer Zeitidee, charakterisiert eine Periode, die nach Radl „am Abschluß einer großartigen Epoche der Wissenschaft angelangt, mit Neugierde zurückblickt, um sich Rechenschaft darüber abzulegen, was man eigentlich erlebt hat".[4]

Geschichte und Analyse von Goethes geologischen Studien.

Erste Periode 1779—1789.

Die Anfänge. — Gesamtüberblick. — Studien in Thüringen und im Harz 1780—1783. — Herders Ideen zur Philosophie der Geschichte der Menschheit. — Weitere Studien 1784—1789. — Das Gesetz der Felsgestaltung als Grundlage einer geogenetischen Theorie. — Vulkanismus und Basalt.

Inhalt und Entwicklung der geologischen Studien Goethes werden erst verständlich, wenn man die heutigen Anschauungen völlig beiseite läßt und, wie bei einer Analyse ausgestorbener, fremdartiger Forschungsweisen, sich zunächst darauf beschränkt, aktenmäßig die zwischen Beobachtungen und Schlüssen liegenden Gedankenwege und die Verknüpfungen zwischen den verschiedenen Schlußreihen aufzudecken. Um diesen Standpunkt, den man bei der Absicht historischen Begreifens überall einzunehmen hat, leichter zu gewinnen und sicherer festhalten zu können, wird man sich nach Anhaltspunkten oder nach Anleitung umsehen in den Niederschriften, in denen der greise Goethe selbst rückblickend Darstellungen ähnlicher Art skizzierte. Man findet dann in einem dieser Entwürfe folgende Vorbemerkung:

„Man gewöhnt uns von Jugend auf, die Wissenschaften als Objekte anzusehen, die wir uns zueignen, benutzen und beherrschen können. — Kommt man tiefer in die Sache, so sieht man, wie eigentlich das Subjektive auch in den Wissenschaften waltet, und man prosperiert nicht eher, als bis man anfängt, sich selbst und seinen Charakter kennen zu lernen. Da nun aber unser Individuum, es sei so entschieden als es wolle, doch von der Zeit abhängt, wohin es gesetzt, von dem Orte, wohin es gestellt ist, so haben diese Zufälligkeiten Einfluß auf das notwendig Gegebene.“ [1]

Ähnlich, nur bestimmter und beschränkter gefaßt, heißt es zehn Jahre später:

„Wo der Mensch im Leben hergekommen ist, die Seite, von welcher er in ein Fach hereingekommen, läßt ihm einen bleibenden Eindruck, eine gewisse Richtung seines Ganges für die Folge, welche natürlich und notwendig ist.“ [2]

Wenn man nun die Seite bestimmen will, von der Goethe in die Geologie hereinkam, schon an der Schwelle also, tritt die Schwierigkeit des Unternehmens entgegen, die Gefahr, deutlich scheinende Worte dennoch mißzuverstehen, sie nach der Denkungsweise unserer Zeit aufzunehmen und zu übersehen, daß der Geist jener Tage anders geartet war. Es heißt nämlich bei Goethe, anschließend an die zweite, eben zitierte Stelle:

„Ich habe mich der Geognosie befreundet, veranlaßt durch den Flötzbergbau. Die Konsequenz dieser übereinander geschichteten Massen zu studieren, verwandte ich mehrere Jahre meines Lebens. — Der Ilmenauer Bergbau veranlaßte nähere Beobachtung der sämtlichen thüringischen Flötze; vom Rotliegenden bis zum obersten Flötzkalk, hinabwärts bis zum Granit.“[2]

Außerdem hat sich Goethe an vielen Stellen und zu sehr verschiedenen Zeiten dahin ausgesprochen, daß sein erstes geologisches Denken an Ilmenau geknüpft gewesen sei, so daß nichts gewisser schien, als daß Goethe des Bergbaus wegen zuerst Geologie getrieben habe und dann weiter als das praktische Bedürfnis forderte, in sie hineingeraten sei.[3] Es ist bezeichnend für die heutige Gewohnheit, alles Wissenschaftliche nach seiner technischen Verwertbarkeit zu betrachten, wenn der Widerspruch zwischen dem gesamten Inhalt von Goethes Studien und dem angenommenen Anlaß dazu bisher immer unbeachtet blieb.[4]

Keine einzige Niederschrift, soweit sie nicht direkt amtlichen Zwecken diente, geht von den Ilmenauer geologischen Verhältnissen aus oder führt auf sie hin. So oft vielmehr in den Briefen oder sonst von Ilmenau die Rede ist, handelt es sich um bergbauliche Fragen, um technische oder wirtschaftliche Sorgen, die ihm sogar in Italien als einzige Mahnung an Amt und Verantwortlichkeit nahe kommen durften. Auch nahm er manches in Augenschein, wie die Salzwerke von Wieliczka, auch manche Gruben im Harz oder in Schlesien, der Wasserhaltungs- und Aufbereitungsanlagen wegen, da er sich um das Schicksal der beträchtlichen Mittel bangte, die im Ilmenauer Betrieb investiert waren, und er der drohenden Gefahr zu begegnen suchte; aber die Sache blieb ihm doch stets nur ein finanzielles Staatsunternehmen, das er mitbegonnen und mit zu verantworten hatte.

Man darf nach dem Anlaß des Anlasses forschen und fragen, wie und unter welchen Verhältnissen das Ilmenauer Werk aufgenommen wurde.[5] Gegen Ende des siebzehnten Jahrhunderts hatte es günstige Erträge geliefert, war dann, wie man glaubte, allein wegen der Schwerfälligkeit und Unklarheit der Rechtslage und durch schlechte Verwaltung zurückgegangen und schließlich im Jahre 1739 durch Wassereinbruch ganz zum Stillstand gekommen. In der Hoffnung, zu günstiger Zeit den Betrieb wieder aufnehmen zu können, hatte der weimarische Staat nicht nur die Anrechte von Mitbeteiligten übernommen, sondern auch einen tiefen Stollen in Stand gehalten, so daß die einstige Einnahmequelle sich in eine Quelle unproduktiver Kosten verwandelt und allmählich über 175000 Taler verschlungen hatte.

Am 3. September 1775 übernahm Karl August die Regierung, im November desselben Jahres kam Goethe nach Weimar, am 11. Juli 1776 leistete er den Eid als Beamter des Herzogtums, aber schon im Mai, noch vor seinem eigentlichen Dienstantritt, nahm Goethe die Bergwerks- und Aufbereitungsanlagen sowie das Kohlenwerk bei Stützerbach in Augenschein. Im Sommer, bald darauf, fanden die entscheidenden Bereisungen des Ilmenauer Reviers statt, an denen Karl August, sein von Lebenslust übersprudelndes Jagdgefolge, Goethe und einige Sachverständige, an ihrer Spitze der kursächsische Bergmeister von Marienberg, von Trebra, teilnahmen.[6] Die Wiederaufnahme wurde beschlossen in einer Stimmung, als ob es sich um einen Studentenstreich handle, wie es v. Trebra später beschrieb:

> „Man glaubte sich der Reichtümer des Bergbaues ebenso gewiß als der Dukaten, welche der Vater schicken muß, wenn der Sohn studieren soll — und wir studierten Bergbau.“[7]

Erst im Februar 1784,[8] nach Überwindung unsäglicher rechtlicher und technischer Schwierigkeiten, wurde der erste Spatenstich zum neuen Schacht getan, der Betrieb in Angriff genommen, bis im Oktober 1796 ein neuer Wassereinbruch alles wieder vernichtete, was unter steten Bedrängnissen und Kosten mühsam genug geschaffen war.[9]

Ein gewagtes, ein leichtsinniges Unternehmen war es also, das freilich dem Tatendrang des neunzehnjährigen Herzogs höchst anziehend erscheinen mußte. Aber auch Goethe war jung, erst 26 Jahre alt. Die Übersiedelung nach Weimar hatte ihn befreit aus einem zerfahrenen Leben, das überall auf sich selbst zurückgewiesen, von stets wechselnden Stimmungen und Leidenschaften hin und her gerissen wurde. Seinen Freunden hatte er als Herrschergeist gegolten,[10] doch trotz aller Herrscherlust schien ihm, dem bürgerlichen Advokaten und Reichsstädter, der Zutritt zu freierer Herrschermacht für immer abgeschnitten. Nun in Weimar, in einem von Natur aus armen Lande, dessen Hilfsquellen durch Krieg und Mißwirtschaft fast sämtlich in Verfall geraten waren, widerstrebend als Freund des Herzogs geduldet, und vom eingesessenen Adel, der bisher die Amtsstellen innegehabt, angefeindet und nach Kräften gehindert, hier bot sich eine Aufgabe, um seine Gaben zu bewähren, seine Ideen zu verwirklichen, zu erproben und durch den Erfolg zugleich Anerkennung seines Wertes zu erkämpfen. Das Verzweifeltste, das Verfahrenste war dann gerade das Geeignetste; jugendlich übermütiges Selbstvertrauen bedachte nicht, daß man dem Gelingen mißtrauen kann, und es fand Wonne darin, Tag für Tag, Schritt für Schritt den Alten, den Vorgängern zu zeigen, wie sie es hätten machen müssen, was alles von ihnen versäumt worden sei.

Aktenmäßig zu beweisen ist natürlich nicht, daß Goethe in dieser Stimmung dem Ilmenauer Unternehmen näher trat; aus den gelegentlichen Andeutungen aber und aus der ganzen Sachlage läßt sich kaum etwas anderes rekonstruieren. Aber er betrachtete das Ganze rein von der finanziellen Seite; er hatte die Frage zu entscheiden gehabt, ob das Werk ganz aufzulassen und verloren zu geben sei, um dem Lande zwecklose Kosten zu ersparen, oder ob es auf neuer, gesundeter Basis fortgesetzt und wieder erträglich gemacht werden sollte. Sanguinisches Hoffen hatte die Frage entschieden;[11] nun aber überließ er getrost das Geologische dem Fachmann, zu dem er Vertrauen gefaßt hatte und widmete sich allein der rechtlichen und wirtschaftlichen Seite des Bergbaues. Nirgends findet sich eine Spur davon, daß er des Geologischen überhaupt gewahr wurde oder abgesehen vom konkreten Zweck Anteil daran nahm. Wenn er die noch gangbaren Strecken befuhr und mehrere Male die Silberprobe anstellte, so war das letztere vielleicht zum Teil eine Erinnerung an frühere chemische und alchemistische Liebhaberei, bedeutete sonst aber nur, daß er seiner Amtspflicht gemäß sich an Ort und Stelle Vortrag halten ließ über die Aussichten einer Aufnahme des Betriebes u. dgl. Alle Mußestunden, die ihm Jagden, Kommissionsberatungen und das Studium des Bergrechts ließen, wandte er an, um genau wie in früheren Jahren nach der Natur zu zeichnen.[12]

Es war in jedem Zuge also noch die Art der Naturbetrachtung seiner vorweimarischen Zeit in ihm lebendig, wie sie in den Briefen von der Schweizerreise 1775 hervortritt.[13] Es lag ihm völlig fern, die freie Natur als Studienobjekt zu behandeln; sie war für ihn ein Ganzes, das er ästhetisch auf sein Gemüt wirken ließ, weder zergliederte, noch eigentlich beobachtete. Sie erweckte in ihm Stimmungen und Schwärmerei, nicht Gedanken, und weit mehr als die Natur interessierten ihn die Menschen; im Vordergrund aber stand er sich selbst mit seinem rein subjektiven Empfinden und Erleben.

Auch in den folgenden Jahren fehlt jede Spur eines wirklich geologischen Interesses. Wohl befuhr er gelegentlich der Winterreise in den Harz 1777 den Rammelsberg bei Goslar und die Gruben bei Claustal.[14] Als Leiter des Ilmenauer Unternehmens konnte er nicht wohl die Gelegenheit vorüberlassen, seinen bergbautechnischen Gesichtskreis durch den Besuch so altberühmter Gruben zu erweitern, ganz abgesehen davon, daß noch jetzt der Rammelsberg oft wie jede andere Sehenswürdigkeit besucht wird, ohne jede Nebenabsicht. Hier und da, im ganzen in drei

Fällen während der Jahre 1777 und 1778, findet sich auch die Besichtigung mineralogischer Sammlungen erwähnt,[15] aber nicht die geringste Bemerkung knüpft sich daran und aus den Begleitumständen erhellt, daß zufällige Gelegenheit, Verwaltungsrücksichten, ästhetische Gründe, alles andere, nur nicht wissenschaftliches Interesse dazu Veranlassung gab. Er blieb stets der Natur gegenüber ein landschaftliche Schönheit aufsuchender Tourist, betrachtete sie künstlerisch und genießend, niemals wissenschaftlich forschend mit geologischem Auge.

Die Schweizerreise vom Herbst 1779 mit dem Herzog Karl August, die dessen Lehrzeit beenden sollte, bringt dann unvorbereitet den Umschwung. Zwar sind die Tagebuchaufzeichnungen sehr lakonisch und erwähnen von Geologischem nur den Granit am Tschingelhorn.[16] Dafür enthalten die meist an Frau von Stein gerichteten Briefe[17] eine Fülle rein geologischer, von allem Bergmännischen gänzlich absehender Bemerkungen. Mineraliensammlungen wurden besichtigt, die als schweizerische weder zum Ilmenauer noch zu einem andern Bergbau irgendwelche Beziehungen gehabt haben können;[18] zum erstenmal wird ein Werk über Geologie erwähnt, ein neues „Systema naturae", mit dem nur Buffons 1778 erschienene Epoches de la nature gemeint sein können.[19] Äußerst scharf tritt der Gegensatz von einst und jetzt hervor, wenn man die Briefe der Schweizerreise von 1779 mit denen von 1775 vergleicht. Beide wurden später den Leiden des jungen Werther angeschlossen, und wenn die älteren, dort die erste Abteilung bildenden, ganz in Einklang stehen mit Ton und Inhalt dieser Dichtung, so bilden die jüngeren, die der zweiten Abteilung, zu ihr einen deutlichen Gegensatz. In jenen hieß es:

„Ja, ich habe die Furka, den Gotthard bestiegen! Diese erhabenen, unvergleichlichen Naturszenen werden immer vor meinem Geiste stehen; ja, ich habe römische Geschichte gelesen, um bei der Vergleichung recht lebhaft zu fühlen, was für ein armseliger Schlucker in bin."

Und vier Jahre später schreibt er:

„Man ahnt im Dunklen die Entstehung und das Leben dieser seltsamen Gestalten. Es mag geschehen sein, wie und wann es wolle, so haben sich diese Massen nach der Schwere und Ähnlichkeit ihrer Teile groß und einfach zusammengesetzt. Was für Revolutionen sie nachher bewegt, getrennt und gespalten haben, so sind auch diese nur noch einzelne Erschütterungen gewesen, und selbst der Gedanke einer so ungeheuren Bewegung gibt ein hohes Gefühl von ewiger Festigkeit."

Das Wesen des Mannes, der einst schwärmte und sich durch die Gewaltigkeit der Natur erdrückt fühlte, scheint bis in die Tiefen umgeändert, wenn er jetzt die Gewaltigkeit in Gedanken meistert, in ihrem Werden zu erfassen sucht und sich durch sie erheben läßt. Als ein anderer, ernsterer, denn er gewesen, war Goethe von der Winterfahrt in den Harz zurückgekehrt[20] und darum jetzt wohl leichter geneigt als früher, sich wissenschaftlichem Denken zuzuwenden. Aber weshalb hatte sich das erst jetzt, nach einem Jahr, und nicht schon früher, bei reich gebotener Gelegenheit im Harz oder im Thüringer Wald geäußert? Fast möchte man hier die Einwirkung Karl Augusts vermuten. Auf früheren Gebirgsfahrten war dessen Aufmerksamkeit stets durch die Jagd gefesselt. Nun stand er, der leidenschaftliche Naturfreund, zum erstenmal der Hochgebirgswelt gegenüber. Seinem auf das Reale gerichteten Geist lag es meilenfern, Alpen und römische Geschichte zu vergleichen und zu bedenken, wie beide auf ein empfindsames Gemüt wirken möchten; weit mehr mußte er geneigt sein, um der gewaltigen Eindrücke Herr zu werden, nach der Entstehung der Gebirge zu fragen. Es ist aus späterer Zeit manch ein Fall bekannt, in dem der Herzog den Wert des Neuen rascher herausfühlte und es bereitwilliger aufnahm als Goethe, der schwerer in Bewegung zu setzen war und dazu neigte, dem neuen Gedanken kühl den Eintritt zu verwehren. Sollte da nicht Karl August dieser gemeinsam empfangenen Anregung williger, wenn auch nicht nachhaltig, Folge gegeben haben, die vorwärts treibende Kraft gewesen sein, bis Goethe, vielleicht um ihn zu fördern oder sich ihm zu fügen, gleichfalls dieses Gebiet betrat, in das er dann tiefer, weiter hineingerissen wurde, als seiner ersten Absicht entsprach?[21]

Hinzu kam, daß erst durch Buffon, einen Mann von hoher sozialer und wissenschaftlicher Stellung, dessen Epoches de la nature um diese Zeit allgemein Sensation hervorriefen, wie 80 Jahre später Darwins Entstehung der Arten, die Beschäftigung mit Geologie für den Gelehrten und für den Weltmann vollwertig wurde.[22] Ein Thema für den untergeordneten Praktiker des Alltags, ein Tummelplatz für phantastische Gedankenspielerei schien sie bisher zu sein. Nun war sie, auch wenn sie ein theoretisches Ziel verfolgte, auf den Weg der Beobachtung gewiesen und durch die Person ihres neuen Verkünders sozial gehoben. An Saussure, mit dem Goethe persönlich in Berührung kam, ließ sich ferner ermessen, daß im Dienste einer wissenschaftlichen Geognosie auch ein vornehmer Mann von angesehener Lebensstellung sich beobachtend ins Terrain begeben konnte, was bisher trotz glänzender Ausnahmen nur als Aufgabe des subalternen Bergmanns gegolten hatte. Man ist vielleicht in der Gegenwart geneigt — mit fraglicher Berechtigung freilich —, solche Zusammenhänge zu unterschätzen. Von Trebra weiß in seiner Selbstbiographie von mancherlei Anfechtung zu berichten, die er als erster Adliger, der in die Praxis des Bergbaues eintrat, von oben und unten zu erdulden hatte, und daß für Goethe ein Feld wissenschaftlicher Betätigung dann erst zugänglich, dann erst sichtbar wurde, wenn es sozial einen Rang errungen hatte, das ist bei der Stellung, die er in Weimar einzunehmen hatte, nur selbstverständlich.

Aber alles das waren sekundäre Einflüsse, waren Vorbedingungen, nicht der Anlaß zu einem zeitweise leidenschaftlichen, alles andere verdrängenden Bemühen, das bis zum Ende seines Lebens andauerte, bald aufflammend, bald niedersinkend bis zu fast völligem Verschwinden.

In der amtlich veranlaßten Berührung mit Bergleuten, durch ihre Vorträge über die Bedingungen und Aussichten des Bergbaues hatte Goethe gelernt, die Natur mit den Augen des Geognosten zu betrachten, ohne es darum zunächst abseits von Amt und Pflicht auszuüben. Unbemerkt hatte sich in ihm eine geologische Grundanschauung gebildet, wie sie an Hand der thüringischen Verhältnisse allein entstehen kann, im „Flötzgebirge", dessen ebene Lagerung sich der Beobachtung aufdrängt, während Zusammenhang und Bedeutung der Störungen sich erst vor eingehendem Studium eröffnen. Diese Erfahrungen mußten ihm zu Bewußtsein kommen, als er mit geschärftem Beobachtungsvermögen im Schweizer Jura, im Montblancgebiet und im Wallis einer Gebirgswelt gegenüberstand, die sich den übernommenen Vorstellungen nicht einordnen ließ. Aus solchen Vorbedingungen heraus kann ein erwachendes Interesse nur eine einzige Frage stellen: Wie konnten die Faktoren der Erdgestaltung so verschiedene Landesformen wie einerseits die Alpen oder überhaupt die Gebirge, andererseits Thüringen hervorbringen? Ist es möglich, daß sich in diesen Gebieten verschiedene Faktoren dokumentieren, oder lassen sie sich dem ersten Augenschein zuwider dennoch durch wesentlich gleiche, vielleicht nur etwas anders bedingte Wirkungsweise derselben Faktoren erklären?

Dieses Problem steht in den nun folgenden Jahren im Mittelpunkt seiner Studien, ist der Lebensnerv seines geologischen Interesses. Wir erhalten dadurch den Beweis für die Richtigkeit der gedanklichen Rekonstruktion: er suchte die Lösung für einen Konflikt der Erfahrungen, denn er mußte bemerken, daß auch Saussure, dessen Anschauungen über die Turbulenz der Erdbildungsvorgänge zu den heimisch gewohnten in Widerspruch standen, sich auf eingehende Naturbeobachtung stützte, und daß die noch viel turbulenteren Theorien Buffons gleichfalls auf Beobachtung, mehr zwar auf kühnen, aber anscheinend sicheren Schlüssen beruhten. So hatte ein theoretisches Problem ihn angezogen und hielt ihn fest, nicht ein als solches kaum gefühltes Bedürfnis der Praxis.

Es bedeutet demgegenüber sehr wenig, wenn er später einmal schrieb:

„Ich gebe, seit ich mit Bergwerkssachen zu tun habe, mit ganzer Seele in die Mineralogie." [23]

Dieser Satz und alle ähnlichen, so oft sie auch wiederkehren, sind doppelt unrichtig: das Interesse für Mineralogie setzte etwa 4 Jahre später ein als die Beschäftigung mit Bergwerkssachen und bezog sich zu keiner Zeit irgendwie näher auf die Verhältnisse des Bergwerks zu Ilmenau. Es sind Entschuldigungen, mit denen er mehr vor sich selbst als vor andern sich verteidigen wollte, und er verriet diesen geheimen Sinn einmal beim Ankauf ungarischer Erzstufen für seine Sammlung:

> „Es ist eine Liebhaberei, wozu mich die Aufsicht über unsern neuen Bergbau zu Ilmenau berechtigt, und der ich, da sie so unschuldig ist, gern nachhänge.“ [24]

Würde man nun fragen, weshalb er sich diesem Problem, das ganz außerhalb seiner bisherigen Gedankenbahnen lag, so leidenschaftlich hingegeben habe, so fühlt man sich zunächst versucht, ausweichend zu antworten: es habe in seiner Geistesart gelegen, das unbeschränkte Kraftgefühl und Pflichtbewußtsein des Genies habe ihn gezwungen, sich der Lösung einer jeden Aufgabe gewachsen zu glauben und die Lösung eines jeden Problems, das sich ihm enthüllte, als eine ihm vorbehaltene Aufgabe zu betrachten. Mit ähnlichen Wendungen, Scheinantwort oder Ablehnung, fertigte Goethe selbst derartige an ihn gerichtete Fragen ab:

> „Ich fürchte den Vorwurf nicht, daß es ein Geist des Widerspruchs sein müsse, der mich von Betrachtung und Schilderung des menschlichen Herzens, des jüngsten, mannigfaltigsten, beweglichsten, veränderlichsten Teiles der Schöpfung zu der Beobachtung des ältesten, festesten, tiefsten, unerschütterlichsten Sohnes der Natur (des Granits) geführt hat. Denn man wird mir gerne zugeben, daß alle natürlichen Dinge in einem genauen Zusammenhang stehen, daß der forschende Geist sich nicht gern von etwas Erreichbarem ausschließen läßt. Ja, man gönne mir, der ich durch die Abwechslung der menschlichen Gesinnungen, durch die schnellen Bewegungen derselben in mir selbst und in andern manches gelitten habe und leide, die erhabene Ruhe, die jene einsame stumme Nähe der großen, leise sprechenden Natur gewährt, und wer davon eine Ahnung hat, folge mir.“ [25]

Man kann das Verhalten des menschlichen Geistes gegenüber den von außen wirkenden Einflüssen nicht voraussagen oder nachrechnen wie den Gang eines Mechanismus. Deshalb ist die Behauptung, daß Geistesart und Charakter eines Menschen erkläre, warum er etwas ergriffen oder abgelehnt habe, nur ein irreführender Ausdruck dafür, daß man seinen Charakter aus seinen Handlungen erkennt und abstrahiert. Nur die äußeren Umstände, die sein Handeln beeinflussen, lassen sich aufdecken, und in dieser Beziehung ist einiges zu erwähnen, wonach die Zeitumstände ihm allerdings dieses Problem und weitergehend eine bestimmte Fassung des Problems besonders nahelegen mußten, näher jedenfalls, als es gegenwärtig unter sonst gleichen Umständen der Fall sein würde.

Als ganz äußerlicher, persönlicher Umstand mochte mitgesprochen haben, daß Goethe Thüringen und die Schweiz durchwandert hatte, also in wesentlichen Dingen reichere Erfahrung besaß als mancher sonst Eingeweihtere, dem so ausgedehnte Reisen unerschwinglich waren. Wichtiger aber und entscheidender sind die allgemeinen Zeitumstände.

Die Geologie liegt heute dem Denken der Mehrheit fern. Dem Außenstehenden wird das Verständnis erschwert durch die Menge der unvertrauten Tatsächlichkeiten und weitschichtigen Erläuterungen, die sich dem Vordringen zu dem gewöhnlich meist Interessierenden, den Grundtheorien entgegenstellen. Es gehört eine gewisse Leidenschaft dazu, diese Hemmungen zu überwinden; Freude am Beobachten, der Trieb zu forschen und zu schauen ist jetzt die wichtigste, wenn nicht die einzige Wurzel, aus der jene Leidenschaft erwachsen kann.

Im achtzehnten Jahrhundert, der Aufklärungszeit, war die Schwierigkeit des Eindringens geringer, denn das Lehrgebäude war weniger ausgebaut und weniger konsolidiert. Dagegen war damals das Feld der Geologie mit in den Schauplatz der Weltanschauungskämpfe einbezogen, während jetzt kein Denkender, selbst wenn er sich noch mühsam den von der Biologie verkündeten Resultaten zu entziehen sucht, im Zweifel ist, ob die heutige Naturwissenschaft oder die einer uralten Zeit, wie die mosaische Schöpfungslegende, über die Geschichte der Erde die gegründetere Auskunft erteilt. Die Autorität der Bibel, in der bis dahin jedes Wort für unanfechtbare Wahrheit gegolten hatte, wurde von einer auch materiell wehrhafteren Theologie verteidigt. So war jeder Versuch, durch freies Forschen und selbständiges Beobachten ein Bild der Geogonie zu entwerfen, ein Waffengang, und wie später im Kampf um die Deszendenztheorie, so verlockte damals die Aktualität des Streites um die Erdgeschichte manchen dazu, den Zugang zu erzwingen, um selbst prüfen und entscheiden zu können. Zugleich aber mündete deshalb jede geognostische Betrachtung allzu bereitwillig in geogenetische Theorien aus, jede Detailuntersuchung strebte sich zu einem vollständigen System zu vollenden, weil die Polemik gegen das biblische System, wenn auch nicht immer die einzige oder nicht die hauptsächlichste, so doch stets eine sehr wesentliche Triebkraft der Forschung war.

Überblickt man Goethes geologische Studien als Ganzes, so heben sich deutlich zwei Perioden der Produktivität hervor, die durch eine lange Pause, durch ein fast völliges Zurücktreten selbsttätigen Interesses getrennt werden. Die erste Periode begann mit der Schweizerreise von

1779. In ihr war alle Aufmerksamkeit gerichtet auf den Ausbau eines Systems der Geologie, das ohne tumultuarische Theorien Entstehung und Gestaltung der Gebirge erklären sollte. Mit der Aufnahme der Wernerschen Vulkan- und Basalttheorie fand es seinen Abschluß; der Trieb zur Produktivität erlosch, etwa 1790.

Nach Schillers Tod, 1806, begann die zweite Periode mit Studien in Karlsbad. Ihr Inhalt wird bestimmt durch den Kampf gegen den wieder auflebenden Vulkanismus, der auch Goethes eigenes System in den Grundlagen bedrohte. Seine wissenschaftliche Richtung läßt sich demgemäß als „Antivulkanismus" bezeichnen, denn sein Streben ging fast allein darauf aus, die vom Vulkanismus beanspruchten Tatsachen für sich und seine Anschauungsweise zu retten. Schritt für Schritt mußte er zurückweichen, wurde schwankend in lang gehegten Überzeugungen und glaubte diese durch Aufdeckung ihrer geschichtlichen Entstehung noch am besten rechtfertigen zu können; wir aber erkennen, daß sein Kampf eigentlich und hauptsächlich solchen Theorien des Vulkanismus galt, die sich seitdem als Irrtum und Fehlschluß herausgestellt haben. Im Januar 1832 gab er sein letztes geologisches Manuskript zum Druck, ein Vorwort zu einer Sammlung und Beschreibung der Karlsbader Sprudelsteine, und am 15. März 1832, am Tage vor seiner letzten Krankheit, diktierte er fünf umfangreiche Briefe, in denen er das ganze Gebiet der Geologie und seine Tätigkeit darauf noch einmal an sich vorüberziehen ließ. Eine Woche später verstarb er.

Wir wenden uns zum ersten selbständigen Aufsatz, den er verfaßte. Es ist die Instruktion für den Bergbeflissenen J. C. W. Voigt von 1780, betreffend eine mineralogische Besichtigung der herzoglich weimarischen Lande.[26] Um für das Ilmenauer Werk, dessen Entwicklung er von Anfang an mit Sorge verfolgte,[27] einen Leiter auszubilden, hatte Goethe den Herzog veranlaßt, den jungen Voigt auf der Bergakademie in Freiberg studieren zu lassen,[28] dann aber, als dieser nach drei Jahren zurückkehrte, ihn als geschulte Kraft in den Dienst der teils wissenschaftlichen, teils wirtschaftlichen Aufgabe einer geologischen Landesuntersuchung gestellt, da der Bergbau noch soweit nicht fortgeschritten war, um den technischen Leiter vollauf zu beschäftigen. Dabei sollte Voigt nicht nur eine „mineralogische Geographie der herzoglich weimar-eisenachischen Lande" liefern, sondern soweit es zur Herstellung des Zusammenhanges und zur Aufklärung des geologischen Baues erforderlich war, die Landesgrenzen überschreiten.[29] Im folgenden Jahre ward Voigt beurlaubt; er bereiste im Auftrag des Bischofs das fuldische Gebiet und dehnte seine Ausflüge bis an den Rhein und die Eifel aus.[30] Als von Trebra im Jahre 1780 in hannöversche Dienste trat und als Vizeberghauptmann nach Clausthal übersiedelte, erging sofort an ihn die Aufforderung, mitzuwirken und vom Harz her den Anschluß zu suchen.[31] Alle diese Beobachtungen sollten auf eine Karte eingetragen werden, die von der Tafelfichte bis zur Rhön, vom Harz bis zum Fichtelgebirge reichte. In der Ferne tauchte sogar schon der Gedanke an eine mineralogische Karte von Europa auf.[32]

Die Grundlage bildete dabei Charpentiers mineralogische Karte von Kursachsen. Durch Farben und Signaturen, letztere für vereinzelte Vorkommnisse, unterscheidet diese im ganzen 12 Gesteine, darunter 4, die größere Flächen einnehmen. Danach bestände das heutige Königreich Sachsen bis zur Elbe aus „Gneiß", der Thüringer Kreis zwischen Weißenfels, Naumburg, dem Eichsfeld und dem südöstlichen Harz aus „Schiefer", Finne und Hainleite aus „Kalkstein". Goethes Karte, Manuskript, übernahm nur die Signaturen Charpentiers, fügte ihnen zwei neue, für Totliegendes und Grauwacke, im ganzen freilich sehr wenig Eintragungen hinzu, da die Ausführung rasch ins Stocken geriet[33] und durch einen wesentlich erweiterten Plan verdrängt wurde. 1783 zog Goethe den befreundeten Merck zur Mitarbeit heran, der sonst mehr dem Studium diluvialer Säugetiere ergeben war, aber doch auch geognostische Beobachtungen seinem großen Interessenkreise einbezogen hatte.[34] Im folgenden Jahre erhielten die bisher nur privaten Bestrebungen einen öffentlichen Charakter dadurch, daß von Trebra auf Goethes Seite trat und mit seiner Begeisterungsfähigkeit und raschen Energie sich der Idee annahm.[35] Ende August 1784 übersandte er einen Statutenentwurf zur Vereinigung aller geognostisch interessierten Männer in Europa. Darin knüpfte er an eine Äußerung Goethes an, „daß der Mensch das dringende Bedürfnis habe, die Beschaffenheit seines Hauses zu kennen" und schloß mit folgenden, sein Wesen und seine Stellung zu Goethe kennzeichnenden Sätzen:

„Formen Sie nun, lieber Goethe! Werfen Sie weg, setzen Sie zu und bilden Sie das aus, wozu Sie mir den ersten Gedanken mitteilten. Ersehen Sie aus diesem rohen Entwurf, wie sehr Ihr mir mitgeteilter Gedanke auf mich wirkte. Mutig hinan! Es wird alles ebenso glücklich gehen als mit dem Ilmenauer Bergbau, und unser Zweck ist edel und groß.[36]

Kurze Zeit darauf erschienen von Trebras Erfahrungen vom Innern der Gebirge. Darin heißt es am Schluß der Vorrede:

„Ich sehe einen längst bekannten, entschiedenen Freund des Schönen nun auch für die schöne Natur des Mineralreiches glühen und seinen, dem Guten immer tiefer nachstrebenden Ernst die feste Richtung dahin nehmen, mehrere Naturforscher, welche in Beobachtung des Inneren und Äußeren der Gebirge auf gleichem Wege in allen Weltgegenden zerstreut gehen, in eine Gesellschaft zusammen zu vereinigen, die es sich zum Zwecke setze, die Natur rein nur zu beobachten und sich untereinander die gemachten Beobachtungen nebst Belegen dazu mitzuteilen. Durch seinen sicheren Plan wird er solch ein Band zwischen freiwilligen Beobachtern der Natur bei seiner so erwünscht vorteilhaften Situation sowohl als Neigung gewiß zum größten Vorteil der Naturgeschichte zusammenknüpfen."[37]

Goethes war die Anregung, von Trebras die Ausführung. 1786 traf dieser letztere als Mitglied einer bergmännischen, oder nach heutigem, spezialisierterem Sprachgebrauch, einer hüttenmännischen Kommission mit Charpentier, von Born u. a. in Schemnitz zusammen. Dort wurde die „Societät der Bergbaukunde", wohl die erste geologische Gesellschaft, gegründet,[38] die 1789 und 1790 je einen Jahresband mit geologischen und bergmännischen Aufsätzen herausgab, dann aber aus Mangel an Geldmitteln mit einem beträchtlichen Defizit wieder einging. Sie verfolgte die Ziele, die Goethes Anregung gewiesen hatte, aber als sie ans Licht trat, stand Goethe unter den nur zahlenden, nicht mitarbeitenden Ehrenmitgliedern, und die beiden Jahresbände in seiner Bibliothek blieben unaufgeschnitten.[39]

Aus den überlieferten Briefen ist nicht zu entnehmen, wie er sich in früheren Jahren zu dem Plan verhalten hatte. Keineswegs so teilnahmslos, als es nach dem eben Gesagten erscheinen könnte. Von Trebras Gedanke war gewesen, unter Karl Augusts Patronat in Weimar oder Jena ein Archiv zu schaffen, in dem alle ordentlichen Mitglieder der Vereinigung alljährlich Berichte über ihre Beobachtungen und Belegstücke niederlegen sollten. Dafür ward ihnen das Recht verheißen, die so entstehenden Sammlungen zu benutzen und Abschrift von den Beobachtungen anderer zu eigener Instruktion nehmen zu lassen. Drei Aktenfaszikel unter Goethes geologischen Papieren:[40]

a) Granit und Generalia,

b) Mineralogie von Thüringen und der angrenzenden Länder (d. h. Thüringen, Harz und Hessen),

c) Fichtelberg, Böhmen, Sachsen,

in denen Reiseberichte und Buchauszüge zusammengestellt sind, erweisen, daß Goethe diesem Gedanken handelnd näher getreten war, ebenso verschiedenes unter den älteren Beständen seiner Sammlung, das solchen Belegstufen gleich sieht. Von Trebras Mitwirkung tritt deutlich hervor; er übersandte in sorgfältigen Reinschriften einen Abriß der Harzgeologie, eine Kritik von Voigts erstem Aufnahmebericht und Auszüge aus Saussures Voyage dans les Alpes.[41] Von sonstigen Mitarbeitern sind Knebel, Goethe selbst, besonders aber J. C. W. Voigt zu nennen.

Die Geschichte von Goethes Sammlungen, soweit sie sich feststellen ließ, ist später zu schildern. Hier ist nur zu Zwecken allgemeinerer Orientierung auszuführen, wieweit sie ihm nichts als eine zu möglichster Vollständigkeit gebrachte Sammlung und wieweit sie wirkliche Grundlage selbständiger Studien war.

Unter die erste Charakteristik fällt die ganze Mineraliensammlung. Jedenfalls hören wir von produktiven Studien auf dem Gebiet der Mineralogie nur sehr Weniges und Vereinzeltes. Das Älteste, was man in diesem Zusammenhang nennen könnte, wäre ein Aufsatz über das Vorkommen des Bologneser Schwerspats, den Goethe im Jahre 1801 an Blumenbach zum Druck schickte[42] in Ausführung einer seit 1788 bestehenden Absicht.[39] Die „näheren Bestimmungen" rühren darin jedoch von Werner her;[42] Goethe selbst bezeichnete in seinen Reisenotizen[43] den Schwerspat als Gips, der ihm zwar wegen seiner „außerordentlichen spezifischen Schwere" auffiel[44], und unterschied „Gips" (d. h. Baryt und Gips in kugeligen Aggregaten tafelförmiger Kristalle) und „Fraueneis" (d. h. Schwalbenschwanzzwillinge von Gips.)[45] Auch später stützte sich seine recht weitgehende Mineralkenntnis[46] allein auf äußere Kennzeichen,[47] wie Glanz, Farbe, Vorkommen u. dgl., ließ ihn daher manchmal im Stich.[48] Wenn andere außerdem noch chemische Prüfungen, Lötrohrproben vornahmen, so wußte Goethe das zwar zu loben,[49] hielt sich jedoch selbst davon fern und empfand das Eindringen chemischer Gesichtspunkte in die Mineralogie als ein verwirrendes, den Überblick erschwerendes Element.[50] Ganz vereinzelt finden sich gegenteilige Bemerkungen; so in der Frühzeit das Geständnis, er könne ohne Chemie keinen Schritt in der Mineralogie vorwärts kommen,[51] und später ein höfliches Kompliment an Berzelius über dessen rein chemisches Mineralsystem, womit er freilich nur die Bitte um Zusendung von Mineralien und die Einschränkung, daß Berzelius historischer Überblick über die älteren Systeme das interessanteste sei, freundlich verkleidete.[52]

Ihm selbst galt in späteren Jahren ein auf geologischen Merkmalen beruhendes Mineralsystem als erstrebenswert,[50] also eine Ergänzung des Systems durch eine auf alle Mineralien ausgedehnte Lagerstättenlehre, ohne daß in seiner Sammlung etwas von allgemeinerer Durchführung dieses Gedankens zu finden wäre. Aber auch dann müßten, wie Sternberg alsbald bemerkte, „Chemie und Oryktognosie in ihrem Wert als Erkennungs- und Prüfungsmittel des Zusammengesetzten verbleiben",[53] doch ging Goethe auf diesen Einwurf nicht mehr ein.

Den Wert kristallographischer Betrachtung scheint er überhaupt nie anerkannt zu haben. Man darf vermuten, daß deren mathemathische Formelsprache ihn abstieß, und daß er sich nicht mit ihr befassen wollte, nachdem er in der Farbenlehre eine so schroffe Haltung gegen die Mathematik als Hilfswissenschaft der Physik eingenommen hatte. Hinzu kam, daß die Hauysche Methode, in der ihm Kristallographie zuerst nahe gebracht wurde, dem darin Ungeübten schwer übersichtlich ist. Vorübergehend schien die Vortragsweise Leonhards ihn anzuziehen;[54] als dann aber Soret, der Erzieher von Carl Augusts Enkeln, ein Schüler Hauys, die kristallographische Bearbeitung von Goethes Sammlungen begann und für Goethes Hefte zur Naturwissenschaft die Pyroxene und Amphibole vom Wolfsberg in Böhmen kristallographisch beschrieb, da drängte sich jene abgelehnte Ausdrucksweise wieder heran[55] mit dem Erfolg, daß Goethe einige Jahre später sich rund heraus weigerte, von Naumanns Grundideen der Kristallographie überhaupt nur Kenntnis zu nehmen und das unverhüllt dem Autor mitteilte.[56] Übrigens kannte Goethe nur eine rein morphologische Fassung des Kristallbegriffs; seine optischen Studien an Kristallen, die zuweilen erwähnt werden, hängen mit der Farbenlehre, keineswegs mit Mineralogie zusammen.[57]

In seinen geologischen Anschauungen stand er auf den Schultern Buffons und hielt, wie auch Werner und seine ganze Zeit, an dessen halb auf Beobachtung, halb auf Spekulation beruhender Periodeneinteilung fest.[58] Zwar schrieb er schon im November 1782 an Merck:

„Ich sehe alle Tage mehr, daß wir zwar auf Buffons Wege fortgehen, aber von den Epochen, die er festsetzt, abweichen müssen. Die Sache wird, wie wir scheint, immer komplizierter."[32]

Nach einem früheren Brief an denselben Freund könnte es scheinen, als habe er das Leitfossilprinzip entdeckt und eher als William Smith den Weg aufgespürt, der schließlich zu völliger Umgestaltung der Buffonschen Epocheneinteilung führte. In der Tat hat man eine derartige Behauptung aufgestellt, und es ist nicht ohne Interesse zu bemerken, daß bei jeder Wiederholung der Behauptung ihre Bestimmtheit und die ihr zugeschriebene Tragweite wächst.

Bei Goethe heißt es:

„Alle die Knochentrümmer, von denen du sprichst und die in dem oberen Sande des Erdreichs überall gefunden werden, sind, wie ich völlig überzeugt bin, aus der neuesten Epoche, welche aber doch gegen unsere gewöhnliche Zeitrechnung ungeheuer alt ist. In dieser war das Meer schon zurückgetreten, hingegen flossen die Ströme noch in großer Breite, doch verhältnismäßig zum Niveau des Meeres nicht schneller und vielleicht nicht einmal so schnell als jetzt. Zu derselbigen Zeit setzte sich der Sand mit Lehmen gemischt in allen breiten Tälern nieder, die nach und nach, als das Meer sank, von dem Wasser verlassen wurden und die Flüsse sich in ihrer Mitte nur geringe Belte gruben. Zu jener Zeit waren die Elefanten und Rhinozerosse auf den entblößten Bergen bei uns zu Hause, und ihre Reste konnten gar leicht durch die Waldströme in jene großen Stromtäler oder Seeflächen heruntergespült werden, wo sie mehr oder weniger mit dem Steinsaft durchdrungen sich erhielten, und wo wir sie nun mit dem Pflug oder durch andere Zufälle ausgraben. In diesem Sinne sagte ich vorher, man finde sie in dem oberen Sande, der durch die alten Flüsse zusammengespült worden, da schon die Hauptrinde des Erdbodens völlig gebildet war. Es wird nun bald die Zeit kommen, wo man Versteinerungen nicht mehr durcheinanderwerfen, sondern verhältnismäßig zu den Epochen der Welt rangieren wird."[59]

Nach Linck bringt er damit „seine Überzeugung von der historischen Bedeutung der vorweltlichen Tiere zum Ausdruck".[60] Bei Magnus heißt es schon: „Für die Beurteilung des Alters der verschiedenen abgesetzten Schichten und Flötze benutzte er die in ihnen eingeschlossenen Versteinerungen. Er ist höchst wahrscheinlich der erste gewesen, der die Bedeutung der Versteinerungen zu diesem Zwecke erkannt hat."[61] Von diesen beiden Autoren wird als Beweis nur der letzte Satz des obenstehenden Zitates angeführt, außerdem aber hervorgehoben, daß Goethe dieses Kriterium nur gelegentlich, nur in ganz vereinzelten Fällen angewandt habe. Morris zitiert, z. T. referierend, die ganze in Betracht kommende Stelle, fragt aber nicht, wie weit dieser Gedanke für Goethe fruchtbar wurde, sondern knüpft daran folgenden Exkurs: „Das ist eine großartige Vorwegnahme kommender wissenschaftlicher Gedanken, die sich erst im neunzehnten Jahrhundert durchgesetzt haben. Hätte Goethe seine Anschauungen auch nur in einem kurzen Aufsatz kundgegeben, so wäre davon wohl eine starke und fruchtbare Wirkung ausgegangen. Aber es waltet nun einmal über seinen naturwissenschaftlichen Arbeiten ein Unstern. Seine morphologischen und manche seiner geologischen Ideen eilen der Zeit voraus, aber er findet keinen Anschluß an die zünftige Wissenschaft, die dann seine fruchtbaren Gedanken sich selbständig erarbeitet, und so versäumt Goethe die Zeit zur Einwirkung."[62]

Demgegenüber müssen nun einige Tatsachen festgestellt werden, zunächst die Beschaffenheit von Goethes eigener Fossiliensammlung. Schon 1813 betrachtete er sie, die außerdem auch räumlich von den übrigen Sammlungen getrennt war, als durchaus seinem Sohn August gehörig.[63] Dieser entfaltete darin eine erkennbare, aber ungeregelte Tätigkeit. Mit Sorgfalt sind nur die Reste diluvialer Säugetiere, meistens aus dem Weimarer Tuff, behandelt, die ihrerseits das einzige waren, was Goethe den Vater, freilich vom osteologischen Standpunkt aus, interessierte.[64] Allerdings bemühte sich dieser, stets unter Erwähnung seines Sohnes, wertvolles Material herbeizuschaffen und von den neu entdeckten Tiergruppen wenigstens ein paar Vertreter zu erhalten.[65] Dabei wurden seine Bitten in den meisten Fällen erfüllt; in anderen freilich, wenn er z. B. „Fledermausartiges“ von Solnhofen erbat,[66] mußte er erleben, daß der verheißene Dank nicht als ausreichende Gegengabe angesehen wurde, und hatte wegen des „etwas kühnen“ Wunsches um Verzeihung zu bitten. „Bescheidenheit ist eine Tugend, der sich leidenschaftliche Liebhaber nicht immer befleißigen“, fügte er hinzu.[67] Bei den Wirbellosen ist einiges nach einem Tafelwerk von Leonhard bestimmt. aber ohne Ordnung und Folge; das meiste nach den gröbsten Fächern des zoologischen Systems einigermaßen gruppiert, vieles aber, so wie es einging, beiseite gestellt.[68] Überblickt man im ganzen die Äußerungen Goethes über seinen Sohn als Paläontologen, so klingt etwas Kleinlautes, Unsicheres daraus hervor, mehr der Wunsch des Vaters, sich zum Glauben an ein Interesse und an Leistungen seines Sohnes zu überreden und den schwachen Keim zu nähren, als die volle Überzeugung vom Wert des Geleisteten.[69] Keineswegs aber gewinnt man den Eindruck, als ob er die Sammlung durch Übergabe an den Sohn hätte fördern wollen. Die Versteinerungssammlung war also „Goethe dem Geologen“ eine Art von corpus vile, das „Goethe dem Vater“ zur Auslieferung an den Sohn überantwortet werden konnte.

Damit stimmt überein, daß Goethe an vielen Orten vorüberreiste, die wie Hechingen und Balingen später und schon damals als Fundorte von Petrefakten bekannt waren; aber trotzdem sein Augenmerk auf geologische Beobachtungen gerichtet war, nahm er von diesen Dingen kaum die flüchtigste Notiz.[70] Er ließ sich ferner, als eine Reise dazu Gelegenheit bot, durch Gmelin „das Conchylienkabinett wiederholt demonstrieren, den Linné in der Hand“,[71] aber ohne jede Nachwirkung. Daß er einige Fossilien kannte, Nautilus und Ammonshorn unterschied[72] und dergleichen mehr, steht dem nicht entgegen. Dagegen lieferte er noch 1801 eine Fossilbeschreibung, die so sehr an mittelalterliche Fabeltiere erinnert — vorn ein großer krummer Zahn, in der Mitte ein tuffsteinähnlicher Klotz und am anderen Ende ein paar Schwimmfüße wie ein Delphin[73] —, daß man ihm, wäre das Gegenteil nicht erwiesen, alle und jede Kenntnis auch der fossilen Wirbeltiere abstreiten würde.

Allerdings verglich er den Kalkschiefer von Waltsch wegen des Auftretens von Fischen und Blättern mit der „Formation von Oehningen.“[74] und in der Tat stehen diese Bildungen sich im Alter nahe. Aber in demselben Aufsatz verglich er auch die Zechsteinkalke von Pößneck mit der Devonklippe vom Iberg, weil beide „Madreporen“ enthielten: „Interessant wäre es zu bemerken, an welche Formation diese organischen Reste sich anschließen; die von mir beobachteten beziehen sich aufs Übergangsgebirge; im Flötzgebirge bin ich noch keinen begegnet.“ Er bestimmte also das Alter der Fossilien nach dem der Formation, nicht, wie das Leitfossilprinzip angibt, das Alter der Formation durch das der

Fossilien, und in demselben Sinne ist auch die oben angeführte Briefstelle von 1782 aufzufassen. Er erwartete, daß man die Versteinerungen „verhältnismäßig zu den (anderweitig bestimmten) Epochen der Welt rangieren werde", um so die Zeit genau festzustellen, in der die einzelnen Typen zuerst aufträten, wie es später Saussure sich zur Aufgabe machte.[75] Den ganz naheliegenden Schritt, aus der einmal festgestellten Reihenfolge im Auftreten der Typen nun weiter Schlüsse auf das Alter neu aufgefundener Schichten zu ziehen, hat Goethe nur ein einziges Mal getan, als er 1820 einen Brandschiefer wegen des Auftretens großer Larven von Wasserinsekten später Formation zuwies,[76] aber er war sich keineswegs bewußt, damit ein allgemein anwendbares Kriterium der Formationsbestimmung — zwar schwankend genug — ausgesprochen zu haben. Einige Jahre später erkannte Graf Sternberg die Koinzidenz botanischer und geognostischer Merkmale zur Trennung von Steinkohle und Braunkohle; er bezeichnete es als noch unerreichtes Ziel der Forschung, nach Verschiedenheit und Gleichheit der Versteinerungen die Verschiedenheit und Gleichheit der Formationen zu bestimmen. Damals bat Goethe um einen Kommentar, um eine „reine Übersicht", die Sternberg mit seiner gründlichen Kenntnis der Einzelheiten allein geben könne,[77] hätte also die ihm selbst zugeschriebene Einsicht in der präziseren, zwar immer noch primitiven und nur auf Trennung im gröbsten gerichteten Fassung nicht wieder erkannt. Genau so verhielt er sich aber auch früher in den Jahren, denen die angebliche erste Entdeckung des Leitfossilprinzips angehören soll; in einem Brief an Merck, der dem oben zitierten fast unmittelbar folgt, besprach er Soulavies Entdeckung, daß die Schichten in Südfrankreich charakterisiert seien durch die Beziehungen der fossilen Faunen zur lebenden des Mittelmeers:

> „Der Abbé Giraud Soulavie hat eine artige Bemerkung gemacht. In den höchsten Kalkbergen, welche zugleich die untersten sind im mittägigen Frankreich, finden sich versteinerte Seetiere, die gegenwärtig nicht mehr lebendig existieren. Das Gebirg, das niedriger ist und auf dem vorigen aufliegt, enthält Überreste von jenen, zugleich aber auch von solchen, deren Geschlechter noch fortdauern. Die dritte Gebirgsreihe, welche auf der zweiten wieder aufliegt, enthält allein Versteinerungen, welche noch im Mittelländischen Meer leben. Es ist die Frage und wird bald zu untersuchen sein, ob dieses bei uns auch so ist. Es scheint nicht so, denn die Blankenburger Marmore enthalten Ammonshörner wie der Ettersberg auch. Hat irgend von den Versteinerungssammlern auch einer schon aus diesem Gesichtspunkt die Sache betrachtet und etwas darüber geschrieben? Ich glaube kaum."[32]

Sollte da wohl Goethe selbst derjenige gewesen sein, der nur einen

Monat früher etwas sogar viel Weitergehendes darüber geschrieben hätte? Dann hätte er die Blankenburger Marmore und den Muschelkalk vom Ettersberg für gleichalt erklären müssen und nicht wegen der verschiedenen Höhenlage die Annahme einer Altersdifferenz festgehalten.

Man hat sich also damit vertraut zu machen, daß Begriff und Methode der historischen Geologie bei Goethe anders beschaffen sind als bei uns, würde doch auch kein Geologe der Gegenwart jemals schreiben wie Goethe noch 11 Tage vor seinem Tode an Zelter:

„Fossile Tiere und Pflanzenreste versammeln sich um mich, wobei man sich notwendig nur an Raum und Platz des Fundorts halten muß, weil man bei ferner Vertiefung in die Betrachtung der Zeiten wahnsinnig werden müßte.“[78]

Man erweist Goethe einen schlechten Dienst, wenn man ihm Entdeckungen zuschreibt, die nicht ihm, sondern erst einer Folgezeit angehören. Man bleibt über seine wahren Ziele im Unklaren, dem Verständnis seiner wirklichen Leistungen fern, wenn man ihm irrtümlich die Kenntnis späterer Forschungsziele und Methoden beilegt. Nimmt man an, daß Goethe dem Weg, der zur Erklärung des tektonischen Kontrastes zwischen Thüringen und den Alpen geführt hat, schon zu Anfang auf der Spur war, so müßte man folgern, er habe die Tragweite seiner eigenen Idee nicht begriffen und sei von merkwürdiger Blindheit geschlagen gewesen, als er dafür einen ganz anderen, völlig abseits führenden Weg einschlug. In Wirklichkeit aber besaß er die ihm zugeschriebene Erkenntnis nicht, konnte sie nicht besitzen, und befolgte nur konsequent den Weg, der ihm durch die vorhandenen und erreichbaren Erfahrungen gewiesen wurde.

Es heißt die Intuitionskraft selbst des Genies überschätzen und sich das Verständnis für den Vorgang bei Aufstellung einer wissenschaftlichen Theorie von vornherein abschneiden, wenn man eine Abstraktion da zuerst vorgenommen sein läßt, wo die zur Abstraktion führenden Tatsachen so ungeeignet, so unübersichtlich als nur möglich liegen. Die vorstehende Besprechung war so ausführlich, nicht allein um einer Legendenbildung, die begonnen hatte, entgegenzutreten, sondern hauptsächlich um die Verdunklung abzuwehren, die durch diese Legende auf die Theorie des wissenschaftlichen Forschens geworfen würde. Auf der anderen Seite spricht sich auch keine geringere Wertschätzung einer Entdeckung darin aus, wenn man den Boden, auf dem sie gemacht wurde, als den dafür geeignetsten anerkennt. In England befindet sich eine größere Anzahl reicher und wohlcharakterisierter Faunen in leicht erkennbarer Lagerung und übersichtlicher geographischer Verbreitung. Dort konnte die zum Leitfossilprinzip verallgemeinerte Beobachtung, daß die verschiedenen Faunen überall die gleiche Reihenfolge einhalten, am ehesten angestellt werden. Goethe fand dort, wo er bei einfacher Lagerung der Gesteine die Fossilien genauer hätte studieren können, nur eine einzige gut erkennbare und weiter verbreitete Fauna, die des Muschelkalks, hatte aber dabei zur Identifizierung der Schichten ein sehr viel bequemeres Mittel an ihrer petrographischen Beschaffenheit. Was er von den Faunen anderer Erdperioden kennen lernte, im Harz und sonst, das befand sich in sehr gestörter Lagerung, deren Entwirrung in einigen Fällen erst der Gegenwart, und mit Hilfe des anderwärts konsolidierten Leitfossilprinzips gelungen ist. Daher bleibt unverständlich, wie er eine Theorie hätte aufstellen sollen, deren wichtigste Grundlage seiner Beobachtung unzugänglich war, oder was eine solche Theorie, wenn er sie aufgestellt hätte, für die Wissenschaft hätte wert sein können.

So haben wir nach dem Ausscheiden der mineralogisch-systematischen und der Petrefaktensammlung nur in der geologisch-petrographischen Sammlung, allerdings der Hauptmasse des Bestandes, ein Dokument für Goethes selbständige Studien. Sie besteht aus regional gerichteten Gesteinssuiten, Belegen zu petrographisch-geologischen Untersuchungen, in denen der Nachdruck immer auf plutonische Massengesteine gelegt ist, besonders stark bei den selbstgesammelten oder auf speziellen Wunsch eingesandten. Die „Flötzformationen" sind nur in zweien derselben in einigem Umfang vertreten, nämlich in der von Charpentier zusammengestellten kursächsischen und der von J. C. W. Voigt besorgten thüringischen Suite, den ältesten Teilen also, die Goethe zur Einführung in das Studium, noch nicht zu produktiven Eigenstudien dienten. Dasselbe Merkmal zeigt die Zusammensetzung der geognostisch-systematischen Sammlung, deren Existenz seit den Zeiten des Beginns belegt ist, die aber ihre heutige Beschaffenheit kaum vor 1820 erhalten haben kann.[79] Nebenstehende Tabelle zeigt ihren Inhalt.

Es bedarf vor solchem deutlichen Überwiegen der „Urgebirge" kaum noch eines eigenen Zeugnisses Goethes dafür, daß seine Untersuchungen nur der Urgeschichte der Erde oder dem, was er dafür hielt, gegolten hätten. Zu größerer Sicherheit und Bestätigung mag eine an von Hoff gerichtete Bemerkung angeführt werden:

„Da ich bei Betrachtung solcher Art nach Anlaß der früheren Methoden vom Granit ausging, das Ineinanderschwanken und Wechseln der Urgebirgsarten sorgfältig zu erforschen trachtend, meine Sammlungen danach anlegte, — so konnte bei langsamem und bedächtigem Vorschreiten wenig Hoffnung erscheinen, daß ich bis auf die letzten Epochen mit eigenen Kräften würde durcharbeiten können."[80]

Die nun folgende Untersuchung hat zu erläutern, auf Grund welcher Voraussetzungen, mit welchen Beobachtungen Goethe zu den ihm eigenen Ergebnissen gelangte und warum er, als in seinem Alter die fortgeschrittene

Aufstellung von Goethes geognostisch-systematischer Sammlung.

Formation		Zugewiesener Raum. Schiebladen- Inventar-Nr.	Zahl
Laven, Pseudolaven, vulkanische aufgeschwemmte Gebirge		X. 10—12	3
Aufgeschwemmte Gebirge		X. 9	1
Basalt, Flötztrapp		X. 7—8	2
Flötzgebirge	Steinkohle	X. 5—6	6
	Steinsalz, Kreide	X. 4	
	Flötzkalk, Flötzgips	X. 3	
	Breccie	X. 2	
	Sandstein	X. 1	
Übergangsgebirge		VIII. 19—22	4
Urgebirge	Syenit	VIII. 18	12
	Porphyr	VIII. 14—17	
	Serpentin, Urgrünstein	VIII. 13	
	Glimmer- und Thonschiefer	VIII. 9—12	
	Urkalk	VIII. 8	
	Gneiß	VIII. 7	
Übergang (Granitvarianten)		VIII. 5—6	2
Granit		VIII. 1—4	4

Forschung sich auf ganz anderen Boden gestellt hatte, an seinen Schlüssen und Voraussetzungen festzuhalten suchte.

Dem in der Schweiz erwachten geologischen Interesse kamen äußere Umstände zu Hilfe. Jede weitere Betätigung hing davon ab, ob Goethe die unbewußt gewonnene Grundanschauung in eine bewußte Kenntnis vom Bau Thüringens umwandeln konnte; zu Reisen mit geologischen Sonderzwecken hätte ihm all und jede Zeit gefehlt, da er gerade im Anfang der achtziger Jahre mit Amtsgeschäften ohnehin bis an den Rand des Möglichen belastet war. So traf es sich günstig, daß er aus amtlichen Gründen mehrfach alle nördlich und südlich des Thüringer Waldes verzettelten Teile des weimarischen Staates zu bereisen hatte, daß Voigt gleichzeitig seine Aufnahmen begann und daß dessen Reisewege sich mit denen Goethes zusammenlegen ließen. Ein direkter, aktenmäßiger Beleg, daß dieses letztere der Fall war, liegt zwar nicht vor; desto zahlreicher sind indirekte Beweise. Zunächst ist es beinahe selbstverständlich, daß ein um Geologie bemühter Minister bei der wirtschaftspolitischen Inspizierung des Landes stets einen verfügbaren Fachmann in sein Gefolge aufnehmen wird. Sodann lassen sich beim Mangel anderer Quellen aus den Datierungen von Goethes Briefen die Orte bestimmen, an denen er sich während der Jahre 1780 und 1781 aufhielt;[81] andererseits enthält Voigts erster Brief in seinen „Mineralogischen Reisen durch das Herzogtum Weimar“ nur die Ergebnisse der Untersuchungen von 1780, die übrigen bis auf das lose angehängte Schlußkapitel nur die des folgenden Jahres.[82] Es zeigt sich bis auf ein paar charakteristische Ausnahmen völlige Identität[83] der besuchten Orte und der Besuchsjahre. Im großen und ganzen waren also die von Voigt mitgeteilten Tatsachen auch Goethe aus eigener Anschauung bekannt geworden, und dann wohl sicher durch gemeinsame Begehungen, jedenfalls unter sehr weitgehendem Austausch von Gedanken und mit Übereinstimmung in den Schlüssen. Identifizierte doch Goethe selbst seine Ansichten mit denen Voigts. So erklärte er sich imstande,[84] einen Aufsatz über Thüringische Geologie zu liefern, womit nur Voigts Bericht über die Kampagne von 1780 gemeint sein kann, denn keine Spur verweist darauf, daß Goethe selbst einen eigenen Aufsatz begonnen oder geplant hätte. Er versandte Suiten, die Voigt gesammelt und geordnet hatte, unter seinem eigenen Namen,[85] und stellte seine eigene Sammlung, die zunächst noch einzig in ihrer Vollständigkeit war, kundigen Liebhabern zur Besichtigung frei.[86] Schließlich gab er sich alle Mühe, um Voigts Schrift zum Erfolg zu bringen und erbat, mit dem Wert von Äußerlichkeiten gut bekannt, für den Autor den Titel „Bergkommissarius“,[87] was er sicher, wie alles Vorerwähnte, nicht getan hätte, wenn das Buch, das er unter seinen Schutz und seine Flagge nahm, nicht im ganzen und im einzelnen seinen Ansichten entsprochen hätte.

Ein eigentümliches Verhältnis mag zwar bestanden haben zwischen den beiden in ihrer Lebensstellung so verschiedenen Männern, von denen der Schüler der Vorgesetzte, der Untergebene Lehrer war.[88] Goethe bemerkte einmal, Voigt nütze ihm durch „die von der Freiberger Akademie mitgebrachte außerordentlich reine Nomenklatur und ausgebreitete Kenntnis des Details“, und stellte es so dar, als ob er Voigt dirigiert hätte und die eigentliche Seele der Arbeit gewesen sei.[84] Klingt darin auch wohl mehr die Denkart des Vorgesetzten an, der sich die Leistungen seines Untergebenen zu eigen nimmt, so liegt doch bei manchen Gedanken theoretischer Art die Möglichkeit nahe, daß Voigt sie von Goethe erhielt. Das gilt besonders von dem letzten Kapitel in Voigts Werk, das sehr lose angehängt ist, wie fremd und aufgedrängt anmutet und Gedanken enthält, die in Goethes Briefen vorkommen, bei Voigt aber nur hier stehen, und zwar im Widerspruch zu früher Geäußertem.[89]

Im Anschluß an die von Goethe entworfene Instruktion begann Voigt 1780 die Arbeit, stellte sich jedoch bald auf eigene Füße,[26] und übergab gegen Ende des Jahres ein Profil, das vom Fuß der Rhön bis in die Gegend von Halle zog. Dieses wurde mit ausführlichem Begleitschreiben dem Herzog Ernst II. von Gotha[82] und ebenfalls an von Trebra gesandt, der, leicht enthusiasmiert zwar, aber doch in richtiger Bewertung des Geleisteten, schon Ende Februar 1781 mit einer längeren Besprechung antwortete.[90] Diese beginnt:

„Über das Ganze der so glücklich versuchten Erdbeschreibung. Ein herrlicher Umriß! Fortdauernde Beobachtungen werden das Gemälde vollführen. Kühn und doch getreu der Wahrheit. Also mit Sicherheit ist fortgeschritten. — Zu viele Freude, welche mir die Arbeit macht, würde mich zur Parteilichkeit bringen, wenn ich mein Urteil weiter fortsetzen wollte!“

1782 erschien dann das in behaglich plaudernden Briefen abgefaßte Werk „Mineralogische Reisen durch das Herzogtum Weimar und Eisenach“, vorläufig abgeschlossen; und es ist erstaunlich, welche reiche Ernte gesicherter Beobachtungen Voigt während zweier Sommerkampagnen und durch nur einmaligen Besuch der abgelegeneren Gebiete aus dem geologisch so gut wie unbekannten Gebiet heimgetragen hatte. Am Nordrand des Thüringer Waldes hatte Füchsel vorgearbeitet,[91] aber sein in den Akten der Kurmainzischen Akademie Erfurt erschienener Aufsatz war der Gelahrheit zu Liebe in ein höchst ungeschicktes Lateinisch übersetzt worden und blieb deshalb völlig einflußlos. Zwölf Jahre später trug Füchsel seine Ansichten in deutscher Sprache nochmals vor, aber anonym und mit einem irreführenden Titel.[92] Es ist nicht zu ersehen, daß diese Arbeiten auf Voigts Untersuchungen direkt eingewirkt haben.

Füchsel hatte eine Vertikalgliederung des thüringischen Flötzgebirges, nicht ohne schematisierende Künstelei, vorgenommen und die Verbreitung der Stufen schematisierend auf eine Karte eingetragen, die nach dem damaligen Zustand der Kartographie nur unübersichtlich ausfallen konnte. Demgegenüber ist Voigts Gliederung sehr einfach, so daß sich danach wirklich eine lokalisierte, nicht schematisierte Aufnahme durchführen ließ. Auch gab er keine Karte, sondern nur Profile, die zudem nicht maßstabgetreu sind, noch es sein wollen, da Voigt theoretisch zwar Maßstäblichkeit für gefordert, praktisch aber für unerreichbar hielt. Man kann jedoch seine Angaben auf unsere Karten eintragen (Fig. 1), wäre es auch nur, um den Umfang des untersuchten Gebietes kennen zu lernen und auf die Gefahr hin, die Verbreitung der Formationen geographisch weit genauer zu begrenzen, als Voigt es angeben konnte und wollte. Dann fällt zu allererst ins Auge, daß in der Trias Keuper und Muschelkalk nicht auseinandergehalten sind. Von der Möglichkeit solcher Unterscheidung erfuhr Goethe erst 1828.[93] Darunter hat nun die Deutlichkeit des Bildes und der Beschreibung in der Gegend zwischen Weimar und der Finne empfindlich gelitten. Die verschiedenen Sandsteine, Mergel und Letten verwirren sich mit den Kalken trotz der Fülle genauester Einzelangaben zu einem Chaos; Keupersandsteine und Buntsandstein verquicken sich ferner mehr als einmal; schließlich ist aus den verschiedenen Gipshorizonten im Perm und in der Trias ein „unterer“ und ein „oberer Gips“ geworden, deren unterster eigentlich der Zechsteingips

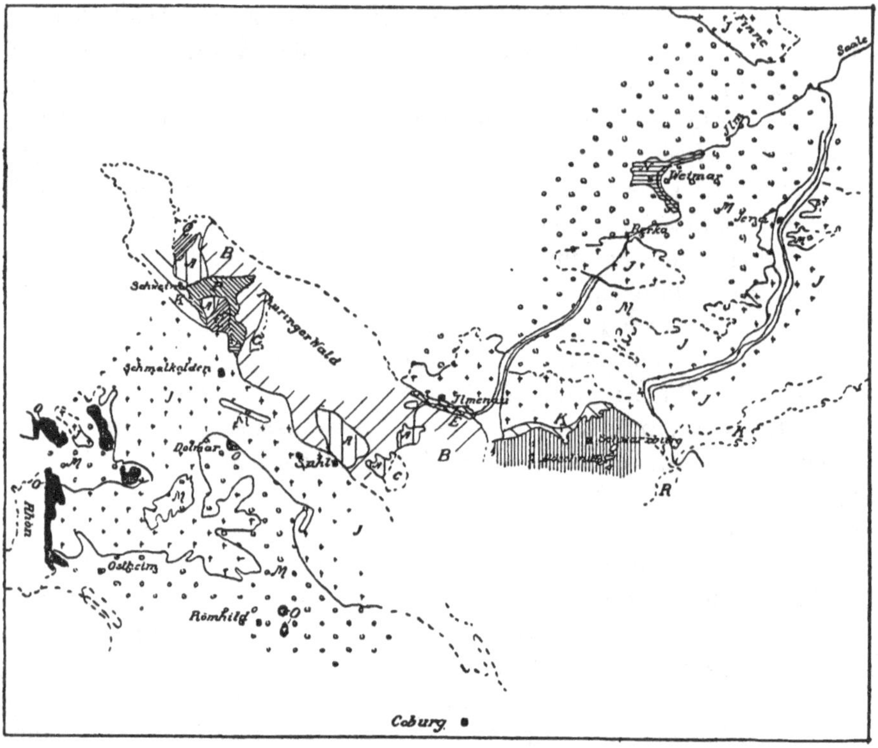

Fig. 1.
Skizze der geologischen Aufnahme Thüringens durch Voigt 1780/81.
A Granit. *P* Gneiß. *Q* Glimmerschiefer. *B* Porphyr. *C* Tonschiefer. *R* Marmor. *E* Kupferschiefer, Kohle, Dachgestein, Stinkstein, älterer Gips. *K* Eisenschüssiger Kalkstein. *J* Sandstein. *M* Muschelkalk, Lettenkohle, jüngerer Gips. *O* Basalt. *N* Tuff.

ist, dem aber je nach der Örtlichkeit einer der andern, jedesmal der tiefste zutage tretende gleichgestellt wird (Fig. 2).

Diesen kaum vermeidlichen Unzulänglichkeiten stehen eine große Zahl richtiger Beobachtungen und Unterscheidungen gegenüber, wo eben Lage und Gesteinsbeschaffenheit deutliche Merkmale darboten. So werden, um zu übergehen, was sich aus Karte und Profil von selbst ergibt, drei Kalke, der (devonische) Marmor von Töschnitz (Döschnitz), der Zechsteinkalk und der Muschelkalk streng auseinander gehalten; im

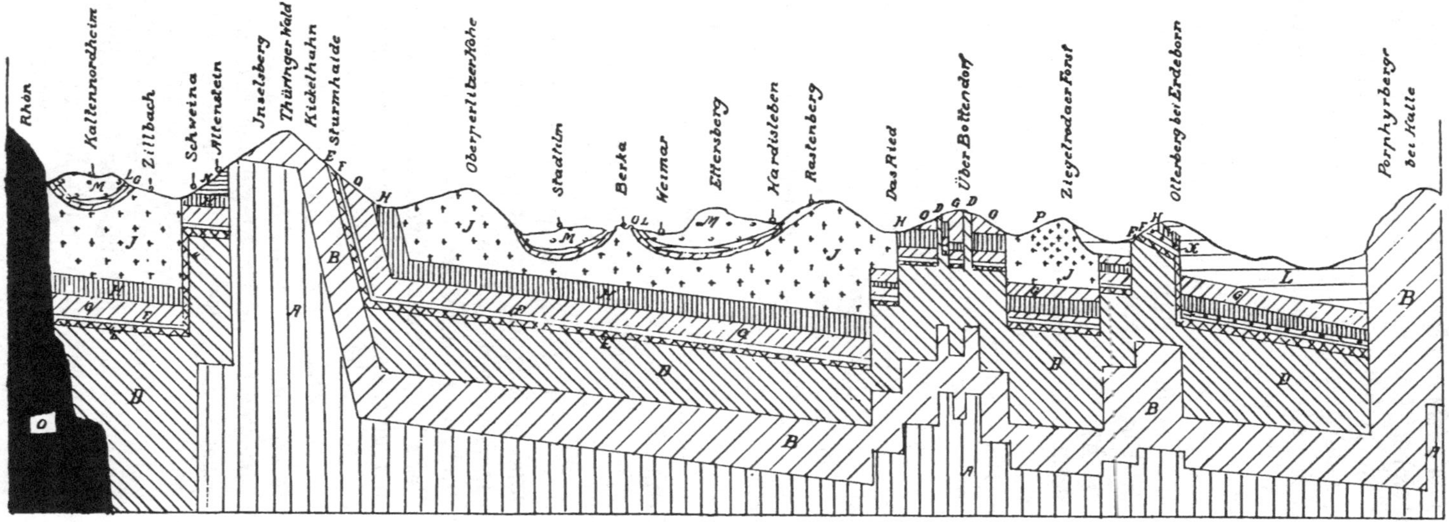

Fig. 2.
Querschnitt durch Thüringen nach Voigt.
A Granit. *B* Porphyr. *D* Totes Liegendes. *E* Schieferflötz. *F* Dachgestein. *G* Gips. *H* Stinkstein. *J* Sandstein. *L* Ton, Triebsand. *M* Muschelkalk. *N* Tuff. *O* Basalt. *P* Rogenstein. *X* Rauchwacke.

Thüringer Wald, für den nichts vorgearbeitet war, finden sich auf den allein untersuchten Strecken Ilmenau—Suhl und Ruhla—Schmalkalden alle nur einigermaßen verbreiteten älteren Gesteine unter dem „Porphyr", Granit, Gneiß, Glimmerschiefer bezeichnet, wenn auch nur dem Vorkommen, nicht der Umgrenzung nach; das vereinzelte Vorkommen von Muschelkalk bei Viernau in der Buntsandsteinzone südlich vom Thüringer Wald ist vermerkt usw.

Betrachtet man das Profil, so empfiehlt es sich, die Mahnung zu befolgen, mit der Goethe es dem Herzog von Gotha überreichte: die Darstellung der tieferen Untergrundschichten zunächst außer Betracht zu lassen, denn diese sei hypothetisch.

Aus drei Stücken setzt es sich zusammen. Das erste geht etwa von SSW nach NNO vom Fuß der Rhön bis zum Inselsberg durch den eisenachischen Teil des Herzogtums. Das zweite setzt am Kickelhahn bei Ilmenau ein, durchquert in nordöstlicher Richtung den weimarischen Teil und bricht auf dem Rücken des Finnegebirges ab. Das dritte ist ostnordostwärts gerichtet, schneidet von einem ganz im Nordwesten der Finne liegenden Punkt über das Kupferschiefergebiet von Bottendorf durch eine dritte Parzelle des Herzogtums, das Amt Allstädt, und endigt am Giebichenstein bei Halle. Ohne weiteres erhellt, daß die allgemeinsten, gröbsten Züge im Aufbau dieser Strecken eine verständliche Darstellung gefunden haben. Außerdem ist überall das Streben zu erkennen, nicht zu schematisieren, sondern die konkreten Verhältnisse individualisierend zu erfassen. Wenn z. B. in der südlichsten der drei Kalksteinmulden am Basalt Muschelkalk, Gips und Ton die Oberfläche bilden und der Sandstein abgeschnitten ist, so sind darin die konkreten Verhältnisse von Kaltennordheim recht wohl zu erkennen. Ebenso ist das Gebirge bei Bottendorf auf Grund gleichzeitiger Grubenprofile[94] spezialisierend gezeichnet. Höchst bemerkenswert ist die Abweichung vom Schema zwischen Hardisleben und Rastenberg, wo zwischen Muschelkalk und Sandstein das sonst überall vorhandene Zwischenlager von Gips und Ton fortgelassen ist. Hier macht sich die Flexur am Südrand der Finne bemerkbar, die unter dem bis dahin die Oberfläche einnehmenden Keuper den Muschelkalk und den Buntsandstein heraufbringt. Zwischen Berka und Weimar entsprechen auf der Darstellung Voigts „Gips" und „Ton" noch dem Röth, bei Hardisleben haben sich Mergel und Gips des Keupers dafür untergeschoben. Andererseits werden Muschelkalk und Keuperkalk gleichgesetzt, so daß die über und unter dem Mergel und Gips anstehenden Kalke nicht unterscheidbar waren; und schließlich bildet der Muschelkalk hier tatsächlich den Abhang einer Bodenschwelle. Daß bei so vielfachen Verwechslungen der Versuch konkreter Darstellung mißlingen mußte, ist begreiflich; für die Absicht, nicht schematisierte, sondern konkrete, spezialisierte Angaben beizubringen, ist aber diese Stelle wohl ein klarer Beweis.

Zittel nennt Voigt seinem Lehrer Werner als beobachtender Feldgeologe durchaus ebenbürtig,[95] und die Analyse dieser Erstlingsarbeit Voigts verstärkt dieses Urteil. Für Goethe war es entscheidend, daß er gerade an dieser Hand in das Wissen der Zeit eingeführt wurde, von diesem jungen Meister die Methode des Beobachtens und Betrachtens übermittelt erhielt. Wie er über ihn dachte, nach langjährig wiederholtem Begegnen, zeigt sein Ausspruch:

„Bergrat Voigt zu Ilmenau, ein eigener Mann, dessen Denk- und Sinnesweise, dessen Behandlungsart der Geognosie wohl geschildert zu werden verdiente, durfte sich eines gewissen natürlichen Sinnes rühmen, der ohne großes Nachsinnen und Forschen, ohne allgemeine Grundsätze doch immer an Ort und Stelle, wenn es nur die Vulkanität nicht betraf, die Reinheit seines glücklichen Auges bewies, so wie seine Meinung immer einen Beweis von frischer Sinnlichkeit gab.“[96]

Als solcher bewährte er sich schon in den Briefen von der mineralogischen Reise durch Weimar. Als ein trefflicher Führer verstand er, das Wesentliche vorzuschieben, die verwirrenden und gleichgültigen Einzelheiten im Hintergrund zu halten und durch eingestreute Zwischenbemerkungen, bald launig, bald ernsthafter, der Aufmerksamkeit eine Ruhepause zu schaffen. Aber dieser Vorzug beruht nicht auf rein formaler Darstellungsgabe allein, sondern in der Ordnung und Sichtung, die er sofort am Darzustellenden vornahm, einem Ergebnis der Wernerischen Schulung. Um zu empfinden, was dadurch gewonnen war, braucht man nur auf die Arbeiten Füchsels zurückzugreifen, die ja ungefähr das gleiche Ziel verfolgten. Da finden wir eine hilflose Unfähigkeit, des massenhaft zusammengetragenen Stoffes Herr zu werden. Wichtige, gleichgültige und winzige Beobachtungen sind alle wie gleichwertig behandelt und gleich uneingeschränkt verallgemeinert. Daneben stehen Theorien, die aller geologischen Erfahrung fern bleiben und durch Laboratoriumsversuche allerprimitivster Art belegt werden sollen. Die beiden Ziele der Arbeit, Erkenntnis des Entstehens der Erde und Schilderung des Aufbaues von Thüringen, stören sich gegenseitig, und allzuoft wird ein weltbewegender Vorgang, ein Sinken des Meeresspiegels, zur Ursache einer Spezialität gemacht, soll etwa die Entstehung eines unbedeutenden Erzvorkommens erklären, oder umgekehrt läßt er durch lokale Ereignisse, durch einstürzende Höhlen das Weltmeer seine Stätte verändern. Voigt dagegen richtete seine ganze Aufmerksamkeit auf Thüringen, auf den Spezialfall; der allgemeine Hergang der Erdgeschichte blieb außer Betracht. Er wollte den Zustand nicht ursächlich erklären, sondern ihn nur beobachten und beschreiben. Er war, wie der Fortgang zeigt, durchaus nicht ideenlos und nicht abgeneigt, eine selbständige Vorstellung vom Werden der Dinge zu entwickeln, aber zuerst und in der Hauptsache beschränkte er sich auf die Erkenntnis des Zustandes und seine Schlüsse gingen nur über das direkter Beobachtung Zugängliche hinaus, um die Beschaffenheit der Dinge zu ergründen, machten aber bis dahin entschlossen Halt vor der Frage nach den formenden Kräften. Vor allem aber wollte er die Tatsachen, die er sammelte, bewertet haben nach ihrer Allgemeingültigkeit oder lokalen Eingeschränktheit und dabei nicht nach vorgefaßten Prinzipien verfahren, sondern sich durch stete Neubeobachtung an möglichst vielen Orten selbst kontrollieren.

Goethe war zum „beobachtenden Feldgeologen“ nicht besonders geeignet. Schon in den ersten Zeiten des Tatsachenstudiums rief er aus: „Die Steine von Thüringen habe ich nun satt; das Vorzüglichste kenne ich und das Übrige läßt sich schließen und von andern hören.“[97] Wohl jeder, der vorwiegend auf das Gedankliche einer Naturwissenschaft gerichtet ist, macht einen Zustand durch, in dem eine allgemeine oberflächliche Tatsachenkenntnis errungen ist, die alles Geforderte schon zu enthalten scheint, weil das ungeschärfte Auge die Schwierigkeiten und Lücken noch nicht sieht, die wirklichen Tiefen noch nicht aufgefunden hat und deshalb meint, alle Tiefen zu durchdringen. Dieser Augenblick der Befriedigung und zugleich der Enttäuschung macht geneigt, von weiterer Verfolgung abzustehen und mit beiden Füßen auf den Boden des Theoretisierens zu springen, nur dem noch nachzutrachten, was von diesem Standpunkt aus Grund- und Hauptproblem zu sein scheint. Da traf es sich für Goethe glücklich, daß Voigt allgemeineren Gedanken nicht abhold, doch stärker auf das Beobachten gerichtet war, dort nicht abstieß, hier zu fesseln wußte, und daß äußere Umstände, amtliche Pflichten dazu zwangen, der Bodenbeschaffenheit des Landes, der wirtschaftlichen Benutzbarkeit überall genaueste Aufmerksamkeit zu widmen. Wie in zwei Seelen gespalten führte Goethe in diesen Jahren eine Doppelexistenz und keine Brücke führte von der einen, der des Staatsmanns, hinüber zu der des Dichters, die sich als die stärkere, die wichtigere fühlen mußte und doch von den Geboten des Augenblicks überall zurückgedrängt und eingeschränkt wurde. Mit aller Kraft rang sie danach, sich ein Bild der Welt von Berg und Stein bis zur feinsten Seelenregung des Menschen zu gestalten; da sie sich aber mit kärglichen verzettelten Mußestunden und flüchtigem hastigem Denken begnügen mußte, so rächte sie sich durch eine quälende, treibende Unrast, die man in allen Briefen dieser Zeit an die Vertrauten, an Merck, Knebel und besonders an Frau von Stein als halb erstickten Unterton zu vernehmen meint. Nun wuchs das geologische Wissen und ward wertvoll für die Praxis der Landesverwaltung. Gekeimt und gewachsen war es auf dem andern Boden, stellte aber jetzt ein Band her zwischen beiden Seiten der Persönlichkeit: mit ganzer Seele konnte er diesen Gedanken sich hingeben und so die Spannung beruhigen und ausgleichen. Das aber lehrt uns verstehen, weshalb er bei späteren Rückblicken fast vergessen hatte, was eigentlich der Anstoß gewesen war, und weshalb Zusammenhänge mit der Praxis, die erst bei fortgeschrittener Kenntnis hervortreten und wichtig werden konnten, die wirklichen Anfänge verdunkelten. Aus den Briefen des jungen Goethe aber klingt der wahre Sachverhalt deutlich hervor. So schrieb er an Knebel:

„Du erinnerst dich noch, mit welcher Sorgfalt und Leidenschaft ich die Gebirge durchstrich und ich die Abwechslung der Landesarten zu erkennen mir angelegen sein ließ. Das habe ich nun wie auf einer Einmaleinstafel und weiß von jedem Berg und jeder Flur Rechenschaft zu geben. Dieses Fundament läßt mich nun gar sicher auftreten; ich gehe weiter und sehe nun, zu was die Natur ferner diesen Boden benutzt und was der Mensch sich zu eigen macht.“[98]

Noch weniger als vor Knebel brauchte er vor Frau von Stein sein Treiben mit Rücksichten auf Beruf und Amt zu entschuldigen oder zu bemänteln. Ihr aber schrieb er zu derselben Zeit:

„Es ist ein erhabenes wundervolles Schauspiel, wenn ich nun über Berge und Felder reite, da mir die Entstehung und Bildung der Oberfläche unserer Erde und die Nahrung, welche die Menschen daraus ziehen, zu gleicher Zeit deutlich und anschaulich wird; erlaube wenn ich zurückkomme, daß ich dich nach meiner Art auf den Gipfel des Felsens führe und dir die Reiche der Welt und ihre Herrlichkeit zeige.“[99]

Im Frühjahr 1782 sind diese Briefe geschrieben, und es zeigt sich, daß der Trieb nach eigener Darstellung des Gesehenen sich zu regen begann. Schon früher, im Dezember 1781, sprach er von einem „Roman über das Weltall“, den er auf einer Fahrt nach Erfurt durchdacht hatte und der Frau von Stein zu diktieren wünschte.[100] Wir wissen nicht, was Inhalt und Ziel dieses Plans war. Der Titel enthält eine scherzhafte Selbstparodie, da zu Goethes heftigster Entrüstung Buffons Epoches de la nature häufig als Roman bezeichnet wurden.[101] Wir dürfen an ein Werk ähnlichen Charakters denken, ohne näheres bestimmen zu können. Sicherlich aber wich es aus der Bahn, die Voigt gewiesen hatte, denn im Gegensatz zu dessen beschreibender Methode tritt in den spärlichen Notizen Goethes, die wir besitzen, eine genetische Anschauungsweise hervor. Über die erste Reise dieses Jahres — April 1782 — sind wir so gut wie gar nicht unterrichtet. Aus den Daten der Briefe und aus ein paar Sammlungsstufen läßt sich entnehmen, daß er, allein oder in Voigts Begleitung, über Gotha und Eisenach um das nordwestliche Ende des Thüringer Waldes nach Meiningen gelangte und dabei zu einigen Beobachtungen über die Verbreitung der schon bekannten Formationen Gelegenheit fand. Im Mai desselben Jahres durchquerte er zweimal den Thüringer Wald auf ununtersuchten Bahnen, zwischen Friedrichroda und Schmalkalden und auf der Rückreise zwischen Sonneberg und Saalfeld, lernte außerdem zwischen Meiningen, Coburg und Sonneberg einiges Neue kennen.

Sammlungen scheinen auf dieser diplomatisch-höfischen Dingen gewidmeten Reise nicht angelegt zu sein, dagegen ist ein leidlich ausführliches Tagebuch überliefert.[102] Im allgemeinen fand er nur die von früher bekannten Formationen wieder. Ihm begegnete das Mißgeschick, das Rotliegende zwischen Friedrichroda und Schmalkalden mit Buntsandstein zu verwechseln und zu schließen, daß dieser sich in „ungeheuren Lagern in das Waldgebirge einschlinge". Dem stehen aber eine Anzahl richtiger Beobachtungen gegenüber. So unterschied er in der Keuperlandschaft zwischen Hildburghausen und Coburg den „lettenschweren Boden" als etwas von den näher am Gebirge liegenden Formationen Verschiedenes, bemerkte bei der zweiten Durchquerung des Gebirges, wo er wie auch Voigt Culm und Cambrium als Tonschiefer zusammenfaßte, die große Verschiedenheit der Härte und der Trennungsflächen, ohne freilich nähere, namentlich örtliche Bestimmungen zu geben, erkannte auch ein vereinzeltes Vorkommen bei Limbach sehr richtig als höchst auffällig gelagerten Buntsandstein. Aber stets beschrieb er die Tatsachen durch ihre angeblichen Ursachen, statt sie einfach festzustellen. So sagte er nicht, daß bei Gotha fruchtbarer Boden sei, so oder so beschaffen, sondern er bemerkte, daß „die letzten weichenden Wasser ihn wohl gemischt hätten"; nicht davon, daß der Sandstein bei Limbach auf Tonschiefer weit über dem gewöhnlichen Niveau lagere, sondern daß, wenn man in der Folge Gelegenheit und Muße fände, den Revolutionen der alten Wasser nachzugehen, sich hier das höchste Niveau, das sie gehalten, bestimmen ließe. Diese genetische Anschauungsweise, durch die er sich geistig immer mehr von Voigt frei machte, tritt noch deutlicher in den Briefen hervor. Die Kosmogonie beschäftigte ihn und die neuesten Entdeckungen darüber,[103] aber auch Fragen der Gesteinsentstehung, im Anschluß an Soulavie, der einen sekundären Granit, einen aus Trümmern des eigentlichen Granits wieder zusammengebackenen Granit, in Südfrankreich entdeckt zu haben glaubte:

„Wegen des Granits, ob ich gleich überzeugt bin, daß er die Basis unserer bekannten Oberfläche ist, werden wir aber doch wohl nachgeben und einen Granit secondaire statuieren müssen. Es wird dies zu vielen Diskussionen Anlaß geben. Allein mir scheint, als wenn auch dieses am Ende sich so schwer nicht lösen wird; wir sehen, daß der aufgelöste Granit als Gneuß wieder zum festen Stein wird, warum sollte er aufgelöst nicht auch wieder als Granit zum zweitenmal zur Festigkeit gelangen? Wir finden welchen, der mit Säuren braust;[104] sollte dies nicht der Granit der zweiten Zeit sein? Was hältst du von der Idee, daß aus einem Granite, in dem Feldspat und Glimmer zum größten Teil verwittern, wenn ihn eine Auflösung von Eisen durchtränkt und er sodann wieder in den Zustand der Versteinerung käme, daß daraus eine Art roten Porphyrs entstehen müsse?

Ich habe wenig Zeit zu lesen und weiß also nicht, was man über die Sache schon gedruckt hat. Wenn ich aber hier und da in einem Journale lese, so scheint mir doch, als wenn man mit allgemeinen und treffenden Ideen noch ziemlich zurück sei."[105]

Einfälle waren das, brieflich mitgeteilt, als noch der Bestätigung bedürftig. Die Beobachtungen führten zu anderen Ergebnissen und jene flüchtigen Vorstellungen schwanden spurlos, denn, soweit sich auch Goethe von Voigt ablöste, stets hielt er doch wie dieser an der Notwendigkeit genauester Erkenntnis des Zustandes, als der Grundlage aller genetischen Vorstellungen fest. Nur die Grundabsicht, das Ziel seines Denkens soll durch die zitierte Stelle aufgezeigt werden. Zunächst freilich traten äußere Umstände allen weiteren Forschungen in den Weg und verwiesen ihn auf das Gebiet abstrakten Denkens.

Von Mitte Mai 1782 bis Anfang September 1783 hielt ihn das Kammerpräsidium, die notwendige Ordnung der weimarischen Finanzen fast unausgesetzt am Orte fest. Nur kurze Ausflüge von wenigen Tagen ließen sich unternehmen und sehr Weniges ist davon überliefert. Aber dieses Wenige, Notizen über beabsichtigte und ausgeführte Beobachtungen in Ilmenau, deutet auf völlig neue oder jetzt erst klar erkannte Ziele. Er nahm sich vor:

„Das totliegende Gebirge wohl zu untersuchen.

Bei Elgersburg die bloßstehenden Felsen anzusehen, ob man ihnen etwas von Gestalt abgewinnen könne. —

Zechstein, dessen Modifikationen, Flöze und Spaltungen."[106]

Und er konstatierte außer Einzelheiten über das Auftreten einiger Gesteine:

„Unter dem Löff. Hammer links am Ufer der Ilm.

Porphyr. Schmale, fast perpendikulär stehende Trennungen, hor. 6.

Kreuzstunde, hor. 1."[107]

Im September 1783 fand die zweite Harzreise statt; über die Roßtrappe, Rübeland, Halberstadt und Zellerfeld führte der Weg zum Brocken, und über Göttingen und Kassel anfangs Oktober wieder heim, die erste der beiden Fahrten durch den Harz, die Goethes geologische Anschauungen für sein ganzes Leben fest bestimmten.

Man wird nicht erwarten, in der damaligen Auffassung der Harzgeologie mehr als fühlbare Keime der heutigen Anschauungen zu finden. Eine Skizze des Oberharzes, der Umgegend von Clausthal, die von Trebra nach ungefähr einem Jahre dortigen Verweilens aufsetzte,[108] betont schon, daß der Kalk den ganzen Harz wie eine Schale einhülle, zieht aber nur am Südrand, soweit der Harz aus Tonschiefer und Grauwacke besteht, die Grenze zwischen dem Gebirge und dem Vorland richtig. Die Kalke bei Grund und Elbingerode wurden jedoch zur Schale gerechnet, zum Muschelkalk, so daß demnach Granit, Tonschiefer und Grauwacken den eigentlichen Harz ausmachten, zusammen mit einigen anderen Gesteinen, angeblichen Äquivalenten der Permschichten im Liegenden des thüringischen Muschelkalks. Über die Lagerungsverhältnisse des Tonschiefers und der Grauwacke äußerte sich von Trebra wie folgt:

„Gegen Abend dem Bruchberge, in der Gegend, wo Clausthal und Zellerfeld liegen, bestehen die Gebirge, die durch ein ziemlich tiefes Tal vom Bruchberge getrennt sind, in einem schwarzen Tonschiefer und in — gehört diese Steinart zum Porphyrgeschlecht oder selbst noch in den Granit hinüber, oder macht sie ein eigenes Geschlecht, oder gehört sie zum Schiefer, ich kann das noch nicht entscheiden — sogenannter Grauwacke. Diese beiden Gesteine wechseln so unordentlich miteinander ab, daß man sehr oft die eine da findet, wo man die andere sucht. Ich glaube sogar, Spuren davon erwischt zu haben, daß wenigstens dem äußeren Ansehen nach die eine dieser beiden Gesteinsarten ebendasselbe darstellt, was die andere ist.“

Diese sonderbaren Mitteilungen hatten Goethes und Voigts Aufmerksamkeit erregt; der letztere war im Sommer 1782 im Harz gewesen, doch nach wie vor machte ihnen die Sache „viel Kopfzerbrechen“.[105] So suchte auch Goethe auf seinen vielfach mit von Trebra gemeinsam unternommenen Exkursionen Klarheit über diese Dinge zu schaffen, aber er verlor sich in Einzelheiten, und unter diesen weckte eine unserer Schätzung nach für seine Ziele ganz gleichgültige seine Aufmerksamkeit am stärksten. Im Rehberger Graben fand er Granitintrusionen, die den Culmschiefer metamorphosiert, einzelne Fragmente abgesprengt und eingehüllt hatten. Zu ihrer Erforschung setzte er das Leben auf das Spiel. „Wir müssen noch berühmt werden, ehe wir den Hals brechen; darum hat es jetzt keine Gefahr“, rief er dem warnenden Freund zu,[109] wir aber ahnen, ohne sie zunächst genauer bezeichnen zu können, eine von der unsern grundverschiedene Auffassung, die in der Tat, auf die so eroberten Stufen gegründet, wichtige Glieder des Goetheschen Systems bestimmt hat.

Allzu spärlich fast ist die Überlieferung aus dieser Zeit, doch erhellt aus ihr, daß es auf solcherlei Beobachtungen und nicht auf Stratigraphie des Harzes abgesehen war:

„Hier bin ich recht in meinem Elemente und freue mich nur, daß ich finde, ich sei auf dem rechten Wege mit meinen Spekulationen über die alte Kruste der neuen Welt. Ich unterrichte mich, soviel es die Geschwindigkeit erlaubt, sehe viel, das Urteil gibt sich.“ [110]

„Ich habe mich recht mit Steinen angefüttert.“ [111]

„Künftiges Jahr muß ich auf den Fichtelberg. — Meine Passion zur Mineralogie hat mich zu schönen Entdeckungen auf meiner letzten Reise geführt.“ [112]

Das Fichtelgebirge war außer dem Harz das nächst gelegene „Urgebirge“. Die Schweiz war unerreichbar. Sollten jene zwei nun Studienobjekte sein und die Alpen als Gegensatz zum „Flözgebirge“ Thüringens vertreten? So wäre das Ausgangsproblem, das so lange zurückgestanden hatte, nun wieder zum Mittelpunkt geworden. Und abermals finden wir in einem Reisebericht, den vermutlich von Trebra erstattet hat,[113] Beobachtungen über die Lage der Schichtenfugen und der queren Ablösungen in den Gesteinen zwischen Harz und Göttingen, ganz analog denen, die Goethe bei Ilmenau notiert hatte.

Inzwischen entstand in Weimar ein jetzt bis auf den Titel fast verschollenes Werk von großer Weite des Blicks, kühn, ja verwegen in seinem Gedankenflug, Herders Ideen zur Philosophie der Geschichte der Menschheit.[114] Hier sollte die Entwicklung des Menschengeschlechts und seiner Kultur, das Aufsteigen und Verharren, die fördernde oder hemmende Betätigung der einzelnen Völker durch Aufdeckung der natürlichen Bedingungen verständlich gemacht werden. Als eine dieser Bedingungen, als in vieler Hinsicht die grundlegende, bot sich die Beschaffenheit ihres Wohnplatzes dar; diese wiederum mußte erklärlich sein aus den Faktoren der Erdbildung, aus der Erdgeschichte. Auch galt es, die Stellung des Menschen in der Natur zu bestimmen, was gleichfalls in letzter Linie auf die Erdgeschichte, auf die allgemeine Geschichte des irdischen Organismenlebens zurückführte. In mehrfacher Beziehung ist interessant, was Frau von Stein gegen Knebel im Mai 1783 über den Vorläufer des Hauptwerkes bemerkte:

„Herders neue Schrift macht wahrscheinlich, daß wir erst Pflanzen und Tiere waren; was nun die Natur weiter aus uns stampfen mag, wird uns wohl unbekannt bleiben. Goethe grübelt jetzt gar denkreich in diesen Dingen, und jedes, was erst durch seine Vorstellungen gegangen ist, wird äußerst interessant. So sind mir's durch ihn die gehässigen Knochen geworden und das öde Steinreich.“ [115]

Man hat zuweilen die naturwissenschaftlichen Darstellungen Herders direkt als Goethesches Gut angesprochen, andererseits aber auch diesen

Anspruch als Wahn bezeichnet, dessen Widerlegung nicht mehr nötig sei, als eine in ihrer Übertreibung unverständige Annahme, und Goethes Anteil dahin definiert, daß er der erste Leser, Beurteiler und Ratefreund gewesen sei.[116] Nun gehen die Rollen des Ratefreundes, Zensors, Mitarbeiters, Diktators ineinander über und es ist Sache der persönlichen Auffassung, der Neigung, wie man sie jedesmal bezeichnen will. Wesentlicher schon ist, daß an Hand der Tatsachen der Einfluß festgestellt werde, den Goethe ausgeübt hat, wo dann die Bewertung seiner Mitarbeit dem Urteil des Einzelnen überlassen bleiben kann. Es wird allgemein zugestanden, daß Herder durch Goethe zu allerlei Ausscheidungen veranlaßt wurde, und daß allein Goethe als Einflußübender in Betracht kommt;[117] sollte er sich nun auf Streichen und Negieren beschränkt haben, und nichts von seinen persönlichen positiven Ansichten mit eingeflossen sein? Dieses festzustellen, dem Goetheschen Gut nachzuspüren, um es für die hier verfolgten Zwecke verwendbar zu machen, das zwingt jetzt zu einer scheinbaren Abschweifung.

Herder oblag es als Theologen, sich mit der Sündflutsage abzufinden und zwar wenn möglich in einer Weise, die den dogmatischen Vorstellungen nicht allzu schroff widersprach. In dem Text, den er selbst veröffentlichte, ist aber von ihr nicht die Rede. Zwar wird von großen Erdrevolutionen oft gesprochen, von der Sündflut als einer Katastrophe, die sich zu Zeiten des Menschengeschlechts ereignet hätte,[118] von einer Veränderung der Zonen, die mit ihr zugleich sich vollzog;[119] die Sündflutsage müßte demnach einen integrierenden Bestandteil der Herderschen Geogonie bilden, doch kam seine Darstellung davon erst posthum, bei der ersten Gesamtausgabe der Werke ans Licht. Sie besteht aus umfangreichen, kühn gedachten Auseinandersetzungen, debattiert und argumentiert in einer Weise, die auch heute noch für sachunkundige, spekulativ und von außen her den Problemen zuliebe an geologische Fragen herantretende Arbeiten charakteristisch ist. Alle Anschauungen sind der Literatur entnommen: Buffon, Saussure, de Luc sind deutlich unter den Quellen zu erkennen. Hypothesen werden stets als Ausdruck von Tatsachen genommen und zu einem Gesamtbild verschmolzen; die Möglichkeit der Konstruktion, die bare Denkbarkeit eines Vorgangs oder Zustandes reicht aus, um ihn als Tatsache einzuführen, ohne Kontrolle durch entgegenbauende Induktion, die für unnötig oder doch vorläufig unzulänglich erklärt wird.

Aus mathematisch-physikalischen Gesetzen wird bestimmt, welche Gestalt die Erde eigentlich haben müßte; aus der Abweichung, welche zwischen der wirklichen und der berechneten Gestalt der Erde besteht, wird geschlossen, daß der Pol seine Lage verändert habe,[120] und dann von allen Seiten Argumente herbeigebracht, die gleichfalls für Wanderungen des Pols sprechen und sie ursächlich erklären sollen. Die Darstellung entfernt sich immer weiter vom tatsächlich Beobachteten, verliert sich schließlich in völlige Unanschaulichkeit, bis zum Schluß die durch Polverlegung hervorgebrachte Sündflut dasteht als ein Ereignis, das nicht durch ein Wunder bewirkt wurde, sondern im direkten Verlauf der Naturgesetze lag und nur durch ein Wunder hätte verhindert werden können. Ähnlich kühn sind andere Naturgemälde, z. B. über die Entstehung der heutigen Festlandsumrisse,[121] die samt und sonders ausgeschieden blieben. also bei Goethe Anstoß erregt hatten

Mit diesen Gedankenfolgen, unbedingt rein Herderschem Gut, die vor keiner Schwierigkeit Halt machen und wie absichtlich die Meister an Kühnheit des Fluges zu übertreffen suchen, stimmt nun die daneben stehende Erwartung gar nicht überein, daß man über Buffon hinaus zu ruhigeren geogenetischen Theorien gelangen werde.[122] Herder selbst schritt ja in genau der entgegengesetzten Richtung über Buffon hinaus. So vernehmen wir zwar Worte Herders, aber einen Gedanken Goethes in dem Satze: „Gewiß ist Buffon nur der Descartes dieser Art mit seinen kühnen Hypothesen, dem bald ein Kepler und Newton durch rein zusammenstimmende Tatsachen übertreffen und widerlegen möge.“ Auch die weitere Forderung, die Herder an die zukünftige Forschung stellt, ein physikalisches Naturgesetz aufzufinden, das die Richtung der Gebirge unter einheitlichen Gesichtspunkten begreifen lehre,[123] auch die ist ein Zeugnis Goetheschen Geistes, denn Herder wollte ja in dem Sündflutkapitel ein solches Gesetz formulieren, als er auf mathematischer Grundlage nach den „Gesetzen der sich bildenden Sphäroide“ Kontinenten und Gebirgen ihre richtige Stellung anwies. Was Goethe entfernte, waren Exkurse über Erdkatastrophen; was die Spur seiner Hand trägt, besteht durchweg in Hinweisen auf ruhigen Gang der Geogonie: der Rückschluß, daß aus seiner eigenen geogenetischen Lehre alles tumultuarische verbannt war, daß wenigstens er strebte, es alles zu verbannen, ist unabweislich. Bemerkenswert ist aber die rückhaltlose Bereitwilligkeit, mit der Herder sein Eigengedachtes verwarf und dem Widersprechendes aufnahm; wir können daraus schließen, daß der definitive Text der Ideen im wesentlichen nichts für Goethe Anstößiges mehr enthielt, und daß wir aus dieser Quelle Ergänzungen der sämtlich unvollendeten eigenen Aufsätze Goethes heben können.

In der Richtung der Gebirge Gesetzmäßigkeit zu erkennen, wäre demnach der Goetheschen Forschung als näheres oder ferneres Ziel gesteckt gewesen. Seine eigenen Niederschriften aus dieser Zeit verfolgten jedoch scheinbar ein anderes. Zwei Einleitungsentwürfe zu einem breit angelegten Werk gehören dieser Zeit an, das bald trocken-wissenschaftliche, bald schwungvoll und rhapsodisch gehaltene Fragment „über den

Granit“[124] und das kürzere, ruhigere „über den Granit als Unterlage aller geologischen Bildung“, wie man es nicht allzu treffend neuerdings betitelt hat[125]. Ihr Thema, in dem erstgenannten deutlich bezeichnet, ist die Frage, ob in den Klüften und Spalten der Granitgebirge Ordnung und Gesetzmäßigkeit vorhanden sei, oder Willkür und Verwirrung. Es ist nun klar, daß die früher erwähnten Beobachtungen bei Ilmenau und zwischen dem Harz und Göttingen, daß die Entdeckungen im Harz 1783, von denen er sprach, sich auf diese Frage beziehen; er glaubte ein solches Gesetz gefunden zu haben und zwar nicht nur im Granit, sondern in allen Gebirgsarten, in den Urgesteinen wie in den sedimentären Schichten. Diesen Spuren wollte er im Fichtelgebirge nachgehen und tatsächlich verfolgte er sie, als 1785 die Reise möglich wurde. Vorher aber hatte er im Juni 1784 von Eisenach aus im Thüringer Wald und besonders im September desselben Jahres durch erneuten Besuch des Harzes sein „ganz einfaches Principium, das die Bildung der größeren Steinmassen völlig erklärt“,[126] überall bestätigt gefunden und ein System der Geogonie ausgebildet,[127] das auf dieses Gesetz der Felsgestaltung gegründet war und für ihn das Problem der Gebirgsentstehung durch gesetzmäßig geordnete Prozesse ohne alle Erdrevolutionen löste. Die Beobachtungen im Fichtelgebirge,[128] auf der Brennerfahrt nach Italien[129] und nach der Rückkehr im Totliegenden bei Eisenach[130] brachten nur Bestätigungen. Im Harz 1784 hatte er das Gesuchte schon endgültig gefunden und bezeichnenderweise begegnet uns hier zuerst eine Andeutung, daß die Leidenschaft des Forschens nachließ und ermüdete.[131] Dem Jahre 1785 gehören die Entwürfe und Dispositionen zu vollständiger Darstellung an,[132] bis auf einen einzigen, der 1789 verfaßt, über den Anfang einer Einleitung nicht hinauskam und im Ton ganz von den früheren abweicht.[133] An jene erstgenannten schließt sich der folgende Versuch an, posthum ein „Antlitz der Erde“ nach Goethe zu entwerfen.

Der früheste Zustand unserer Erde, bis zu dem Beobachtungen und Schlüsse vordringen können, zeigt uns ihre Masse in einem mehr oder weniger flüssigen Zustande. Man hat sie (glühend aus der Sonne hervorgeschleudert sein lassen)[134] sich ausgemalt, daß große Kometen durch heftigen Anprall sie nebst allen übrigen Planeten von der Sonne abgesplittert hätte: „Mein Geist hat keine Flügel, um sich in die Uranfänge aufzuschwingen.“[135] Ein Chaos also ist der Anbeginn, indem alles aufgelöst war, „nicht allein die ersten Erden, sondern alle Salze und Metalle. Wenn man sieht, wie innig die Natur verbindet, so läßt sich auf die innige Auflösung schließen, in der sie die Körper gehalten haben muß, ehe sie fest und Körper wurden.

Wie schwer fällt es der Analyse zu scheiden, was die Natur vereinigt hat, und wieviel geht bei jeder Scheidung verloren. Sollte man also weit vom Ziele irren, wenn man alle bekannten und unbekannten irdischen Substanzen oder einfache irdische Naturen in einer allgemeinen Auflösung in dem ersten Chaos dächte? Was wir in grobem Sinn Elemente nennen: Grunderze und andere Stoffe, waren innig verbunden gewesen.

Um so mehr war dieses möglich und notwendig, da eine mit der andern verbunden mehr von der dritten und dann so fort auflöste, daß also eine allgemeine Auflösung so möglich als notwendig scheint."[126].

Aber nicht einem Schmelzfluß ist dieses Chaos zu vergleichen, sondern einer Lösung in Wasser; es wurde nicht durch ein von außen hinzutretendes, sondern durch ein innerliches Feuer in gleichmäßiger Auflösung erhalten. Aus dieser Lösung kristallisierte zuerst der Kern der Erde aus; er ist wahrscheinlich die schwerste Masse. Die äußerste Kruste des Kerns ist Granit. Er ist kristallisiert in seinem Innersten, d. h. seine Bestandteile sind kristallisiert; Quarz, Feldspat und Glimmer, die schwerst auflöslichen Substanzen, haben sich zusammengezogen und zusammenbegeben; daher ist sein Wesen „bestimmt, aber schwer zu bestimmen, eben weil er aus mehreren, sich gleichwiegenden Grundelementen besteht, die alle gleiche Rechte ausüben. Der Quarz ist gebunden, wie er bindet", und ebenso verhalten sich die übrigen Bestandteile.[136]

Die Gestalt des Granits als Gebirgsmasse ist aber auch ihrerseits nicht durch Schwerkraft, nicht „nach der Schwere und Regelmäßigkeit der Teile" bestimmt,[137] sondern er ist auch als ganzer Fels „in seinem Äußern" kristallisiert, da in den Formen Regelmäßigkeit, Gesetzmäßigkeit bemerkbar ist.[138]

„Die Granitgebirge bestehen nicht aus ganzen, ungetrennten Massen; vielmehr sind solche in mannigfachem Sinne gespalten.

Die ersten Hauptspaltungen desselben teilen das Gebirge der Länge nach von oben hinab. Daraus entstehen Wände von ansehnlicher Breite. Die mittelste Wand steht meist senkrecht, die folgenden zum Teil auch, zum Teil neigen sie sich nach der Mitte zu und ihre Seiten sind untereinander und mit der Richtung des Gebirges gleichlaufend (Transversalklüfte). Diese Wände werden wieder von anderen Ablösungen durchkreuzt. Zuerst bemerken wir einige, die horizontal laufen oder sich mehr oder weniger von der Horizontallinie entfernen, die ich Flözklüfte nach dem gewöhnlichen bergmännischen Ausdruck zu nennen Vorgänger habe, sodann andere, die mehr oder weniger senkrecht die ersten durchkreuzen und Gangklüfte genannt werden dürfen. Dadurch entstehen Abteilungen, die große parallelepipedische oder rhombische Massen bilden, allein auch diese sind nicht ganz, sondern sie werden wieder durch Unterabteilungen getrennt; deswegen sei mir erlaubt, jene ersten Klüfte Hauptflöz- und Hauptgangklüfte zu nennen.

Die Unterabteilungen sind nicht so einfach, noch so regelmäßig. —

Bald laufen die Klüfte dieser Zwischenmassen mit den Hauptklüften parallel, bald weichen sie von ihnen ab. Bald teilen sie solche horizontal in gleiche Bänke oder perpendikulär in gleiche Blöcke, bald trennt sich eine Abteilung in mehrere Lagen, indessen die darunter stehende in einen Block verbunden ist, der sich gleichsam wie ein Riegel vorschiebt; bald läuft ein Riß in die nächste Masse hinüber, bald verliert er sich ganz.“ [139]

„Es würde unmöglich sein, mit bloßen Worten ein deutliches Bild zu geben,“ deswegen soll Beschauern, die die höheren Gebirge nicht selbst besteigen können, durch eine Tafel (Titelbild) und ein Modell (Fig. 3) das bisher Gesagte klar gemacht werden.[139]

Fig. 3.
Goethes Modell zur Gebirgskunde.

Eine andere Kristallform zeigt sich in allein stehenden Klippen, wie in der Roßtrappe. Dort wird der Granit durch Klüfte, die hor. 12 streichen, in Wände, diese wieder durch Gangklüfte, ungefähr hor. 8 streichend in rhombische Säulen geteilt, welche durch Flözklüfte dergestalt getrennt werden, daß bald größere, bald kleinere rhombische Säulen und Blöcke daraus entstehen. Die Flözklüfte schneiden obgedachte Rhomben unter einem solchen Winkel, daß kein Winkel des Parallelepipedon rechtwinklig ist, vielmehr nur schiefe Winkel entstehen.[140] So gleichen also diese „Felskristalle“ parallelepipedischen Rhomben, die auf die Spitze gestellt sind.

[Wie nun zuweilen ein Kristall sich aufbaut aus vielen kleinen Kristallen, deren Form von der des ganzen Kristalls abweicht,[141] so baut sich ein „Klippenkristall“ aus einzelnen „Felskristallen“ auf, so besteht aber auch, da „der ganze Bau unserer Erde aus der Kristallisation zu erklären ist“,[137] der Granitkern der Gebirge aus langgestreckten „Felskristallen“, deren Lage und Form durch Kristallgesetze zu bestimmen ist.]

Denn diese Risse und Spaltungen können nur durch Kristallisation entstanden sein; wären sie durch Abkühlung entstanden, so zeigten sie nicht die überall beobachtete Regelmäßigkeit.[142] –

Es empfiehlt sich hier Halt zu machen und der Begründung dieser uns höchst sonderbar anmutenden Vorstellungen nachzugehen. Die Anwendung des Kristallisationsbegriffs auf die äußere Form der Gesteine ist offenbar ihr innerster Kern, die Grundidee, aus welcher alles andere folgt. Dabei ist von wirklicher Kristallisation die Rede und nicht von Absonderungen, die auf statischen Gesetzen beruhen und sich in „eine gewisse entfernte Beziehung“ zu Kristallisationen setzen lassen.[143] Es wurde schon erwähnt, daß Goethe nur eine morphologische, keine physikalische Definition des Kristallbegriffs kannte, und dieselbe Definition war auch für die Folgezeit maßgebend.[144] Auch chemische Einheitlichkeit der Substanz wird in dieser Definition nicht gefordert, vielleicht aber als selbstverständlich vorausgesetzt. Es ist auf diesen Punkt zurückzukommen. Hält man sich an die rein morphologische Definition, so kann man z. B. eine Basaltsäule als Kristall auffassen[145] und durch Messung der Winkel und Flächen ein Kristallsystem dafür zu entwickeln suchen, aber, wenn man auch unzählige Basaltsäulen auf diese Weise behandelte, so würde man doch nie zum Ergebnis gelangen, daß Basaltsäulen keine Kristalle sind, sondern solange man nicht durch eine selbständige oder qualitativ-neue Evidenzquelle auf anderem Wege die Unanwendbarkeit des Kristallbegriffs erkannt hat, immer nur Formeln für die anscheinend komplizierten Kristallbildungen und neue asymmetrische Kristallsysteme suchen. Bei dieser Anschauung hatte Goethe also den Beweis, daß die Felsgestalten Kristallformen seien, erbracht, sobald die Gesetzmäßigkeit der Begrenzungsflächen festgestellt war, oder, wenn die Vorstellung, daß Kristallisation im Spiele sei, auf anderem Wege sich eingestellt hatte, durch den Nachweis der gesetzmäßigen Begrenzung zugleich die Richtigkeit und Anwendbarkeit der Vorstellung belegt.

Der Weg, auf dem diese Vorstellung sich eingestellt hatte, läßt sich aufdecken. Wir müssen zu dem Zweck auf die Darstellung der Untergrundschichten zurückgreifen, wie sie Voigts Profil durch Thüringen enthält (Fig. 2). Finden wir in einer neueren Arbeit ein solches gleichzeitiges Auf- und Abspringen sämtlicher Schichten an durchlaufenden Linien, so wissen wir ohne weiteres, daß von vertikalen Verwerfungen die Rede sein soll. Jedoch rechnete Voigt keineswegs mit Störungen irgendwelcher Art, sondern ging von der Überzeugung aus, sämtliche Schichten seien so gebildet, wie sie heute gefunden werden. Er stellte sich vor, daß der Granit unter dem Thüringer Wald wie eine eckig und ebenflächig begrenzte Mauer hinziehe; diese Mauer sollte zinnenartige Vorsprünge tragen dort, wo der Granit an die Oberfläche kam, und mit scharfeckigem, ebenflächigem Sprung erniedrigt sein, wo der Granit unter jüngeren Schichten verschwand. Überhaupt meinte Voigt beobachtet zu haben, daß alle Bergformen, soweit sie an der Oberfläche nicht durch die „Zeit", d. h. durch Erosion abgerundet wären, ihre ursprüngliche Gestalt also noch vorläge, überall scharfeckig und ebenflächig begrenzt seien. Weiter hatte ihn der Augenschein belehrt, daß bei den Urgesteinen in der Regel die jüngere Schicht sich mantelartig und allseitig ihrer Unterlage aufgelegt habe, nicht nur auf flache Gründe, sondern auch als anschmiegende Umhüllung, der Porphyr auf den Granit, das Totliegende auf den Porphyr usw. Gelegentliche Lücken in dieser Hülle, Vertretung eines Gesteines durch ein anderes, hielt er für Ausnahmefälle ohne Bedeutung. Wenn nun das Hervortreten des Porphyrs im Thüringer Wald durch eine Erhöhung der tragenden Granitmauer erklärt war, so mußte jedes Durchstoßen älterer Schichten zwischen jüngeren gleichfalls auf solche Granitmauern in der Tiefe zurückgeführt werden. Die Linien Kyffhäuser—Bottendorf, Harzachse—Otterberg, in ihrem Verlauf der Achse des Thüringer Waldes parallel, wiesen auf die Existenz solcher Granitmauern, die nur lokal bis zur Oberfläche aufragten.

Es ist nicht schwer, in diesen tektonischen Anschauungen Voigts eine der Wurzeln der Goetheschen Theorie von der Erdkristallisation zu erkennen: die ebenflächigen, scharfeckig begrenzten und parallel verlaufenden Granitmauern müssen zur Annahme einer gemeinsamen Gestaltungsursache führen, sowie ja auch in der modernen Geologie die diesen Schlüssen zugrunde liegenden, jetzt freilich ganz anders ausgelegten Tatsachen unter einheitlichen Kausalreihen begriffen werden. Genaue und zahlreiche Einzelbeobachtungen schienen außerdem die Existenz solcher mauerartigen, zinnengekrönten Grundgebirge des näheren zu beweisen. In der Gegend von Ilmenau ging z. B. der im Porphyr getriebene Braunsteinbau auf die Stelle zu, wo nach dem Verlauf der oberflächlichen Grenze Granit anstehen mußte, stand sogar fast senkrecht unter dieser Grenze, ohne daß man ein Zeichen für das baldige Aufhören des Porphyrs gefunden hätte.[146] Hier schneidet eine Verwerfung den Granit ab; Voigt dachte nicht an diese Möglichkeit, sondern fand eine näher liegende Erklärung in der Vorstellung, daß entweder „ungeheure Prismen" von Porphyr und Granit bis in die unendliche Teufe nebeneinander ständen, oder daß der Granit als Unterlage des Porphyrs weiterziehe, aber mit scharfer Knickung in eine horizontale Fläche überginge.[147] Er mußte sich für die zweitgenannte Meinung entscheiden, weil das Thüringer Land kaum etwas so eindringlich predigt als die Lehre, daß die Erdkruste aus übereinanderliegenden Schichten bestehe, und weil sie völlig übereinstimmte mit allem, was über die Lagerungsverhältnisse des Kupferschiefers und über seine Entstehung bekannt war.

Die Verwechslung von erzführenden Verwerfungsspalten und von steilen Aufbiegungen des Kupferschieferflözes wurde nicht nur dem Bergbau, sondern auch der geologischen Theorie verhängnisvoll. Beides bezeichnete man als „Rücken“ oder „Wechsel“ und hatte die Vorstellung, das „Flöz“ sei eine meist eben gelagerte, zuweilen scharfeckig umgebogene, immer aber ebenflächig begrenzte Schicht. Die vertikalen Verbindungsstücke fehlten zuweilen, man legte dem aber keine theoretische Bedeutung bei. Ferner nahm man unbedenklich die praktisch-technische Einheit, die das „Flöz“ für den Bergbau war, in der Geologie als genetische Einheit, fand nun auch das Grundgebirge, das Liegende des Flözes staffelartig in scharfen Knickungen auf- und absteigen, und da das Erz Kristalle enthielt, so war der Schluß unabweislich, daß das Flöz sich erstens (was ja auch noch jetzt die verbreitetere Ansicht ist) durch chemischen Niederschlag, zweitens aber wie eine Kruste durch Kristallisation auf der schon vorher geformten Unterlage gebildet habe. Was diese Unterlage so staffelartig geformt habe, hat Voigt vor der Öffentlichkeit nicht besprochen. Seine Ansicht war, daß Erdbeben, Erdbrüche und jählinge Einsinkung sie hervorgebracht habe vor Ablagerung der darüberliegenden Schichten.[148] Da diese Vorstellungen auf den Erfahrungen des Bergbaus beruhten, den genauesten, welche die damalige Geologie besaß, lag kein Grund vor, ihnen irgendwie zu mißtrauen.

Stellt man sich auf den Boden dieser Anschauungen, so verlieren zwei in der heutigen Geologie stets aufmerksam beobachtete Tatsachengruppen völlig den Charakter des Problematischen oder nur Bemerkenswerten: die örtlichen Verschiedenheiten in der Höhenlage horizontaler Schichten und die Schichtenneigung. Das Kausalbedürfnis ist vollkommen befriedigt, wenn für die erste Gruppe auf die Niveauverschiedenheiten des Kupferschiefers hingewiesen wird. So wie dieser je nach der Höhe der Unterlage auf verschiedenen Niveaus gleichzeitig gebildet wäre, so hätte sich auch jede andere Schicht an dem einen Ort unabhängig von der Höhenlage der zugehörigen Nachbarvorkommen abgesetzt. Daher zog auch Goethe an einer früher zitierten Stelle aus dem Buntsandsteinzeugen bei Limbach hoch auf den Tonschiefer des Thüringer Waldes nur den Schluß, daß „damals die Wasser auch diese Höhe bedeckt hätten“;

und Voigt verfuhr in derselben Weise: er schloß aus der Höhe der Absätze auf die Höhe des Meeresspiegels, statt, wie wir jetzt, die Höhenunterschiede im Geist auszugleichen, sie auf ein Niveau zu reduzieren und so spätere Verschiebungen zu berechnen. Doch läßt sich auch jene alte Vorstellung sehr wohl mit dem Beobachteten vereinigen, wenn man als Analogon dieser Vorgänge die Kristallisation und mechanische Sedimentation in einem Gefäß mit unebenem, gestaffeltem Boden heranzieht. Nur sollte man meinen, eine einzige unverkennbare Verwerfung hätte bekannt werden und dann das ganze System über den Haufen werfen müssen.

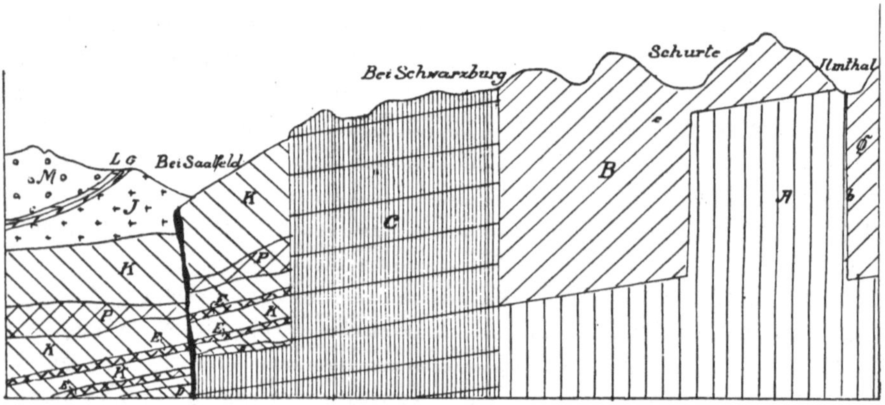

Fig. 4.
Längsschnitt durch den Thüringer Wald von Saalfeld bis Ilmenau nach Voigt. *A* Granit. *B* Porphyr. *C* Tonschiefer. *D* Totes Liegendes. *E* Schieferflöz. *K* Bituminöser und eisenschüssiger Kalkstein. *J* Sandstein. *G* Gips. *L* Ton, Triebsand. *M* Muschelkalk. *P* Eisenstein.

Doch kannte Voigt Verwerfungen, hatte sie sogar mehrfach beobachtet. In Fig. 4 ist sein Längsprofil durch den Thüringer Wald, von Ilmenau bis Saalfeld, wiedergegeben. Seine Beschreibung lautet:

„Nun stellen Sie sich vor, daß sämtliche bemeldete Flözschichten mit dem darunter befindlichen Grundgebirge oder Tonschiefer auseinander geborsten wären, und ein Teil davon wäre fest stehengeblieben, der andere aber um einige Fuß und noch tiefer niedergesunken, und in dem dadurch entstandenen Spalt hätten sich Erze erzeugt; so haben Sie gleich ein recht deutliches Bild von der besonderen Art von Gängen in der dortigen Gegend. — Was diese Verrückung der Flözschichten verursacht haben mag, kann ich nicht ergründen. Es muß wohl eben die sein, die in anderen Flözgebirgen die Rücken hervorbrachte, mit denen sie überhaupt mehr Ähnlichkeit haben, als mit den Gängen.“ [149]

Die nachlässige Unklarheit dieses letzten Satzes beweist, für wie gleichgültig Voigt die ganze Sache hielt, denn er dachte offenbar an seine nur privat mitgeteilte Ansicht über die Entstehung der Rücken im Grundgebirge des Kupferschieferflözes. In seinem Buch ist aber nur erwähnt, die Rücken des Flözes seien entstanden, weil der Grund, auf dem sie sich bildeten, zackig war. Dadurch kann keine Verrückung entstehen, ebensowenig freilich dadurch, daß in einer früheren Zeit, vor Ablagerung der Flözschichten, einmal Verrückungen stattgefunden haben. Bedeutungslos und des Bedenkens unwert waren ihm ferner Senkungen, die er aus Niveauverschiedenheiten der Triasschichten im Saaletal ableitete.[150] Das Auffallendste schließlich ist, daß er auch folgende Beobachtung nur einer flüchtigen Anführung für würdig hielt:

> „Die Rücken (bei Schweina) streichen so, wie in Ilmenau, Bottendorf und in der Grafschaft Mansfeld und setzen nicht selten, gleichsam wie Gänge ein Stück ins Tote liegende.“[151]

Hier lag also eigentlich klar zutage, daß der Rücken eine erzführende Spalte sei und mit dem Flötz nicht verwechselt werden dürfe. Wir können aber nur konstatieren, daß dieses für Voigt keineswegs am Tage lag, und sehen uns zu der Frage gedrängt, warum es nicht der Fall war. Die Hauptmasse der Erscheinungen, die Entstehung der übrigen Rücken, die Niveauverschiedenheiten der horizontalen Schichten hatten für ihn anderweitig eine scheinbar vollgültige Erklärung gefunden, waren in einen Kausalzusammenhang gebracht, gegen den keine Einwendungen erhoben wurden. Was sich dieser Erklärung nicht einfügen wollte, stand da als vereinzelte Tatsache, — vereinzelt, weil das Zugehörige davon genommen war. Solche vereinzelte Tatsachen der großen erledigten Menge gegenüber außer Betracht zu lassen und späterer Erforschung zu überweisen, damit sie im noch Unbekannten, nicht im Bekannten, die zugehörigen Erscheinungen aufsuche, das entspricht noch heute dem Verfahren der Wissenschaft und konnte daher auch für Voigt kein Anlaß sein, seine Vorstellungen zu revidieren.

Für ebenso bedeutungslos mußte er die Schichtenfaltungen ansehen. Flaches Fallen und flache Krümmung war ihm nichts als Folge gleichgebogener Unterlage,[152] und wo, namentlich in den mittleren Teilen des weimarischen Landes, lokale, kleinere Faltungserscheinungen solcher Erklärung sich schlecht eingefügt hätten, da boten Störungen allerkleinsten Ausmaßes ein Analogon, das einfach in größeren Maßstab übertragen wurde: Auswaschungen in Gips und Einsturz der überlagernden Gesteinsschichten. Das mächtige Gipslager am Johannisberg bei Jena schien die geringe Bedeutung der ganzen Erscheinungsgruppe noch besonders zu demonstrieren:

> „Seine Lager sind so verwirrt und gekrümmt untereinandergewunden und so zersprungen, daß man auf eine ehemalige gewaltsame Zerrüttung verfallen könnte, wenn nicht der darunterliegende

Sandstein und darüber der Ton ganz wagerecht lägen und dadurch das Gegenteil bewiesen."[153]

Steile Schichtenstellung aber, besonders die mit Flexuren des Flözes zusammen auftretende, rückte in denselben Ursachenbereich wie die „Rücken" des Flözes, ward durch Kristallisation entstanden gedacht, und deshalb nicht als Problem erkannt. Es ist bemerkenswert, daß Voigt die obere Grenze des Sandsteins nicht mehr scharfeckig zog, ohne freilich im Text sich darüber auszusprechen. Bei Schichten, die älter sind als der Kupferschiefer, nahm Voigt Verwerfung als Ursache an, gleichfalls ohne eine Diskussion der Frage für erforderlich zu halten. Es genügte ihm, die Tatsache festgestellt zu haben, daß das Untergrundgebirge ebenflächig begrenzt sei. In theoretischer Beziehung ist sein Werk nicht zu Ende geführt, aber was es an Behauptungen enthält, ist mit möglichst vielen Beobachtungen belegt, konnte also von Goethe nur als tatsächlich bewiesen hingenommen werden. Gegen eines äußerte zwar schon von Trebra Bedenken: gegen die behauptete vertikale Begrenzung des Granits. Er belegte mit Grubenaufschlüssen, daß die „Abfallslinie" des Granits in Johann-Georgenstadt schräg geneigt verlaufe.[154] Doch war das kein genereller Einwurf, denn er setzte hinzu: „Basaltgebirgen kann man mit Recht die perpendikuläre Linie geben, denn der Basalt wird sehr oft und mehrenteils in perpendikulären Säulen gefunden." Voigt fand sich sehr leicht damit ab, indem er von meist senkrechtem Umriß sprach, und seine eigenen Schlüsse nicht preisgab.

Das parallele Streichen der Störungszonen in Thüringen, wie es sich an der Harz-, Kyffhäuser- und Thüringer Waldachse, im Parallelismus der Rücken der Kupferschiefervorkommen dokumentiert, muß allerdings auf eine gemeinsame Ursache zurückgeführt werden. In denselben Zusammenhang gehören dann auch die Hauptrichtungssysteme der Harzgänge, die man als Goethe sicher bekannt hinzusetzen darf. Daß er diese Zusammengehörigkeit der Erscheinungen zuerst gesehen, ist ohne weiteres als sein wissenschaftliches Verdienst zu bezeichnen, denn weder bei Voigt noch in von Trebras gleichzeitig erschienenen „Erfahrungen vom Innern der Gebirge" findet sich eine Andeutung davon. Im letztgenannten Werk heißt es einfach, die in den Spalten zirkulierenden, von der Oberfläche herabgesunkenen Gewässer hätten sich selbst diese Wege gebahnt,[155] wonach also die Richtungsregelmäßigkeit der Gangsysteme dem Autor als ein unwesentlicher Zufall erschienen wäre.

Regelmäßige Flächen, auch die von Voigt konstatierte ebene Begrenzung der Urgebirgskämme, durch Kristallisation zu erklären, war nun ein naheliegender Gedanke, um so mehr als ganz andere Gedankenreihen den Kristallisationsbegriff gleichfalls in die Geologie einführten.

Von Gebirgserhebungen sprach in jener Zeit niemand. Buffon, Füchsel und auch Voigt kannten nur Gebirgsentstehung durch Einstürze im Vorland, wodurch auch geneigte Schichtenstellung ihre Erklärung zu finden schien. Da man aber von solchen Einstürzen und den riesigen unterirdischen Höhlen, die von der Theorie angenommen wurden, nie etwas gesehen hatte, so nahm Saussure an, geneigte oder steil stehende Schichten seien überhaupt nicht in ihrer Lagerung gestört, sondern von Anfang an so gebildet und dann natürlich nicht durch mechanische Sedimentation, sondern auf chemischem Wege, d. h. durch Kristallisation abgesetzt. Doch auch Saussures Geogonie war von Gewaltsamkeiten nicht frei, erklärte vielmehr die Oberflächenformen der Alpen, Klippen, schroffe Felswände, die Zerreißungen des Schichtenzusammenhangs durch supponierte jähe Erschütterungen der Erdrinde. Noch weiter ging Füchsel, dessen Werke Goethe allerdings erst studierte, als seine eigenen Ansichten im ganzen abgeschlossen waren. Nach ihm sollten schon die Gesteinswechsel im thüringischen Flözgebirge für gewaltige Erdbeben zeugen, welche die Grenzen des festen Landes verschoben, ohne freilich die Regelmäßigkeit der Schichtenablagerung irgendwie zu stören; der Gesteinswechsel bewies, daß das später niedergeschlagene Material aus früher unzugänglichen, zu weit entfernten oder erst jetzt trocken gelegten Landstrecken herbeigeschwemmt war. Derselbe Füchsel behauptete zwar: modus vero, quo natura hodierno adhuc tempore agit et corpora producit, in hac explicatione pro norma assumendus est; alium non novimus,[91] und bewies damit, daß richtige Prinzipien immer weit früher aufgestellt als befolgt und in ihrer Tragweite erkannt werden.

Voigt mag Saussures Anschauungen übernommen haben, oder selbständig auf den gleichen Gedanken gelangt sein, als er die Rücken des Kupferschiefers durch Kristallisation entstanden sein ließ. Er erwähnt weder Buffon noch Saussure, jedoch könnte Goethe den Vermittler gemacht haben; andererseits lag bei den gegebenen geognostischen Vorstellungen diese Erklärungsweise so im graden Weg der Gedanken, daß man nicht notwendig auf Entlehnung zu schließen braucht. Für Goethe mußte es nun wichtig sein, daß die Einsturztheorie Buffons nur auf unbedeutende, lokale Verhältnisse angewendet werden konnte, während Saussures Kristallisationslehre Erscheinungen allergrößten Ausmaßes begreiflich machen konnte, in Thüringen wie in den Alpen. Es war nur folgerichtig, wenn er in seiner Geogonie jene offenbar nur im Beschränkten wirksamen Faktoren außer Betracht ließ, von jeglichem Gedanken an sekundäre Störungen absah und daher in den Granitkernen der Gebirge nur uranfänglich entstandene Erhöhungen des Erdkerns erblickte. Daß der Granit das älteste der bekannten Gesteine sei und den Kern aller Gebirge bilde, galt ja damals und noch für lange Zeit als unbedingt gesichertes, überall bestätigtes Beobachtungsergebnis.

Nun ist in allen diesen verschlungenen Vorstellungen höchst auffällig, daß zwischen Sedimenten und plutonischen Gesteinen kein genetischer Unterschied angenommen wurde, daß vielmehr Schlüsse, die auf der Beschaffenheit der einen Gruppe beruhen, zuweilen ohne weiteres auf die andere übertragen sind. Vergegenwärtigt man sich den Zustand der damaligen chemisch-physikalischen Kenntnisse, besonders daß damals nur Kristallisation aus wäßriger Lösung bekannt war, so zeigt sich, daß dieses jetzt wesentlich gewordene Unterscheidungsmoment der Gesteine damals fast bedeutungslos war; die Beschreibung, die Goethe vom uranfänglichen Chaos gab, erschien damals als ein Ergebnis zwingender Schlüsse, beruhend auf der Grundüberzeugung, daß alle Gesteine aus Wasser abgesetzt seien, die plutonischen, weil sie kristallisiert sind, die sedimentären, weil sie Reste von Wassertieren enthalten. Freilich haftete etwas Problematisches daran, denn man übersah den Unterschied keineswegs und bemerkte auch die Ähnlichkeit zwischen Massengesteinen und vulkanischen Produkten. Voigt ließ die Frage offen: „Wegen der ihnen (den Flözgebirgen) zum Grunde dienenden einfachen Gebürgen können bis itzt noch die Gelehrten sich nicht vereinigen, ob sie nassen oder vulkanischen Ursprungs sind.“ [148] Goethes vermittelnde Vorstellung rechnet mit der Existenz eines materiellen Feuers, eines Wärmestoffes: die Grundgebirge sind sowohl nassen als auch feurigen Ursprungs, weil abgesetzt aus einer Lösung in wärmestoffhaltigem Wasser, zeigen daher Verwandtschaft mit den Gesteinen rein feurigen (vulkanischen) wie mit solchen rein wässerigen (sedimentären) Ursprungs. Dabei sind die Vorgänge bei der Auskristallisation des Granits mit denen in einem Kristallisationsglas verglichen: die Gebirgskerne entsprechen langgestreckten Aggregaten mehr oder weniger tafelförmiger Kristalle, die Klippen steil aufschießenden Kristallnadeln. Welche Kristallform sich an einer bestimmten Stelle gerade ausbildete, mochte durch geringfügige Mischungsdifferenzen im Chaos, wieder in Analogie mit künstlichen Kristallisationsvorgängen, bestimmt worden sein. [156]

Bei der Rekonstruktion des Urzustandes hielt sich demnach Goethe, wie übrigens seine ganze Zeit, nah an den gegenwärtig vorgefundenen. Der Erosion wird höchstens die Wirkung zugeschrieben, daß sie die Klippen, überhaupt die zutage liegenden Gesteine unter Mithilfe der Verwitterung abrunde und die anfängliche Gestaltung verwische. Der Gedanke, daß die gegenwärtige Gestaltung durch langsam wirkende Faktoren aus einer ganz anders beschaffenen herausgearbeitet sein könne, existierte noch nicht. Die Vorstellungsweise Goethes unterscheidet sich von der gegenwärtigen durch den geringen Einfluß, welcher der Zeit als geologischem Faktor zugeschrieben wird. Wir haben darin die unvermeidliche Folge einer traditionellen Denkgewohnheit zu erkennen, der weder er noch einer seiner Zeitgenossen sich entziehen konnte. Damals hatte Buffon zuerst eine Schätzung der seit dem ursprünglichen Chaos verflossenen Zeit versucht und war noch unter 100000 Jahren, einer undenkbar lang scheinenden Zeitspanne, verblieben. Im August 1780 suchte der Dichter Leisewitz Goethe in Weimar auf und notierte mit Erstaunen, daß er nur von einer Untersuchung der Mineralien im Lande unterhalten worden sei und von der „Narrheit", das Alter der Welt auf 6000 Jahre zu schätzen.[157] Diese Anekdote zeigt, wie sehr die biblische Chronologie noch unbewußte Voraussetzung des Denkens war. Die bewußt anerkannte Chronologie lag im Streite mit der zur Denkgewohnheit gewordenen unbewußten, und aus der Gestalt von Goethes geogenetischen Theorien erkennen wir, daß die Gewohnheit auf die Bildung der wissenschaftlichen Begriffe den stärkeren Einfluß übte. Nur aus diesem Grunde konnte die Frage nach der Gebirgsentstehung mit der nach der Entstehung der Felsen und Klippen verquickt werden, und erst dann ward diese Fehlerquelle offenbar, als im weiteren Fortgang der Forschung der Zeitbegriff mittätig wurde, und nun der bewußt anerkannte ins Spiel kam.

Bei dieser Sachlage, die allen Begriffen eine bestimmte, übereinstimmende Färbung lieh, hätte auch weitergeführte Beobachtung damals den Fehler in der Grundlage nicht aufdecken können, sondern hätte nur die Ergebnisse, die Schlüsse auf das direkt Unkontrollierbare vielleicht modifiziert und keinerlei Bedenken den Platz geöffnet. Im Gegenteil bot diese Theorie eine harmonische Erklärung für eine ganze Reihe von Erscheinungen, tat also dem Kriterium, nach dem der wissenschaftliche Wert einer Theorie bemessen wird, völlig Genüge. Auffällig ist, daß der tumultuarischen Katastrophenlehren, die nunmehr aus der Geogonie ganz ausgeschaltet waren auch da, wo Saussure ihnen noch Raum gab, in Goethes Entwürfen von 1785 überhaupt nicht mehr Erwähnung geschieht; und doch war ja der Mittelpunkt seines Strebens gewesen, diese zu stürzen und unnötig zu machen:

> „Da dem Menschen nur solche Wirkungen in die Augen fallen, welche durch große Bewegungen und Gewaltsamkeiten der Kräfte entstehen, so ist er jederzeit geneigt zu glauben, daß die Natur heftige Mittel gebraucht, um große Dinge hervorzubringen, ob er sich gleich täglich an derselben eines andern belehren könnte."[158]

Es mag unentschieden bleiben, ob diese wissenschaftliche Stellungnahme nur durch Goethes geologische Erfahrung oder außerdem durch eine Charaktereigenschaft diktiert war, die auch beim jungen Goethe und in der Zeit vor der italienischen Reise bemerkbar ist, durch Abneigung gegen alles Unruhige, Ungezügelte, sozusagen Ungesittete. Entscheidend war wohl hauptsächlich, daß die Phantasie des Dichters Anstoß nahm an Vorstellungen, die ein weniger lebhaft denkender Gelehrter ruhig hinnahm oder selbst entwickelte. Der Dichter ist gewohnt, sich alles konkret, plastisch bis in die Einzelheiten auszumalen, die gedachten Vorgänge wirklich zu sehen und mitzuerleben, während die Phantasie des unkünstlerischen Geistes sich eher beim Wort beruhigt und schon zufrieden ist, sobald sie ein irgendetwas, ein Ungestaltetes dabei denken kann. So mochte Goethe sich des Eindrucks erinnern, den wenige Jahrzehnte zuvor das Erdbeben von Lissabon bei aller Welt hervorgebracht hatte, und der ganz unmerklichen Veränderungen, welche damit einhergingen. Welche ungeheuren, unglaubhaften Dimensionen mußten dann Erschütterungen haben, die mit einem Schlage das Bild der Erdoberfläche umgestalten sollten! Und dennoch wäre dabei in Thüringen ein Schichtenkomplex in ebener Fläche über dem andern abgelagert worden und der Anschein ungestörter Bildungsfolge entstanden? Und bei solcher Turbulenz der Vorgänge in Thüringen, was für Ausmessungen hätten da in den Gebirgen und den Alpen die felsenspaltenden Erschütterungen haben müssen! Vielleicht schien es daher Goethe völlig ausreichend, einleitungsweise diese unvorstellbaren Phantastereien abzutun. Vielleicht auch wollte er sich auch mit Polemik überhaupt nicht befassen und sich als Schaffender auf den Vortrag des Positiven beschränken. Zwar scheint in folgenden Stichworten eines der hierhergehörigen Entwürfe etwas wie Abwehr anderer Deutungsweisen zu liegen:

> „Risse und Spaltungen durch Kristallisation, nicht durch Erkältung. Das innerliche Feuer scheint keine solche Feindschaft mit dem Wasser gehabt zu haben als das entbundene.“ [159]

Jedoch soll hier nur unterschieden werden zwischen den Spalten im Granit und denen im Basalt. Letzteren betrachtete Goethe damals mit Voigt als durch submarine Vulkaneruptionen gebildet, die Basaltsäulen also im Gegensatz zu Werners Lehre nicht als Kristalle. Wenn Abkühlungsrisse im Granit nicht vorkommen sollten, so mußte angenommen werden, daß die chaotische Masse nach Ausscheidung des Granits ebenso warm war als dieser. Bei solcher Temperatur hätte das Wasser verdampfen müssen, der noch unabgeschiedene Rest des Chaos war aber eine wässerige Lösung; dieses ist nur verständlich unter der Annahme, daß „das innerliche Feuer keine solche Feindschaft mit dem Wasser hatte als das entbundene“. Es enthüllt sich hier eine bedeutungsvolle Unklarheit des Systems, auf die später zurückzukommen ist.

Die Ausgangsidee dieses ganzen Theoriengebäudes lautet: Der Bau der Erde ist durch Kristallisation zu erklären. Deduktive Behandlung hat nun festzustellen, in welchen Eigentümlichkeiten des Erdbaues die für Kristalle charakteristischen Ebenen und nach bestimmten Winkeln sich schneidenden Flächen hervortreten können, und richtet so die Aufmerksamkeit auf die Sprünge und Risse. Hier kommt die Induktion entgegen und führt den Nachweis, glaubt jedenfalls, was auf dasselbe hinauskommt, ihn geführt zu haben, daß man im großen bei Gebirgen und den tektonischen Zügen des Landes und im kleinen bei Felsformen berechtigt sei, von Kristallen zu reden. Wenn nun von einem Kristall damals wirklich chemische Einheitlichkeit gefordert worden wäre, so hätte man im Anblick der neu erworbenen Kenntnisse nur den Schluß gezogen, daß chemische Einheitlichkeit eben kein unerläßliches Charakteristikum für Kristalle sei, hätte also den Kristallbegriff anders gefaßt und dadurch zu verbessern geglaubt, nicht aber die überlieferte Definition beibehalten und behauptet, daß die nachweislichen Kristalle dennoch keine Kristalle seien.

Zur Bewertung dieser Theorie als einer wissenschaftlichen Leistung ergibt sich hiernach ein zweites Kriterium: Goethes Geogonie unterscheidet sich von allen früheren und gleichzeitigen dadurch, daß sie deduktiv bis an den Punkt vorgeht, an dem zur Kontrolle der Schlüsse wieder Induktion und Beobachtung einsetzen können. Um darin ein Verdienst zu finden, braucht man, was hier des ausführlichen darzulegen allzu weit vom Wege ablenken würde, nur etwa Füchsels oder Graf Veltheims 1787 erschienene[161] Geogonie daneben zu halten.

Wir wenden uns dem weiteren Verlauf der Erdgeschichte, wie Goethe sie schildert, und seinen Worten wieder zu.

„Das Wasser hat die Grundmasse der ersten Felsen mit in Auflösung erhalten;[162] es ist über alle Gebirge der Welt hinweggegangen.

Aus dieser allgemeinen Auflösung schlug sich also zuerst der Granit nieder, kristallisierte sich zuerst. Dadurch war aber der ungeheure Ozean noch lange nicht klar und rein geworden," [vielmehr war er eher ein Rest des Chaos als eine Wasserflut]; er verbarg und umhüllte die Zacken, Grate und Spitzen der Gebirgskerne. Über den Wassern schwebten in der Atmosphäre die flüchtigsten Elemente und wechselten ab und zu, [eine schwere Dunsthülle, eine gröbere, mächtigere Luft, als wir sie jetzt genießen, über einem Meer, das schwerer war als das heutige].

Die Gesteinsbildungen dieser ersten Epoche treten in allen Teilen der Welt allgemein verbreitet auf, aber es gibt keine regionalen Komplikationen: die Epoche des Granits ist „einfach".[142]

Von nun an faßt der einzige Entwurf[159] aus dieser Zeit, der über den Granit hinausgeht, seine Behauptungen in so knappe und vielfach so undeutliche Stichworte, daß es geraten ist, den Wortlaut des Textes und eine ausführliche Umschreibung nebeneinander zu stellen.

„Was sich nach dem Granit zuerst niederschlug, war eine ungeheure Masse von Ton und Glimmer, die überall den Granit in einer gewissen Höhe bedeckte. Diese war gleichfalls sehr allgemein, doch nicht so einfach."

Die Gesteine der zweiten Epoche haben das Gemeinsame, daß Ton oder Glimmer, oder beide zusammen in ihnen auftreten. Sie bilden mächtige Komplexe über dem Granit, sind weit verbreitet, doch sind die gleichzeitig gebildeten Massen nicht überall gleichartig zusammengesetzt.

„Dieser Niederschlag ist im Wasser geschehen. Es geschah gleich nachdem der Granit sich kristallisiert hatte, denn wir finden diese Gesteinsart in den Granit verwachsen, ja, mit ihm abwechselnd."

Aus der Anordnung der Bestandteile dieser Gesteine ergibt sich, daß bei ihrer Entstehung mechanischer Absatz aus Wasser mitgewirkt hat. Aber die Kraft der Gravitation war noch schwach, bestimmte nicht für sich allein die Lagerung; diese ist vielmehr in der Hauptsache noch immer durch Kristallisation bewirkt. Je weiter aber die Entstehungszeit eines Gesteins von der des Granits abliegt, desto bemerkbarer wird der Einfluß der Schwerkraft.[137] Diese zweite Epoche schließt sich unmittelbar an die vorhergehende an, so daß der Schluß der einen sich mit dem Beginn der andern verschränkt, denn wir finden Granit hineinverlagert in die jüngeren Urgesteine: die letzten Granitmassen wurden erst fest, als die Konsolidation der Gesteine zweiter Epoche gerade begann.

„Gneis ist der Granit, der sich nach der ersten Grundbildung aus dem Wasser niederschlug, daher seine blättrige Gestalt."

In der ersten Epoche hatten nicht alle Substanzen, die den Granit bilden, sich fest ausgeschieden: sie „trübten das Wasser", und als sie sich absetzten, entstand ein dem Granit zwar ähnliches, aber in seiner Struktur abweichendes Gestein, der Gneis, an dessen Sedimentation das Wasser schon Anteil hat.

„Das Tongestein sehr rein und daher blättriger Tonschiefer."

Doch neben dem reinen Gneis bildeten sich andere, verwandte Gesteine, in denen das zweite Hauptmineral dieser Epoche, der Ton, stärker hervortritt, ja, schließlich die Vorherrschaft gewinnt.[163] War nur ein reiner Ton zur Ablagerung vorhanden, so bildete sich unter dem Einfluß der Kristallisationskraft und der Gravitation ein festes blättriges Gestein: Tonschiefer.

„Sehr kieselhafter Jaspis, wenn sich der Quarz und Feldspat mehr oder weniger darin kristallisiert: Porphyr."

Als eine besondere Art des Tones charakterisiert sich der Jaspis.[164] Wenn dieser sich in seinen Eigenschaften dem Kiesel, z. B. dem Feuerstein nähert und gleichzeitig Quarz und Feldspat darin auskristallisiert sind, so entsteht das Porphyr genannte Gestein.

„Ton- und Glimmergesteine auf dem Granit."

Wie einerseits aus dem Gneis durch Hinzutreten und Hervortreten des Tones ein Tonschiefer wird, so kann er auch nach anderer Seite, durch

Vordrängen des Glimmers sich verändern bis zur Entstehung des Glimmerschiefers. Drittens aber kann auch dem Glimmerschiefer wieder Ton hinzutreten; auf diese Weise entstehen Zwischenstufen, vermittelnde Mengungen zwischen Glimmer- und Tonschiefer.[165]

„Rhombisch-blättrige Gestalt des Tonschiefers, rhombische des Jaspis, Porphyrs usw."

Daß außer der mechanischen Sedimentation noch Kristallisation die Entstehung der Gesteine beeinflußte, zeigt sich darin, daß die rhombische Gestalt der „Felskristalle" sich bei ihnen in verschiedenen Varianten nachweisen läßt.

„Quarzmasse, in Wasser aufgelöst, mit dem Tongestein innig vermengt."

Alle diese Tongesteine enthalten Quarz, der sich in dieser Weise nicht mechanisch abgeschieden haben kann, also in Wasser gelöst war und durch Kristallisation fest geworden ist.

„Erster Kalk. Gleich auf dem Ton, mit Ton abwechselnd, mit Ton vermischt."

Als letzte Bildung der zweiten Epoche folgt der Kalk, der sich mit den vorhergehenden Gesteinen in derselben Weise verschränkt, wie diese mit dem der ersten Epoche.

„Wie der Ton rhombisch gesprungen. In die Sprünge Quarzmasse eingeschlossen."

Der Kalkstein zeigt als Fels dieselben Kristallformen, wie die bisherigen Gesteine. Zwischen diesen Kristallen, auf den Zwischenräumen kristallisierte sich Quarz aus, so wie sich aus gemischten Salzlösungen die Kristalle des einen Salzes zwischen denen des andern absetzen.

„Quarzgestein."

An andern Stellen findet sich statt dessen reines Quarzgestein.

(Lücke.)

„Diese Gesteinsarten sind nicht aus der Dekomposition der vorhergehenden, sondern aus dem Niederschlag des ersten chaotischen Ozeans entstanden.

Totes liegendes, Breccien: aus der Dekomposition des nächsten Gebirges. Graue Wacke am Harz."

(Bricht ab.)

Hier nun endet die Reihe der Urgesteine, die ausschließlich dem im Meere gelösten Material ihre Entstehung verdanken. Zwar dauert die chemische Bildungsweise in den Flözgebirgen noch fort,[166] doch treten daneben von jetzt ab rein mechanisch gebildete Gesteine, Breccien u. a. auf, deren Material den schon früher gebildeten Gesteinen entnommen ist. [Die Wasser sanken,[134] die Spitzen der Granitberge, von einem Mantel jüngerer Gesteine bedeckt, traten aus dem Meere hervor, das gleichzeitig zerstörend, Täler schaffend, gegen sie drang. Im Wasser entstand zuerst lebendiges Gebilde; die schaffende Urkraft, die noch nirgends anders wirken konnte, organisierte sich in einer unendlichen Menge von Schaltieren, dem einzigen, was in jenen noch stoffschwangeren Meeren leben konnte. Auf dem Trocknen aber entstanden die Pflanzen. Zwar mußten mancherlei Verbindungen des Wassers, der Luft, des Lichtes hervorgegangen sein, ehe der Same der ersten Pflanzenorganisation, etwa das Moos, hervorgehen konnte. Eine aufsteigende, ununterbrochene Reihe führt von den Gebilden des Steinreichs zu denen des Pflanzenreichs hinüber, und der „Baum der Diana", Gestalten, in denen Halbmetalle und Metalle auskristallisierend sich der Pflanzensprossung nähern, zeigen andeutend den Weg, der zur Pflanzenentstehung führte.][167] Die Reste dieser Organismen, Tiere und Pflanzen, liegen in den von nun an gebildeten Gesteinen aufbewahrt, zuerst „Schilf" in der Grauwacke, wodurch diese den „jungfräulichen, von Spuren einiger Körper aus dem Tier- und Pflanzenreich unentweihten" Gesteinsarten entgegengestellt wird.[168]

Mit dem späteren „Übergangsgebirge" endet dieser vollständigste unter Goethes älteren Entwürfen, denn das „Flötzgebirge" bot nur noch das weitere Abrollen der Ereignisse, das am Ende der Urzeit begann und in derselben Weise bis ans Ende fortging. Nur die „zwei ersten Epochen" seines neuen Systems trug er vor,[169] und mit ihnen war sein Interesse erschöpft.

Ohne Schwierigkeit erkennt man, daß der Thüringer Wald dieser Darstellung die Grundlage geliefert hat. Dort war unbekannt geblieben, daß nahe bei Vesser der kambrische Tonschiefer unter dem „Porphyr" hervortritt; deshalb erschienen Porphyr und Tonschiefer als gleichzeitige, räumlich getrennte Bildungen. Wichtig für Goethes System und deshalb genauerer Erläuterung bedürftig ist die Vorstellung, daß der Beginn einer Epoche sich mit dem Schluß der vorhergehenden verschränkt. Hier liegen die früher beschriebenen Erfahrungen an der Rehberger Klippe im Harz zugrunde: Granitintrusionen in metamorphosiertem Kulmschiefer. Da Granit als ältestes aller Gesteine angesehen wurde, konnte man sich den Sachverhalt nur erklären durch die Annahme, daß schlierenartig versprengte Massen des in Verfestigung befindlichen Granits sich in der gleichfalls gerade zu Stein werdenden Masse des jüngeren Urgesteins befunden hätten; zwei zähe, teigartige Substanzen, die an ihren Berührungsflächen ein wenig in- und durcheinander geraten waren. Zu weiteren Komplikationen führten andere Schlüsse, deren Zustandekommen erst durch die Sammlung und die alten Sammlungskataloge verständlich wird. Goethe schrieb einmal aus dem Harz:

> „Eine große Last Steine bringe ich geschleppt. Die kleinsten Abwechslungen und Schattierungen, die eine Gesteinsart der andern näher bringen und die das Kreuz der Systematiker und Sammler sind, weil sie nicht wissen, wohin sie sie legen sollen, habe ich sorgfältig aufgesucht und habe sie durch Glück gefunden."[170]

In der Tat befinden sich unter den damals aufgesammelten Gesteinen zahlreiche „Übergänge" von einer Art in die andere, d. h. viel schwer definierbares, verwittertes, metamorphosiertes Material, das makroskopisch betrachtet, durchaus zwischen ziemlich verschiedenartigem vermittelt.[171] Etwas anderes ist aber gemeint, wenn von „Hornblendigem Granitin und einem Übergang ins Schiefergebirge“ gesprochen wird.[172] Hier ist von einem Kontakt die Rede und, wenn auch nicht immer, so sind doch sehr oft in der Sammlung Handstücke von Kontaktstellen ausdrücklich als „Übergänge“ bezeichnet. „Aneinander stoßen ohne trennende Kluft“ und „ineinander übergehen“ galten also für die Theorie zwar nicht als identische, aber als gleichwertige Begriffe; in beiden Fällen mußte man auf gleichzeitige Entstehung der betreffenden Gesteine schließen und daher folgerichtig zu der Ansicht gelangen, die sämtlichen zwischen Rotliegendem und Granit liegenden Gesteine seien gleichzeitig verfestigt aus räumlich geschiedenen, aber zusammenstoßenden Teigen von verschiedener und wechselnder Beschaffenheit. Im „Flözgebirge“ kommen solche Kontakte nicht vor; so war es also für Goethe unerkennbar, daß auf diese Weise betrachtet beinahe sämtliche Gesteine gleichalt gesetzt werden müßten.

Bemerkenswert ist schließlich, daß dem früher gezogenen Schluß: das innere Feuer habe keine solche Feindschaft mit dem Wasser gehabt als das entbundene, hier nun ein zweiter inhaltlich ähnlich charakterisierter zur Seite tritt, denn zur Erklärung der Gesteinsbeschaffenheit und der Lagerung vom Gneis wird die Annahme gemacht, „die Schwere sei am Granit nicht bemerkbar und nehme, je weiter man von ihm wegkomme, desto mehr überhand, bis zuletzt bei den Flözen nur eine Spur von Kristallisation übrig bleibe“, so daß demnach eine in der Urzeit die Schwere ganz überwältigende Naturkraft ihre Wirkungsfähigkeit allmählich fast ganz verloren hätte.

Es ist klar, daß Goethes Beobachtungen unmöglich das beweisen können, was er für dadurch bewiesen hielt. Es kommt auch darauf wenig an, um so weniger, als er mit den verfügbaren Mitteln nach aller Logik und bei der überall gebräuchlichen Art des wissenschaftlichen Argumentierens die Fehlerhaftigkeit seiner Schlüsse auch durch quantitativ vermehrte Beobachtung nicht hätte erkennen können. Dagegen ist die Sorgfalt seines Untersuchens, die Umsicht, mit der er den Beweis und die Darstellung seiner These vorbereitete, höchst bemerkenswert, besonders auf der Harzreise von 1784. Seine Notizen über das Streichen der Kluftsysteme wurden schon erwähnt. Vermutlich stellen sie aber nicht das Ganze des gesammelten Materials dar, denn die vorliegenden Aufzeichnungen hängen zeitlich und örtlich so wenig zusammen, daß man an Zufallslücken, an Verluste durch spätere Vernachlässigung der Papiere u. dgl. glauben muß. Auch sollten offenbar Zeichnungen von Harzer Felsgruppen die Hauptsache des Beweises erbringen. Eine dieser in großer Anzahl erhaltenen Ansichten ist im Titelbild wiedergegeben.[173] Diese teils bis ins einzelne ausgeführten, teils nur in Umrissen skizzierten Bilder. sollen „alle Felsarten nicht malerisch, sondern wie sie dem Mineralogen interessant sind“ aufnehmen.[174] Zu diesem Zweck hatte Goethe 1784 den weimarischen Maler Krause mit in den Harz genommen und so ein Anschauungsmaterial gewonnen, das in damaliger Zeit einzig in dieser Art dastand, denn was bisher an geologischen Skizzen existieren mochte, genügte auch bescheidensten Anforderungen an Naturtreue sehr wenig, war mehr bestimmt, des Autors Idee über die Dinge, als die Beschaffenheit der Dinge selbst auszudrücken. Eine Landschaftsmalerei in unserm Sinne war zu jener Zeit noch unbekannt; der Künstler arrangierte die Natur zum Gemälde. So war es etwas Neues, nur rein das Wirkliche darzustellen, und wenn uns jetzt in den Zeichnungen Krauses recht vieles enthalten zu sein scheint, das für den Mineralogen ganz bedeutungslos ist, so müssen wir bedenken, daß der Künstler wohl zum Verzicht auf auswählendes Arrangement der Natur bewogen werden konnte, daß aber weder er noch Goethe deshalb die Absicht zu haben brauchte, von jeder Bildmäßigkeit der Darstellung abzusehen. Deshalb gleichen die Veduten sämtlich mehr den ausgeführten Landschaftszeichnungen der Gegenwart, als unsern wissenschaftlichen Illustrationen.

Veröffentlicht sind davon nur einige wenige, besonders ein Bild des Hübichensteins, die von Trebra in seine „Erfahrungen vom Innern der Gebirge“ übernahm. Jedoch beansprucht von Trebra dabei, ohne irgendwie Goethe zu nennen, die Idee, durch Bilder eine wahrhafte Vorstellung von den Gebirgen zu vermitteln, als sein Eigentum. Das veranlaßt zur Frage, ob von Trebra überhaupt auf die Ausbildung von Goethes Theorien einen hier zu berücksichtigenden Einfluß gewonnen habe. Daß die Bezeichnungen der Kluftsysteme als „Flöz- und Gangklüfte“ dem Bergbau entnommen sind, ist zweifellos; ebenso zeigen sich in Einzelheiten manche Übereinstimmungen zwischen Goethes Reisetagebüchern und von Trebras genanntem Werk,[175] doch handelt es sich bei diesen offenbar um Beobachtungen bei gemeinsamen Wanderungen. Dagegen weist bei von Trebra keine Spur eines Gedankens, weder positiv noch negativ, auf Goethes Klufttheorie hin, wie dieser sie ja auch strengstens vor den nächsten Freunden geheim hielt, damit sie ihm nicht „weggeschnappt werde“.[176] Wenn also von Trebra einige der auf Goethes Veranlassung aufgenommenen Zeichnungen ohne „Quellenangabe“ übernahm, so ist das nur ein weiterer Beweis dafür, daß in jener Zeit oder doch wenigstens in dem engeren und weiteren Kreis, der sich um Weimar gebildet hatte, auf die Wahrung des Vaterrechts an Gedanken und Beobachtungen kein Gewicht gelegt wurde.[177]

Ein weiteres Veranschaulichungsmittel, das Goethe wohl als erster heranziehen wollte, ist das Modell (Fig. 3). Wenn die besprochenen

Zeichnungen eigentlich dem nichts neues bringen, der einmal Granitwände oder andere zerklüftete Felsen gesehen hat, so verschafft uns das Modell einige Überraschung, allerdings nicht gerade in der von Goethe beabsichtigten Richtung. Er wollte die „Welterschaffung" damit erläutern,[178] sprach auch noch später sich ähnlich aus:

„Bei alle diesem schwebte mir immer ein Modell im Sinne, wodurch das anschaulich zu machen wäre, wovon man sich in der Natur überzeugt hatte. Es sollte auf der Oberfläche eine Landschaft vorstellen, die aus dem flachen Lande bis an das höchste Gebirge sich erhob. Hatte man die Durchschnittsteile auseinandergerückt, so zeigte sich an den inneren Profilen das Fallen und Streichen und was sonst verlangt sein mochte."[179]

Eine Felsengruppe, wie das Modell sie darbietet, scheint für solche Zwecke eine sehr ungeeignete Vorlage zu sein. Man möchte fast an Irrtum, an irgendeine Verwechslung glauben, oder annehmen, daß Goethe später den Umfang seiner anfänglichen Absicht überschätzt habe. Dem steht jedoch seine Notiz während der Harzreise entgegen: „Nach dem Wildemann auf dem Zuge am Fuße des Badstubenberges eine Felspartie hinter einem Hause, die Kr. (Krause) gezeichnet; danach ist das Modell zu fertigen."[180] Das Modell selbst ist verloren; wir kennen es nur aus der Abbildung, die Haberle davon gab;[181] diese, in Fig. 3 kopiert, weicht von der Zeichnung Krauses in ein paar Einzelheiten ab, wird aber ausdrücklich als Abbildung von Goethes Modell bezeichnet. Es bleibt also nichts übrig, als von den modernen Ansprüchen an ein solches Modell abzusehen, und sich auszudenken, wie sich das hier vorgelegte zu den vorgesetzten Zwecken verwenden ließe, unter Berücksichtigung, daß Goethes Theorie der Weltschöpfung im Grunde eine Zerklüftungstheorie war.

Als Felsgruppe betrachtet, zeigt es verschiedene Möglichkeiten der Zerklüftung, „Felskristalle", die aber durch Verwitterung ihre scharfeckige Form eingebüßt haben. Denkt man sich diese wiederhergestellt und verändert zugleich den Maßstab, so läßt sich das Ganze als Gebirgskern auffassen, mit den drei Hauptklüften. Nimmt man dagegen nur die drei obersten Reihen bis zum Absatz als Gebirgskern an, so werden die drei unteren zu einem Durchschnitt durch die obersten Granitmassen der Erdkruste, auf denen ein mauerartiger, zinnengekrönter Vorsprung aufragt. Diesem kann nun die Phantasie die später gebildeten Gesteine als Schalen leicht hinzufügen, eben gelagert auf dem Vorsprung, steil gestellt an den Seiten der Mauer, überhängend auskristallisiert unter dem oben hervorstehenden Felsen.

Es soll nicht behauptet werden, daß damit Goethes Gedanken, frei und ohne jeden andern Anhaltspunkt als seine Theorie, rekonstruiert wären; dagegen ist wohl nicht zu leugnen, daß bei einiger darauf gerichteter Aufmerksamkeit sich dieser, oder vielleicht auch ein anderer, besserer Weg finden ließe, um dieses Modell zu verwenden. Freilich ergeben sich immer nur methodisch sehr unvollkommene und von den unsern fundamental verschiedene Erläuterungsweisen, was letzteres bei der Verschiedenheit der heutigen wissenschaftlichen Grundlagen und Voraussetzungen der Forschung keineswegs verwunderlich ist.

Das Gesamtbild der Erdentstehung, wie es Goethe entwarf, weicht so völlig aus der zu unsern Anschauungen führenden Bahn, daß man sich instinktiv davon abgestoßen fühlt und es gern für ein zwar großzügiges, aber doch unwissenschaftliches Produkt sorgloser Spekulation erklären möchte. Jedoch waren all diese Fehlschlüsse damals streng logische Ergebnisse aus den zugänglichen Prämissen; den heutigen Anschauungen hätte man damals nur durch fehlerhafte Logik sich nähern können. Wenn wir jetzt überzeugt sind, daß in jener Zeit die ersten Grundlagen der heutigen Geologie gelegt wurden, so beachten wir allein, daß damals die Technik der Detailbeobachtung inauguriert wurde. Einzelne Beobachtungsergebnisse leben in der heutigen Wissenschaft noch fort, aber außer ein paar der allerfundamentalsten keine der damaligen Theorien. Die beginnende Geologie bedurfte aber ebenso sehr eines Gesamtbildes als wir jetzt; so dürften wir, auch wenn jenes uns plötzlich gegenübergestellt wird, nicht über seine Inkongruität erstaunen. Richtige Einzelbeobachtungen brauchen weder zu richtigen Schlüssen zu führen, noch bieten sie für sich allein eine Gewähr für die Richtigkeit des Gesamtbildes. Die Fehlerquellen sitzen in den Theorien und beeinflussen schon die allererste Begriffsbildung, die allerersten Schlüsse: solange die theoretischen Voraussetzungen der Forschung nicht in Zweifel gezogen werden können, gilt auch alles daraus Abgeleitete als folgerichtiges, unanfechtbares Ergebnis. Zu allen Zeiten bewertet die Wissenschaft vereinzelte Tatsachen geringer als eine geschlossene Masse, die sich zum Zusammenhang ineinanderfügt; überall rückt man bei der Durchführung eines Gedankens das allzu Komplizierte in den Schatten und schiebt ins Licht, was große, klare Tatsache, Grundform einer noch im Einzelnen unübersichtlichen Vielheit zu sein scheint, und ebenso überbrückt man Schwierigkeiten und Widersprüche damit, daß man die im Erforschen gewonnenen Anschauungen als richtig setzt, und als logisches Postulat dem Unbekannten, das die Forschung nicht erreichen kann, hypothetisch eine Beschaffenheit zuschreibt, die den Widerspruch auflöst. Wollte eine Wissenschaft diese Wege verwerflich nennen und sich weigern, sie zu betreten, so verzichtete sie gleichzeitig auf jede Erforschung des Unbekannten, auf jede Ordnung und Gruppierung der Erfahrung. Genau diese Wege schlug aber Goethe ein, suchte viel eingehender als es sonst zu seiner Zeit üblich war, den Hypothesen tatsächliche Unterlagen zu geben und seine Schlüsse an Beobachtungen zu kontrollieren; wenn er trotzdem auf Irrwege geriet, so ist das charakteristisch für wissenschaftliche Forschung, nicht für Goethe als Forscher.

Allerdings enthält das System, wie Goethe es 1785 entwarf, einen inneren Widerspruch und eine offenbare Lücke. Die erste dieser Unvollkommenheiten blieb vorerst unbemerkt; sie zeigt sich dort, wo Goethes Interesse an der Darstellung erlahmte, beim Totliegenden. Dieses sollte aus der Dekomposition der umliegenden Gebirge entstanden sein, war den Breccien gleichgestellt, wurde aber überlagert vom „Flöz" und anderen Gesteinen, die nach den Beobachtungen Voigts durch Kristallisation entstanden wären. Demnach hätte die Kristallisationskraft zwischen den jüngsten Urgesteinen und den ersten Flözformationen intermittierend ausgesetzt. Diese Schwierigkeit schien sich zu lösen, als Goethe nach der italienischen Reise das Totliegende bei Eisenach näher studierte. Er fand Schichten, die zwar aus allerlei Geschieben zusammengesetzt waren, bei denen sich aber doch die Flözklüfte und Gangklüfte auffinden ließen, ebenso die rhomboidische Zerlegung durch diese Trennungen, alles nur komplizierter und schwerer sichtbar, als bei andern Gesteinen.[182] So rückte denn auch das Totliegende in die Reihe der unter Mitwirkung der Kristallisationskraft gebildeten Gesteine.

Die Lücke bestand darin, daß Goethe dem Vulkanismus in seinem System überhaupt keinen Raum ließ, ihn wie etwas Fremdes, außerhalb der Natur Stehendes behandelte. Genau besehen ist bei Voigt der Sachverhalt ebenso.

Wie eine freistehende nutzlose Säule, fast wie ein Stück des Rahmens grenzt ein breiter Basaltpfeiler an das Südende seines Profils, der wie der Granit in der „unendlichen Teufe" wurzelt und unbestimmten Alters ist, da er nichts unterlagert oder überdeckt. Mit einer in ihren Darstellungsmitteln naiv wirkenden Sorgfalt ist jeder Entscheidung über den Sitz der vulkanischen Kraft, ob über oder unter dem Granit, ausgewichen, und in der Tat schwankte Voigt zwischen diesen beiden Möglichkeiten. Er schreibt:

> „Ich getraute mir ebensowenig, den Basalt auf den Granit, als diesen auf den Basalt zu setzen. Wahrscheinlich kommen sie (die Vulkane) aber doch aus dem Innern des Granits, aus welchem sie der Vulkanismus wahrscheinlich noch in jenen Zeiten emporgehoben hat, da diese Gegenden noch von der See bedeckt wurden, die die Kalkschichten erst nach ihrer Erhebung an ihrer jähen Seite legte."[183]

An anderer Stelle, die sich fast gleichlautend in einem Goetheschen Brief wiederfindet,[85] deutet sich jedoch die gegenteilige Auffassung an:

> „Auf der nordöstlichen Seite des Thüringerwaldgebirges und in den ganzen nach Thüringen gekehrten Gegenden findet sich nicht

die geringste Spur von Basalt [denn mit dem Ascherofen bei Ilmenau ist's noch zweifelhaft],[184] oder von irgendeinem vulkanischen Produkt und vielleicht sind die Basaltberge in Sachsen die ersten, die auf diesem Striche wieder vorkommen. Dagegen sich auf jener Seite die Gleichberge bei Rhömhild, der Dolmar und sodann die ganze Rhön unwidersprechlich vulkanisch zeigen.

Wenn man nun weiß, daß sodann die Vulkane rechts bis Kassel hinauf und weiter links bis Frankfurt, ja bis Andernach fortgehen, so würde es eine in der Folge interessante Untersuchung werden, ob und wie sich die vulkanische Wut des gedachten großen Erdstrichs an dem unerschütterlichen Gebürge des Thüringer Walds gebrochen und dieses ihr gleichsam wie ein ungeheurer Damm widerstanden habe."[185]

Hier wäre die Vorstellung, daß der Sitz des Vulkanismus über dem Granit läge und daß die von Süden her vordringende Glut nur die niedrigen Teile der Granitmauer des Thüringer Waldes, also etwa im Frankenwald und Voigtland habe überschwemmen können. Es liegen also die Theorien von Faujas St. Fond, dessen „Recherches sur les volcans éteints du Vivarais et du Velay" Goethe seit Ende 1781 kannte,[186] und Buffons Anschauungen im Streit. Goethe neigte ausschließlich der letzteren zu, und seinem Wunsch wird Voigt entsprochen haben, als er obige Stelle in sein Werk aufnahm. Deutlich ausgesprochen ist der Beitritt zu Buffons Meinung, wonach Kiese und Schwefel in Selbstentzündung seit den Urzeiten bis in die Gegenwart vulkanische Tumulte hervorgerufen hätten, nur in Herders Geogenie, aber stillschweigend angedeutet ist er auch in Goethes Fragment „über den Granit":

„Mit diesen Gesinnungen nähere ich mich euch, ihr ältesten würdigen Denkmäler der Zeit. Auf einem hohen nackten Gipfel sitzend und eine weite Gegend überschauend kann ich mir sagen: Hier ruhst du unmittelbar auf einem Grunde, der bis zu den tiefsten Orten der Erde hinreicht, keine neuere Schicht, keine aufgehäuften, zusammengeschwemmten Trümmer haben sich zwischen dich und den festen Boden der Urwelt gelegt. —

Aber bald setzen sich diesem Leben neue Szenen der Zerstörung entgegen. In der Ferne heben sich tobende Vulkane in die Höhe; sie scheinen der Welt den Untergang zu drohen, jedoch unerschüttert bleibt die Grundveste, auf der ich noch sicher ruhe, indes die Bewohner der fernsten Ufer und Inseln unter dem ungetreuen Boden begraben werden."[124]

Ohne daß ein Beweis dafür nötig wäre, ist sicher, daß Goethe in einem vollständigen geologischen System diese bedrohliche Kraft nicht ignoriert hätte, aber es fehlte ihm noch an lebendiger Anschauung tätiger

Vulkane, und vielleicht darf man hierin einen Grund seines Schweigens erblicken. Andererseits suchte er an vulkanischen Gesteinen, an Sammlungsstufen ein möglichst großes Material zusammenzubringen. Daher die zahlreichen Basaltlaven verschiedenster Herkunft, die sich schon 1783 in seiner Sammlung befanden,[187] darunter eine beträchtliche Anzahl von Vesuvlaven.[188] Daher ferner die ausdrücklichen Bitten um Zusendung vulkanischer Produkte in seinem Briefwechsel.[189] Es dürfte auch kaum ein Zufall sein, daß sich unter den wenigen Zuschriften an ihn, die aus dieser Zeit erhalten sind, ein Auszug aus einem Brief von Merck über die Basaltberge von Dransfeld und Stauffenberg befindet.[190]

Aber bei der herrschenden Unklarheit darüber, welche Gesteine vulkanisch seien, war allerdings nicht zur Klarheit zu gelangen. Schlackige und blasige Laven waren ja allerdings als vulkanisch unverkennbar, kontroverser war die Zuweisung dichter Gesteine. So galt der Hornschiefer (Hornporphyr), der allerdings auch mit Kieselschiefer verwechselt wurde, niemals für vulkanisch, jedenfalls nicht allgemein, und Goethe erklärte ihn später entschieden für nicht-vulkanisch, da er in Italien „keine hornschieferähnliche Lave gefunden habe".[191] Umgekehrt erwog von Trebra in seinem Abriß der Harzgeologie anmerkungsweise, ob die Grauwacke nicht ein vulkanisches Gestein sein könne. Neptunistische Vorstellungen zog Goethe vorerst überhaupt nicht in Erwägung, obwohl die Säulenform des Basalts sonst immer den Kristallisationsgedanken besonders nahe legte und die Hauptstütze für alle Versuche war, die Mitwirkung des Wassers bei der Basaltgenese heranzuziehen. Das Phänomen war Goethe sicherlich bekannt, denn wenn Voigt es ihm nicht gezeigt oder davon berichtet hätte, so wären von Trebras früher und Mercks soeben erwähnte Bemerkungen in die Lücke getreten. Zudem befand sich in Goethes Sammlungen ein säulenförmiges Lavastück vom Vesuvkrater[193] und neben vielem andern ein Basaltgangstück in Sandstein von Gersfeld a. d. Rhön,[194] Stufen, die erwiesen, daß Basalt ursprünglich flüssig gewesen sei und daß auch Lava bei der Erkaltung säulenförmige Gestalt annehmen könne. In Ermangelung eines direkten Zeugnisses wird man annehmen müssen, daß solche Sammlungsbeobachtungen für Goethe den Grund gaben, sich an Voigts Erklärung anzuschließen, wonach diese Säulen, anders als die Granitblöcke, durch „jählinge Abkühlung" bei submariner Eruption entstanden wären,[192] denn von solcher konnte ja nur die Rede sein, wenn, wie Voigt annahm, der Basalt vor der Ablagerung des Muschelkalks, also bei noch hohem Meeresspiegel emporgedrungen sein sollte. Dann aber war Goethe, wie früher erwähnt, gezwungen, zwei Ursachen der Spaltenentstehung zu unterscheiden: Kristallisation, wirksam in der Urzeit, der Zeit des innerlichen

Feuers, und Abkühlung in der Zeit des Basalts und des Flözgebirges, als das „entbundene Feuer Feindschaft mit dem Wasser hatte".

Die Reise nach Karlsbad 1785 stellte ihn zum erstenmal nun einer lebenden Äußerung des Vulkanismus gegenüber, jedoch widmete er den Thermen nur wenig Aufmerksamkeit. In seinen Briefen sprach er nur vom Granit und mancherlei anderen Beobachtungen, auf die in späterem Zusammenhang zurückzukommen ist; das Tagebuch erwähnt ganz beiläufig, die Entstehung der heißen Quelle hänge wohl mit einem merkwürdigen Gestein zusammen, einem von Hornstein dicht durchschwärmten Granit. Aber auch das blieb zunächst ohne jede Folge, erhielt freilich später eine richtunggebende Wichtigkeit. Jetzt, 1785 und 1786, war die Zeit, da er mit dem Abschluß und der Ausarbeitung seiner bisherigen Studienergebnisse rang, in der gleichzeitig neue Interessen, Morphologie und Botanik, sich vordrängten, und das Problem des Vulkanismus, das aus den Urzeiten der Erde oder doch aus seiner Theorie darüber verbannt war, stand beiseite.

Mit abgeschlossenen Ideen trat er die Reise nach Italien an. Zuerst noch richtete sich während der langen Wagenfahrten wie bisher sein Auge ganz auf geognostische Beobachtungen; flüchtige Reisenotizen, die entweder auf seine Anschauungen einflußlos blieben, oder nur zur Bestätigung der anderwärts gezogenen Schlüsse dienten. Er durchquerte die Alpen, bemerkte die Zerklüftung und Faltung der Gesteine als Tatsachen, deren Erklärung feststeht, so „seltsam" auch „Verwitterung und geschwungene Lager" die geforderte Regelmäßigkeit verdunkelten; er vermißte den Granit im Gebirgskern, aber setzte seine Existenz ohne weiteres voraus. Er gelangte in die Porphyrregion und erwähnte, daß Ferber dieses Gestein für vulkanisch gehalten habe: „Das war aber vor 14 Jahren, wo die ganze Welt in den Köpfen brannte. Hacquet schon macht sich darüber lustig." Dann nahte er dem Vicentin und notierte:

> „Kommt man nach Vicenza, so steigen wieder Hügel von Norden nach Süden auf — sie sind vulkanisch —."[195]

Genau so unbefangen als vulkanisch bezeichnet ward in der Folge alles, was an derartigen Gesteinen ihm begegnete; ein wesentlich Neues trat ihm erst entgegen, als er den Vesuv, die Umgebung und die Tätigkeit eines lebenden Vulkans kennen lernte. Mit steigender Erwartung, je mehr der erste Aufenthalt in Rom sich seinem Ende näherte, blickte er nach ihm aus, da der Berg „Steine und Asche auswarf" und man bei Nacht den Gipfel glühen sah.[196] Der Wunsch, einen Lavaerguß zu erleben, ging erst zuletzt in Erfüllung. Dreimal im ganzen bestieg er den Berg, und welchen Eindruck er vom Wesen einer vulkanischen Eruption empfing, das erhellt daraus, daß er die Verschüttung Pompeis mit einem der friedlichsten, ruhigsten Naturvorgänge verglich:

„Bedenkt man die Entfernung dieses Ortes vom Vesuv, so kann die bedeckende vulkanische Masse weder durch ein Schleudern noch durch einen Windstoß hierher getrieben sein; man muß sich vielmehr vorstellen, daß diese Steine und Asche eine Zeitlang wolkenartig in der Luft geschwebt, bis sie endlich über diesem unglücklichen Ort niedergegangen. Wenn man sich nun dieses Ereignis noch mehr versinnlichen will, so denke man allenfalls an ein eingeschneites Bergdorf."

Der Lavaausbruch, den er am 19. März 1787 aus nächster Nähe betrachtete, mußte die Meinung bestätigen, daß vulkanische Katastrophen im Grunde sehr ruhig verlaufende Erscheinungen seien, keineswegs geeignet, Umwälzungen auf der Erdoberfläche hervorzubringen. Die begleitenden Erdbeben mochten zwar, wie ihm etwas später Messina zeigte, örtlich eng umschriebene Zerstörungen bewirken, aber so wie er den Vesuv kennen lernte, konnte er nicht annehmen, daß der Vulkanismus zur Entfaltung ungeheurer Kräftewirkungen fähig sei. Alle seine vulkanologische Erfahrung beruhte auf dem Vesuv. Zwar hatte er schon von Rom aus der Frau von Stein geschrieben:

„Das sehe ich nun wohl, um einen allgemeinen Begriff von den Vulkanen zu haben, muß man den Etna mit Verstand und Sorgfalt bereisen. Es ist mit den natürlichen Dingen wie mit der Kunst, es ist soviel darüber geschrieben, und wenn man sie sieht, läßt sich doch wieder eine neue Kombination machen." [197]

Doch als er dann Anfangs Mai 1787 in Catania anlangte, verboten Wetter und Jahreszeit die Besteigung, und aus den Sammlungen und Erzählungen Gioenis mußte er das Wenige, das er bei einem Ritt zum Monte rosso gesehen hatte, zu einem Gesamtbild ergänzen.[198]

Erst nach der Rückkehr von Sizilien besuchte er den Serapistempel in Puzzuoli, der durch vulkanische Kräfte einst ins Meer versenkt und dann wieder gehoben ist. Dabei mochte das Bild, das er sich von der Verschüttung Pompeis gemacht hatte, seine Gedanken leiten. Jedenfalls gelangte er zu einer dem sehr ähnlichen Erklärung: durch einen Aschenfall sei der Tempel einst verschüttet worden und in einer Mulde oben auf diesem Aschenhügel habe sich Wasser angesammelt. Schließlich sei dieser Tümpel von Bohrmuscheln besiedelt worden, deren Spuren an den durchragenden und später wieder freigelegten Säulen auf diese sonst unbedeutende Ruine aufmerksam gemacht hatten.

Diese Erklärung war zunächst nichts mehr als ein flüchtiger Einfall, ohne viel Überlegung hastig notiert von einem Reisenden, dessen Gedanken sonst auf ganz andere Dinge gerichtet sind, ein Einfall, durchaus denen vergleichbar, die Goethe früher gegen Merck über die Entstehung von Granit secondaire, von Gneis und Porphyr ausgesprochen hatte, und bei denen fast der Zufall bestimmt, ob sie einmal späterer Prüfung unterworfen oder sofort und für immer vergessen werden. Die Art, wie Goethe in diesem Tagebuchfragment das Gesamtergebnis seines Beobachtens an tätigen Vulkanen aussprach, charakterisiert zugleich die wissenschaftliche Stimmung, mit der er den Serapistempel ansah:

„Nur eines glaube ich ziemlich gewiß, daß die vulkanischen Wirkungen keine sehr tiefe Ursache haben. Tief will ich hier nur unter dem Niveau des Meeres nennen. Doch das ist zu unbestimmt und erfordert eine weitläufigere Ausführung als ich Zeit und bis jetzt Erfahrung habe.“ [199]

Er war also fest bei der aus Buffons Epoches de la nature entnommenen Lehre geblieben, war ein Gegner Voigts, der den Sitz des Vulkanismus „unter dem Granit“, in der Tiefe des Erdinnern suchte.

In Rom trat alles Geologische hinter Kunst und Altertum zurück. Nur während eines längeren Aufenthalts in Frascati, Albano und Nemi, abermals in vulkanischem Land, drängte es sich wieder hervor:

„Die ganze herrliche Reihe von Hügeln .... ist vulkanisch, aber ihre alte Bewegung ist so in Ruhe übergegangen, daß ihre Bewohner schon Jahrtausende sich eines friedlichen Sitzes erfreuen, und nur unsere Naturlehre hat uns aufmerksam gemacht auf die Gewalt, die ehemals in diesen Gegenden tobte und jene Höhen hervorbrachte, die wir nun bebauen und genießen.“ [200]

Fern lag die Zeit hinter ihm, wo er am Rand des Vesuvkraters, von hervorgeschleuderten Lavabrocken bedroht, den Berg ein häßliches und gefährliches Ungetüm genannt hatte. Ihn umgab die liebliche Landschaft der Colli romani und sie bestimmte die letzten Eindrücke:

„Alles ist vulkanisch und die Gegend die mannigfaltigste, die ich kenne. Um Neapel und Catania, wo andere herrliche Gegenstände sind, ist nichts dergleichen so kompendiös und zierlich. Jene gehen mehr ins Weite.“ [201]

Inzwischen war in Deutschland Werners erster Kampfruf gegen die Vulkanisten ergangen,[202] der Streit bereitete sich vor, und ein Echo drang über die Alpen zu Goethe, der, vulkanischen Gebilden so nahe und ihnen doch im Geiste so fern, von Voigt zum Eingreifen aufgerufen wurde. Aber er antwortete dem Minister Voigt, kühl und ohne ein Echo vergangener Leidenschaften, vergangener Gemeinsamkeit im Streben zu spüren:

„Des Herrn Bruders Briefe habe ich erhalten. Danken Sie ihm, ich werde seine Kabinettchen zu empfehlen suchen. — Er soll gegen seine Widersacher nur defensive gehen. Komme ich einmal zurück und kann wieder an diese Materie denken, so gibt es vielleicht ein Mittel, beide Parteien zu vereinigen.“ [191]

Geologisches Denken war jetzt in Rom vergessen, wie das Ministersein, und erst auf der Rückreise, vor der Fahrt über den Splügen, tat es sich wieder hervor. Doch berichtete er davon im Tone tiefster Mißstimmung, als sei es das sicherste Anzeichen der völligen Trennung vom römischen Glück und Vorbote der verhaßten Heimkehr:

„Erst heute hat mich die Mineralogie wieder einmal angelächelt. Ich war beim Pater Pini — und ward wieder einmal nach einem Stück Stein lüstern. — Nun habe ich eine schöne Reise vor mir. Auf Como über den See nach Cleven, Chur und so weiter. Da wird auch manch Stück Granit betreten und wieder einmal geklopft werden. Ich kaufe hier einen Hammer und werde an den Felsen pochen, um des Todes Bitterkeit zu vertreiben. — In Rom wurde kein Stein mehr angesehen, wenn er nicht gestaltet war. Die Form hatte allen Anteil an der Materie verdrängt. Jetzt wird eine Kristallisation schon wieder wichtig und ein unförmlicher Stein zu etwas. So hilft sich die menschliche Natur, wenn nicht zu helfen ist.“ [203]

Ein weniges sammelte er zwischen dem Comer See und Chiavenna, dann gab er es auf, und ungeordnet, unbezeichnet ward das lustlos Aufgelesene daheim beiseite gelegt.[204]

Die vulkanistisch-neptunistische Fehde schritt in heftiger, auf Werners Seite stark persönlich gefärbter Polemik weiter. Goethe glaubte den Zeitpunkt zur Vermittlung gekommen, als Werner den engen Zusammenhang zwischen Basalt und Lava zugeben mußte, den ersteren wegen seiner Säulenform und wegen der eingeschlossenen kristallisierten Mineralien für ein Produkt der Kristallisation aus wässeriger Lösung, die Lava für geschmolzenen Basalt erklärte.[205] Eine hastige, fast unleserliche Niederschrift, die vielleicht nur durch Unachtsamkeit aufbewahrt blieb, enthält Goethes „Vergleichsvorschläge, die Vulkanier und Neptunier über die Entstehung des Basalts zu vereinigen“.[206]

Diese Vorschläge, 1789 auf einer Reise nach Eisenach verfaßt, werden verständlich unter der Voraussetzung, daß Goethe nur vom Hörensagen über das Endergebnis Werners unterrichtet war, aber weder von dessen Beobachtungen am Scheibenberger Hügel noch von der Erklärung des Vulkanismus aus brennenden Kohlenflözen etwas wußte. Er erwähnte nur Werners ältere, von Buffon her bekannte Erklärung durch verwitternde Kiese, ferner die Ansicht Graf Veltheims, wonach Basalt und Lava beide vulkanische Produkte wären, letztere an freier Luft, erstere im Innern der Vulkane erstarrt und durch bergespaltende und -verrückende Erdbeben freigelegt und emporgehoben.[161] Beide schob er mit offenbarer Genugtuung zur Seite.

In der Position Voigts fand er mehrere Punkte in jeder Beziehung unannehmbar; schon gleich den Grundgedanken mußte er ablehnen, daß der Granit von vulkanischen Kräften durchschlagen sei. Seine italienischen Erfahrungen hatten ihn, ohne daß wir wegen mangelhafter Überlieferung den Gedankengang kennten, dahin geführt, im Gegenteil den Sitz des Vulkanismus dicht unter dem Meeresniveau zu suchen. Seiner Ansicht nach gab es in der Frühzeit der Erde keine Revolutionen, um so weniger in der Spätzeit oder gar durch die allem Anschein nach nur lokal wirkenden, zu Erderschütterungen, aber nicht zu Erdumwälzungen befähigten Vulkane. Unannehmbar war ihm ferner, wenn Voigt behauptete, man dürfe nach den Krateren der Basaltvulkane nicht suchen, denn die heutigen Basaltberge verdankten ihre Gestalt dem Wasser und der Verwitterung des Gesteins. Goethe hatte aber in Italien genügend längst erloschene Vulkane, den Monte Cavo u. a. gesehen, die sämtlich die Kraterform bewahrt hatten, und mußte daher, da der Zeitbegriff wie früher erwähnt, in seinem System keine Rolle spielte, aus dem Fehlen der Basaltvulkankratere schließen, daß solche niemals existiert hätten.

Von den drei Hauptargumenten Werners: Übereinstimmende Gesteinsbeschaffenheit der Basalte, Säulenform und Kristalleinschlüsse, hatte Goethe das erste und letzte bisher kaum beachtet, auch die Leuzite oder „weißen Granaten" in der Lava hingenommen, ohne eine Bemerkung daran zu knüpfen. Wegen der Absonderungsgestalt seine alte Meinung aufzugeben, konnte er sich unschwer entschließen, weil er so seine viel weitergehende Kristallisationstheorie von einem störenden Ausnahmefall befreite, vorausgesetzt, daß die vulkanischen Erscheinungen dadurch gleichfalls besser verständlich wurden. Nun hatte er unter den Laven Italiens nie etwas Basaltähnliches gefunden, dagegen schon früher manches Mal eine Ähnlichkeit zwischen Basalt und „Urgestein" konstatiert. Die Erklärung, daß beide unter Zusammenwirken von Wasser und Hitze entstanden seien, lag nahe. Wenn nun das Flözgebirge unter Verhältnissen abgelagert war, die sich denen der Gegenwart immer mehr näherten, dann mußte der Basalt früher als dieses, unmittelbar nach Abschluß der Urgebirgszeit entstanden sein, während einer Periode der Neuerhitzung. Hält man nun mit der älteren Anschauung Voigts und Goethes das Flözgebirge für dem Basalt angelagert, so durchragte der Basalt den Mantel der jüngeren Bildungen, und von ihm wären unleugbar vulkanische Erscheinungen, Intrusionen u. dgl. während der Sandstein- und Kalkperiode ausgegangen. Es gab aber Vulkane ohne Basaltvorkommen und umgekehrt Basalte ohne begleitende Laven; also war die Ursache des Vulkanismus etwas Selbständiges, das mit dem Basalt oder für sich allein auftreten, dem Basalt aber auch fehlen konnte. An einzelnen Stellen dauerte die vulkanische Tätigkeit sogar noch fort, also mußte die Ursache der Erhitzung lokal weiterbestehen können und ihren Sitz im Innern der Gesteine haben. Da aber die tätigen Vulkane stets am Meere lagen und die Basaltmassen während der Flözzeit von den damaligen Meeren bedeckt gedacht wurden, so mußte dem Wasser bei der Entstehung vulkanischer Prozesse ebenfalls große Bedeutung zukommen.

Auf diese Weise gelangt man zur Theorie Goethes:

„Das große, die Erde überdeckende Meer hatte aus seiner Masse schon die sogenannten Grundgebirge abgesetzt, als es in einen siedenden Zustand geriet, indem gewisse Teile der darin enthaltenen Materien aufeinander freier und kräftiger als vorher wirkten; in dieser heißen Epoche setzten sich die Basalte nieder; und da sie im allgemeinen vorüber war, hatte sich in ihnen oder außerhalb noch so viel erhitzbare Materie zugleich niedergeschlagen, daß in der Nähe des Meeres noch bis auf den heutigen Tag Vulkane fortbrennen können.

Basalte waren also die Ausgeburten eines allgemeinen vulkanischen Meeres; hier waren keine Krater nötig; hier kein Ausfluß, sondern ein großer ausgebrannter Niederschlag. Die basaltische, noch nicht in den Mittelzustand versetzte Materie wirkte unter dem Wasser unaufhörlich fort; erzeugte Krusten; die Kräfte wirkten in verschlossenen Höhlen; sie häuften Decke auf Decke; zerrissen sie wieder, Schmelzungen geschahen im Innern und Ausdehnungen; so stiegen die vulkanischen Inseln und Vorgebirge in die Höhe, so füllten sich ungeheure Meerbusen aus, so entstanden ganze vulkanische Uferreihen.“ [206]

Man mag über diese Theorie denken wie man will: sie nimmt offenbar völlig Rücksicht auf alles, was Goethe in den beiden ihm bekannten Vulkangebieten, in Campanien und in der Rhöngegend beobachtet hatte. Wie noch jetzt der Stromboli, „eine solche immer brennende Esse mitten im Meer ohne weiteres Ufer noch Küste“,[207] so mochten die Rhönvulkane der Flözgebirgszeit vorzustellen sein. Der Sitz der vulkanischen Kraft wird im Innern der Vulkane gesucht, in einem abgeschlossenen Reservoir, das nur der Oberfläche näher liegen sollte, als die sonst ähnlichen Empyreen der modernen Vulkantheorien Stübels. Die geographische Lage der heutigen Vulkane findet Beachtung und anderes mehr. In der Anwendung des Kristallisationsbegriffs auf Basalt, in der schemenhaften Annahme von undefinierter und undefinierbarer „erhitzbarer Materie“ zeigen sich freilich Schwächen, aber sie stellen sich als unabweisliche Postulate der Logik ein, solange Goethe keinen Grund sah, von den scheinbar so wohlfundierten Ansichten über Alter und Entstehung des Granits und über die relative Geringfügigkeit vulkanischer Kräfte abzugehen.

Nun trug Werner bei einer Begegnung in Jena seine Theorie vollständig und persönlich vor.[208] Zu den Gründen, die Goethe auf seine eigene Theorie für alle Zeit verzichten ließen, kam also noch ein sehr gewichtiger in der Persönlichkeit dieses faszinierenden Lehrers hinzu.

Aber zugleich verkehrten dessen Beobachtungen am Scheibenberger Hügel Goethes Meinung über die Lagerung des Basalts in ihr Gegenteil. Dort hatte ein künstlicher Aufschluß gezeigt, daß Basalt auf Quarzsand und Ton lagere und nicht diese an seinen Flanken, und daß eine den Übergang vermittelnde Schicht von sog. Wacke vorhanden sei, in welche die Absonderungsklüfte des Basalts sich zum Teil fortsetzten. So war demnach, wenn der Basalt ein Flözgebirge war, er das jüngste, nicht das älteste, und Goethes Vergleichsvorschläge wurden undiskutierbar.

Der Anschluß an Werner beseitigte in Goethes System die letzte Stelle, durch welche sich tumultuarische Vorstellungen einschleichen konnten, und das Ganze rundete sich zur Harmonie:

Im Eingang war das Chaos, eine glühende Lösung sämtlicher Elemente im Wasser. Nach festen Gesetzen schieden sich die Stoffe aus, und in gleichem Schritt mit dem Anwachsen der festen Massen, die sich schalenartig übereinander legten, sank die Flut, stetig sich klärend und abkühlend. Zu Anfang zäh und teigartig, ward sie ein Weltozean, aus dem die Spitzen der allerhöchsten Berge hervorragten. Die noch überschwemmten niedrigen Teile der Gebirgsketten richteten den Lauf der Fluten, „so daß die mineralischen Teile sich nicht überall niedersetzen und ausbreiten konnten, weil ihnen dergleichen Berge, an die wir sie noch angeschwemmt finden, im Wege standen und sie daran verhinderten.“[209] Das Meer besiedelte sich mit Tieren, deren kalkige Schalen zum Aufbau der Gesteine mit beitrugen; auf den heraustauchenden Inseln entstanden die Pflanzen, deren ins Meer hinausgeschwemmte Reste die Kohlen bildeten. Der letzte Niederschlag, die Schlußäußerung der bis hierher wirkenden Kristallisationskraft, war die ausgebreitete Decke des Basalts.

Die immer breiter herauswachsenden Rücken der Inseln und Festländer wurden vom Meere benagt, das Täler schuf und sie mit Sand, Ton und Lehm, den letzten Ergebnissen der Erosion bedeckte. Als in den jüngsten Zeiten der Erdgeschichte eine Senkung des Wasserspiegels diese weiten Furchen trocken legte, vermochten die Flüsse nur schmale Rinnen darin einzugraben. Wo wie im Appenin steile Gebirge früher den Zutritt des Meeres gehindert hatten, war nur ein Gewirr enger und unfruchtbarer Täler entstanden; in flacherem und tieferem Land, wie in Toskana und Böhmen, hatte es freier und breiter gewirkt und die sanftgeneigten Flächen mit fruchtbarem Boden erfüllt.[210] Vor dieser Zeit schon hatten sich aber hier und da die Kohlenlager entzündet; die Basaltdecke ward zerschmolzen, an andern Stellen vom sinkenden Meer zerrissen, so daß sie nur in einzelnen Fetzen erhalten blieb. So entstanden die Vulkane, die erloschen, sobald früher oder später der Brand sich verzehrt hatte: heitere Hügel, neugeschaffene, üppig fruchtbare Landstrecken wie Campanien, waren dann die Zeugen für das vergangene Wirken zerstörender Kräfte. –

So etwa, wenn man überhaupt rekonstruieren darf, mochte Goethe sich nunmehr den Verlauf der Erdgeschichte ausmalen, doch um daran glauben zu können, mußte er schwere Opfer bringen, zu denen er früher kaum bereit gewesen wäre. Werner empfand kein Bedürfnis, sich die Frage nach den genaueren Bedingungen der Basaltgenese zu stellen. Er beruhigte sich dabei, daß seine Beobachtungen ihn zu neptunistischen Schlüssen führten; alles weitere Forschen darüber hinaus mochte ihm überflüssig dünken. Goethe hatte in seinen Vergleichsvorschlägen diese Frage aufgeworfen; weshalb verzichtete er jetzt völlig darauf? Er wäre dann wiederum zu dem Schluß gelangt, daß in der Vorzeit sich die chemisch-physikalischen Kräfte anders verhalten hätten als in der Gegenwart, und zwar unter absonderlichen Phasen: in der Flözzeit im großen und ganzen wie heute, in der dazwischen liegenden Basaltzeit aber ähnlich den urzeitlichen Verhältnissen.

Ferner war unstreitig Werners Ableitung der vulkanischen Hitze aus brennenden Flözen anschaulich und auf Beobachtung gegründet, ist doch noch neuerdings die Ähnlichkeit zwischen Erdbränden und Vulkanwirkungen betont worden.[211] Goethe hätte anknüpfen können an seine Kenntnis des brennenden Berges bei Saarbrücken, den er 20 Jahre früher gesehen hatte.[212] Es ist erstaunlich, daß er weder jetzt noch später, als ihm durch „Wahrheit und Dichtung" seine Jugendzeit wieder gegenwärtiger geworden war, in seinen neptunistischen Glaubensbekenntnissen jemals auf diese Erinnerung Bezug nahm, gerade als ob er an ihre Verwertbarkeit nicht recht geglaubt hätte. In Thüringen, Sachsen und Böhmen konnte Werner immer auf irgendwelche, oft freilich recht kümmerliche Kohlenvorkommnisse in der Nähe alter Vulkane verweisen und mochte sie daher für alle andern Vulkane schlechtweg postulieren. Erstaunlich wiederum ist es, daß Goethe, der durchaus nicht geneigt war, sich bei beobachtungsfähigen Tatsachen mit postulierender Voraussetzung zu begnügen,[213] sich nie die Frage stellte, wo denn beim Vesuv, in den phlegräischen Feldern und beim Etna die Kohlenfelder seien, und daß er nie Beweise für ihre wirkliche Existenz zu erfahren suchte.

Will man also Goethes Bekehrung zu Werners Neptunismus verstehen, so stockt man vor einigen bedeutsamen Unbegreiflichkeiten. Vielleicht ist darum die Erklärung nicht auf sachlichem und wissenschaftlichem, sondern ganz auf persönlichem Gebiet zu suchen. Daß seine Entscheidung nicht durch neu bekannt werdende Tatsachen beeinflußt wurde, spricht sich in seinem Bericht über die Begegnung mit Werner deutlich genug aus:

„Mit Herrn Werner haben wir einige angenehme Stunden zugebracht, ich habe nun seine Meinung über die Vulkane gefaßt. Er hat die Materie sehr durchdacht und mit vielem Scharfsinn zurechtgelegt. Er wird immer mehr Beifall finden und wir müssen nun sehen, wie wir Ihrem Bruder (dem Bergrat Voigt) zu ehrbaren Friedensbedingungen helfen.“ [214]

Es gewinnt den Anschein, als ob er durch scharfsinnige Zurechtlegung der Materie mehr dialektisch als sachlich überzeugt wurde; dann aber mußte bei ihm, dem sonst nur die selbsterrungene, auf eigenem Schauen beruhende Überzeugung Wert hatte, der Wille, sich bekehren zu lassen, den sachlichen Argumenten ausschlaggebend zu Hilfe gekommen sein, der Wille, mit diesen Problemen endlich einmal abzuschließen.

Wenn seine früheren Entwürfe, die besonders um 1785 entstanden, nicht zur Ausarbeitung kamen, so ist der Grund für die damaligen Gelehrten und vielleicht auch für ihre Nachfolger nicht besonders schmeichelhaft. Dem jungen Fritz von Stein trug er seine Lehre vor und bemerkte gegen dessen Mutter: „Die Kinder sind ein rechter Probierstein auf Lüge und Wahrheit. Es ist ihnen gar nicht so sehr wie den Alten um Selbstbetrug not.“ [169] Noch deutlicher drückte er sich gegen Merck aus: „Einem Gelehrten von Profession traue ich zu, daß er seine fünf Sinne ableugnet. Es ist ihnen selten um den lebendigen Begriff zu tun, sondern um das, was man davon gesagt hat.“ [215] Im Sommer 1785 erlebte er die kränkendste Ablehnung, als er seine Entdeckung des Zwischenkiefers am Menschen den Autoritäten des Faches vorlegte. Da konnte er nur wenig geneigt sein, nun auch mit einer geologischen Dissertation und einer scheinbar ebenso grundlegenden Entdeckung vor das von vornherein zur Negation gestimmte Publikum zu treten. Nicht also, weil er Lücken empfand oder Fehlschlüsse ahnte — er hielt vielmehr bis fast an sein Lebensende zäh an der Theorie der gesetzmäßigen Felsgestaltung fest —, sondern weil die Frage Cui bono? ihn lähmte, scheute er die Mühe, das, was seinen eigenen Erkenntnistrieb befriedigte, nun andern mitzuteilen. Aber da er nun das Problem, das ihn einst angezogen, im Anblick der italienischen Vulkane restlos gelöst zu haben glaubte, war auch dem Forschen zu eigener Belehrung, um des Forschens willen, die innere Triebkraft genommen. Der Wissende sah kein Ziel, dem weiteres Mühen gelten sollte, und so mochte er das alte Problem der Basaltgenese, das sich aufs neue in seine Kreise drängte, eher als einen lästigen Störenfried denn als erfreulichen Forschungssporn empfinden. Man kann auch die Wiederbeschäftigung mit Geologie um 1789 kaum ein Aufflammen der alten Leidenschaft nennen, denn wenn er bei Eisenach einige Felsen des Totliegenden beobachtete, so war das nur ein gelegentliches Wiederbetreten wohlbekannter Bahnen, und ein erneuter Anlauf zur Darstellung seiner Theorie von der Erdentstehung verrät schon in dem Einleitungswort, das allein niedergeschrieben wurde, den lähmenden Todeskeim:

„Damit eine Wissenschaft aus der Stelle rücke, die Erweiterungen vollkommener werden, sind Hypothesen so gut als Erfahrungen und Beobachtungen nötig. Was der Beobachter treu und sorgfältig gesammelt hat, vereinigt der Philosoph unter einem Gesichtspunkt, verbindet es zu einem Ganzen und macht es dadurch übersehbar und genießbar. Sei auch solche Theorie, eine solche Hypothese nur eine Dichtung, so gewährt sie schon Nutzen genug; sie lehrt uns einzelne Dinge in Verbindung, entfernte Dinge in einer Nachbarschaft zu sehen, und es werden die Lücken einer Erkenntnis nicht eher sichtbar als eben dadurch. —

Ich sehe solche Hypothesen für nichts weiter an als bequeme Bilder, sich die Vorstellung des Ganzen zu erleichtern. Die Vorstellungsart, die die größte Erleichterung gewährt, ist die beste, soweit sie auch von der Wahrheit, der wir uns dadurch zu nähern suchen, entfernt sein mag. Kenner werden nunmehr entscheiden, ob die meinige solche Vorzüge verbindet.“[133]

Der Einfluß Kants ist unverkennbar, aber dadurch allein wird nicht erklärt, daß ein Mann, der nur 5 Jahre früher schrieb:

„Die Züge der Natur sind groß und schön und ich behaupte, daß sie sämtlich lesbar sind. Aber kleinliche Gedanken passen dem Menschen besser, weil er selbst klein ist und nicht liebt, sein beschränktes Dasein mit unermeßlichen Wesen zu vergleichen,“[216]

daß ein solcher, der Kraft zur Erkenntnis sich bewußter Mann nunmehr sich äußert, als ob eine Vorstellungsart im Verhältnis zur Wahrheit genau so gut und genau so schlecht wäre, wie jede andere, wenn sie nur eine irgendwelche Vorstellung vom Ganzen erleichtert. Diese Folgerungen kann aus dem Kantischen Kritizismus nur ziehen, wem tatsächlich der Inhalt einer Vorstellung gleichgültig ist, sobald sie nur abgeschlossen dasteht. So sprach Goethe damals nicht von seinen Studien über die Metamorphose der Pflanzen oder über die Farbenlehre, wohl aber über ein Thema der Geologie, in einer Geistesverfassung, die dann seinen lustlosen, resignierten Anschluß an Werners neptunistische Basalttheorie begreiflich macht. Es ist die Stimmung des ungern aus Italien Zurückgekehrten, der alles, was früher in Weimar sein Leben erfüllt hatte, wie unter einer dichten, grauen Staubdecke liegen sah, der die Lücken und Schwächen seines geologischen Werkes fühlte, ohne doch zu wissen, wie er bessern und verstärken solle und ohne es recht zu wollen. So suchte er Frieden im Schatten einer Autorität, um nicht von vorne beginnen zu müssen.

Er verglich jetzt selbst das „beschränkte Dasein“ in Weimar mit dem „unermeßlichen Wesen“ der römischen Tage, und nur das Neue, das nicht an zerstörtes und verlorenes Glück, an preisgegebene und entwertete Lebensbeziehungen gemahnte, versprach noch Befriedigung: botanische und später optische Studien, die beide, wenn auch in ganz verschiedener Art, seine Gedanken nach Italien und zu dem dort Betriebenen führten.

Doch es gibt auch ein wissenschaftliches „böses Gewissen“, das stets die widerstrebenden Gedanken auf die vergewaltigten Probleme, auf die ihres Rechts beraubten Erfahrungen zurückruft. Dieses bewirkt, daß der Geist die aus unsachlichen Gründen übernommene Lehre nicht als ruhigen Besitz sich zu eigen nehmen kann und macht allmählich aus den Problemen, die als gleichgültig gestempelt werden sollten, da sie sonst das System gesprengt hätten, Hauptsachen, die dann später, wenn der Bann genommen wird, zur Vergeltung des ihnen angetanen Unrechts alles andere aus dem Gesichtskreis zu drängen streben. Das waren für Goethe die Fragen des Vulkanismus und nach der Entstehung des Totliegenden und der Breccien.

Zwischenzeit 1790—1806.

Nachklingen und Verhallen. — Reise von 1797. — Schelling.

Wie eine mächtige Glocke nach dem letzten Schlag noch eine Weile fortschwingt und erst allmählich verhallt, so klingen auch im menschlichen Geist die Gedanken, die lange Zeit ein Ziel mit Anspannung verfolgt haben, noch eine Weile fort, ehe sie völlig zur Ruhe kommen. Wie absichtslos und ohne Energie schlägt das Denken noch manches Mal die alten Bahnen wieder ein, begnügt sich freilich damit, das schon Durchdachte zu rekapitulieren und sich gelegentlich des Vergegenwärtigens und vorkommender Bestätigungen zu freuen.

Die Lebensperiode Goethes zwischen 1790 und 1805, bis zu Schillers Tod, gehörte andern Interessen an und besitzt auf diesen Gebieten unauslöschliche Bedeutung. Bei alleiniger Betrachtung der geologischen Studien aber ist sie eine Zwischenzeit, eine Lücke, die man fast versucht sein könnte, stillschweigend zu übergehen. Aber nichts Erlebtes bleibt ganz ohne Nachwirkung und so ist es doch nicht allein Rücksicht auf geforderte Vollständigkeit des Berichts, die zu einer gedrängten Besprechung des Zeitraums zwingt.

Die Tagebücher der großen Reisen von 1790, die zuerst über den Brenner nach Venedig,[1] dann nach Schlesien und in die galizischen Grenzgebiete führten,[2] enthalten noch mancherlei Beobachtungen über auftretende Gesteine. Einiges ward auch gesammelt, wie um gebotene Gelegenheit nicht zu verpassen.[3] Von dem Gesetz der Felsgestaltung ist nicht mehr die Rede, nur dem Basalt als dem letztabgeschlossenen Teil des Systems ward am Monte Berico wegen der Lagerung[4] und später bei Stolpe wegen der Absonderungsformen[5] etwas größere Aufmerksamkeit gewidmet. In letzterem Fall schien sich sogar ein erfreulicher Nachtragsbeweis für die genetische Verwandtschaft von Basalt und Granit, zugleich auch eine neue Stütze für die Annahme neptunischer Entstehung und „Kristallisation" beider Felsarten zu ergeben, da sie dort beide in erkennbarer Säulengestalt, aber auch in kugelschalenartiger Absonderung vorkamen.[2]

Während der Kampagne in Frankreich 1792 taucht einmal im Briefwechsel flüchtig die Bemerkung auf, „antediluvianische Untersuchungen" seien eine Wissenschaft, die ihm am Herzen läge,[6] aber die gleichzeitigen Taten entsprechen dem nicht: das Aufsammeln von Markasitkugeln, die wie „Kartätschenkugeln" im Boden gewachsen sein sollten, ist das Einzige, was als Beweis für geologische Betätigung aufzufinden ist.[7] Ein Feldzug bietet freilich wenig Gelegenheit und Stimmung für Gesteinsbeobachtungen und geologische Exkursionen, doch unterblieben solche auch in der Folgezeit, und bis zur Reise nach Karlsbad 1795, wo Einiges über die am Wege angetroffenen Gesteine notiert ward,[8] schweigen die Briefe und Tagebücher, für diese Zeit die einzigen Quellen, völlig von aller Geologie. Der Tiefstand ist erreicht im Jahre 1796. In diese Zeit fallen die Vorbereitungen für eine abermalige Reise nach Italien; ein großes Reisewerk war geplant, das etwa beabsichtigte, an dem konkreten Fall eines bestimmten Landes und mit Betonung der Kunstgeschichte das Ideal durchzuführen, das in allgemeinen Zügen durch Herders Ideen zur Philosophie der Geschichte der Menschheit vorgezeichnet war. Die Erdgeschichte, die schon Herder als Grundlage der Menschengeschichte behandelte, konnte nicht umgangen werden; daher stehen auch in Goethes Collectaneen[9] „Urgeographie, Oryktologie, Mineralogie" an der Spitze als die Basis der anfänglichen, fortschreitenden und gestörten Kultur des Landes,[10] aber nur karges Material ist zusammengetragen, nichts, das als Verwertung der eigenen Beobachtungen im Lande oder Hinweis auf beabsichtigtes Selbstforschen deutete; nur einige Nebenfrüchte beim Studium kunsthistorischer Werke u. dgl. sind zusammengestellt,[11] und in der Hauptsache scheint es abgesehen zu sein auf Nachrichten über einheimisches, zu Kunstzwecken geeignetes Material.

Im Herbst 1796 rief ihn die Schlußkatastrophe des Ilmenauer Bergbaues an die Stelle zurück, an der einst, vor 20 Jahren, die noch unbewußte Grundlage seines geologischen Denkens gelegt war. Im Zusammentreffen mit J. C. W. Voigt, dem nunmehrigen Bergrat, mochten viele der alten Gedanken neu erweckt sein; das „äußerst üble" Wetter zwang dazu, Zeitvertreib durch Betrachtung von Voigts Mineraliensammlung zu schaffen,[12] und so schrieb er an Schiller:

> „Durch die unmittelbare Berührung mit den Gebirgen und durch das Voigtische Cabinet bin ich die Zeit her wieder in das Steinreich geführt worden. Es ist mir lieb, daß ich zufälligerweise diese Betrachtung erneut habe, ohne welche denn doch die berühmte Morphologie nicht vollständig werden würde. Ich habe diesmal diesen Naturen einige gute Ansichten abgewonnen, die ich gelegentlich mitteilen werde."[13]

Ganz entgegengesetzt hatte er sich etwa ein Jahrzehnt früher gegen Knebel ausgedrückt:

> „Deine mineralogischen Bemerkungen durch Tirol waren mir wert. Du bist auf dem rechten Wege und siehst, wie notwendig jene ersten Begriffe sind, auf denen ich ruhe und zu ruhen empfehle, um über große und neue Gegenstände der Natur und Kultur richtig und leicht zu urteilen. Der Mensch ist mit seinem Wohnort so nahe verwandt, daß die Betrachtung über diesen auch uns über den Bewohner aufklären muß."[14]

Nun stand ein großes Naturgeschichtswerk, Dichtung oder Wissenschaft, vor seinem Geiste; die Geogenie, das zu allererst betretene Feld der Naturforschung, war aber aus den Gedanken völlig ausgeschaltet und ein Zufall mußte sie ins Gedächtnis zurückrufen.

Allerdings beschäftigte sich die geologische Forschung dieser Jahre auch nicht mit irgendwie tiefgreifenden Problemen. Sie stand allzusehr unter dem Banne Werners und betrachtete als ihre einzige Aufgabe, die ein für allemal gegebenen Anschauungen nach den bewährten Gesichtspunkten auszubauen und mit ihrer Hilfe noch ununtersuchte Gegenden zu beschreiben. Voigts Widerspruch gegen Werners System, besonders gegen die neptunische Deutung des Basalts, blieb völlig unbeachtet.[15] Wenn Goethes Interesse an der Geologie so gut wie ganz verschwand, so ist das nur ein weiterer Beweis dafür, daß allein die Probleme, vielmehr ein ganz bestimmtes Problem, ihn angezogen hatte, daß aber die einfache Konstatierung von Tatsachen, das Beobachten als Selbstzweck, ihn nicht im mindesten reizte. Die Nöte des Ilmenauer Bergbaus hatten ihn in Schlesien gezwungen, von den technischen Einrichtungen des dortigen Bergbaus Kenntnis zu nehmen, und erforderten später, während der letzten Versuche, den Untergang aufzuhalten, dringend amtliche

Aufmerksamkeit, aber nach wie vor fand er die Brücke nicht, die vom Bergwesen zur Geologie hinüberführen kann.

Das wichtigste und lange Zeit einzige Band, das ihn noch an diese Studien fesselte, waren die einmal angelegten Sammlungen, zu deren Vermehrung sich doch zuweilen Anlaß bot,[16] und durch sie eine Art von Interessengemeinschaft mit andern Sammlern. Daß sich von solchen eine größere Anzahl in Weimar befand, war Goethes eigenes Werk: die Herzogin Anna Amalia eröffnet den Reigen,[17] Einsiedel,[18] Knebel,[19] Minister von Voigt[20] schließen sich an, in späteren Jahren auch Herzog Carl August;[21] ferner können Frau von Stein[22] und Fräulein v. Göchhausen[23] genannt werden und als letzter, jedenfalls der Rangliste nach, Goethes Diener Seidel, der sich für ein anscheinend naseweises Urteil über Linné einmal eine gehörige Abfuhr und für Kristallisationsbeobachtungen und Gedanken über die einspielenden Ursachen ein freundliches Lob holte.[24] Während Goethe in Italien war, kam Schiller zum erstenmal nach Weimar und fand sich dort in mancher Beziehung enttäuscht und abgestoßen. So schrieb er an Körner:

> „Goethes Geist hat alle Menschen, die zu seinem Zirkel zählen, gemodelt. Eine stolze philosophische Verachtung aller Speculation und Untersuchung mit einem bis zur Affectation getriebenen Attachement an die Natur, eine Resignation in seine fünf Sinne, kurz, eine gewisse kindliche Einfalt der Vernunft bezeichnet ihn und seine ganze hiesige Sekte. Da sucht man lieber Kräuter und treibt Mineralogie, als daß man sich in leere Demonstrationen verfinge. Die Idee kann ganz gesund und gut sein, aber man kann doch auch viel übertreiben."[25]

Schillers Urteil ist durch erlebte Unterschätzung seines Wesens und Wollens getrübt. Er hätte sonst kaum den Ernst seines eigenen Spekulierens mit der spielenden Naturbeobachtung eines Kreises von Hof- und Weltleuten vergleichen mögen, sondern bedacht, daß alles Bestreben hier nur ein mehr oder weniger ernster Dilettantismus sein konnte, und daß ein solcher, wenn er sich dem konkreten zuwendet, immer noch einem philosophierenden vorzuziehen ist, der allzuleicht in Schwärmerei und wesenlose Schöngeisterei ausartet. Es wäre auch unnötig, von diesem Mineraliensammeln hier zu reden, dessen Haupttriebkraft, abgesehen von dem Einfluß Goethes, jedenfalls modische Naturschwärmerei und der ästhetische Reiz schöngebildeter und schöngefärbter Kristalle war, wenn nicht eben doch diese von ihm erweckte Liebhaberei ihn jetzt selbst mit dem Fache in einiger Verbindung gehalten hätte, denn es traten, weil er als Sammler bekannt war, oft Angebote an ihn heran, seine Vermittlung wurde aufgesucht, und es läßt sich aus vereinzelt erhaltenen Belegen feststellen, daß er bei gemeinsamen Ankäufen die Fäden in der Hand hielt.[26] Nach Vorratslisten eines „Naturalien-Tausch- und Handelsbureaus in Weimar" von 1796, die sich unter Goethes Papieren fanden,[27] scheint es sogar, daß sich hier eine nicht unbeträchtliche Tätigkeit unter seinen Augen und seiner Mitwirkung entfaltete. Die mineralogischen Schriften, die aus dieser Zwischenzeit überliefert sind,[28] gehören als Erläuterungen zu ausgehenden Tauschsendungen in diesen Rahmen.

Die hiernach fortbestehende Verbindung mit andern Geologen reichte aber nur in ganz seltenen Fällen hin, nun auch die früher geleistete eigene Arbeit vorübergehend in das Gedächtnis zurückzurufen. So gab ein Besuch Werners 1801 Anlaß zu einem Ausflug nach Gelmerode wegen eines daselbst gefundenen Elefantenzahns[29] und zur Abfassung eines kleinen Aufsatzes über den Bologneser Schwerspat, dem Werners Mineralbestimmungen zugrunde lagen.[30] Etwas nachhaltiger wirkte der Verkehr mit Alexander v. Humboldt, März und April 1797, weil äußere Umstände dabei zu Hilfe kamen.

Durch Briefe und eingesandte Mineralien hatte sich dieser 1795 bei Goethe eingeführt,[31] aber erst zwei Jahre später knüpfte sich, zu Goethes oft und lebhaft ausgesprochener Befriedigung,[32] persönliche Bekanntschaft an. Zusammenfassend berichtete er an Schiller:

> „Mit Humboldt habe ich die Zeit her sehr angenehm und nützlich zugebracht; meine naturhistorischen Arbeiten sind durch seine Gegenwart wieder aus dem Winterschlaf geweckt worden, wenn sie nur nicht bald wieder in einen Frühlingsschlaf verfallen."[33]

Die Harzzeichnungen von 1784,[34] Theorien über Bildung und Streichen der Gebirge[35] kamen zur Sprache, also Goethes Gesetz der Felsgestaltung als Grundlage einer geogenetischen Theorie. Wie Humboldt sich zu diesen Vorstellungen verhielt, ist unbekannt; der Grund, aus dem sie hervorgeholt wurden, war wohl, daß Humboldt vor kurzem aus den Alpen zurückgekehrt war, und daß Goethe in Bälde statt des wegen Kriegsunruhen unerreichbaren Italiens wenigstens die Schweiz, den Geburtsort seines geologischen Denkens und einen der Zielpunkte seiner Theorie, zu bereisen gedachte.

Das weitschichtige Aktenmaterial, das auf dieser Reise nach dem für Italien entworfenen Arbeitsplan zusammengerafft wurde, war nun freilich als Ganzes und in seinen Teilen gleich unverwendbar.[36] Die vielen Beobachtungen über die am Wege auftretenden Gesteine, angestellt während der Wagenfahrt wie in Ermangelung interessanterer Gegenstände, lieferten kein Gesamtbild und schlummerten bald vergessen mit dem übrigen Notizenaggregat. Nur der Ausflug von Stäfa nach dem St. Gotthard,[37] der rein mit geologischen Zielen unternommen wurde, verdient etwas nähere Betrachtung, hauptsächlich wegen dessen, was

Goethe dabei nicht beachtete, obwohl er auf dessen Wichtigkeit hingewiesen worden war.

An Hand von H. C. Eschers „geognostischer Übersicht über die Alpen in Helvetien“[38] hatte er sich vorbereitet[39], einem Aufsatz von wenigen Seiten, der die Grundzüge des petrographischen Aufbaues der Schweiz, den Zusammenhang zwischen dem Relief des Landes und der Natur des Untergrundes[40] schon recht klar ausspricht. Es ist dabei nicht auf Feststellung von Einzelheiten, sondern auf Gewinnung eines Überblicks abgesehen; die Hinweise auf die exotischen Nagelfluhgerölle[41] und Ähnliches, das wir jetzt als Zeugnis für Eschers feine und sorgfältige Beobachtungen besonders hervorheben möchten, erschienen ihm selbst und seinen Zeitgenossen nebensächlich, die Darstellung der Tektonik, die wir als in keiner Weise auf die heutige Auffassung hindeutend tief in den Hintergrund stellen, galt damals als das Wesentliche und Bedeutungsvolle des Inhalts. Auch wir begehren ja von einer heute verfaßten Gesamtdarstellung klare Einsicht in das Ganze einer komplizierten Erscheinung und nehmen Einzelheiten, die nur schnitzelartig eingestreut sind, ziemlich unbeachtet hin.

Eschers Vorstellung war, daß die Gesteine des Alpenrandes älter seien als die der Zentralkette benachbarten. Er betonte des öfteren, daß die „mit Sandstein und Tonschiefer abwechselnde Kalksteinformation der mittleren Höhen“ auf der Nagelfluh und diese auf dem „grobkörnigen Sandsteingebirge“ aufliege.[42] Das ließ nur die Erklärung zu, daß ausgedehnte Zerreißungen und Einstürze entlang der Zentralkette stattgefunden hätten,[43] gewaltsame Revolutionen also, die an Buffons Ideen anknüpften.

Von diesem wesentlichsten Ergebnis der Beobachtungen Eschers nahm Goethe überhaupt nicht Notiz. Höchstens eine ganz vereinzelte Bemerkung könnte darauf zielen: bei Hospental strömte ein Wasserfall über Glimmerschieferplatten hinüber, die gegen den Berg eingestürzt waren[44]; aber es bleibt recht zweifelhaft, ob damit nur eine rein oberflächliche Verstürzung oder in Eschers Sinn eine steile, gegen Süd geneigte Lagerung des Glimmerschiefergebirges gemeint sein sollte. In den übrigen Notizen verhält sich Goethe meist als sammelnder Petrograph oder Mineraloge; einige beschäftigen sich mit Einzelheiten der Gesteinslagerung, die im Rahmen von Eschers Beobachtungsweise gänzlich bedeutungslos waren und dafür denen glichen, auf die Goethe selbst früher sich bei Begründung und Erläuterung seiner Theorie gestützt hatte.

So heißt es bei Brunnen, am Rütli und bei Altdorf:

„Man sieht nackte Kalkflöze, die nach Mittag und Mitternacht einfallen und sich gleichsam über einen Kern, auf dem sie ruhen, hinlegen. — Abermals nord- und südwärts fallende Flöze gegenüber dem Grütli. Links steile Felsen. Konfusion der Flöze hüben und drüben, die selbst in ihren Abweichungen korrespondieren. — Das Zickzack der Felslager erscheint wieder."[45]

Und ähnlich (bei Brunnen):

„Die größeren Flöze teilen sich wieder in kleinere, die sehr zerklüftet sind, so daß der Felsen an einigen Orten wie aufgemauert erscheint. — (Hinter Wasen.) Ein Wasserfall geht über Felsen, die noch ganz scharfkantig sind."[46]

Wie auch die Sammlung zeigt, konzentrierte sich seine Aufmerksamkeit ganz auf das „Urgebirge"; die „Übersicht" Eschers war ihm bestenfalls ein Exkursionsführer, um sich über aufschlußreiche Orte zu unterrichten. Er versuchte nicht im mindesten, Eschers Beobachtungen, die mit einer Theorie über Gebirgsentstehung durch Kristallisation schlechterdings nicht in Einklang zu setzen waren, nachzuprüfen, sie entweder zu entkräften oder umzudeuten, oder eben die eigene Theorie zu revidieren. Es gibt für dieses Verhalten nur eine einzige Erklärung: Eschers tektonische Vorstellung schien ihm nur eine Wiederholung der alten Einsturztheorien, die Goethe durch seine, dem Denken längst zur Gewohnheit gewordene Kristallisationstheorie überwunden zu haben glaubte. Er hielt deren erneute Diskussion für durchaus unnötig, sah in Eschers Theorie nur den Nachklang veralteter Vorstellungen, wollte daher für sich nur Bestätigungen suchen und finden. So traf er unbewußt unter den Beobachtungsmöglichkeiten eine zu seinem Ziel führende Auswahl und konnte dabei in Eschers Aufsatz selbst geeignetes Material entdecken, da dort bei Besprechung der Urgesteine mit Nachdruck für die vielfach bestrittene Schichtung des Granits eingetreten[47] und das Vorhandensein von Übergängen aus Granit in Gneis oder in Syenit betont wurde.[48] Fest bei der einmal aufgestellten Theorie beharrend, hielt Goethe gerade dasjenige an den Schlüssen Eschers für veraltet und bereits überwunden, was tatsächlich ein Fortschritt in der Erkenntnis war.

Man kann solcher Art zu erklären und zu verstehen suchen; trotzdem bleibt unverkennbar, daß während dieser Reise in Goethes Denken die Tatsachen von Theorien vergewaltigt wurden, daß jetzt eine spekulative Geistesrichtung vorherrschte, die seltsam von dem Verhalten während der Harzreisen von 1783/84 absticht. Auch büßte sehr bald nach der Rückkehr aus der Schweiz das Geologische seine Anziehungskraft völlig wieder ein.[49] Zwar ist 1798 eine etwas gesteigerte Beschäftigung mit Mineralogie und der eigenen Sammlung zu bemerken[50]; dann aber wird die Stellung, die Goethe während dieser Zwischenzeit zu der einst so leidenschaftlich betriebenen Forschung einnahm, auf der Reise nach Pyrmont 1801 fast parodistisch illustriert: der elfjährige August von Goethe trat allein als Sammler auf, dem Vater jedoch schien das „mühsam Herbeigetragene" nicht zu wertvoll, um nächtlich bellende Hunde damit fortzuscheuchen.[51]

Die Hintansetzung des empirischen und damit verbunden das Vordrängen einer angeblich a priori vorhandenen inneren Anschauung ist das hervorstechendste Merkmal der um die Jahrhundertwende, und zwar gerade in Jena aufblühenden, spekulativen Naturphilosophie, deren erster Wortführer Schelling mit Goethe in einem lebhaften, freilich in der Überlieferung ungenügend dokumentierten Briefwechsel stand. Nicht nur wir jetzt, sondern auch die Zeitgenossen[52] bemerkten, daß es Schelling nicht gelang, die Überfülle seiner Ideen zur synthetischen, philosophischen Naturbetrachtung in genügend klare Worte und Begriffe zu fassen, ja, das rastlose Wiedereinschmelzen und Umgießen seiner Lehren, die Hastigkeit seines Arbeitens zeigt, daß Schelling selbst die Schwäche des Geleisteten peinvoll empfand und zu beheben strebte. Er kämpfte jedoch mit Mängeln, die einer jeglichen Naturphilosophie untrennbar anhaften müssen, weil sich die Begriffe von Anfang an nicht völlig mit den Tatsachen decken, ihnen nur immer mehr genähert, aber nie zu ihrem reinen Ausdruck gemacht werden können. Je weiter also die Abstraktion und die Synthese fortschreitet, desto mehr wird das Bild des betrachteten Naturbezirks von Unklarheiten und Vieldeutigkeiten verschleiert sein. Es scheint, als habe Goethe damals allein erkannt, daß nur durch fortdauerndes „Läutern" des Gedankengangs und der Begriffe das großgewollte Unternehmen gelingen könne;[53] jedenfalls war er der einzige seines Kreises, dem eine Naturbetrachtung im Stile Schellings vertraut und sympathisch war.[54] Der Weg dieser Läuterung bestand darin, die Naturbegriffe immer klarer, in immer engerem Anschluß an die Naturtatsachen zu fassen; der Philosoph war angewiesen auf Mitteilungen der Spezialisten, und zwar bedurfte er nicht der Mitteilung von einfachen, nackten Tatsachen, die er doch nicht hätte übersehen und in Zusammenhang setzen können, sondern nur gedanklich verarbeitete Beobachtungen konnten ihn fördern, Spezialtheorien, die zu einer rein logischen und begrifflichen Behandlung vorbereitet waren. Diese Einsicht ergibt sich so notwendig aus den Arbeitsbedingungen, unter denen Schelling stand, daß man ohne weiteres annehmen darf, Goethes Mitteilungen an ihn müßten sich in dieser Richtung bewegt haben, und das Wenige, was davon überliefert ist, z. B. die Übergabe von Charpentiers „Beobachtungen über die Lagerstätten"[55], sei in diesem Sinne zu deuten. Dann aber ergab sich als selbständige Nebenwirkung, daß auch Goethes eigenes Denken die Theorien stärker betonte. Hinzu kam der Einfluß, den in dieser Hinsicht Schiller und der von diesem ausgehende

Antrieb zu spekulativer Betrachtungsweise seit langem ausübte, und schließlich die natürliche Wirkung der Zeit, welche dem rein gedanklichen Besitz weniger anhaben konnte, dafür aber die Erinnerung an die Tatsachen selbst, besonders an die nicht zur Theorie stimmenden, immer mehr abschwächen mußte. Im Anblick der Natur war es Goethe mißlungen, seine Schlüsse und Vorstellungen klar bis in die Einzelheiten hinein auszusprechen. Nun, in dieser Zwischenzeit, hatte er sich von der Betrachtung des Einzelnen ferngehalten; dafür wirkten viele Ursachen zusammen, um die Hypothesen, auf sich selbst gestellt, zu Axiomen, zu feststehenden Grundlagen des Denkens zu verfestigen und erstarren zu machen.

Zweite Periode 1806—1832.

I.

Rückkehr zur Geologie. — Studien im Anschluß an die Reisen nach Böhmen und dem Rhein 1806—1817.

Im Juli 1806, etwa ein Jahr nach Schillers Tod, eröffnete sich für Goethe jäh in Karlsbad die zweite Periode geologischer Produktivität; die sporadische Betätigung während der Zwischenzeit macht einer zusammenhängenden, wenn auch nicht eigentlich systematischen Forschung Platz.

Kaum eingetroffen, erwarb er eine „Karlsbader Suite" von dem Steinschneider Müller, ging diese sofort zu Haus nach dem Katalog durch,[1] war also von Anfang an entschlossen, zunächst einmal die geologische Anschauung bei dieser Gelegenheit wieder aufzufrischen. Es liegt nahe, diesen Umschwung für nicht weiter erklärungsbedürftig zu halten, da ein jeder nach erlebtem schweren Verlust, der die wertvollsten unter den bisherigen Lebensbeziehungen zerstörte, das Bedürfnis empfinden würde, anderen Gedankenkreisen sich zuzuwenden, die so wenig wie möglich an das Verlorene gemahnen. Aber die Sehnsucht nach tröstender Ablenkung, nach Wiederherstellung des inneren Gleichgewichts, ebenso der Wunsch, die politischen Sorgen des Augenblicks zu übertäuben, oder nur die Muße des Kuraufenthaltes auszufüllen, alles dieses würde nur die Aufnahme, nicht die Fortdauer geologischer Studien verständlich machen, wäre also höchstens als ein auslösendes, nicht als das eigentlich treibende Moment aufzufassen.

Die tiefere Ursache des Umschwungs war der veränderte Zustand der geologischen Forschung: es gab wieder Probleme zu behandeln. Werners Autorität beschränkte zwar noch immer die Freiheit der Mitforschenden, unterdrückte sie bei den meisten völlig,[2] aber es erhoben sich doch wieder gegnerische Stimmen, so Mohs in der Frage nach dem Alter des Granits,[3] Schaub wegen der Basaltentstehung[4] und Charpentier auf dem Boden der Lagerstättenlehre.[5] Von letzterem Werk hatte Goethe sofort nach dem Erscheinen (1799) Kenntnis genommen,[6] auch von Voigt sich weitere Literatur erbeten,[7] ohne doch die Frage länger im Auge zu behalten. Die Basaltentstehung war eine der beiden brennenden Wunden in Goethes System; ward sie aufs neue zum Problem, so mußte das ihn in seinem geistigen Besitz beunruhigen und zu abermaliger Entscheidung herausfordern, wie denn auch der Entwurf einer geologischen Gesamtdarstellung von 1806 ganz auf die Wahl zwischen Vulkanismus und Neptunismus zugespitzt ist.[8]

Zunächst freilich, besonders in Karlsbad, trat dieses Problem ganz in den Hintergrund. Wie zu Beginn der ersten Produktivitätsperiode unter Voigts Leitung, so gab sich auch jetzt Goethe ausschließlich dem Beobachten hin, freilich unter veränderten, innerlich und äußerlich zu ungunsten verschobenen Bedingungen.

Damals war die Erforschung eines Landstrichs immer Eroberung wissenschaftlichen Neulands; jetzt hatte in den zugänglichen Teilen schon jede Neubeobachtung zu vorgängigen Resultaten Stellung zu nehmen, sich einzuordnen oder polemisch zu behaupten. Damals stand Goethe dem Erforschten frei gegenüber, so daß sich allein aus der Beschaffenheit des Beobachters und des Beobachteten der Inhalt der Beobachtung ergab; nun wirkte als drittes, fast selbständiges Forschungselement die zur Denkgewohnheit gewordene Theorie, der zu einer scheinbaren Tatsache ausgewachsene Schluß auf die Ergebnisse ein, noch dazu als eine Vorstellungsart, die, wie die Schweizerreise von 1797 bewies, seinen Blick auf bestimmte Erscheinungen einstellte und von vielem, gerade von dem, was sonst der Geologie wichtig schien, völlig ablenkte. Hinzu kam, daß er damals im 57. Jahr stand, in einem Alter, das naturgemäß mehr zum Festhalten des Erworbenen, als zur bereitwilligen Aufnahme eines gegenteilig gerichteten Neuen geneigt ist.

Diese Umstände, ferner die große Wichtigkeit, welche der Karlsbader Arbeit für die weitere Entwicklung Goethes innewohnt, machen eine ausführliche Analyse notwendig, wobei zunächst die Beschreibung des Tatbestandes nach heutiger, als Ausdruck der Wirklichkeit einzusetzender Anschauung, dann in der zeitlichen Folge die Stufen der allmählichen Erkenntnis angeführt werden mögen.

Von Eibenstock im Erzgebirge bis über Karlsbad hinaus breitet sich, vorwiegend nordwestlich-südöstlich ausgedehnt, eine Granitmasse aus; ein Grabenbruch, in dem tertiäre, zuweilen pflanzenführende Quarzite und aufgelagerte Letten und Kohlen eingesunken sind, weiter gekennzeichnet durch Basalteruptionen und begleitende Glutmetamorphosen, trennt den südlichen, Karlsbader Teil dieser Granitmasse von dem erzgebirgischen. In ersterem ist der Granit umgeben von Gneis; er ist lokal unter dem Einfluß der heißen Quellen in verschiedener Weise metamorphosiert und auch ursprünglich nicht homogen, sondern ein späterer, feinkörniger liegt unter einer vielfach zerrissenen Decke eines früher verfestigten, grobkörnigen. Die Thermalzone liegt in einem NW. streichenden System von Hornsteingängen, über das gerade in der Stadt Karlsbad und in der Nähe der stärksten Quellen die Tepl hinwegfließt. Diese Gänge sind zuweilen erfüllt von der sog. Hoffschen Breccie, einem Trümmerwerk intakter Granitbrocken verschiedener Größe, verkittet durch ein mehr oder weniger engmaschiges Geäder von gelblichem bis braunem Hornstein. Das Zentrum der Thermalzone besteht in der mächtigen Sinterbildung der sog. Sprudelschale.[9]

Der erste Beschreibungsversuch, von Racknitz in recht karger Kürze entworfen, brachte eigentlich nur ein Mineral- und Gesteinsverzeichnis ohne Angaben über die Verbreitung, gab also überhaupt kein geognostisches Bild. Es werden unterschieden Granit, „Hornstein, der sich mit Granit vermengt", Gneis (von Gießhübel bei Engelhaus), Konglomerat, Sandstein, ferner Kalksinterformen und „Naturprodukte des Feuers".[10] Goethes Aufsammlungen und Notizen von 1785/86, die teilweise in Racknitz' Begleitung entstanden,[11] halten außerdem noch grob- und feinkörnigen Granit auseinander und vermerken das Auftreten von Schörl. Angaben über den Fundort und die Verbreitung der verschiedenen Gesteinstypen sind ungenau oder fehlen ganz; dagegen ist der enge Zusammenhang zwischen Thermen und Granit-Hornstein-Breccie nachdrücklich betont.[12] Der schon genannte Steinschneider Joseph Müller, dessen Name mit Goethes Karlsbader Studien untrennbar verknüpft und daher zu einer Art von Unsterblichkeit gelangt ist, gab damals schon den Führer.[13] Er wirkte auch weiterhin in den gleichen Bahnen fort und beharrte bei allem Neuen, was er als Mineralienhändler, den „neueren Mineralogen" zu gefallen aufsuchte,[14] doch fest in den Grundanschauungen, die er sich autodidaktisch gebildet hatte. Als Ansässiger hatte er weit reichere Beobachtungsmöglichkeiten als die Badegäste, die auf einen immer nur nach Wochen zählenden Kuraufenthalt angewiesen waren; er nutzte diesen Vorteil im Handelsinteresse aus und verriet deshalb sehr ungern den Fundort von Besonderheiten.[15] Aber sein eigentliches Augenmerk war ganz auf den Sprudel, den Lebensnerv der Karlsbader Bevölkerung gerichtet, obwohl seine Vorschläge über zu treffende Maßnahmen als die eines Nichtgelehrten und Eingewanderten von den einheimischen

Autoritäten stets heftig bekämpft wurden.[16] Zudem stand ihm die Gabe klarer und fesselnder Mitteilung erstaunlich wenig zu Gebote; so läßt sich aus seinen recht weitschichtigen Manuskripten[17] über Karlsbad kaum etwas mehr entnehmen als die Tatsache, daß er als erster die nahen Beziehungen zwischen den Thermen und der Hoffschen Breccie erkannte. Goethes Notiz von 1785 geht sicherlich auf eine Mitteilung Müllers zurück.

Eine Jugendarbeit L. v. Buchs erwähnt dieser Granit-Hornsteinbreccie überhaupt nicht, ist also wahrscheinlich nicht mit Joseph Müllers Hilfe vorbereitet worden.[18] Sie bringt in der Gliederung des Granits einen Fortschritt: die grobkörnige Abart wird als „eigene Gebirgsmasse" nicht nur durch die Gesteinsbeschaffenheit, sondern auch durch ihre Lagerung charakterisiert, denn sie „liegt niemals in oder unter der feinkörnigen, ist vielmehr ganz auf die Höhen beschränkt, während der feinkörnige nur die Tiefen einnimmt". Die Quarzite, über deren Lagerung keine neuen Beobachtungen angeführt werden, verglich L. v. Buch wegen des Auftretens verkieselter Hölzer mit dem Rotliegenden des Kyffhäusers, wies sie deshalb einer „sekundären Formation" zu und gab des weiteren nur an, wie Goethe 1785, daß sie dem Granit „anlägen".

Werners Ansicht über Karlsbader Geologie ist nicht bekannt;[19] es ist möglich, daß sie in der Arbeit L. v. Buchs oder in einem Aufsatz von Bonnard zum Ausdruck kommt, aber Sicheres läßt sich nicht feststellen. Die letztgenannte Abhandlung stützt sich auf Beobachtungen von 1808, ist aber erst 1815 erschienen;[20] sie berichtet als authentisch Wernerische Meinung nur, daß im Tepltal unter dem Ackerboden sekundäre Bildungen mit Kohlen- und Lignitschiefern liegen müßten, wie solche im Egertal vorhanden seien, also kein Beobachtungsresultat, sondern eine aus Theorien geforderte Annahme. Auffallenderweise berichtet auch Goethe aus Karlsbad nie von Ausflügen, nur von Besprechungen mit Werner.

Goethes Darstellung fußt auf Beobachtungen von 1806, die während des fünften Karlsbader Aufenthalts von Mai bis September 1807 wiederholt und vervollständigt wurden. 1806 erschien nur ein Verzeichnis der bei Joseph Müller käuflichen Karlsbader Sammlung,[21] geordnet nach eigenen, von Müller unabhängigen, ja ihm widerstrebenden Gesichtspunkten.[22] 1807 ward dieses Verzeichnis, ausgiebig revidiert, aber wenig verändert und von einer raisonnierenden Beschreibung begleitet, neu herausgegeben, zunächst als Sonderdruck[23] und dann, nochmals in derselben Gestalt, 1808 in Leonhards Taschenbuch für die gesamte Mineralogie.[24] Es war, von der verschollenen und nie beachteten Beschreibung des Bologneser Schwerspats abgesehen, Goethes erste geologische Veröffentlichung und wurde von ihm den Freunden und Bekannten mitgeteilt in einer Art und Weise, die mehr oder weniger jeder im Stolz der Erstlingsarbeit befolgt.[25] Gleichzeitig mit ihm und, wie außer direkter Überlieferung manche bezeichnende Übereinstimmungen dartun, in häufigem Gedankenaustausch,[26] arbeitete v. Struve seine ebenfalls in Leonhards Taschenbuch erschienene große Abhandlung aus.[27] Auf ihn ist vermutlich eine unter Goethes Papieren vorhandene Profilskizze zurückzuführen[28] (Fig. 5), die sich ohne jede Schwierigkeit zur Illustration auch der Goetheschen Ansicht eignet. Vergleicht man dieses

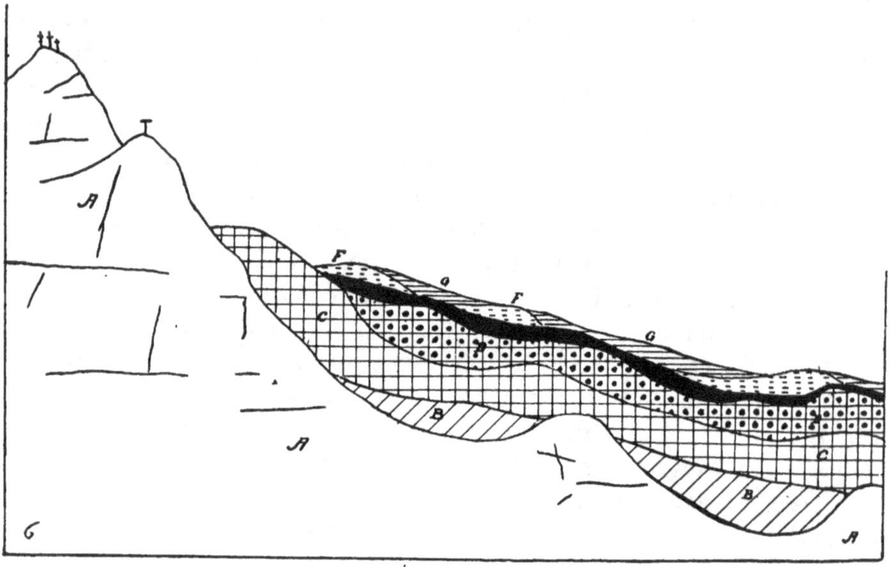

Fig. 5.
Ideeller Durchschnitt des Lessauer und Hohdorfer Gebirges bei Karlsbad. Nach von Struve.
A **Granit.** *B* **Gneis.** *C* **Quarzfels.** *D* **Scheinbare Breccie mit bituminösen Holzteilen.** *E* **Bituminöse Holzkohle.** *F* **Sandstein.** *G* **Ton und Porzellanerde.**

Profil unter Beachtung seines „idealen", d. h. schematischen Charakters mit einem neuzeitlichen,[29] so findet man in den Angaben über die Oberflächenbeschaffenheit viel Übereinstimmung. In der Schichtenfolge Quarzfels und scheinbare Breccie, bituminöse Holzkohle und Sandstein ist die heutige Teilung der dortigen Braunkohlenformation vorgedeutet; der wesentlichste Unterschied ist, daß „Ton und Porzellanerde" als oberstes auftreten, die in Wirklichkeit Sattelkerne bilden. Dieser Begriff war damals noch unbekannt, also ist die irrtümliche Darstellung erklärlich.

Goethe ging in der Betrachtung vom Granit, dem „ältesten" Gestein aus. Er unterschied dabei den fein- und grobkörnigen Granit wohl petrographisch, aber nicht den Lagerungsverhältnissen nach. Auch v. Struve übernahm v. Buchs dahin gehende Beobachtung nicht, erklärte vielmehr beide Granitarten für gleichalt, da er in jeder Gänge und deutlich abgegrenzte Einschlüsse der andern konstatiert haben wollte.[30] Letzteres erwähnte wiederum Goethe nicht, so daß man annehmen muß, es sei ihm bedeutungslos erschienen. Auch teilte er die Granite nicht sowohl nach ihrer Korngröße, als nach einem zunächst ungewohnten, daher der Erläuterung durch die Sammlung bedürftigen Prinzip ein,[31] nämlich in:

A. Ur- und Übergangsgranit (d. h. normale Granite und solche mit hervortretenden Gemengteilen). Von Karlsbad.

B. Übergangsgranite aus der Nachbarschaft (d. h. Granite mit Vorwalten einzelner, auch akzessorischer Gemengteile).

C. Übergangsgebirg, an dessen Fuß die heißen Quellen des Karlsbads entstehen und sich verbreiten (Granit-Hornsteinbreccie).

Es ist bei diesen „Übergängen" nicht an das Übergangsgebirge des Wernerischen Systems zu denken, sondern nach Goethes Meinung deutete das Hervortreten der Gemengteile im Granit auf einen „Übergang in eine andere Epoche" der Urgebirgsformation,[32] auf das nahende Ende der Epoche der Granitbildung. Es sollte sich feinkörniger Granit mit Gleichgewicht der Teile abgeschieden haben, solange das Magma noch viel „Granitmasse" enthielt; erst als diese seltener wurde, „traten die Gemengteile auseinander", d. h. sie bildeten sich in größeren Kristallindividuen aus. An andern Orten zogen sich einzelne Gemengteile, wie z. B. Glimmer nesterartig zusammen, wodurch die Hauptmasse des Gesteins an ihnen verarmte, oder es schieden sich seltenere Bestandteile, wie z. B. Schörl in größeren Massen aus. Der grobkörnige Granit erschien bei dieser, teils auf ersichtlichen physikalischen Erwägungen, teils auf dem Befund beruhenden Vorstellung als eine dünne Haut über dem feinkörnig struierten Massiv; ebenso ließen sich anderweitig „anormale" Granite als Außenpartien betrachten und der Strukturunterschied wäre dann mehr das Ergebnis ungleicher Entstehungsbedingungen und erst in zweiter Linie Anzeichen für ungleiche Entstehungszeit.

Diese Deutung läßt sich auch vom heutigen Standpunkt aus verstehen; es gibt sogar moderne Anschauungen, nach denen sie zum Teil das Richtige treffen würde. Ganz anders aber liegt der Fall, wenn die Granit-Hornsteinbreccie als Übergangsgebirge bezeichnet wird. Struve bemerkte, daß dieses Gestein einem „Trümmergestein gleiche", aber er wisse nicht zu entscheiden, ob der Hornstein gleichzeitig mit dem Granit oder später gebildet sei.[33] Den Grund dieses Zweifels deutete Goethe an:[34] er beruht auf der Scharfkantigkeit der Granittrümmer und ihrer ungleichmäßigen Verteilung in der Hornsteinmasse, denn ein

Trümmergestein mußte nach damaliger Vorstellung unbedingt Spuren von Abrollung aufweisen. Andererseits war es damals noch kein feststehender Grundsatz, daß ein Gang immer jünger sei als das umgebende Gebirge, sondern vielfach glaubte man, daß in solchem Fall von zwei gleichzeitig festwerdenden Magmen das eine in das andere einen später als Gang auftretenden Fortsatz ausgesendet habe. Diese Meinung fußte für Goethe auf dem Gestein des Rehberger Grabens: dort erblickte er ein granitisches und ein kieseliges Magma, an den Berührungsflächen ineinander vermengt, wo wir jetzt Granitintrusion und Kontaktmetamorphose sehen. Dem „Rehberger Gestein" ist die Hornsteinbreccie oft im Habitus so ähnlich, daß der Schluß auf gleiche Entstehungsweise unläugbar naheliegt.[35] Ist das Denken aber einmal in diese Bahn eingelenkt, so kann man ohne Mühe den Bernhardsfelsen und die übrigen Orte, an denen die Breccie auftritt, als Randpartien des Granits vom Hirschsprung betrachten: „Wer Zeit und Aufmerksamkeit anwenden mag, kann sich überzeugen, daß gedachtes Gestein sich an den Fuß des Hirschsprunges als ein Vorgebirg anlege und den Schloßberg bilde."[32] Nichts in dieser Vorstellung, nach welcher sich auch hier ein granitisches und ein kieseliges Magma an den Rändern vermischt hätten, kann mit einem teilweise oder völlig gangartigen Auftreten in Widerspruch stehen.

Als Goethe nun die Fortsetzung dieser kieseligen Bildung aufsuchte, fand er am gegenüberliegenden Ufer der Tepl, auf dem Dreikreuzberg und Galgenberg, Blockherden, Erosionsreste der tertiären Quarzite, wie die Sammlung zeigt, ein stark verwittertes und deshalb außerordentlich vieldeutiges Material,[36] das nun natürlich hinauswies auf die im Egertal anstehenden Massen desselben Gesteins.

L. v. Buch hatte dieses zum Totliegenden gestellt wegen der darin auftretenden Kieselhölzer. In der Gesteinsbeschaffenheit war es manchen dahingestellten Vorkommnissen Thüringens ähnlich genug und sogar die Lagerung schien übereinzustimmen, denn es folgte an beiden Orten als erstes nicht-kristallinisches auf die kristallinischen Urgesteine. Hier rollte sich also die Frage nach der Entstehung des Rotliegenden wieder auf, die in Goethes System früher nur eine sehr unvollkommene, unbefriedigende Antwort erhalten hatte. Er bezeichnete diese Karlsbader Gesteinsgruppe als „Quarzformation in scheinbarer Brecciengestalt, zuletzt in Sandstein übergehend",[31] und unterschied weiter:

1. Quarzgestein in der mittleren Höhe des Dreikreuzberges mit Granitpunkten und Glimmer, Quarz und Feldspat vereinzelt.
2. Brececienartiges Quarzgestein, zuletzt in ein Konglomerat übergehend, am Galgenberg.
3. Dichter Quarz von splitterigem Bruch, bestehend aus hellerer oder dunklerer Grundmasse, mit scharfkantigen Quarzeinschlüssen.

Das Bindemittel oft ockerartig, mehr oder minder in Ton verwandelt. Weit ausgedehnt in der Ebene.

Zwischen diesen Gesteinen sollten Übergänge bestehen, diese Vermittlungsstufen aber selten sein. Letztere sind tatsächlich Verwitterungsstadien; in der dritten Gruppe sind die Quarzsandsteine der oberen Braunkohlenformation und die Kaolinbildungen miteinander vermengt.[37]

Der Haupteinwand, den wir jetzt gegen die Verbindung des Hornsteins der Breccie mit dem Quarzit erheben würden, und der den Gedanken an solche Möglichkeit überhaupt von vornherein ausschließt, daß nämlich der erstere ein chemischer, der letztere ein mechanischer Absatz sei, hatte damals nicht die heutige zwingende Kraft, denn es wurde noch immer darüber diskutiert, ob nicht aller Sandstein älterer Bildung chemischer Absatz sei. Von dem Karlsbader Quarzit behauptete es Goethe durch den Ausdruck „scheinbare Breccie", den er schon 1802 auf ein bei Lauchstädt anstehendes Gestein anwandte und damals näher erläuterte.[38] Er fand daselbst in einem ziemlich gleichkörnigen Sandstein Partien mit einzelnen härteren Stellen, die bei Verwitterung aus der Masse heraustraten und so den Eindruck eines Konglomerats oder einer Breccie hervorriefen. Dieselbe Erscheinung zeigen angewitterte Stücke des Karlsbader Quarzits. Derartig struierte Gesteine verglich man allgemein mit Porphyr; Goethe ging weiter und übertrug auch die Vorstellung über die Porphyrentstehung auf dieses angeblich totliegende: die Kristallisationskraft, noch deutlich dokumentiert im Porphyr, war zur Bildungszeit des Rotliegenden oder der scheinbaren Breccie nur noch geschwächt vorhanden, konnte nur größere, uneben begrenzte Brocken und in der Sandsteinformation nur kleine, formlose Körner hervorbringen.[39]

Die „Porphyrhaftigkeit" des Karlsbader Quarzits hatte schon Racknitz[40] betont, und seine sämtlichen Nachfolger wiederholten die Bemerkung, am ausführlichsten v. Struve,[41] der vielleicht, aber nicht notwendig als von Goethe beeinflußt gedacht werden muß. Den Umstand, daß die kieselige Formation im Tepltal als Hornstein, auf dem nächstliegenden Punkt der Fortsetzung aber als Quarz aufträte, erwähnte Goethe selbst;[32] ein Einwand konnte daraus um so weniger resultieren, als er — übrigens auch v. Struve — in den Quarziten des Dreikreuzbergs „Granitpunkte", d. h. deutliche Hinweise auf eine benachbarte und gleichzeitige Granitformation kannte.

„Es zeigen sich — in dieser Gebirgsart die deutlichsten Spuren der Bestandteile des Granits. — Dennoch möchte es schwer zu erweisen sein, daß dieses Stück Gebirge aus einer Zersetzung und Regeneration des Granits entstanden sei."

So äußerte sich v. Struve, um dann, mit einiger Vorsicht zwar, die Vermutung auszusprechen, daß „nach dem ersten Niederschlag, wodurch das Grundgebirge gebildet ward, noch eine beträchtliche Menge Quarzteile aufgelöst vorhanden waren; daß diese Quarzlösung sich mit zarten, rückständigen Feldspatteilen und kleinen Glimmerblättchen verband und durch Kohlenstoff gefärbt wurde, wodurch denn die Quarzmasse jenes matte, tonartige Aussehen erhielt".

Goethes Vorstellung war ähnlich, nur daß sich bei ihm das Ende der Granitformation mit dem Anfang der Quarzformation verschränkte; er ließ den Niederschlag der letzteren beginnen, ehe der der ersteren überall ganz vollendet war. Dadurch wurden die „Granitpunkte" im Quarzit zu Korrelativerscheinungen der Hornsteinbreccie und stellten sich dar als etwas weiter in die Quarzmasse versprengte Teile des Granitmagmas.

Die Pflanzenreste im Quarzit, denen zufolge v. Buch von einer sekundären Formation gesprochen und v. Struve eine Pause zwischen Quarzit und Granit eingeschoben hatte, beachtete Goethe in diesem Zusammenhang nicht; er hätte Einwürfen entgegnen können, daß im thüringischen Rotliegenden dasselbe der Fall sei, und daß hier wie dort auf den erst verfestigten und vom Wasser bereits freigelegten Teilen sofort Vegetation begonnen habe, deren Reste, mehr oder weniger verkieselt und mit kristallisiertem Quarz durchsetzt, in den zuletzt verfestigten Teilen schon begraben seien.

Den Basalten und metamorphen Gesteinen des Egertals widmete Goethe fürs erste keine besondere Aufmerksamkeit. Er stand hierin vollständig auf Werners Seite und hielt an der Erdbrandtheorie fest. Tatsächlich war ja auch für diese Gegend mit ihrem Nebeneinander von Kohlen und vulkanischen Wirkungen diese Erklärungsweise recht einleuchtend.[42] Dagegen war er in der Frage der Thermenentstehung ausdrücklich und bewußt Werners Gegner. Die sozusagen primitivste, aber auf die Fortentwicklung des Problems einflußreichste Ansicht darüber vertrat Joseph Müller. Er knüpfte an die Verbindung des Sprudels mit der Hornsteinbreccie an und bezeichnete diese in seinen Niederschriften[17] und mündlichen Mitteilungen[43] stets als die Werkstätte der Sprudelentstehung, als einen „durch den Wasservulkan zerritterten und durch Hornstein verkitteten Granit". Im Tepltal wäre nach ihm auf eine etwa 600 Schritt lange Strecke der Granit in Trümmer gesprengt, dann hätte Hornstein das Ganze zu einem bis in beträchtliche Tiefen hinabreichenden Stockwerk verkittet; die im Hornstein enthaltenen Eisen-, Kalk- und Schwefelkiesmengen befänden sich durch unterirdischen Wasserzutritt in Gärung, wodurch Hitze und Kohlensäure frei würden.

Aus Goethes Notiz von 1785, wonach der (aus Granit-Hornsteinbreccie bestehende) Bernhardsfelsen „vielleicht bei mehrerem Nachdenken und Untersuchen über die Entstehung der heißen Quellen Aufschluß geben" könne, da an seinem Fuß und in der Umgebung überall Thermen hervorträten,[44] läßt sich schließen, daß er die Meinung Müllers kannte, in ihr einen berechtigten Kern fand, sich aber der Durchführung des Gedankens nicht anschließen wollte. 1786 wandte er sich an J. Fr. A. Göttling nach Göttingen mit der Frage, ob „Schwefel" bei der Thermenentstehung eine Rolle spielen könne. Göttlings Antwort lehnte diesen Gedanken ab und behandelte die ganze Frage als völlig unangreifbar, da es in jeder Richtung an Beobachtungen fehle.[45] Jedoch hat diese Antwort, wo immer sie auch erteilt wurde, und wie berechtigt sie sein mochte, noch nie Erklärungslustige von der Aufstellung einer Theorie abhalten können. Schon Racknitz fand sich veranlaßt, Müllers Vorstellung, ohne dessen Namen zu nennen, zu bekämpfen und durch eine andere zu ersetzen. Er nahm dabei nicht, wie wir vermuten sollten, an dem unklaren Begriff „Gärung" Anstoß, denn dieser bezeichnete damals schlechtweg langsame chemische Umsetzung unter Entwicklung von Wärme und „fixer Luft", ließ sich also sehr wohl auf die Zersetzung der, zwar nicht häufig, in der Hornsteinbreccie vorhandenen Kiese anwenden. Er tadelte vielmehr, daß auf diese Weise der Salzgehalt der Therme und die gleichmäßig aushaltende Wärme unerklärt bleibe. Seine eigene Erklärung faßt das Problem von anderer Seite an, läßt aber wiederum den Zusammenhang mit der Hornsteinbreccie außer Betracht: „die Gegend von Karlsbad ist vermutlich, so wie wahrscheinlich alles feste Land, ehedem Meeresgrund gewesen, und hier ist ein großer Vorrat von Meersalz zurückgeblieben. Pseudovulkanisches, auch wahrhaftes vulkanisches Feuer hat ehedem in dieser Gegend gewirkt. — Kann dieses unterirdische Feuer — noch glimmen? die sich immer gleiche Wärme des Wassers davon herrühren? dadurch auf eine oder die andere Art, wenn wir solche auch nicht genau bestimmen können, das Mineralalkali entbunden und endlich das im Karlsbaderwasser enthaltene Glaubersalz zubereitet werden?"[46]

Leopold v. Buchs Behandlung der Frage ist durchgearbeiteter und ausführlicher, aber logische Postulate, Annahmen und Berechnungen überwuchern das eigentlich Geologische und Anschauliche. Wie bei dem Werner-Schüler nicht anders zu erwarten, faßte er die Thermen als pseudovulkanische, d. h. durch Erdbrand bewirkte Erscheinung auf. Da aber das Tepltal weder Kohlen noch zur Hervorbringung der Sprudelsalze geeignete Mineralien enthält, während er alles Nötige im Egertal zu finden glaubte, ergab sich ihm, daß die jenseits der Eger fertig zubereiteten Quellen durch unterirdische Kanäle ins Tepltal gelangt sein müßten. Diese Kanäle ließen sich natürlich nicht auffinden, aber L. v. Buch suchte augenscheinlich auch nicht nach Spuren von ihnen: sie wurden postuliert, „weil ohne den Zufluß reiner Luft und Abfluß der erzeugten Kohlensäure die Kohlen ihren Brand nicht fortsetzen könnten". So blieb freilich die Herkunft des Salzgehalts unerklärt, und ebenso fehlten Erdfälle und ähnliche Begleiterscheinungen eines so lang andauernden Erdbrands: ersteres schob v. Buch beiseite mit dem Hinweis auf Kenntnismangel, denn bei den meisten Salinen könne man ebensowenig angeben, woher das Salz stamme; letzteren Einwand suchte er zu entkräften durch die Annahme, daß die Therme erst 50 Jahre vor ihrer 1370 erfolgten Entdeckung zu springen angefangen habe und daß die Masse, die ein damals seit 450 Jahren andauernder Erdbrand dem Untergrund entzöge, nicht überschätzt werden dürfe und keineswegs notwendig Erdfälle und ähnliche Begleiterscheinungen hervorrufen müsse.[47]

Werner ging in der Kühnheit, Nichtbeobachtetes zu postulieren, noch über seinen Schüler hinaus, indem er, wie erwähnt, in der Talsohle der Tepl kohlenführende und brennende Schichten annahm; zu diesen Herden dränge das Wasser der Tepl hinab, werde durch den Druck der entstehenden Dämpfe wieder emporgepreßt, und zwar über der Brandstelle der Sprudel; die übrigen Thermen seien Abzweigungen, die sich durch Zwischenräume der Hornsteingänge in das Urgebirge eingedrängt hätten.[20]

Es standen sich also mehrere Erklärungsweisen gegenüber, die jedesmal nur einen Teil der bekannten Tatsachen einbezogen, und von denen keine befriedigen konnte. Bei Müller mußte Goethe an der „Zerritterung" des Granits, des soliden Erdkerns Anstoß nehmen, bei den übrigen daran, daß eine offenkundig zur Sache gehörige Erscheinung, die Hornsteinbreccie, ignoriert war. Auch konnte Müller darauf verweisen, daß der Sprudel nach geschichtlichen Nachrichten und hinterlassenen Sinterbildungen seinen Quellort mehrfach gewechselt habe, daß der Erdbrand dann auf die „wunderlichste Weise" hin und her gesprungen sein müßte",[48] und schließlich darauf, daß lange vor der Ankunft Kaiser Karl IV. der Sprudel schon existiert habe, da sich Sprudelsteine in ältere Ruinen eingebaut fänden.[49] Was L. v. Buch und Werner boten, war bestenfalls eine Erklärung, wie irgendeine Therme vom Typus der Karlsbader wohl entstanden sein könnte; es war alles zum Ablauf der behaupteten Ereignisse Nötige ohne Rücksicht auf Beobachtungsmöglichkeiten und -ergebnisse einfach logisch gefordert und als mit Gewißheit vorhanden vorausgesetzt. Goethes kräftigere Phantasie verlangte von der Theorie Berücksichtigung und Deutung der letzten zugänglichen Einzeltatsachen, begehrte das Zustandekommen der besonderen Therme von Karlsbad anschaulich denken zu können und nicht bloß in einem schematischen Bild hängen zu bleiben. Darum mußte er mit größtem Nachdruck betonen, daß überall nahe den alten und neuen Sprudelwirkungen auch die Granit-Hornsteinbreccie zu finden sei: der Gedanke war unausweichlich, daß zwischen ihnen ein Kausalverhältnis statthabe.

Aber sorgfältig vermied er, seine Ansicht dem Druck anzuvertrauen, die zunächst allzu offensichtlich gerade das eigentlich wesentliche Problem ungelöst stehen ließ. Vor der Öffentlichkeit überließ er dem „Betrachter", über den näheren Anlaß der Erhitzung, der Elastizität des Hervorspringens und Hervorquellens dieser heilsamen Wasser weiter nachzudenken,[32] und nur in Entwürfen und unterdrückten Ausarbeitungen[50] ist seine Meinung zu finden:

> „Bei allen natürlichen Erhitzungen ist das Wasser ein wirksames Mittel. Die Granitgebirge der hiesigen Gegend sind arm an kalten Quellen. Das vorliegende Übergangsgebirge zeigt ihrer gar keine. Die heißeste Quelle zeigt sich innerhalb des Töpelbettes selbst. Die übrigen, wie sie höher zum Vorschein kommen, nehmen an Wärme ab sowie an irdischen Ingredienzien. Man kann daher auf die Vermutung kommen, daß das Wasser der Töpel, indem es über jenes Gebirge (Granit-Hornsteinbreccie) weggeht, die Erhitzung, Auflösung, Entwicklung, unmittelbare Explosion an einigen Stellen, an andern eine Sublimation durch das überliegende Gestein hervorbringe. — Ohne daher irgend jemand seine Überzeugungen stören zu wollen, glauben wir die heißen Quellen durch eine Berührung des Töpelflusses in oft gemeldetem Vorgebirg auf eine einfache Weise hervorzubringen, ohne zu herabstürzenden und wieder aufspringenden Quellen, zu großen und tiefen Kochbehältern, zu Steinkohlenflözen und disseminiertem Mergel unsere Zuflucht zu nehmen. Leider ist der Versuch unmöglich, und wenn er möglich wäre, gefährlich. Nach dieser Meinung scheint es aber, daß die warmen Quellen aufhören müßten, wenn man die Töpel ableiten und ihr gegenwärtiges Bett trocken darstellen könnte."

Der Salzgehalt bleibt dann freilich unaufgeklärt; das unmögliche Experiment suchte Goethe einige Jahre später durch ein ähnliches kleineren Maßstabs zu ersetzen, indem er ein Stück der Hornsteinbreccie an Doebereiner sandte mit der Frage, ob es möglich sei, „durch irgendeinen Zutritt kalten Wassers Wärme zu erregen".[51] Döbereiners Antwort ist nicht erhalten. Schließlich machte die Natur in den Jahren 1812 und 1823 den Versuch: bei hohem Stand der Tepl hatte der Sprudel ungewöhnlich gerast und war dann während des niedrigen Wasserstandes, der auf die Überschwemmung folgte, ebenso ungewöhnlich abgeflaut.[52]

Mit dem Jahr 1807 gelangten die Studien über den Gebirgsbau der Karlsbader Gegend zum Abschluß. Zwar kehrte Goethe noch achtmal, in den Jahren 1808, 1810—1812, 1818—1820 und 1823, zum Kurgebrauch oder zu vorübergehendem Besuch zurück, jedoch schien es ihm genügend, seinen Aufsatz durch Noten und Zusätze auf dem laufenden zu erhalten und in Einzelheiten zu vervollständigen, inhaltlich aber ihn stehen zu lassen.[53] Die Beschäftigung mit der Müllerischen Sammlung, ihr stetes Neuauflegen im alten Schema, wie es namentlich von den letzten Kuraufenthalten berichtet wird,[54] streift sogar an das Spielerische eines bloßen Zeitvertreibs. Nur im Jahre 1819, wohl wesentlich veranlaßt durch den unbezähmbaren Sammeltrieb des Kutschers Stadelmann,[55] ging die Suite über die gewöhnte Ausdehnung hinaus, und erst durch eine weitgehende Unterteilung einiger Nummern gelang es, das bereicherte Material in die — etwas eigenwillig festgehaltene — Zahl der hundert Fächer einzurenken.[56] Für den Neudruck im ersten Heft „Zur Naturwissenschaft" wurde daher auch nur ein Vorwort angefügt und der Abhandlung damit die Gestalt erteilt, in der sie jetzt in den „Gesammelten Werken" vorliegt.[57]

Ein Aufsatz von mäßigem Umfang über ein begrenztes, wenn auch interessantes Thema ist nicht geeignet, in der Wissenschaft beträchtliches Aufsehen zu erregen, mag er inhaltlich auch so sehr von der Schulmeinung abweichen, wie es in manchen Zügen bei Goethes Karlsbader Arbeit der Fall war. Man würde die Frage nach der Aufnahme, die der Autor bei diesem ersten Schritt in die Öffentlichkeit fand, auch kaum aufzuwerfen haben, wenn nicht so oft behauptet würde, daß Goethes Naturforschung von den Fachgelehrten als die eines Außenseiters stets abgelehnt oder totgeschwiegen worden sei. In diesem Fall trifft die Behauptung entschieden nicht zu. Zwar kann man nicht unbedingt eine Anerkennung des wissenschaftlichen Wertes darin erblicken, daß Leonhard den am 28. September 1807 mit einem stolz-bescheidenen Brief[58] übersandten Beitrag an die Spitze des nächstjährigen Bandes seines Taschenbuchs für die gesamte Mineralogie stellte und diesen dem „Herrn Geheimrat von Goethe, dem Professor Hauy und dem Herrn Obermedizinalrat Klaprot" widmete. Es war eben doch Goethes Name der jungen Zeitschrift eine nützliche Empfehlung, und daß die einflußreiche jenaische Literaturzeitung ein von dem über Jena herrschenden Minister unterstütztes Unternehmen günstig und bald besprechen werde, ließ sich erwarten. Mit einer dahin zielenden Bitte trat denn auch Leonhard sehr bald hervor.[59]

Ein besseres Zeichen errungener Anerkennung ist, daß v. Struve, zwar mit Vorsicht und in Form eines „Man könnte meinen", Goethes Auffassung über die Entstehung des Quarzits übernahm. Anderes, wie

z. B. die Verbindung dieses Quarzits mit dem Hornstein der Breccie, ließ er freilich stillschweigend beiseite. Als ganz unabhängige Autorität kann angeführt werden, daß das Journal des mines[60] einen umfangreichen Auszug des Aufsatzes brachte und dabei gerade die spezifisch Goetheschen Deutungsweisen des Befundes angab. Der viel ausführlichere und der schulgemäßen Denkweise weit mehr genäherte Aufsatz v. Struves wurde nicht referiert.

Abweisend verhielten sich dagegen Werner und einer seiner französischen Schüler, Bonnard. Zu dem Wenigen, was von Werners Ansichten über Karlsbader Geologie berichtet wird, gehört, daß er Goethes Thermentheorie nicht billigte.[61] Auch ohne Überlieferung würde man voraussetzen, daß er ganz an seiner Erdbrandvorstellung festhielt, und es ist begreiflich, daß Goethe in seinen Begegnungen mit Werner dieses Thema vermied,[62] da sich in den früheren Basaltdebatten mit J. C. W. Voigt gezeigt hatte, wie empfindlich Werner gerade hier gegen Widerspruch war. Gegenstand eingehender und wiederholter Besprechungen war dagegen die Auffassung des Totliegenden und ähnlicher Gesteine als Pseudobreccie, die Vorstellung, in der Goethe am weitesten aus der schulgemäßen Meinung heraustrat.

Wäre diese Verbindung zwischen Porphyr und Breccien damals schon ebenso indiskutabel erschienen, wie sie es jetzt ist, so dürfte sich Werner kaum zu fortgesetzten Kontroversen bereit gefunden haben[63], er, der sonst zu dogmatischer Strenge neigte, sicherlich nicht durch besondere Duldsamkeit in wissenschaftlichen Dingen ausgezeichnet war und auch keinerlei Veranlassung hatte, durch wiederholtes Besprechen erledigter Angelegenheiten Konnivenz zu zeigen, um Goethes Wohlwollen zu erwerben. Im Gegenteil sah er sich veranlaßt, durch Beschreibung eines sog. dattelförmigen Quarzes von Prieborn zur Stütze der gegnerischen Ansicht ein wesentliches beizutragen[64].

Dieses Gestein, von dem Goethe nach lang vergeblichem Bemühen endlich 1823 instruktives Material durch seinen einstigen Zögling Fritz von Stein erhielt[65], und dessen schönste Stufe einen Platz im Arbeitszimmer fand, um stets vor Augen zu sein[66], ist nun freilich, wenn einmal die Möglichkeit der ganzen Vorstellung zugegeben wird, ein bestechendes Argument für sie: ein Sandstein mit Quarz als Bindemittel, durchsetzt von Schnüren aus länglichen, dattelförmigen Knotten desselben Materials, die etwas stärker verfestigt sind und sich deshalb ziemlich scharf aus der gleichmäßigen Grundmasse herausheben. Sämtliche Hohlräume sind ausgekleidet von klarem Bergkristall, als sollte schlagend erwiesen werden, daß das Ganze durch Kristallisationskraft gestaltet sei.

Werners Widerspruch bedeutete also keineswegs eine prinzipielle Ablehnung des Außenseiters, sondern ist eher ein Beweis für die Wertschätzung dieser Mitarbeit. Erstaunlich scheint nur, daß er den Grundirrtum Goethes, die Vernachlässigung des Altersunterschiedes zwischen Granit und Quarzit nicht erkannt oder nicht besprochen haben sollte. Indessen dürfte hier nur die Überlieferung unvollständig sein. Goethe bemühte sich zu dieser Zeit um den Nachweis, „daß die Formationen nicht nur dem Ort nach partiell waren, sondern es auch der Zeit nach sein konnten“[67], offenbar um sich gegen einen Einwand zu verteidigen, der nicht von Werner berichtet wird, sondern sich erst in der Arbeit Bonnards findet und jedenfalls von diesem aus Werners Mund übernommen ist.[68] Hier ward Goethes Gleichsetzung von Hornstein und Quarzit als warnendes Beispiel aufgesteckt, an dem zu erkennen, bis wohin die Sucht, geologische Systeme zu bauen, führen könne; der Quarzit sei die allerjüngste Formation der Gegend, jünger als Lignit und Basalt, und verschieden vom sächsischen Quadersandstein, der älter sei als Basalt. Dieser Schluß und Einwand ist zweifellos richtig, war aber damals nicht beweisend, denn Bonnard selbst erwähnt, daß nach Werner der Begriff „Formation“ nicht zeitlich zu fassen sei, sondern daß eine Gesteinsformation zu verschiedenen Zeiten gebildet sein könne. Erst 1823 drang A. v. Humboldt[69] und einige Jahre später Pusch[70] darauf, das Wort „Formation“ allein in dem Sinn von „Entstehung der Masse der Zeit nach“ anzuwenden. Noch 1810 aber vermochte L. v. Buch sich vorzustellen, daß die kristallinen Formationen Norwegens gleichzeitig mit dem thüringischen Flözgebirge entstanden seien[71]. Goethe wäre also durchaus berechtigt gewesen, auf „örtliche Epochen“ als eine noch nicht genügend anerkannte Tatsache hinzudeuten[72], wie er es plante, aber doch später unterließ. Übrigens wird man sich hüten müssen, aus Goethes Andeutungen, daß Epochen örtlich seien und eine „Folge und Entwicklung aus sich selbst“ erkennen ließen, etwas wie Vorahnung der Lehre von den Sedimentationszyklen herauslesen zu wollen.

Fruchtbarer allerdings und anerkannter war die Wirkung, die Goethes Karlsbader Arbeit nach einer andern Richtung hin übte: sie war ihrer Gestalt nach weniger Schilderung einer Örtlichkeit als Sammlungsverzeichnis und Gesteinsbeschreibung, und wurde daher auch als solches vorzugsweise angenommen. Noeggerath rühmte sie deswegen noch 1823, weniger durch Worte als durch die Mitteilung, daß er seit mehreren Jahren Sammlung und Verzeichnis mit größtem Erfolg zum Unterricht in der Gesteinskunde verwende[73]. Goethe selbst scheint sie zuletzt nur unter diesem Gesichtspunkte angesehen zu haben; wenigstens ist es anders nicht zu verstehen, weshalb er die Fassung von 1817 unverändert noch einmal 1827 auflegen ließ[74]. Seine Auffassung der Stratigraphie und Tektonik ward bald überholt, und es ist so gut wie ausgeschlossen, daß er trotzdem die früher gewonnenen Ergebnisse noch hätte aufrecht erhalten wollen. Durch Reupel[75] und dessen hier beigegebenes Profil[76] (Fig. 6) ersah er bereits 1818, in welcher Weise die Karlsbader Gegend in den Gesamtaufbau Böhmens einzuordnen sei, und erfuhr dann 1823 von Graf Sternberg[77], in Bestätigung einer 1813 von Schlotheim geäußerten Vermutung[78], daß die Sandsteine nach ihren Pflanzenresten sicherlich jüngeren und jüngsten Erdperioden angehörten. Es ist zwar in der Überlieferung nirgends bezeugt, daß Goethe seine alte Meinung fallen ließ; wohl aber läßt sich erkennen, daß die Neuauflage von 1827, ebenso 1821 eine Hinausgabe der noch vorhandenen Sonderdrucke, nicht auf Goethes Wunsch geschah, sondern erst auf wiederholtes Bitten von Joseph Müllers Nachfolger Knoll, der dieser Verzeichnisse zum Verkauf der sog. Müllerschen Sammlungen bedurfte[79]. Und zweifellos war Müller derjenige, der von Goethes Studien den wirksamsten Erfolg verspürt hatte, denn seine Sammlungen wurden dadurch berühmt und leichter verkäuflich.[80] Daher mochte Goethe dann auch den Nachfolger nicht im Stich lassen wollen, aber im höchsten Alter, als er auf Bitten Knolls den Begleittext zu einer ausschließlich Sprudelsteine enthaltenden Sammlung zu verfassen hatte, beschränkte er sich doch auf ein mehr persönlich als sachlich gehaltenes Vorwort zur Empfehlung.[81] Die merkantile Aufmunterung war dem alten Sonderling und seinem Nachfolger wohl zu gönnen, denn unerschüttert durch den Widerspruch der Fachgelehrten hatte Joseph Müller jahrzehntelang an seiner Lehre vom „zerritternden Wasservulkan" festgehalten und nicht mehr erlebt, daß er damit Recht behielt. Nur Goethe schloß sich ihm an und von Hoff, der 1803 und 1804 unter Müllers Führung zuerst in Karlsbad herumwandelte[82] und dann 1825, ohne freilich den Lehrmeister zu nennen, dessen Auffassung, kunstmäßig und dem erweiterten Wissen entsprechend durchgearbeitet,

Fig. 6.
Ideeller Querschnitt durch das nordwestliche Böhmen. Nach Reupel.
a die nach Mittnacht einschießenden Glieder der erzgebirgischen Schieferformation. *b* die längs dem Erzgebirge rinnenförmig einschießende Braunkohlenformation. *e* die Schieferkohlenformation. *d* der überlagernde Mergel. *i* die aufgesetzte Flöztrappformation. *f* die abwechselnden Glieder des Übergangsgebirges. *h* das Granitgebirge mit seinen Urschiefergliedern.

veröffentlichte, so wie sie ihrem wesentlichen Kern nach heute noch gilt[83].

Betrachtet man nun schließlich Goethes Aufsatz über Karlsbad im Rahmen der zeitgenössischen geologischen Produktion, so ragt er — was kaum der Erwähnung bedarf — in der Kunst der Darstellung und der Anschaulichkeit der Schilderung weit über seine Umgebung hervor. Daneben aber fällt eine Eigentümlichkeit in die Augen, die man zunächst als „größere Durchdachtheit" bezeichnen möchte und auch wohl so bezeichnet hat. Indessen handelt es sich weniger um eine intensivere oder plastischere, als um eine von Grund aus anders gerichtete Art zu denken: eine Art der Betrachtung, die in geologischen Schriften sonst ungewöhnlich, aber schwer zu definieren ist. Man spürt die Nachwirkungen der unter Schillers Einfluß und durch die Berührung mit der jenaischen Philosophenschule unternommenen Versuche, im Reich des spekulativen Denkens heimisch zu werden. Möglich, daß Goethe selbst diesen Unterschied empfand: jedenfalls fürchtete er, daß aus diesem oder einem andern Grund das Verständnis seiner Schrift erschwert sei, und hielt sehr bald eine ausführlich geplante, später nur kurz gefaßte Erläuterung für nötig.[84] Er betonte darin, daß er bei Behandlung der Naturgegenstände vom Ganzen zur Beobachtung der Teile fortschreite; die Pseudobreccientheorie begründete er damit, daß er noch oft simultane Wirkungen erblicke, wo andere schon eine sukzessive sehen, und daß seine Erklärungsart mehr zur chemischen als zur mechanischen hinneige. In einem andern, zeitlich und inhaltlich verwandten Aufsatz ist der Gegensatz von hier simultan-chemisch, dort sukzessiv-mechanisch durch die Begriffe dynamisch und mechanisch (oder an andern Stellen dynamisch und atomistisch) ausgedrückt.[85] Zum Verständnis tragen unserer Meinung nach diese Terminologien wenig bei, sie dünken uns eher ein störender Ballast zu sein. Sie gehören der Schellingschen Philosophie an und waren Goethe durch die Studien über Metamorphose der Pflanzen wichtig und vertraut geworden.[86] Auf geologische Verhältnisse angewendet, verändern sie ihren Inhalt, sobald zwischen Begriff und Konkretum ein faßbarer Zusammenhang gewahrt bleiben soll. Die Verwendung des gleichen Wortes zur Bezeichnung verschiedener Begriffsinhalte ist eine der bekanntesten Fehlerquellen, die auch von Goethe nicht immer vermieden worden ist; im vorliegenden Fall aber sind, wie sich zeigen wird, diese Begriffsphantome der damaligen Naturphilosophie erst nachträglich, etwa des schulgemäßeren Ausdrucks wegen, herbeigezogen; sie machen den gegenwärtigen Leser stutzig, haben aber Goethes Stellung zur Breccienfrage nicht bestimmt oder beeinflußt. Dagegen macht sich die Naturphilosophie in anderer Weise verhängnisvoll bemerkbar, in einer Forschungsmaxime Goethes. Sie wird zwar in den hierher gehörigen Schriften nicht ausgesprochen, tritt aber in der Anordnungsweise der Beobachtungen und in den Forschungsabsichten deutlich hervor: die Überzeugung von der „Stetigkeit“ der Entwicklung, die er bei der Betrachtung organischer Naturen gewonnen hatte und nun auf Unorganisches übertrug, die Voraussetzung, daß „die Natur zu allem, was sie machen wolle, nur in einer Folge gelangen könne und niemals Sprünge mache“.[87] Hieraus resultiert das Bestreben, die als vorhanden vorausgesetzten „Übergänge“ aufzufinden, die Neigung, eher zu verbinden als zu trennen und bei der Beobachtung die unterscheidenden Merkmale geringer zu werten als die Übereinstimmungen oder selbst Ähnlichkeiten. Aus dieser Wurzel zog die Lehre von den Übergangsgraniten zum mindesten sehr starke Nahrung; ganz aus ihr entsprungen ist das Bestreben, den Quarzit des Egertals und den Hornstein der Breccie bei allen ihren augenfälligen und natürlich auch von Goethe beobachteten, nur unterwerteten Verschiedenheiten in genetische Beziehungen miteinander zu setzen.

Im Jahre 1808 unterbrach Goethe die Karlsbader Kur durch einen zweiwöchentlichen Ausflug nach Franzensbad und gelangte, nachdem unter allerlei Tätigkeiten fast die Hälfte der Frist verstrichen war, auf einem Spaziergang an den Kammerbühl. „Schöne Aussicht und interessanter Vulkanismus“ bemerkt das Tagebuch, das dann in den folgenden Tagen fast alltäglich irgendeine Beschäftigung mit diesem kleinen, aber berühmten Vulkanberg erwähnt.[88] Bald stellte sich die Notwendigkeit sorgfältigerer Untersuchung heraus, so daß Goethe, nachdem er sich in Karlsbad mit Werner und August von Herder, damals kursächsischem Bergkommissionsrat, darüber besprochen hatte,[90] auf der Rückreise nach Weimar noch zwei weitere, ganz vorwaltend dem Kammerbühl gewidmete Wochen in Franzensbad verbrachte.[91] Hier verfaßte er angesichts des Gegenstandes und „entfernt von allen Büchern und Hilfsmitteln“, jedoch sicherlich durch jene Unterredungen mit dem Inhalt der Vorarbeiten bekannt, den Aufsatz, der mit einer Kupfertafel versehen (Fig. 7) in Leonhards Taschenbuch von 1809 an erster Stelle abgedruckt wurde.[92] Der Kammerbühl verdankt seine alte Berühmtheit wohl vor allen Dingen seiner Lage nahe dem Knotenpunkt vieler wichtiger Reisewege und vor einem Haupttor Böhmens. Von Born und Ferber hatten ihn für vulkanisch, F. A. Reuss für pseudovulkanisch, für das Produkt eines durch Schwefelkieszersetzung entzündeten Kohlenflözes erklärt.[93] Goethe sah sich zunächst veranlaßt, auf die Seite von Borns und Ferbers zu treten, um dann später, als eigentlich der Pseudovulkanismus schon abgetan war, freilich nicht gerade freudig zu dem Standpunkt Werners und Reussens zurückzukehren.[94]

Nach heutiger Auffassung wird der Phyllit des Grundgebirges überlagert von gelben, glimmerigen Letten des jüngsten Tertiärs. Im Kon-

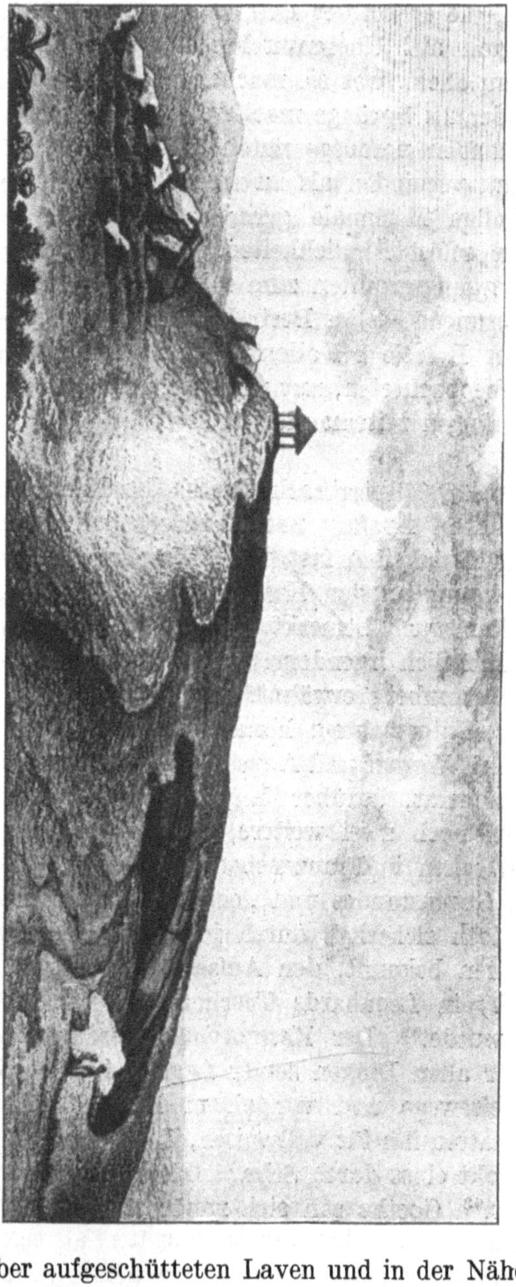

Fig. 7.
Der Kammerberg bei Eger.
(Ansicht von Südosten her.)

takt mit den darüber aufgeschütteten Laven und in der Nähe des Eruptionskanals ist dieser Letten ziegelartig gebrannt und verfestigt, auch sind ihm Lavabomben verschiedener Größe eingestreut. Im Südwesten, unterhalb des Gipfels, ist ein harter, kompakter Basalt eingelagert, der die Stelle des Kraters und den Beginn eines jetzt größtenteils abgetragenen Lavastroms bezeichnet. Der Hügel besteht im übrigen aus losen Projektilschichten, denen ziemlich zahlreich Phyllitbrocken beigemischt sind, diese zuweilen von Lava eingehüllt, selten rotgebrannt.[95] Die heutige Kenntnis des Tatbestandes kann sich auf ungewöhnlich eingehende Untersuchung stützen, die in posthumer Erfüllung einer von Goethe wieder aufgenommenen Anregung Graf Sternberg 1834 bis 1837 vornehmen ließ; aber auch ohne das würde zu erkennen sein, daß der Kammerbühl als ein richtiger Schichtenvulkan in einem Binnensee zur Ablagerungszeit der gelben Letten entstand.

Daß zwischen Goethes Auffassung und der gegenwärtigen, soweit der äußere Befund in Frage kommt, kein wesentlicher Unterschied besteht, zeigt der Vergleich seiner Tafel mit einem modernen Profil ohne weiteres.[96] Den gelben Letten, der im Umkreis des Hügels anstand, hielt er für ein Verwitterungsprodukt des Phyllits und beachtete ihn nicht weiter; auch entgingen ihm die — erst durch künstliche Aufschlüsse bemerkten — Kontakterscheinungen. In den Endergebnissen ist aber Goethes Vorstellung von der unsrigen gänzlich verschieden.

Das Äußere der großen Schottergrube an der Ostseite erinnerte ihn an „italiänische Merkwürdigkeiten".[97] Hierdurch wurden sicherlich Erinnerungen an die vor zwanzig Jahren erfolgten Vesuvbesteigungen erweckt, und es ergab sich weiter, daß die Schichtung des Tuffkegels durch einzelne Explosionen und absatzweise Aufschüttung des herbeigeschafften Materials bewirkt sein mußte. Da aber am Vesuv das meiste des Hervorgeschleuderten in den Krater zurückfiel oder sich zu steilem Kegel unregelmäßig darum aufbaute, so zwang die flache Lagerung der Tuffschichten hier zu dem Schluß, daß die Eruption unter Wasser, in einem das Egerbecken erfüllenden See (oder Meeresteil?) geschehen sei: „Explosionen unter dem Wasser, dessen Tiefe wir übrigens unbewegt und ruhig denken werden, müssen sowohl wegen des Widerstandes, auch weil die entwickelte Luft mit Gewalt in der Mitte sich den Weg nach der Höhe bahnt, gegen die Seite treiben, und das Niedersinkende wird sich in flachen Schichten ausbreiten". Durch Hinweis auf eine Stelle in Senecas naturales quaestiones ließ sich ein analoges Geschehen, ein Beweis für die Möglichkeit des behaupteten Vorgangs aufzeigen.[98]

Diese Vorstellung ward nun gegen andere Deutungsmöglichkeiten verteidigt und ins Klare gesetzt. Dabei wurden aber zwei — anscheinend als völlig indiskutabel — bei Seite gelassen, nämlich Werners Erdbrandtheorie und die heutige, daß durch die vulkanische Tätigkeit das Material aus der Erdtiefe heraufgeschafft sei. Gegen die erstere sprach vermutlich, daß weithin nirgends Kohlen anstanden, auch an dieser Stelle der Formationen, im „Urgebirge“, nicht angenommen werden konnten. Daß die zweitgenannte außerhalb des Denkbereichs lag, ist als eine unbewußte Nachwirkung der Erdbrandtheorie und ihrer so lange währenden Anerkennung zu verstehen.

Lava hatte zunächst als Umschmelzungsprodukt des neptunistisch entstandenen Basalts gegolten und weiterhin, wenn sich solcher nicht fand, als Umschmelzungsprodukt irgendeines andern, des gerade im Untergrund anstehenden Gesteins. Man empfahl „bei vulkanischen Produkten das vorhergehende selbständige, nun aber veränderte Fossil der Betrachtung zu unterwerfen“,[99] offenbar weil man keinen Anlaß sah, den gewöhnten Umschmelzungsgedanken aufzugeben, und erst 1821 erhob der greise J. C. W. Voigt den unserer Meinung nach so naheliegenden Einwand, daß die Laven chemisch gleichartig seien, aber doch ungleichartig sein müßten, wenn sie aus verschiedenen Gesteinen umgeschmolzen wären.[100] Für die damalige Zeit bestand der ganze Unterschied zwischen Vulkanismus und Pseudovulkanismus darin, daß die umschmelzende Hitze in ersterem Fall aus dem Innern der Erde kam, im zweiten Fall erst nahe der Oberfläche aus Flözbränden entstand. Goethe sah also in den lockeren Tuffen veränderten Glimmerschiefer, um so mehr, als Stücke davon rotgebrannt vorkamen. Die Lavakrusten auf andern erschienen dann als Schmelzrinden; die Tatsache aber, daß so manche ganz unverändert waren, bewies nur, daß das Geschmolzene, ehe der Prozeß ganz beendet, „augenblicklich explodiert worden“ sei.

Von Born hatte schon 1773 das Gestein des Kammerbühls für Basalt erklärt und auf das Anstehen des gleichen Gesteins bei Liebenstein verwiesen. Goethe lehnte ausdrücklich ab, ihm hierin zu folgen, da die beiden Vorkommen durch eine Entfernung von einigen Stunden Wegs getrennt seien und verschiedene Urgebirgsarten dazwischen aufträten. Der Sinn dieses Einwands ist freilich nicht recht klar. Das hauptsächliche Gegenargument ist in seinem Aufsatz nur angedeutet: er glaubte bei dem Liebensteiner Basalt zwar keine Säulenform, aber doch „eine Intention“ der Natur zu regelmäßiger Zerklüftung der Blöcke zu finden, die „bei einer überschnellen Solideszenz der Masse nicht zustande gekommen sei“,[98] hielt diesen also für neptunisch gebildet. Der angeblich umgeschmolzene Glimmerschiefer des Kammerbergs zeigte nichts von Regelmäßigkeit der Gestaltung; es blieb nur die eingelagerte feste Lava zu erklären, was einfachst durch die Annahme abermaligen Durchschmelzens der bereits herausgeschleuderten Massen, eines erneuten und konzentrierten Aufstiegs der vulkanischen Hitze geschehen konnte.

Die 1808 angelegten Sammlungen übergab Goethe dem Kabinett der mineralogischen Societät in Jena, von wo sie rasch eine ziemlich große Verbreitung gefunden zu haben scheinen.[101] Im Goethehaus befindet sich keine vollständige Suite. Das gedruckte Verzeichnis[92] erwähnt mehrere Glimmerschieferstufen „im Porzellanfeuer gerötet", zeigt also, daß Goethe experimentell den behaupteten Umschmelzungsvorgängen näher zu kommen suchte, freilich nur mit teilweisem Erfolg, denn von einer Verschlackung oder völligen Schmelzung wird nichts erwähnt. Im Text des Aufsatzes ist von diesen Versuchen kein Wort gesagt; offenbar wurde stillschweigends angenommen, daß der Erfolg des Experiments, unvollständig wegen der zu geringen Hitzegrade, die zur Verfügung standen, dennoch erlaube, auf einen ähnlichen, nur weitergreifenden Naturvorgang zu schließen. Ein sehr wesentliches Moment blieb jedoch ganz unbesprochen und war auch vom Standpunkt Goethes aus ein gänzlich unangreifbares Problem, nämlich die Beschaffenheit und die Entstehung des „vulkanischen Feuers". Wie bei späterer Gelegenheit auseinanderzusetzen, dachte man sich das Innere der Erde starr und kalt. Daher drückte Goethe sich auch sehr vorsichtig über den Wert des Ergebnisses aus und begnügte sich mit dem Bewußtsein, „das Problematische des Falls in das rechte Licht gestellt zu haben".[99]

Ein Ausflug zum Kammerbühl im Mai 1811, der einzige, von dem zwischen 1808 und 1820 berichtet wird, ergab nichts Neues.[102] Der Aufsatz sollte 1817 wieder gedruckt werden,[103] erschien aber mit unwesentlichen Änderungen erst 1819 im zweiten Heft „zur Naturwissenschaft". 1820 lernte Goethe in Eger den Rat Grüner kennen und erfuhr von diesem, daß der Kreishauptmann Baron zu Ellbogen einen Versuchsschacht niedertreiben wolle, um Steinkohlen zu suchen. Bei dieser Gelegenheit wurde unter dem Tuff des Hügels „feiner Glimmersand" gefunden, oben durch Feuer rötlich gebrannt und mit Lavatrümmern durchsetzt.[104] Die Grabung wurde im Juli 1820 durch Graf Sternberg nach Goethes Anweisungen wieder aufgenommen,[105] geriet aber im Oktober 1820 wieder ins Stocken, weil der K. K. Lehensvasall Graf von Liebenstein „wegen nicht beobachteter gesetzlicher Förmlichkeiten bei der K. K. Bergwerksjurisdiction hinsichtlich der Einmutung" dagegen protestierte.[106] Goethe konnte aber die Tatsache, daß der „Glimmersand" nicht nur den Hügel unterlagere, sondern an seinem Fuß auch zu Tage ausgehe, in seinem dritten Heft „zur Naturwissenschaft" 1820 bekannt machen.

Die Kenntnis des Befundes war damit in allem wesentlichen auf dem heutigen Stand angelangt, jedoch statt daß Goethes Vorstellung sich nun der heutigen genähert hätte, rückte sie eher davon ab. Es hatte sich ein etwa fingerlanges Stück gefunden, „das allenfalls für

Steinkohle gelten könnte", und so war eigentlich die Erdbrandtheorie widerlegt. Trotzdem verlegte er den Entstehungsort der vulkanischen Hitze nunmehr ganz auf die Erdoberfläche, in das angeblich umgeschmolzene Gestein selbst, und erklärte dieses für oberflächlich ausgebreitet auf einem teils sandigen, teils staubartigen, teils schiefrig-festen Glimmergrund. Auf dieser Meinung beruht seine Hoffnung, daß man bei Fortsetzung der Sternbergschen Grabung die ganze vulkanische Werkstätte unterfahren und die ersten Berührungspunkte des älteren, natürlichen Gebirgs mit dem veränderten, geschmolzenen, aufgeblähten Gestein beobachten werde.[107] Der Gedanke, daß der Kammerbühl nicht aus Basalt bestehe, kommt in den späteren Schriften nicht mehr vor und wurde aufgegeben, vielleicht weil Graf Sternberg die Übereinstimmung mit den Basalten der Eifel feststellte, die gleichfalls „an den Kuppen in Schlacken übergingen"; aber auch dieser machte weiterhin seine Vorbehalte gegen die „neue Theorie, wonach die Basalte aus der Tiefe emporgestiegen sein sollten, denn der Gneis, auf welchem der Kammerbühl wahrscheinlich aufgelagert sei, zeige bei Slawa und an der Eger (also immerhin in ziemlich weiter Entfernung!) gar keine Veränderung in seinem Verhalten".[108]

Bei dem letzten Besuch des Bühls, Ende Juni 1822, war außer Graf Sternberg, Grüner und Pohl noch Berzelius zugegen, der aus der Auvergne kam und unter dem frischen Eindruck des dort Gesehenen auch diesen Berg für unbedingt vulkanisch erklärte.[109] Die Annahme untermeerischer Explosionen lehnte er ab und meinte, die Schichtung sei entstanden durch konstante Winde, die alle Eruptionsprodukte stets nach der einen Seite hingetrieben hätten.[110] Gegen letztere Vorstellung sträubte sich Goethe ganz besonders; er versuchte an seinen alten Schlüssen festzuhalten und bestand darauf, daß durch einen Stollen erst der Eruptionskanal nachgewiesen werden müsse. Schließlich ließ er sich durch einen ungenannten Kurgast trotz allem wieder zu der alten pseudovulkanischen Vorstellung zurückdrängen,[111] entschloß sich sogar zu der allem Beobachteten stracks widersprechenden Annahme, daß der Glimmerschiefer selbst mit Kohlen durchsetzt gewesen sei.[112]

Auf die tieferen Ursachen dieses Meinungswechsels ist später zurückzukommen. Hier sei nur vermerkt, daß nach Goethes eigenem Geständnis stimmungsmäßige Faktoren auf das Urteil übermächtig eingewirkt haben; gerade, als ob er sich vor sich selbst entschuldigen müsse, verwies er darauf, daß es mehr Impuls als Nötigung sei, was uns veranlasse, auf die eine oder die andere Seite hinzutreten.[111] Beobachtungen irgendwelcher Art konnte er nicht für sich anführen, vielmehr trieb alles Sachliche, das neu bekannt geworden war, durchaus der entgegengesetzten, vulkanistischen Ansicht zu.

Dem Jahre 1808 folgt nun eine für diese Betrachtung ziemlich sterile Zeit (1809—1811), in der andere Tätigkeiten, im Naturwissenschaftlichen die Farbenlehre, den Vorrang besaßen. Die Reisen führten stets nach Karlsbad und regten nicht zur Fortsetzung der Beobachtungen, noch weniger zur Produktion an;[113] die daheim unternommenen Untersuchungen mißlangen, da ihr Endergebnis enttäuschte.[114] Ein Plan zur Ausarbeitung eines geologischen Abschnitts in „Wilhelm Meisters Wanderjahren" scheint im Stadium der „Überlegungen" hängen geblieben zu sein, jedenfalls ist nichts näheres darüber bekannt.[115] Erst das Jahr 1812 und die folgenden brachten neue Wahrnehmungen verschiedener Art und veranlaßten einige Darstellungsentwürfe, da Goethe sich mit wichtigen Neuerscheinungen der Literatur abzufinden hatte. Im eigenen Beobachten ging er jedoch die gewohnten Wege weiter, ohne die Möglichkeit anderer Auffassungen zu berücksichtigen.

Ohne jede Nachwirkung blieb ein kurzer Ausflug nach Berka an der Ilm, veranlaßt 1812 durch einen Auftrag des Erbgroßherzogs Karl Friedrich, der das zurückgegangene Bad wieder in Aufschwung bringen wollte, und darin vom Großherzog Karl August, vielleicht aus pädagogischen Gründen, unterstützt wurde. Geologisch war im Thüringer Flözgebirge für Goethe nichts zu erwarten, denn die Anschauungen waren in allen Punkten geblieben, wie sie vor 30 Jahren Voigt aufgestellt hatte. Goethe, der den Mißerfolg des Unternehmens voraussah, beschränkte sich auf eine kurze Ortsbesichtigung und die Redaktion der von andern, namentlich von Doebereiner und Kieser, eingelaufenen Berichte.[116]

Ebenso geologisch-unfruchtbar war der längere Aufenthalt in Tennstädt 1816, der hier vorgreifend, der Vollständigkeit des Berichts zuliebe, erwähnt sein mag.[117]

Dagegen brachte die Reise nach Teplitz 1813, wohin er schon 1812 in Unterbrechung der Karlsbader Kur für einige Zeit gekommen war, mannigfache geologische Belehrung, zeichnete auch den Studien eine neue und jahrelang mit Vorliebe verfolgte Bahn vor.

Anders wie in Karlsbad, wo Goethe die chaotischen oder wenigstens chaotisch vorgetragenen Kenntnisse seines einheimischen Führers sichtend und ordnend erst selbst durchdenken mußte, durfte er in Teplitz die Mitteilungen ansässiger Forscher von Rang, des Dr. Reuss in Bilin und des Dr. Stolz in Aussig, ohne weiteres übernehmen.[118] Er hatte auch keine Veranlassung, sich als gelegentlicher Besucher des bereits recht eingehend untersuchten Gebiets mit eigenen Beobachtungen neben und vor diese Männer zu stellen. Aus diesem Grund unterblieben wohl auch genauere Aufzeichnungen über die zahlreichen Exkursionen, die er unternahm,[119] so daß wir über seine Auffassung vom Bau der Teplitzer Gegend sehr wenig unterrichtet sind. Eine Karte des Leitmeritzer

Kreises, auf der die beobachteten Gesteine durch farbiges Unterstreichen der Ortsnamen eingetragen sind,[120] läßt zwar erkennen, daß er dieses in Karlsbad außer Betracht gelassene Darstellungsmittel hier heranziehen wollte, ist aber lückenhaft ausgefüllt und kann den Mangel einer Schilderung in Worten nicht ausgleichen, um so weniger, als auch die Sammlungen keine wesentliche Ergänzung bringen, sondern teils rein mineralogisch angelegt,[121] teils auf sog. pseudovulkanische Gebilde beschränkt sind.[122] Daher braucht auch die heutige Auffassung der dortigen Stratigraphie und Tektonik hier nicht skizziert zu werden.

Die Teplitzer Gegend ist für die Erdbrandtheorien ein vorzüglich geeigneter Ausgangspunkt; so sind denn auch Goethes Sammlungen reich an „Porcellanjaspis" u. ä. metamorphen Gesteinen. Besonders wichtig in Hinsicht auf Flözbrandvorstellungen mochte Goethe die Tatsache erscheinen, daß in den Braunkohlengruben von Dux die stark mit Schwefelkies durchsetzten Kohlen sich auch in den tiefsten Lagen selbst entzündeten.[123] Andererseits sah er in der Zerklüftung des Biliner Phonolits — am Fuße des Berges tafelartig, in der Höhe säulenförmig — den untrüglichen Beweis für dessen neptunistische Entstehung und Kristallisation, wobei zur Erklärung der Gestaltungsverschiedenheit der Schluß auf geringe Veränderung der Bedingungen während des Festwerdens sich von selbst anbot.[124] Freilich war seit längerem bekannt, daß dort nahe der Auflagerungsfläche Gneisbrocken im Phonolith aufträten.[125] Diese Tatsache würden wir für geeignet halten, um allen neptunistischen Gedanken den Garaus zu machen, da bei dem schon damals sicher erkannten Altersunterschied die Annahme einer Magmenvermengung außerhalb aller Denkmöglichkeiten lag. Es ist methodologisch bezeichnend daß Goethe, wie alle andern, dieses Vorkommen, ebenso ein später durch v. Trebra mitgeteiltes von Gneisbrocken im Porphyr,[126] als unerklärte Einzelheit auf sich beruhen ließ.

Unter den Teplitzer Papieren befindet sich eine von Dr. Stolz verfaßte Aufzählung der im Leitmeritzer Kreis anstehenden Formationen mit kurzen Angaben über deren Verbreitung.[127] Von diesem ließ Goethe eine abgekürzte Kopie nehmen, in der alles auf Lagerung und Tektonik Bezügliche ausgefallen ist.[128] Ferner hat das Formationsschema dabei bezeichnende, aber nicht gerade verbessernde Änderungen erlitten. Da die Merkmale, die Stolz für seine Gesteinsgruppen angab, nicht ohne weiteres auf die heute unterschiedenen Abteilungen sich anwenden lassen, so darf man sich auf die Besprechung einiger dieser Abweichungen beschränken.

Im Flözgebirge kannte Stolz: A. erdharzigen Tonschiefer. B. 1. älteren Flözsandstein. B. 2. jüngeren Flözsandstein. C. Flözkalkstein, mit mehr oder weniger Ton gemischt und dem Flözsandstein B. 2. gleichzeitig.

Goethe führte ohne Rücksicht auf die lokale Ausbildung straff das thüringische Schulschema durch und trennte einfach Flözsandstein und Flözkalkstein, d. h. angebliche Äquivalente des Buntsandsteins und Muschelkalks. Im Urgebirge unterschied Stolz: A. Granit. B. Gneis. C. Glimmerschiefer. D. Tonschiefer. E. Syenit. F. Urkalkstein. G. Porphyr, und bemerkte dazu, daß der Porphyr wahrscheinlich schon der Flözformation dieses Kreises angehöre oder der letzte Niederschlag der Urformation sei. Es ist nicht zu ersehen, aus welchen Beobachtungen dieser richtige Schluß gezogen wurde, denn angeführt ist nur, daß der Porphyr den Gneis überlagere, was über seine Altersbeziehungen zum Glimmer- und Tonschiefer nichts aussagt. Ebensowenig läßt sich beim Fehlen authentischer Belegstufen feststellen, was Stolz mit seiner Untereinteilung des Porphyrs in Tonporphyr, Kugelporphyr und Hornsteinporphyr meinte. Indessen liegen doch offenbar bestimmte Beobachtungen zugrunde; die von Goethe gewählte Gliederung in 1. Granit, 2. Gneis, 3. Syenit, 4. Hornsteinporphyr, 5. Tonporphyr, 6. Tonschiefer verrät dagegen in ihren letzten drei Gliedern die Neigung, schematisierend „stetige" Reihen zu bilden, ohne auf die Ortsverhältnisse Rücksicht zu nehmen. Allerdings ist nicht ohne weiteres die Folge, in der die Gesteine genannt werden, als eine Behauptung über ihre Altersfolge anzusehen; nach Goethes früher entwickelten Vorstellungen waren alle auf den Granit folgenden Urgesteine gleichzeitig, nur räumlich getrennt gebildet. Auch ist eine Aufzählung nach chemisch-petrographischen Merkmalen nicht schon an sich verwerflich, wenn sie allein ein petrographisches und nicht zugleich ein stratigraphisches System bedeuten soll.

In der Aufzählung der Urgebirgsformationen greifen diese Verzeichnisse auf den Südabhang des Erzgebirges über, auf die Zinnerzgebiete von Altenberg, Zinnwald und Graupen, denen Goethe eine beträchtliche und außerordentlich folgereiche Aufmerksamkeit widmete. Graupen wurde häufiger von ihm besucht,[129] Altenberg und Zinnwald aber genauer beschrieben,[130] auch sind die Sammlungen von den letztgenannten Orten durchgearbeiteter,[131] so daß man annehmen muß, sie seien ihm für das Verständnis der Bildung wichtiger erschienen und seinen Schlüssen hauptsächlich zugrunde gelegt. Schon Noeggerath bemerkte, daß die Hauptmomente, wie sie eine neuere, damals noch ungedruckte Arbeit eines ungenannten Bergmannes enthielte, „ein größeres Detail abgerechnet, mit den von Goethe gelieferten Nachrichten völlig übereinstimmten",[132] und das gleiche zeigt sich beim Vergleich mit neuesten, gewissermaßen den abschließenden Schilderungen.[133] Aber es wäre verfehlt, auf die tatsächliche Richtigkeit der Angaben sehr viel Nachdruck zu legen, denn sie sind in allem wesentlichen doch nur Wiedergaben dessen, was Goethe von den ansässigen Bergkundigen mitgeteilt erhielt und durch Ausflüge wie durch eine Stollenbefahrung sich zu eigen machte. Diese Gewährsmänner werden ihn wahrscheinlich auf die Tatsache hingewiesen haben, daß gewisse, sonst seltenere Mineralien stets mit dem Zinnerz zusammen aufträten: „Bei den sämtlichen Zinnformationen, von denen hier die Rede ist, finden sich auf oder ab dieselben Ingredienzien; nur hat es der Natur beliebt, an jedem dieser vier Orte mit Ordnen und Niederlegen anders zu verfahren".[134] Er übersah dabei das weniger auffällige Vorkommen von Topas, hob als Begleitmineralien nur hervor Eisenglanz, Wolfram, Tungstein, Molybdän, Flußspat und Apatit, und berücksichtigte sie bei Anlage seiner Sammlungen stärker, als es sonst damals üblich war. Aber er dachte doch nicht daran, diese Eigentümlichkeit der Zinnerzlagerstätten den Schlüssen auf die Entstehung zugrunde zu legen. Seine Gedanken schlugen vielmehr eine ganz andere Richtung ein und bestanden in einem Ausbau der Theorie des „Auslaufens der Granitformation".

Nach heutiger Lehre traten in einer langen Spalte, die von Teplitz aus nordwestlich durch das Erzgebirge verläuft, zwei Schübe karbonischen Porphyrs hervor, von denen der jüngere, der sog. Granitporphyr durch Reichtum an Ortoklaskristallen und Zwillingen nach dem Karlsbader Gesetz ausgezeichnet ist. Nachträglich ereignete sich ein Aufquellen von Granit, das zwar nicht an die Spalte gebunden war, aber sich doch wenigstens teilweise an sie hielt. Dieser Granit bildete mitunter einen durch gröberes Korn ausgezeichneten Stockscheider aus; sonst ist er in den Randzonen umgewandelt in „Greisen" durch eine von Spalten und Rissen ausgehende Metamorphose des Feldspats, die auch, wiederum von Spalten ausgehend, in den benachbarten Porphyr übergreift. Der Zinnstein ist dabei entweder vorwiegend in Gängen ausgeschieden, wie in Graupen und Zinnwald, oder er imprägniert, wie in Altenberg, die ganze Randmasse des Granits, so daß hier zinnhaltiger Greisen wie eine Kappe dem unveränderten Granit aufgelagert ist und in diesen allmählich übergeht. In Graupen schließlich stehen die Gänge vertikal, in Zinnwald liegen sie flözartig und folgen im großen und ganzen der Oberfläche des Granitmassivs.[133]

Geht man, wie Goethe, von der Vorstellung aus, daß der Granit das älteste Gestein sei, so gelangt man zu einer weniger klaren, aber doch in sich widerspruchslosen Vorstellung. Der grobkörnige Granit des Stockscheiders gemahnt dann an den großkristallinischen Granit von Karlsbad, der dort die Hülle des im Zentrum der Masse verfestigten kleinkörnigen bildet. Der Greisen stellt sich dar als ein primäres Gestein, dessen Konsolidierung der des Granits unmittelbar folgt, sich auch gelegentlich in ihn verschränkt.[135] Die Übergangsstufen zwischen Granit und Greisen lassen sich dahin deuten, daß die Epoche der Zinnbildung erst allmählich ihre volle Stärke erlangt habe und parallel einhergehe mit dem Hervortreten der begleitenden Metalle, die wenigstens als Spuren und in feinerer Verteilung schon im eigentlichen Granit vorkämen. Diese Zinnepoche hätte dann ihren völligen Abschluß erst während der Porphyrformation erreicht.

Die Verknüpfung der grobkörnigen Granite von Karlsbad und Altenberg-Zinnwald erhielt weiter eine Stütze dadurch, daß Goethe metamorphosierte, d. h. durch Verkieselung unkenntlich gewordene Porphyre aus der Altenberger Imprägnationszone mit den Karlsbader Quarziten glaubte vergleichen zu können, mit der „scheinbaren Breccie", die der Granitbildung dort folgen sollte,[134] und ferner, wie man trotz des Schweigens der Überlieferung einschieben darf, durch das Auftreten von Feldspat in den Karlsbader Zwillingsformen. Diese kannte Goethe aus dem Granit von Karlsbad über Eger bis zum Fichtelgebirge, metamorphosiert aus Karlsbad und sehr ähnlich aus dem Porphyr des Thüringer Waldes;[136] wenn er sie nunmehr im Teplitzer Porphyr wiederfand,[137] so mußten alle diese Bildungen dadurch in eine Epoche zusammengerückt, wenigstens zeitlich benachbart scheinen, denn sie deuteten „auf die Hartnäckigkeit der Natur, bei solchen Formen zu verharren, wenn sie dieselben einmal geliebt hat".[136]

Betrachtet man nun vom gleichen Standpunkt das Zinnvorkommen von Schlaggenwald, das Goethe früher von Karlsbad aus studiert und rätselhaft gefunden hatte,[138] so zeigt sich dort ein etwas abweichendes Auslaufen der Granitformation, nämlich nicht der Feldspat, sondern der Glimmer tritt in den Grenzbildungen hervor, ballt sich zunächst in Kugeln zusammen und ordnet sich dann ausgesprochen flächig an. Dadurch verwandelt sich das Gestein in Gneis, der flaserartig Feldspatkristalle einschließt.[139] Dann freilich muß eine Lücke in der stetigen Reihe, ein größerer Sprung in der Gebirgsbildung zugestanden werden; der bisher vorherrschende Glimmer tritt von nun an zurück, der Feldspat fehlt ganz und Quarz waltet vor, so daß die Felsart den Eindruck eines Trümmergesteins macht. Mit diesem ebenfalls „Greisen" genannten Gestein ist der Eintritt der Zinnformation und der Anschluß an die Verhältnisse von Zinnwald-Altenberg erreicht.

Nun bleibt, immer im Sinne der Goetheschen Auffassung, noch das gangartige Auftreten zu erwägen, das heute allein durch sekundäre Spaltenausfüllung erklärbar scheint, damals aber vielfach für eine primäre Erscheinung gehalten wurde. Hier sah Goethe sich zu einer Unterscheidung veranlaßt; ihm galten die massiv mit Gangarten und eingestreutem, selbst vorwaltendem Zinnstein ausgefüllten Gänge, in deren Beschreibung er alles wesentliche des heute Angeführten beibrachte, als magmatische Ausscheidungen, oder mit dem Gebirg zu gleicher Zeit entstandene „Urgänge". So aber ließen sich die Zinngraupen, offenbar in Hohlräumen entstandene Kristallisationen, nicht gebildet denken; für sie mußte eine zweite Periode der Gangausfüllung angenommen werden, in der durch eine Art von Lateralsekretion Zinnstein und Begleitmineralien auf leeren Klüften ausgeschieden wurden. Das regelmäßige Streichen der seigeren Gänge war ebensowenig ein Problem, wie die flache Lagerung der sog. Flöze von Zinnwald, deren Gangnatur Goethe erkannte: die Gänge bezeichneten die Grenzflächen der „Felskristalle", der nach Kristallgesetzen geformten Teile der Gebirgsmasse, Zwischenräume, z. T. mit Erzen und Gangarten, z. T. mit Besteg, weichem tonartigen Schmand, ausgefüllt, z. T. auch leere Klüfte. Hierzu stimmte, auf eine weitere Gesetzmäßigkeit deutend, daß jede dieser Ausfüllungsgruppen ihre eigene, von denen der übrigen abweichende Streichrichtung besaß, dagegen blieb es eine unerklärte Merkwürdigkeit, daß die Flöze sich durch die Besteg führenden Klüfte verworfen zeigten. Mit diesem Problem mußte Goethe sich in der Folgezeit abzufinden suchen; tatsächlich war es jedoch nur ein Scheinproblem, nur der erste Hinweis auf einen Irrtum in der Grundtheorie, der in Erscheinung trat, damals freilich als solcher unerkennbar war.[141]

Nach der Rückkehr aus Teplitz begann Goethe durch Literaturstudien und Sammlungsbereicherung[142] seine Kenntnis der Zinnformation zu vertiefen, so daß sie in ihrer ganzen Ausdehnung vom Fichtelgebirge bis zur Tafelfichte ihm vor Augen stand. Trebra, Lenz und Voigt wurden um Mitteilung des ihnen Bekannten gebeten,[143] aber er erfuhr dadurch nichts wesentlich Neues, wohl aber jetzt und später manche Bestätigung für die „Konsequenz dieser sparsam, aber doch weit über den Erdball verbreiteten Formation" mit allen ihren mannigfachen Begleitungen.[144] Es machte für ihn keinen Einwurf aus, wenn sich z. B. in Geyer[145] oder in Cornwall[146] die Zinnformation in den Glimmerschiefer ausdehnte, denn auch dieses war ein „Urgestein" und wurde oft als eine dem Granit gleichzeitige Bildung betrachtet.[147] Außerdem war gerade bei dem Stockwerk in Geyer der grobkörnige Stockscheider ein prächtiger Beweis für die Theorie des Auslaufens der Granitformation. Aber obwohl Goethe einmal schrieb, seine Ansichten über die Zinnformation klärten sich beinahe von selbst,[148] gelang es ihm nicht, die 1813 unter dem frischen Eindruck der Altenberger Beobachtungen konzipierten Entwürfe auszuführen, auch nicht, als Leonhard mehrfach dringend bat, einen Aufsatz darüber für das Mineralogische Taschenbuch beizusteuern.[149] Das einzige, was damals veröffentlicht wurde, war ein kurzer Artikel für Leonhards „Propädeutik der Mineralogie", der aber vielleicht nur eine leichte Bearbeitung einer von Leonhard vorgelegten Notiz war und die eigentliche Vorstellung Goethes in kaum erkenntlicher Andeutung versteckte.[150] 1815 meinte er in einer aus Aschaffenburg übersandten Gesteinssuite Anzeichen zu finden, daß dort, wenn auch nicht Zinn, so doch Wolfram und Eisenglanz auftreten müßten[151]; 1818 frischte er in Schlaggenwald die Erinnerung während eines Ausfluges von Karlsbad auf[152] und entwarf abermals im Schema eine ausführliche, inhaltlich unveränderte Darstellung,[153] aber erst 1820 entschloß er sich, im dritten Heft „Zur Naturwissenschaft" einen kurzen Abriß seiner Theorie und die Schilderung der Exkursion nach Altenberg zu veröffentlichen,[154] nachdem im Jahre vorher die Sammlungen eine wertvolle Bereicherung erfahren hatten.[146] Jedoch nunmehr war die Grundlage der ganzen Theorie schon stark erschüttert, so daß Goethe in den ersten Worten des Entwurfs von 1818 und des Vorworts von 1820 erklären mußte, ebenso noch einmal 1831,[155] daß er von der Lehre der alten Schule ausgegangen sei, und somit eigentlich Veraltetes vortrage. Daher ging auch Noeggerath in seiner erwähnten Rezension auf Goethes theoretische Folgerungen überhaupt nicht ein, sondern zog sich durch einen ausgiebigen, die Beobachtungen bestätigenden Auszug aus einer neueren Schrift aus der Verlegenheit.[132] Jedoch war 1813 Goethes Vorstellung nicht nur noch diskutabel, sondern folgerichtig aus allgemein anerkannten Lehren abgeleitet; nur in einem einzigen Punkt, der Unverständlichkeit der mit den Klüften verbundenen Verwerfungen, wäre damals ihre Schwäche erkennbar gewesen. Werners Ganglehre hatte hier kein Problem mehr übrig gelassen, war aber zugleich zu Anschauungen über die Vorgänge bei der Erdbildung gelangt, die sich mit denen Goethes nirgends mehr vertrugen. Er mußte also die Unzulässigkeit von Werners Theorie erweisen, um an der Theorie der Felskristallisation festhalten zu können, und war daher gezwungen, sich nunmehr mit dem Studium der allgemeinen Ganglehre zu befassen.

Da Goethes ganzes geologisches System auf Beobachtungen über den Verlauf von Felsklüften beruhte und unter diesen die erzerfüllten Gangspalten die wichtigsten und bekanntesten sind, so scheint es erstaunlich, daß der Übergang zur Lagerstättenlehre nicht schon von Anfang an geschah. Aber die Tatsache ist unleugbar, daß Goethe zu Beginn seiner Studien, trotz der Führung durch Voigt und v. Trebra, deren Aufmerksamkeit auf dieses ihr eigentliches Arbeitsfeld besonders gerichtet sein mußte, doch Gangerscheinungen höchstens beiläufig notierte. 1785 teilte er von Johann-Georgenstadt nur mit, daß seine Hypothese sich bewähre,[156] von Joachimstal, daß die Gänge nach allen Richtungen strichen,[157] und im folgenden Jahr etwas ausführlicher von Schneeberg, daß die Silbererze am reichsten in Übergangsgesteinen zwischen Granit und Schiefer und in Gängen von paralleler Richtung aufträten.[158]

Aber damit war die Sache für ihn abgetan, weil damals die Lehre von den Erzgängen noch kein Problem zu bergen schien.

In Charpentiers mineralogischer Geographie der kursächsischen Lande fand er die Ansicht ausgesprochen, die Erze hätten sich in den Gängen und den übrigen Lagerstätten durch eine Verwandlung des Nebengesteins erzeugt.[159] Wie diese Verwandlung vor sich gegangen sei, blieb unerklärt; Charpentier verwies nur darauf, daß der Prozeß, durch den ein Stück Holz sich in Kiesel versteinere, gleichfalls unerklärt sei. Auf den überall im Gestein vorhandenen feinen Spalten und Rissen sollten „Auflösungen, Zusammensetzungen, Kristallisationen, Präzipitationen" stattfinden, hervorgerufen durch die im Innern der Gebirge existierenden „verschiedenen Säuren, Salze, brennbaren und elastischen Dämpfe". Wo viele solcher feinen Spalten dicht nebeneinander lägen, wäre das dazwischen liegende Gestein ganz durch Erzmassen ersetzt und so ein breiter Erzgang entstanden, ohne daß je eine offene, der Ausfüllung bedürftige Kluft vorhanden gewesen wäre.

Ähnliche Ansichten, nur in manchen Punkten nicht immer mit Glück, bestimmter ausgedrückt, trug v. Trebra in seinen „Erfahrungen vom Innern der Gebirge" vor. Statt der undefinierten chemischen Agenzien machte er das Zusammenwirken von Wasser und Wärme für die Umwandlung des Gesteins in Erz verantwortlich, einen Faktor, dessen Vorhandensein und Fähigkeit zu chemischer Wirkung sich überall zur Beachtung aufdränge. Er bezeichnete zu bildlicher Veranschaulichung diesen Prozeß als Gärung oder Fäulnis, ohne damit mehr als eine gewisse Analogie ausdrücken zu wollen.[160] Die Spalten, von denen aus die Umwandlung vor sich ging, hielt er für Wasserrisse, von den herabsickernden Tagewässern hervorgebracht und erweitert[161]; er bezeichnete demnach die Gänge als „Gegenden in den Felsmassen, wo durch innere, von zufließenden Wassern gewirkte Bewegung die Felsart samt den in ihr oft befindlichen fremden Körpern des Tier- und Gewächsreichs zu Erz- und Steinarten verändert worden ist, die nicht mehr die Felsart sind".[162] Die Absicht von Trebras war, „zu zeigen, daß die Werkstätte der Natur nicht abgeschlossen sei, wie damals die Bergleute meinten",[163] und daß die weniger der Beobachtung sich aufdringenden stilleren und langsameren Veränderungsmittel über der Annahme großer Naturerschütterungen nicht vergessen werden dürften.[164] Darum wollte er der Vorstellung widersprechen, daß die Gänge durch Katastrophen, die Erze durch Feuer hervorgebracht seien; er hörte da, wie er sagte, vom gewaltigen Feuer reden, „daß dieses alle Veränderungen innerhalb der Gebirge wirke oder gewirkt habe, indes mein Fahrkleid von Wassern, die aus den Felsen allenthalben her auf mich strömten, durch und durch so naß ward, daß es triefte, und ich in Mitteln mich erschöpfte, durch anzulegende Maschinen diese Bäche zudringender Wasser von den Bauen wegzuschaffen, die durch sie gehindert wurden. Das löschte nun freilich den Glauben an die gewaltigen, allgemeinen und alleinigen Feuerwirkungen ziemlich bei mir aus. Es war mir schwer und ist es noch, auf die gegenwärtige, allenthalben sich fühlbar auf mich drängende wirkende Ursache bloß allein darum nicht zu achten, weil eine abwesende, durch nichts sich gegenwärtig zeigende, höchstens nur mögliche, eben dergleichen Wirkungen hervorgebracht haben könnte oder auch in andern Gebirgen und unter ganz andern Umständen Ähnlichkeiten jetzt noch wirklich hervorbringt".[165] Daß diese Absicht Goethe sympathisch war, daß ferner diese Theorien Charpentiers und v. Trebras, oder diese Skizze und Ausführung ein und derselben Theorie sich seinen geologischen Anschauungen ohne problematischen Rest einfügte, ist klar, besonders da er nicht gezwungen war, eine Schwäche dieser Vorstellungen mit in den Kauf zu nehmen: waren die Spalten nichts als zufällige Wasserrisse, so blieb der offenkundige Parallelismus ihres Verlaufs unerklärlich. Daher hatte sich v. Trebra mit dem Beweis abzumühen, daß wenigstens im kleinen solche Regelmäßigkeit nicht vorhanden sei,[166] um dadurch die Regelmäßigkeit im großen zu entwerten. Goethe nahm bei seiner Zerklüftungstheorie gerade diesen Stein des Anstoßes zum Eckstein, übersah aber dafür eine andere Schwäche dieser Lehren, nämlich die schon damals den chemischen Erfahrungen widersprechende Annahme, daß ein Element sich in ein anderes umwandeln könne.[167]

Die Unveränderlichkeit der Elemente ist nun für Werners 1791 erschienene „Neue Theorie von der Entstehung der Gänge" unbedingte Voraussetzung; Hauptgrundlage des Folgerns ist die Erkenntnis, daß man aus den gegenseitigen Durchschneidungen und Verschiebungen der Gänge auf ihr relatives Alter schließen könne. Mit der Tatsache der Gangkreuzungen, Verwerfungen usw. war der Bergbau selbstverständlich seit langem vertraut; der Bergmann bediente sich, wie auch v. Trebra einer Ausdrucksweise, als ob es sich um tektonische Störungen handle. Aber es war bildlich gemeint; die wirkliche Vorstellung war, daß die Gangspalten unregelmäßig ineinander einmündeten und sich nach einer Weile des Vereintseins wieder trennten.[168]

Demgegenüber beschränkte sich Werner zunächst nicht auf Erzgänge, sondern zog auch solche von Granit, Basalt, Kohle, Mergel u. a. in Betracht[169] und erklärte sie alle für von oben her ausgefüllte Spalten. Mit Recht, soweit es sich um „Mergelgänge" und auch wohl um „Kohlengänge" handelte, im übrigen zwar zu Unrecht, aber auf Grund seiner neptunistischen Vorstellungen, wonach Granit, Basalt usw. als Meeresabsätze auch nur von oben her in Spalten gelangt sein konnten. Bezüglich der Erze fertigte er die damals auch schon vertretene Ansicht, wonach diese Stoffe aus dem Erdinnern aufgestiegen seien, recht kurz ab, denn in ihrer damaligen Fassung gehörte sie nach Ausdrucksweise und Grundlagen tatsächlich einem überwundenen Forschungsstadium an. Den Theorien Charpentiers und v. Trebras stellte er die Frage entgegen, welche Materie denn „Quarz und Glimmer in Gold und Silber, und Sandstein in Steinkohle usw. verwandeln könne und verwandelt haben solle: „Hat man eine dergleichen Materie irgendwo noch wirkend gefunden und sich dadurch von ihrer Wirklichkeit überzeugt“?[170] Er rührte damit auch an die Grundschwäche seiner eigenen Geologie, denn er hätte die Frage, wie eine wässerige Lösung von Granit usw. denkbar sei, auch nicht beantworten können. Aber da der Neptunismus damals fast allgemein anerkannte Lehrmeinung war, blieb diese auch der Gangtheorie anhaftende Schwäche unbemerkt. Die Entstehung der Spalten dachte sich Werner in der Art, daß er annahm, die Sedimente seien auf dem Meeresboden nicht als gleichförmige Decken, sondern in vereinzelten kuppen- oder klumpenförmigen Massen abgesetzt; diese seien freigelegt durch Sinken des Wasserspiegels und durch Trocknen und Zusammensacken rissig geworden, wobei die nun nicht mehr durch den Druck des Meeres zusammengehaltenen Massen des Randes nach außen abgesunken wären.[171] Beim erneuten Steigen wäre dann der Urozean auch in die Spalten eingedrungen und hätte, da die Zusammensetzung seiner Masse nach Ort und Zeit gewechselt hätte, darin bei jeder Wiederholung des Vorgangs andere Mengungen von Gangarten, Gesteinen und Erzen abgesetzt.[172] Hieraus folgte, daß ein nicht verworfener Gang der letzte in dieser Gegend entstandene sein mußte, und so war eine Handhabe gegeben, das relative Alter der Gänge zu bestimmen[173] oder die Fortsetzung der durch Verwerfung abgeschnittenen Gänge aufzusuchen, auf Grund geognostischer Beobachtungen über den gesamten Gebirgsbau.

Die praktische Verwendbarkeit der Theorie öffnete ihr den Weg zum Erfolg. Von den uns auffallenden Schwächen war außer der genannten noch eine unbemerkbar, nämlich die falsche Verallgemeinerung, daß wie die Erzgänge, so auch Basalt- und Granitgänge nach der Tiefe zu auskeilten. Noch 1818 wurde die Beobachtung, daß in der Grauwacke von Devonshire Granitgänge von einem darunterliegenden, also „älteren“ Granitmassiv ausgingen, mit Mißtrauen aufgenommen.[174] Nur wenige bemerkten, wie Voigt,[175] später von Hoff[176] und Leonhard,[177] daß Werner das Problem doch nicht ganz gelöst, sondern sein Erklärungsprinzip überspannt habe, und daß der Verschiedenartigkeit der Erscheinung durch Verschiedenartigkeit in der Erklärungsweise von Fall zu Fall Rechnung zu tragen sei. Die überwiegende Mehrzahl schloß sich ohne Widerspruch an Werner an, und erst 8 Jahre nach dem Erscheinen der „Neuen Theorie" antwortete Charpentier in einem inhaltsreichen, ruhig gehaltenen Werk, das aber in übermäßiger Abneigung gegen Polemik der Frage nach der Entstehung der Gangspalten und nach den Ursachen der Gangverwerfung auswich.[178] Da aber gerade hierin Werners Stärke und die Ursache seines Erfolges beruhte, so kam der Widerspruch nicht zur Geltung.

Charpentier hob, in anderer Weise nicht weniger einseitig als Werner, solche Lagerstättenbeobachtungen hervor, die — nach heutiger Terminologie — für metasomatische Prozesse, für Lateralsekretion und ferner für „Wechselwirkungen zwischen Gangmineralien und den anstoßenden Gesteinen" sprachen. Es konnte sich eben jeder der Gegner bei der Verteidigung seiner Thesen auf unzweifelhafte Beobachtungen berufen und bei dem Angriff auf die gegnerische Stellung vieles anführen, was, wie die spätere Forschung zeigte, auch nicht der dort vorgetragenen These zugehörte, eine Art des wissenschaftlichen Kampfes, die sich stets zu wiederholen pflegt, sobald ein neues und kompliziertes Phänomen zunächst in Unkenntnis der Kompliziertheit unter ein einziges Erklärungsprinzip gezwängt werden soll.[179]

Goethe hatte bereits 1800 vorübergehend von der Kontroverse Kenntnis genommen,[180] trat aber erst 1813 der Frage ernstlich näher, als sie durch die Beschäftigung mit der Zinnerzformation für ihn brennend geworden war. Er begann mit den Schriften Charpentiers und v. Trebras,[181] wohl in der Hoffnung, hier das Nötige zu finden, um Werners Theorie als „Schnurre des Tags" beiseite werfen zu dürfen. Während der Rheinreisen 1814/15 ward er, mehr durch Mitteilung fremder Erfahrungen als durch eigenes Beobachten[182] in die Verhältnisse des nassauischen und siegenschen Erzgangbergbaus eingeführt, und es ist anzunehmen, daß ihm erst dadurch der praktische Wert der Wernerischen Theorie und der eigentliche Sitz ihrer Kraft recht zu Bewußtsein kam. Jedenfalls griff er nun auch zu den Werken der Gegenpartei, der Schrift Werners und der Weiterführung, die Schmidt ihr hatte angedeihen lassen.[183] In letzterem Werk war, neben anderem, was sachlich wichtiger, für das Verständnis von Goethes Stellungnahme aber unwesentlich ist, erklärt, daß bei den spaltenbildenden Verwerfungen die abwärts bewegten Massen plötzlich gehemmt worden seien unter einer Erschütterung, die alle bekannten Erdbebenwirkungen weit übertroffen hätte. Später (1813) hatte Schmidt seine Lehre sogar noch dahin erweitert, daß ungeheure Erdrevolutionen überhaupt als erste Ursachen der Spaltenverschiebung anzusehen seien.[184]

Die größte Schwäche der Wernerischen Ganglehre, die daraus resultierende Forderung, daß alle in Gängen auftretenden Mineralien auch in Flözbildungen nachweisbar sein müßten, ist Goethe stets entgangen.

Werner hatte sie dadurch verdeckt, daß er Erzlagerungen, wie Stöcke u. dgl., an Stelle von Flözen einschob, ebenso horizontale Lager, wie die Zinnwalder „Flöze". Da Goethe die Gangnatur der letzteren richtig erkannt hatte, machte er von dem gewichtigsten Argument, das ihm zur Verfügung stand, keinen Gebrauch. Seine eigene Erfahrung war auch zu gering, als daß er eine selbständige Lehre hätte entwickeln können. So stützte er sich auf Charpentier, eigentlich wohl, wie von Anfang an, auf v. Trebra, und nahm magmatische Ausscheidung („Urgänge")[185] und Lateralsekretion[186] als Ursachen an. Aber die hauptsächlichen Einwände, die er gegen Werner erhob, waren doch rein theoretischer Natur und beruhten, wie im nächsten Abschnitt gezeigt werden soll, in erster Linie darauf, daß er — nicht mit Unrecht — die Vorstellung eines Steigens und Fallens im Urmeer von Grund aus ablehnte. Ein zweiter Stein des Anstoßes war, daß nach Werner die Spalten offen gestanden haben müßten „wie Raben, die zu fressen haben wollen".[187] Schließlich ist es bei der ganzen Richtung seines geologischen Denkens klar, daß alle Schlüsse auf Erdbeben, deren zerstörende Kraft alles Vorstellbare überstieg, ihn in schroffe Negation drängen mußten. Er hatte auch die Absicht, Werners Theorie öffentlich anzugreifen,[188] wurde aber daran gehindert durch Werners Tod,[189] hauptsächlich aber wohl dadurch, daß er die Negation nicht durch Positives ergänzen und erst gewichtig machen konnte.

August von Herder hatte 1806 mitgeteilt, daß der Gehalt der Erzgänge je nach der Streichrichtung verschieden sei, Silber und Eisen bei nordsüdlichem, Blei, Zinn und Kupfer bei ostwestlichem Streichen.[190] Hierin hätte Anlaß gefunden werden können, die Gangverwerfung wie bisher als Wirkung einer zufälligen Scharung der Absonderungsspalten aufzufassen und das parallele Streichen der Gänge gleichen Mineralgehalts auf ein physikalisches Gesetz, etwa in Anlehnung an Magnetismus oder dergleichen zurückzuführen. Eine solche Theorie findet sich bei Goethe nicht angedeutet; die Mitteilung Herders hält auch, in dieser Allgemeinheit ausgesprochen, nicht Stich und verschwand sehr bald wieder aus Goethes Gedankenkreis. Ebenso erhielt ein 1817 zuerst auftretender Gedanke keine Weiterbildung, nämlich daß „die Verrückung der Gänge sich auf eine Ursache zurückführen lasse, derjenigen ähnlich, wodurch die Brechung des Lichts verändert wird".[191] So blieb, wenn Goethe aus andern Erwägungen heraus Werners Verwerfungstheorie ablehnen mußte, zur Erklärung der Gangkreuzung nur der Schluß auf ein undefinierbares „Mineralgesetz" übrig[192] und daneben die Resignation in das „Veranschaulichen" dessen, was von dem nun einmal eingenommenen Standpunkt aus schlechtweg unbegreiflich war. Sogar der Begriff der Stetigkeit, sonst hervorragend geeignet, Ideenverbindungen aufzuschließen, versagte hier völlig. Goethe glaubte ihn anwenden zu können, als er im Lahntal ein paar Schiefertäfelchen mit gekreuzten und verworfenen Quarzgängen fand;[193] er meinte, in ihnen das Problem in das kleine, verständlichere übersetzt zu finden und von hier aus in stetigem Übergang zum großen, dem eigentlichen Problem fortschreiten zu können.[194] Aber da die Veränderung ja nur den Maßstab, nicht das Wesen der Erscheinung betraf, konnte auch jahrelanges Betrachten[195] weder im richtigen noch im irrigen ein „Aperçu" gebären. Unter dem Zwang irriger Theorien war Goethe vor ein Scheinproblem geführt worden, über das er wohl allerlei zu sinnieren, aber nichts an klaren Gedanken zu äußern wußte;[196] da es in der Weise, in der Goethe es sehen wollte, in der Natur nicht vorhanden war, blieb es für alle Mittel der Naturbeobachtung unlösbar. Aber Goethe zog nicht einmal andeutungsweise den Schluß, daß seine Fundamentaltheorie an der Unmöglichkeit, die Entstehung verworf er Gänge zu bemeistern, gescheitert sei, sondern der Sachverhalt zeigte sich seinem Denken geradezu auf den Kopf gestellt: er behauptete, durch das „ungeheure, vielleicht nie zu ergründende Phänomen von Verschiebung, Verrückung der Gänge" werde Werners Theorie „jedem, der Sinne hat, für absurd" erklärt.[197] Auf Grund einer zum Axiom erstarrten Theorie nannte er einen Schluß absurd, der unmittelbares Ergebnis der Beobachtung war, schrieb den Sinnen zu, was die Theorie verschuldet hatte und verwandelte eine Gruppe leicht verständlicher Tatsachen dadurch in ein unergründliches Phänomen.

II.

A. G. Werner. — Goethes geologisches System 1817. — Abschied von der Geologie 1819.

Das Jahr 1817, in dem Goethes Ganglehre ihre endgültige Form erhielt, bezeichnet in seinen geologischen Studien, sowie ganz allgemein in der Geschichte der deutschen Geologie einen Wendepunkt.

Goethe begann um diese Zeit seine naturwissenschaftlichen Schriften zu sichten und in den Heften zur Morphologie und Naturwissenschaft herauszugeben. An Geologischem enthalten die ersten dieser Hefte nur Wiederdrucke älterer Veröffentlichungen, auch die übrigen sind vorwiegend retrospektiv und im ganzen tritt unverkennbar die Denkweise eines Dokumente vorlegenden Autobiographen hervor, der bezeugen will, „was er früher im Sinne trug".[1] Es eröffnet sich also hiermit nicht eine neue Periode der Produktivität, sondern die Zeit des Abschlusses ist gekommen: Goethe glaubte, das Seine getan, das ihm Zugängliche erreicht zu haben.

Am 30. Juni 1817 starb A. G. Werner, und alsbald ging die deutsche Geologie vom Neptunismus über zu einem sich rasch immer tumultuarischer auswachsenden Vulkanismus, so daß Goethe fast in dem Augenblick, da er seine Ergebnisse mitteilen wollte, sich damit rettungslos zum bereits Veralteten geworfen sah. Er hatte, wenn er überhaupt den Gegenstand weiter betrachten wollte, fortan überall Stellung zu nehmen zu neuen Gedanken, und es gehört zu dem, was weitesthin über sein Forschen bekannt ist, daß er der neuen Lehre sich nicht anschloß:

Kaum wendet der edle Werner den Rücken,
Zerstört man das poseidaonische Reich;
Wenn alle sich vor Hephaistos bücken,
Ich kann es nicht sogleich. —[2].

Die Geschichte des Streits zwischen Vulkanismus und Neptunismus ist ein schon oft behandeltes Thema. Merkwürdig und erklärungsbedürftig ist darin weniger, wie die neue Anschauung aufkam, sondern woraus die alte Lehre, die schon viel früher als wissenschaftlich unzulänglich hätte erkannt sein können, eigentlich die Kraft zog, um so andauernd und so schwer auf der deutschen Forschung zu lasten. Meistens schien das nur psychologisch-subjektiv, aus Werners Persönlichkeit erklärlich zu sein, und so umkleidete man ihn mit einer fast magischen Meisterschaft als Lehrer, mit einer Autorität, die zwar das Denken der Schüler mächtig gefördert, aber andererseits auch in feste Bande geschlagen habe: „Dem Zauber seiner liebenswürdigen und bescheidenen Persönlichkeit, dem Enthusiasmus, der seltenen Klarheit und Beredsamkeit, womit er seine Wissenschaft vortrug, der Vielseitigkeit seines Wissens und der felsenfesten Überzeugung von der Richtigkeit seiner Lehre verdankt Werner seinen beispiellosen Lehrerfolg“.[3]

Nun hatten allerdings L. v. Buch und viele andere Schüler Werners die größte Schwierigkeit, vom Neptunismus frei zu werden; sie versuchten, solange es nur einigermaßen gelingen wollte, durch gewagte Windungen, fast durch gedankliche Seiltänzerei, davon möglichst viel möglichst lange festzuhalten.[4] Dafür aber wirkte der angebliche und an Faszination grenzende Zauber von Werners Persönlichkeit anscheinend nur auf seine Schüler, keineswegs auf Zeitgenossen, die an Alter, Lebensstellung und geologischer Erfahrung gleichberechtigt waren. Gerade die mit Werners Persönlichkeit Vertrautesten von ihnen standen ihm in irgendeiner Weise als Gegner gegenüber.[5]

Werners Schriften sind trocken dogmatisch gefaßt und stoßen, besonders in polemischen Abschnitten, geradezu ab, weil sie dem Widerspruch mehr Schweigen befehlen, als ihn bekämpfen und besiegen.[6] Es ist völlig unglaubhaft, daß dieser als „steifer Meißner“ auftretende Mann[7] im mündlichen Vortrag durch Form und Persönlichkeit irgendwie begeisternd gewirkt habe. Wenn er bei seinen Schülern eine überraschend ausdauernde Hingabe des Denkens erreichte, sogar dort, wo er nur indirekt, durch seine zu Lehrern gewordenen Schüler zu Wort kam, so muß sein Vortrag inhaltlich das gebracht haben, was dem Schüler zu lernen das dringendste Bedürfnis war, etwas, das begeistert aufgenommen wurde, mochte Form und Persönlichkeit des Lehrers sein wie sie wollte. Nun ist in seinen Schriften, besonders wenn man von Goethe herkommt, höchst auffällig, daß niemals ein Problem ungeklärt oder gar unlösbar stehen bleibt, sondern daß alles glatt aufgeht wie ein Rechenexempel. Alle Ansätze zu Zweifel und Ungewißheit sind an Stellen geschoben, wo sie bei alleiniger Betrachtung des Tatbestandes oder bei praktischer Anwendung der Lehre keine Aufmerksamkeit erregen. Es ist sehr wahrscheinlich, daß Werner selbst nicht bemerkte, wie er in der Geogenie, in der pseudovulkanischen Theorie und in der Lagerstättenlehre das eigentliche Problem ununtersucht beiseite schob, indem er ein Postulat daraus machte. Den bereits Sachkundigen konnte das auch damals kaum entgehen. Sie mußten des weiteren empfinden, daß Werners Definitionen oft bestimmter lauteten, als die Naturkenntnis erlaubte, daß er im Bestreben, klar zu formulieren, stets die einfachst formulierbare Theorie wählte und dabei sehr oft ein stark verarmtes Bild des Reichtums der Natur lieferte, und schließlich, daß er im ganzen wenig neue Erfahrung selbst beobachtend herbeischaffte, sondern fast nur das bereits Bekannte in ein System brachte. Ihre Gegnerschaft war, selbst wenn Menschlichkeiten dabei mitspielten, nicht unberechtigt, denn sie beurteilten allein die Wissenschaftlichkeit des Forschers und hatten keine Veranlassung, die Leistung von andern Standpunkten aus zu betrachten. Werners Schüler aber erblickten allein die leuchtende Seite dieses Wirkens: der Praktiker, der nicht forschen, sondern anwenden und sich im Besitz seines Wissens sicher fühlen wollte, erhielt ein allemal gebrauchsfähiges und gebrauchsfertiges Werkzeug; der Beginnende pflegt noch jetzt vor der Geologie zu scheuen, als wie vor einem Gewirr ungeheurer Probleme und schwer übersichtlicher Tatsachen, von deren Kenntnis kein Nutzen unmittelbar ersichtlich ist. Ihm verlieh Werner das Vertrauen, sicher auftreten zu können; er lehrte beobachten, und was mit Beobachtung zu erreichen sei, gab ein festgefügtes System, in das Neuerfahrenes sofort und leicht eingefügt werden konnte, und erweckte dadurch den Enthusiasmus der Produktivität, durch den sich dann wiederum das Gelernte, als erfolgreich und förderlich erkannt, tiefer in das Denken des Schülers eingrub.

Wenn Werners Irrtümer, seine Mißachtung der Fossilien und sein Neptunismus sich als so schwere Hemmnisse der Forschung erwiesen, so muß das sachlich und als Kehrseite seines — sachlich begründeten — Lehrerfolgs begriffen werden. Seine Irrtümer und seine Erfolge müssen aus derselben Ursache erklärbar sein, aus seinen Methoden und Zielen.

Man hat entschuldigend auf seine „Einörtlichkeit“ hingewiesen, ein Vorwurf, gegen den er selbst sich schon zu verteidigen hatte:[8] seine Ideen über Zusammensetzung, Aufbau und Entstehung der Erde seien leider nur auf ein winziges Gebiet gestützt gewesen.[9] Indessen, auch J. C. W. Voigt war eng an die Scholle gebunden, vielleicht enger noch als Werner,[10] und er vermochte doch den Pseudovulkanismus zu bekämpfen aus wesentlich demselben Gebiet, das Werner kannte. Nicht also aus mangelnder Tatsachenkenntnis sind diese Irrtümer zu erklären, sondern sie müssen als ein Ergebnis der geforderten Klarheit von Werners System verstanden werden, als ein Opfer, das seinen Lehrzwecken gebracht, aber von ihm selbst bei seiner Art des Schließens und Betrachtens, als Fortschritt und nicht als Opfer empfunden wurde.[11]

Ist diese Auffassung berechtigt, so wird dadurch auch das über Goethes Festhalten am Neptunismus gefällte Urteil des Irrtums verdächtig. Auch ihn sucht man zu entschuldigen, da man nicht glaubt, ihn verteidigen zu können, und nur Vogelsang fand Goethes geologische Tätigkeit hohen Lobes würdig, denn er habe mit richtigem Takt sowohl die neptunistische als die vulkanistische Vorstellungsweise verworfen, habe vorausgefühlt, daß der Feuerstrom vorüberbrausen werde, wie die frühere Wasserflut und nur seines Alters wegen nicht mehr selbst auf die Eindämmung des Stromes hingearbeitet.[12] Vom heutigen Standpunkt aus ist es freilich leicht, die Irrtümlichkeit beider Theorien einzusehen; Goethe aber war, wie das Bisherige ergab, weit entfernt von den Wegen, die zu diesem Standpunkt hinführten, und hätte er aus instinktmäßiger Ahnung oder irgendeiner allgemeinen Grundvoraussetzung seines Denkens einen ähnlichen eingenommen, so wäre er doch nicht gerüstet gewesen, diesen wissenschaftlich zu befestigen und zu verteidigen. Er richtete niemals gegen den Neptunismus ähnlich scharfe Absagen wie gegen den Vulkanismus, und nach allem, was überliefert ist, hat man sich mit der Tatsache abzufinden, daß er, obwohl kein auf den Meister schwörender Schüler Werners, dem Neptunismus treu blieb. Auch hier hat man psychologisch, durch Hinweis auf Charakterveranlagung zu erklären gesucht: wie in der moralischen, so seien in der physischen Welt dem Dichter allmähliche Bildungen, ein ruhig schaffender Entwicklungsgang über alles gegangen,[13] oder ein gewisses Prinzip der Stabilität und Widerwille gegen alle revolutionäre Zerwürfnis habe ihm die Lehre der neu auftretenden Vulkanisten verleidet.[14] Es ist nach dem Bisherigen sicher, daß Goethe unter Umständen einer Theorie zulieb eigenwillig die entgegenstehenden Tatsachen ignorierte oder gewaltsam umdeutete; auch war es ihm sicher schwerer als andern, tumultuarische Vorstellungen zu übernehmen, so daß seine wissenschaftliche Überzeugung zweifellos auch durch stimmungsmäßige Faktoren mitbestimmt wurde. Aber das Urteil jener begeisterten Verehrer und aus eigener Anschauung redenden Zeitgenossen, das nachträglich die Geltung eines wohlwollenden Spruches erhalten hat, ist doch ganz vom Parteistandpunkt aus gefällt. Hätte er in dieser Frage seinem Temperament ungehemmt alle Zügel schießen lassen, so träfe ihn als Forschenden der schwerste Vorwurf, und er wäre aus der Liste der wissenschaftlich ernst zu Nehmenden zu streichen. Gab es aber unter den damals zulässigen Standpunkten einen, von dem aus der Neptunismus Werners oder eine damit verwandte Theorie den neuen Lehren überlegen war, so waren doch die Anhänger des Neuerworbenen viel zu leidenschaftlich von dem Wert ihrer Erkenntnis überzeugt, als daß sie hätten glauben können, es vermöge jemand aus sachlichen Gründen seitab zu stehen. Wollten und konnten sie nicht Unwissenheit oder Unverständnis vorwerfen, so blieb ihnen nur der Hinweis auf eine besondere, unstreitig vorhandene und wirkende, aber doch nicht alleinherrschende Veranlagung des Geistes.

Wenn also Goethe und einige andere, denen man nicht die quietistische Stimmung gleichfalls zuschreiben darf, und die auch nicht eigentlich Schüler Werners waren,[15] auf den alten Bahnen beharrten, so läßt das darauf schließen, daß sie den Tatsachen gegenüber denselben Standpunkt einnahmen wie Werner, und daß ihre Ziele bei aller offenkundigen Verschiedenheit irgendwie wesensverwandt waren, während die neue Forschergeneration auf einen andern Standpunkt übergetreten war. Es läßt sich vorausnehmen, daß es sich hier um den Gegensatz zwischen synthetischer und analytischer Betrachtungsweise handelt. Auf beiden Seiten ward mit gleicher Gewissenhaftigkeit der Absicht gedient, die wirkliche Naturbeschaffenheit im System zum Ausdruck zu bringen; hüben wie drüben waren die Tatsachen, wenn auch nicht in gleichem Umfang, so doch ausreichend bekannt; fielen nun trotzdem die Ergebnisse verschieden aus, so muß sich daraus ermessen lassen, in welcher Weise und bis zu welchem Grade — bei aller Rücksicht auf einwirkende Subjektivitäten — die Wertschätzung von Beobachtungen oder das Forschungsergebnis beeinflußt wird allein durch die Absicht und das Ziel des Forschens.

Betrachtet man Goethes geologische Studien für sich allein, so bietet die Weiterverfolgung des Gedankenganges nur noch biographisches Interesse, denn der Abschluß der Ganglehre hätte ihm zeigen können, daß die allem zugrunde liegende Theorie der Felsgestaltung, die sich an den Gangerscheinungen zu allermeist hätte bewähren müssen, entweder aufzugeben oder in ihrem Geltungsbereich wesentlich einzuschränken sei. Damit war das wissenschaftliche Leben dieser Theorie, die bis dahin eine Denkmöglichkeit war, beendet, und wenn Goethe an der langgewöhnten Anschauung trotzdem festhielt, ein neues der Forschung hingestelltes Problem zu sehen glaubte, wo kein noch unverstandener Zusammenhang zwischen Naturtatsachen, sondern eine Inkongruenz zwischen Natur und Theorie vorlag, so tritt darin nur eine subjektive Fehlerquelle entgegen. Allgemeineres Interesse für Wissenschaftsgeschichte und Methodenlehre haben nur solche Fehlerquellen, die aus dem Wesen der Forschung entspringen, und diese treten deshalb im weiteren nur hervor, weil Goethe, obwohl in seinen Überzeugungen nicht mehr wesentlich wandlungsfähig, zu neu auftauchenden Problemen Stellung zu nehmen hatte.

Will man ein Bild des geologischen Systems gewinnen, wie es zur Zeit der Wendung, um 1817, vor ihm stand, so könnte man versuchen, ein 1806 nach dem Studium „Wernerischer Hefte", vermutlich einer Kollegnachschrift entworfenes Schema zu geognostischen Vorträgen zugrunde zu legen.[16] Es faßt die Geognosie im weitesten Zusammenhange auf, ist von allen Darstellungsentwürfen am meisten ins einzelne geführt und ausdrücklich dazu bestimmt, eine Entscheidung zwischen Vulkanismus und Neptunismus herbeizuführen. Indessen wollte Goethe damals sachlich die Erdgeschichte schildern; hier sollen die Zusammenhänge zwischen Goethes Vorstellungen über die Erdgeschichte aufgedeckt werden, und so ist auch eine den Gedankenverbindungen, nicht dem System folgende Darstellungsweise hier am Platz.

Nach der ursprünglichen Lehre Werners war Granit, als das überall tiefstliegende Gestein, unbedingt auch als das älteste unter den zugänglichen Gebirgen angesehen worden. 1810 hatten L. v. Buchs Untersuchungen bei Christiania[17], und ein Jahr später die Forschungen K. v. Raumers in Sachsen und im Harz[18] Granite kennen gelehrt, die ihrer Lagerung nach offenbar nicht uranfängliche Gebilde waren. Im Lauf der folgenden Zeit vervielfachten sich die „Übergangsgranite", und schließlich erklärte Stroem, wenn auch nicht ohne Widerspruch zu erfahren, sogar den Granit von Freiberg, den ersten Stützpunkt jener Altersbestimmung, für jünger als Gneis und für einen stehenden Stock.[19] Die alte Theorie, daß die Oberfläche des Erdkerns aus Granit bestehe, wurde darum nicht aufgegeben, vielmehr setzte L. v. Buch voraus, daß unter dem Gneis, den er in Norwegen als tiefstes Gestein fand, noch ein Urgranit verborgen sei, und K. v. Raumer hielt im Erzgebirge, ohne freilich außer der Lagerung Unterscheidungsmerkmale anzugeben, einen jüngeren, im Übergangsgebirge eingelagerten Granit getrennt von einem Urgranit im liegenden des Gneises. Indessen war die Allgemeingültigkeit der Theorie nunmehr durchbrochen; Werner nahm keinen Anstand, den Begriff des „Übergangsgranits" in sein System aufzunehmen.[20] Goethe sträubte sich anfangs und meinte, „die liebe Geognostenjugend vermäße sich etwas zuviel, wenn sie diese alten Weltpfeiler (der Ur- und Übergangsgebirge) zu schütteln denke;[21] später erkannte er an, daß ein mehrfaches Vorkommen von Granit „sehr möglich" sei.[22]

Den überlieferten Schriften nach scheint es, als wäre er über die bedeutsamste Behauptung v. Raumers stillschweigend hinweggegangen, obwohl er sich eingehend mit dem Buch beschäftigte.[23] Es sollte danach der Brockengranit jünger sein als die umgebenden Gesteine des Harzkerns. Dadurch wurden alle an das Rehberger Gestein geknüpften Schlüsse, die doch in Goethes System führende Wichtigkeit erlangt hatten, in ihrem innersten Keim bedroht, und es ist undenkbar, daß er diesen gefährlichen Angriff ganz ohne den Versuch, sich zu verteidigen, vorbeigehen ließ. Aber es wird auch kaum ein Zufall sein, daß gerade zu dieser Zeit v. Trebra mehrere große Stufen von dieser Kontaktstelle einsandte[24] und bald darauf eine Abbildung der Klippe selbst.[25] Gleichzeitig berichtete Lasius brieflich über ähnlichen „dunkelblauen Jaspisschiefer" (d. h. metamorphen Kulmschiefer) am Granit der Achtermannshöhle und bei Elbingerode.[26] Man wird annehmen, daß die Überlieferung hier eine Lücke enthält und daß Goethe durch die erst viel später als richtig erweislichen Schlüsse v. Raumers alamiert wurde, sich aber durch die einlaufenden Stufen und Beschreibungen alsbald in seinen gewohnten Überzeugungen bestätigt glaubte.[27] Bald darauf brachte außerdem die Jenaische Allgemeine Literaturzeitung eine Rezension, die sich entschieden gegen v. Raumers Ansicht über das Alter des Brockengranits verwahrte,[28] und so mochte Goethe meinen, seinerseits nicht mehr schriftlich darauf eingehen zu brauchen.

Infolge der Beobachtungen über Granitintrusionen hatte Goethe die verschiedenen Glieder der Ur- und Übergangsformationen einer einzigen, in das Ende der Granitformation eingreifenden, aber ziemlich weitgespannten Zeitstufe zuweisen müssen und in der jedesmaligen Aufeinanderfolge der Gesteine nur eine Tatsache von begrenzt lokaler Bedeutung erblickt. Auf Grund ähnlichen Materials waren Heim[29] und später v. Raumer [28] zu gleichen Schlüssen gelangt, und auch für L. v. Buch bedeutete „Übergangsgebirge" in Norwegen etwas ganz anderes als in Thüringen oder Schlesien.[30] Wohl oder übel hatte die Geognosie davon Abstand nehmen müssen, aus der Gesteinsbeschaffenheit auf das Alter zu schließen und hatte sich damit des einzigen Mittels zur direkten Parallelisierung, über das sie verfügte, begeben. Sie konnte zu solchen Zwecken sich fortan nur noch auf Lagerungsbeziehungen stützen und kam damit in der Praxis auch vollkommen aus. Goethes Schilderung von Karlsbad zeigt ja, daß es sehr wohl möglich war, die Beschreibung enger begrenzter Örtlichkeiten klar zu fassen. Schwankender wurde das Bild, wenn breitere Räume ins Auge gefaßt wurden, wie die Umgebung des sächsischen Erzgebirges, und mußten breiteste Erstreckungen in Betracht gezogen werden, wie z. B. beim Vergleich von Skandinavien und Mitteldeutschland, so erfolgten ohnehin alle Gleichstellungen der

Schichten hinweg über ein ausgedehntes und unbekanntes Gebiet; die Hypothese hatte Spielraum genug und konnte, da stets nur die Aussagen über isolierte Örtlichkeiten beobachtungsmäßig kontrollierbar waren, nicht mit generell gültigen Tatsachen zusammentreffen. Unbemerkbar für den auf Einzelforschung gerichteten Blick hatte das scharf umrissene Bild der Erdgeschichte, wie die Geognosie es anfangs im Gefolge Werners besessen hatte, während der Bereicherung des Tatsachengehalts sich zersetzt. Das für allgemeingültig gehaltene Schema der Stratigraphie war zerfallen in zahlreiche Einzelschemata von rein lokaler Bedeutung und eingestandener Nichtvergleichbarkeit, und niemand war damals gerüstet, dieser verhängnisvollen Entwicklung zu wehren. K. v. Raumer und die übrigen stützten sich auf eingehende Einzelbeobachtung, wenn sie lehrten, daß gleiche Gesteinsformationen ungleichzeitig und ungleiche Formationen nebeneinander gebildet wären. Sie vertraten eine richtige, freilich anders zu deutende Ansicht; ihre Gegner aber hatten nichts entgegenzustellen als allgemeine Grundsätze, die Forderung, daß die Erdgeschichte doch eine durchgreifende Chronologie besitzen müsse und sie früher — etwa während der thüringischen Aufnahmen Voigts — auch tatsächlich besessen habe.

Fraglich ist indessen, ob man schon damals diese Entwicklung als verhängnisvoll empfand. Uns erscheint der Gesamtüberblick über die Erdgeschichte, mit dem Leonhard 1816 der wissenschaftlichen Welt den Stand der Kenntnisse darlegen und wohl auch für sich als neuberufenen Akademiker den Befähigungsnachweis erbringen wollte,[31] in jeder Beziehung verschwommen und unbefriedigend, und wir meinen, es hätte sich selbst auf Grund des damaligen Wissens und im Rahmen eines Vortrags größere Bestimmtheit im Örtlichen und Zeitlichen erreichen lassen müssen. Jedoch darf man ohne weiteres als erwiesen annehmen, daß Leonhard glaubte, den wirklichen Verlauf der Ereignisse besser und richtiger erkannt und geschildert zu haben, als es ein Menschenalter früher hätte geschehen können, und daß vielleicht gerade das Fehlen jedes Schemas ihm als ein Fortschritt, die Klarheit früherer Vorstellungen aber als ein Beweis für die Kärglichkeit des damaligen Wissenserschienen sei.

Die Grundvoraussetzung der Geologie Werners war, den Lehren der Chemie entsprechend, daß Kristalle nur aus Lösungen entstehen könnten. Huttons Theorie und die Experimente Halls[32] waren unbekannt geblieben und wurden noch 1822 wie etwas zu wenig Beachtetes in die Diskussion geworfen.[33] Als Lösungsmittel wurde natürlich Wasser angenommen. Bedenkliche Stimmen waren vereinzelt und vermieden die Öffentlichkeit, wie z. B. Heim in einem Brief an J. C. W. Voigt, den dieser dann an Goethe weitergab.[34] Auch Leonhard meinte, es bedürfe keiner Andeutung, daß das Urflüssige mit dem, was wir jetzt Wasser nennen, durchaus unvergleichbar gewesen sei,[35] deutete aber nicht an, was anders man sich denn darunter vorstellen solle. Der primitive Einwand, den weit später Berzelius gegen den Neptunismus anführte:

„Es ist ganz und gar unbekannt, wie die Bestandteile des Granits hätten aufgelöst sein können; es steht sogar mit aller Erfahrung im Widerspruch, die wir bisher von dem Lösungsvermögen des Wassers hatten. Dem Wasser dabei ein anderes Vermögen vor Jahrtausenden, als es jetzt hat, zuschreiben zu wollen, ist eine Ungereimtheit, denn das Wesen der Körper besteht in ihren Eigenschaften; dieses wäre soviel, als wenn man sagte, das Wasser sei damals nicht Wasser gewesen, oder die Bestandteile der Berge seien nicht das gewesen, was sie jetzt sind,“[36]

dieser unwiderstehlich scheinende Einwand erhielt erst Überzeugungskraft, als der bekämpfte Gedanke allerseits bereits aufgegeben war. Bis dahin aber zog man wohl als Hilfskraft noch gelegentlich Säuren mit hinzu, begnügte sich aber im ganzen mit dem Schluß, die Gesteine und Mineralien müßten eben gelöst und deshalb lösbar gewesen sein. Wie stets in dergleichen Fällen, glaubte man entweder, gestützt auf die „festgestellte Tatsache“, weit über das hinausgehen zu dürfen, was Physik und Chemie beobachtet hatten und überließ es diesen Wissenschaften, eine Verständnismöglichkeit nachzubringen, oder man machte sich einfach über die näheren Umstände des Prozesses keine weiteren Gedanken. Die Neptunisten freilich pflegten sich mit dieser Schwierigkeit außerordentlich leichtherzig abzufinden, denn sie erwogen nicht einmal, ob die sonst Löslichkeit steigernde Wärme nicht mitgewirkt habe. So konnte noch 1822 oder 1824 der Großherzog Karl August den alten Lenz durch die Frage verblüffen, „ob er ein warmer oder kalter Neptuniste sei? id est ob sein Neptun bei der Formation der mancherlei Dinge, die Lenz seiner Schöpferkraft durch Wasser zuschreibt, mit warmem oder kaltem Wasser gearbeitet habe“.[37] Allerdings hätte die Annahme einer glühenden Urflut, wie sich zeigen wird, zu anderweitigen Schwierigkeiten der Theorie geführt.

Während also Werner, wie es scheint, an diesen weiter zurückliegenden Problemen vorüberging, ohne zu bedenken, daß er unbedingt die in seiner Lagerstättenlehre so dringend geforderte Übereinstimmung mit den Ergebnissen der Chemie auch hier herzustellen habe, deutete Goethe wenigstens an, wie man sich den Vorgang vielleicht erklären könne. Er beruhigte sich über die Löslichkeit der Kieselerde in dem Gedanken, daß sie eine Säure sei,[38] und suchte die weiteren Schwierigkeiten zu umgehen durch die Annahme, daß ein unbekannter Bestandteil der Luft in der Urzeit dem Meere beigemischt und das eigentliche Lösungsmittel gewesen sei. Durch allmähliche Verflüchtigung dieses Stoffes sei dann schrittweise der Niederschlag der Gesteinsmassen verursacht worden, ein Prozeß, der bei den großen Dimensionen der Naturvorgänge allerdings in Laboratoriumsversuchen nicht nachzuahmen wäre. Die Annahme dieses unbekannten Bestandteils der Luft war damals nicht so phantastisch, wie sie es jetzt zu sein scheint. Man glaubte aus zahlreichen Beobachtungen schließen zu müssen, daß tatsächlich ein derartiger Stoff noch jetzt in den höheren Schichten der Atmosphäre vorhanden sei. Die Meteore galten nicht, oder doch nur bei vereinzelten Forschern, für selbständige Himmelskörper, sondern für terrestrische Produkte, entstanden in der Atmosphäre durch plötzliche Konsolidation gasförmiger Lösungen.[39] Der Herzog Karl August suchte in seiner praktischen Art dem Problem näher zu kommen, indem er 1809 sorgfältig isolierte Porzellanschalen 4—6 Wochen lang im Freien aufhängen ließ, um unter Ausschluß des „Kehrichts" das „sog. Trockene aus der Atmosphäre, id est erdigen Niederschlag aus Regenwasser" zu sammeln. Er erhielt auch ein Häufchen Staub, das zu näherer Untersuchung nach Jena gesandt wurde.[40] Goethe sah in der Tatsache, daß die Chemie alles in Dunst auflösen könne, den ausreichenden Beweis für die Möglichkeit des Vorgangs,[41] die übrigens nirgends bestritten wurde, und nahm im Einklang damit an, wie gleichzeitig in überraschender Übereinstimmung Gerhard,[42] daß die ersten Gebirgsmassen der Erde in unvermitteltem Übergang von Gasförmigkeit zu Starrheit in einer Kometenatmosphäre kristallisiert seien.[43]

Im „gedrängten Zustand" des Granits, in der unvollkommenen Kristallisation, sah man ein Zeichen des frühen und besonders eiligen Werdens;[44] als Beweis für ausgeprägten Urgebirgscharakter betrachtete man seine auf der ganzen Erde gleichartige Beschaffenheit und die Tatsache, daß er stets den Kern der Gebirge, zwar nicht immer deren höchste Gipfel, ausmache.[45] Dann ergab sich ferner, daß die folgenden Gesteinsarten mit ihren deutlicher und vollständiger ausgebildeten Kristalleinschlüssen, also der Rest der Ur- und Übergangsgebirge, und schließlich auch die Kalke dieser und der Flözformation chemischer Absatz gewesen sein müßten.

Nun sind dem Übergangs- und Flözgebirge detritogene Gesteine eingelagert, wie Grauwacke, Rotliegendes und Buntsandstein. Das hatte füglich bald zu dem Schluß geführt, daß nicht wie in Goethes früherer Theorie nur ein einmaliges, ununterbrochenes Sinken der Urflut stattgefunden hätte, sondern daß von Zeit zu Zeit ein Steigen der Wasser sich eingeschaltet habe. In Werners Ganglehre erwies sich, wie dargestellt, diese Vorstellung als fruchtbar. Aber das Bild, das man entwarf, hatte keine Ähnlichkeit mit heutigen Auffassungen, denn man nahm an, daß in jähem Anschwellen das Meer stürmisch aufgestiegen sei, brandend die Trümmer selbst losgerissen und in mächtigen Strudeln und Strömen weithin ausgebreitet habe:

„Stürmischer noch und wilder (als die Periode der Grauwackenbildung) war die folgende Periode. Schon hatte während eines bedeutenden Stillstands in der Gebirgsbildung (d. h. Sedimentsbildung) und in der Mitte zweier großer Wasserbedeckungen das Gedeihen der Vegetation und Tierwelt begonnen, — da trat eine Vernichtung fast alles dessen ein, was die erste Zeit aufgebaut; — Berge und Felsen wurden zerstört, eine neue Welt ging aus den Trümmern hervor. — Die Wasserbedeckung war allgemein, ihr Stand hoch, ihr Strömen mächtig; daher die weite Verbreitung der niedergelegten Gesteine, das Abweichende und Übergreifende der Lagerung, wo später entstandene Gebilde vermöge des hohen Standes der expandierten Materie über das geendigte Ältere hinweggehen; daher die deutliche Schichtung in diesen gesetzmäßigen Trümmern einer wilden Vergangenheit und die mächtigen Überreste aus dem Pflanzenreiche, welche in kaum glaublicher Höhe begraben liegen. — Und die überdeckten Wälder gelten als Urkunden, daß das Flüssige, im Kampf gegen die mehr und mehr zunehmende Senkung, zu wiederholten Malen gestiegen sei."[46]

Der Vorgang, den Leonhard in dieser abgekürzt wiedergegebenen Stelle seiner akademischen Rede schilderte, läßt sich etwa dem der Vermuhrung eines Wiesengeländes bei überschwemmenden Gebirgsbächen vergleichen. Bei Anwendung auf bestimmtes Gelände stieß die generalisierende Lehre jedoch auf Schwierigkeiten. Als Heim die Trümmergesteine des Thüringer Waldes genauer untersuchte, bemerkte er, daß sämtliche Gesteine, von denen die Trümmer abgerissen sein müßten, in der Nähe der Geschiebebildungen anstünden, während die Geschiebe selbst abgerundet waren wie durch einen langen Transport. Er nahm daher an, daß ungeheure Wasserstrudel und Wirbel in Gebirgskesseln die Trümmer schnell zermörselt und so dasselbe erreicht hätten, wie sonst lange Verschleppung. Raumer stieß sich daran, daß die Lage der Kessel nicht aufzufinden sei und suchte eine Erklärung in der Annahme einer damals stärkeren Verwitterung, die einer chemischen Auflösung der Trümmer gleichgekommen sei.[18] Von Hoff endlich fand eine Zuflucht in dem zwar richtigen, aber schwankend ausgesprochenen Gedanken, daß man nicht mit großen Kräften, sondern mit langen Zeiträumen zu rechnen habe,[47] ohne aber zu erläutern, wie eine langsam anschwellende Wasserflut Gesteinsfragmente in solcher Menge abreißen und bewegen solle.

Über solchen Einzelheiten blieb die grundsätzliche Schwierigkeit der Theorie fast ganz unbemerkt: konnte man sich zur Not ein fortdauerndes Sinken des Meeres nach Analogie der Verdunstung vorstellen, so blieb das vorübergehende Schwellen doch unerklärlich und unverständlich. An Steigen des festen Untergrundes dachte niemand; keine der tastenden Theorien, die gelegentlich aufgestellt wurden, bewegte sich nach dieser Seite, denn der Gedanke an Gebirgshebung lag der damaligen Forschung so fern, daß Werners Hinweisung auf das Streichen und Fallen der Schichten bei mehr als lokalen Schilderungen gar nicht beachtet wurde. Untersuchungen über Tektonik, wie sie heute für jede geologische Bearbeitung eines Landstriches unerläßlich sind, fehlen ganz in der damaligen Literatur,[48] und zwar nicht etwa, weil man bewußt, im Streben rascher vorwärts zu kommen, solche Einzelheiten nicht in die Beschreibung aufnahm, sondern weil man nicht wußte, daß aus diesen Erscheinungen überhaupt irgend etwas von allgemeinerer Bedeutung abzuleiten sei.

Werner scheint sich auch in diesem Fall damit begnügt zu haben, die „Tatsache" festzustellen, d. h. den Schluß auf das Vorkommen von Schwellungen der Wassermasse ohne weiteres als Postulat auszusprechen. Jedenfalls ist keine Angabe über das Wie und Warum des Vorgangs mit Bestimmtheit auf Werner zurückzuführen. In einer Darstellung der Wernerschen Lehre, die Steffens 1801 unter dem unmittelbaren Eindruck der Vorlesungen niederschrieb,[49] wird das Steigen des Meeres als Folge einer Expansion, einer mehrfachen Reaktion auf die sonstige Kontraktion bezeichnet, und beides zusammen sollen die beiden Seiten oder die polaren Gegensätze eines einzigen dynamischen Prozesses sein. Wenn also Steffens im Anschluß an die Terminologie und Denkweise seines Lehrers und Freundes Schelling eine selbstersonnene Theorie[50] in Werners System einschob, so wird er eben eine Lücke darin gefühlt und nachträglich auszufüllen gesucht haben. Wenn aber ein Forscher anstatt Erklärung eine offenkundig verallgemeinernde Terminologie, eine Benennung der Phänomene unterzuschieben sucht, so zeigt sich darin immer, daß er den Problemen ratlos gegenübersteht. Ebensosehr trägt den Stempel der Ratlosigkeit, was Leonhard zu dieser Frage äußerte:

> „Als Ursachen der Überschwemmungen, mindestens der größeren, können, zumal die periodischen Wasserbildungen und Zersetzungen oder Umwandlungen gelten, die sonst auch, namentlich im Organischen wahrgenommen werden. Denn das Erheben und Sinken des Bodens auf dem Festland oder im Meer dürfte nur zur Erklärung kleinerer Umwälzungen die Mittel bieten, bei den allgemeineren aber nicht sonderlich bedeutend sein, da der Seegrund, vorzüglich in großen Meeren, wenig Analoges mit dem Festland zu haben scheint."[51]

Goethe nahm von diesen Scheinerklärungen keine Notiz, obwohl er sie kannte und sich in seiner Terminologie, wie früher besprochen, an

Schelling anlehnte.[52] Er sah in der Lehre vom Steigen der Urflut, in dem Zertrümmern des bereits Gebildeten und im wiederholten Wasserbedecken nur ein paar „unerträgliche Notbehelfe", um „unerklärbare Brüche der Theorie auszugleichen",[53] und suchte der Erscheinungen Herr zu werden durch seine früher besprochene Pseudobreccientheorie, die Annahme, daß die angeblichen Trümmergesteine nicht auf mechanischem Wege, sondern chemisch, durch Absatz aus Lösungen gebildet seien. Dabei bestritt er keineswegs, daß es auch wirkliche Konglomerate gäbe, bewahrte er doch, wenn es überhaupt dafür eines Beweises bedurft hätte, in seiner Sammlung u. a. Strandgerölle, die durch verrostete Schiffsnägel u. dergl. zu einem Konglomerat verkittet waren.[54] Indessen meinte er nur ganz junge oder ganz lokale Bildungen als wirklich zusammengeschwemmt anerkennen zu dürfen, nicht die mächtigen und weitverbreiteten, wie die Harzer Grauwacke, das Rotliegende Thüringens und die damit verglichenen Gesteine von Karlsbad.

Man könnte sagen, es offenbare sich hier die Überlegenheit der unmittelbaren Anschauung über die Spekulation, denn Werners Überschwemmungstheorie sei immer noch richtiger als Goethes Pseudobreccientheorie; daher brauche die Geologie auch jetzt noch an der Einführung unverständlicher, auf keinerlei „rezenter" Beobachtung gestützter Naturvorgänge keinen Anstoß zu nehmen. Indessen wäre auf Werners Seite doch richtiger gefolgert worden, wenn man bei der Unerklärlichkeit einer Wasseranschwellung es mit der Hypothese einer Bodenbewegung versucht und diese durch das ganze System hindurchgeführt hätte. Goethes These, daß man bei der Erklärung der Erdbildung nur alsdann gewaltsame Revolutionen zu Hilfe rufen dürfe, wenn man mit ruhigen Wirkungen als denen der Natur gemäßesten nicht mehr auskomme, bleibt jedenfalls zu Recht bestehen und ist keineswegs nur Äußerung eines revolutionären Bewegungen abgeneigten Temperaments. Auch findet sich die Pseudobreccientheorie mehr oder weniger deutlich ausgebildet bei nicht-spekulativen Forschern jener Zeit wieder, so bei K. v. Raumer,[18] von Hoff,[56] von Schlotheim,[57] von Veltheim[58] und Omalius d'Halloy;[59] bei Gerhard[60] sogar in einer Weise übereinstimmend mit Goethe, daß man Ideenaustausch annehmen müßte, wenn die Überlieferung nur den geringsten Anhalt böte. Der Glaube an gesicherte Forschungsgrundlagen erweist sich eben oft als Hemmnis richtigerer Erkenntnis; andererseits gibt es Gedanken, die sich — ohne deshalb richtig zu werden — beim Ausbau einer allgemein verbreiteten Grundanschauung mit Notwendigkeit einstellen und daher fast gleichzeitig und gleichlautend, aber selbständig und auf scheinbar sehr verschiedenen Beobachtungsgrundlagen ausgesprochen werden: sie sind Konsequenzen aus den mitarbeitenden Theorien, nicht aus den Beobachtungen.

J. C. W. Voigt, der zu dieser Theorie den Anstoß gab, wenigstens eine außerordentlich wichtige Stütze für sie lieferte, ist unverdächtig, der Spekulation zuliebe Tatsächliches unterschätzt zu haben. Dieser übersandte 1800 ein ausführliches Autoreferat über die Gründe, aus denen er nicht nur die Kalke, sondern auch die Sandsteine der thüringischen Flözformationen als chemisch gebildet ansprach.[61] Die Theorie ging über in das Lehrbuch der Geognosie von Reuss;[62] 1809 trat Sartorius,[63] 1811 Brocchi,[64] 1815 d'Aubuisson[65] für sie ein und noch 1823 referierte Leonhard aus Brocchis Abhandlung gerade diese „interessanten und scharfsinnigen allgemein geologischen Ansichten", allerdings mit dem Zusatz, daß sie viele gewichtige Einreden erfahren und deshalb bekannter werden müßten.[64] Der Fehlschluß beruht auf reichem Beobachtungsmaterial, unter dem (nach d'Aubuisson) hervorzuheben ist, daß Sandsteine oft aus Körnern von Quarzkristallen bestünden, geologisch zweifellos in eine Reihe mit chemisch gebildeten Gesteinen gehörten, da sie dem älteren und dem jüngeren Gips zwischengelagert seien, und schließlich, daß Sandsteine überhaupt viel zu mächtig seien, um aus zusammengeschwemmten Sanden abgeleitet werden zu können. Wahrscheinlich darf man dem sog. kristallisierten Sandstein von Fontainebleau,[66] der in allen älteren Sammlungen unverhältnismäßig gut vertreten ist, Einfluß auf die Entstehung dieser Lehre zutrauen: er galt wohl nicht nur als mineralogische Kuriosität, denn um eine solche hätte man sich kaum allseitig so viel bemüht. Vom Standpunkt Voigts aus stellte er sich dar als der besonders deutlich gebildete Ausnahmefall, der die wirkliche Beschaffenheit des in der gewöhnlichen Ausbildung „mißverständlichen" Sandsteins aufklärte. Daß es sich in Wirklichkeit um einen spätigen Kalk mit starker Beimischung von Sand handle, ähnlich wie bei dergleichen Vorkommnissen von Blankenburg, machte erst 1821 Germar bekannt.[67]

Das Beobachtungsmaterial, das der Pseudobreccientheorie Goethes ursprünglich zugrunde lag, wurde bei der Analyse der Karlsbader Studien bereits besprochen. Zwischen 1814 und 1817 widmete er wiederholt der Frage erneute Aufmerksamkeit, beschränkte sich aber fast ganz auf die Betrachtung von Handstücken.[68] Den Anlaß dazu gab wahrscheinlich der oben erwähnte Aufsatz v. Hoffs,[56] der die Bemerkung enthielt, daß nicht alles Breccienhafte sogleich für trümmerhaft zu halten sei. Freilich war damit auf Gesteinszertrümmerungen gedeutet, die wir heute als Folge tektonischer Prozesse auffassen; die Übereinstimmung zwischen den wirklichen Gedanken und dem, was Goethe herauslas, ging nicht besonders weit,[69] doch freute er sich der willkommenen Bestätigung und verglich nun im weiteren Verfolg die Pseudobreccien mit dem Eis eines Flusses, der sich erst mit einer Kruste bedeckt, sie bei eintretendem Tauwetter in Schollen zerreißt und diese bei erneutem Frost zu einer Decke wieder verkittet.[70] In der Sammlung bewahrte er manche Stücke, die einen solchen Vergleich außerordentlich nahelegen, wie z. B. eine Büchse aus weißem, helldurchscheinenden Quarzit oder brecciösem Milchquarz.[71] Ähnlich verhält es sich mit sog. Florentiner Marmor[72] und verschobenen Ammoniten von Altdorf,[73] die Goethe um diese Zeit betrachtete: ein bereits fertig gebildetes Gestein ist in all diesen Fällen ohne Mitwirkung des Wassers zerrüttet und wieder verkittet worden. Nur suchte Goethe nach einem Vorgang, der gleichzeitig mit dem Festwerden, während der „Solideszenz" des Gesteins, Zerrüttung hervorrufen könnte.[74] Dabei schwankte er zwischen zwei Möglichkeiten und zog entweder „elektrische, galvanische, nicht Schläge, sondern Entwicklungen" heran[75] oder wies auf einen dem Gerinnen von Milch ähnlichen Prozeß des Festwerdens hin.[76] Aber keine dieser Erklärungsweisen scheint ihn befriedigt zu haben; beide verschwanden sehr bald wieder aus dem Denken, und die Ursache der Zerrüttung blieb vorläufig ungelöstes Problem.

Immerhin war diese Lücke in der Erklärbarkeit der erdgeschichtlichen Vorgänge weit geringfügiger als die in Werners Lehre klaffende. Dessen Aufschwellung der Meere war durchaus unverständlich, die Entstehung der Pseudobreccien konnte wenigstens halbwegs durch Analogien erläutert werden, und beim damaligen Stand der Kenntnisse ließen sich beide gleichermaßen ohne Schwierigkeit auf die Geologie Thüringens anwenden. Außerdem fügte es sich so unglücklich, daß die Schweizer Nagelfluh, ebenfalls eine Goethe bekannte mächtige Konglomeratbildung, die wegen ihrer gerundeten Trümmereinschlüsse eigentlich laut für Abrollung und mechanische Zusammenführung des Materials hätte sprechen müssen, damals mit so schwierigen Problemen behaftet war, daß die Anwendung der Pseudobreccientheorie gleichfalls möglich und wissenschaftlicher Fortschritt schien. Escher sah in ihr ein älteres, die Kalkalpen unterlagerndes Gestein, das demnach im Alter etwa auf der Stufe des Rotliegenden stand. Der Augenschein überzeugte ihn, daß es sich um ein Ergebnis der Abtragung handle, aber wegen der Mächtigkeit und wegen der exotischen Gerölle nahm er an, daß sich vor der Bildung der heutigen Alpen an derselben Stelle ein anderes Gebirge befunden habe, dessen letzte Spuren in den Nagelfluhgeröllen vorlägen.[77] Die Annahme eines vindelizischen Gebirges, die hier zum erstenmal entgegentritt, war damals eine viel zu kühne, allen sonstigen Überzeugungen stracks zuwiderlaufende Theorie. Leonhard schloß sich denen an, welche die Nagelfluh für ein neues Glied in der Kette der Gebirge hielten, bemerkte aber wiederum, daß sie nicht oder wenigstens nicht allenthalben Produkt der Aufschwemmung und Erzeugnis der jüngsten Formationen sein könne.[78]

Das hier vorliegende Scheinproblem, unlösbar wie alle seinesgleichen, entsprang wie immer aus einer Inkongruenz zwischen Theorie und Beobachtung, in diesem Fall aus ungenügender Wertschätzung der Erosion, ein Irrtum, der schon im Bisherigen mehrfach zu erkennen war. Man gab zwar vor, mit unendlich langen Zeiträumen zu rechnen,[79] aber niemals tauchte dabei der Gedanke auf, daß auch ein schwacher Gestaltungsfaktor wie Verwitterung und Erosion im Lauf der Äonen bedeutende Wirkungen haben werde. Im Gegenteil: man verfiel überall, wie auch bei der Festwerdung des Granits, auf die Vorstellung plötzlichen Geschehens. Leonhard sprach etwas allgemein Anerkanntes aus, als er die Abtragung der Gebirge durch Atmosphärilien für höchst unbedeutend erklärte,[80] und Goethe schrieb der Verwitterung nur die Kraft zu, die ursprünglichen Formen der Gebirge abzurunden und oberflächlich zu verwischen.[81] Durch direkte Beobachtung läßt sich in dieser Frage nicht viel entscheiden; so wird noch jetzt ein und derselbe Bergrücken sowohl für die Kraft der Glazialerosion als gegen sie angeführt, denn der eine Autor denkt sich diesen Berg ursprünglich groß und betont, daß jetzt nur ein kleiner Überrest vorhanden sei, während der andere ihn sich von Anfang an klein vorstellt und dann schließt, daß eine starke Glazialerosion ihn völlig hätte abtragen müssen. Unsere heutige Wertschätzung der Erosion beruht auf der hypothetischen Maxime, daß die geologischen Vorgänge lange Dauer beansprucht hätten, und auf der ebenfalls teilweise hypothetischen Vorstellung, daß die heutige Gebirgsform durch Hinwegschaffung großer Massen aus einem ursprünglich geschlossenen Faltenwurf herauspräpariert sei. Die damalige Geologie nahm in beiden Beziehungen den entgegengesetzten Standpunkt ein; Ebel,[82] v. Buch[83] und Escher[77] hielten übereinstimmend die großen Längstäler der Alpen für gleichzeitig mit dem Gebirge entstanden und rechneten nur bei den Quertälern, die so oft in ihrer ganzen Form die Merkmale des Wasserrisses aufzeigen, mit Flußerosion. Dadurch war das Material, das dem Denken zum Aufbau der mechanischen Sedimente zur Verfügung stand, um ein sehr beträchtliches verringert.

Weil aber die Zeit als geologischer Faktor nicht genügend mitgerechnet wurde, entstand selbst dann noch ein Bild des Erosionsvorganges, das sich wenig eignete, um weithin ausgedehnte Ablagerungen wie Molasse und Nagelfluh zu erklären. Ganz allgemein hielt man die Täler für das Werk submariner Erosion, wie Goethe es aus der Umgegend von Berka an der Ilm bis in Einzelheiten hinein, bis zu Angaben über den Verlauf der einzelnen Wirbel und Ströme genau lokalisiert schilderte.[84] Ein „ungenannter Edinburger Gelehrter" sprach um 1814 zuerst aus, daß submarine Erosion garnicht die Mittel habe, um in dieser Weise zu wirken und behauptete, daß alle Täler durch Flüsse ausgegraben seien, fand jedoch nichts als Widerspruch.[77] In der Tat ist ja oft, auch in Thüringen, der Abstand zwischen der Talbreite und der jetzt hindurchfließenden Wassermasse so groß, daß man notwendig stärkere Erosionskräfte zur Erklärung heranziehen muß und solche findet in der Annahme, daß die im Diluvium wirkende größere Wassermenge die eigentliche Ausfurchung des Tals gewirkt habe. Die Entstehung der alpinen Quertäler dachte man sich dergestalt, daß beim allgemeinen Sinken des Meeresspiegels in den Längstälern gewaltige Wassermassen abgeschnitten und dann plötzlich und gewalttätig mit einem einzigen Erguß oder in mehreren Etappen hervorgebrochen seien. Mit Erstaunen findet man eine ganze Reihe von Tatsachen, die jetzt als Beweise für die Tätigkeit diluvialer Gletscher angeführt werden, in diesen alten Schriften als Anzeichen der tumultuarischen Heftigkeit der Wasserdurchbrüche genannt, so bei Ebel die Talstufenbildung u. a., bei v. Buch und Escher die erratischen Blöcke. Da Goethe das Werk Ebels kannte und schätzte,[85] so mag er daraus die Anregung genommen haben, nun auch das Rheintal unterhalb Bingens als Werk eines ähnlichen Durchbruchs zu bezeichnen.[86]

Dann war aber zu erwarten, daß die so herausgeförderten Schotter sich deltaartig an der Mündung der Quertäler angehäuft hätten; man fand also viele und dringliche Schwierigkeiten mit dem Verständnis der Nagelfluh verbunden. Als Aufschüttung von Geröllen konnten sie nur zu einem Teil aufgefaßt werden; der Rest mußte, vorausgesetzt, daß die runde Gestalt der Einschlüsse sich anders als durch Abrollung erklären ließ, irgendwie anders entstanden sein und zwar, was auch Leonhard andeutete, als Pseudobreccie im Sinne Goethes und anderer Forscher. Nun kannte Goethe seit langem derartige kugelförmige Bildungen, die keineswegs Produkt mechanischer Gestaltungskräfte waren, wie Konkretionen,[87] Erzknotten[88] und rundliche Schlieren in verschiedenen Massengesteinen.[89] Er zog nicht in Betracht, daß hier sehr verschiedene Vorgänge zu ähnlichen Endergebnissen geführt haben könnten, sondern dachte vorübergehend, vielleicht auf Anregung v. Trebras,[90] an Einwirkung negativer Elektrizität[91] und schloß sich später der verbreiteten Anschauung jener Zeit an, die kristallartige Ausscheidungen aus Lösungen darin sah.[92] Folgerichtig mußte er dann unregelmäßige Knollengestalt als „undeutliche Kristallisation" bezeichnen.[93]

Man definierte noch immer Kristalle schlechtweg als regelmäßig geformte Mineralgestalt:

> „Der erste unorganische symmetrische Körper, welchen wir von der Natur erhalten, wenn die Materie, gleichartig in sich und nur den Gewalten des Ausdehnens und Ziehens überlassen, ist eine Kugel. Auf einer höheren Gestaltungsstufe erscheinen die Kristalle, wo die rohe Materie nach regelmäßiger Bildung trachtet."[94]

Mit diesen Worten drückte Leonhard einen Gedanken aus, der bei Goethe nur größere Wirksamkeit als bei den Zeitgenossen erhielt, und den er mit der Theorie der Felsgestaltung und dem heuristischen Prinzip der Stetigkeit zu einer in jedem Sinn des Wortes chimärenhaften Gesamtheit zusammenschweißte:

Alles Tropfbare, das sich ohne Behinderung gestalten kann, nimmt runde Form an; dieses ist die allgemeinste Form, in der das Materielle seine eigentümliche Form verleugnet. Diese besondere Form bildet sich heraus, wenn das Materielle frei seinen speziellen Gesetzen folgen kann, es entsteht dann die für diese Materie charakteristische Gestalt des Kristalls.

Wenn eine Materie sich in räumlicher Bedrängung gestaltet und deshalb weder die allgemeinste noch die besondere Form ausbilden kann, so erscheint sie in der allgemeinen Form als Kubus, Parallelepiped, Rhomboid, Pyramide, Keil usw.

In diesen allgemeinen Formen dokumentiert sich ein Gesetz, nach welchem alle materiellen Massen sich gestalten und demzufolge eine Gebirgsmasse deutlich oder der Intention nach in unterscheidbare, untereinander ähnliche Teile zerfällt. Alles Materielle ist nur scheinbar formlos, nämlich solange wir unaufmerksam sind, besitzt aber in Wirklichkeit eine unwiderstehliche Neigung sich zu gestalten.[95]

Aus dieser Eigenschaft erklärt sich die innere Beschaffenheit der Gesteine. Im gedrängten Zustand des Granits konnte sich weder die allgemeinste noch die besondere Form der Gemengteile ausbilden, denn eine Materie behinderte die andere, und es ist kein Enthaltendes vom Enthaltenen zu unterscheiden. Dagegen hat im Porphyr der Feldspat seine besondere Form angenommen, er ist deutlich als das Enthaltene zu erkennen. Porphyrischer Charakter, d. h. ein Gesteinscharakter, der in einer — übrigens stets in der allgemeinen Form gestalteten — Grundmasse ein in der besonderen Form gestaltetes Enthaltene unterscheiden läßt, bereitet sich vor in der auslaufenden Granitformation, findet sich ferner bei Tonschiefer und andern Tongesteinen, wo diese Chiastolit u. a. Mineralien enthalten. Bei einigen, wie beim Mandelstein und den Tongesteinen von Bologna mit ihren Schwerspatrosetten und -kugeln, strebt die besondere Form der Einschlüsse sich in die allgemeinste, die Kugelgestalt unzuwandeln, die dann am Schluß der Reihe bei Puddingstein, manchen Arten der Nagelfluh und beim „Egyptenstein" allein und rein zur Ausbildung gelangt ist.[96] —

Ungern entschließt man sich, im letztgenannten Gestein einen Nummulitenkalk zu erkennen.[97] Indessen gibt es Puddingsteine, deren Kiesel konzentrische Färbungsverschiedenheiten aufweisen und dadurch dicken Nummuliten sehr ähnlich werden können, besonders wenn man beiderseits nur geschliffene und polierte Stücke vergleicht. Auch scheint Goethe den Irrtum später eingesehen zu haben, denn der Egyptenstein ward von ihm nicht wieder erwähnt und kann deshalb auch hier fortab außer Betracht bleiben.

Solange man den Ausdruck „Porphyrartig“ ohne genetische Hintergedanken einzig zur Charakteristik der Gesteinsbeschaffenheit anwendet, wie es damals allgemein üblich war, ist wenig gegen obige Zusammenstellungen einzuwenden. Aber jeder Gedanke sucht weiter zu greifen, und stillschweigends versucht das Denken die Konstatierung ähnlicher Zustände umzuwandeln in die Behauptung ähnlich wirkender Ursachen. Nur scheint zunächst, daß obiger, eng im Anschluß an Goethes Worte vorgetragener Gedankengang allzuoft und allzuheftig gegen Tatsachen verstoße, die schon damals bekannt oder wenigstens erkennbar waren.

Da Goethe Puddingstein nur in geschliffenen Platten kannte[98] und die Nagelfluh, was er jetzt bedauerte, während der Schweizer Reisen nur wenig beachtet hatte, so litt sein Urteil allerdings unter mangelnder Anschauung. Immerhin legte er dem geologischen Befund doch stärkeres Gewicht bei wie z. B. Gerhard, der keine Einschränkung für nötig hielt, während Goethe die Porphyrtheorie nur auf einige Arten von Nagelfluh angewendet haben wollte.[60] Daß vor Einführung der mikroskopierenden Petrographie die Gesteinsbeschreibung kein Mittel besaß, um unbedingt schlagend den Unterschied zwischen der Grundmasse des Porphyrs und dem Bindemittel eines Konglomerats zu erweisen, wurde bereits in der Einleitung bemerkt. Cordier hatte zwar gefunden, daß die sog. einfachen Vulkangesteine aus mikroskopischen Kristallen und Gläsern zusammengesetzt seien,[99] aber niemand noch dachte daran, den Porphyr, obwohl man ihn auch in gangförmigem Auftreten kannte[100], von den Urgesteinen zu den vulkanischen Bildungen zu versetzen. Außerdem hatte Goethe bei mandelsteinartigen Melaphyren von Darmstadt einen Übergang zwischen rundlicher und flächig-begrenzter Kristallgestalt der Einschlüsse bemerkt.[101] Entgegen stand nur ein unbeweisbarer Ausspruch Werners, den Goethe sich notierte, daß Achatnieren und Konglomeratkiesel, trotzdem beide konzentrische Ringe besäßen, doch etwas Verschiedenes seien.[102]

Die Bedenken, die von der Mehrzahl der damaligen Geologen wohl empfunden, aber doch offenbar nicht mit entscheidendem Gewicht ausgestattet werden konnten, wurden nun aufgewogen dadurch, daß sich auf diese Weise erklären ließ, weshalb in der Nagelfluh exotische Gesteine, aber niemals die in der Nähe anstehenden auftraten: es wäre hier eben ein besonderes, selbständiges Magma verfestigt worden.[103] Ferner wollte das Verhängnis, daß Goethe aus den ihm näher bekannten Gebieten durch Mitteilung oder eigenes Schauen mit scheinbaren Erfahrungsbeweisen gestützt wurde. Der Karlsbader Granit ist ausgezeichnet durch seinen Zerfall in regelmäßige Platten und Blöcke, wie noch jeder Beobachter anmerkte;[104] überall in der Literatur fand er, daß aus dem regelmäßigen Verlauf der Sprünge in den Gebirgsmassen auf Mitwirkung einer Kristallisationskraft geschlossen wurde.[105] Solange der Kristallbegriff nur morphologisch definiert war und solange die Lehre vom chemischen Absatz aller Gesteine überhaupt noch aufrecht zu halten war, lag dieser Irrtum unmittelbar am Wege. Sogar Ebel, der sich sonst von den Fehlschlüssen seiner Zeitgenossen bemerkenswert frei hielt, streifte in der Schilderung des alpinen Urgebirges bedenklich an Kristallisationsvorstellungen heran und lehnte nur ab, aus der Form freistehender Felsenklippen Kristallformen abzulesen.[106] Noch 1835 führte Sedgwick die Entstehung einer Gruppe von regelmäßigen Spaltungen in Schiefergebirgen auf eine selbständige, das ganze Gebirge beherrschende Kristallisationskraft oder Polarität zurück und erst 1856 räumte Sorby, der Begründer der modernen Petrographie, mit diesem Fehlschluß endgültig auf.[107]

Weiterhin geriet v. Trebra auf den Einfall, Karlsbader Zwillinge, wenn sie, was zuweilen vorkommt, etwas Quarz und Glimmer umschlossen, „kristallisierten Granit" zu nennen,[108] und Goethe dehnte, gestützt auf diese Autorität, die neue Anwendung des mißhandelten Kristallbegriffs noch auf Gneis und Porphyr aus.[109] Er erhielt dadurch eine Mittelstufe der Gestaltung, in der ein Gestein von richtiger Zusammensetzung dennoch nicht in der „allgemeinen Form", d. h. als Felskristall, sondern in der „besonderen Form" des vorherrschenden Gemengteils auftrat, wonach also hier die einen Mineralkristall bewirkende Gestaltungskraft die zur allgemeinen Form führende überwältigt hätte. Ebenso ließen sich die wichtigsten „Pseudobreccien", das Rotliegende des Thüringer Waldes mit dem anschließenden „Trümmerporphyr", der Karlsbader Quarzit, die Nagelfluh nach der Art und Zeit ihrer Entstehung einer vermittelnden Zwischenstufe zuweisen, denn sie lagen — oder sie schienen zu liegen — über kristallhaltigen Urgesteinen, waren selbst nur teilweise kristallisiert oder vor Annahme einer bestimmten Gestalt gestört, und waren bedeckt von den Flözgebirgen, Gesteinen, bei denen nur noch die „allgemeine Form" der Felskristalle in Erscheinung trat. Als letzte Stütze kamen dann, um dem Gedankengang ein „rezentes Analogon" zu schaffen, noch Beobachtungen über die Abscheidungsformen von Schnee, Eis und halberstarrten Metallen hinzu.[100]

Gegenüber der Auslegung, daß dichterische Phantasie sich auf dieser Gedankenbahn über hindernde Tatsachen kühn hinweggeschwungen habe, wäre wohl auf Leonhards Entwurf einer Edelsteintheorie zu verweisen. Man kann, obwohl es der Gegenwart spielerisch vorkommt, den Rückgang der Kristallisationskraft, der nach damals allgemein verbreiteter Meinung in der Erdgeschichte vor sich gegangen war, als eine Art von Degeneration, als Gemeinerwerden der Gestaltung bezeichnen und würde dann umgekehrt in den Bildungen älterer Epochen bei steigender Häufigkeit reiner und vollkommener Kristalle eine mit wachsender Annäherung an die Urzeit immer edler werdende Gestaltung der Materie finden. Diese schöngeistige Auffassung lag zugrunde, als Leonhard die mehrfach zitierte akademische Rede plante und über das Alter der Edelsteine sprechen wollte, wahrscheinlich um seinem Publikum, dem Erdgeschichte an sich gleichgültig war, mit stärkeren Reizen aufzuwarten: „Die Erforschung der Frage, ob die Edelsteine, diese Blüte der unorganischen Welt, nicht als Gebilde der Primordialperiode zu betrachten seien, ist lange schon der Gegenstand meines Nachdenkens. — Es liegt etwas Tiefes darin, in jenen vollendeten — Ausscheidungen die Erzeugnisse einer Zeit zu sehen, welche dem jugendlichen Alter unseres Planeten angehört."[111] Die Rollen scheinen hier vertauscht zu sein, denn der Dichter und Künstler weigerte sich, die dilettantische Verquickung eines mineralogischen Themas mit ästhetisierender „Tiefe" der Gedanken mitzumachen; er wies nüchtern den sonst so überlegenen Fachmann darauf hin, daß auch der Türkis, eine unkristallisierte Masse, zu den Edelsteinen gehöre, und daß man doch nicht wohl die Fähigkeit zur Edelsteinbildung allein der Primordialzeit zuschreiben könne, wo die Kristallisationskraft sich bis zur Gegenwart im Einzelnen noch überall dokumentiere.[112]

Um über die Wissenschaftlichkeit von Goethes Porphyr- und Breccientheorie gerecht urteilen zu können, muß man mehrere Vorstellungen ganz aus dem Geist ausschalten, die jetzt zur gewohnten Voraussetzung des Denkens geworden sind, damals aber unterhalb des Horizonts lagen. Wir haben eine physikalische Definition des Kristallbegriffs; die Maxime der langen Zeiträume ist wirksam geworden; die Petrographie stützt sich auf qualitativ neue Erkennungsmittel; wir kennen die wirklichen Lagerungsverhältnisse der Nagelfluh, die als eine jüngere Bildung durch Überfaltung unter ältere Schichten geraten ist usw. So lange alle diese Errungenschaften fortgesetzter Forschung nicht einmal dem Begriff nach bekannt waren, stand tatsächlich nur zur Wahl, ob man mit Werner und anderen dem unmittelbaren Augenschein folgen wollte unter Verzicht auf tieferes Verständnis der Vorgänge, oder ob man, wenn gerade auf Herstellung des gedanklichen Zusammenhangs der Nachdruck lag, mit Goethe den unmittelbaren Augenschein für trügerisch zu erklären und chemische Entstehung dieser problematischen Gesteine anzunehmen vorzog. Ist einmal die Berechtigung der letztgenannten Forschungsabsicht zugegeben, so darf man auch das Beschreiten des einzig verfügbaren Weges nicht verwehren, nämlich unter den denkbaren Hypothesen diejenige auszuwählen, welche sich dem Rahmen der sonstigen Vorstellungen mit dem geringsten Widerstand einfügt und, selbst auf die Gefahr einiger gewaltsam aussehenden Umdeutungen, den bekannten Tatsachen möglichst allseitig Rechnung trägt.

Die Einzelheiten des dargelegten Gedankenganges gehören fast ausnahmslos nicht Goethe allein an, sie sind nur von ihm denkend weitergeführt und enger ineinander verflochten als bei den Zeitgenossen. Fügt man die früher besprochenen Vorstellungen über Gangentstehung, über Auslaufen des Granits, Simultaneität und Sukzessivität oder zeitliches Verschränktsein der Formationen ein, so stellt sich ein Gedankenbau dar, auf den wir fast noch weniger als auf die fortentwickelte Geogenie Werners den Namen einer historischen Geologie anwendbar finden. Der Zeitbegriff, der ursprünglich wie eine Selbstverständlichkeit mit eingespielt hatte, war beim weiteren Ausbau überall außer acht gelassen und daher bei Werner nur sozusagen versehentlich erhalten geblieben, aus Goethes straffer durchdachtem, schärfer auf den Ausbau der Theorie zugespitzten System aber völlig hinausgedrängt. Die Unterschiede zwischen Ur-, Übergangs- und Flözgebirge waren nur noch petrographisch definierbar und hatten zeitlichen Charakter nur bei Betrachtung eines begrenzten Ortes, soweit sie dort übereinander lagernd gefunden wurden. Ein direktes Parallelisieren von Ort zu Ort war nicht mehr durchzuführen. Aber während nach Werner eigentlich nur der Zufall oder irgendwelche rein örtliche Ursachen bestimmt hätten, welche der durch die ganze Erdgeschichte hindurchgehenden Formationen zu gegebener Zeit an gegebenem Ort abgesetzt wurde, hatte Goethe doch in seiner Kristallisationstheorie eine Handhabe, um wenigstens für die örtliche Reihenfolge der Gesteine eine gesetzartige Regel aufzustellen. Er unterschied drei Epochen:

1. Kristallisationslust, Bestreben zueinander, sich ineinander zu schließen, sich zu durchdringen, zu gestalten.
2. Epoche des Isolierens; die Elemente treten für sich, weisen einander ab, sind selbständig, halten sich rein.
3. Die Elemente werden gleichgültig, vermischen sich, sind nebeneinander.[113]

Der letzten Epoche gehörten die Flözformationen an. Goethe fand die dazugehörigen Bildungen zwar nicht verworren, aber gleichgültig[114] und fühlte sich weder 1812 in Berka noch 1816 in Tennstädt zu geologischen Studien angeregt. Allerdings, wenn sie sich wie Rechenstäbe Napiers (Neperische Stäbchen) nebeneinander herschoben[115] und ihr Absatz, örtlich verschieden, vor, mit- und nacheinander begann und endete, so mußte der Versuch einer vergleichenden Betrachtung unter tektonischen oder historisch-geographischen Gesichtspunkten, wie sie den Hauptreiz der „Flötzgeologie“ ausmacht, damals gleich im Beginn an inneren Widersprüchen zugrunde gehen. In der Unterscheidung der beiden ersten Epochen ist nur die Theorie vom Auslaufen des Granits abstrakter gefaßt und erweitert; uns ist es schwer begreiflich, wie man aus so schemenhaften Unterlagen irgendwelche Ergebnisse, selbst irrtümliche, zu gewinnen hoffen kann. Jedoch ist es Tatsache, daß die daraus abgeleiteten Schlüsse nur uns verschwommen vorkommen, für Goethe aber die gesetzten Zwecke erfüllten. Er begehrte einerseits die Erdgeschichte in ihren großen Grundzügen zu begreifen, um auch diese Seite des Naturgeschehens den Vorstellungen über das Wesen des Weltganzen einzureihen. Letzten Abstraktionen eines Forschungsgebiets, wie sie für solche Zwecke erfordert werden, haftet immer und unvermeidlich etwas Unbestimmtes an. Würde die heutige Geologie versuchen, aus ihrer Kenntnis der Erdgeschichte die letzten Grundgesetze des Geschehens zu abstrahieren, so würde auch sie zu Formeln gelangen, die erst nach manchen spezialisierenden Zusätzen zur Beschreibung greifbarer Tatsachen würden. Nur ist unser Denken überhaupt nicht gewöhnt, Ergebnisse geologischer Forschung in so abstrakter Form ausgesprochen zu hören. Andererseits wollte Goethe den geognostischen Aufbau der Gegenden kennen lernen, in denen er sich aufhielt, besonders während seiner Reisen, und hierzu reichte sein theoretisches Rüstzeug ebenfalls aus. Er hatte keinen Anlaß, fester bestimmte Stratigraphie zu fordern, als damals allgemein üblich war, und ahnte ebensowenig wie seine Zeitgenossen, daß schärfer umrissene Bilder überhaupt erreichbar seien. Die damalige Art der Ortsbeschreibung ließ, wie auseinandergesetzt, vieles, das der Beobachtung zugänglich war, beiseite. Daraus ergab sich eine fast unbegrenzte Möglichkeit, richtige Beobachtungen ohne offenkundigen Widerspruch in ein irriges Lehrgebäude einzutragen.

Über das Flözgebirge und das Diluvium hat Goethe sich so unvollständig und sporadisch geäußert, daß beides hier übergangen werden kann. Es sind nunmehr die damaligen Vorstellungen über die Anfangsgeschichte der Erde zu analysieren, die wie in der Gegenwart vorwiegend auf den gleichzeitigen Lehren der Astronomie beruhten.

Bei seiner Abneigung gegen alles Mathematische hat Goethe der Astronomie nur wenig Aufmerksamkeit gewidmet.[116] Er kannte die allgemeine Naturgeschichte und Theorie des Himmels von Kant[117] und übernahm, ohne die Quelle zu nennen, von dort die Lehre, daß Nebelsterne „werdende Welten“, d. h. in Konzentrierung begriffene Sternsysteme, der Milchstraße gleichwertig, und daß Kometen „werdende

Erdkörper", d. h. auf der Vorstufe zum Planetenstadium befindliche Trabanten der Sonne seien. Die Theorie von Laplace scheint Goethe unbekannt geblieben zu sein, obwohl er durch A. v. Humboldt Näheres über sie erfahren haben könnte.[118] Sie erfreute sich damals noch keiner verbreiteten Anerkennung, ward von Leonhard in seiner akademischen Rede nicht erwähnt und von Berzelius als eine Art von kurioser Idee behandelt.[119] Es ist also nicht weiter bemerkenswert, daß Goethe bei der älteren Anschauung verharrte, von der nur wir meinen, daß sie damals bereits veraltet war.

Kant schloß aus der Zunahme der Exzentrizität, daß die Planetenbahnen bis zum Saturn, dem äußersten damals bekannten Planeten, immer kometenähnlicher würden, daß Saturn selbst ein erst vor kurzem zum Planeten gewordener Komet sei und schließlich, daß man außerhalb der Saturnbahn zuerst Mittelglieder zwischen Planeten und Kometen, dann wirkliche Kometen finden werde. Die Auffindung des Uranus 1781 hatte nichts Entscheidendes gegen diese Theorie bewiesen, denn wenn auch dessen Exzentrizität keineswegs dazu stimmte, so konnte man die bisher außerhalb des Saturn gesuchten Kometen nun hinter den Uranus setzen, dessen Bahngestalt zur vereinzelten Abnormität degradieren und dadurch für weitere Schlußfolgerungen ausschalten, ein freilich gewaltsames, aber in analogen Fällen wohl eingeschlagenes Verfahren.[120] Erst 1819 stürzte dieser Teil des Kantischen Systems durch Entdeckung des Enckeschen Kometen, und A. v. Humboldt erhielt dadurch das Recht, die Einbeziehung der Kometen in das Sonnensystem als „dogmatischen, auf falsche Analogien gegründeten Traum" zu verurteilen.[121] Wesentliche Reste der Theorie blieben aber, obwohl eigentlich so lebensunfähig wie amputierte Glieder, gewohnheitsmäßig in Anerkennung.

Waren die Planeten ursprünglich Kometen und erst nachträglich in weniger exzentrische Bahnen gezwängt, so bestand kein Anlaß, ihnen anfängliche Glühhitze zuzuschreiben, wie das früher von Buffon und später von Laplace[122] geschehen war. Kant sah daher in ihnen selbständige Ansammlungen des ursprünglich universell fein verteilten Weltenstoffes, von Anfang an „kalte und tote Klumpen", die eine im Zentrum zusammengeballte „flammende Kugel", die Sonne umkreisten.

Das Bild, das Kant von dem gegenwärtigen Zustand der Sonne entwarf, kehrt wenig abgeändert noch in A. v. Humboldts Kosmos wieder[123]: die Sonnenflecken sollten Stellen sein, an denen ein dunkler Zentralkörper durch Risse einer leuchtenden Hülle hindurchschien.[124] Der Gedanke, daß in der steten Berührung mit den stürmenden Glutmassen das bereits erstarrte Gestein wieder glühend werden müsse, kam, so selbstverständlich er uns scheint, bei Kant überhaupt nicht auf, und alle spätere Ergänzung konnte diesem uranfänglichen Fehler der Theorie nicht überzeugend und anschaulich abhelfen.[125] Es galt also auch der Kern der Sonne für abgekühlt und erstarrt.

Nun hatte zwar schon Newton vermutet, das Innere der Erde müsse feurig-flüssig sein,[126] aber diese Lehre war entweder vergessen oder galt damals für völlig spekulativ und unwissenschaftlich. Leonhard nannte noch 1816 die Idee eines im Innern der Erde ewig brennenden Feuers abenteuerlich und längst aufgegeben,[127] und doch waren die Beobachtungen bereits eingeleitet, auf Grund deren die verworfene Schlußfolgerung später die Herrschaft erlangte.

Der Bergmann war ja längst damit bekannt, daß nach der Tiefe zu die Temperatur steige, hatte aber offenbar nie weiter darüber nachgedacht. Jedenfalls fand v. Trebra, der 1814 in Freiberg zu genauen Messungen überging,[128] die Sache völlig unerklärlich; ein Bericht darüber in den Annales des mines dachte nicht im entferntesten daran, die jetzt unausweichlich scheinenden Schlüsse zu ziehen, sondern brachte die Tatsache ratlos mit etwas völlig Fremden in Verbindung, mit der Temperaturabnahme nach der Höhe der Berge und der Tiefe des Meeres.[129] Meist suchte man nach lokalen Erklärungen, wie Gährungs- und Zersetzungsprozessen im Gestein[130] oder später, als die Beobachtungen sich häuften, nach chemischen und physikalischen Vorgängen verschiedenster Art, bei denen stets Wärmeentstehung, Entbindung des Wärmestoffs, nicht Wärmeleitung als Ursache der Erscheinung angegeben wurde. Man glaubte, mit den Worten L. v. Buchs, „in jeder neuen physikalischen Entdeckung, welche nur von fern anwendbar zu sein schien, die Ursache der (inneren Erdwärme) gefunden zu haben; aber eben in dieser Leichtigkeit ihrer Anwendung lag ein sicherer Beweis, wie weit wir von ihrer Kenntnis entfernt waren. Ein im Innern des Erdballs zurückgebliebenes Zentralfeuer, eine verschiedene elektrische Spannung, eine Art von Atmungsprozeß durch Einsaugen und Zersetzung respirabler Luft, Steinkohlenentzündung, eine durch Erdschichten gebaute Voltasche Säule, endlich die Zersetzung der im Innern nicht oxydiert vorausgesetzten Metalle der Alkalien und der Erden haben sich hintereinander verdrängt, um als Lösung des Rätsels zu dienen.“[131] Dieser Zustand dauerte noch längere Zeit so fort, wie ihn L. v. Buch 1813 schilderte. Noch 1825 referierte Leonhard im Taschenbuch nebeneinander eine Abhandlung von Gay-Lussac und eine von Berzelius, deren erste ebenso entschieden den Gedanken an ein glühendes Erdinnere ablehnte, als die zweite dafür eintrat.[132] Auch Fourier, dessen Arbeiten die Frage entschieden haben sollen, und auf den Berzelius sich stützte, ließ durchaus offen, ob die Ursache der Wärme ständig oder wandelbar sei.[133]

Die Geophysik konnte also zu der hier besprochenen Zeit nicht selbständig irgendwelche Entscheidung liefern, vielmehr durfte sich sowohl der Neptunismus als der Vulkanismus auf stützende Beobachtungen berufen, der erstere sogar mit größerem Recht insofern, als die Annahme eines kalten Erdinnern den astronomischen Anschauungen der Zeit besser entsprach. Der Vulkanismus mußte nachweisen, daß die geologischen Tatsachen unbedingt und zweifellos zur Annahme einer inneren Glut zwangen und konnte dann der Geophysik auferlegen. die verständliche und einleuchtende Theorie dafür zu ermitteln. ·Umgekehrt mußte der Neptunismus für alle die Erscheinungen andere Erklärungen liefern, in denen der unbefangene Blick Wirkungen des Erdinnern gegen die Erdoberfläche sieht, mußte also auf Grund „besserer Erkenntnis" die aus unmittelbarer Anschauung gezogenen Schlüsse umdeuten und „berichtigen". Es kommen da in Betracht Gebirgshebung, Thermen und Vulkane, sowie schließlich die Eruptivgesteine.

Werner machte in der Lagerstättenlehre den Standpunkt des gemeinen Mannes lächerlich, nach dem die Erzgänge, so wie wir sie jetzt finden, schon seit der Erschaffung der Welt bestanden haben sollten,[134] nahm aber bei Betrachtung des Schichtenfalls ganz den gleichen ein. Er schrieb den abgesetzten Niederschlägen nicht deckenartige, sondern kuppenförmige Gestalt zu, etwa wie Granitstöcke ihn zeigen. Bei der Auflagerung neuer Sedimente sollte diese Gestalt erhalten geblieben und in der Schichtenstellung ausgeprägt sein; handelte es sich um stark geneigtes, dem Senkrechten genähertes Fallen, so sprach man von „Anlagerung" des betreffenden Schichtenkomplexes und meinte das, wie statt anderweitiger Belege die in Fig. 8 wiedergegebene Skizze Goethes[135] zeigen kann, durchaus nicht bildlich. Die Theorie des Gerinnens wirft ein Schlaglicht auf die sonst stets etwas im Dunkeln bleibenden Vorstellungen über das Festwerden der Gesteinsmassen, wobei freilich zu beachten, daß der Gedankengang gerade in diesem Fall eine spezifisch Goethesche Färbung trägt.

Von Gerinnen kann man nur reden, wenn man sich die Massen vor dem Absatz teigartig denkt, im Flüssigen des Urmeers, nicht auf dem Grund ausgeschieden und vor der Beendigung des Festwerdens noch schwebend. Die Theorie der Magmenvermischung hat ohne weiteres diese Vorstellung zur Folge. Etwa mit Wolken, eher noch mit flockigen, wolkenartigen Emulsionen wären jene schwebenden Massen zu vergleichen, doch läßt sich Goethes niemals deutlich ausgesprochene Meinung nur vermutungsweise rekonstruieren: In der Tiefe des sonst klaren Meers zogen sich, einst und vielleicht noch jetzt,[136] kalkige oder kieselige Substanzen zusammen in begrenzten und flottierenden Trübungen, die durch stärkere Konzentration milchartig, später teigartig wurden. In ihnen betätigte sich verschieden stark die Kristallisationskraft, im Innern und Äußern, in Mineralkristallen und Felskristallen, in der Beschaffenheit des Gesteins oder in seiner Massengestaltung. Mit solchen Grundgedanken hatte Goethe keine Schwierigkeit, mehrfache Granitbildung, überhaupt mehrfache Formation ein und desselben Gesteins anzunehmen: er brauchte dann nur zu schließen, daß die zur Bildung dieses Gesteins geeignete Materie sich nicht gleich ganz auf das erstemal, sondern erst in mehreren Koagulationen ausgeschieden habe. Beobachtungen über den Schichtenverlauf verloren so aber alles Interesse, denn er meinte, daß die flottierenden, emulsionsartigen Magmen (werdendes Gebirge) von den Massen der bereits fertigen Gebirge angezogen würden[137] und

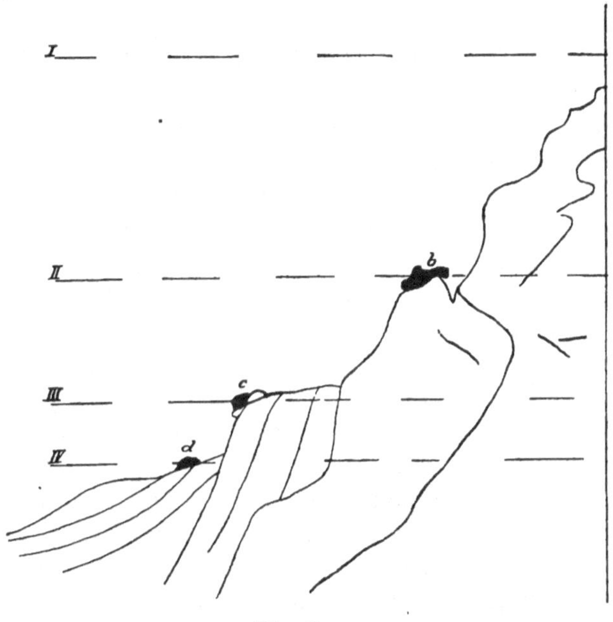

Fig. 8.
Bildung der Trappformation, jederzeit nahe der Oberfläche der sinkenden Wassermasse. Nach einer Skizze Goethes.
I, II, III, IV verschiedene Stufen des sinkenden Wasserspiegels.
b, c, d zugehöriger Trapp.

dachte offenbar, daß die in jedem der aufgelagerten Komplexe ausgebildeten Schichtflächen, Gangspalten usw. unabhängig seien von der Richtung im vorhergehenden oder folgenden Komplex und nur durch innere Gestaltungsgesetze bestimmt würden. Konkordanz und Diskordanz wären dann beide möglich, aber nur Zufallserscheinungen: die Probleme der Gebirgsbildung waren noch nicht aufgetaucht.

Den heißen Quellen hat Goethe erstaunlich geringe Aufmerksamkeit entgegengebracht. Das Ergebnis der Karlsbader Studien war, daß der Sprudel aus der Überspülung der Granit-Hornstein-Breccie durch Teplwasser entstünde. Die wichtige Frage, ob alle Thermen an ein ähnlich heterogen zusammengesetztes Gestein gebunden wären, hätte sich während der Badereisen leicht durch Beobachtung nachprüfen lassen, und er empfand die Notwendigkeit solcher Feststellungen sehr wohl.[138] Jedoch wird weder 1812 und 1813 von Teplitz, noch 1814 und 1815 von Wiesbaden, noch in späterer Zeit von Marienbad (1822 und 1823) irgend etwas darüber berichtet, trotzdem in Marienbad und Teplitz ähnliche Gesteine bei den Thermen vorhanden sind. Ebensowenig war er, soweit die Überlieferung reicht, auf stützende oder widersprechende Bemerkungen in andern Schriften aufmerksam,[139] sowie auch alles von ihm als Beleg der Theorie Aufgezeichnete durchaus den Eindruck des bloß beiläufig Vermerkten erweckt.[140] Es scheint daher, als habe sich ihm einmal unversehens das Problem in ein Postulat verwandelt.

Über das Wesen des Vorgangs, der durch Berührung eines besonderen Gesteins ein normales Flußwasser in eine Therme verwandle, sprach Goethe sich 1806 auch in den Entwürfen nicht deutlich aus; er scheint anfänglich die Zersetzung des Schwefelkieses durch Teplwasser als Ursache der Erhitzung betrachtet zu haben,[141] obwohl dieses Mineral in der Breccie selten und nur in kleinen Flecken auftritt. Später wandte er sich einem andern Gedanken zu, der in jener Zeit viele Male selbständig verkündet, aber hauptsächlich durch Steffens geognostisch-geologische Aufsätze bekannt geworden ist:[142] zu der auch in der obenstehenden Übersicht v. Buchs erwähnte Theorie, daß engbenachbarte Gesteine von verschiedener Zusammensetzung eine galvanische, Voltaische Säule bildeten. Schon 1807 wird erwähnt, daß Goethe die ganze Erde in dieser Weise auffaßte,[143] aber erst für 1812 ist belegt, daß er die Theorie auf das Thermenproblem angewendet habe und Wärme sowie die notwendig anzunehmenden chemischen Prozesse durch elektrochemische Wirkungen entstanden dachte.[144] Doch scheint es, als habe diese Theorie ihn wenig befriedigt, da sie in keiner Niederschrift dieses und der folgenden Jahre deutlich ausgesprochen ist. Vielleicht erst auf das Drängen v. Trebras, der in den Jahren 1817 und 1818 mehrfach zu Mitteilungen über dieses Thema herausforderte,[145] entschloß sich Goethe endlich 1820 zur Bekanntgabe, freilich unter dem Titel „Problematisch".[146] Aber es war zu spät, denn was früher mögliche Anschauung gewesen war, gehörte nunmehr einer überwundenen Zeit an, und sogar die Jenaische Allgemeine Literaturzeitung lehnte den Gedankengang höflich aber entschieden ab:

> „Das Hervortreten der warmen Quellen aus dem Granit war früher mehr befremdend als jetzt, da wir durch die unwiderleglichsten Tatsachen von der nach dem Innern der Erde zunehmenden Wärme unterrichtet sind."[147]

Nur Goethe hielt an seinen Schlüssen fest. Noch 1824 rief er aus:

„Kann ich doch, sobald ich eine tüchtige Voltaische Batterie zusammenstelle, in meiner Stube Gold verbrennen, und der Natur dürfte es nicht erlaubt sein, oben in den Klippen von Gastein heißes Wasser hervorzubringen?!“[148]

Doch zog er es vor, diese im Konzept eines Briefes an Graf Sternberg enthaltene Stelle nicht in die Reinschrift aufnehmen zu lassen.

Ursache und Wirkung hatten eben in der Problemstellung den Platz getauscht; deshalb war der Vorgang, wie Goethe ihn sich dachte, aus dem Wirken bekannter Naturkräfte nicht zu erläutern. So mußte er fast mit Notwendigkeit auf den noch neuen Galvanismus geraten, denn hier war noch nicht fest entschieden, was wesentliche und was unwesentliche Vorbedingung der Wirkung sei, und damit allen Kühnheiten des Vermutens Raum gegeben.

Für Werner gehörten die Thermen mit den Vulkanen zu den Folgeerscheinungen der Flözbrände. Auch hier postulierte er statt zu beweisen, denn er nahm einfach das Vorhandensein entzündeter Kohlenflöze an, auch wenn nicht die mindeste Spur davon zu beobachten war. Schon wenige Jahre nach der hier besprochenen Zeit tat A. Boué die ganze Theorie kurzweg als lächerlich ab,[149] und J. C. W. Voigt konnte sich ihre Aufstellung überhaupt nur dadurch erklären, daß Werner niemals Basalte gesehen habe.[150] Von Hoff war der gleichen Meinung, fügte nur hinzu, daß Werner im Bewußtsein seines geognostischen Scharfblicks und seiner Superiorität nur das von ihm selbst Beobachtete habe gelten lassen und die allgemeine Grundform aller geognostischen Verhältnisse aus dem ihm so gründlich bekannten sächsischen Erzgebirge enthüllen zu können glaubte.[151] Nach dem früher Entwickelten mögen persönliche Momente wohl eingewirkt haben, aber sie allein schaffen noch kein völliges Verständnis.

Daß Unrichtigkeiten in der neptunistischen Basaltlehre enthalten seien, empfanden viele seit langem; eine 1804 und 1810 von der Berliner Gesellschaft naturforschender Freunde ausgeschriebene Preisaufgabe[152] liefert dafür ausreichenden Beweis. Vielleicht empfand es sogar Werner selbst, was seine große Empfindlichkeit gegen Widerspruch[153] erklärlich machen würde. Zweifellos hat die unmittelbare Anschauung in den Basalten und zugehörigen Gesteinen stets vulkanische Produkte und in den Vulkanen eine Wirkung des Erdinnern gegen die Oberfläche erblickt. Mit den damaligen geophysikalischen Vorstellungen ließ das Vorhandensein eines glühenden Erdinnern sich schlechterdings nicht vereinigen. Aber Werner gab in andern Fällen unbedenklich die gedankliche Geschlossenheit seines Systems preis und scheute sich nicht, mit unerklärlichen Vorgängen zu rechnen, sobald die auf unmittelbarer

Anschauung ruhenden Schlüsse solches nahelegten. Es ist also zu fragen, weshalb er sich bei Übernahme des Basaltneptunismus in scharfen Widerspruch zu seinem sonstigen Verhalten setzte und in diesem einen Fall die durch unmittelbare Anschauung gelieferten Schlüsse umdeutete.

Zunächst liegt eine Reaktion vor gegen Übergriffe der früheren Vulkanisten, die zwar manches Mal mit Glück,[154] aber sehr oft und sehr augenfällig mit Unglück alle bei tätigen Vulkanen vorhandenen Eigentümlichkeiten, den Krater u. dgl. verwischbare Einzelheiten wiederfinden wollten und dabei, sowie zur Erläuterung der von heutigen Vulkanen abweichenden Beschaffenheiten den Tatsachen Gewalt antaten.[155] Man konnte also sehr wohl einmal den Spieß umdrehen und behaupten, wenn manches an heutigen Vulkanen nicht Vorhandene bei fossilen entgegenträte; dagegen gerade die bekanntesten Charakterzüge der heutigen nicht oder nur gekünstelt zu finden seien, so dürfe man eben nicht von fossilem Vulkanismus reden. Zweitens war die petrographische Ähnlichkeit zwischen Basalt und dem „Trapp" der Ur- und Übergangsgebirge, den Melaphyren, Diabasen usw. nicht zu übersehen. Da niemand die neptunische Bildung der letzteren bezweifelte, so hätte man zwei Gruppen von Trapp, den eigentlichen oder Urtrapp und einen jüngeren, auf die Flözformationen folgenden Flöztrapp vor sich gehabt, wobei sich später der Trachyt oder Trappporphyr, eine Verbindung zum alten Porphyr schaffend, anfügte. Weshalb sollte man dem neueren Trapp eine andere Entstehung zuschreiben als dem älteren? Allerdings ergab sich so der schwerverständliche Begriff einer „rückkehrenden Urformation":[156] nach den langen Zeiten rein mechanischer Bildungen, in denen (nach Werner) alle Kieselgesteine nur aus Umlagerung schon vorhandener Materie entstanden wären, hätte das Meer vorübergehend die Kraft wiedergewonnen, solche chemisch auszuscheiden. Dieses rein theoretische Problem erledigte Werner durch ein Postulat. Gefährlicher war die spätere Erfahrung, daß der Flöztrapp „durch ungemein merkwürdige Anomalien in Lagerungs- und sonstigen Verhältnissen vor den Trappbildungen der Ur- und Übergangsformationen ausgezeichnet sei".[157] Damit war wohl gemeint, daß der Urtrapp schichtenartig aufträte, d. h. deckenartig oder anderswie den Schichtensystemen einverleibt, während der Flöztrapp Decken auf Berggipfeln bildete oder wie im Siebengebirge zu Gebirgsmassiven von verschiedener Ausdehnung angesammelt war. Jedoch war auch diese Erkenntnis mit dem Neptunismus nicht ganz unverträglich, wurde auch nur als ein neues, künftiger Untersuchung vorgelegtes Problem betrachtet. Drittens wußte man von richtigen vulkanischen oder pseudovulkanischen Erscheinungen, wie Laven u. dgl., nur aus der Spätzeit der Erdgeschichte, konnte also aus diesem scheinbar beobachtungsmäßigen Grund den Sitz der hervorbringenden Kraft nicht im Innern der Erde suchen, denn sonst wäre unverständlich gewesen, weshalb man ihre Äußerungen nicht in sämtlichen und sogar zumeist in den älteren Epochen fände. Vielmehr mußte auf alle Fälle der eigentliche Glutherd irgendwie in den Absätzen der Übergangs- und Flözformation gesucht werden; so bot, als Werner sich entschied, tatsächlich die Flözbrandtheorie den einzig einleuchtenden und schließlich auch durch manche Beobachtung belegbaren Ausweg. Einen Zwiespalt zwischen Theorie und Beobachtung, der schon im geognostischen Bereich hervortrat, konnte Werner bei der Durcharbeitung seines Systems nicht wohl unerledigt lassen, und mußte sich daher in diesem Fall entschließen, das Ergebnis unmittelbarer Anschauung umzumodeln. Andere Fälle aber, in denen der an geognostisch Beobachtetes anknüpfende Schluß sich nur zu den Erfahrungen auf andern Gebieten der Naturforschung nicht in Beziehung setzen ließ, durften ruhig diesen andern zur Behandlung überwiesen werden.

Jedoch war die Flözbrandtheorie keineswegs für den Neptunismus unersetzlich, sondern fand sogar, als man ihre sachliche Unzulänglichkeit erkannte, leicht ausreichenden Ersatz. So griff, neben vielen andern, auch Leonhard auf den Galvanismus zurück:

> „Jetzt begannen die Feuerberge zu wüten mit und nach den letzten Perioden. Sie konnten sich — nicht früher tätig zeigen, als die in ihnen wirksamen Naturgewalten durch Bedeckung gebunden wurden. — Electrochemische Processe scheinen den ungeheuren Wirkungen zugrunde zu liegen. Die Natur muß über galvanische Vorrichtungen von kolossaler Größe zu gebieten haben. Als die einzelnen Teilganzen dieser Säule erscheinen Gebirgsmassen, unübersehbar und von unergründlicher Tiefe. So ist die Entwicklung von Kräften möglich, deren Grade und Summen der menschliche Geist nicht zu berechnen, kaum zu fassen vermag."[158]

Ähnlich stellte sich wahrscheinlich Goethe die im Vulkanismus des Kammerbühls wirkende Ursache vor;[159] jedoch fehlen quellenmäßige Belege und alles, was er über terrestrischen Galvanismus äußerte, bezieht sich ausdrücklich auf Thermenentstehung allein.

Die Bekämpfung des Basaltneptunismus setzte zunächst die auf unmittelbarer Anschauung beruhenden Schlüsse wieder in ihr Recht ein, namentlich durch A. v. Humboldts Beobachtungen in Süd- und Mittelamerika. Nach v. Hoffs Ausdruck wurde die festeste Stellung der Wernerischen Schule, die auf den Basaltbergen, durch den Angriff von der Seite des mexikanischen Jorullo mit seinen 2000—2060 Feuerschlünden von Basalt nicht wenig erschüttert,[160] denn nun war nicht mehr zu bestreiten, daß es vulkanischen Basalt gäbe, nachdem der

Jorullo erst 1759 durch Eruption entstanden war. Hierdurch ermutigt, trat bald v. Hoff mit einer vulkanistischen Beschreibung der blauen Kuppe bei Eschwege und der Steinsburg bei Suhl hervor[161] und gewann damit großen Einfluß auf die Entscheidung des nun neu entbrennenden Streites. Seine Gründe waren erstens, daß der Basalt der blauen Kuppe den anstoßenden oder umschlossenen Sandstein verändert habe, zweitens, daß er an einer Stelle einen hakenförmig umgebogenen, oben geschlossenen Gang bilde, der nur von unten her, durch Aufsteigen einer geschmolzenen Masse ausgefüllt sein könne, drittens, daß in der Umgegend des vereinzelt dastehenden Basaltgangs bei Suhl nirgends eine Spur dieses Gesteins sonst aufzufinden sei; wo aber sollte die ungeheure Basaltdecke hingekommen sein, welche über diese Gegend hätte verbreitet sein müssen, wenn der Basalt von oben her in eine Kluft eingedrungen wäre?

Um die gleiche Zeit machte sich dann L. v. Buch die — von den französischen Geologen stets festgehaltene — Ansicht zu eigen, daß die Basalte der Auvergne vulkanisch und aus dem Granit hervorgebrochen seien;[162] später suchte er zu erweisen, daß in allen Fällen ein besonderes Gestein, der Trappporphyr (Trachyt) Begleiter und Träger vulkanischer Wirkungen gewesen sei.[163]

Wenn nun trotzdem sich Leonhard noch 1816 als Neptunist bekannte, so müssen diese heute — mit einer Ausnahme — so unwiderstehlich scheinenden Gründe damals nicht beweiskräftig genug gewesen sein. Allerdings hatte L. v. Buchs Stimme 1809 noch nicht die Bedeutung, die ihr von einer rückwärts, durch seine spätere Tyrannis hindurchblickenden Geschichtsschreibung beigelegt wird.[164] Der alte Bergrat Voigt, der sonst über jede Regung des erwachenden Vulkanismus an Goethe berichtete, nahm von diesem bekehrten Saulus keine Notiz, wahrscheinlich auch, weil L. v. Buch nichts Neues entdeckt hatte und als eben gewonnener Anhänger des längst von Dolomieu und andern Ausgesprochenen nicht mehr Gehör erwarten konnte, als sein nunmehr erwählter Führer selbst gefunden hatte. Ein überzeugter Neptunist konnte nicht umgestimmt werden, wenn er nunmehr in deutscher Sprache vernahm, was er auf französisch schon oft — nicht angehört hatte, denn vom Standpunkt des Neptunisten aus bedeutete dieser Abfall des Wernerischen Schülers nur einen Rückfall in überwundene Vorstellungen. Auch hatten v. Buch sowohl wie A. v. Humboldt und v. Hoff nur etwas bewiesen, was kein Neptunist mehr bestritt, nämlich daß vulkanische Produkte außerordentlich basaltähnlich werden könnten, daß es sich bisweilen um Erscheinungen gewaltiger Dimension handle, und daß der Entstehungsherd der Glut in größerer Tiefe der Schichten sitze. Es war Leonhard bekannt, daß L. v. Buch eine große Übereinstimmung der bei Arendal und am Vesuv vorkommenden Mineralien beobachtet hatte. Die Tatsache erscheint uns eindeutig, Leonhards Auslegung war aber fast das Gegenteil der heutigen, denn er schloß, daß die vesuvischen Mineralien aus einem Lager in Gneis oder Glimmerschiefer, dem von Arendal ähnlich, emporgerissen seien,[165] und entnahm daraus, daß der Erdgalvanismus unter Umständen auch ohne Decke der jüngeren Schichten schon im Granit entstehen und sich mit Umschmelzungen des Granits entladen könne.

Gekünstelt und Ausflüchten ähnlich sind die Erwägungen allerdings, die man den verbleibenden Neptunisten in solcher Weise auf Grund ihrer Andeutungen liehe. Ihr Hauptargument war auch immer, daß durch den Nachweis vulkanischen Basalts die Existenz eines neptunistischen nicht widerlegt werde, und daß ein solcher aus genannten Erwägungen angenommen werden müsse. Den Vulkanismus aber auf den Urtrapp auszudehnen, hatte noch niemand gewagt.

Auch spätere Erfahrungen, wie der auf Sumbawa neu entstandene Vulkan, änderten daran nichts.[166]

Umgekehrt versuchte auch der Neptunist seine Stellung mit Beobachtungen zu befestigen, gegen die damals nicht immer etwas Triftiges einzuwenden war. So bemerkte Hundeshagen, daß der Bergbau am Meißner unbedingt den vulkanischen Schlot hätte finden müssen, wenn der dortige Basalt vulkanisch sein sollte; außerdem wäre eine Lava dort an den Bergabhängen herabgeflossen und hätte nicht steile Basaltwände gebildet. Er schloß hieraus und aus der Richtung der Säulen, daß es sich um eine in Analogien geringen Maßstabes wohl bekannte Erscheinung handle, um eine Kristallisation auf Erhabenheiten des Untergrundes.[167] Ja sogar für die veraltete Flözbrandtheorie fand sich noch nachträglich eine Stütze: Erdbeben in Illinois lieferten den Beweis, daß mächtige Erderschütterungen, die sich über 50 Meilen weit verbreiteten und von vulkanischen Erscheinungen begleitet waren, durch brennende Stein- und Braunkohlenflöze in wasserreichen Gegenden entstehen könnten.[168]

Wie es scheint, stand Goethe der langsam anschwellenden vulkanistischen Bewegung lange Zeit teilnahmslos gegenüber oder er verfolgte sie aus der Ferne, ohne sich darüber zu äußern. Will man aber nicht glauben, daß Brocchis neptunistisch gehaltene Arbeit über das Fassatal und die Conchiologia fossile subappennina desselben Autors mit ihrer Bekämpfung der Katastrophenlehre ihm zufällig („auf Befehl" des Großherzogs Karl August) übersandt wurde,[169] was in Anbetracht des eifrigen daran gesetzten Studiums kaum behauptet werden kann,[170] so wird man annehmen müssen, daß er im stillen besorgt nach autoritativen Stützen des Neptunismus Ausschau gehalten und jenen Befehl provoziert habe. Allerdings bringen dann die Auszüge, die er sich fertigte,[171] und ein Bericht über die Art seiner Beschäftigung mit diesen Werken[172] eine leise Enttäuschung, denn nach ihnen hätte er fast nur auf die vorkommenden Mineralien, aber kaum auf die geologischen Schilderungen geachtet. Man darf vermuten, daß ihm bei völligem Mangel an eigener Kenntnis der Örtlichkeiten das Eingehen auf Einzelheiten untunlich erschienen sei, besonders wenn er mit der theoretischen Ausdeutung, die Brocchi ihnen zuteil werden ließ, einverstanden war. Bei der gegebenen Sachlage oblag es ihm ja auch nicht so sehr, sich an der Diskussion lokaler Verhältnisse zu beteiligen. Dafür griff er in einem Entwurf, der etwa gleichzeitig mit dem Studium der Brocchischen Arbeiten entstanden sein mag, auf allgemeinst-theoretische Fragen des Neptunismus zurück, um bedenkliche Lücken des Systems zu überbrücken, die trotz ihrer Wichtigkeit sonst wenig oder gar nicht beachtet wurden.[173]

Die Geologenschule Werners empfand es, wie eine Durchsicht der Schriften zeigt, gewissermaßen als anstößig, daß die Flöztrappformation nirgends so regelmäßig, wie etwa der thüringische Muschelkalk, irgendeiner bestimmten andern Formation folgte, sondern unterschiedslos allen, älteren und jüngsten, auflag. Dieses Unbehagen, das sich im erstaunten Betonen der beobachteten Unregelmäßigkeiten verrät, entsprang aus der Theorie, daß aufeinanderlagernde Gesteine unmittelbar nacheinander abgesetzt seien. Auch in Goethes Karlsbader Geognosie spielte diese Theorie erkennbar ein. Bei strengem Gedankengang wäre hiernach der auf Granit lagernde Flöztrapp der Auvergne so alt wie der Gneis des Erzgebirges, so wie das Übergangsgebirge Skandinaviens wegen angeblicher Übereinstimmung des Liegenden dem mitteleuropäischen Flözgebirge parallel gestellt wurde. Die zeitliche Gleichsetzung der Basalte, die wegen der Übereinstimmung der Gesteinsbeschaffenheit geboten schien, ward möglich durch Werners Theorie der schwankenden Urflut und durch die Vorstellung, daß die Sedimente von Anfang an begrenzte Zusammenballungen gewesen seien: Lücken in der Schichtenfolge bewiesen, daß der betreffende Ort zeitweilig trocken gestanden habe, oder, wenn bedeckt, doch keine Absätze zugeführt erhielt. Jedoch waren das nur Hilfshypothesen, Notausgänge, um störende Probleme rasch aus dem Gesichtskreis zu entfernen. Standen nicht beobachtungsmäßige Schwierigkeiten irgendwelcher Art im Weg, so hielt man sich in der Bahn jener Grundtheorie.

Für Goethe waren diese Auswege verschlossen. Er bekämpfte die Theorie der Meeresschwankung grundsätzlich und war beim Ausbau seiner Vorstellungen dazu geführt, den Gedanken der Ungleichzeitigkeit gleichartiger Bildungen stärker zu betonen, als es sonst zu seiner Zeit geschah. Daher lag ihm die Vermutung nahe, daß die petrographische Ähnlichkeit auch der Flöztrappformation nur auf Identität der Entstehungsbedingungen verweise, und keineswegs auf solche der Entstehungszeit, daß also die nötigen Bedingungen immer, jedesmal an anderen Orten, nicht nur in einem bestimmten Zeitpunkt vorhanden gewesen seien. Dadurch trat für ihn das allen Neptunismus bedrohende Problem, wie Flöztrapp sich aus Wasser abscheiden könne, ganz in den Vordergrund, und wenn er es auch natürlich nicht klar zu lösen wußte, so schien doch vermutungsweise eine rezente Analogie und eine mögliche Hypothese sich darzubieten im Anschluß an Reiseschilderungen aus St. Helena.[174] In diesen muß er gefunden haben, daß in verschiedenen Höhen sich Trappbildungen befänden, und zwar die jüngsten gerade im Meeresniveau. Dann würden sie vielleicht (Fig. 8), als „jederzeit nahe der Oberfläche der sinkenden Wassermasse" ausgeschieden,[135] stets die Höhe des Wasserspiegels zur Zeit des Absatzes angeben und hervorgerufen sein durch gewisse, sich zu allen Zeiten gleichgebliebene Bedingungen, wie sie nur an dieser Berührungsstelle zwischen Land und Wasseroberfläche bestanden: „chemische Infusionen" wären vom Lande her in das vom Meer Ausgeschiedene eingedrungen und hätten diesem so einen von den sonstigen Sedimenten abweichenden Charakter erteilt.

Goethe hat diese sehr abstrakte und schematische Betrachtung nicht weiter fortgesetzt, noch je auf sie zurückgegriffen, auch hätte sie bei konkreter Anwendung sofort versagt. Dem Denken empfahl sie sich, weil durch sie, wenn man auf ihr hätte bestehen können, manche Schwierigkeiten fortgeräumt worden wären. Erklärt wäre gewesen die verschiedene Höhenlage des Flöztrapps, sowie seine regellose Auflagerung auf allen möglichen Formationen vom Granit bis zum Flözkalk, ferner sein Auftreten in eng und engst begrenzten Massiven und sogar Gängen, dem Vulkanismus also ein wirksames Argument entzogen. Auch wäre eine Möglichkeit zur Hand gegeben, um die Verbreitung der Trappgebilde in irgendeiner Weise gesetzmäßig zu begreifen und damit Ordnung in das Chaos der Vulkanerscheinungen zu bringen, die bisher wie ein Haufen zusammenhangsloser Zufallstatsachen dastanden und der Einreihung unter allgemeine Gesichtspunkte trotzten. Sickler hatte zwar einige Jahre vorher ein mathematisch-geographisches System der Vulkane[175] bekannt gemacht, aber dabei allzu kühn das tatsächlich Bekannte hypothetisch ergänzt und keinen Beifall erhalten. Auch Goethe konnte dem nur von fern und unklar erschauten Untersuchungsziel nur durch Hypothesen, nicht durch Zusammenfügen von Tatsachen näher kommen: „Wackenformation konnte ohne Vulkanität vor sich gehen, Vulkanität nicht leicht ohne Wackenformation."[176] Vulkanität aber war, nach allgemein verbreiteter Ansicht, die Folge des Wassers, das aus benachbarten Meeren einsickerte[173] und die in der Tiefe liegende erdgalvanische Säule in Tätigkeit setzte zur Entwicklung der Wacke in Lava umschmelzenden Wärme. Da aus der Höhenlage der Flöztrapp- oder Wackenbildungen ihre zeitliche Reihenfolge sollte abgelesen werden können, bot sich also eine freilich undeutliche Aussicht auf ein chronologisch-geographisches System der Vulkane.

Als Ganzes betrachtet und der Absicht nach war Goethes Forschung von der Werners grundsätzlich verschieden. Er suchte nicht sowohl Annahmen über tumultuarische, als solche über ungeregelte Vorgänge fernzuhalten; er forderte, daß sein geologisches System in seinen theoretischen Teilen zusammenhänge und suchte, wenn Widersprüche sich auftaten, sie zu beheben durch Änderung der mitarbeitenden Hypothesen, einerlei, ob diese durch unmittelbare Anschauung eingegeben waren oder nicht. Das wichtigste Kriterium, an dem er über Richtigkeit und Unrichtigkeit der Hypothesen unterschied, bestand in ihrer Eignung oder Uneignung zum lückenlosen Anschluß an das Ganze, und erst in zweiter Linie stand die Frage, welche Hypothese den zugeordneten Tatsachen leichter oder gezwungener Rechnung trug. Das gedankliche Element des Forschens wog bei ihm schwerer als das beobachtende, weil sein geologisches System der Absicht nach synthetisch war: es sollte seinem Denken über die Welt einen Stützpunkt liefern und mußte daher zunächst einmal selbst allseitig und bis zum Ende durchdacht sein.

Werners System sollte dagegen analytischen Zwecken dienen. Daher bedurfte es nicht so sehr der gedanklichen Geschlossenheit als der leichten Anwendbarkeit bei der Betrachtung konkreter Einzelheiten. Es setzte ja voraus, daß der Umkreis der Tatsachen noch nicht bis zu Ende erforscht sei, während der Synthetiker das Bekannte für vorläufig vollständig hinnehmen muß. Also konnte und mußte Werner der selbstverständlichsten, der von unmittelbarer Anschauung eingegebenen Hypothese stets das größte Gewicht beilegen, denn sie war für die Praxis die leichtest verwendbare. Er konnte sich ja getrösten, daß „neue Beobachtungen den Widerspruch lösen würden, wenn einmal die Meinungen in Widerspruch zueinander gerieten“.[4]

Nur gegenüber dem Vulkanismus war Werner inkonsequent; hier unterwarf er das Ergebnis unmittelbarer Anschauung einer Umdeutung. Daher mußten die Geister, die er geweckt und stark gemacht hatte, in der sonst gewiesenen Richtung fortschreitend sich endlich gegen den Meister wenden und sein Werk gegen ihn, aber in seinem eigenen Sinn zu vollenden suchen. Sehr bald nach seinem Tode kam es dahin, daß nur vereinzelte ältere Forscher und neben ihnen solche, die nur ein räumlich und geistig enges Gebiet überschauten, dem Neptunismus noch treu blieben und mit bemerkenswert geringer Erfindungsgabe stets die alten Scheinbeweise wiederholten. Die Weiterblickenden aber, die durch Erfahrung und Geist zu autoritativen Äußerungen Berufenen, standen fast ausnahmslos auf dem Boden des Vulkanismus, und neue Argumente drängten sich ihnen allseitig herzu.[177] Sicherlich entging es Goethe nicht, in welcher Gesellschaft er nunmehr verblieb, und doch konnte er nicht selbst in das Lager der neuen Generation überlaufen, ohne alles preiszugeben, was er im Zwang eines geistigen Bedürfnisses erarbeitet hatte. War der Basalt vulkanisch und waren Basaltsäulen keine Kristalle, so ward die so weit ausgebaute Kristalltheorie, die Grundlage seines gesamten geologischen Denkens, der festesten Stütze beraubt, denn bei den übrigen Gesteinen war die Regelmäßigkeit der Gestaltung weit weniger offenkundig. Wenn nicht Kristallisation, was sollte denn anderes den Parallelismus der Spalten, den er im großen wie im kleinen zu finden gewohnt war, erklären? Und schließlich: hatte sich die Richtigkeit der Kristallisationstheorie nicht überzeugend erwiesen durch ihre weitreichende Anwendbarkeit, durch die Aufhellung so mancher Dunkelheiten der Vorstellungen und durch die Möglichkeit, die sie bot, zur Einheit zu schließen, was bei anderen Vorstellungsweisen unbezwinglich auseinanderstrebte? Es stand für Goethe mehr in Frage, als bloß der Austausch einer Basalttheorie gegen eine andere: er hätte ein durchgearbeitetes synthetisches System, wie er es im Organismus seiner Naturanschauung bedurfte, aufgeben und sich begnügen müssen mit einem analytischen, das für ihn völlig nutzlos war. Mühsam hatte er einem Gewölbe den letzten Schlußstein eingefügt und sollte nun diesen durch einen gegensätzlich geformten ersetzen; dann mußte ein jeder der andern Steine eine andere Gestalt erhalten und doch bestand kein Anlaß, daran zu zweifeln, daß deren bisherige Gestalt richtig sei und ohne Verkennung der Naturbeschaffenheit nicht geändert werden dürfe. Auch wenn man darüber hinwegsieht, daß Goethe nunmehr, 1819, im 70. Lebensjahr stand, bleibt es begreiflich genug, ist es vielmehr selbstverständlich, daß er — nicht etwa seinen neptunistischen Standpunkt starr behauptete, sondern nur — erklärte, sich nicht sogleich bekehren zu können:

> **Ich weiß nur in der Folge zu schätzen.**
> **Schon hab ich manches Credo verpaßt;**
> **Mir sind alle gleich verhaßt,**
> **Neue Götter und Götzen.**[2]

Das aktuelle Thema der Zeit wurde aber in den folgenden Jahren 1818 und 1819 keineswegs von ihm bevorzugt. In den Tages- und Jahresheften ist davon überhaupt nicht die Rede, ebensowenig in den Tagebüchern. Das zweite Heft „Zur Naturwissenschaft", 1819 erschienen, brachte einen in allem Wesentlichen unveränderten Abdruck des Kammerbühlaufsatzes von 1808, zusammen mit einem schon der ersten Ausgabe nachgetragenen Zitat aus Seneca, worin ein Vulkanausbruch und die Entstehung einer vulkanischen Insel im Ägäischen Meer geschildert war. Vielleicht wollte er damit bekennen, wie weit er auf das äußerste dem Vulkanismus entgegenkommen könne, vielleicht aber bestimmten andere, nichtwissenschaftliche Gründe seine Wahl, wie z. B. der fragmentäre Charakter der sonst vorhandenen Ausarbeitungen.

Auf den Karlsbader Reisen beachtete er einige „pseudovulkanische" Erscheinungen, ohne zu erwägen, ob sie auch vulkanisch aufgefaßt werden könnten.[178] Dagegen griff er das Studium der Ganglehre und der Zinnformation wieder auf,[179] ließ sich den geologischen Aufbau Böhmens erläutern[180] und erhielt dabei eine Schilderung, die zwar seine frühere Auffassung der speziellen Verhältnisse Karlsbads umstürzte, aber sich doch den allgemeinen Grundzügen seines Systems einfügen ließ.[181] Auch trug er Sorge, offenbar im Zusammenhang mit der Pseudobreccientheorie, sein Anschauungsmaterial über Gesteinszerrüttung zu bereichern,[73] verschaffte sich genaue Abbildungen des Basaltfelsens bei Stolpe[182] und suchte, gleichfalls in Vergegenwärtigung der Theorie von der Felskristallisation, die Grundform der Basalte vom Horn bei Karlsbad herauszufinden.[183] Er war also vor allem darauf bedacht, der wirklichen Grundlagen seines geologischen Denkens aufs neue inne zu werden, denn die Überzeugungen, die er sonst sich erworben hatte, bestimmten die Stellung, die er in der Frage des neptunischen oder vulkanischen Basalts einnehmen wollte.

Gerade diese Überzeugungen aber, sogar die erste, hauptsächlichste von ihnen, ward erschüttert, als er um die Jahreswende 1818/19 Breislaks Introduzione alla Geologia[194] kennen lernte. „Das Breislaksche Werk vertritt einen wesentlich anderen Standpunkt als die Lehrbücher der Wernerischen Schule. Während jene einen Überblick des tatsächlichen Wissens zu geben versuchen, ist Breislak hauptsächlich bestrebt, die geologischen Erscheinungen zu erklären",[185] d. h. er verfolgte dasselbe wissenschaftliche Ziel wie Goethe, freilich inhaltlich von diesem so weit abweichend, als Feuer und Wasser es nur irgend vermögen. Denn Breislak ging aus von den in Deutschland bisher ignorierten Experimenten von Hall und Watt, wonach Kristalle und kristallinische Struktur nicht allein auf wässerigem Wege und aus Lösungen entstehen konnten, sondern auch durch langsame Abkühlung eines Schmelzflusses. Nunmehr stand Synthese gegen Synthese; der erste Grundsatz des Neptunismus, die Theorie über die Entstehungsbedingungen von Kristallen, hatte für Goethe den Rang einer unangezweifelten Erfahrung verloren, denn es waren nun zwei Denkmöglichkeiten vorhanden und es galt, die richtige auszuwählen. Es ist verständlich, daß dieses Werk auf ihn großen und nachhaltigen Eindruck machte,[186] obschon er anscheinend dessen ganze Tragweite nicht ermaß und es nur wie eine Kampfschrift zugunsten des vulkanischen Basalts behandelte. Er wendete ein:

„Weil einmal eine Lava sich säulenförmig gebildet hat, sollen alle Basalte Laven sein, als wenn nicht alles Aufgelöste, durch wässerige, feurige, geistige, luftige oder irgends eindringende Mittel in Freiheit gesetzt, sich so schnell wie möglich zu gestalten suchte,"

und gegen Leonhard gewandt, schloß er:

„Wie Sie in so viel jüngeren Jahren, der Sie noch eine Weile der Sache zusehen können, es damit halten wollen, bin ich verlangend früher oder später zu erfahren."[187]

Wenn er gehofft hatte, in seinem neptunistischen Denken bestärkt zu werden, so enttäuschte ihn bereits der Anfang der nach einem Vierteljahr eintreffenden Antwort:

„Tadeln Sie nicht, daß ich ebenfalls, jedoch in sehr gemäßigtem Sinne, übergegangen bin zum Feuer."[188]

Das ausführliche Schreiben Leonhards war keine Bestätigung der Theorien Breislaks noch überhaupt Vortrag eines Systems, sondern beschränkte sich auf Darlegung der Gründe, die zwingend für vulkanische Entstehung des Basalts und der übrigen Arten des Flöztrapps sprachen. Die Argumente sind aus den Schriften A. v. Humboldts, L. v. Buchs und v. Hoffs bereits wohlbekannt und brauchen hier nicht aufgezählt zu werden. Mit Absicht oder aus Zufall lehnte Leonhard zwei Theorien Goethes, ohne dessen Namen zu nennen, ab als der Natur gegenüber unzulänglich und nur aufgestellt von solchen, die „ohne auf eigener Ansicht beruhende Kenntnis wahrhafter Feuerprodukte sich beschränkt sehen im Erfassen ihrer Meinung auf ärmliche, sachwidrige Beschreibungen": Beobachtung zeige, daß die sog. Flöztrapp-Felsarten manches Mal durch vulkanische Gewalten emporgehoben und nicht bei hohem Stand der Wasser abgesetzt seien, und ferner, daß die vulkanische Gewalt nicht Lava aus „Ursubstanzen" umschmelze, sondern die berührten Gesteine nur austrockne und brenne. Dann aber — und das mag für Goethe das Unwillkommenste unter dem Vorgelegten gewesen sein — trat Leonhard für die Theorie ein, zu der A. v. Humboldt am Jorullo den Grund gelegt und die L. v. Buch in der Auvergne weitergebildet, aber noch nicht zum Abschluß gebracht hatte: für die Theorie der Erhebungskratere. Hiernach waren Vulkane blasenförmige Auftreibungen, in deren Spalten und Rissen gewaltige, in der Tiefe gebildete Gesteinsmassen emporstiegen, entweder mit Bildung eines Kraters und unter eigentlichen Vulkaneruptionen oder ohne Krater und ohne Lavaergüsse. Ausdrücklich betonte er dagegen, daß der Flöztrapp ein ganz anderes Ding sei, als der Trapp der Ur- und Übergangsgebirge, ohne die Merkmale der verschiedenen Entstehungsweisen anzugeben. Durch diese Halbheit seines Schließens hatte er aber die Durchschlagskraft seiner Gründe beträchtlich abgeschwächt, denn wenn man hinnehmen sollte, daß so

Ähnliches durch gegensätzliche Mittel entstanden sei, so war der Wunsch, zu vereinheitlichen, nicht zum Schweigen zu bringen, und das Bestreben blieb wach, die neptunistische Entstehungsweise vom Urtrapp dennoch auf den Flöztrapp zu übertragen.

Aber Goethe sah ein, daß er allein stand, daß Beobachtung, die er stets als letzten Richter über alle Theorie anerkannte, gegen ihn entscheiden wollte und daß sein geognostisches System, das Ergebnis 40jährigen Denkens nicht Stand hielt. Von Karlsbad aus, im Angesicht der „pseudovulkanischen“ Gebilde, schrieb er zurück:

„Die Mitteilungen über Basaltgenese interessieren mich sehr. Haben Sie die Gefälligkeit, mich auf alles aufmerksam zu machen, was in diesem Kapitel vorkommt. Obgleich ein verjährter Neptunist, habe ich doch die Akten nie für geschlossen gehalten.“ [189]

Tags zuvor aber hatte er ein kurzes Diktat überschrieben:

„Eines verjährten Neptunisten Schlußbekenntnis. Abschied von der Geologie.“ [190]

Seine Gedanken eilten zurück in die Zeiten, wo Fichtel nur Widerspruch fand mit seiner Unterscheidung der lavenbringenden Ausbruchsvulkane und der gebirgsbildenden Erhebungsvulkane,[191] und wo Knebel berichtete: „Unser Bergrat Voigt lebt wieder neu auf, da die Vulkanität des Basalts wieder neue Wahrscheinlichkeit erhält.“ [192] Zwanzig Jahre waren seitdem vergangen; niemand tat in den Kämpfen des Tages dieser Vorgänger Erwähnung, aber ihre Ansichten waren siegreich, und einsam wie Horatius Cocles die Tiberbrücke gegen die andringenden Scharen des Porsena verteidigt hatte, so sah sich jetzt Goethe dastehen zum Schutz der alten, unterliegenden Lehre.

Zwei Gedanken traten hinzu: die Erinnerung an die im Vorjahr gewonnene Kenntnis der amerikanischen Geognosie[193] und das Bewußtsein, auch auf anderem Boden, dem der Kunst, die Ideale, denen er sich geweiht, verteidigen zu müssen gegen eine Jugend, die gegensätzlichen Zielen zustrebte und sich von dem Alten wie von etwas Totem abwandte. So entrang sich ihm der Ausruf:

Amerika, du hast es besser,
Als unser Kontinent, der alte,
Hast keine verfallene Schlösser
Und keine Basalte.
Dich stört nicht im Innern
Zu lebendiger Zeit
Unnützes Erinnern
Und vergeblicher Streit.[194]

Denn um was anderes drehte sich der Streit um die Natur des Basaltes, als darum, welche Erfahrung zu verallgemeinern sei, und wieweit man berechtigt sei, die einzelne zu verallgemeinern? Eine jede Erfahrung beweist sich nur selbst; daß sie des weiteren anwendbar sei, muß für jeden Fall bewiesen werden. Galt denn unbedingt alles für Thüringen, was für die Auvergne augenscheinlich war? Eine Beobachtung aus jüngster Zeit schob den Gedanken sich ein: der Basalt des Horn bestand aus losen Brocken von Eigröße, in denen sich eine gemeinsame, in jedem Einzelfall anders verzerrte Grundgestalt wiederfinden ließ. „Ein geistreicher junger Geolog sagte, es sähe aus wie ein Aerolithenhaufen aus einer früheren, prägnanten Atmosphäre. Da wir im Grund nicht wissen, woher diese Dinge kommen mögen, so ist es gleichviel, ob wir sie von oben oder von unten empfangen, wenn sie uns nur immer zur Beobachtung reizen, Gedanken veranlassen und zu Bescheidenheit freundlich nötigen: Est quaedam etiam nesciendi ars et scientia."[195]

Aber auch sonst sind einem redlichen Auge viele Fälle, wo ein Niederlassen von oben augenfällig ist. (Das neptunistische System, das fest begründet schien und Aussicht bot, Gesetzmäßigkeit in der Erdgeschichte zu finden, in dem sich eines erklärend zum andern fügte, schwankte in den Grundfesten und neigte zum Sturz. Auf vulkanistischer Grundlage war Synthese nicht durchführbar, denn welche Kraft war bekannt, die Berge aus der berstenden Erde emportürmen könnte, und wenn sie denn überall in den Tiefen vorhanden wäre, welches Gesetz wies ihren Wirkungen den Platz an? Dann waltete nicht erkennbare Regel im Erdgeschehen, sondern nur zufällige Wirkung aus unbekannter Ursache.)[196] Goethe aber, der zu verstehen suchte, zu verstehen glaubte, sah, daß er statt gesicherten Wissens nur ein persönliches, von fast niemandem mehr geteiltes Bekenntnis gewonnen hatte, das er kleinmütig nur den Freunden als Vermächtnis „zu beliebiger Geheimhaltung" anvertrauen zu dürfen glaubte.[197]

III.

Antivulkanismus. — Abschluß.

Unzweifelhaft war es Goethe Ernst mit dem Abschied von der Geologie, tritt doch in den Tagebuchaufzeichnungen der letzten Monate von 1819 dieser Forschungszweig ganz hinter anderes, besonders hinter Osteologie zurück.[1] Aber der Entschluß, einem seit langem bearbeiteten Arbeitsfeld abzusagen, weil alle weitere Mühe vor heillos scheinender Wirrnis doch vergeudet wäre, gerät stets ins Wanken, sobald der Ingrimm der Enttäuschung zu verrauchen beginnt. Die geleistete Arbeit mahnt um Rettung; bei leisester Unterstützung von innen oder außen ersteht zuerst der Wunsch, dann die Überzeugung, in jenem Augenblick des Verzagens nur vor einem zufälligen Truggespenst, nicht vor blitzartig aufgeleuchteter Erkenntnis wirklichen Verirrtseins zurückgewichen zu sein, und nur ein kleiner Schritt weiter führt dann zur Gewißheit, mit einem letzten Ansturm der Schwierigkeiten doch noch Herr werden zu können. Auch konnten geologische Mitteilungen bei der Fortsetzung der Hefte zur Morphologie und Naturwissenschaft nicht stillschweigends fortfallen. Goethe war also gezwungen, unter den älteren Niederschriften und Plänen auszuwählen, was sich zur Veröffentlichung eignete. Selbstverständlich ward er sich darüber wieder bewußt, aus welchen Gründen er einst diese Wege eingeschlagen und an die Richtigkeit seiner Folgerungen geglaubt hatte. Das dritte Heft, erschienen 1820, enthielt erstens Betrachtungen über Zinnerz und die elektrochemische Thermentheorie, also Fragmente zur Theorie des Auslaufens der Granitformation, zweitens Beiträge zur Basalt- und Vulkanfrage und als letztes einen Aufsatz über die Felsengruppen auf der Luisenburg bei Alexanderbad.[2]

Die Stellung der Vulkanisten war inzwischen weiter befestigt worden durch Maccullochs Beobachtungen auf den westlichen Inseln Schottlands,[3] worin nicht nur Trapp und Basalt, sondern auch Porphyr und Granit — zwar nicht zum erstenmal, aber gestützt auf viel neuer Tatsachenkenntnis — als vulkanisch beansprucht wurden. Goethe hatte das in Deutschland rasch verbreitete Werk lange in Händen.[4] Sein Urteil lautete späterhin vernichtend, denn er fand darin nur „Reden, Widerreden und Beteuern des Ungewissen und nicht Wißbaren".[5] Anfänglich aber entzog er sich dem Eindruck nicht so ganz, denn abweichend von seinem früheren und späteren Gebrauch bezeichnete er in den Inhaltsentwürfen des vorbereiteten Heftes die Karlsbader Kontaktmetamorphosen nur als „sogenannte pseudovulkanische Produkte".[6] Während der Redaktion des Textes erhielt er jedoch die „historischen Symbola zur Basaltgenese" Noses,[7] meinte hier einem urteilsfähigen Gesinnungs verwandten begegnet zu sein und trat wieder entschieden auf den Boden des Neptunismus zurück. Zum Motto des Heftes wählte er Noses Variante des Archimedischen Spruches: „Gib mir, wo ich stehe", Archimedes. „Nimm dir, wo du stehen kannst", Nose.[8]

Welchen Standpunkt Nose sich nahm, hat anscheinend keiner der Zeitgenossen richtig erkannt;[9] auch Goethes Klage, daß bei Nose „gewisse Naturgegenstände nicht so klar, frei und entschieden vorgetragen seien, wie es wohl zu wünschen wäre", beruhte auf Mißverständnis der wirklichen Absichten, denn Nose wollte keineswegs wie Goethe, „die hereinbrechenden Laven des neuesten Vulkanismus fürchtend, auf den alten bewährten Urfelsboden flüchten, um von dorther seine Meinung, ohne sich unerfreulicher Kontroverse auszusetzen, Wissenden und Wohlwollenden vorzutragen".[10] In einer späteren Schrift: „Kritik der geolo gischen Theorie, besonders der von Breislak und jeder ähnlichen"[11] wehrte Nose diese Auslegungen ab,[12] wendete sich aber nur dann gegen Goethe, wenn es mit Höflichkeit und Ehrerbietung geschehen konnte.[13] Anderes, das barschere Tonart forderte, richtete er entweder an andere Autoren, die den gleichen Irrtum wie Goethe begangen hatten, oder er ließ es stillschweigends beiseite. So blieb z. B. ungerügt, daß Goethe einen recht einseitigen Auszug der „historischen Symbola" veröffentlicht hatte,[10] in dem nichts davon erwähnt war, daß Nose den Domit der Auvergne und manche Basalte für vulkanisch erklärte.[14] Denn Nose war bei seiner kritischen Geistesrichtung keineswegs der Polemik abgeneigt, war keineswegs Neptunist[15] und suchte keineswegs die neueren Ereignisse der Erdgeschichte zu verstehen auf Grund von Schlüssen über die Entstehung der Urgebirge.[16] Aber er war ebensowenig ein Vulkanist, sondern forderte, daß in jedem Fall die Glutwirkung erst bewiesen werden müsse, und zwar nicht nur durch Hinweis auf die — stets vieldeutigen — Verhältnisse der Gesteinslagerung,[17] sondern durch petrographische oder (in seiner Ausdrucksweise) oryktognostische Argumente,[14] sowie durch Vergleich mit den Ergebnissen von Glühversuchen, wie er solche früher selbst angestellt hatte.[18] Ohne es zu bemerken, war er völlig beherrscht von der Theorie, daß alle vulkanischen Gesteine Umschmelzungsprodukte oder Pyrotypen eines vorher bestehenden Archetypus seien und wollte sich erst dann entschließen, ein Gestein als pyrotypisch anzuerkennen, wenn der Archetypus und der genaue Weg der Umwandlung durch Beobachtung und Experiment aufgedeckt sei.[18] Daher stellte er der Forschung die Aufgabe: In welcher Weise sind die archetypischen Gesteine umgewandelt worden, durch Feuer und Wasser, umschmelzende Vulkanisation und Verwitterung?[19] Für müßig erklärte er dagegen, nach der Entstehungsursache der Archetypen, darunter auch des nichtvulkanisierten Basalts zu forschen[20] und suchte die Parteien in der Basaltfrage zu vereinigen durch die — ihm unwidersprechlich scheinende — These, daß der Basalt weder durch Feuer noch durch Wasser, sondern durch ein drittes, durch eine allgemeine, aber noch unerkannte Naturkraft entstanden sei,[21] die man, um den Bedürfnissen der Spekulation zu genügen, nach einigen Analogien wohl als „apyrisch" bezeichnen dürfe.[22]

Damit war der Gegenstand des Streites arg verkannt und auf ein naturphilosophisches Problem hinausgespielt, auf die Frage nach dem Ursprung der Basaltsubstanz[23], was in Wahrheit einfaches Erfahrungsproblem war und von der Ursache handelte, derzufolge diese gegebene Substanz gerade in dieser ihr eigenen Art und Weise vorgefunden wird. Von diesem Standpunkt aus war Nose durchaus berechtigt zu behaupten, daß die Geologie gar kein Bedürfnis habe, die Entstehungsursache (der Substanz) des Basalts näher zu definieren.[24] Die Leithypothesen des

Vulkanismus und Neptunismus hielt er für Versuche über die Beschaffenheit des Stets-unbekannten Aussagen zu machen und suchte nachzuweisen, daß die Forschung durch den Glauben an diese Hypothesen bereits Schaden gelitten, Annahmen an den Platz von Beobachtungen gestellt und unter dem Deckmantel bescheidenen „Vermeinens" und „Scheinens" Unsicheres den gesicherten Erfahrungen schwer kenntlich beigemischt habe.[25]

Dieses unbemerkte Abgleiten des Gedankengangs in eine dem Thema völlig fremde Bahn macht die Arbeiten Noses weit mehr als der doch nur vorübergehende Einfluß, den sie auf Goethe ausübten, für die hier gesetzten Zwecke eingehenderer Besprechung wert. Schon in der Form und Ausdrucksweise, auch in der zitierten Literatur zeigt sich, daß der Verfasser stark im Bann der damaligen Naturphilosophie stand. Auch bewertete er, trotz des fast überstrengen Betonens der Notwendigkeit, in der Beobachtung bis an die Grenze des Möglichen zu gehen, doch das gedankliche Element der Forschung weit höher, als damals und heute üblich, denn sonst hätte er wohl kaum gewagt, die unbedingte und unbeschränkte Beweiskraft der Autopsie, des bloßen Mit-eigenen-Augen-gesehen-habens anzuzweifeln.[26] Bei philosophischen Betrachtungen hatte er sich gewöhnt, an letzte, unangreifbare Probleme zu gelangen und jeden Gedankengang in einem Mysterium enden zu sehen.[27] Deshalb erlag er der Versuchung, auch dieses geologische Problem in das Unerforschliche zu verweisen und so den unerquicklichen Streit zu schlichten. Es war die Zeit, in der systematische Philosophie und eine von souverän geglaubtem Denken geleitete Metaphysik hohen Rang behauptete und mehr oder weniger in alle Kreise der Wissenschaft eindrang. Die allgemeine Gewöhnung an die Beschäftigung mit Problemen, wie die Frage nach der Ursache der Entstehung der Basaltsubstanz eines ist, muß es erklärlich machen, daß Noses von richtigen methodologischen Prinzipien ausgehende Ansicht über den einzuschlagenden Forschungsweg in solcher Art verfälscht wurde, ohne daß der Autor noch irgendeiner der Zeitgenossen, soviel Beachtung Nose auch fand, es jemals bemerkte.

Goethes mißverständliche Auffassung, daß Nose gleichfalls Neptunist sei, fand sicherlich eine Stütze in andern Verwandtschaften der Denkweise, wie im Theoretischen der Neigung, vor letzten Problemen oder „Urphänomenen" halt zu machen und im Praktischen der Überzeugung, daß ausgedehnte Glühversuche erst die Entscheidung bringen könnten.[28] Gemeinsam ist ferner den beiden die Rückkehr zu älteren Lehrmeinungen, nach denen Basalt ein zu allen Epochen, nicht nur am Ende der Flözformation abgesetztes Gestein war.[29] Aus Noses „Nimm dir, wo du stehen kannst" entnahm Goethe die autoritative Ermutigung, nun auch seinerseits nach einem Standpunkt zu suchen, von dem aus die Probleme zu bewältigen wären, aber zugleich ward ihm dadurch die Verpflichtung auferlegt, sich mittels oryktognostischer und experimenteller Einzelbeobachtung in der eingenommenen Stellung zu befestigen. Weder Goethe noch Nose wollte ja subjektive Opportunität allein über Wahl des Standpunkts entscheiden lassen; Opportunität, d. h. die Möglichkeit, zu Problemlösungen zu gelangen oder unlösbare Probleme auszuschalten, sollte bei der Bewertung der Argumente mitwirken, nicht Argumente überflüssig machen. Daher führte Goethe sorgfältiger als früher Beobachtungen petrographischer Art für den Pseudovulkanismus der Karlsbader Metamorphosen an, verwies namentlich auf die vielen Pflanzenreste in jenen Tertiärgebilden, die das nötige Brennmaterial zur Umwandlung der Gesteine selbst geliefert hätten,[30] und nahm schließlich die bereits früher gelegentlich angestellten Glühversuche[31] nunmehr systematisch und in größerem Umfang auf.[32] Eine recht verschiedenartig zusammengesetzte Gesteinsreihe, teils von Döbereiner, teils von Goethe ausgewählt, wurde im Juli 1820 in Zwätzen dem Porzelanfeuer ausgesetzt, leider aber nicht mit Sorgfalt aufgehoben.[33] Das Resultat spricht bei unparteiischer Betrachtung gegen alle Umschmelzungstheorie und für die Behauptung der Vulkanisten, daß die vulkanische Glut nur geringfügige Änderungen in den Gesteinen hervorbringe. Nichts entstand, was auch nur entfernt mit Lava vergleichbar war; das meiste blieb refraktär, einiges Wenige verschlackte oberflächlich, blätterte auf oder sinterte zusammen. Der erste Bericht Goethes ging auch dahin, daß diese Sammlung einen Vulkanisten höchlichst entzücken müsse, aber keinem Neptunisten in Verwahrung gegeben werden dürfe.[34] Später wertete er das Ergebnis um in das Gegenteil: das Mißlingen der meisten Versuche ward damit entschuldigt, daß das Naturfeuer etwas weit abliege vom Töpferofen, das Wenige Umgeänderte aber „wies auf weitere Wege",[35] wenn man sich eben das Recht nahm, durch Extrapolation des Versuchs vom Töpferofen auf die Dimensionen einer Naturwirkung zu schließen. Also blieb Goethe mit vollem Vertrauen bei der Umschmelzungstheorie stehen und hielt es auch später, als er in den Basalten des Eisenbühls bei Boden und des Wolfsbergs massenhaft angeschmolzene Hornblenden fand,[36] für unnötig, das als Stütze der Theorie irgendwie nachdrücklich hervorzuheben. Auch lebte diese keineswegs nur im Denken bejahrter Forscher als Überrest veralteter Lehren fort; im Gegenteil, da man noch immer Wärme und Feuer ungefähr gleichsetzte und einen besonderen Stoff darunter verstand, fanden nur wenige, unter ihnen der alte J. C. W. Voigt,[37] die überlieferte Vorstellung anstößig, daß Vulkanismus erst entstehe durch Hinzutritt von Wärme zu einem präexistenten Gestein. So erklärte 1824 Naumann eine vorgelegte Lava für einen durch Feuer umgestalteten Basalt und den Basalt selbst für die pyrotypische Modifikation eines unbekannten Archetyps; [38] noch Leonhard stellte sich 1828 die Aufgabe, in der Auvergne hauptsächlich die Lehre vom Urstoff des Basalts zu untersuchen.[39]

Daß Goethe 1820 den Kammerbühl noch nicht zu den pseudovulkanischen Gebilden rechnete, wurde bereits erwähnt[40] und ist in dem Inhaltsentwurf zum dritten naturwissenschaftlichen Heft klar ausgesprochen.[6] Wohl aber verlegte er damals den Entstehungsort der Glut, ohne Näheres über die Art der Entstehung zu äußern, in das „veränderte Gestein" hinein, ebenso wie bei den pseudovulkanischen Produkten Karlsbads. Weil der Glimmerschiefer, aus dem er früher die umgeschmolzenen Massen hergeleitet hatte, von der Lava abgetrennt war durch feinen weißen Glimmersand,[41] glaubte er zwischen dem Vulkan und dem Erdinnern alle Verbindungen unterbrochen denken zu müssen und war damit auf einen Weg geraten, der trotz zahlreicher und im einzelnen richtig aufgefaßter Beobachtungen, immer weiter abseits, zurück zu überwundenen Irrtümern führte.

Im April 1820 lernte er in Eger den Polizeirat Grüner kennen, hatte in Begleitung dieses ortskundigen, für manches, freilich anfänglich nicht für das Steinreich interessierten Mannes manche Ausflüge unternommen und ihn dadurch für Geologie, besonders für das Sammeln von Mineralien begeistert.[42] Grüner war bald imstande, bei jeder neuen Begegnung mit neuen Entdeckungen, meist mineralogischer Art, aufzuwarten. Größere Bedeutung erhielt jedoch nur sein Hinweis auf den Wolfsberg bei Czerlochin und den Eisenbühl bei Boden.[43] Ein Ausflug zum Wolfsberg war geplant und von Grüner eingehend vorbereitet worden,[44] doch beschränkte sich Goethe darauf, seinen begeistert Steine zusammentragenden Kutscher Stadelmann auszusenden und das massenhaft Eingebrachte zu ordnen,[45] „nach eigener Überzeugung", d. h. ohne Rücksicht auf die besonderen Ortsverhältnisse.[46] Die Absicht war, das „archetypische" Gestein durch rein petrographische Betrachtung aus dem umgeschmolzenen „pyrotypischen" herauszulesen,[36] ohne für den Entscheid Beifall zu erwarten;[46] auch blieb das Ergebnis unbefriedigend, insofern, als sich drei Archetypen zu ergeben schienen: 1. Tonschiefer, 2. neptunischer Basalt, 3. undefinierbares Urgestein, sehr reich an Hornblendekristallen. Die Sammlung erlaubt hier, Goethes allzu knappe Mitteilungen in wesentlichem zu ergänzen.[47]

Dem locker geschütteten Tuff, den Stadelmann mitbrachte, waren ziemlich reichlich Brocken von unverändertem oder blasig und rotgebranntem Tonschiefer beigemischt. Den letzteren sind manche der rotgefärbten Laven so ähnlich, daß unschwer ein Übergang von Tonschiefer in Lava konstruiert werden kann. Zweitens finden sich in dem Tuff viele Stücke von dichtem, fast kristallfreiem Basalt und vermittelnde

Ausbildungsweisen in beliebiger Menge. In Goethes Auffassung war hiermit belegt, daß aus der Umschmelzung so verschiedenartiger Gesteine wie Basalt und Tonschiefer zuletzt gleichartige Lava entstünde. Die großen Hornblenden und Augite kannte Goethe nur aus den Laven und folgerte, daß deren Ursprungsgestein etwas anderes als der genannte dichte Basalt gewesen, aber bei der Umschmelzung völlig unkenntlich geworden sei. Irgendwie in diesen übereinander oder nebeneinander geschichteten Felsmassen wäre die Glut entstanden, deren Spuren sich an den Hornblendekristallen deutlich zeigten. Daß nur die Amphibole, nicht die Augite angeschmolzen seien, merkte Goethe mehrfach an.[48] Er veranlaßte auch eine chemische Untersuchung,[49] wahrscheinlich um Aufschluß zu erhalten über die Ursache des verschiedenen Verhaltens zweier so ähnlichen Substanzen gleichen Ursprungs, jedoch ergab sich daraus wohl keine neue Einsicht, ebensowenig wie aus dem 3 Stunden lang fortgesetzten Glühen einiger Hornblendekristalle, das vermutlich zur annähernden Bestimmung der Schmelztemperatur dienen sollte.[50]

Vom Eisenbühl bei Boden gab Goethe eine ausführliche und auf eigener Anschauung beruhende Schilderung.[51] Vergleicht man seine Darstellung mit neueren,[52] so zeigt sich, daß im wesentlichen alles der geologischen Beobachtung Zugängliche bereits von ihm erkannt und mehr oder weniger deutlich ausgesprochen ist. Leider hat sich die damals angelegte Sammlung nicht erhalten.[53]

Die Lagerungsverhältnisse des Eisenbühls sind einfach. Der aus quarzreichem Phyllit bestehende Rehberg ist an den Flanken mit einer nach unten zu mächtiger werdenden Schicht von Aschentuff bedeckt. Am Südfuß, nahe dem Orte Boden, liegt ein kleiner Hügel loser Projektilmassen, der Eisenbühl. Es ist sachlich bedeutungslos, daß Goethe den Aschentuff nur vom Nordabhang des Rehbergs aus der Umgegend von Albenreuth kannte; er sah darin einen Absatz aus Wasser und hätte, da für diesen Schluß nur die Theorie verantwortlich war, daran festgehalten, wenn er um die ganze Ausdehnung der Tuffschicht gewußt hätte. Nun wurde er durch die oft vorkommenden, durch Schmelzung aller Kristallform beraubten Hornblenden ohne weiteres dazu geführt, die Existenz des für den Wolfsberg angenommenen, unbekannten Urgesteins auch für den Eisenbühl anzunehmen. Dazu kam als zweiter der im ganzen wenig alterierte Tonschiefer und als dritter Archetyp ein Gestein, das aus den „bis zur Unkenntlichkeit veränderten Schlacken" überhaupt nicht zu enträtseln war.[54] Da von allen allein Tonschiefer auf der Oberfläche anstand, mußten demnach die andern aus dessen Liegenden heraufgeschafft sein.

Die Betrachtungen über den Wolfsberg und den Eisenbühl gehören dem dritten Aufenthalt in Marienbad 1823 an. Bei dieser Gelegenheit wurde nun auch der Kammerberg mehrfach aufgesucht und dabei unter den neu gewonnenen Gesichtspunkten betrachtet. Hierdurch erfuhren die anfänglich (1808) durchaus richtig gedeuteten Verhältnisse dieses kleinen Vulkanhügels eine Umdeutung, die mehr als alles andere zur Diskreditierung der geologischen Studien Goethes beigetragen hat.

War die Entstehungsursache der Glut schon in das archetypische Gestein der Lava hineinverlegt worden, so stellte sich unvermeidlich der Gedanke ein, daß dieses im Urzustande ebenso wie die Tone der Karlsbader Porzellanjaspisse mit Kohlen durchmischt zu denken und das Fehlen von Kohlenresten durch völlige Verbrennung zu erklären sei. Das kompakte Gestein des Lavastroms erschien dann als archetypischer Basalt, gelagert auf Glimmersand und seinerseits, wie am Wolfsberg, bedeckt von jungem und jetzt völlig pyrotypisch gewordenen Tonschiefer. Dieser hätte, in Glut geraten, sogar noch die anstoßenden Teile des Basalts verändert und nur die Kernmasse in archetypischer Starrheit belassen.[55]

Im Anblick des Gegenstandes konnte Goethe sich noch nicht entschließen, zur Kohlenbrandtheorie zurückzukehren und eine Interpretation zu geben, die den Befund auf den Kopf stellte.[56] Er vollzog diese Wendung erst daheim mit einem unverkennbaren Gefühl des Unbefriedigtseins, wie unter einem Zwang, den jede absterbende Theorie zur Selbstverteidigung ihren Anhängern auferlegt, dem Zwang zu möglichstem Radikalismus, der nach Art des Fiat justitia, pereat mundus jede Konzession, jedes Kompromis ablehnt.

Die neptunistische Auffassung des Basalts ließ sich freilich auf die Dauer doch nicht mehr behaupten. Von allen Seiten, durch Literatur und Briefwechsel drangen auf Goethe unzweifelhafte Beweise für glutflüssige Bildung ein, die zur Resignation zwangen, mochte auch alles Verstehen und Begreifen dabei zu Bruch gehen. Nur Weniges sei angeführt. Nees von Esenbeck berichtete über Beobachtungen Mitscherlichs, wonach die Bestandteile des Basalts in Hüttenschlacken sich ausschieden,[57] Graf Sternberg, gemäßigt in allem und Goethescher Anschauungsweise in manchem verwandt, schilderte Glutwirkungen, die bei Schlan unter dem Basalt sich gefunden;[58] Klipstein beschrieb Tonsäulchen unter dem Basalt des Vogelsgebirges,[59] Metamorphosen, wie sie Goethe seit langem vom Teplitzer und Karlsbader stängligen Eisenstein kannte; Leonhard übersandte gleich unverkennbare Glutwirkungen vom Kontakt zwischen Basalt und Sandstein bei Büdingen,[60] sowie Sandsteine, die in Hochöfen säulenförmig gebrannt waren.[61] Anfangs stellte Goethe dem entgegen, daß es ein Unsinn sei, für jedes kleine Basaltvorkommen einen besonderen Schlot anzunehmen,[62] besonders wenn das Vorkommen so hoch lag, wie der Basalt im Riesengebirge.[63] Die Zeitgenossen fanden in dieser Vorstellung, an die sich die Gegenwart in manchen Fällen wieder hat gewöhnen müssen, nichts Anstößiges; den schlecht begründeten Widerspruch der Neptunisten wehrte J. C. W. Voigt mit guten Gründen, aber geringem Erfolg ab.[64] Goethe gab sein Argument nicht auf; er unterließ nur, es stets wieder vorzubringen und war höchstens bereit zu vermuten, daß Olivine aus dem Basalt von Grasslitz einen gewaltsamen Feuergrad ausgehalten hätten,[65] was Leonhard dann bestätigte, oder von diesen ganzen Gesteinen zu sprechen als von problematischen Gebirgsarten, die von Neptun zu Pluto überzugehen im Begriff seien.[66]

In der Verteidigung einer hart angegriffenen Stellung mag man oft einen weniger wichtigen Punkt scheinbar preisgeben oder hier in der Ausdrucksweise Entgegenkommen zeigen, um alle Kraft des Protestes auf die schärfst bedrohte Position zusammenzuziehen. Es scheint unbegreiflich, daß Goethe in der Basaltfrage sich den anschaulichen und greifbaren Tatsachen gegenüber nicht doch endlich, wenn auch schwer und zögernd vom überlieferten Denken freigemacht habe, das auf einer nach Breite und Tiefe so sehr viel kargeren Erfahrung beruhte. Jedoch sprach er niemals ein Bekenntnis zur Vulkanität des Basalts aus, begrüßte vielmehr bis zuletzt jede Wendung, die irgendwie an Neptunismus anzuklingen schien,[67] und sah das Äußerste des möglichen Entgegenkommens darin, daß er sich eines Urteils enthielt.

Die Basaltfrage hatte an theoretischer Bedeutung eingebüßt, als L. v. Buch sie zu einem Teilproblem machte und den Vulkanismus zu einer das geologische System ganz beherrschenden Lehre von der Gebirgsbildung ausbaute. Er ward nach Werners Tod sehr bald als Führer der deutschen Geologen[68] anerkannt; noch jetzt, bei Durchsicht seiner Schriften und der seiner Opponenten, empfindet man seine Überlegenheit und fühlt, wie sehr der Widerspruch gegen ihn innerer und äußerer Resonanz ermangelte, sich dessen sogar selbst bewußt war. In v. Buchs Schaffen bedeutete das Jahr 1826 einen Wendepunkt: vorher widmete er sich mehr dem Ausbau der allgemeinen Geologie, besonders dem Ausbau vulkanistischer Lehren, nachher wandte er sich zur Paläontologie und zu einer auf Fossilien gestützten Stratigraphie.[69] Hier ist nur jene erstere Periode zu behandeln, in der er, ein Fünfzigjähriger, dem bald achtzigjährigen Goethe als Gegner und zugleich als Bewunderer gegenüberstand.[70]

L. v. Buch fiel ab von den Lehren Werners, weil er den Methoden Werners in ihren Vorzügen, aber auch in ihren Schwächen treu blieb. Das Fundament seiner Erhebungstheorie ward in der Auvergne gelegt, wo er Basalt deckenförmig ausgebreitet auf Trachyt, und diesen in glockenförmigen Kuppen auftretend fand.[71] Er nahm, wie damals allgemein üblich, die heutige Gestalt der Berge für die ursprüngliche[72] und hielt an dieser, ihrem Wesen nach unhistorischen Betrachtungsweise in Werners Bahnen schreitend fest. 10 Jahre später (1816) glaubte er die in der Auvergne konstatierte Lagerung beider Gesteine verallgemeinern zu dürfen und meinte die Lösung des Vulkanproblems gefördert zu haben durch den Nachweis, daß das Auftreten wirklicher Vulkane stets und überall an Trachyt (Trapp-porphyr) gebunden sei.[73] Noch schärfer betonte er den Unterschied der beiden Eruptivgesteine 1820, als er lehrte, daß mit einziger Ausnahme des Vesuvs niemals Vulkane an Basalt geknüpft vorkämen, sondern daß dieses Gestein nur geschlossene, blasenförmig aufgequollene Berge, Erhebungskratere, bilden könne.[74] Er meinte, daß Basalt als glutflüssiges Magma aus der Erdtiefe aufgestiegen, aber zunächst nur deckenartig am Meeresgrund oder lagerartig in die Gesteine der oberen Erdschichten ausgeflossen sei, so daß die Spannung der treibenden, innerirdischen Gase nicht immer zu einem völligen Durchbruch ausgereicht habe. Erhebungskrater, nachträglich zu Blasen aufgetriebene Basaltdecken, sollten zwar radiäre und periphere Zerreißungen, aber nicht notwendig wirklich vulkanische Erscheinungen zeigen; traten vielmehr Vulkane auf, so wollte man stets dem basaltischen Erhebungskrater einen trachytischen Eruptionskrater aufgesetzt finden. Für diese Gruppe von Vulkanen stellte v. Buch bei der abschließenden Bearbeitung den Namen „Zentralvulkane" auf.[75] In Gegensatz zu ihnen stellte er die „Reihenvulkane", trachytische, nicht aufgeschüttete, sondern heraufgequollene Massen, angeordnet auf Spalten und ohne Vermittlung eines basaltischen Erhebungskraters, meistens auf Urgesteinen, aufgesetzt. Er schloß, daß hier die Gase die nötige Kraft besessen hätten, um bis zur Erdoberfläche durchzuschlagen.

Es war unvermeidlich, daß diese Vorstellungen nun sich noch weiter zu verallgemeinern strebten und sich verbanden mit den bereits vorhandenen Theorien über Gebirgsbildung durch vulkanische Kräfte. Bereits 1820 hatte Keferstein ausgesprochen, daß die Porphyre, Syenite Ur- und Übergangstrappgesteine, vielleicht sogar Granit, ähnlich wie Basalt als aus der Tiefe heraufgequollen aufzufassen seien:

„Wir würden hiernach in der Natur zwei große Bildungsarten haben, von denen die eine dahin strebte, Ebenen zu bilden und geschichtete Massen von Kalk usw. zu produzieren, — die andere aber als eine Bildung von unten sich zeigte, dahin strebte, jene Massen zu durchbrechen, zu heben und Berge zu bilden, ein porphyrartiges, schmelzbares, massiges, ungeschichtetes Gestein von öfters säulen- und kugelförmiger Absonderung darzustellen; durch den Kampf dieser beiden Erdproduktionen würde unsere Erdoberfläche gebildet sein."[76]

Schon früher (1819) war J. C. W. Voigt von seiner alten, für Goethe grundlegenden Darstellung der geologischen Verhältnisse von Ilmenau abgegangen. „Er sieht nunmehr", wie v. Hoff in seinem Auftrag mitteilte, „das senkrecht aufgerichtete bituminöse Mergelschieferflöz an der Sturmheide als eine Folge der in den Schichten des Totliegenden (früher: Trümmerporphyr) entstandenen und an mehreren Orten vorkommenden Verrückungen an und nicht mehr als den an einer senkrechten Felsenküste von Porphyr senkrecht angelegten Niederschlag des alten Meeres." Es sei bei der Entstehung der Sturmheide ein Stück des horizontal Gebildeten abgebrochen, emporgehoben und umgestürzt.[77]

L. v. Buchs Bestreben war auch hier, zu sondern, und wie dort beim Basalt und Trachyt, nun auch bei den übrigen die besondere Wirkungsweise eines jeden Gesteins zu erkennen. Den Schluß, den er in den Dolomiten Tyrols gezogen hatte, daß dort der Augitporphyr das hebende Gestein gewesen sei,[78] suchte er zu verallgemeinern und demnach in den folgenden Jahren zu zeigen, daß an allen Gebirgsrändern dieses Gestein in einer entsprechenden Weise aufträte, d. h. zwischen Spalten empordrängend, das überlagernde Gestein in die Höhe oder zur Seite gepreßt und deshalb nur an den Rändern, am Fuß der Gebirge stellenweise Austritt gefunden habe.[78] Den Granit als hebendes Agens zu betrachten, vermochte er sich nicht recht zu entschließen, sondern glaubte diese Kraft mehr beschränkt auf Porphyre, den Augitporphyr als Emportreiber der Gebirgsketten, den Quarzporphyr, ähnlich wie den Basalt, als Ursache breiter kontinentaler Aufwölbungen.[79] Aber wie in der Vulkantheorie der basaltische Vesuv, so stand in der Gebirgstheorie der durch Quarzporphyr gehobene Brockengranit als vereinzelter Ausnahmefall beiseite.[80]

Wie bei vulkanischen Vorstellungen nicht zu vermeiden, wurden diese Erhebungen gewaltsam gedacht.[81] Die Beobachtungen über das fast unmerkliche Steigen Skandinaviens, die v. Buch selbst bekannt gemacht hatte,[82] blieben ebenso unverwertet, wie die Schlüsse Schmidts, der aus der Beschaffenheit der Erzgänge ableitete, daß die Verschiebungen sich höchst allmählich vollzögen.[83] Die Theorie der katastrophalen Gebirgsbildung bot eben anderweitige Vorzüge: das trümmerhafte Gestein des Rotliegenden ließ sich als Reibungsbreccie, entstanden bei der Emporpressung der roten Porphyre,[84] die Blocklage auf dem Brockengranit ähnlich auffassen,[80] ja, es fand das erratische Phänomen und manches in der Beschaffenheit der Täler Auffallende eine Lösung, denn die von Skandinavien und von den Alpen hergeleiteten Blöcke wären mitgerissen worden von dem über den Gebirgen mitemporgeschnellten und katastrophal herabstürzenden Meerwasser,[85] die breiten Täler aber nicht durch schmale, wie die heute darin fließenden, sondern durch massenhaftere, bei der plötzlichen Erhebung der anstoßenden Gebirge hindurchgeschossenen Gewässer ausgespült worden.[86] Selbstverständlich suchte L. v. Buch auch nach tektonischen Beweisen für plötzliche Erhebung und glaubte solche, wie früher Karsten an der Saualpe,[87] im Bau karnischer Erzlagerstätten zu finden.[88]

Ohne historische Absichten, allein um die Tatsachen allseitig aufzufassen, hatte v. Buch schließlich noch im geologischen Bau Deutschlands vier Gebirgssysteme unterschieden und wenigstens eines derselben scharf, die übrigen undeutlich durch Streichrichtungen charakterisiert: Das niederländische System der Ardennen, zweitens das nordwestlich-südöstlich streichende „nordöstliche" System des Thüringer Waldes, des Harzes und des Sudeten, ferner das nordsüdlich streichende Rheinsystem des Schwarzwaldes und der Vogesen, und schließlich das vielerlei Richtungen vereinigende Alpensystem.[89] Auf dieser Grundlage baute Elie de Beaumont weiter, indem er historische Gesichtspunkte einführte und für jede Streichrichtung eine besondere Epoche zu fixieren suchte. Er fand deren zwölf, dachte eine jede mit katastrophaler Wirkung verbunden[90] und hatte dadurch eine Verbindung mit Cuviers hauptsächlich paläontologisch begründeter Kataklysmenlehre[91] hergestellt. Die Theorie der plötzlichen, gewaltsamen Gebirgsbildung erfüllte also die eine Anforderung, an der die Richtigkeit eines Gedankens erprobt zu werden pflegt, die Anforderung, anwendbar zu sein und eine möglichst große Anzahl sonst unlösbarer Probleme aufzuhellen, in einer mustergültigen, bei geologischen Theorien sich selten so überzeugend wiederfindenden Weise. Ein weiterer Vorteil war noch, daß die Geologie nun nicht mehr mit einem völlig unerklärlichen Sinken und plötzlichem Schwellen des Meeresspiegels rechnen und sich mit der Frage abmühen mußte, wohin die ungeheuren Wassermassen der ursprünglich alles überdeckenden Meere gekommen seien. Darüber blieben die Lücken der neuen Lehre ganz unbemerkt, nämlich zunächst die Tatsache, daß für die Schichtenstörungen keine allgemeine Erklärung gegeben war, sondern nur für solche in Gebirgen und höchstens in den Randzonen. Hier war die Zusammengehörigkeit der Erscheinungen noch nicht erkannt, denn man hielt, wo es ging, an der überlieferten Vorstellung fest, daß in der Schichtenstellung sich die Form der Unterlage auspräge,[92] zog auch zuweilen, zwar in schwer verständlicher Weise, die zur Ablagerungszeit der Schichten herrschenden Ströme oder auch Ebbe und Flut mit heran.[93] Steile Muldenbildungen, wie man sie aus den Steinkohlenrevieren von Aachen und Valenciennes kennen lernte,[94] blieben entweder als unlösbares Problem stehen oder man dachte an Abgleiten und Stauchungen in den erst halbverfestigten Gesteinen, selbständig oder infolge benachbarter Gebirgshebungen und Bodenerschütterungen entstanden.[95]

Auch die Frage nach der Entstehung der Spalten fand wenig Beachtung. L. v. Buch ging überhaupt nicht darauf ein, ob die langen Spalten der Gebirgsdurchbrüche und Vulkanreihen vor der Eruption selbständig oder erst gleichzeitig mit und durch dieselbe entstanden sein sollten. Wie es scheint, bestanden beide Meinungen nebeneinander; jedenfalls berichtete Sternberg 1822, daß die Verwerfungen in England eine Sprunghöhe bis zu 300 Fuß erreichten und entstanden seien bei der Trennung von Insel und Festland,[96] und hob bald darauf als bemerkenswert hervor, daß nicht jede Vulkanexplosion auch Dislokationen bewirkt habe.[97] Gleichzeitig tat Berzelius einen bedeutsamen Schritt den späteren Lehren entgegen, zunächst freilich ohne erkennbare Wirkung auf die Zeitgenossen, als er lehrte, daß bei der fortschreitenden Abkühlung des Erdinnern die Dicke der Erdrinde zunehme und daß die zwischen dem bereits früher Erkalteten und dem neu Hinzugefügten infolge der Volumveränderung auftretenden Spannungen sich in schmalen, aber langen Rissen auslösen würden.[98]

Unwirksam blieb diese, an sich freilich auch nicht ganz haltbare Vorstellung, weil sie mit den noch meist anerkannten Theorien über das Erdinnere nicht in Einklang stand. Mit Alexander v. Humboldt,[99] Gay-Lussac[100] und vielen andern stand L. v. Buch[101] noch auf dem Boden der Theorie Humphrey Davys, wonach die innere Erdwärme durch Oxydation der noch als Elemente in der Tiefe vorhandenen Alkalimetalle stets neu entstünde. Auf Spannungserscheinungen, wie Berzelius sie mit Hilfe der neuen Theorien Fouriers konstruierte, war dann nicht zu rechnen. Es ist freilich schwer verständlich, wie sich die vulkanistische Schule mit der Theorie Davys so lange begnügen konnte, aber es ist eine Tatsache, daß erst 1830 Girardin,[102] etwas später v. Seckendorff[103] in der geologischen Literatur gegen sie auftraten, nachdem Davy selbst „in seinem letzten, ein wehmütiges Gefühl erregenden Werke seiner kühnen chemischen Hypothese selbst entsagt“ hatte,[104] zwar nicht wegen ihrer geologischen Unzulänglichkeit, sondern weil sie auch an chemischen und physikalischen Erfahrungen scheiterte.

L. v. Buch übersah alle diese augenfälligen Lücken, weil er sich mit der Feststellung der Tatsache begnügte, die Theorie aber nicht weiter verfolgte, als es zur Aufhellung des unmittelbaren Anschauungsbefundes nötig war. In allen einschlägigen Schriften brachte er nur wenige und dann noch übermäßig allgemein gehaltene Bemerkungen über die Theorie der vulkanischen Erhebungen bei und ließ sehr vieles im Unklaren, zuweilen sogar im Widerspruchsvollen liegen, während er umgekehrt in der Beschreibung des geologisch Beobachteten seine Hauptaufgabe sah, mochten sie neue Seiten des Problems aufdecken oder nur Wiederholungen des bereits Bekannten sein.[105] A. v. Humboldt war während seiner Reisen mit den stärksten Vulkanwirkungen der Erde bekannt geworden, hatte besonders — zwar nicht durch eigene Anschauung, aber durch die Möglichkeit, Berichte an Eigenerschautes lebendig anzuknüpfen —

von dem Erdbeben zu Caracas 1812 einen überwältigenden Eindruck empfangen. Er gab zu, daß wir von allgemeinen Umwälzungen keine Überlieferung besäßen, aber empfand das Erfahrene stark genug, um darauf den Glauben an höchstes Ausmaß der tumultuarischen Änderungen in der Vorzeit zu gründen und dem Vulkanismus jede Gewalt und Ausdehnung zuzutrauen.[99] Dieses Resultat übernahm L. v. Buch und schrieb ohne weiteres in einer schon von Werner ausgeübten Methode, auf dem Wege des Postulats den Faktoren, die sich bei unmittelbarer Anschauung als Träger des Vulkanismus zeigten, auch die erforderliche Wirkungskraft zu ohne Rücksicht auf chemisch-physikalische Spekulation.

Was so für die Praxis erreicht war, hat Goethe wenige Monate vor seinem Tode anerkennend ausgesprochen im Anschluß an einen Vortrag, den ihm der Salinendirektor Glenck über die Grundsätze und die Erfolge von Salzbohrungen hielt:

> „Merkwürdig fiel mir dabei wieder auf, daß tüchtige praktische Menschen von den theoretischen Irrtümern keineswegs gehindert werden vorwärts zu gehen. Dieser wackere Mann spricht von der neumodischen Heberei und Schieberei als von etwas ganz Bekanntem und merkt nicht, daß er nur von höher und tiefer liegenden Gebirgsarten spricht. Auch braucht er ein teleologisches Argument mit Behagen, da er doch nichts anderes ausspricht, als das, was da ist und was daraus folgt. Dieses belehrt uns, in dem menschlichen Sinne tolerant gegen Meinungen zu sein, nur zu beobachten, ob etwas geschieht, und das übrige, was bloß Worte sind, guten und vorzüglichen Menschen ruhig nachzusehen.“[106]

Wenn es sich aber nicht um praktische Anwendbarkeit, sondern um inhaltliche Richtigkeit der Theorie und um Erkenntnis der wirklichen Vorgänge der Erdgeschichte handelte, so lag der Fall anders. Manche Invektive gegen L. v. Buch, seine Schüler und Genossen beweist,[107] daß Goethe dann von jeglicher Toleranz entfernt war. Der neue Vulkanismus entbehrte nach seiner Meinung einer leitenden Idee, die durch das Labyrinth der Einzeltatsachen hindurchführen könnte.[108] Daher lehnte er das Ganze ab, sprach freilich einmal von der Möglichkeit einer Sinnesänderung, als A. v. Humboldts Schrift „Über den Bau und die Wirkungsart der Vulkane“[109] Aussicht auf Zusammenschluß der Erfahrungen zu bieten schien,[110] zog sich aber alsbald enttäuscht zurück, da Humboldt nur Buchs Theorien der Erhebungskratere und Reihenvulkane in abstrakterer Sprache vortrug, aber ebensowenig wie dieser es auf Heraushebung tieferer Gesetzmäßigkeiten der Vorgänge absah. Einen Schritt zur Synthese tat L. v. Buch in seinem Werk über die Canaren,[75] wo er die Vulkane geographisch gruppierte, also die Tatsachen in einer Weise anordnete, die Grundlage weiterer Betrachtung theoretischen Gehalts werden konnte, aber für Goethes Zwecke war damit nichts gewonnen.

Er konnte sich nun einmal nicht vorstellen, wie z. B. nach Humboldt „die Himalajagebirge auf 25000 Fuß plötzlich aus dem Boden gehoben sein und nun doch so starr und stolz, als wäre nichts geschehen, in den Himmel ragen sollten".[111] Er war sich bewußt, daß diese Höhe im Verhältnis zur Erdgröße verschwindend klein sei,[112] trotzdem war er im Recht, solche Theorien als leere Worte zu bezeichnen, die weder Begriff noch Bild vermitteln,[113] und den Mangel an Anschauung, an Anerkennung des eigentlichen Werts der Anschauung zu beklagen,[114] der sich in ihnen bekunde und allein das Aufstellen und Festhalten solcher Irrlehren erkläre. Wenn Goethe meinte, daß andere Zerebralsysteme Fächer hätten zur Aufnahme dieser und anderer Monstrositäten[111] und darum fort und fort betonte, sein Widerspruch habe nur subjektive Bedeutung, sei nichts als der Ausdruck seiner nun einmal gegebenen Persönlichkeit und wolle sich gar nicht allgemeine wissenschaftliche Geltung beilegen,[115] so darf die heutige Geologie sicher diese Einschränkungen beiseite lassen und feststellen, daß niemand, weder A. v. Humboldt, noch L. v. Buch, noch E. de Beaumont, noch irgendjemand wirklich ein plastisches Bild mit jenen ungeheuerlichen Worten verband, denn es ist bare Unmöglichkeit, Vorstellungen, die das Maß des Menschengeistes übersteigen, so klar und allseitig zu durchdenken, wie Goethe es forderte und die heutige Geologie es zu leisten glaubt.

Nur befand Goethe sich im Irrtum, als er, um die Plötzlichkeit der Hebung abzulehnen, von Hebung überhaupt nichts wissen wollte. Seine Geologie achtete auf Wirkungen der Zeit ebensowenig wie die seiner Gegner. Diese hatten auf der gemeinsamen Wernerischen Grundlage konsequent weitergebaut; sie rechneten dabei nicht mehr mit Vorgängen von ignorierter Zeitdauer, sondern mit zeitlosen, d. h. momentan ablaufenden Vorgängen. Ihre Erdgeschichte schilderte einen bewegungslosen Stillstand, unterbrochen von schlagartigen Veränderungen; der Lehrbegriff war zeitlos trotz der Heranziehung von Zeitbezeichnungen, denn die angeblich langen Zeiträume, in denen doch nichts geschah, waren leer, die Geschehnisse aber ohne Zeitdauer, alle beide also zeitlich Null. Das Ganze war rationalistisch-begrifflich, nicht historisch gedacht und gehört wissenschaftsgeschichtlich weit mehr dem achtzehnten als dem neunzehnten Jahrhundert an. Wie Constant Prévost, der unermüdliche Gegner der Kataklysmenlehre Cuviers und der Gebirgstheorie E. de Beaumonts,[116] so war auch Goethe erfolglos, denn um den im geraden Verlauf der Gedanken liegenden Schlüssen zu entgehen, wußten sie keinen besseren Rat als stehen zu bleiben. Beide dachten ebenso unhistorisch wie ihre Gegner und hatten im Grunde nur das einzige Argument, daß aus den gegebenen Erfahrungen nicht notwendig die daraus gezogenen vulkanistischen Schlüsse folgten, sondern daß es auch andere Deutungsmöglichkeiten gäbe.[117] Deren Vorberechtigung aber sollte weniger aus ihrer eigenen inneren Überzeugungskraft, sondern aus den theoretischen Resultaten, zu denen sie führten, hervorgehen. Eine Stellung, die vorwiegend aus Gründen negierender Kritik eingenommen wird, findet wenig Parteigänger, besonders wenn die Gegenseite sich für eine Theorie einsetzt, die wegen ihrer sog. geistigen Kühnheit Bewunderung für die ersten Verkündiger erweckt. In den Bahnen A. v. Humboldts, v. Buchs und ihrer Nachfolger winkte Aussicht auf umfassende Synthesen des Befundes, auf positives Schaffen an Hand einer Leitidee, welche die Einordnung neu bekannt werdender Tatsachen zu einer Ganzheit ermöglichte. Der Katastrophismus ward erst überwunden, als eine neue positive Theorie, die den Begriff der langen Dauer des Geschehens zum Grundstein nahm, im Gefolge Lyells andere Synthesen, neue Wege der Produktivität erschloß und trotz des Widerspruchs der nun alt gewordenen Vulkanisten die jüngeren Forschergenerationen für sich gewann.[118]

Hinzu kam, daß die Beobachtungen, die Goethe anführte, um vulkanistisch erklärte Tatsachen diesem Zusammenhang zu entreißen, meist so offenkundig unzulänglich waren, daß er selbst nicht wagte, ihnen allgemeinere oder gar grundsätzliche Bedeutung zuzuschreiben. Dahin gehört die im Anschluß an Zeitungsnachrichten erfolgte Mitteilung, daß eine bei starken Regengüssen in Spalten und unterirdischen Behältern angesammelte Wassermasse unter eruptionsähnlichen Erscheinungen sich durch den Ackerboden hindurchgebrochen habe,[119] ferner eine in sorgfältiger Reinschrift aufgehobene und durch eine aquarellierte Zeichnung erläuterte Untersuchung über eine Spalte nahe beim Dornburger Schloß, welcher bei kaltem Wetter, wie einem Schornstein (oder Vulkan) dichte Dämpfe entstiegen,[120] schließlich auch das Studium der unter dem Einfluß der Marienbader Thermengase verwitternden Urgesteine, die angeblich Bimsteinen oder glasartigen Gesteinen ähnlich geworden sein und deren Entstehung ohne Mitwirkung von eruptivem Vulkanismus erklären sollten.[121] Letztens gehört hierher Goethes Versuch, Leonhards Mitteilungen über „verglaste Burgen“ umzudeuten auf Grund der bereits erwähnten These, daß die Natur ein „makromikromegisches“ Verfahren einhalte, und daß die Wirkungen im großen am besten aus dem kleinen (und kleinsten) erkannt würden.[122]

Leonhard beschrieb prähistorische Mauerreste in Schottland, die aus Gneis, Quarz, Glimmerschiefer usw. erbaut und in Ermangelung von Mörtel durch langdauerndes Feuersetzen oberflächlich verglast und zusammengeschmolzen waren. Die so entstandenen Bildungen zeigten Analogien mit den Metamorphosen im Kontaktgestein des Basalts und sollten dessen Lavencharakter aufs neue beweisen.[123] Goethe erfuhr von dem 1829 auf der Heidelberger Naturforscherversammlung gehaltenen Vortrag zunächst nur den Titel[124] und griff, um sich eine Vorstellung vom Inhalt zu machen, auf eine seiner ältesten geologischen Erinnerungen zurück, auf das Problem des „glatten, quarzigen Überzugs auf totem Liegenden des Hohen Rückens“ bei Ilmenau,[125] den Voigt bei der geologischen Landesaufnahme Thüringens gefunden hatte, eine von Goethe später oft wieder beobachtete Verwitterungserscheinung.[126] Er vermutete, es könne sich bei den verglasten Burgen um das gleiche, und zwar um chemische Wirkungen der Kieselsäure handeln.[127] Der Vergleich von Musterstücken aus der Mauer einer solchen Burg[128] mit „chalcedonisierten Sandsteinsplittern“ aus der Lüneburger Heide die er sich damals verschaffte,[129] mochte wohl sofort das Unbegründete dieser Vermutung aufdecken.

Nun hatte der Ilmenauer Rentamtmann Mahr als Geburtstagsgabe 1830 einige Stufen sonderbar „verwachsenen und miteinander verschmolzenen“ Porphyrs von der hohen Tanne bei Stützerbach übersandt,[130] die für Goethe als Beispiel ähnlicher Verglasung Wert gewannen. Er bat zunächst um Angabe, ob ein Hochofen dort gestanden haben möchte und ob die Gesteine vielleicht als „Gestellsteine“ dabei verwendet und verworfen seien.[131] Mahr verneinte dieses[132] und sandte auf erneute Anfrage[133] am 24. August 1831 eine Kartenskizze und andere Belege, nach welchen dieses offenbar Glutwirkungen verratende Gestein einen stehenden Stock im Porphyr bilde.[134] Diese Stufen erhielt Goethe erst im September des Jahres [135], nachdem er während des letzten Ausflugs, den er überhaupt unternahm, auf der Flucht vor der Feier seines zweiundachtzigsten Geburtstages, auf dem Gickelhahn einem andern Ort dieses Vorkommens unter Führung Mahrs nahe gekommen war und dabei erfahren hatte, daß es sich tatsächlich nicht um eine lokale, sondern um eine allgemeiner verbreitete Erscheinung handle.[136] In Goethes Biographie stellt diese Fahrt nach Ilmenau sich sonst dar als ein wehmütiges Abschiednehmen des Hochbetagten, für den die 1783 in jugendlicher Lebensfülle leicht hingeschriebenen Worte:

Warte nur, balde
Ruhest du auch,

nun einen sehr ernsten und nahen Sinn besaßen. Die Geologie gab solcher Stimmung ein Gegengewicht, denn das Entdeckte forderte ihn zum Handeln, zum weiteren Verfolg auf. „Wir sind überhaupt bloß da,“ rief er aus, „um die Natur zu beobachten, erfinden können wir in derselben nichts“, und um zu leisten, was jetzt noch in seiner Kraft lag, setzte er Mahr durch Ersatz der Kosten instand, die „vielleicht künftig zu bedeutenden Schlüssen in der Geognosie“ führende Erscheinung weiter zu untersuchen.[137]

Auf verschlungenen Umwegen war also Goethe fast am Ende seines Lebens und bei der letzten Gelegenheit zu unmittelbarer Anschauung, die ihm vergönnt war, näher an die Anerkennung wenigstens einer der neuen Auffassungsweisen herangeführt worden. Aber hätte er auch die vulkanische Bildung dieses oder sämtlichen Porphyrs zugegeben, so wäre seinem Widerspruch gegen das Wesentlichste im Vulkanismus, gegen die tektonischen Theorien kein Abbruch geschehen. Seine Ablehnung blieb hier unerbittlich; doch konnten seine Versuche, sich auf andere Weise mit den zugehörigen Tatsachen abzufinden, nur mißglücken. Bis zuletzt hielt er an der früher besprochenen Theorie fest, daß Schichtenneigung durch seitliche Anlagerung der Gebirgsmassen an ältere zu erklären sei;[138] freilich sah er sich genötigt, um sich mit der heute überkippt genannten Lagerung u. dgl. abzufinden, dem sonst geübten Aktualismus noch ein weiteres Mal zu entsagen und anzunehmen, daß in der Vorzeit der „Chemismus“, die Massenanziehung stärker gewesen sei als die Schwerkraft.[139] Allerdings sah dieser Schluß für Goethe nicht so bedenklich aus als für die Gegenwart, denn ähnlicher Wirksamkeitsverlust wurde ja auch der Kristallisationskraft zugeschrieben. Auch war es für ihn Aktualismus, mit schwankender Schwerkraft zu rechnen, da er hierin das Steigen und Fallen des Barometers begründet glaubte.[140] Dabei übernahm er die Ansicht Voigts, daß das Ilmenauer Flöz durch ein „von innen bewirktes Aufheben des Berges“ aufgerichtet sei,[141] sah aber, wie andere,[95] darin ein vereinzeltes und rein lokales Ereignis, und schaltete es deshalb völlig aus seinen Gedankengängen aus.

Ein gleich zähes Festhalten an den einmal erworbenen Überzeugungen erweist der Ausbau, den das Gesetz der Felsgestaltung in diesen Jahren erhielt. Auch zeigt sich dabei wiederum, daß eine von Grund aus verfehlte Theorie doch in hervorragendem Maße anwendbar und förderlich scheinen kann. Von den Grundlagen des Gesetzes waren inzwischen zwei gefallen: der Glaube an die Verwendbarkeit des Kristallbegriffs und an den ebenflächigen Verlauf der unterirdischen Steinscheiden.[77] Es ist fraglich, ob Goethe sich bewußt war, wie sehr letzteres Argument bei der Entstehung seiner Theorie mitgewirkt hatte; jedenfalls nahm er jetzt so wenig als früher darauf Bezug. Stillschweigends ließ er auch das andere Argument beiseite, von dessen Ungültigkeit vermutlich unterrichtet, seitdem er tiefere Einblicke in die Kristallmorphologie getan hatte.[142] Er zog vor, nur noch in allgemeinerer Formel von regelmäßiger Absonderung zu sprechen[143] und hatte solche allerdings, da er den Gegenstand stets im Auge behielt, in sehr vielen Fällen, bei den verschiedensten Gesteinen und in den abweichendsten Gestaltungen entdeckt.[144] Auch die Harzzeichnungen, das einst umständlich und sicherlich nicht ohne Kosten gesammelte Beweismaterial seiner Erdbildungstheorie, war von Zeit zu Zeit Freunden vorgelegt worden, je nach Umständen mit vollständiger oder nur andeutender Erläuterung.[145] Noch 1820 wies er den Gedanken an Veröffentlichung von sich, denn es sei unmöglich, die Zeichnungen zu verkleinern, auch sei der Zeitgeist der Art und Weise nicht günstig, wie diese Gegenstände gefaßt, ebensowenig der Absicht, weshalb sie dargestellt seien.[146] Vier Jahre später entschloß er sich dennoch zur Mitteilung, obwohl der Zeitgeist keineswegs günstiger geworden war; er beschränkte sich auf eine knappe Beschreibung der Zeichnungen und führte in einem Aufsatz von auffallend vernachlässigter Form, der in lauter aphoristische Absätze auseinanderfiel, statt einer wohlbegründeten Theorie, die Fundament zu sein beanspruchte, nur eine scheinbar sprunghafte Gedankenreihe, statt der Armada, mit der er vor 40 Jahren ausgesegelt war, nur einen einzigen, schwanken Kahn in den Hafen, ja, er verschwieg, was denn letzten Endes Absicht und Ergebnis der Betrachtung sei.[147] Es macht den Eindruck, als habe Goethe selbst keine sachliche Wirkung von dieser Veröffentlichung mehr erwartet und darum auf das Bedürfnis des Lesers, das zum Verständnis Nötige gesagt zu finden, keine Rücksicht genommen, sondern nur sich selbst und seinen autobiographischen Zwecken genügen wollen. Auch konnten nunmehr die Zeitgenossen bestenfalls eine anachronistische Wiederholung der Theorien de la Métheries darin sehen.[148] Die Bitterkeit, mit der Goethe den letzten Vortrag seiner Idee in Wilhelm Meisters Wanderjahren,[149] an Erfolg und gerechter Würdigung verzweifelnd, abbrach, war nicht ganz gerechtfertigt, denn der Grundgedanke gehörte wirklich einer bereits überwundenen Forschungsperiode an, die angeführten Einzelbeobachtungen aber lagen noch außerhalb des geologischen Interesses, und es war damals ganz unerkennbar, ob sie Bedeutung besäßen oder nicht.

Die Darlegungen werden eingeleitet durch zwei Zitate über Seracs und sprechen anschließend die Grundthese aus: „Die Schneemassen, sobald sie solideszieren und aus einem staub- oder flockenartigen Zustand in einen festen übergehen, trennen sich in regelmäßige Gestalten, wie es die Massen des Mineralreichs taten und noch tun.“ Im weiteren werden nun allein die ebenflächigen Begrenzungen beachtet, die kugligschaligen Absonderungen aber ohne ersichtlichen Grund übergangen, obwohl sie zum Gedankengang gehören und sich ihm, auch nach Fortfall des Kristallbegriffs, mit geringen Komplikationen hätten einfügen lassen. Die Harzzeichnungen (von denen die zur Verkleinerung geeignetste das Titelbild dieses Buches bildet) sollen den erfahrungsmäßigen

Beweis der These erbringen. Daß die Trennung der Massen nicht immer sichtbar, sondern oft nur potentiell, der Möglichkeit nach, vorhanden sei, fordert eine, von Goethe jetzt und früher nicht beachtete Fortsetzung des Gedankens, die Frage nämlich, wodurch das wirkliche In-Erscheinung-treten der Spalten verursacht werde.[150]

Unter Vergrößerung des Maßstabs und durch Übertragung des Phänomens von Felsen auf Gebirgsmassen wird die Ganglehre eingeführt, wie Goethe sie sich im Anschluß an Charpentier ausgebildet hatte. Das früher unlösbare Problem der gekreuzten und verworfenen Gänge bleibt zunächst unerwähnt, vielmehr wird erst noch der Begriff des porphyrartigen Gesteins eingeführt und dahin ausgelegt, daß gleichzeitig mit der Solideszenz und Scheidung des Ganzen und Äußeren eine innere Scheidung der Materie vor sich gehe. Einen Versuch, näher die Entstehungsbedingungen der Kristalle in porphyrartigen Gesteinen zu definieren, stellt die angefügte Mitteilung dar, daß in Opodeldoc sich einmal runde Körperchen ausgeschieden hätten, deren Größe und Zahl abhängig sei von der Größe des Gefäßes. Goethe meinte, daß diese Beobachtung auf manches oryktognostische Vorkommen hinwiese.[151] Außerdem zeigt die Erwähnung des Opodeldocs, daß er sich den Zustand der Masse vor der Solideszenz noch immer als teigartig, viskos dachte.

Nun überspringt die Darstellung ein nicht unwichtiges Glied der Gedankenkette, denn hier wäre zunächst der Pseudobreccien zu erwähnen gewesen, die sich an die porphyrartigen Gesteine anschließen sollen, deren Beschaffenheit aber bei früheren Erklärungsversuchen nicht befriedigend verständlich geworden war. Die Schwierigkeiten, an denen bisher die Theorie gescheitert war, standen so lebhaft vor Goethes Bewußtsein, daß die Idee, welche mit ihnen aufzuräumen schien, sich vordrängte und den geordneten Vortrag der Gedanken unterbrach: „Solideszenz ist mit Erschütterung verbunden", d. h. die innere Zerrüttung der Gesteine, ihre Verwerfung und das Sichtbarwerden der Spalten bedarf keiner Erklärung durch vulkanische Kräfte und tektonische Vorgänge, sondern ist Folge einer allgemein-physikalischen Kraftwirkung, die als solche einer weiteren Erforschung unzugänglich ist:[152] „Derjenige, welcher beim Versuch, das Quecksilber gefrieren zu machen, die Glasröhre in der Hand hielt, fühlte in dem Augenblick, als das Metall seinen flüssigen Zustand verlor, eine plötzliche Erschütterung, und eine ganz ähnliche Erscheinung findet beim Festwerden des Phosphors statt." Durch dieses Zitat erachtete er den physikalischen Beweis für seine Behauptung erbracht[153] und fügte hinzu, daß bei (unterkühltem) Wasser „Solideszenz durch Erschütterung" und bei den Klangfiguren Chladnis durch Erschütterung regelmäßige Gestaltung hervorgebracht werde.

Dieses letztere führte Goethe selbst als etwas Weitabliegendes ein. Es ist jedoch etwas ganz und gar Heterogenes, da Klangfiguren ja nicht durch Erschütterung schlechtweg, sondern durch rhythmisch-wellenförmige Erschütterung entstehen und auch keine Gestaltung, sondern nur Bewegung der Masse anzeigen. Die Mißverständlichkeit dieser zur Illustration herbeigezogenen Analogie hätte Goethe wohl selbst erkennen können, dagegen war er nicht in der Lage, den Grundfehler seiner Theorie aufzudecken, nämlich die Unklarheit des Begriffs „Solideszenz", dem ohne weitere Scheidung alle Arten des Übergangs vom flüssigen in festen Aggregatszustand eingeordnet sind. Noch jetzt sind die hierbei auftretenden Vorgänge keineswegs ganz klargestellt, immerhin hat sich ergeben, daß die natürlichen Begriffe des flüssigen und des festen Aggregatszustandes nicht aufrecht erhalten werden können, sondern daß z. B. flüssige Kristalle dem festen (anisotropen) und starre Gläser dem flüssigen (isotropen) Zustand zuzurechnen sind.[154] Es mag sein, daß Quecksilber und Phosphor, also chemisch reine Substanzen, beim Erstarren eine schütternde Bewegung hervorbringen,[155] jedoch wäre diese dann eine Begleiterscheinung des Übergangs vom isotropen in anisotropen Zustand, verknüpft mit der plötzlichen Änderung aller physikalischen Eigenschaften, die hierbei vor sich geht. Chemisch unreine Substanzen oder Kolloide und Gele bleiben auch erstarrt amorph und isotrop, gehen kontinuierlich, ohne Änderung der physikalischen Eigenschaften, also sicherlich ohne mechanischen Ruck, in den festen Zustand über.

Dieser Versuch, Goethes These in der Sprache des heutigen Wissens auszudrücken und zu präzisieren, zeigt, daß er noch keinen Anlaß und auch keine Möglichkeit hatte, verschiedene Arten von Solideszenz zu unterscheiden, sondern noch berechtigt war, die Vorgänge der Erstarrung von Quecksilber und Phosphor denen der Steinwerdung teigartiger Magmen gleichzusetzen. Er gewann dadurch eine Hypothese, die physikalisch keiner weiteren Diskussion zugänglich war und deshalb auf geologischem Boden durch Nachweis ihrer Verwendbarkeit gestützt werden mußte. Zu diesem Zweck führte er zunächst die verworfenen Quarzgänge auf Tonschieferplatten vom Lahntal, dann florentiner Ruinenmarmor an, von dem aus er in Vergrößerung des Maßstabs auf das Richelsdorfer Kupferschieferflöz übersprang. An diesen Beispielen läßt sich nun allein beobachten, daß Störungen und Verschiebungen der Schichten vor sich gegangen sind; die Entscheidung aber, ob dies gleichzeitig mit der Solideszenz, oder erst nachträglich geschah, ergäbe sich erst infolge eines Schlusses, dessen eine Prämisse der Befund, dessen andere eine Hypothese über die Ursache der Verschiebung wäre. Goethe hatte aber den Zeitbegriff aus seinem geologischen Denken ausgeschaltet, war seit langem gewöhnt, alles erdgeschichtliche Geschehen als simultan anzusehen, und suchte daher nur noch nach Beweisen für Zerrüttung, nicht nach solchen für Gleichzeitigkeit, weil dieses eigentlich zu Beweisende ihm schon Voraussetzung geworden war.[156]

War in diesen Fällen der Irrtum den Zeitgenossen schon erkennbar, so galt das nicht von den nun weiter angeführten Beobachtungen über Bandjaspis und Trümmerachat, und der Beifall, den v. Hoff der Solideszenz mit Erschütterung zollte,[157] dürfte sich vorwiegend auf diesen Teil der Betrachtung beziehen. Goethe stellte aus seiner umfangreichen Sammlung von Gesteinen aus antiken Bauten eine kleine Suite zusammen,[158] die, obwohl nichts darüber berichtet wird, doch sicher in diesen Gedankenkreis gehört. Darin sind zwar zahlreiche Belege enthalten dafür, daß Jaspis, Achat usw. während der Solideszenz erschüttert wurden, aber wiederum ist nicht erkannt, daß sich damit für die These gar nichts beweisen läßt. Der Ausgangspunkt der Erschütterung brauchte doch nicht in der erstarrenden Masse zu liegen, sondern konnte von näheren oder ferneren tektonischen Verschiebungen und begleitenden Erdbeben herübergetragen sein. Den heutigen Anschauungen steht fest, daß nur Wirkungen von außen in Betracht kommen, denn Achat usw. sind als erstarrte Kieselgallerte amorph und kontinuierlich, also sicherlich ohne Ruck verfestigt. Zum Schluß werden dann Platten Altdorfer Marmors mit zerrissenen und verschobenen Ammoniten und als typische Pseudobreccie der Quarzit von der Rochuskapelle bei Bingen erwähnt, Beobachtungen und Deutungen, die bereits an früherer Stelle ausreichende Besprechung fanden.

Der Kritiker bewertet eine Hypothese nach dem, was sie unerledigt läßt, der Autor aber nach dem, was sie positiv zu leisten scheint und nach der Last drängender Probleme, von der er sich durch sie befreit fühlt. Von den Einwendungen, die zu erheben sind, waren die gewichtigsten damals noch unbekannt und unzugänglich; gerade darum erschien aber die Beweiskraft der zugrunde liegenden physikalischen Erfahrung um vieles stärker denn jetzt. Den Hauptbeweis für die Berechtigung seiner These mußte Goethe darin sehen, daß es mit ihr und mit Hilfe einer allerdings sehr weit gehenden Extrapolation des Grundversuchs gelang, tektonische Störungen jeder Art, die nun einmal nicht mehr zu bestreiten waren, ohne Vulkanismus und ohne Tumult seinen geologischen Vorstellungen einzuordnen. Weiterhin hätte er in seiner Theorie eine wirkliche Erklärung der Störungserscheinungen angegeben, eine Zurückführung auf experimentell nachprüfbare Kräfte,[62] während die vulkanisti chen Theorien das Problem nur fortschoben und die angenommene Explosivkraft aus einer angenommenen Beschaffenheit des Erdinnern ableiteten, ohne auf diesem Wege jemals wieder zur Möglichkeit experimenteller Gegenproben zu gelangen. Jedoch hatten diese zugunsten der „Solideszenz mit Erschütterung“ sprechenden Argumente nur Gewicht im Denken Goethes, konnten die übrigen Forscher, deren Aufmerksamkeit zu allermeist auf direktes Beobachten gerichtet war, nicht veranlassen, ihren auf unmittelbarer Anschauung beruhenden Schlüssen zu entsagen, wie auch v. Hoff entschieden ablehnte, simultane Entstehung der Breccien als möglich anzuerkennen.[157] Sogar Goethe hielt an seiner Theorie, die ihm Mut gemacht hatte, 40 Jahre nach den ersten Darstellungsplänen die Grundzüge seines geologischen Systems mitzuteilen, auf die Dauer nicht fest, sondern als er 1831 im Zusammenhang mit Studien über Ganglehre die Betrachtung des Trümmerachats wieder aufnahm,[159] erklärte er die Verrückung des bereits verfestigten Randes durch teilweisen Abfluß des noch flüssigen, das abgelöste Krustenteile eine Strecke weit mitgezogen habe, schloß aber seine kurze Niederschrift mit den Worten: „Doch brech ich lieber ab, weil man bei so abstrusem Gegenstand immer Gefahr läuft, selbst abstrus und ein Finsterling zu werden.“

So mußte Goethe seine Theorie der Felsgestaltung auch in ihrer letzten Form schließlich aufgeben und seinen Gedanken Stillstand gebieten, wenn er nicht in Regionen geführt werden wollte, in denen er bei seinem hohen Alter doch nicht mehr Fuß fassen und heimisch werden konnte. Die Lehre von der vulkanischen Gebirgshebung behauptete das Feld und rang auch ihrem unversöhnlichen Gegner das Geständnis ab, daß dieser Wahnsinn, obschon in ihm keine Methode sei, doch ein unglaubliches Wissen beherrsche.[160] Aber schon waren die ersten Schritte getan auf dem Weg, der über den tumultuarischen Vulkanismus hinaus den Zielen zuführte, die Goethe in der Ferne gesehen, aber verfehlt hatte. K. v. Hoff, wie Goethe im Geologischen ein Schüler Voigts,[161] hatte bei Bearbeitung einer von der Göttinger Gesellschaft der Wissenschaften gestellten Preisaufgabe begonnen, erfahrungsmäßige, geschichtliche Beweise für die Realität der behaupteten Erdrevolutionen zu sammeln und zu sichten und war dabei zu dem — ein wenig verhüllt ausgesprochenen — Schlußsatz gelangt, daß die Geologie nicht, oder doch nur, solange sie es irgend vermeiden könne, nicht mit unbeobachteten Kräften gewaltsamer, plötzlicher Wirkungsweise, sondern nur mit den heute tätigen, vor unsern Augen langsam gestaltenden Kräften rechnen dürfe.[162] Goethe erhielt das Werk im September 1822, las sofort Inhaltsverzeichnis und Einleitung, kam aber erst mit Beginn des nächsten Jahres zu eingehender und sofort zur Produktivität führender Kenntnisnahme.[163] Er dankte nunmehr dem ihm wohlbekannten Autor durch ein ausführliches Schreiben sowie durch Übersendung der bisher erschienenen Hefte zur Naturwissenschaft und Morphologie, was v. Hoff bald darauf durch einen ebenfalls eingehenden, den Standpunkt des gemäßigten Vulkanismus wahrenden Brief erwiderte.[164]

Die Aufsätze, die im Anschluß an v. Hoffs Werk entstanden, gehören gleichfalls in den Gedankenkreis des Antivulkanismus und bezeichnen den Höhepunkt von Goethes geologischem Schaffen, wenn Erfolg und Dauer der Anerkennung den Maßstab für den wissenschaftlichen Wert eines Ergebnisses abgibt. Der erste von ihnen, veröffentlicht 1823 im ersten Heft des zweiten Bandes zur Naturwissenschaft, handelt von dem Serapistempel in Pozzuoli[165] und ist eine Erweiterung der früher angeführten[166] Tagebuchnotiz vom 19. Mai 1787. K. v. Hoff hatte sich mit einer gegenwärtig grotesk wirkenden Ansicht abzufinden, nach der die Überflutung dieses von Septimius Severus ausgeschmückten Tempels geschehen wäre vor dem Durchbruch der Straße von Gibraltar infolge der Anschwellung des Mittelmeers durch die beim Durchbruch des Bosporus hereinströmenden Wasser. Dem Erstaunen darüber, daß eine solche Meinung überhaupt im Ernst ausgesprochen werden konnte, gesellt sich die Verwunderung hinzu, daß v. Hoff sie so ausführlich diskutierte, und daß er selbst keine andere Erklärung anzugeben wußte als die Vermutung, das zu den Säulen verwendete Gestein möchte schon im Steinbruch von Pholaden angebohrt worden sein.[167] Goethes Deutung war dem weit überlegen, v. Hoff nahm diese „Heilung einer sehr wunden Stelle seiner Arbeit“ mit Freuden an und stellte sie im 1824 erschienenen zweiten Bande seines Werks über die — sonst in manchem verwandten — Meinungen Pinis und Brocchis.[168] Dieser letztere und Goethe hatten sich dann zwar mit der Schwierigkeit abzufinden, daß Pholaden jetzt nirgends im Süßwasser leben. Brocchi bemühte sich deshalb um den Nachweis, daß in dem vermuteten Tümpel die Lebensverhältnisse den marinen ausreichend ähnlich gewesen seien;[169] Goethe behauptete nach einem flüchtigen Blick auf solche Möglichkeiten mit Nachdruck: wenn man 30 Fuß über dem Meer die Wirkung von Pholaden fände und einen zufälligen Teich nachweisen könne, so sei der Schluß genügend gesichert, daß eben Pholaden in dem süßen oder durch vulkanische Asche angesalzten Wasser existiert haben könnten. Zur Erläuterung darf man daneben stellen, daß Beudant, um das Nebeneinandervorkommen mariner und lakustrer Fossilien zu erklären, versucht hatte, Limnäen und Planorben an Salzwasser zu gewöhnen.[170] Neben mehreren englischen Forschern[171] lehrte dann selbständig 1831 Fr. Hoffmann,[172] daß es sich bei dieser Ruine um Wirkungen lokaler Hebungen und Senkungen handle. Er leitete aus historischen Quellen ab, daß der Tempel in der späteren Römerzeit bereits verschüttet war und im Mittelalter unter Wasser stand, bis er im Zusammenhang mit der Aufschüttung des Monte nuovo seit etwa 1538 wieder emporzutauchen begann. Schließlich hat E. Suess an Hand denkbar reichster Kenntnis der Dinge und Schriften das Problem behandelt und wohl definitiv im Sinne Hoffmanns, wenigstens in den Grundzügen mit ihm übereinstimmend gelöst:[173] es handelt sich um Bodenbewegungen in dem noch nicht ganz zur Ruhe gelangten Vulkan der phlegräischen Felder.

Diese Lösung des Problems ist so einfach und ohne weiteres einleuchtend, daß man sich wundert, weshalb zu ihrer Durchführung ein so gewaltiger Apparat aufgeboten werden mußte und weshalb das Denken nicht gleich zu Anfang diesen nächsten Weg einschlug. K. v. Hoff und Goethe suchten beide nach örtlichen Erklärungsweisen, denn sie erkannten, wie widersinnig es sei, um einer so unbedeutenden Tatsache willen den Spiegel des ganzen Mittelmeers um 30 und mehr Fuß auf und ab schwanken zu lassen, noch dazu in der Zeit zwischen römischem Kaiserreich und der Gegenwart. Beide standen aber auch unter dem Bann der überlieferten Vorstellung, daß der Meeresspiegel als Ganzes im Lauf der Erdgeschichte gesunken sei. Die Epoche war soeben erst vorüber, in der jede allgemeine Behauptung nur auf räumlich vereinzelter Beobachtung beruhte, weil man räumlich ausgebreitete Tatsachenkenntnis überhaupt noch nicht besaß, und in der jede Einzeltatsache als verallgemeinerungsfähig gelten mußte, wenn man überhaupt zu generellen Schlüssen gelangen wollte. Daher schloß man, wo unleugbare Strandverschiebungen bemerkt wurden, zunächst auf allgemeine Schwankungen des Meeres, und wer diesem Schluß entgehen wollte, bestritt, daß überhaupt Strandverschiebung beobachtet sei. Der Hebungsgedanke war neu und mußte jedesmal, wenn er eingeführt wurde, erst seine Berechtigung beweisen. Als Brocchi am Monte Pellegrino bei Palermo Bohrmuschellöcher in verschiedenen Höhenlagen gefunden haben wollte, erwog er nicht, daß dieser Berg absatzweise und für sich allein gehoben sein könne;[174] auch nahmen diejenigen die Beweislast auf sich, die aus dem Zurückweichen des Ostseespiegels an den skandinavischen Küsten nur auf eine rein lokale Hebung dieses einen Landstrichs schließen wollten.[175] Im Falle des Tempels von Pozzuoli lag also dem damaligen Denken am nächsten die Annahme, die v. Hoff bekämpfte, die unbegrenzte Verallgemeinerung der lokalen Beobachtung. Andererseits rechnete die damalige Theorie zwar bei der Gebirgsbildung mit lokaler, zuweilen sogar sehr eng umgrenzter Hebung, dachte diese aber eruptiv-tumultuarisch und konnte solche Vorstellungen auf besagten Tempel, dessen Säulen z. T. noch standen, unmöglich anwenden, ebensowenig freilich auf das langsame Aufsteigen Skandinaviens. Goethe mochte sich damit begnügen dürfen, die „Erklärungsweisen, wonach bald ganze Reiche erhoben, bald Kontinente zum Versinken verdammt werden“, als „desperates Mittel“ von sich zu stoßen.[176] K. v. Hoff konnte dabei nicht stehen bleiben und bekämpfte die „Hypothese des Celsius“, die Behauptung, daß Skandinavien aufstiege, durch eine Kritik der zugrunde liegenden Beobachtungen. Er suchte zu erweisen, daß z. T. Anschwemmungen das Sinken des Wassers vorgetäuscht hätten, daß im übrigen aber die zu Landmarken genommenen Felsen tatsächlich nicht Klippen, sondern nur bewegliche Geschiebe von klippenhafter Größe und ebenso wie die in Norddeutschland verbreiteten erratischen Blöcke durch Wellen und Eis langsam höher auf das Land hinaufgetrieben worden seien.[177]

Die ruhig betätigte Gegnerschaft gegen Hebungstheorien aller Art zog Goethe lebhaft an, zugleich aber entging ihm nicht, daß v. Hoff den erratischen Erscheinungen nicht gerecht geworden war. Das erste, was er im Anschluß an die Geschichte der natürlichen Veränderungen der Erdoberfläche diktierte, war ein kurzer Aufsatz über die Verbreitung und Wanderungsweise der nordischen Geschiebe,[178] der aber nicht zur Veröffentlichung reifte, vermutlich, weil Goethe den Gedankengang selbst noch nicht als abgeschlossen empfand. Das Ende war bekanntlich eine Eiszeitstheorie, zwar keine Vorwegnahme der heutigen Ansichten, aber doch eine Vorstellungsart, die dem gegenwärtigen Denken weit richtiger und sogar wissenschaftlicher gedacht zu sein scheint, als die bereits erwähnte Schleudertheorie L. v. Buchs.

Die Frage ist nun, weshalb diesem und der Mehrzahl der Zeitgenossen Gletscherdecken und Eisdrift unvorstellbarer waren als Wasserströme, die mit rasender Geschwindigkeit von heraufgeschnellten Hochgebirgen abrannen, so dickflüssig durch mitgeführtes Geröll, daß die größeren Blöcke nicht darin einsinken konnten,[179] und durch welche Umstände und Methoden Goethe, Venetz u. a. auf den späterhin bewährten Weg geführt wurden.

Goethe berichtet, daß er und J. C. W. Voigt bereits während der geologischen Bereisungen des weimarischen Landes auf die vereinzelt vorkommenden Granitblöcke aufmerksam geworden seien.[178] Er selbst hielt bis 1816 an dem freilich nächstliegenden Gedanken fest, daß es von den südlichen Urgebirgen, vom Thüringer Wald usw. herabgespülte Geschiebe seien,[180] während Voigt, erst scherzhaft, dann im Ernst, an eine von Norden her erfolgte Drift blocktragender Eisschollen dachte.[181] Die räumliche Ausdehnung der Erscheinung kam Goethe wohl erst 1819/20 zu Bewußtsein durch Berichte und Sammlungseinsendungen seitens v. Preens[182] und Fr. Nicolovius;[183] zugleich erfuhr er durch ersteren daß nach Zeitungsnachrichten im Februar 1820 der Sund „mit ungeheuren, aus Norden kommenden, mit großen Granitblöcken übersäten Eisschollen angefüllt“ gewesen sei.[184] Eine sichtbare Folge hatte diese Betrachtung zunächst nicht, wenn man nicht annehmen darf, daß dadurch die Erinnerung an das 1785 zuletzt besuchte Trümmerfeld auf der Luchsburg (Luisenburg) im Fichtelgebirge wiedererweckt und so der Plan, den Besuch zu wiederholen, 1820 gereift wurde. Hier hatte Goethe früher ein „eingestürztes Felsgebäude eines inwendig verwitterten, auswendig verquarzten Granits mit nach Morgen einschießenden Flözklüften“[185] erblickt und das Ergebnis erneuten Anschauens lautete nicht anders: In einer großen, von Anfang an in Blöcke zerteilten Granitmasse war durch „kräftige Solideszenz des einen Teils dem nachbarlichen das Vermögen zu einer entschiedenen Festigkeit und längerer Dauer zu gelangen völlig entzogen“, und so durch Zerstörung des Verwitterlichen, wie durch Zeichnungen erläutert wird, die titanische Felsverstürzung verursacht worden.[186]

Diese einfache und allseitig wohlbegründete Deutung wurde, wie Goethe vorausgesehen hatte, von dem „turbulenten Zeitalter“ nicht anerkannt und 1832 von H. v. Meyer sehr kurz mit Unterwertung all der von Goethe beigebrachten Einzelheiten rein aus theoretischen Gründen beiseite geschoben; H. v. Meyer konnte sich von der Kraft der Verwitterung nicht überzeugen, glaubte nicht, wie Goethe, an ruhiges und langsames Wirken der Natur, sondern leitete die Zertrümmerung des Gesteins ab von der Explosionskraft aufsteigender Diorite, durch welche die Granitmassen jäh gehoben seien.[187] Die Hauptabsicht H. v. Meyers bestand jedoch in der Unterscheidung der im Fichtelgebirge und sonst auftretenden Blockgruppen einheimischen, unmittelbar darunter anstehenden Gesteins und der eigentlich erratischen Geschiebe, der in Norddeutschland und in der Alpenumgebung verbreiteten Felsen landfremden Gesteins. Demnach hätte man bis dahin beides noch nicht genügend auseinander gehalten und bei der Betrachtung erratischer Geschiebe auf die Landfremdheit des Gesteins zu wenig Gewicht gelegt. Nun wollte Goethe 1820 an der Luisenburg „Fluten und Wolkenbrüche, Sturm und Erdbeben, Vulkane und was nur sonst die Natur gewaltsam aufregen mag“ bei der Erklärung ausgeschaltet wissen, wandte aber die an diesem Felsenmeer gewonnenen Anschauungen mit auf die eigentlichen Erratica an. Daher darf man vermuten, daß er der allgemein üblichen Unschärfe der Problemstellung nicht entgangen war und hier an der Luisenburg nicht eine besondere Einzelheit, sondern das ganze erratische Problem, bei dem man jene Naturexplosionen in weit größerem Umfang zu Hilfe rief,[188] in Gedanken vor sich sah.

Nach der Veröffentlichung des Aufsatzes trat die Frage für Goethe ein paar Jahre in den Hintergrund, bis die Beschäftigung mit v. Hoffs Werk sie wieder an das Licht herausrief. Sein Standpunkt und sein Urteil waren damals (1823) in jeder Weise unentschieden, denn er hielt an dem Gedanken, daß die Geschiebe Thüringens vom Thüringer Wald stammen möchten, halbwegs noch fest und vermochte sich der Vorstellung des Transports durch Eisschollen trotz der Mitteilungen v. Preens nicht überzeugt anzuschließen. Jedoch stellte er bereits fest, ohne gerade die Form einer Berichtigung zu wählen, daß die Erscheinung viel ausgedehnter sei, als v. Hoff sie geschildert hatte, und daß das Überschreiten der Ostseetiefe doch nicht, wie dort vorgeschlagen, durch bloße Wellentätigkeit und Bildung von Küsteneis erklärt werden könne.[178]

Weitere 5 Jahre später traf von A. Nicolovius — wahrscheinlich doch auf ausdrücklichen Wunsch — eine neue Sendung von Musterstücken erratischer Geschiebe von Berlin ein nebst der Lithographie eines großen Felsblocks,[189] und weiteres wurde erbeten.[190] Wie sehr gerade zu dieser Zeit das Thema in Weimar brennend war, geht auch daraus hervor, daß Karl August auf seiner letzten Reise nach Berlin darüber A. v. Humboldt befragte,[191] als sei es eines der wichtigsten, das er im Gefühl herannahenden Todes noch erledigt haben wollte. Goethe schob seine Ansicht in die zweite Ausgabe von Wilhelm Meisters Wanderjahren ein, an eine Stelle, wo bei der ersten Bearbeitung (1820) eine offenbar für geologische Betrachtungen vorbehaltene Lücke, wohl in Nachwirkung des „Abschieds von der Geologie", unausgefüllt geblieben war.[192] Seine Worte lauten:[193]

„(Es) war von nichts geringerem die Rede als von Erschaffung und Entstehung der Welt. — Mehrere wollten unsere Erdgestaltung aus einer nach und nach abnehmenden Wasserbedeckung herleiten.[194] — Andere, heftiger, ließen dagegen erst glühen und schmelzen, auch durchaus ein Feuer obwalten, das, nachdem es auf der Oberfläche genugsam gewirkt, zuletzt ins tiefste zurückgezogen, sich noch immer durch die ungestüm — wütenden Vulkane betätige und durch sukzessiven Auswurf und gleichfalls nach und nach überströmende Laven die höchsten Berge bilde;[195] — (wieder andere) behaupteten: Mächtige in dem Schoß der Erde schon völlig fertig gewordene Gebilde seien — durch die Erde hindurch in die Höhe getrieben und zugleich in diesem Tumulte manche Teile derselben weit über Nachbarschaft und Ferne umhergestreut und zersplittert worden.[196] — Eine vierte, wenn auch vielleicht nicht zahlreiche Partei — beteuerte: Gar manche Zustände dieser Erdoberfläche würden nie zu erklären sein, wofern man nicht größere und kleinere Gebirgsstrecken aus der Atmosphäre herunterfallen lasse. Sie beriefen sich auf größere und kleinere Felsmassen, welche zerstreut umherliegend gefunden und sogar noch in unsern Tagen als von oben herabstürzend aufgelesen werden.[197]

Zuletzt wollten zwei oder drei stille Gäste sogar einen Zeitraum grimmiger Kälte zu Hilfe rufen und aus den höchsten Gebirgszügen auf weit ins Land hineingesenkten Gletschern gleichsam Rutschwege für schwere Ursteinmassen bereitet und diese auf glatter Bahn fern und ferner hinausgeschoben im Geiste sehen. Sie sollten sich bei eintretender Epoche des Auftauens niedersenken und für ewig in fremdem Boden liegen bleiben. Auch sollte sodann durch schwimmendes Treibeis der Transport ungeheurer Felsblöcke von Norden her möglich werden. Diese guten Leute konnten jedoch mit ihrer etwas kühlen Betrachtung nicht durchdringen. Man hielt es ungleich naturgemäßer, die Erschaffung der Welt mit kolossalem Krachen und Heben, mit wildem Toben und feurigem Schleudern vorgehen zu lassen. Da nun übrigens die Glut des Weines stark mit einwirkte, so hätte das herrliche Fest beinahe mit tödlichen Händeln abgeschlossen.“ [198] —

Andere Ausarbeitungen und Entwürfe lassen erkennen, daß er nur einer Minderzahl der norddeutschen Geschiebe skandinavischen Ursprungs zuschrieb und trotz der einstimmig das Gegenteil behauptenden Mitforscher [199] die meisten für eisverschleppte Trümmer norddeutscher, jetzt im Schutt versteckter Urgebirge hielt. [200] Das Auftreten erratischer Geschiebe auf dem Juragebirge scheint ihm unbekannt geblieben zu sein; er nahm an, daß die Gletscher sich zu einer Zeit, als der allgemeine Meeresstand noch an die Schweizer Seen heranreichte, bis zum Genfer und Vierwaldstätter See ausgedehnt hätten, [201] von wo aus dann die weitere Verfrachtung durch Eisdrift erfolgt wäre, [202] und ließ anfänglich, wie später Agassiz [203], die Geschiebe den Gletscherhang hinabgleiten, [204] dann, belehrt durch Literaturstudium, von dem wandernden Gletschereis vertragen sein. [205]

Die Eisdrifttheorie für Norddeutschland ist nicht Goethes geistiges Eigentum; sie war zu jener Zeit zwar nicht allgemein anerkannt, aber bereits weit verbreitet. Goethes Annahme verborgener Urgebirge war offenbar von dem Wunsch eingegeben, die Transportwege möglichst kurz zu denken und sog. großartige Naturgemälde zu vermeiden. Klöden [206] und nach Goethes Tod Bernhardi [207] traten zuerst mit Binneneistheorien hervor. [208] Die Theorie der alpinen Eiszeit trägt die Spuren der Goetheschen Hand unverkennbar an sich, besonders in ihrer ganz unhistorischen Fassung. Nur völlige Ignorierung des Zeitbegriffs erklärt, wie es möglich war, eine Oberflächenerscheinung, die erratischen Blöcke, mit einem 1000 Fuß höheren Meeresstand zusammenzubringen, also einer frühen Stufe der Vorzeit zuzuweisen. Eine ähnliche Vermischung von Gletscher und Drift nahm später Schimper [209] an, zu Goethes Lebzeiten Hugi, [210] dieser jedoch ohne den Gedanken an einstmals größere Ausdehnung der Gletscher, und außerdem noch Venturi, [211] von dem aber Goethe kaum Kenntnis gehabt haben kann. Die jetzt herrschende Theorie wurde bekanntlich 1821 von Venetz im ersten Keim ausgesprochen, [212] doch blieb das so völlig unbeachtet, daß Venetz' Name und seine Theorie 1837 im Jahrbuch für Mineralogie als etwas ganz Neues eingeführt wurden. [213] Es steht fest, daß Venetz und seine Mitarbeiter Agassiz und Johann v. Charpentier erst nach Abschluß ihres eigenen Gedankenbaues von Goethes Vorgängerschaft erfuhren, und als ausgemacht gilt, daß Goethe, dessen Vorstellung ja das Wesentliche der Eiszeittheorie enthält, zu den selbständigen Verkündern dieser Lehre gehöre.

Versucht man sich nun Goethes Gedankengang zu rekonstruieren, so stößt man auf nicht unbedenkliche Schwierigkeiten. Er betonte oft, daß er nur angesichts der Natur klare Schlüsse zu fassen wisse,[214] weil er alle Vorgänge, die er annahm, einer ganz bestimmten Lokalität angepaßt sich so bis in die individuellen Einzelheiten vergegenwärtigte, wie es allein im Anblick der Natur geschehen kann. Dabei wurde er, trotz seines — unbewußten oder unausgesprochenen — Grundsatzes, nur mit aktuellen Faktoren zu operieren, stets durch Irrtümer, in denen er wie allgemein sein Zeitalter befangen war, von den zu heutigen Anschauungen führenden Wegen abgelenkt. In diesem einen Fall, im höchsten Greisenalter, von dessen erstarrendem Einfluß kein Mensch verschont bleibt, hätte er den Weg zu einer dem Zeitalter vorgreifenden Anschauungsweise gefunden, und zwar nur auf Grund von Gletscherbeschreibungen, höchstens noch unterstützt durch 50 Jahre weit zurückliegende Erinnerungen: Im Montblancgebiet und in der Umgebung des Genfer Sees, auf die er sich abgesehen von einer einzigen kurzen Erwähnung des Vierwaldstätter Sees allein bezog, war er nur ein einziges Mal (1779) verweilt und hatte dabei die Moränenbildungen, wenn überhaupt, so doch nur sehr flüchtig beachtet. Wenn die Blockreihen bei Thonon ihm so tiefen und dauernden Eindruck gemacht hätten, daß er sich nach so langer Zeit — ein bei ihm ganz einziger Fall — auf sie mit genügenden Einzelheiten besann, so wäre ihrer doch wohl sicher schon damals in den so ausführlichen Reiseberichten mit einigen Worten gedacht worden.

Wer sonst die Glazialidee einzuführen suchte, der stand unter dem Eindruck lebendiger Anschauung, im Alpengebiet angesichts der Gletscher, im norddeutschen Flachland vor den landfremden, weithergetragenen Riesenblöcken und er gewann nur durch die Wucht solcher Tatsachen die Kraft des Entschlusses, eine neue Naturwirkung in das Lehrgebäude der Geologie einzuführen. Nun könnte bei Goethe freilich einmal Literaturstudium und Phantasie helfend eingetreten sein. Er hatte s. Z. erfahren, daß die schweizerische Gesellschaft für die Naturwissenschaften 1817 ein Preisausschreiben erließ über die Frage, ob es wahr sei, daß die Schweizer Alpen seit einer Reihe von Jahren verwitterten (d. h. stärker vergletscherten), wobei die Lage früherer Gletscher aus ihren vorgeschobenen Felstrümmern festgestellt werden sollte.[215] Nach Pictets Untersuchungen im Montblancgebiet war es allgemeine Überzeugung geworden, daß sich aus diesen Blockanhäufungen auf eine früher beträchtlichere Ausdehnung der Gletscher schließen ließe[216] und es scheint fast unverständlich, daß nicht ein jeder von dieser Grundlage aus die Moränen des Alpenvorlandes sofort und ohne weiteres in den Gedankengang einbezog. Doch zeigt Goethes kurze Notiz über die Beantwortung jener Preisfrage, daß er sich damals keineswegs auf dem Wege zu einer Eiszeittheorie befand, denn er sprach nicht von einem Vorrücken und Vorwärtsgleiten der Gletscher, sondern von Wachstum der stillstehenden Eismassen,[217] berücksichtigte also die vorgeschobenen Blockreihen überhaupt nicht. Dabei berief er sich ausdrücklich auf Auskünfte eines aus eigener Beobachtung redenden Freundes, besaß also damals (1820) keine zum Mitreden berechtigende oder befähigende Erinnerung an Selbstgesehenes. Die Studien über Massengestaltung veranlaßten ihn, einige Reisebeschreibungen aus dem Montblancgebiet heranzuziehen, und es ist immerhin möglich, daß er so anfänglich zur Theorie der über ein Eisfeld herabrutschenden Felstrümmer und dann nach Kenntnisnahme des Werks der Gebrüder Meyer über den Jungfraugletscher[205] zur Theorie der Gletscherwanderung gelangte und die sonstigen Einzelheiten in Anknüpfung an halb vergessene Erinnerungen gleichfalls der Literatur entnahm. Aber wie hätte er dann in seinen Niederschriften von 1828/29 die Tatsache verschweigen können, die dem ganzen Gedankengang den Anstoß und das Rückgrat gab, die Beobachtung, daß nach dem zwischen 1812 und 1817 Erlebten die Gletscher sich wirklich in kalten, regnerischen Sommern und schneereichen Wintern außerordentlich rasch und beträchtlich vorschöben? Ohne solchen Hinweis schwebt die Annahme einer allgemeinen Kälteperiode, wie Goethe sie einführte, völlig in der Luft, und wiederum weicht es ganz aus seiner sonst betätigten Art zu denken heraus, daß er diese Annahme aussprach, ohne sie in das Bild der Erdgeschichte organisch einzuarbeiten, obwohl er sie, wie die Darstellung in Wilhelm Meisters Wanderjahren zeigt, im weitesten Rahmen der Erdgeschichte betrachtete, und ferner, daß er eine ursächlich ganz unerklärte Unterbrechung[218] in den Entwicklungsgang eingeschaltet sein ließ, dessen streng gradlinigen Verlauf er sonst mit allen Mitteln behauptete und verteidigte. Genau betrachtet, beanspruchte Goethe selbst nicht das Vaterrecht an der Theorie: „Wir ergeben uns dieser Vorstellungsart um so lieber, weil wir uns mit den neuesten Schiebe- und Schleudertheorien unmöglich befreunden können.“[205]

So pflegt nicht zu reden, wer von der Richtigkeit eines im eigenen Geiste aufgeleuchteten Gedankens überzeugt ist, wohl aber, wer einen fremden aufnimmt, ohne in der Lage zu sein, ihn dem eigenen Vorstellungskreis einzuverleiben. Er ergab sich dem geringeren Übel und hätte nicht anders reden können, wenn er im antivulkanistischen Bestreben eine von anderer Seite geäußerte Meinung übernahm und befriedigt mit der so dargebotenen Denkmöglichkeit die nähere Begründung und weitere Ausgestaltung des Gedankens den eigentlichen Urhebern überließ. Zur Theorie der norddeutschen Drift erhielt er die Anregung anerkanntermaßen von außen; Gewißheit darüber, ob gleiches für die alpine Eiszeit zutrifft, wäre erwünscht, weniger um zu entscheiden, ob das einzige Ergebnis der geologischen Forschung Goethes, das inhaltlich Zukünftiges vorausnahm, für ihn gerettet werden könne, sondern um in diesem besonders wichtigen Fall das Wesen seines Denkens zu verstehen. Wir kennen die Zwischen- und Vorstufen seiner Eiszeittheorie nicht, und die Möglichkeit, daß er von seinem Standpunkt aus zu diesem Ergebnis zu gelangen vermochte, beweist nicht, daß er tatsächlich diesen Gedankenweg zurückgelegt habe; andererseits kann man, wenn eine Quelle gesucht wird, nur an Venetz denken, aber die Überlieferung enthält nicht die geringste Andeutung, daß er über diesen irgend etwas gehört habe.

Es läßt sich die Frage aber noch in anderer Weise beleuchten, wodurch die Unwahrscheinlichkeit, daß die Eiszeittheorie Goethes Eigentum sei, noch erhöht und der Hinweis auf Venetz verstärkt wird. Dieser war mehr als jeder andere befähigt, die geologische Bedeutsamkeit der Gletscher zu erkennen und die Hemmungen zu überwinden, die in gewohnten Denkweisen lagen, denn er war beruflich sein Leben lang mit Gletschern beschäftigt, um die Schäden ihres Vordringens nach Möglichkeit abzuwehren.[219] Seine Denkschrift von 1821 „über die Temperatur der Alpen" ward durch das erwähnte Preisausschreiben veranlaßt,[220] handelt nicht von erratischen Blöcken, sondern nur von angeblich prähistorischen Moränen und beschränkt sich auf die Alpentäler. Erst 1829 sprach er mündlich gegen J. v. Charpentier und im Juli desselben Jahres in der Versammlung der Schweizer Gesellschaft für Naturwissenschaften, und zwar auf dem großen St. Bernhard, aus, daß das Eis der alten Gletscher nicht nur das Tal der Drance von Entremonts, sondern das ganze Wallis erfüllt und bis an den Jura gereicht habe.[221] Hiermit sind deutlich die Schritte des Gedankengangs bezeichnet; die mittlere Stufe entspricht ungefähr der Behauptung, die Goethe 1828 aufstellte, doch ist bei diesem auch noch vom Tal der bei Genf einmündenden Arve und nicht von der bei Martigny in die Rhône, sondern von der bei Thonon in den Genfer See mündenden, anderen Drance die Rede, ein Unstimmigkeit, die, wenn Mitteilung geschah, diese als aus ungefährem Hörensagen erfolgt charakterisierte.

Tatsächlich kommt auch kaum eine andere Art des Berichts in Frage. Es liegt nahe, an den Genfer Soret, den Erzieher der Enkel Karl Augusts und Goethes vertrauten Berater in kristallographischen und mineralogischen Dingen, als Überbringer zu denken, denn dieser unternahm 1827 eine Reise in seine Heimat, ein Jahr bevor bei Goethe die Idee unvermittelt auftauchte, und er könnte bei dieser Gelegenheit von der sonderbaren, sein engstes Heimatland betreffenden Theorie vernommen haben. In welcher Weise von ihr gesprochen wurde, wenn es je geschah, das läßt sich aus Charpentiers späterer Schrift noch erkennen: Es war ein Ärgernis, daß ein wissenschaftlich geschulter Mann die törichte Meinung simpler Gemsjäger und Gebirgsholzhacker sich zu eigen nahm, und es schien ein großer Freundschaftsdienst, wenn man sich bemühte, sie zu widerlegen.[222] Wer auch davon erzählte, mußte glauben, eine Verirrung, eine unbegreifliche Kuriosität zu berichten und nicht nötig zu haben, in Einzelheiten genau zu sein. Es sprechen also die genannten Unstimmigkeiten ebensowenig gegen die Vermutung einer Mitteilung wie die Tatsache, daß Soret in seinen Aufzeichnungen über die Gespräche mit Goethe nichts von diesem Thema erwähnte, das er jedenfalls nur scherzhaft berührt und deshalb nicht erinnerungswürdig befunden hätte. Aber schließlich ist dies alles nur eine mit dem Umständen verträgliche Vermutung; man bleibt in etwas vagen Möglichkeiten hängen und muß die Hauptbegründung dieser Bedenken darin sehen, daß Goethe sich mit auslegungsfähigen Worten zu einer Ansicht bekannte, die in seinem Munde fremdartig berührt und genau das enthält, was er um diese Zeit von Genf über Venetz auf Umwegen etwa erfahren haben könnte.[223]

Sicher hätte er sich entrüstet von der Theorie abgewandt, wenn er sie in ihrem ganzen Umfang kennen gelernt oder an Ort und Stelle die Größe solcher bis an den Jura erstreckten Gletscher gesehen hätte. Nach jahrelanger Gewöhnung bekannte sich noch Charpentier von einer Art Schwindel ergriffen, wenn er am Jorat oder einem Berg im Jura das Vorland der Alpen überschaue und sich zur Vorstellung zwinge, daß dieses schöne, reiche, vielgestaltige und belebte Land einst unter Eis begraben, nichts als das Bett eines riesigen starren Gletschers gewesen sei.[224] Der größte wissenschaftliche Vorzug der Theorie war anfangs ein schweres Hindernis, das ihr entgegenstand, denn der behauptete Vorgang ließ sich konkret vorstellen und erdrückte dann durch seine Gewaltigkeit. Wer wie Playfair und Goethe mehr im Generellen stehen blieb, empfand das freilich weniger als wer die Einzelheiten in Gedanken zu bewältigen suchte. Die ältere Theorie mit ihrer Behauptung einherrasender Wasserfluten führte zu keinem ähnlich konkret anschaulichen Bild. Sie knüpfte an die alltäglichste Erfahrung, an Geröll verschleppende Gebirgsbäche und überschwemmende Flüsse an und steigerte in Gedanken deren Kräfte so sehr, bis sie geeignet schienen, Gerölle ungeheurer Größe in der geforderten Weise fortzuschleudern. Aber die Phantasie sah, wenn sie den Vorgang sich konkret ausmalen wollte, entweder nur Bäche oder überschwemmende Flüsse vor sich oder — gar nichts Konkretes, nichts als ein abstraktes Gedankending, da auch sie nur an Bekanntes anknüpfen und sich weniger weit von den Ausgangsvorstellungen entfernen kann, als ein ungestaltet lassendes, begriffliches Denken von den seinen. Ein mächtiger Gegner aller Eiszeitstheorien war auch der Glaube an das tropische Klima der geologischen Vorzeit[225] und an die Plötzlichkeit der geologischen Ereignisse. Ferner schloß sie den meisten nirgends an vertraute Vorstellungen an. Gewohnheit hatte den hypothetischen Charakter der Heranziehung fließenden Wassers vergessen gemacht und so schien die alte Lehre rein auf Beobachtung zu beruhen. Die eingehend studierten Einzelheiten waren dem bekannten Gedankengang bereits fest eingeordnet; man warf die Frage nicht auf, ob in dieser Theorie nicht alles Maß des Naturgeschehens überschritten sei und bestand auf dem gesichert scheinenden Postulat. Die neue Annahme, die eine von vorn herein, schon im Bereich des heute Existierenden stärker wirkende Kraft heranzog, war selbst noch vielfach im unklaren über die wirklichen Dimensionen der Gletscherwirkung,[198] beherrschte auch, als sie zum erstenmal der alten Lehre gegenübertrat, noch nicht alle Tatsachen, die von jener bereits in ihrer Weise verarbeitet waren, blieb daher auf viele Fragen und Angriffe die Antwort schuldig und schien stark erschüttert aus dieser ersten Diskussion hervorzugehen. Wie wenig Beweiskraft dem Ergebnis solcher Debatten innewohnt, bewies — nicht zuerst, noch zuletzt, aber beherzigenswert — die Versammlung der Schweizer Naturforscher zu Neufchatel 1837.

Der Streit über Drift- und Gletschertheorie gliedert sich ein in die Kämpfe, die in den auf Werners Tod folgenden Jahrzehnten um den neuen Forschungsgrundsatz des Aktualismus geführt wurden. Bis dahin war von einer Hypothese nur verlangt worden, daß sie den geologischen Tatsachen Rechnung trage, und außerdem war die Überzeugung verbreitet, daß alle Schlüsse, die sich mit Hilfe einer in den ersten Schritten haltbaren Hypothese des weiteren ergäben, an inhaltlicher Sicherheit tatsachengleich gewertet werden könnten. Auf dieser Grundmeinung beruhte der Dogmatismus Werners, der sich in L. v. Buch mit ähnlichem Dogmatismus schottischen Ursprungs vereinigte und in Frankreich bei Cuvier und E. de Beaumont günstigsten Boden fand. Undogmatisch dachte Voigt, durch welchen diese Denkweise der „bergmännischen Oppositionspartei in Sachsen" sich auf v. Hoff fortpflanzte,[226] ebenso aber auch eine englische Geologenschule, die auf Hutton, J. Hall und Playfair zurückgehend, durch A. Boué zuerst auf den Kontinent übergriff und durch Lyell ihre vollendete Ausbildung fand.[227] „Der gegenwärtige Standpunkt der Geologie ist ein Moment der Gärung und des

Zweifels; durch eine Menge neuer Tatsachen zeigt sich die Unzulänglichkeit der bisher am meisten verbreiteten Ansichten", schrieb Boué 1823, um damit die Forderung zu verbinden, bei der Erklärung geologischer Ereignisse zunächst ein reicheres Beobachtungsmaterial zugrunde zulegen und ferner vom Bekannten zum Unbekannten, d. h. von der Kenntnis der gegenwärtig tätigen Kräfte zur Erläuterung der älteren schrittweise rückwärts weiterzugehen.[228] Die Forschung leistete jener ersteren Forderung bereitwilliger Folge als dieser letzteren; so konnte ungefähr gleichzeitig mit Boué schon Conybeare aussprechen, das Fortschreiten des geognostischen Wissens sei im Verlauf der letzten 10 Jahre vorzugsweise schnell gewesen, indem die Forscher, sich lossagend vom eitlen Streben, Theorien zu erbauen, sich mehr darauf beschränkten, induktive Beobachtungen zu sammeln.[229] Dadurch entstanden in diesem Zeitraum zahlreiche Landesbeschreibungen, die das Ziel einer geologischen Karte von Europa, das Goethe 1782 für leicht erreichbar gehalten hatte, nun wirklich mehr in die Nähe rückten.

In dem Jahrzehnt zwischen 1820 und 1830 wurde nicht nur dem Ergebnis der geologischen Synthesen Goethes stückweise der Boden entzogen, sondern es verlor auch der erste Grundsatz der Wernerischen Methode, aus den ältesten Bildungen der Erde Schlüsse über Entstehungsursachen und wirkende Kräfte zu ziehen, seine Geltung. Der neu aufkommende Forschungsgrundsatz ließ, auch wo er noch nicht anerkannt wurde, das bisher Erreichte ungenügend erscheinen und erzwang Vermehrung und neue Sichtung des Erfahrungsinhalts.

Ein Träger dieser Bewegung war in Deutschland Chr. Keferstein, der in seiner Zeitschrift „Teutschland, geognostisch-geologisch dargestellt und mit Charten und Durchschnitten erläutert" einen Sammelpunkt schaffen wollte, sein hochgestecktes Ziel aber durch Schuld der Umstände und Mängel der eigenen Veranlagung nicht erreichen konnte. „Obwohl die Kefersteinschen Karten und Erläuterungen viele wertvolle Beobachtungen enthalten, so war die Aufgabe, welche sich der Verfasser gestellt hatte, doch für den einzelnen Mann zu groß und konnte in damaliger Zeit unmöglich in befriedigender Weise gelöst werden."[230] Bewundernswert ist die Arbeitskraft des im Reisen und Zusammentragen der Literatur unermüdlichen Verfassers, doch litt das Ergebnis von Anfang an unter einer Unklarheit des Plans, da der Umkreis der Betrachtung nicht scharf umschrieben, oder an der gesetzten Grenze nicht Halt gemacht wurde. Kefersteins Schilderungen streben oft sich zu nationalökonomischer oder bergwirtschaftlicher Monographie auszuweiten, ziehen sich aber auch zuweilen zu einer Art von Exkursionsführer zusammen. Dabei lag es nicht in seiner Kraft, das vorgelegte Material an Tatsachen zu beleben und anschaulich vorzustellen; die Trockenheit des Inhalts, das Behelfen mit Listen und Tabellen, also Aufzählung an Stelle von Verarbeitung des Stoffs, macht die Lektüre der Kefersteinschen Schriften zu einer ermüdenden und eigentlich wenig fruchtbaren Arbeit. Er lieferte Nachschlagewerke, die heute vielleicht bei wirtschaftsgeschichtlichen Studien z. T. nützlich sein möchten, und um deren Vervollständigung er selbst, auch durch wiederholtes Bitten um Mithilfe und Berichtigung, stets bemüht war. Denn es war seine und ebenso Goethes feste Überzeugung, daß solches Werk unmöglich auf das erste Mal und durch die Kraft eines Einzelnen gelingen könne.[231]

Die Zeitschrift erschien in Weimar. Goethe wurde schon während der Vorbereitung aufgefordert, seine Unterstützung zu leihen; auch wurde ihm der erste Band gewidmet. Er beteiligte sich, „als großer Kenner der Farben" ausdrücklich von Keferstein darum gebeten,[232] vorwiegend am technischen Teil und gab zur Herstellung der Karten, besonders zur Farbenwahl, seine Ratschläge. Die von ihm vorgeschlagenen Farben stimmen im wesentlichen mit den gegenwärtig üblichen überein, auch ist sein Wunsch, daß man sich auf eine allgemein angewendete Farbenskala einigen möge, heute — wenn auch nicht ohne Einschränkungen — erfüllt.[233] Wiederholt und mit Nachdruck stellte er ferner an den Verleger eine Anforderung, die beim damaligen Stand der Kartendrucktechnik nur unter beträchtlicher Erhöhung des Verkaufspreises verwirklicht werden konnte: „Überhaupt wäre sowohl am Farbenmaterial als auch an dem Honorar der Illuminierenden ja nichts zu sparen, weil in der Reinheit und Unterscheidbarkeit der Farben der ganze Wert des Blattes liegt."[234] Vergleicht man eine der dem letzterschienenen Band beigelegten Karten mit den ersterschienenen, so muß man bedauern, daß Goethe mit dieser — heute so selbstverständlichen, damals bei Handkolorierung freilich schwerer erfüllbaren — Forderung nicht durchdrang, und daß deshalb der Zweck der Karten, klare Übersichtlichkeit, immer stärker verfehlt ward.[235]

Der weiteren Bitte Kefersteins, einen nach unzulänglichen Literaturzusammenstellungen gefertigten Entwurf der geologischen Karte des großherzoglichen und herzoglichen Sachsens zu verbessern, konnte Goethe nicht nachkommen, da er wenig mit der Beschaffenheit des Flözgebirges seiner näheren Umgebung vertraut war. Er beschränkte sich, zu weiterer Instruktion auf die Werke W. v. Charpentiers, Voigts und v. Hoffs, sowie auf die in Jena aufbewahrte Sammlung Heims hinzuweisen.[236] Ohne direkt Mitarbeiter zu sein, verfolgte er aufmerksam die Weiterentwicklung des Unternehmens,[237] benutzte besonders in den ersten Jahren jede Gelegenheit, rühmend darauf hinzuweisen und schloß enie Reihe kleinerer Mitteilungen daran an, gelegentliche Beobachtungen, die mit seinen sonstigen Gedankenreihen nicht in Beziehung standen[238] und erst jetzt ebenfalls einen Wert erhielten. Durch Kefersteins Karte von Deutschland und die beigegebenen allgemeinen Schilderungen der geognostischen Verhältnisse war ein Rahmen geschaffen, in dem auch vereinzelte Erfahrung ihren Platz finden und sich im Zusammenhang mit einem synoptischen Ganzen fühlen konnte.[239] Auch Goethes geognostische Schilderung von Marienbad gehört hierher, ein Versuch, das 1806 in Karlsbad Geleistete nun 16 Jahre später auch für den aufblühenden benachbarten Badeort zu tun, freilich unter weniger günstigen Umständen und darum mit geringerem Erfolg.

Vorarbeiten waren kaum vorhanden; die Erkenntnis wurde gehindert durch die Spärlichkeit und Unklarheit der Aufschlüsse, sowie durch die Metamorphose, welche in diesem Kontakthof des Granits alle Gesteine mehr oder weniger betroffen hat. Die geologische Technik war der gestellten Aufgabe noch nicht gewachsen und so kam Goethe über das Ergebnis nicht hinaus, daß der nördlich des Ortes anstehende Granit, der südliche Teil des Massivs, an dessen Nordrand Karlsbad liegt, den Grund aller Höhen bei Marienbad bilde und in großer Abänderlichkeit auffallend und merkwürdig gegen sehr verschiedenartige Gestalten der Urbildung schwanke.[240] Unter diesen letztgenannten Bildungen sind die Gneise und Hornblendegesteine verstanden, die sich südlich und östlich an das Granitmassiv anschließen, aber auch manche der Varianten des Granits selbst.[241] Eine geographische Scheidung ist nicht versucht, besonders deutet nichts darauf, daß er das gangartige Auftreten des Hornsteins auf der von WNW. in das Ortsgebiet einschneidenden Spalte bemerkt[242] oder dieses Gestein mit den Thermen in Verbindung gebracht habe. Ebenso entging ihm, daß Hornblendegesteine entlang dem Marienbader Bach die östlichen Hügel und das Ortsgebiet einnehmen, während die Gneise auf die westlichen Hügel beschränkt sind. Aber auch L. v. Buchs Karte der Karlsbader Gebirge (1847) zeigt nichts derart, sondern läßt das Tal des Marienbader Bachs ganz aus Granit, die Hügel beiderseits aus Hornblendeschiefern bestehen.[243] Die von Goethe zusammengestellte Suite der Gesteinsarten ist reichhaltig, enthält auch manches, dessen Vorkommen erst durch ihn bekannt wurde,[244] doch beweist das nur für die Beobachtungsgabe und den Sammelfleiß des schon mehrfach genannten Kutschers Stadelmann, der unermüdlich im Steineschleppen alles in näherer und weiterer Umgebung Anstehende aufzustöbern wußte.[245] Goethe selbst sammelte wenig und stützte seine Anschauung über die nähere Umgebung nur auf einen einzigen Ausflug, den er 1821 unternahm.[246] Beim zweiten Aufenthalt 1822 blieb er im Ort, erhielt einige Mitteilungen L. v. Buchs über dessen Exkursionen,[247] ohne erkennbaren Vorteil daraus zu ziehen. In diesem Jahr gelangten die Niederschriften zum Abschluß,[248] und es fand sich, daß der dritte Aufenthalt 1823 trotz Stadelmanns unverändertem Eifer nichts wesentlich Neues beizutragen hatte.[249] Auch dieses Mal blieb Goethe im Ort, ohne selbst nennenswerte Exkursionen zu unternehmen. Er kam von Anfang an mit der Überzeugung, hier nur die von Karlsbad her wohlbekannten Verhältnisse wiederfinden zu können,[250] hatte daher die ausgesprochene Forschungsabsicht, die einen mit den andern zu identifizieren und vermochte die Unzulässigkeit dieser Absicht nicht zu erkennen. Infolge unüberwindlicher Hindernisse, besonders wegen der noch jetzt die Erkenntnis hemmenden schlechten Aufschlüsse, war das Bild, das er von der Marienbader Geognosie erhielt, außerordentlich lückenhaft und unselbständig; daher wurden diejenigen der unter sich zusammenhangslosen Beobachtungen bei Marienbad, die zu Karlsbader Zuständen keine Analogien zeigten, unbeachtet beiseite gestellt, die übrigen nach Maßgabe dieser Analogien zu einem Bilde geordnet, das nun natürlich die vorausgesetzte Identität zu beweisen schien.

Die Beobachtungen in Marienbad hatten keinen Einfluß mehr auf Goethes allgemein-geologische Vorstellungen; die Reisen dahin sind für die Geschichte seiner Studien fast nur bedeutsam wegen der früher besprochenen Ausflüge, die er meist während der Rückreise von Eger aus unternahm auf Vorbereitung und unter Führung des Polizeirats Grüner.[251] Goethe hatte bei seinem Alter und bei der Vielseitigkeit der an ihn gestellten Ansprüche wohl berechtigten Anlaß, mit Zeit und Kräften haushälterisch zu sein. Er durfte sich in eigenen Unternehmungen auf das beschränken, was Aussicht auf sicheren Gewinn bot, auf Kenntnisnahme des von anderen, jüngeren Gefundenen, aber das Durchstreifen unbekannter und wenig günstiger Gebiete Hilfskräften überlassen, wie dem mit natürlichem Geschick und unbezähmbarem Eifer begabten Kutscher Stadelmann.

Der Bericht über Goethes geologische Beobachtungen und die Wege seines produktiven Denkens erreicht hiermit sein Ende. Es war von einem Streben zu reden, das bis in die unmittelbare Nähe des Todes andauerte und sich in der Überfülle der aus dem ganzen Umkreis des Lebens an ihn herantretenden Ansprüche stets einen Platz zu wahren wußte, zugleich aber von Ergebnissen, die ihrem Inhalt nach nicht dem zu entsprechen scheinen, was man von einem Goethe erwarten möchte. Wen Mitwelt und Nachwelt zum Heroen erhebt, den möchte sie uneingeschränkt verehren und über alle Hemmungen und Schwächen des Menschen erhaben sehen. Ungern gesteht sie ihm das Recht zu, ein Sohn seiner eigenen Zeit zu sein und zu bleiben, und ist enttäuscht, wenn sie erfährt, daß er nicht eine ideale, sondern nur eine menschlich-bedingte

Vollendung gestaltete. Sie wünscht, sie ist sogar trotz aller Einwendungen des Verstandes überzeugt, daß das Alter ihn nur ehrwürdiger gemacht, nur die Unebenheiten der Jugend ausgeglichen habe, ihm aber nicht die jugendliche Kraft der Anpassung nahm, als ob die Tugenden des Werdenden und die des Vollendeten sich nicht ausschlössen und die Jugend nicht eben gerade darum anpassungsfähiger wäre, weil sie nur einen geringeren und weniger eingewurzelten Besitz von Denkweisen und Denkinhalten anzupassen hat.

Auf der Stufe des Lebens, bis zu der Goethe durch seine Kraft und durch die Gunst des Geschicks emporgestiegen war, oblag ihm neben dem eigenen Forschen und wegbahnenden Voranschreiten zu allen Zeiten die Pflicht, Kenntnis zu nehmen von dem Streben anderer und es zu fördern im Dienst der Sache. Jetzt stellte das Alter diese Aufgabe des Geleitens noch stärker in den Vordergrund, und es darf billig bezweifelt werden, ob es gerade die gewöhnliche Forscherart sei, nach einem Zusammenbruch aller Überzeugungen, wie Goethe ihn in seinem letzten Lebensjahrzehnt erlebte, dennoch sich nicht von den Weiterschreitenden abzuwenden und frei von dem Neid, den sonst ein am Ziel Gescheiterter wohl fühlen mag, nach dem Streben der nächsten Generationen gespannt auszublicken. Es ist vielleicht sogar noch stärker als das eigene Denken und Handeln ein Beweis für die Wissenschaftlichkeit des Goetheschen Forschens, daß er seinen Mißerfolg historisch betrachten lernte[252] und von allem Neuen Kenntnis nehmen, alles Neue mitgeteilt erhalten wollte.

Denn zur Förderung fremder Arbeit, der anderen Obliegenheit erfahrenen Alters, war ihm wenig Gelegenheit geboten. Sie war eine Pflicht seines Amtes, der Oberaufsicht über die weimarischen Anstalten für Kunst und Wissenschaft, und ein persönliches Anliegen, in dem er sich keineswegs auf bestimmungsgemäße Verwendung der angewiesenen Mittel beschränkte. Es mögen heute seine Leistungen bescheiden erscheinen, wenn man vergißt, daß Geologie nicht das einzige Gebiet war, auf dem er persönlich und amtlich in verarmter Zeit zu fördern hatte, und wenn man es mit dem vergleicht, was in der Gegenwart, wenn es seinesgleichen gäbe, ein Mann von Goethes Ansehen und Einfluß aus Eigenem und Fremdem wohl würde aufbringen können. Einsichtigem Urteil aber erscheint es in völlig anderem Licht, wenn von einigen persönlichen Aufwendungen für geologische Zwecke zu berichten ist[253] und gleiches besagen die Versuche, durch Einsetzung seines Namens und seiner Werke die Knappheit der baren Mittel zugunsten der Allgemeinheit etwas auszugleichen.[254] Der Sammler und Sammlungsleiter wird auch heute noch nicht tadeln, daß Goethe meistens gab, um zu erhalten, und förderte, um seinerseits gefördert zu werden, denn auch dieses sollte der Gesamtheit dienen. Wenn, wie nach den Marienbader Reisen, der Reichtum an eigenem Besitz freiere Handhabung gestattete, so entsagte er auch diesem berechtigten Egoismus und suchte durch freigebig an geeigneten Stellen niedergelegte Sammlungen nachfolgende Forscher instand zu setzen, die zwar noch unvollständigen Vorarbeiten kennen zu lernen und auf deren Grundlage weiterbauend rascher weiterzuschreiten.[255]

Um so ausgedehnter wird der Kreis der Betrachtung, wenn sie sich auf das Geistige und Persönliche richtet, und die Dinge und Personen bezeichnen soll, denen Goethe in seinen letzten Lebensjahren auf geologischem Boden Aufmerksamkeit widmete. Der Vorwurf, den man besonders auf dem Gebiet der bildenden Kunst wohl gegen ihn erhoben hat, daß er nur Mittelmäßigkeiten gelobt und nur anerkannt habe, was unbedingt seinen Ansichten zustimmte, trifft im geologischen Felde nicht zu, sondern im Gegenteil ist das Bestreben unverkennbar, nur das von den Führern Gelehrte in Betracht zu ziehen, obwohl, oder gerade weil sie seine Gegner waren, mit den andern aber, die doch, zu welcher Schule sie auch gehörten, nur Gefolge bildeten, sich nicht weiter aufzuhalten. Seine Abneigung gegen L. v. Buch, den vulkanistischen „Ghibellinen", hinderte ihn nicht, trotz des Verharrens auf seinem „guelfischen" Standpunkt[256] zu gestehen, daß „die Gedanken, die ein solcher Mann bei Betrachtung der Natur hege, unsern Anteil gar kräftig in Anspruch nähmen",[257] und es ist sicher, daß der eigentliche Quell seiner Verkennung des von v. Buch Geleisteten in größerer Tiefe zu suchen ist, in einem grundsätzlichen Widerspruch zwischen den beiderseitigen Forschungsabsichten und Denkweisen, aber durchaus nicht nur in dem an der Oberfläche liegenden Gegensatz der Ergebnisse. Über letzteren kam Goethe hinweg, wie er denn die Bekanntschaft mit Graf Sternberg als größtes Glück seiner letzten Lebensjahre pries und von diesem behauptete, daß er denke „wie wir".[258] Dabei war Sternberg alles andere als ein Neptunist, vielmehr unermüdlich beflissen, in freilich konziliantester Vortragsweise, Goethe von der Richtigkeit der neuen Anschauungen zu überzeugen, ohne sachlich im geringsten der überwundenen Theorie Zugeständnisse zu machen.[259]

Dem Streben, durch persönliche Berührung mit der jüngeren Forschergeneration den eigenen Gesichtskreis zu erweitern, war keine Grenze gesetzt. Bezeichnend dafür ist Goethes Wunsch, wie in früheren Zeiten einmal Greenough, Buckland und Conybeare,[260] so später Sedgwick und Murchison, Präsident und Sekretär der Londoner geologischen Gesellschaft bei sich zu begrüßen, als er hörte, daß ihr Eintreffen in Weimar erwartet werde:[261] er selbst wollte die Begegnung herbeiführen, wohl kaum um sich verehren zu lassen, sondern um Anregung zu erfahren und durch persönliches Gespräch mit den Vorkämpfern Kenntnis zu nehmen von einer neuen Forschungsrichtung, der modernen Stratigraphie.

Diese beruht auf der Theorie der Leitfossilien, die zuerst in England angewandt, durch v. Schlotheim 1813 auf deutsche Verhältnisse übertragen, aber erst anerkannt wurde, als sie nach 1820 über Frankreich in weitergebildeter Gestalt nach Deutschland kam.[262] Goethe hatte die Versteinerungen, wie bis zum Ende der zwanziger Jahre auch L. v. Buch, aus seinen geologischen Betrachtungen ausgeschlossen, ward aber 1823 auf ihren Wert, wenigstens den der fossilen Pflanzen, aufmerksam, als Sternberg die Ergebnisse seiner geognostisch-botanischen Untersuchung der vorweltlichen Flora ihm mitteilte.[263] Sofort überzeugt von der Wichtigkeit eines Kriterium, das erlaubte, Formationen ebensowohl nach botanischen als nach geognostischen Merkmalen zu scheiden, bat er um nähere Mitteilungen und um einen Kommentar, der in den Heften zur Morphologie und Naturwissenschaft erscheinen sollte.[264] Aber Sternberg mochte einsehen, daß noch allzu viele Irrtumsmöglichkeiten der neuen Wissenschaft anhafteten, und daß ihre Ergebnisse noch nicht zu einer enzyklopädischen Darstellung reif seien; er lehnte ab,[265] ohne Goethes schnell erwachtes Interesse abzuschwächen, so daß die fossile Flora sich in Goethes Gesichtskreis erhielt, weit eher als die Beachtung der fossilen Faunen und diese stets überwiegend.[266] Freilich stand die Steinkohlenflora dem Interesse Goethes besonders nahe, weil sie dem Übergangsgebirge angehörte und durch ihre Artenzusammensetzung auf ein Problem der allgemeinen Geologie neues, zur Beseitigung einer Verständnisschwierigkeit mahnendes Licht warf. Es fiel ihm gleich beim ersten Blick auf, daß die Existenz einer solchen Flora nahe dem fünfzigsten Breitengrad schwer zu erklären sei;[267] er meinte — hier unbemerkt im Anschluß an neuere Denkweisen über die Entwicklung des Erdkörpers —, daß der südliche Florencharakter „auf die entferntesten Epochen der Weltbildung verweise“,[268] d. h. auf Zeiten, in denen der überall hervorbrechende Vulkanismus die Erdoberfläche und die Atmosphäre erwärmt habe.[269] Ferner spielte hier sein Anschauungsbedürfnis ein: er mußte, um Interesse an den Resten zu nehmen, sich das lebende Wesen vorstellen können[270] und dieses gelang weit leichter bei Farrenwedeln, Hölzern und Blättern als bei Skeletten und den Schalen mariner Tiere, von deren Leben er so gut wie gar keine Erfahrung durch Anschauung besaß. Die tierischen Fossilien waren und blieben Stiefkinder seines Denkens, wie die Geologie der Flözgebirge, und es war ein Zufall, daß in den letzten Jahren seines Lebens ihm noch entgegentrat, was inzwischen mit Hilfe der Leitfossiltheorie geleistet und welch umfangreiches Gebiet der Erfahrung neu zugänglich geworden war.

Der Übermittler dieser Kenntnisse war ein Mann, dessen Name sonst in der Geschichte der Geologie nicht vorkommt: Glenck, ein Bohrunternehmer, der zuerst in der Schweiz mit wechselndem Erfolg auf Salz gebohrt hatte, z. T. an Orten, für die wir kaum erraten können, auf Grund welcher geologischen Vorstellung er gerade diese ausgewählt hatte.[271] Seit 1823 hatte er sein Tätigkeitsfeld nach Thüringen verlegt[272] und war in Goethes nächsten Gesichtskreis getreten, als er bei Stotternheim auf weimarischem Gebiet ein gleiches Unternehmen begann. Der Erfolg schien Goethe zweifelhaft, denn die Überzeugung, zu welcher die ersten Beobachtungen geführt hatten und die eigentlich Grundlage der ganzen Geognosie geworden war, der Glaube an die Konsequenz der Schichtenfolge, war beim Anwachsen der Kenntnis arg erschüttert worden. Es schien vielmehr allgemeine Regellosigkeit im Einzelnen obzuwalten, ein von Ort zu Ort verschiedenes Abwechseln kalkiger und toniger Bildungen, das keinerlei Schlüsse erlaubte und deshalb gleichgültig war.[273] Begreiflich ist daher, daß der erste Erfolg Glencks, die Erbohrung einer Sohle in 762 Fuß Teufe, großes Aufsehen bei Goethe erregte,[274] und daß, als ein Jahr darauf in 1170 Fuß das erwartete Steinsalz wirklich gefunden wurde, sein Staunen über die Kühnheit eines Mannes, der 1200 Fuß in die Erde hineinbohre, vorauswissend und sagend, was da gefunden werden müsse, sich mit Bewunderung des fortgeschrittenen Wissens verband.[275] Es war nun aufs neue bewiesen, daß, wie Glenck ihm 1829 schrieb, die Gebilde der Flötzzeit sich mit merkwürdiger Regelmäßigkeit folgten und der praktischen Geognosie mit hohem Grad von Sicherheit ermöglichten, zu wichtigen Entdeckungen den Weg zu zeigen.[276] Aber was Goethe stärker erregte, das war die Erkenntnis, gewaltige Fortschritte der Forschung überhaupt nicht beachtet zu haben. Bei der ersten Begegnung mit Glenck forderte er näheren Aufschluß, ließ sich eine ausführliche Tabelle der Flözformationen, ihrer Gliederung und Verbreitung niederschreiben,[277] und sah nun freilich ein, daß die scheinbare Unregelmäßigkeit der Flözfolge nur vorgetäuscht worden war durch eine Kette von Verwechslungen der Formationen, die man inzwischen durch genaueres Studium der Einzelheiten und Beachtung der Fossilien unterscheiden gelernt hatte.[278] Seinem Dank für diese Bereicherung gab der Achtzigjährige ungewöhnlich lebhafte Worte und fügte die Bitte daran, die Einführung in dieses Neuland der Wissenschaft fortzusetzen;[279] Glenck, obwohl durch weitverteilte Unternehmungen stark beschäftigt, suchte diesen Wunsch zu erfüllen durch allwinterliche Besuche in Weimar und längere Besprechungen.[280] Wie Moses das gelobte Land erschaute, ohne es zu betreten, so gewann Goethe in den letzten Jahren seines Lebens Einblick in das Forschungsgebiet, das in der Folgezeit Hauptgegenstand der geologischen Betrachtung wurde und es auch in Zukunft noch für lange bleiben wird.

Kreide und Tertiär, über die Glenck nichts mitzuteilen wußte, und denen Goethe ohne Besitz eigener Anschauung gegenüberstand, blieben außer Betracht, ebenso auch das Diluvium, wenigstens soweit es Geologie betraf. Bis zuletzt dachte Goethe das „aufgeschwemmte Gebirge" abgesetzt bei hohem Stand des Meeres, zu einer Zeit, als „Walfische" ihr Spiel trieben, wo jetzt das Tal der Ilm bei Weimar sich weitet,[281] während das über die Wasserfläche ragende Land Tummelplatz gewesen sein sollte für Urstier, Elefant, Pferd, Hirsch und — Paläotherium.[282] An eine Verbindung mit der Eiszeit dachte er nicht, wie er sich überhaupt über die zeitliche Stellung der Eiszeit nicht aussprach. Wenn nach den genannten Fossilien ihm Tertiär und Quartär durcheinanderflossen, so begreift sich, warum Cuviers discours sur les révolutions de la surface du globe, obwohl sorgfältig studiert,[283] so geringe Einwirkung ausübte und mit einer halb scherzhaften Bemerkung über die Neigung des Franzosen zu übermäßig positiver Ausdrucksweise rasch abgetan wurde:[284] Goethe verstand die Absicht des Buches kaum und betrachtete es, wie das Werk, zu dem es die Einleitung war, und wie die Reste diluvialer Säuger, rein osteologisch-zoologisch. Allerdings ging er darin nicht soweit wie der Großherzog Karl August, der vermutete, das im Moor bei Haßleben gefundene Skelett eines Urstiers könne wohl von einem der riesigen ungarischen Ochsen herrühren, welche in früheren Jahren zu Viehmärkten in jene Gegenden angetrieben worden waren.[285] Von Jahr zu Jahr wurden in nächster Umgebung Weimars immer neue Fundorte diluvialer Riesensäuger aufgedeckt. Goethe war eifrig und mit Erfolg bemüht, die Reste seiner Sammlung einzuverleiben[286] und soweit möglich die Lokalitäten selbst zu besuchen.[287]

Es ist unmöglich, alles das aufzuzählen, was sich aus nah und fern, erbeten oder unverlangt eingesendet, an Goethe in den letzten Jahren herandrängte und Zeit und Gedanken länger oder kürzer beschäftigte.[288] Auf die Erforschung des Tatsächlichen war die Wissenschaft mit bewußter Absicht des Vereinzelns der Erscheinung und Spezialisierens der Untersuchung gerichtet, und Goethe hatte sich darein gefunden, ohne sich freilich enttäuschter Verwunderung zu entschlagen, wenn ein aussichtsreich begonnenes Unternehmen, wie die Versammlung der deutschen Naturforscher, nichts als Einzelheiten, nicht das geringste über die Zusammenhänge zutage förderte.[289] Die Flut der geleisteten Arbeit stieg, und bald erkannte er, daß nur ein rüstiger Mann bei ungeteilter Kraft den Schritten der Wissenschaft noch folgen könne.[290] Dennoch wuchs Liebe und Leidenschaft zu den Naturwissenschaften, je mehr anderes zurücktrat[291], und gleichzeitig ward das Bedürfnis eigenen

Schauens stets drängender, je mehr er sich auf die fast klösterliche Enge seines Studierzimmers eingeschränkt sah. Zu vieles entging ihm in seinem Streben, alles zu erfassen; „indessen geschieht ja das Viele, Gute, Treffliche, wenn ich es auch nicht in seinem ganzen Umfange mir zueignen kann“.[292]

Sich hiermit zu trösten, war nicht seines Geistes Art. Überaus zahlreich sind die Briefe, in denen er dankte für eingesandte Kunde, nur um noch mehreres zu erheischen; aber kein einziger spricht von Genügen oder gar von einem Zuviel. Im Gegenteil, oft glaubt man einen in geistiger Öde Verschmachtenden zu hören: „Schon drei Jahre war ich den Sommer über in Weimar geblieben, und unter dem, was ich durch die Entbehrung gewohnter Weltumsicht vermißte, war mir am empfindlichsten, für mineralogische und geognostische Studien aller Nahrung zu entbehren.“[293] Im Sommer 1828 entschloß er sich endlich, den vielen, dringenden Bitten des Bergrats v. Herder Folge zu leisten und noch einmal nach Freiburg zu gehen, „um dort in wenigen Wochen alles, was mir fehlen konnte, nachzuholen“,[293] doch der Tod Karl Augusts vernichtete die Pläne, und von Dornburg aus, wohin er sich zurückgezogen, schrieb er trauernd: „Es führt mich zuweit von der Bahn ab, die ich zu verfolgen habe. Der Tag muß den Tag belehren.“[294] Die Erinnerung an diesen Plan und das Bedauern über sein Scheitern blieb bestehen bis zuletzt, ungeachtet des Reichtums an geologischer Erfahrung, den seine Freunde in ausführlichen Berichten vor ihm ausbreiteten,[295] zu dem bescheidenere, wie der Ilmenauer Mahr, ihr Scherflein nach besten Kräften beisteuerten,[296] und dem als letzter Bernhard Cotta seine Erstlingsarbeit: „Die Dendrolithen in Beziehung auf ihren inneren Bau“ zufügte.[297] „Lassen Sie mich, insofern ich noch einige Zeit auf der wunderlichen Erdoberfläche verweile, gelegentlich einiges von Ihren Fortschritten vernehmen“, schrieb er diesem am 15. März 1832,[298] dankte gleichzeitig dem andern für zahlreiche Einsendungen fossiler Pflanzen, und schloß: „In der Hoffnung, Sie nächstens bei uns zu begrüßen, oder wenn Glück und Witterung begünstigt, mich mit Ihnen einmal wieder (wie in den letzten Augusttagen 1831) in Ihren Gebirgen zu erfreuen, wünsche ich das Allerbeste und empfehle mich zu geneigtem Andenken.“[299]

Wie ein Wanderer kam er sich vor, wenn er das Aufklären und Erweitern der Naturwissenschaft der letzten Zeiten betrachtete, „wie ein Wanderer, der in der Morgendämmerung gegen Osten ging, die heranwachsende Helle mit Freuden, aber ungeduldig anschaute und die Ankunft des entscheidenden Lichts mit Sehnsucht erwartete, aber doch beim Hervortreten desselben die Augen wegwenden mußte, welche den so sehr gewünschten und gehofften Glanz nicht ertragen konnten.“[300]

Aber entschlossen suchte er dann des Lichts gewohnt zu werden, suchte zu erkennen, ob die Gestaltung der Welt wirklich im hellen Tage so anders aussähe, als sie sich in der Dämmerung gezeigt und ob er ihre nun deutlicher hervortretenden Umrisse erfassen und in ihnen die Gestalten wiederfinden könne, die er vorher zu erblicken vermeint:

Schauen und Lernen bis zum Ende, im Dienste der auch dem hohen Alter auferlegten Pflicht, Kenntnis zu nehmen von den neuesten Erfahrungen und Überzeugungen,[301] bis nahe an die Stunde heran, wo der wegmüde Leib den Dienst versagte und das nimmer gesättigte Auge sich schloß für ewig.

Ergebnisse und Betrachtungen.

1. Geschichte der Goetheschen Sammlung. J. G. Lenz und die Sammlung der Mineralogischen Gesellschaft in Jena. Goethe als Sammler.

In der Abteilung der geschliffenen Gesteine befindet sich ein Dutzend Kalkplatten aus dem Berner Oberland. Die Aufschriften sind französisch: marbre de roche d'Oberhasli, de Zweyluzeni, de Grindelwald usw.[1] Nur einmal, im Herbst 1779, in der Geburtszeit des geologischen Interesses, war Goethe in diesen Gegenden, und beginnender Sammeleifer pflegt über der Schönheit wohlpolierter Stufen die natürlich-rauhen zu verschmähen, die später als allein charakteristisch und geologisch verwertbar vorgezogen werden. Läßt sich hieraus ein — immerhin noch kühner — Schluß ziehen, so wäre damit der älteste Besitz, der Grundstock der Sammlung aufgezeigt.

In der Überlieferung sind „Frankfurter Laven" das Älteste, das erwähnt wird;[2] ein Vierteljahr später erscheint schon die Tagebuchnotiz: „Brachte Voigt meine Stufen und Gebürgarten in Ordnung."[3] 1783 war der Umfang der Sammlung so angewachsen, daß die Anlage eines Gesamtkatalogs erforderlich wurde.[4] Mit großer Sorgfalt wurde auf jede Stufe eine Signierungsetikette aufgeklebt, bei denen kleine Formunterschiede auf die Zugehörigkeit zu den verschiedenen Abteilungen hinwiesen. Bei einer späteren Katalogaufnahme wurden die Blätter dieses ersten auseinandergenommen; er ist nur lückenhaft erhalten, teilweise durch Vermoderung fast unleserlich geworden und daher ist nicht zu entscheiden, ob außer den gleich zu nennenden Abteilungen noch weitere schon damals vorhanden waren. 1783 gab es eine systematische Mineraliensammlung, eine systematische Gesteinssammlung, an geognostischen Suiten eine solche vom Harz, aus Kursachsen, von Bottendorf, Fürstenberg, Stockheim, und als größte die thüringische Suite J. C. W. Voigts, die gewissermaßen offiziellen Charakter besaß, da in den Mineralogischen Briefen aus Weimar auf sie als Beleg hingewiesen war.[5]

Schon zwei Jahre später fand eine völlige Neuordnung und Neukatalogierung statt,[6] die offenbar ganz von Voigt ausgeführt wurde. Der größte Teil des Katalogs ist von seiner Hand geschrieben;[7] die eingearbeiteten Bruchstücke des ersten Katalogs fallen auf durch ihre sorgfältige Kanzlistenschrift. Der Anfang vom Verzeichnis der Harzsammlung wurde von Goethe selbst ins reine geschrieben und deshalb in der Weimarer Ausgabe der Werke abgedruckt.[8] Hier ist die systematische Mineraliensammlung nicht wieder behandelt. Soweit die Erhaltung des Manuskripts zu erkennen erlaubt, haben in dieser Abteilung überhaupt bis zu einer viel späteren völligen Umarbeitung und Ausdehnung sehr wenig Nachträge stattgehabt; sie müßten sich an der Schrift des Eintrags verraten. Außerdem war noch 1813 für das mineralogische System der Katalog A in Gültigkeit, da die zu dieser Zeit „in das Kabinett der Zinnformation" abgegebenen Stufen des Systems mit den Inventarnummern und dem Wortlaut des Katalogs A beschrieben werden.[9] Die geologischen Sammlungen füllten damals 5 Schränke in folgender Anordnung:

I.	Die Kursächsische Suite.	Jetzt XII, *1—3*.
	Die Schneeberger Suite.	Jetzt XII, *4—7*.
	Die Bottendorfer Suite.	Nicht mehr vorhanden.
II.	Gebirgsarten (Katalog fehlt).[10]	Nicht mehr vorhanden.
III.	Die Karlsbader Suite.	Jetzt XIV, *17*, 1—20; III, *17*.
	Die Schlaggenwalder Suite.	Jetzt IV, *1*, *2*.
	Die Joachimstaler Suite.	Jetzt III, *17*.
	Die schlesische Suite (späterer Einschub).	Jetzt IV, *20*.
	Die Glazer Suite (späterer Einschub).	Nicht mehr vorhanden.
	Die Darmstädter Suite (späterer Einschub).	Jetzt IV, *18*.
	Die Fichtelberger Suite.	Jetzt XIV, *22*.
	Die Bohnscheuer Suite.	Jetzt IV, *16*.
	Die Weilburger Suite (späterer Einschub).	Jetzt IV, *22*.
	Gebirgsarten verschiedener Gegenden.	Nicht mehr vorhanden.
	Italienische Marmore (späterer Einschub).	Aufgeteilt.
IV.	Gebirgsarten des Harzes.	Jetzt XIII, *1—9*.
	Erze des Kinzigtals.	Jetzt IV, *19*; XV, *3*.
	Erze von Allemont (späterer Einschub).	Nicht mehr vorhanden.
	Suite des Richelsdorfer Flözes.	Nicht nachweisbar.
	Steinkohlenflöz von Stockheim.	Jetzt IV, *16*.
	Einkaufsliste (späterer Einschub).	Aufgeteilt?
V.	Suite des Thüringer Waldes.	Jetzt XI, *1—10*. *13—21*.
	Sonneberger Suite (späterer Einschub).	Reste davon jetzt XI, *7*.

Über 20 Jahre lang schweigt nun die Überlieferung, abgesehen von einzelnen Notizen über Einsendungen und Abgaben, völlig von den Ge-

schicken der Sammlung. Sie scheint arg verwahrlost und ganz vergessen gewesen zu sein und erst 1809 im Oktober berichtete Goethe:

„Ich habe die ruhigen Tage, besonders im Gegensatz mit den Oktobertagen von 1806, zum Teil dazu verwendet, meine Sammlungen wo nicht zu ordnen, doch wenigstens etwas mehr zusammen zu bringen. Dabei habe ich viel Freude gehabt: denn ich habe wirklich recht schöne Sachen, die mir in diesen unruhigen Jahren ganz aus dem Gedächtnis gekommen sind.“ [11]

Welche Abteilungen es waren, die er damals im Gartenhaus besichtigte, ist unbekannt.[12] Auch währte es abermals fast 3 Jahre, bis von weiteren Ansätzen zur Ordnung die Rede ist.[13] Endlich 1814 nahm August von Goethe sich der Sache an und führte die offenbar sehr nötige Restauration zu Ende.[14] Bei dieser Gelegenheit entstand der dritte der älteren Kataloge;[15] unvollständig überliefert,[16] vielleicht auch niemals ganz zur Vollständigkeit gediehen, ist er nur eine von Zeile zu Zeile fortschreitende Kopie des Katalog B, mit Einfügung der italienischen Sammlungen von 1786/88 und 1790. Damals wurden besonders die Mineralien wieder geordnet, größtenteils in Kästchen gelegt, ein neuer Schrank aufgestellt und die 1812 mitgebrachte,[17] vorläufig im „oberen Gartenhaus“ eingestellte Karlsbader Suite einrangiert.[18] Vermutlich waren also schon damals beide Gartenhäuser wie jetzt für die geologischen Sammlungen belegt. Eine teilweise Umordnung des Bestandes fand dann 1817 statt;[19] eine namhafte Vergrößerung des Umfangs ist aber erst für 1820/21 erwiesen durch „sehr durchgeführtes Ordnen“ und Anschaffung eines neuen Schranks, ebenso für 1825 und dann zuletzt, wiederum durch August von Goethe ausgeführt, für 1826.[20] Noch einmal, nicht lange vor seiner Abreise, betätigte dieser seine ordnende Hand,[21] dann aber, nach Augusts Tod, übergab der Vater dem treuen Kräuter die Schlüssel und Aufsicht auch über diese Sammlungen und betrat das „Gartenhaus am Frauentor“, den Ort der geognostischen Abteilungen, nur noch zweimal flüchtig, um irgend etwas Bestimmtes anzuschauen und um sich den „Erinnerungen, wie solche gesammelt worden, die Örtlichkeiten und Personalitäten rekapitulierend“ hinzugeben.[22]

Die Angaben in den Quellen sind nicht eingehend genug, um festzustellen, was jedesmal bei den Umordnungen geändert wurde, und wann jeder Teil der Sammlung die Gestalt erhielt, in der er jetzt oder bei Aufstellung des Schlußinventars vorlag. Man mag vermuten, daß alles einmal im Gartenhaus Untergebrachte auch dort verblieb, und daß die jetzt im Hauptthaus befindlichen Abteilungen[23] auch zu Goethes Lebzeiten dort, näher zur Hand und im Winter leichter erreichbar, standen. Allerdings war nicht, wie jetzt, dieses alles im Vorraum des Studierzimmers untergebracht, sondern, wenigstens von 1823—1828,[24] standen Mineralienschränke auch „im vorderen letzten Zimmer", im sog. großen Sammlungszimmer nach heutiger Bezeichnungsart. Aber wiederum ist ganz unsicher, obwohl zur Vermutung naheliegend, daß es, wenn nicht überhaupt sämtliche Mineralienschränke, die jetzt mit Nr. III und IV bezeichneten waren. 1809 wird kaum etwas von Mineralien im Vorzimmer gestanden haben; die Bemerkung gegen Lenz, die Turmaline würden ehestens erfolgen, „es sei jetzt ein bischen kalt in den Steinzimmern",[25] läßt sich mit der jetzigen Aufstellung nicht vereinigen. Da anzunehmen, daß Lenz die Aufstellung kannte, hätte Goethe ihn sonst mit einem außerordentlich fadenscheinigen Vorwand abzuspeisen gesucht.

Die Petrefaktensammlung war frühzeitig von den übrigen getrennt und August von Goethe zur Verwaltung übertragen worden. Er zeigt sich als Sammler zuerst auf der Reise nach Pyrmont 1801,[26] und die damals erworbenen Schätze, von kindlicher Hand etikettiert, sind aufbehalten geblieben,[27] aber sie sind zugleich das einzige, was sich als Erwerbung Augusts nachweisen läßt. Abgesehen von einigen Geschenken Blumenbachs an seinen „lieben Freund August"[28] ist vielmehr alles, dessen Herkunft überhaupt erkannt oder vermutet werden kann, durch den Vater herbeigeschafft, wie um die schwache Flamme zu nähren[29] und wenigstens einen der jüngeren Generation in geologischen oder verwandten Interessen festzuhalten.[30] Charakteristisch ist, daß August von Goethe bei den meisten Bestimmungen diluvialer Wirbeltiere gröblich irrte,[31] und daß er auf den Etiketten hartnäckig den Schreibfehler „Paläoherium" für Paläotherium beging. Sein eigentliches Verdienst um diese und um den Rest der Sammlungen besteht im Ordnen des Vorhandenen und im Ordnen der Akten über die Sammlung, in einer mehr mechanischen Tätigkeit also, während seine Leistungen in der Bearbeitung der ihm speziell untergebenen Petrefaktensammlung mehr als bescheiden sind und von dem, was andere Liebhaber jener Zeit lieferten, himmelweit übertroffen werden. Die Persönlichkeit des unglücklichen Goethesohnes zeigt sich eben auf diesem Tätigkeitsfeld nicht anders, wie auf den übrigen.[32]

In der Petrefaktensammlung, deren Unzulänglichkeit der Vater, wenn auch nicht klar, so doch als Ahnung empfinden mußte,[33] bedeutete einen Lichtpunkt die seit mindestens 1821 bestehende und im folgenden Jahr besser ausgestaltete Abteilung der fossilen Pflanzen,[34] die allmählich stark vermehrt[35] und schließlich 1827 von Graf Sternberg bestimmt und geordnet wurde.[36] Leider ist sie seitdem in ein unentwirrbares Chaos zerfallen, so daß sie den Wert, den sie als Quellensammlung für das Studium der Steinkohlenpflanzen haben könnte, vollständig eingebüßt hat.

Es stimmt wehmütig, wenn Goethe nach dem Tode seines Sohnes sich gerade im Gedanken an die Fossiliensammlung des „Außengebliebenen" erinnerte, als bestehe dessen wertvollste Reliquie in diesem Werk eines energielosen, unproduktiven Interesses.[37] Im letzten Nekrolog, der diesem Streben galt, trat dann auch Augusts eigene Tätigkeit in der Sammlung vollständig und mit Recht zurück gegen die gelegentliche Hilfe Graf Sternbergs:

> „Die Flora subterranea wird immer mit Aufmerksamkeit verfolgt und es muß mir eine halbtraurige Freude sein, die Sammlung von Fossilien meines Sohnes, der durch Ew. Exzellenz freundliche Gunst so hoch beglückt wurde, bei eintretendem Frühling wieder zu revidieren."[38]

Gern wendet sich von hier aus der Blick zu kräftig Gedeihendem, zu den Sammlungen der jenaischen Gesellschaft für die gesamte Mineralogie, deren Fortschritte Goethe in den Annalen wie die der eigenen Sammlungen berichtete. Ihr Begründer und unermüdlicher Leiter war J. G. Lenz, der als Magister und Unteraufseher des herzoglichen Naturalienkabinetts zuerst 1782 in Goethes Briefen erwähnt wird[39] und dann lange Jahre hindurch am häufigsten als Adressat in der geologischen Korrespondenz begegnet. Ein Dasein, äußerlich von beschränktester Enge, bei jedem Unfall von Not bedroht, tut sich in diesen Briefen auf, die oft genug von rein Persönlichem handeln müssen. Angestellt Ostern 1780 mit einem Jahresgehalt von 50 Talern und 1783 auf dringendes Verlangen Loders, des Leiters der jenaischen Natur- und Kunstkammern, auf 100 Taler aufgebessert,[40] war er nach dem Vorlesungsverzeichnis 1798 noch Extraordinarius der Mineralogie, die aber auch von Batsch als dem Ordinarius gelesen wurde. Als Bergrat ward er 1803 zur Anstellung als Leiter des mineralogischen Kabinetts vorgeschlagen,[41] erhielt aber erst 1811 eine „professuram ordinariam honorariam" mit Sitz und Stimme im akademischen Senat[42] und befand sich noch immer in so ungesicherten Verhältnissen, daß er 1813 wegen gebrochenen Fußes mit 50 Talern unterstützt werden mußte,[43] und daß einige Jahre vorher die Überreichung eines Gratials von 25 Talern, „da er sich wirklich gut gehalten habe und die gegenwärtige Ordnung des Museums untadelhaft sei", seinen Einkünften gemäß war.[44] Es sind dieses Notjahre Deutschlands und insbesondere Thüringens, und kaum ein Brief von Lenz an Goethe aus dieser Zeit ist ohne bewegliche Klage über seine Bedrängnis. Der Gipfel war 1815 erreicht. Er erhielt eine einmalige Zulage von 50 Talern, denn die Kasse vermochte eine dauernde nicht aufzubringen.[45] In seinem Dankschreiben berichtete er, daß er 1813 im Quartier gehabt habe 141 Offiziere, 1 General und 164 Domestiken.

„Ich sahe mich daher genötigt, täglich mit meinen beiden Kindern und Frau Kartoffeln und Brot zu essen und unser Nachtlager auf Stroh zu nehmen, dagegen die Offiziere und Domestiken Braten, Wein, Kuchen mit Ungestüm forderten und auf Betten schliefen."[46] Sollte das Kolleggeld für ihn wie für andere als wichtige Einnahmequelle gerechnet werden müssen, so war er arg daran, denn er begann 1815 die Sommervorlesung mit zwei Hörern.[47]

Die Not mögen andere in gleicher Schärfe erlitten haben, ein Held, der unerschüttert dem Sturm der Zeiten trotzte, war er durchaus nicht[48] und konnte es als völlig Wehrloser auch nicht sein; auf wissenschaftlichem Boden kein selbständig Schaffender, sondern abhängig von Werner und nicht einmal einer der führenden Verkünder von dessen Lehre,[49] bewundernswert aber wegen der zähen Hartnäckigkeit seines Sammeltriebes, wegen seiner schrankenlosen Bereitschaft zu eigenen Opfern und der Kühnheit seiner Anforderungen an die Opferwilligkeit anderer. Wenn Goethe gelegentlich Lenzens „Strudelei" beklagte,[50] so war diese nur der Schatten einer Tugend: ein Gran von kühlerer Objektivität in diesem Charakter, ein Schatten von Fähigkeit, die Welt anders als vom Standpunkt des Mineraliensammlers anzusehen und an Freud und Leid einen andern Maßstab anzulegen, hätte wahrscheinlich verhindert, auf so hartem, mageren Boden und zu so bedrohlicher Zeit ein wissenschaftliches Unternehmen dieser Art zu beginnen und fortzusetzen.

Anfang 1798 ward die Sozietät für die gesamte Mineralogie begründet.[51] Sie erhielt die Erlaubnis, ihre Sitzungen im Schloß abzuhalten und ihre Sammlungen daselbst aufzustellen.[52] 1803 ward mit diesen das herzogliche Mineralienkabinett vereinigt.[53] Hierdurch, sowie durch zahlreiche Eingänge von allen Seiten, über die Lenzens Briefe an Goethe berichteten,[54] besonders aber durch die Gallitzinsche Sammlung, „37 Zentner schwer", die der Fürst Gallitzin als Dank für seine Wahl zum Präsidenten der Gesellschaft schenkte,[55] wuchsen in wenigen Jahren die Sammlungen zu solchem Umfang an, daß eine festere Fundierung nötig wurde, um der Gesellschaft „einen entschiedeneren Rang unter den öffentlichen Anstalten zu geben".[56] Sie wurde nach Genehmigung ihrer Statuten als „Herzogliche Sozietät" anerkannt und mit Wahrung ihrer Selbständigkeit den akademischen Anstalten eingereiht. Als solche erhielt sie vom Herzog Carl August das Geschenk einer in Leipzig angekauften, der Gallitzinschen ebenbürtigen Sammlung und wurde von Goethe 1805 im Rahmen der Aufsätze über die Universitätseinrichtungen [57] besprochen, wie auch noch weit später die „Übungen der großherzoglich mineralogischen Gesellschaft" im Vorlesungsverzeichnis erschienen.[58]

Durch die Erfolge, die er in jenen Kriegsjahren errang, als die „Oberaufsicht“ alle Aufmerksamkeit auf andere Dinge zu richten hatte, wurde Lenzens Selbstbewußtsein begreiflich geschwellt. Als ruhigere Zeiten kamen, hatte Goethe als verantwortlicher Leiter aller dieser Anstalten, wie es scheint, manche Schwierigkeit, den aufgeschossenen Eigenwillen, zwar unter voller Anerkennung des verdienstlich Geleisteten, in die alte Abhängigkeit zurückzuführen, und einiges Über-die-Stränge-schlagen nachträglich auszugleichen und zu entschuldigen.[59]

Die Geldmittel des Kabinetts, der Gesellschaft und Lenzens waren schmal und stets erschöpft. „(Ich habe heute) meine letzten Pfennige für die Sozietät aufopfern müssen und (weiß nicht), wie ich auf künftige Woche mit meiner Familie leben will“, schrieb Lenz einmal.[60] 1829 waren sogar die Fonds der Oberaufsicht im November bereits am Rande; damit für 35 Taler zufällig angebotene Mineralien angekauft werden konnten, mußte die Großherzogin Maria Paulowna um ein Geschenk von 20 Talern gebeten werden, was nach einigem Hin und Her genehmigt wurde, unter der Bedingung, daß Goethe über die Revue française, eine offenbar von der Großherzogin hochgeschätzte Zeitschrift, fortan weniger streng urteilen werde.[61]

So war die Gesellschaft für Mineralogie vorwiegend auf Tausch und Geschenke angewiesen; hierbei zeigte Lenz den Mangel an Bescheidenheit, der für leidenschaftliche Sammler bezeichnend ist,[62] in so hervorragender Weise, daß Goethe einmal von „kapuzinerhafter Unverschämtheit“, obzwar mit einem Lob des Erreichten verbunden, sprach,[63] oder als Lenzens Haupteigenschaft bezeichnete, „daß er immer haben und nichts ablassen wolle“.[64] Tauschgaben wurden allerdings so widerwillig und karg erwidert, daß Färber, einer der Universitätsbeamten, meinte, „in dergleichen Angelegenheiten wäre wohl bei unserm Bergrat Lenz die Folter noch anwendbar“.[65] Eigentlich scheint er der Ansicht gewesen, und vom Erfolg darin bestätigt zu sein,[66] daß die Überreichung eines Mitgliedsdiploms als ausreichende Gegengabe in allen Fällen gelten müsse, und aus vielen seiner Briefe an Goethe erhellt seine Überzeugung, daß auch der Empfänger eines unerbetenen Diploms durchaus verpflichtet sei, vollständige Mineralsuiten seines Wohnorts einzuliefern.

Lenz erreichte ein sehr hohes Alter. Als seine Geisteskräfte zurückgingen, verstieg sich der selbstbewußte Stolz des Sammlungsleiters beim Vorzeigen zu einem renommistisch nachlässigen Behandeln von Seltenheiten;[67] er blieb, auch pensioniert, nominell Direktor, aber die eigentliche Leitung wurde seinem Nachfolger auf dem Lehrstuhl, Bachmann, als dem „Prodirektor“ übergeben.[68] Seit längerem altersschwach, starb Lenz am 28. Februar 1832, und Goethe, selbst dem Ende nahe, nahm von dem alten Weggenossen Abschied mit den Worten: „Nach einem so tätigen und eigens wirksamen Leben ist unserm guten verdienten Lenz die schließliche Ruhe freundlichst zu gönnen."[69]

Goethes Stellung zur mineralogischen Gesellschaft war durch die Sachlage gegeben: er hatte als „Oberaufsicht" zum Frommen des Ganzen das Einzelne zu fördern, gelegentlich auch zu hemmen, besonders wenn Persönliches allzu starken Einfluß zu gewinnen drohte. Diese Gefahr lag aber nahe, da Lenz, leicht enthusiasmiert, keine Meinung neben der seinen oder vielmehr neben der gerade im Wernerischen Gefolge modernen gelten ließ.[70] Daher ergingen an ihn unmißverständliche Warnungen, als die nach ganz entgegengesetzten Gesichtspunkten angelegten Sammlungen des Bergrats Heim und Bergrats J. C. W. Voigt in Jena aufgestellt werden sollten;[71] daher auch später eine ziemlich scharfe Korrektur, als Lenz seinem und Goethes wissenschaftlichen Gegner Naumann die Benutzung der Sammlung verwehrt hatte, indem dieser eine eigene Lehrsammlung überwiesen bekam.[72]

Den überlieferten Briefen nach scheint es, als ob Goethe mit der Willkür eines unumschränkten Herrschers in die Leitung der mineralogischen Gesellschaft eingegriffen hätte.[73] Er trug seinem in Heidelberg studierenden Sohn auf, nach Männern zu fragen, denen Mitgliedsdiplome willkommen wären; er nahm in blanko untersiegelte Diplome mit auf die Reise, um sie nach Gelegenheit zu verteilen,[74] übergab auch wohl ein solches einem erstaunten Kandidaten der Theologie, bloß weil dieser aus den ungarischen Bergstädten gebürtig war.[75] Von Sendungen, die für Jena bestimmt waren, behielt er einmal die Doubletten für seine eigene Sammlung zurück,[76] aber dem steht gegenüber, daß er in einem Fall, wo Diplome allein kaum gefruchtet hätten, seine Werke als Gegengabe zur Anbahnung eines Tauschverkehrs und zum Nutzen der Jenaer Sammlung anbot,[77] einmal sogar eine Ordensauszeichnung in solcher Absicht erwirkte,[78] oder schließlich Verbindungen anknüpfte, wo es ein auf den Höhen des Weltlebens Stehender sich mit besseren Aussichten getrauen konnte.[79] Die Suiten, um welche er selbst die Jenaer Sammlungen bereicherte, hauptsächlich während der böhmischen Reisen,[80] waren umfangreich, und ganz unabschätzbar ist, was an besonders wertvollen Stufen einzeln aus seiner Sammlung stillschweigends in die der Jenaer Gesellschaft übergegangen sein mag. Auffällig ist nämlich, daß vieles Wertvolle, was den Briefen nach an Goethe persönlich geschenkt wurde,[81] nicht mehr in den Sammlungen oder den alten Inventaren vorhanden ist. Da es kaum entfremdet sein wird, bleibt nur die Annahme, daß Goethe nicht nur die Jenaer Sammlung als die seine betrachtete, sondern auch umgekehrt sein Privateigentum bei gegebener Veranlassung der Öffentlichkeit übergab, eine Vermengung des Persönlichen und des Amtlichen, die den Anschauungen des aufgeklärten Despotismus des achtzehnten Jahrhunderts weniger befremdlich war, als denen des neunzehnten. In diese sich hineinzufinden, war Goethe bekanntlich nicht gegeben und die Großherzogin Maria Paulowna erkannte das an, indem sie zu Zwecken der Oberaufsicht aus ihren Privatmitteln jährlich 1400 Taler zur Verfügung stellte.[82]

Einen gemischten, teils öffentlichen, teils privaten Charakter trugen Goethes geologische Sammlungen, wie erwähnt, unverkennbar in ihren Anfängen und verschiedene Einsendungen zwischen 1780 und 1790 werden unter diesem Gesichtspunkt zu betrachten sein. Später standen ihm zur Vergrößerung des Besitzes nur die Mittel des Privatmannes, eigenes Sammeln, Tausch, Kauf und Geschenk zur Verfügung.

Gegenwärtig, bei gut ausgebildetem Handel, würde das meiste wohl durch Kauf erworben werden müssen. Auch Goethe wandte dafür, wie es scheint, beträchtliche Summen auf, aber die Zahlen, die sich dafür den Sammlungsakten entnehmen lassen, würden kein richtiges Bild geben, wenn nicht die heutigen Preise dieser Stufen, der damalige Geldeswert und das Verhältnis der Ausgaben für „Fossilien" zu dem sonstigen Sammlungsaufwand daneben gestellt werden könnten. Immerhin wäre selbst dann wenig geklärt, denn die Überlieferung ist hier sehr unvollständig; auch ist schließlich doch nur ein geringer Bruchteil des Bestandes durch Kauf erworben, schon deshalb, weil es in Deutschland sehr wenig Naturalienhandlungen heutigen Stiles gab, jedenfalls nur eine einzige Mineralienhandlung, das 1804 von Leonhard gegründete Mineralien-Tausch- und Handels-Comptoir, erst in Hanau, dann in Heidelberg.[83] Der Handel beschränkte sich sonst im allgemeinen darauf, daß Sammler die Vorkommnisse ihrer engeren Heimat anboten, teils den Reisenden an Ort und Stelle,[84] teils im Umherziehen.[85] Weit wichtiger dagegen, vielleicht wegen der allgemeinen Geldknappheit damals besonders stark gepflegt, war der Tausch, der in den Tauschkontors eine Art von Organisation gefunden hatte, meist aber von Sammler zu Sammler direkt vor sich ging. Goethe empfahl diesen Weg,[86] beschritt ihn auch selbst, jedoch gestattet wiederum die Überlieferung nicht, sein Verhalten dabei zu charakterisieren, weil wir in manchen Fällen zwar über die Zusammensetzung der eingegangenen Sendungen, aber nur sehr ausnahmsweise über die Gegengaben unterrichtet sind.

Die Namen der Einsender würden eine lange Liste bilden und doch kaum etwas anderes zeigen, als daß er dadurch mit den Angehörigen verschiedenster sozialer Stufen, vom Fürsten Metternich, dem österreichischen Minister,[87] herab bis zu Huß, dem Scharfrichter von Eger,[88] in Verbindung kam, doch bleibt die Ernte schmal an Zügen, die für

Goethes Eigenart als Sammler bezeichnend wären, und etwas mehr zeigten, als daß er diese Technik des Sammelns kannte und betätigte. Fast als einziges verdient Hervorhebung, daß er einmal die als Gegenleistung außer Geld gewünschten Käfer und Schmetterlinge nicht ausschließlich durch private Mittel zusammenbrachte[89] und ein anderes Mal, offenbar in Erkenntnis des geringen Werts seines paläontologischen Besitzes, eine Fossilsendung Hoeninghausens durch Medaillen zu erwidern vorzog.[90] Einer gewissen Kargheit im Erwidern und einer entsprechenden Energie im Begehren glaubt man mehrfach gewahr zu werden;[91] so dürfte Grüner, in dem Goethe selbst das mineralogische Interesse erweckt und gepflegt hatte,[92] durch die Erlaubnis, in Goethes Doubletten zu wählen,[93] hauptsächlich an Ehre gewonnen haben, wenn wenigstens die Schiebladen der Sammlung, die sich jetzt durch ihren Inhalt als Doublettensammlung charakterisieren,[94] einen Schluß auf das damals Vorhandene erlauben. Ebenso mußte Cramer, der umfangreiche und wertvolle Mineralsuiten des Westerwalds und Siegener Landes eingeliefert hatte,[95] mehrfach auf Erwiderung erst drängen.[96]

Doch ist hierbei zu berücksichtigen, daß es sich eben nicht um Tausch zwischen Gleichberechtigten handelte. Sowie früher Leonhard,[97] so suchten später Cramer und Grüner[98] Goethes Hilfe keineswegs nur für mineralogische Zwecke zu gewinnen, und so menschlich begreiflich diese Protektionswünsche waren, so begreiflich war es auch, daß Goethe bei der Erwiderung diesen Gedanken, bewußt oder gewohnheitsmäßig, mit in Rechnung zog, um so mehr, als er in späteren Jahren, mehr als wohl je zuvor oder später irgend ein Sammler gewohnt war, Wertvolles als Zeichen der Verehrung, als ein dem Dichter und Olympier dargebrachtes Geschenk zu erhalten.

Geschenke aber sind es hauptsächlich, die den Goetheschen Mineraliensammlungen ihren großen Umfang und viel vom Wertvollsten des Inhalts gaben; es ist kaum einer von denen, die Goethe irgendwie menschlich näher standen, unvertreten durch eine ausgezeichnete Gabe, jedoch nur weniges davon sei angeführt. Überraschend ist die Fülle von Stufen, die an der Etikettenschrift als Gaben Sorets[99] zu erkennen sind; wenn aus dessen „Gesprächen“ zuweilen ein etwas spöttisch-kühler Geist entgegenzuwehen scheint, so zeugen die Steine für eine herzliche Verehrung, die sich handelnd äußert, aber die Nachbarschaft einer dithyrambischen Ausdrucksweise scheut, die sich sonst in den damaligen Schriften über Goethe genau so oft spreizt, als in den heutigen. Der undankbaren Aufgabe, den „verjährten Neptunisten“ zum Vulkanismus zu bekehren, unterzog sich Leonhard, dessen schwer lesbare Schrift besonders häufig auf den Etiketten vulkanischer Gesteine zu finden ist.[100] Das auffallendste Zeichen einer gebefreudigen Anhänglichkeit kam von

Loder: eine Sammlung schön kristallisierter Seltenheiten aus Sibirien in einer prunkvollen ledernen Kassette,[101] deren Äußeres so sehr die Mittel eines akademischen Lehrers zu übersteigen scheint, daß sie lange Zeit als ein in nicht übertragenem Sinne „fürstliches" Geschenk galt. Weniger glänzend, aber nicht minder wertvoll mag die Sammlung zur Freiberger Gangformation sein, die August von Herder 1831 übersandte, zusammengestellt in einer Ausgewähltheit und einer Größe des Formats, die in Goethes Sammlung sich sonst nicht findet.[102] Aber nicht nur Nahestehende sind vertreten: Graf Sternberg erfuhr von Goethes Wunsch, die in Radnitz entdeckte Steinkohlenflora in seiner Sammlung vertreten zu sehen und beschloß, „eine ausgewählte Sammlung davon zusammenzustellen und diesen Anlaß als eine sehr erwünschte Gelegenheit zu benützen, Ew. Exzellenz unmittelbar seine Ergebenheit und Verehrung auszudrücken".[103] Ein Jahr vorher übersandte sogar ein anscheinend nicht einmal dem Namen nach Bekannter, Bergrat Metzler-Giesecke in Dublin, vorübergehend in Wien, eine damals sicher außerordentlich wertvolle Sammlung neuentdeckter Mineralien von Grönland nebst einer umfangreichen Suite cornwallischen Zinns, zu keinem andern Zweck, als „Ew. Exzellenz einen kleinen Beweis von der unbegrenzten Verehrung zu geben, welche der deutsche Mann dero Verdiensten um so viele Zweige des Wissens schuldig ist".[104] Der älteste der geognostischen Freunde, von Trebra, aber war es, der am reichlichsten und am herzlichsten schenkte.[105] Hingebung, Verehrung war in dem Kreis um Goethe gewohnte Tonart. Jugendfreundschaft spricht auch in den Briefen Knebels und Carl Augusts, aber in von Trebras Gaben und Briefen hat sie eine eigenartige, besonders herzliche Note, beruht nicht nur auf rein Menschlichem, auf Gemeinsamkeit der Jugenderinnerungen und Lebensgewohnheit, sondern es ist die Freundschaft eines für seine Wissenschaft begeisterten Mannes, der die bewunderte Kraft, die immer nur zeitweilig und in Einzelheiten auf dem Boden der Geologie wirkte, der Sache wegen ganz dahinziehen wollte, stets hoffte und lobte, ermutigte und unterstützte, sobald sich nur eine Gelegenheit dafür bot;[106] eine Freundschaft, die kaum etwas für sich begehrte als ein Wort des Dankes[107], und nicht zauderte, zu einer der schwierigsten Aufgaben, die Goethe zu lösen hatte und nicht zu lösen vermochte, zu der Erziehung seines unter den unseligsten Bedingungen heranwachsenden Sohnes vorsichtig und diskret seinen Beistand anzubieten.[108] Ihm verdankte Goethe auf eine einfache Bitte hin eine vollständige Sammlung der sächsischen Zinnerzvorkommen[109] und neben vielem andern als Erwiderung auf ein paar Markasitkugeln aus der Champagne eine reiche Gegengabe herrlicher Kupferlasur von Chessy.[110] Mit ungewöhnlicher Wärme antwortete Goethe:

„Du bist immer noch der liebe, nachsichtige Freund. Auch diesmal hast Du mich wieder durch Deine Güte überrascht. Indes ich fürchtete, Du würdest mich mit meinen Hexenkugeln, mit meinem veralteten Patriotismus zum Henker schicken, so nimmst Du den freundlichsten Anteil und beglückst mich durch eine herrliche Sendung, die gar lieblich unter ihren Verwandten in meinen Schiebladen glänzt und sich in meinen Katalogen nicht wenig brüstet, da sie zur Vollständigkeit des Ganzen soviel beiträgt. Da Du mir nun vollends das: Sammle, sammle! zurufst, so höre ich nicht auf Dich zu ersuchen und zu bitten, geneigtest an mich zu denken, sowohl in diesem besonderen Fach als im allgemeinen, dem Du so löblich vorstehst.“ [111]

Die Bitte ward reichlich erfüllt, wie überhaupt Goethe wohl kaum je gänzlich eine Fehlbitte tat und wo sich Schwierigkeiten entgegenstellten, mit beträchtlicher Hartnäckigkeit auf unausgesetztes Bemühen dringen konnte. Als Beispiel dafür sei verwiesen auf den Briefwechsel mit dem einstigen Zögling Fritz von Stein in Angelegenheiten der Blitzröhren von Massel [112] und des sog. dattelförmigen Sandsteins von Prieborn. [113] Allerdings war es ein glücklicher Zufall, daß letzteres Gestein, seit 1807 gesucht, sich endlich 1821 auf einem von Fr. von Stein gekauften Gute fand; auch mußte einiger Widerstand passiven Unverständnisses überwunden werden, ehe Goethe die gewünschten und instruktiven Stufen erhielt, aber der Greis entfaltete dabei dieselbe Zähigkeit, die er in der Jugend, freilich erfolglos, bewiesen hatte, als er mit Merck um einen „Physeterkopf“ von Altdorf rang. [114]

War aber aus irgendeinem Grunde die Absicht undurchführbar, durch ein dem Forscher dargebrachtes Geschenk den „Dichterfürsten“ zu ehren, so beeiferte man sich wenigstens, interessante Seltenheiten ihm zur Kenntnisnahme vorzulegen; [115] naturforschende Gesellschaften des Inlandes und des Auslandes wetteiferten darin, seinen Namen unter denen ihrer Mitglieder, meist unter den Ehrenmitgliedern, aufzuführen. [116]

Daß Goethe während seiner Reisen ein eifriger Sammler war, und daß daher nicht unbeträchtliche Teile seines Besitzes, besonders unter den geognostischen Suiten, von ihm selbst herbeigetragen sind, ist jedem Leser der italienischen Reise wohlbekannt und im Lauf der Analyse seiner Studien vielfach bemerkt worden. Nur einiges Wenige ist hier noch nachtragsweise beizubringen. Vom heutigen Standpunkt aus würde ein Sammeln von Bachgeröllen, wie Goethe es in Sizilien sehr weitgehend übte, [117] für unzulänglich gelten müssen; nach der damaligen Wernerischen Ansicht aber konnte man auf diese einfache Weise eine Vorstellung über den Aufbau des Landes gewinnen, da man eine universell-gleiche Reihenfolge der Gesteinstypen annahm, also aus der Beschaffenheit eines Gesteins sein relatives Alter feststellen zu können meinte. Da weiterhin als unverbrüchlich galt, daß die ältesten Gesteine auf den Gipfeln zutage träten, und immer jüngere, je weiter man herabstieg, so schien damals das Sammeln von Bachgeröllen bereits eine ziemlich klare Vorstellung von der Tektonik zu vermitteln, und Goethes Verfahren in Sizilien war durchaus folgerichtig.[118] Eine ähnliche Überzeugung lag zugrunde, als Goethe den Wolfsberg geologisch beschreiben zu können glaubte, ohne selbst dort gewesen zu sein oder auf die lokalen Verhältnisse überhaupt einzugehen.[119] Hier lautete die Vorstellung, daß es durch petrographische Betrachtung möglich sei, „archetypische" und „pyrotypische" Gesteine aufeinander zu beziehen und dann logisch die Lagerung festzustellen. Außerdem ist zu berücksichtigen, daß Goethes Kutscher Stadelmann, der mit der Wolfsbergexkursion beauftragt wurde,[120] ein seit langem geschulter Sammler und Beobachter war,[121] und daß der damals 74jährige Goethe mit der Zeit das Recht gewonnen hatte, sich jüngere Augen und Beine zu leihen.[122] So schwieg Goethe zwar von den lokalen Verhältnissen, aber man kann nicht behaupten, daß er sie nicht gekannt oder in seiner Beschreibung nicht bedacht hätte.

Carl August zwar erkannte das erwähnte Altersrecht nicht an: Als einige Jahre vorher die Meldung von dem oben erwähnten Fund eines „verkohlten Urwaldes" bei Radnitz nach Weimar gelangte, munterte er Goethe beim Abschied auf, „da er nun doch einmal so nahe (in Karlsbad) sei, noch vollends hinzugehen und gründlichen Rapport abzustatten".[123] Daß Goethe es unterließ, hatte den günstigen, freilich unvorhergesehenen Ausgang, daß sich aus Sendung und Dank eine Freundschaft mit Graf Sternberg entwickelte. Auch könnte man vermuten, es sei Goethe in diesem Fall nicht so sehr um das geologische Auftreten, als um Kenntnis der Pflanzen und um die Einreihung in seine Sammlung zu tun gewesen; jedoch ist nicht zu leugnen, daß er auch sonst in diesen späteren Jahren eine deutliche Abneigung gegen geognostische Ausflüge verriet, der Herr zu werden ihm nur auf Reisen gelang: Der angedeutete Kontrast zwischen ihm und Carl August ist sehr bemerkbar und für beide charakteristisch.

Für die geognostischen Verhältnisse der Weimarer Umgebung interessierte Goethe sich nicht, erachtete sie vielmehr ein für allemal aufgeklärt.[124] Wenn nicht irgendein Zufall, wie solche zuweilen berichtet werden, eine vereinzelte Beobachtung direkt entgegentrug, so bedurfte es eines sehr energischen Anstoßes, ehe Goethe sich daheim zu einer Besichtigung entschloß. 1816 hatten sich dicht bei Weimar, in einem Steinbruch, der einem Manne namens Pelz gehörte, Kristalle gefunden, die der Herzog für Kalkspat hielt. Goethe, um Aufklärung ersucht, bestimmte einen davon als schörlartigen Beryll aus dem Zwitterstockwerk von Altenberg, die übrigen als Kalkspat auf schwarzem Marmor und meinte, ein „Schalk“ werde sie zur Irreführung der Geognosten in eine Spalte eingeschwärzt haben. Er wollte das Ganze nach Jena zu näherer Untersuchung senden und schloß kurial: „Wie denn überhaupt ein kurzer Aufsatz über das merkwürdige Vorkommen dieser Fossilien nächstens angefertigt werden kann.“ Der Großherzog beharrte dabei, es sei Kalkspat: „Wegen Nachbar Pelz irren sich Ew. Liebden gewaltig. Ich bin heut in loco gewesen und habe das corpus delicti untersucht. – Wenn ich doch nur 1000 Schritte von der Sache selbst wohnte, so ließe ich mich doch hinbringen, um die Sache mit eigenen Augen zu sehen, ehe es zur Relation ausartet.“ Goethes Antwort war – eine Relation: „Gestern als den 27. verfügte ich mich in den Pelzischen Steinbruch“ usw. Nach ausführlicher Begründung, weshalb das eine Mineral tatsächlich schörlartiger Beryll, das andere Kalkspat wahrscheinlich vom Harz sei, wird auch Lenzens Urteil angefordert und dann geschlossen:

> „Ew. Königliche Hoheit verzeihen, daß ich unsere geognostische Ehre gegen diesen Zufall so hartnäckig verteidige. Die eigentlichen wahren Merkwürdigkeiten jener Lager sollen nächstens so genau als möglich auseinandergesetzt werden.“
>
> Worauf der Großherzog einlenkte und bemerkte: „Mir ist es lieb, daß Du die Pelzgeschichte selbst untersucht hast.“[125]

Will man diese Anekdote zu einer Charakteristik von Goethe als Sammler verwenden, so sind doch die umfangreichen und sorgfältig ausgewählten Sammlungen wohl zu erwägen, die er von seinen Reisen mitbrachte, sobald die in jener Gegend möglichen Beobachtungen irgendwie zu den speziellen Themen seiner Studien in Beziehung standen. Überhaupt läßt sich die Charakteristik eines Sammlers nicht durch Einzelheiten geben, wie sie die Überlieferung enthalten kann: sie zeigen die Bedingungen auf, unter denen gesammelt wurde, sie bringen den Sammler menschlich nahe, indem sie zeigen, daß auch der Größte von den Fehlern der Sammlertugenden nicht frei bleibt und fügen schließlich heitere Arabesken zu der sonst vielleicht etwas trocknen Schilderung: Die wirkliche Charakteristik, die individuelle Eigenart des Sammlers, muß doch immer aus seinem Werk, aus dem Stil, in dem die Sammlung angelegt und fortgeführt wurde, abgeleitet werden. Hierbei aber muß das Urteil mit den nun einmal gegebenen Verhältnissen rechnen und von dem Goethe gegenüber so gern geübten Verfahren, ihn als Erfüllung des Ideals zu preisen, ebenso absehen wie von dem Gegenteil, ihn, den Bedingten, mit dem Maßstab des unbedingten Ideals zu messen.

Wie Goethe eine Sammlung großen Stils geführt haben wollte, würden wir nicht aus seiner eigenen, sondern nur aus der der Jenaer mineralogischen Gesellschaft erkennen können, wenn sie in alter Form erhalten wäre und wenn auf Grund gesicherter Überlieferung sein Einfluß von dem Wirken Lenzens sich sondern ließe. Einer Privatsammlung, wo dem Bereich nicht räumlich und sachlich sehr enge Grenzen gesteckt sind, fehlt es immer an den zur Durcharbeitung erforderlichen Kräften; Goethe war nicht nur im wesentlichen der einzige in seiner Sammlung Tätige, sondern konnte ihr auch, durch denkbar vielseitige und meist wichtigere Pflichten abgezogen, stets nur Bruchteile seiner Zeit und Kraft widmen. Es ist also selbstverständlich, daß vieles kaum besichtigt als „Material" beiseite gestellt wurde, wie z. B. die mit offenkundiger Fahrlässigkeit signierte und sicher von Goethe niemals kontrollierte geognostische Suite von Gastein.[126] Nicht erstaunlich ist es auch, sondern im Gegenteil ein Beweis für Sachkenntnis und richtige Schätzung der Schwierigkeit der Aufgabe, wenn er in der Anordnung der mineralogischen Sammlung nicht den mindesten Versuch machte, das System, das ihm als richtig vorschwebte,[127] tatsächlich durchzuführen. Es hätte ihm durchaus die Zeit gefehlt, abgesehen von andern Hinderungsgründen wie Lücken der Kenntnis, um ein eigenes System zu durchdenken und in allen Einzelheiten durchzuführen. So war ihm das System nicht mehr und nicht weniger als ein Mittel, um irgendwie Ordnung aufrecht zu erhalten, wie er sich auch in Zweifelsfällen ohne weiteres an Lenz wandte und sich wohl nach dessen Angaben richtete.[128] So kann man den Stil des Sammelns hier nicht aus dem Ganzen ablesen wollen, sondern man hat sich an einzelne, selbständig durchgearbeitete Gruppen zu halten, in denen die Durchführung eines für das Ganze vorschwebenden Ideals angestrebt ist. Da die Sammlungen zur Zinnformation z. T. von Goethe selbst gesammelt und verarbeitet,[129] z. T. durch von Trebra und andere[130] als mustergültig zur Vermittlung der richtigen Einsicht übersandt sind, so ist bei ihnen die geforderte Bedingung erfüllt, zugleich aber eine weitere: man kann hier Goethes Sammleridee mit der sonst bei Sachkundigen herrschenden kontrastieren. Dann zeigt sich als deutliche Unterscheidung, daß die eingesandten Suiten fast ausnahmslos aus Prachtstücken von Zinnerz mit großen, deutlichen Kristallen bestehen, denen gegenüber das von Goethe Gesammelte überaus unscheinbar wirkt. Dafür aber sind die Begleitmineralien, die umgebenden Gesteine, in jenen ersten so gut wie gar nicht vertreten; es sind vielmehr mineralogische Suiten, die nicht den mindesten Aufschluß über die Bedingungen des Vorkommens geben, also in dem, was beabsichtigt war, durchaus im Stich lassen. Der Kontrast wird nicht hinwegerläutert durch den Hinweis, daß es eben nicht möglich sei, in einer kurzen Zeitspanne lauter mineralogische Prachtstücke und Seltenheiten zu finden, und daß der ganze Unterschied nur eine Folge der verschieden langen Dauer des Suchens sei oder der verschieden großen Chancen, etwas Gutes zu finden. Goethe gab später einmal, als er eine Sammlung über das Silbervorkommen von Sangerberg veranlaßte, Direktiven, die durchaus mit der Beschaffenheit seiner eigenen Zinnsuiten übereinstimmen: das rein Mineralogische interessierte ihn recht wenig, denn es läßt sich kaum etwas Unscheinbareres ausdenken, als dieser schwarze, pulverig-schmierige Silbermulm. Dafür verlangte er die „nächste Gebirgsart" zu wissen[131] und stellte aus dem ihm zugekommenen Material eine Suite zusammen,[132] die vom Standpunkt der Theorie des „Auslaufens der Granitformation" ein klares geognostisches Bild der Lagerstätte gab. Das Geognostische steht bei Goethe stets im Vordergrund; so auch in einer Sendung für den Londoner Mineralienhändler Mawe, deren Verzeichnis überliefert ist[133] und auf den ersten Blick wegen der Unscheinbarkeit des Inhalts in Erstaunen setzt. Goethe bot sie als wertvoll an, offenbar, weil er ein wissenschaftlich verwendbares Material darin sah, mit dem sich ein Urteil über pseudovulkanische Probleme gewinnen ließe. Doch ist der Gegensatz zwischen den erwähnten Zinnsammlungen mit den Worten hie mineralogisch, dort geognostisch nicht scharf genug ausgesprochen: es ist auf seiten der sonstigen Sammler wenig Nachdruck auf den Zusammenhang der Dinge gelegt, Goethes Absicht ist, daß die Sammlung ein Bild der Natur selbst gäbe; das Einzelne, sei es für sich selbst auch schön und des Interesses würdig, ist ihm ein Nichts außer in der Verbindung mit dem Ganzen, und in dieser Verbindung ist ihm jedes Einzelne des Interesses wert, sei es auch für sich selbst unscheinbar und ein Nichts.

Es ist kein Zweifel, auf welcher Seite die Aufgabe des Sammlers tiefer erfaßt war, aber ebenso zweifellos auch, daß nicht die ganze Sammlung in diese Richtung geleitet werden konnte, da es völlig an der Zeit fehlte, die für derartige Durcharbeitung unbedingt erforderlich ist. Auf die Zusammensetzung der geschenkten oder eingetauschten Suiten ließ sich überhaupt nur wenig Einfluß üben; so mußte das meiste eben doch vereinzelt bleiben. Es war zwar geeignet, hier und da einen begrenzten Zustand zu erläutern, blieb aber dennoch zunächst nur Material, dem Genüge geschah, wenn es mit Bedacht aufbewahrt wurde. Auch konnte bisweilen vereinzeltes zu Wert gelangen: wenn es auch nicht produktiv wurde, so ermöglichte es doch, sich von den Ansichten ein Bild zu machen, die andere in bezug auf diese Dinge mitteilten. Dieses aber war der Standpunkt, den Goethe im Alter hauptsächlich seiner Sammlung gegenüber einnahm: durch sie strebte er sich auf dem laufenden zu erhalten. Je weiter sich nämlich die Anschauungen im neunzehnten Jahrhundert von denen entfernten, in welchen sein geologisches Denken wurzelte, je reicher der Bestand an neu erworbener Kenntnis wurde, desto mehr sah er sich des Alters wegen auf das Anschauungsmaterial angewiesen, das zu ihm, in seine Sammlungen kam, und desto mehr bedurfte er, um folgen zu können, wiederum der Anschauung der dem Neuen zugrunde liegenden Tatsachen.[134] Dem an Geschenke Gewöhnten konnte der Entschluß nicht fern liegen, die von allen Seiten her[135] gebotene Hilfe gelegentlich durch Äußerung kühnerer Wünsche zu provozieren, die Sammlungen so abzurunden, daß sie das Wenige, was bei methodischer Verwertung zu gründlichem Unterricht nötig sei,[136] genügend enthielten, und ihnen dadurch einen über das Persönliche hinausgehenden Wert zu schaffen. Aus diesem Grunde suchte er auch nach Augusts Tod die verwaiste Petrefaktensammlung zu erweitern.[137] Es war ein Sammeln sub specie aeternitatis auch auf dem Boden der Geologie, wie er, nach den Testamentsbestimmungen zu schließen,[138] sich bewußt war, es im Gebiet der Kunst gehalten zu haben. Dieses Testament hatte also die Wirkung, daß am Schluß der Allgemeinheit wieder zugeführt wurde, was vor 50 Jahren mit im Dienste der Allgemeinheit ins Leben gerufen war. Nur ist schon jetzt, nach weiteren 80 Jahren, in einem Zeitraum, der durch ein einziges langes Menschenleben ausgefüllt werden kann, der überlieferte Schatz so veraltet und wissenschaftlich leblos, daß der heutige Forscher völlig umlernen muß, um die Gedankenwelt zu verstehen, die einstmals darin lebte, und daß seit langem kein Unterricht mehr sich auf ihn, die Reliquie des „heroischen Zeitalters" der Geologie gründen kann. Auch Goethe selbst, freilich aus andern Gründen, stand vor diesen Sammlungen zuletzt wie vor allem, was er geschaffen, in historischer, Erinnerungen betonender Betrachtung:

> „Die Zeiten waren gar zu schön, wo wir dem Andalusit auf die Spur kamen, und den pseudovulkanischen Problemen eifrigst nachgingen"[139]

schrieb er am 15. März 1832 an Grüner, und es mag ungefragt bleiben, ob die sehnende Erinnerung mehr dem einstigen Sammeln galt oder überhaupt der vergangenen Zeit mit ihren noch ungelösten Lebensaufgaben und der allem Vollendeten versagten Freude des Suchens und Findens.

2. Dichtung, Weltanschauung und geologische Forschung bei Goethe und in der Gegenwart.

Im Bewußtsein der Deutschen und der geistigen Menschheit verbindet sich mit dem Namen Goethes, in welchem Zusammenhang auch von ihm die Rede sein mag, doch immer zuerst der Gedanke an Dichtung, und zwar an eine Dichtung, die wie ein mächtiger Baum in alle Regionen des Denkens und Empfindens Wurzeln trieb und Früchte und Blüten über alle ausstreute. Einseitig die geologischen Studien in allen Schritten zu verfolgen ohne der Fäden zu gedenken, die zwischen dieser Geistestätigkeit und der Dichtung hin und wider schießen, wäre so arge Unvollständigkeit, daß selbst die an äußerste Spezialisierung gewöhnte Forschung der Gegenwart nicht wagen kann, hier wie sonst immer an den Grenzen des Fachgebiets Halt zu machen.

Schaut man zunächst nach Dichtungen aus, in denen geologische Gedanken zum Wort gelangen, so findet man zwar solche in großer Zahl und bleibt doch von Enttäuschung nicht frei. Fast immer ist nur die Form, in Rhythmus und Reim oder in Gestalt eines Dialogs, den Mitteln der Kunst entnommen, aber der Inhalt ganz und gar in wissenschaftlicher Fassung verblieben, wenn z. B. in der allegorischen Szene „die Erzeugnisse der Stotternheimer Saline, überreicht zum 30. Januar 1828,“ die Geognosie dem Gnomen das Wesen einer Salzbohrung in Thüringen erläutert,[1] wenn in Wilhelm Meisters Wanderjahren Erörterungen über geologische Unterrichtsmethoden oder über Geogenie sich fremdkörperartig einschieben,[2] oder wenn Karlsbad als „kleinste, keineswegs die letzte Stadt“ Österreichs gerühmt wird:

Weil dieses Tal, von Bergen rings umfriedet,
Ein ungeheures Wunder sich erzeugt,
Wo heimlich, seit Urzeiten unermüdet,
Heilsam Gewässer durch die Klüfte schleicht,
In tiefen Höhlen ohne Feuer siedet
Und ohne Fall hoch in die Lüfte steigt,
Und wenn des Wirkens Leidenschaft gestillet,
Die Felsen bildet, denen es entquillet.[3]

Kaum ist bereits Dichtung zu nennen, was nur eine Ansicht referierend vorträgt oder sie, in ihr Gegenteil verdreht, verspottet und dabei mit vollster Integrität des Inhalts und Gedankengangs, nur unter leichter Änderung des Satzbaus und der Wortstellung in jeder wissenschaftlichen oder populären Abhandlung Platz finden könnte. Höchstens wäre es didaktische Poesie, die nach Goethe selbst mitten zwischen Poesie und Rhetorik steht und eigentlich „aus dem ästhetischen Vortrag ganz herauszulassen wäre“.[4]

In höhere Sphäre der Kunst gehoben ist das Gespräch zwischen Mephistopheles und Faust über die Entstehung der Gebirge, in dem die Theorie der Gebirgsbildung durch vulkanische Hebung als teuflische Anschauung persifliert wird, während Faust in ruhiger Würde Goethes eigene Meinung entgegenstellt.[5] Noch immer jedoch unterscheiden sich — abgesehen von der Form — die Mephistopheles zugelegten Äußerungen durch nichts von denen der wissenschaftlichen Gegner Goethes, gerade so wie der Hohn, daß die Höhen der heutigen Gebirge dann eigentlich Höllengrund wären, nur die mannigfaltigen Invektiven in den wissenschaftlichen Konzepten in einer etwas geänderten Sprache variiert.

Um die Jahrhundertwende dachte Goethe daran, den älteren Plan einer wissenschaftlichen Morphologie umzuwandeln in den eines Naturgedichts, das den an Naturstudien gesetzten Aufwand an Zeit und Kraft nutzbar machen sollte.[6] Zur Ausführung gelangte nur ein Vorversuch, „die Metamorphose der Pflanzen", dem sich später „die Metamorphose der Tiere" sowie ein paar kurze Verbindungsstrophen „Parabase", „Epirhema" und „Antepirhema" anschlossen. Daß der Gesamtplan eingehend durchdacht war, ist unwahrscheinlich. Goethe deutete sein Vorhaben gegen Knebel, den Übersetzer von Lucrezens de rerum natura, eines rechten und echten Lehrgedichts, an, und dieser scheint den Gedanken viel ernsthafter aufgenommen zu haben als er gemeint war. Man darf aber voraussetzen, daß Knebel aus langjähriger Bekanntschaft genügend wußte, was etwa Goethe im Sinne haben möchte, und daß seine Annahmen über die Gestalt, die ein solcher Plan in Goethes Geist gewinnen mußte, der Wahrheit im wesentlichen entsprechen. Dann wäre ein Werk zu erwarten gewesen, das nicht zum „Wohlgefallen", zur Unterhaltung, auch nicht zur Belehrung auf Lucrezischem Weg, sondern zu mehr, zum erhebenden, erbauenden Kunstgenuß dienen sollte; nicht eine Fülle „minutiösen Details", nicht ein orbis-pictus-artiges Nebeneinander der Sachen, sondern eine Dichtung „im wahren Sinne" wie die Metamorphose der Pflanzen, bereits vor dieser Korrespondenz verfaßt, eine solche vorgezeichnet hatte.[7]

Schlägt man nun dieses Gedicht auf, so macht es trotz der Lyrismen der einrahmenden Verse den Eindruck eines — Lehrgedichts, aber nur, solange man Anstoß nimmt an Worten, die in der Dichtungssprache ungewöhnlich sind. Das gleiche Thema ist von Goethe auch in wissenschaftlicher Form behandelt,[8] und wenn bei erster Gegenüberstellung der ganze Unterschied nur in der Anordnung des Stoffes zu bestehen scheint, so erhellt doch bald, daß im Gedicht die Entwicklungsgeschichte einer individuellen, aber imaginären Pflanze erzählt wird, während die wissenschaftliche Schilderung nicht individualisiert und im Konkreten bleibt. Goethes Vorstellung von der Urpflanze war, wie Schiller es ausdrückte, „keine Erfahrung, sondern eine Idee“,[9] also etwas, das je nach Umständen Keim einer künstlerischen oder wissenschaftlichen Produktion werden konnte. Der Forscher hatte den Zusammenhang mit dem Erfahrungsmäßigen herzustellen und die Idee dadurch zu gestalten, daß er sie zur Aufhellung und Erläuterung zahlreicher Einzelerfahrung anwendete; der Künstler gestaltete sie ohne den Umweg über die Vielheit der Erscheinungen, direkt und individuell, und stellte sie wie konkret vor, als sei sie etwas Erfahrbares, ohne doch beweisen zu müssen, daß sie in dieser oder in irgendeiner Gestalt real erfahren werden könne. Nur eine im letztbezeichneten Sinne verfahrende Dichtung, die — in Anlehnung an Knebels Worte — auf die Sinne wirkt, hebt den Gegenstand ganz in die Sphäre der Kunst; eine den Weg der Wissenschaft beibehaltende Dichtung „redet nur dem Verstande“ und bleibt im Didaktisch-Rhetorischen hängen.

Mit gröberen und landläufigeren Mitteln der Personifikation arbeitet das Gedicht: Die Metamorphose der Tiere, aber sehr wohl ist darin das Bestreben erkennbar, die Idee zwar im Unerfahrbaren, jedoch als ein Individuum zu gestalten. Nichts derart aber ist in dem meisten versucht, was man als geologische Dichtung heranziehen könnte, denn selbstverständlich kann von Personifikation noch nicht geredet werden, wenn anstatt von „in der Natur ist etwas so oder so beschaffen“ einfach gesagt wird „die Natur hat es so oder so geschaffen“, oder wenn es im „Wiegenlied dem jungen Mineralogen Walther von Goethe“ von den Kristallen heißt:

Aber die Säulchen, wer schliff sie so glatt,
Spitzte sie, schärfte sie glänzend und matt?
Schau in die Klüfte der Berge hinein!
Ruhig entwickelt sich Stein aus Gestein.

Ewig natürlich bewegende Kraft
Göttlich gesetzlich entbindet und schafft;
Trennendes Leben, im Leben Verein,
Oben die Geister, unten der Stein.[10]

Es bleibt die klassische Walpurgisnacht des Faust als die einzige Stelle, in der ein geologisches Thema künstlerische Gestaltung erfahren hat: Sirenen plätschern singend in den Fluten des Peneios. Ein Erdbeben wirft die Wasser zurück; Klüfte brechen auf, denen dichter Rauch entquillt; das Lebende entflieht vor dem drohenden Verderben; Seismos zwängt sich empor und türmt einen Erhebungskrater auf. In nächster Nachbarschaft, ungestört und unerschüttert ruhen die Sphinxe, Inbegriff der Beständigkeit und unverträglicher Gegensatz zu dem Prahlen und Poltern, das, einmal am Ziel, auch für immer verstummt.

Rasch wechseln andere Bilder und Gestalten vorüber; da ertönt aus dem Schatten uralter, dicht belaubter Eichen die ernste, tiefe Stimme der Oreade des Naturfelsens:

Herauf hier! Mein Gebirg ist alt,
Ragt in ursprünglicher Gestalt.

Wie ein Zauberbild nächtlichen Spuks ragt der Erhebungskrater, bestimmt, bei Anbruch des Tages wieder unterzugehen, neben dem seit Anbeginn der Erde in sich beruhenden Urgebirge auf, sowie Seismos und Oreade sich durch den Gegensatz der aufdringlichen, Widerspruch überlärmenden und der selbstsicheren Sprechweise unterscheiden.

Ein Traumbild anderen Bezugs gleitet vorüber; darauf nahen Anaxagoras und Thales im Gespräch. Unwirsch muß der Neptunist zugeben, daß vulkanische Kraft tatsächlich einen einzelnen Berg aufwölben könne. Doch Anaxagoras steigert sich in kühnere Vorstellungen und beschwört in grausender Ekstase den Mond, den er näher und näher kommen und in prasselnder Explosion Meer und Land zerstören sieht: ganze Gebirge glaubt er — wie Heim (S. 202) — mit Zischen, Donnern und „Windgetüm" auf die Erde hinabgeschleudert. Doch nichts von alledem geschieht in Wirklichkeit, sondern alles umher ist still; der Zuschauer erblickt den Mond unbewegt, unverändert an seinem Platz und kann daher in der phantastischen Schilderung drohender Katastrophen nur Fieberwahnsinn oder Narrheit vernehmen. Homunculus, hier der Wortführer einer erfahrungsfremden Spekulation, vertraut dem Gehörten dennoch, aber Thales entgegnet leidenschaftslos, mit überlegenem Hohn und mit einer auf den wahren Sachverhalt weisenden Geste:

Sei ruhig! Es war nur gedacht.

Und Seismos wie Anaxagoras entschwinden, wie in Luft aufgelöst, dem Auge.

In der Sphäre der Dichtung, freilich durch Mittel, wie sie dem Epiker niemals und dem Dramatiker nur dann zur Verfügung stehen, wenn er allen Rücksichten auf reale Bühnenmöglichkeit entsagt, ist hier der Antivulkanismus Goethes dargestellt. Aber es ist Polemik; die positive Ansicht ist in den Worten der Oreade berichtend, nicht dramatisch ausgesprochen und leistet auch jedem Versuch, sie als Handlung zu fassen, unbezwinglichen Widerstand. Noch stets ist die Kunst, wie Michel Angelo oder die Bibel, bei der Schilderung der Welterschaffung, von dem Gegensatz einer formlosen Masse und einer formenden Kraft ausgegangen. Solcher Dualismus aber, selbst wenn der Sitz der „Kraft" in den „Stoff" hineinverlegt würde, vertrug sich nicht mit der Weltanschauung Goethes, der in dem Gedicht „Weltseele" die individuelle Menschenseele den individuellen Kometen und individuellen Schöpfern ungeformter Erden gleichsetzte und dadurch den Gedanken des ἓν καὶ πᾶν künstlerisch faßte.[11] Ferner kann man die Vorgänge der Geogenie als Taten der individuell gedachten Gesteine auffassen, wie das John Scafe in seinem King Coal zu Goethes mehrfach ausgesprochener Freude durchführte,[12] doch ergeben sich daraus nur humoristische Wirkungen, weil der Anthropomorphismus dabei notwendig auf der Oberfläche bleibt und nur durch scherzhafte Auffassung erträglich wird. Die Kataklysmenlehre bot zwar Handlung, aber zugleich eine derartige Übersteigerung des Stürmens von Naturkraft und Leidenschaft, daß durch gehäufte Superlative jede Anschaulichkeit zum Bersten gebracht werden mußte.[13] Die heutigen Vorstellungen über die Erdgeschichte könnten schon eher dichterisch als gestaltete und anschauliche Entwicklung geschildert werden. Goethe sah aber statt dessen in der Geogenie ein glattes, in gerader Linie abrollendes Geschehen, in dem das Meer in stets gleichbleibender Weise als Gestalter des festen Landes auftrat, aber keine Gegensätze, die handeln konnten, sondern nur Zustände, die beschrieben werden mußten. Das Meer, der allwaltende Spender und Erhalter des Lebens, wird gefeiert im Triumphzug der Galathea, der die klassische Walpurgisnacht abschließt. Hier wird auch kurz auf urzeitliche Vorgänge hingedeutet, aber um die Verklärung wirksam zu machen, mußten die Erscheinungen und Mythologeme der Meeresoberfläche, die Beziehungen zwischen dem Meer und dem Menschen oder der von Menschen bewohnten Erde in der Dichtung vorwalten, schon weil der wissenschaftlich denkenden Gegenwart die Kraft gebricht, personifizierende Mythologien der Naturkräfte neu zu erzeugen, wo die naiv aus uneingeschränkter Phantasie dichtende Naturerklärung früherer Zeitalter nicht vorgearbeitet hat.

Die umgekehrte Frage, ob Goethe bei der Behandlung geologisch-wissenschaftlicher Themata irgendwie unter dem Einfluß spezifisch dichterischer und künstlerischer Betrachtungsweise gestanden sei, erhält eine nicht weniger negative Antwort. Man nennt so oft „Kunst und Wissenschaft" in einem Atem und hält doch beide für Geistesbetätigungen, die sich gegenseitig ausschließen, setzt gewissermaßen voraus, daß dichterische Begabung schon für sich allein und in allen Fällen ein daneben hergehendes wissenschaftliches Denken schädigen müsse. Hier wie dort operiert Beobachtung Hand in Hand mit Phantasie;[14] der Unterschied besteht hauptsächlich in den gesteckten Zielen und den Wirkungsmitteln. Sowohl der Künstler als der Forscher kann es darin versehen, daß er den zu gestaltenden Stoff zu wenig durch Beobachtung und zuviel durch willkürlich schaltende Phantasie herbeischafft, oder daß er durch allzu lahme Phantasie in unproduktive Nüchternheit gerät. Bei Künstlern mag das letztere, bei Gelehrten das erstere der größere

Fehler sein, aber Fehler ist es in beiden Fällen. Irrtümlich aber ist die weitverbreitete Meinung, die auch schon zu Goethes Lebzeiten gegen ihn geäußert wurde,[15] daß Übermacht der Beobachtung für den Forscher, Übermacht der Phantasie für den Dichter ein notwendiges Charaktermerkmal oder die erste und unerläßlichste Voraussetzung des Forschens oder Dichtens sei.

Goethe betätigte mit dem von ihm selbst freudigst übernommenen Ausdruck in allem Wesen und Wirken ein „gegenständliches Denken"[16] und verfuhr auch als Dichter nach Forscherart, indem er beobachtete und im Geiste nachschaffend die Bedingungen für das Entstehen des Beobachteten aufsuchte, um es zu verstehen und in der Sphäre der Dichtung neu zu schaffen.[17] Frei konstruierende oder „willkürlich und bloß sich selbst gehorchende Einbildungskraft" eignete ihm im Gegensatz zu Schiller nur wenig. Daher sind seine sämtlichen Dichtungen inhaltlich realistisch, mögen sich auch besonders die späteren durchaus fernhalten von den rein formalen Qualitäten, die wir gegenwärtig allein als Realismus bezeichnen.

Phantasie im landläufigen Sinne, Kühnheit der Vorstellungen über geologische Ereignisse findet man bei Goethes Gegnern; er selbst lehnte alles schroff ab, was der Erdgeschichte eine phantastische Tönung zu verleihen schien und auf keinem andern Grund gewachsen war, als die gleichfalls über alle Beobachtung sich hinwegschwingende romantische Dichtung und die gleichzeitige Naturphilosophie. Ein Weltbild konstruieren wollen aus der Kraft eines a priori gegebenen, alle Erfahrung übertreffenden Denkens, ein Mittelalter schildern, wie es nie und nirgends eines gegeben hat und das Wunderbare, Unbegreifliche als einzig würdigen Gegenstand der Dichtung preisen, oder die Ereignisse der Erdgeschichte ableiten aus Vorgängen von ungesehener und unerhörter Gewaltigkeit unter Ablehnung alles dessen, was über Gestaltungskräfte beobachtet werden kann: in diesen so verschiedenen Betätigungen dokumentierte sich ein und dieselbe Geistesrichtung, die ihrerseits in einer Abwendung des Geistes von der erfahrbaren, so unbefriedigenden Gegenwart wurzelte und gegen den Willen des Einzelnen größeren oder geringeren Einfluß auf die Richtung seines Schaffens gewann.

Keine Phantasie ist aber stark genug, um außer in engster Anlehnung an die umgebende Wirklichkeit ein allseitig gerundetes Weltbild zu entwerfen. Andererseits ist auch nur starke Phantasie befähigt, auf „Kühnheit" und sog. Größe zu verzichten und von sich zu fordern, daß erst ein real Beobachtetes in Idee und die Idee wiederum in eine gegenständlich gedachte, wie konkret anschaubare Vorstellung übergeführt werde. Die Stärke der Goetheschen Phantasie erlaubte ihm als Dichter, Gegenwartssinn zu bewahren und alles abzulehnen, worin er Spuren des Romantismus fand, kommt aber auch auf dem Boden der Geologie in übereinstimmender Weise zum Ausdruck in seiner Thermentheorie, im Antivulkanismus und der Ablehnung aller Turbulenz. Eine Phantasie dieser Art, eine andere also, als die gemeinhin dichterisch genannte, ist keineswegs notwendig wissenschaftlicher Betätigung abträglich; im Gegenteil wäre zu wünschen, daß jeder Forscher genügend von ihr besäße, um die Wirkung und die Art geologischer Faktoren in allem gegenständlich zu denken oder es wenigstens von sich zu fordern.[18] Allerdings blieb bei Goethe die Gestaltungskraft der Phantasie nicht ohne schädliche Widerwirkung, und sie erweist in dieser ihre spezifisch dichterische Eigenart: Die einmal gezogenen Abstraktionen führen ein zähes Eigenleben, sind wie die Gestalten einer Dichtung Personen geworden und daher unveränderlich oder bei hinzutretender Neuerfahrung nicht mehr anpassungsfähig. Dahin gehört das Gesetz der Felsgestaltung und so manche andere Theorie, die im Anschluß an die ersten Studien in Thüringen und im Harz aufgestellt wurde und fortlebte allem zum Trotz. Die Denkgewohnheit, in ihrer Wirkung unterstützt durch die lange Unterbrechung aller Beobachtung während der fast 20jährigen Zwischenzeit (S. 92, 100), reicht zur Erklärung dieser Lebenszähigkeit nicht aus; die spezifisch wissenschaftliche Phantasie vermag sich, wie J. C. W. Voigts Übergang zur Lehre von der Gebirgsbildung und manche Beispiele aus neuerer Zeit beweisen, von der Last der Denkgewohnheit zu befreien, denn für sie bleibt die Naturbeschaffenheit stets als das betrachtete Individuum bestehen, während die spezifisch dichterische Phantasie aus dem Gedachten ein Individuelles macht und mit Goethes Worten bekennt:

Was kann der Mensch im Leben mehr gewinnen,
Als daß sich Gott-Natur ihm offenbare?
Wie sie das Feste läßt zu Geist verrinnen,
Wie sie das Geist Erzeugte fest bewahre.[19]

Anscheinend empfand sogar Goethe selbst zuweilen, daß seine Phantasie nicht ganz geeignet sei, das auszudrücken, was er von ihr ausgedrückt haben wollte. Die Uranfänge der Erdgeschichte, mit denen er sich allein befaßte, sah er in verschwimmenden Umrissen vor sich, als Vorgänge, die aller durchgehenden Bestimmtheit nach Zeit und Ort ermangelten. Die Schilderung eines derartigen Geschehens wird stets den Verstand unbefriedigt lassen und leichter auf das Empfinden einwirken, sich daher auch mit Vorteil einer Form bedienen, die mit gewaltigen Wortklängen und sinnfälligen Bildern einige einfache Grundbegriffe dem Gemüt einprägt und von hier aus das Denken zu befriedigen sucht. Also drängt sich von selbst eine dichterische Behandlung auf und eine Tonart, wie sie Goethe in den „Urworte. Orphisch" überschriebenen Strophen anschlug.[20] Hier war nur die Schilderung so allgemein geblieben, daß sie überhaupt noch keinen bestimmten Gegenstand erfaßte. Eine Phantasie, die in sich selbst chaotische Gedankenwelten enthielt, und Mythen bilden oder sonst frei gestalten konnte, die eines Orpheus oder die eines mit willkürlich gestaltender Einbildungskraft Begabten, hätte das vollbringen können, wozu Goethes so durchaus zum Kosmos gebildetes Denken und seine mit festen, markigen Knochen auf der wohlgegründeten, dauernden Erde stehende Phantasie nirgends rechte Angriffspunkte finden konnte. Schon die Tatsache, daß er so oft zum Schluß auf vorzeitlich stärkere Wirksamkeit der Naturkräfte gedrängt worden war, legte jedes Gestaltungsstreben von vornherein lahm; und hieraus wird folgender, sonst im Munde des schon bei Lebzeiten als „Dichterfürst“ gepriesenen Mannes auffälliger Ausspruch erklärlich:

> „Wenn man von Uranfängen spricht, so sollte man uranfänglich reden, d. h. dichterisch; denn was unserer alltäglichen Sprache anheimfällt: Erfahrung, Verstand, Urteil, das reicht nicht hin. Als ich mich in diese wüsten Felsklüfte vertiefte, war es das erstemal, daß ich die Poeten beneidete.“[21]

Von der Behauptung, daß Goethe als Geologe die Geistesart nicht verleugnet habe, die ihm seine Größe als Dichter gab, ist nun noch ein weiter Schritt zu derjenigen, daß seine naturwissenschaftlichen Studien überhaupt keine Werke der Wissenschaft seien, sondern solche, in denen Kunst, Ästhetik, innige Liebe zur Natur, ernsthafte Beobachtung, Kenntnis der Natur zusammengeschmolzen und in eine Form gegossen seien, die von dem großen Meister zeugt,[22] ebenso aber auch zu einer Bewertung, die Goethes Wissenschaftlichkeit über die aller anderen Forscher, besonders über die gegenwärtig als bedeutend anerkannten stellt.[23] Offenbar sind diese diametral entgegengesetzten Urteile Zeugnisse für Gegensätzlichkeiten in den Standpunkten der Richter, und es ist nun zu fragen, welchen Standpunkt zur Wissenschaft denn Goethe selbst einnahm, ob dieser, und ob sein weiteres Verfahren wissenschaftlich berechtigt war.

Goethe selbst hat nun oft genug betont, daß er kein Fachmann sei und daraus für sich das Recht abgeleitet, ihm widerwärtige Tatsachen beiseite zu lassen,[24] ein Recht, daß der wissenschaftliche Forscher eigentlich nicht besitzt, aber oft genug usurpiert, meist mit der Begründung, daß die unbequeme Tatsache noch eine geeignete Erklärung finden werde. Zudem sind weitaus die meisten der Gedanken Goethes nicht sein ausschließliches geistiges Eigentum (S. 156), sondern entweder bewußt übernommen oder doch entwickelt aus weit vorgebildeten Schlüssen anderer. Nur die Theorie der Felskristallisation und die des

Auslaufens der Granitformation dürften bei ihm ganz Eigenwuchs sein. Zuweilen war ein Mitwirken stimmungsmäßiger Faktoren bemerkbar (S. 122, 138), auch wohl unzulässiger Anthropomorphismus der Erklärungsweise (S. 127), durch welchen, freilich nur in einem Brief, der Natur eine hartnäckige Vorliebe für die Wiederholung einmal geliebter Formen zugeschrieben wurde. Es wäre auch zweifellos verfehlt, wollte man wegen des Inhalts seiner Ergebnisse Goethe unter den hervorragenden Geologen seiner Zeit oder gar unter den Vorverkündern heutiger Anschauungen nennen. Die gänzlich mißglückte Porphyr-Puddingsteintheorie ist ein folgerechtes, die später bewährte Eiszeitstheorie ein zweifelhaftes, im Widerspruch zu seinem sonstigen Verhalten eingefügtes Glied seiner Vorstellungen. Wer den wissenschaftlichen Wert einer Leistung nach dem Inhalt der Äußerung beurteilt, kann in der Tat kein besonders günstiges Urteil über Goethe als geologischen Forscher aussprechen, weil bei den gleichzeitigen Fachleuten, selbst bei den bescheideneren unter ihnen, in viel größerer Anzahl Anschauungen zu finden sind, die sich bewährt haben, d. h. noch gegenwärtig als richtig anerkannt werden.

Ebensowenig könnte die heutige Geologie ihre Beobachtungsmethoden an denen Goethes bereichern oder schärfen wollen, obwohl sein Ausspruch, daß er nie das Handwerk einer Sache lernen, noch die nötige Zeit an die Arbeit wenden wollen,[25] sich nur auf bildende Kunst bezog, und für die geologischen Studien nur mit sehr starker Einschränkung gilt. Durch selbständiges Beobachten hat Goethe nur den geringsten Teil seiner Kenntnis erworben, sondern sich, was in seiner Lage nötig war und noch jetzt von jedem Fachmann als Vorteil wahrgenommen würde, der Führung Ortskundiger bedient, wie Voigt in Thüringen, v. Trebra im Harz, Müller in Karlsbad und Cramer in Nassau. Von Anfang an war das Beobachten niemals Selbstzweck oder auch nur Hauptzweck seines Forschens (S. 50, 94), und wenn die Frage nach Wissenschaftlichkeit dieser Studien aufgeworfen wird, so kann sie sich nur auf die Art richten, in der er die Beobachtungen verwertete, also auf die Methode seines Denkens und Theoretisierens.

Aber wiederum darf man nicht auf der Oberfläche bleiben und fragen, ob er auf diesem Gebiet prophetisch vorgegriffen und zum Unterschied von seinen Zeitgenossen gedacht habe wie die Gegenwart. In der Grundstimmung seines Forschens gehört er völlig der Vergangenheit an. Die Anklänge an die damalige Naturphilosophie, die sich bei ihm finden, beweisen zwar nicht viel, denn sie bestehen, wie in der Verwendung des Wortes „Dynamismus“ eigentlich nur in Übereinstimmungen der Terminologie, doch haben die Begriffe bei ihm einen selbständigen, durch spezielle geologische Beobachtungen erläuterten Sinn erhalten. Überhaupt läßt sich erkennen, daß die a priori betrachtende Naturphilosophie in die Geologie und Mineralogie niemals ähnlich stark eingedrungen ist, wie etwa in die Zoologie und Botanik. Nur sehr wenige der auf das „Steinreich“ bezüglichen Begriffe sind in den allgemeinen Besitz des Denkens so fest übergegangen, daß sie als a priori gegeben erscheinen konnten, weil ihr in-Erfahrung-begründet-sein vergessen worden war. Selbst Steffens war bei der Abfassung seiner „inneren Naturgeschichte der Erde“ (S. 146) stets auf die Verwendung bewußter Erfahrung angewiesen und dokumentierte sein naturphilosophisches Denken nur durch eine an Leichtherzigkeit grenzende Kühnheit im Aufstellen von Analogien und Verallgemeinerungen. Okens spekulative Mineralogie[26] fand nur ganz unbedeutende Nachfolger und wurde wegen ihrer lächerlich offenkundigen Unzulänglichkeit als ein Versuch, sich über den Gegenstand lustig zu machen, aufgefaßt, auch von solchen, die sonst der naturphilosophischen Betrachtungsweise nicht völlig fern standen.[27]

Von größerer und zugleich verhängnisvoller Wirkung für Goethe war der Begriff der „Stetigkeit“ (S. 117, 125, 135), aber nicht so sehr seiner selbst wegen, als weil das Korrelat, die Unterschiedlichkeit der Dinge, nicht gebührend beachtet war. Diese beiden Begriffe leben, namenlos geworden, in der heutigen Forschung noch fort und sind nicht zu entbehren, weil ohne sie eine vergleichende Betrachtung unmöglich und jedes Ding nur als sich selbst gleich und ähnlich gelten würde. Die einseitige und unvorsichtige Betonung der Übereinstimmungen war ein Charakterzug der Naturphilosophie, die sich sogar oft mit lockeren und verblasenen Analogien begnügte; doch nahm Goethe seine Stetigkeitslehre nicht aus dieser Quelle, vielmehr mußte er selbständig dahin gelangen, aus persönlicher Veranlagung, wie er selbst einmal sagte,[28] oder wegen der Geistesrichtung seines Jahrhunderts, des der Enzyklopädie und der Aufklärung, dem als Ausläufer auch die deutsche Naturphilosophie des Schellingschen Gefolges angehört.

Die Forschungsabsicht dieser Epoche, der Rationalismus, begehrte verstandesmäßiges Begreifen alles Geschehens (S. 19), in der Naturwissenschaft also Systembildung. Hierin berührte sich Goethe mit Werner, aber beide strebten in den Zielen, die sie ihrer Systembildung setzten, sofort wieder auseinander (S. 137, 139, 170). Andererseits war die Unversöhnlichkeit Goethes gegen L. v. Buch (S. 214) viel weniger in den sachlichen Meinungsverschiedenheiten als in dem Gegensatz der Forschungsrichtung begründet: die allgemeine Geologie, das Gebiet, auf das Goethes Studien mehr oder weniger eng sich sämtlich bezogen, stand bei L. v. Buch so sehr im Hintergrund, daß er sich niemals eingehender darüber aussprach und nur hier und da in vereinzelten Bemerkungen auf das im Hintergrund seines Denkens stehende System hinwies. Aber das wenig Ausgesprochene war darum bei ihm doch nicht wirkungslos, sondern schrieb gerade wegen seiner unbeachteten Existenz den Gedanken bestimmte Richtungen vor oder engte bei der Ansichtsbildung den freien Blick ein.[29] Daher knüpfte die Wissenschaft im weiteren Fortschritt auch nicht an L. v. Buch an, sondern an v. Hoff und Lyell; v. Buch war der Träger einer von Werner ausgehenden Tradition des Beobachtens und Tatsachensammelns, aber auch einer bestimmten Art, die Natur aufzufassen, also mehr der Abschluß als der Beginn einer Schule. Auch J. C. W. Voigt war in jener ersten Beziehung ein Schüler Werners, aber einer früheren Zeit angehörig, in der des Meisters Theorien noch nicht zu unveränderlichen Dogmen erstarrt waren und deshalb den Geist der Schüler noch nicht in feste Bande schlugen. So hatte er sich eine größere Beweglichkeit im Theoretischen, oder, mit Goethes Worten, einen natürlichen Sinn bewahrt, „der ohne großes Nachsinnen und Forschen, ohne allgemeine Grundsätze, doch immer an Ort und Stelle — die Reinheit seines glücklichen Auges bewies, so wie seine Meinung immer einen Beweis von frischer Sinnlichkeit gab".[30] In diesem Bestreben, stets der durch unmittelbare Anschauung gegebenen Hypothese Folge zu geben, eiferte ihm sein Schüler v. Hoff nach und gelangte, da die unmittelbare Anschauung stets zunächst die Mitwirkung noch existierender Kräfte annehmen wird, dazu, mit der alten Forderung aktualistischen Auffassens endlich Ernst zu machen, vielleicht sogar viel weitergehend, als er ursprünglich selbst wollte (S. 197, 208). In Deutschland kam dieser Aktualismus gegen L. v. Buchs gegensätzliche Meinung nicht auf; er ward erst herrschend durch Lyell (S. 208), denn die Führung in dieser Forschungsrichtung mußte wohl übergleiten auf die Engländer und auf ein Land, das zahlreiche Geologen hervorbrachte, die in unabhängiger Stellung große und viele Reisen unternehmen konnten, um ihre unmittelbare Anschauung zu bereichern, die aktuellen Kräfte zu studieren und qualitativ neue Kenntnisse in großem Umfang herbeizuschaffen. Wie Radl (S. 12 ff.) aus der Geschichte der biologischen Theorien es für Zoologie und Botanik erwies, so zeigt sich auch in der Geschichte der Geologie, daß Systeme sich nicht unbegrenzt fortbilden, sondern ihren Höhepunkt erreichen, dann erstarren und sich zersetzen, während ein aus neuer Idee geborenes System sich erhebt, das einen Fortschritt bezeichnet, weil es der Phantasie engere Grenzen bei der Hypothesenbildung setzt. Dem Charakter des englischen Geistes entspricht es, die Schlüsse möglichst in Tatsachennähe zu halten und die Regionen des immer abstrakter werdenden Denkens, die zur Philosophie hinüberführen, zu meiden. Wenn die deutsche Geologie das gleiche tat, so mag sie darin dem äußerlich und zufällig entstandenen Übergewicht der Engländer gefolgt sein (S. 14), auch wo sie den Inhalt der Theorien Lyells ablehnte; hauptsächlich aber dürfte sie einem Zwange der Zeit gehorcht haben, der sich nach dem Scheitern der rationalistischen Naturphilosophie und des Romantismus immer schwerer auf die gesamte deutsche Naturforschung legte und es unter schroffer Ablehnung alles philosophischen Denkens geradezu als unwissenschaftlich erscheinen ließ, die Schlußreihen in das Abstrakte hinein fortzusetzen.

Der heutigen Geologie ist eine Betrachtungsweise, wie Goethe sie übte, eine Synthese der Schlüsse auf die wirkenden Kräfte, etwas völlig Fremdes. Die Gegenwart versteht unter allgemeiner Geologie kaum mehr als eine allgemeine Beschreibung des Befundes oder Erläuterung der zur Beschreibung des speziellen Befundes angewendeten Begriffe. Moderne Zusammenfassungen, wie z. B. in dem „Antlitz der Erde" von E. Suess sind nicht sowohl Synthesen als synoptische Darstellungen der Analysenergebnisse, bei denen die grundlegende Theorie als „Arbeitshypothese" bezeichnet werden darf,[31] d. h. als eine Hypothese, deren Berechtigung allein auf ihrer Tauglichkeit zu geologischer Analyse beruhen soll. Kein heutiger Geologe aber würde wagen, wie Werner und Goethe eine Hypothese, die sich der unmittelbaren Anschauung so sehr aufdrängt, wie die des Vulkanismus, durch Umdeutung des Befundes hinwegzuschaffen; der Forderung nach ist jegliche Umdeutung dieser Art jetzt unzulässig, Herstellung des Zusammenhangs zwischen den Hypothesen aber unnotwendig oder einer zukünftigen, den endgültigen Abschluß der Analyse erlebenden Forschung zu überlassen.

Die Naturphilosophie Schellings und seiner Nachfolger hatte eine allgemeine Synthese versucht, aber dabei den Zusammenschluß mit dem Beobachteten so sehr außer acht gelassen, daß sie bei allen Naturforschern in völligen Mißkredit geriet. Goethe billigte zwar die Forschungsabsicht dieser Schule, verwahrte sich aber, jedenfalls soweit Geologie in Frage kommt, durch Wort und Tat energisch gegen deren Forschungsweise. Es überrascht daher, wenn man trotzdem seine Studien als naturphilosophisch abgestempelt und darum verworfen findet.[32] Er statuierte, daß es keine Geologie, d. h. keine spekulative Forschung über die Entstehung der Erde geben könne, weil die Vernunft nichts dabei zu tun habe;[33] den Weg, den er selbst unter Voigts Leitung eingeschlagen hatte, erst die Natur, dann die Bücher zu studieren,[34] erst zu sehen, dann zu denken, hielt er auch später — selbstverständlich — für den einzig zulässigen.[35] Er hatte die Oberaufsicht über den Unterricht zu führen, nahm auch selbst oftmals als Lehrer oder Vortragender das Wort;[36] so konnte ihm die simple Notwendigkeit nicht entgehen, daß wer sich über einen Gegenstand äußern will, diesen zunächst einmal gründlich kennen gelernt haben muß. Daher wies er stets nachdrücklich hin auf alles, was die Tatsachenkenntnis vermehren und veranschaulichen kann, wie Ortsstudium, Karten, Abbildungen und Sammlungen,[37] ging sogar in seinen Anforderungen manchmal weit über das hinaus, was sonst damals als nötig erachtet wurde. Dem heutigen Denken scheint es selbstverständlich, daß er einem Anfänger riet, „das anorganische Reich, dem ich seine dynamischen Verdienste nicht absprechen will, anfangs rein atomistisch zu behandeln, nur zu sehen und nicht zu denken, die Eindrücke der Gestalten, die Farben, kurz aller äußerlichen Kennzeichen und was man Habitus nennt, sich wohl einzuprägen“,[38] und ebenso, daß er dem einführenden Unterricht dogmatischen Vortrag und vorzeigende Methode empfahl.[39] In seiner zur Spekulation neigenden Zeit sprach er jedoch damit keineswegs allgemein Anerkanntes aus, sondern Forderungen, die seitens der Naturphilosophie sogar stark bestritten wurden.

Der unüberbrückbare Gegensatz zwischen Goethe und dem, was man damals Naturphilosophie nannte und jetzt eigentlich unter Rationalismus versteht, wird bezeichnet durch seine Lehre von den Urphänomenen, durch die Erkenntnis, daß alle Naturforschung letzten Endes auf die Konstatierung der einfachsten Phänomene ausginge und nicht durch Nachdenken die angeblich wahre Beschaffenheit der Erscheinungswelt verstehen wollen dürfe. Er strebte zwar den Zusammenhang der Dinge unter einheitlichen Gesichtspunkten zu begreifen, aber nicht a priori und in abstracto, als ob er die Gedanken eines Weltenschöpfers nachgehend wiederzudenken hätte, sondern in concreto und empirisch unter Beschränkung auf das der Erfahrung Zugängliche und indem er die Weltbeschaffenheit als ein Erklärendes, aber nicht weiter Erklärbares hinstellte. Wenn trotzdem seine geologischen Anschauungen uns rationalistisch, d. h. rein begrifflich gedacht und an Beobachtungen nur kontrolliert, nicht auf ihnen erbaut zu sein scheinen, so wird dieser Eindruck durch die synthetische Grundstimmung bewirkt und noch wesentlich verstärkt durch das Fehlen der uns vertraut und notwendig gewordenen historischen Betrachtungsweise. Der Zeitbegriff, selbstverständlich lang vorhanden, war unwirksam geblieben, und erst eine qualitative neue Erkenntnis, der aus den Diskordanzen gezogene Schluß, daß die Gebirge ungleichzeitiger Entstehung seien, ferner die neue Idee des Aktualismus machten es der Geologie zum Bedürfnis, ihn hervorzukehren; der Aktualismus, weil die langsam wirkenden Kräfte lange Zeiträume und diese Ausfüllung durch Geschehnisse erforderten. Es könnte scheinen, als hätte sich Goethe mit seiner Lehre von den Urphänomenen auf dem Weg zum Aktualismus befunden, insofern als wir die chemisch-physikalischen Grundtatsachen ja nur aus der Gegenwart kennen. Jedoch hatten sich ihm durch Außerachtlassung des Zeitbegriffs von Anfang an alle Probleme so verschoben, daß er nach geologischen Kräften suchte, die momentan, aber ohne Revolution die beobachteten Tatsachen hätten schaffen können. Er suchte, was auch niemals geschieht, die Fehler nie in den Grundlagen der Problemstellung, scheint sogar nicht empfunden zu haben, daß v. Hoffs Werk einen der Wissenschaft neuen Grundsatz aussprach, wie er denn auch in seinen Anmerkungen zu dieser Schrift nicht sowohl deren allgemeine Gesichtspunkte, als herausgegriffene Einzelheiten lobend hervorhob (S. 198ff.).

In der Forderung, auf Urphänomene zurückzugehen, dokumentiert sich auch der Gegensatz zwischen Goethe und L. v. Buch. Dieser empfand solche Zurückführung der geologischen Erscheinungen nicht als notwendig, sondern ließ wie beim Vulkanismus, die Frage nach dem Wesen der wirkenden Kraft unbeantwortet oder doch nicht bis zum Ende beantwortet stehen. Goethe aber hatte durchaus recht, ein solches in die Weite und Ferne Schieben des Problems zu verwerfen: „Dieses ist bei allen solchen Dingen das Grundböse, daß, wenn man von einer Seite das Problem durch scheinbare Erklärung beseitigt hat, daß uns von allen andern Seiten her die Schwierigkeiten gleich Hydraköpfen bedrohlich angrinsen".[40] Freilich ist schwer zu definieren, was in der Geologie als „Urphänomen" gelten solle, und Goethe wußte selbst keine klare Allgemeinbestimmung zu geben.[41] Dem Grundbegriff nach sollten es physikalische und chemische Grundtatsachen sein, die keiner weiteren Erläuterung zugänglich waren,[42] aber Goethe selbst erkannte an, daß die geologische Forschung oft nicht bis zu ihnen gelangen könne und tadelte, wenn seiner Meinung nach nicht rechtzeitig vor den Problemen Halt gemacht worden war.[43] Allerdings sind diese Fälle stets Belege dafür, daß bis zu gewissem Grad die Entscheidung, welche Erscheinung als Urphänomen gelten solle, dem subjektiven Ermessen überlassen bleibt, denn Goethe tadelte solche Übergriffe der Erklärungslust nur dann, wenn auf dem Weg zu den chemisch-physikalischen Grundtatsachen Ansichten erworben waren, denen er nicht beistimmen wollte und konnte. Immerhin ist klar, daß vulkanische Erhebungen keine Urphänomene sind, sondern notwendig Gedanken über die eigentliche Ursache herausfordern.

Die Geologie kann niemals, wenn sie sich auch noch so sehr auf Beobachtung und Analyse des Befundes beschränken will, sich der genetisch beschreibenden Form, als des nächstliegenden und wirksamsten Mittels zur Zusammenfassung entschlagen. Für Goethe war die Entstehungsgeschichte mehr als Darstellungsform; sie war im Gegenteil das sachlich Wichtigste,[44] der erste Schritt zur synthetischen — oder in seiner Sprache: zur dynamischen, der atomistischen übergeordneten — Betrachtung.[45] Das jetzt weit verbreitete Urteil, daß Analyse wissenschaftlich wertvoller sei als Synthese, ist durch die Zeitstimmung eingegeben und wird vielleicht wieder einmal dem gegenteiligen Platz machen: keines von beiden hat eine absolute und dauernde Gültigkeit. Aber wenn die Geologie Hypothesen und Theorien aufstellen muß, so gehört ohne Zweifel deren gedankenmäßige Weiterverarbeitung auch zu den wissenschaftlichen Aufgaben. Sie kann, ebenso wie die Analyse, unwissenschaftlich angefaßt werden, jedoch träfe dieser Vorwurf nicht auf Goethe zu, der den Spruch niederschrieb:

> „Bei Erweiterung des Wissens macht sich von Zeit zu Zeit eine Umordnung nötig; sie geschieht meistens nach neueren Maximen, bleibt aber immer provisorisch“[46],

und der diese Einsicht so entschlossen betätigte, daß er anerkannte, in den analytischen Grundlagen seiner Synthesen weit überholt zu sein, und daher sein eigenes Forschen nur noch historisch, als eine abgeschlossene Tatsache betrachtete (S. 213).

Noch stärker als die synthetische Geistesrichtung, für welche zu jeder Zeit der Analytiker die Erkenntnis noch nicht reif gehalten hat, und für die ihm niemals der richtige Moment bereits gekommen sein wird, hat die Vielseitigkeit Goethes, dem kein Forschungszweig Selbstzweck war, Anlaß gegeben, seine Wissenschaftlichkeit zu bezweifeln. Ein jedes Fach war für ihn nichts als ein Glied des gesamten Geisteslebens, Peripherie, nicht Mittelpunkt. Sogar vom Unterricht verlangte er mehr, als bloße Ausbildung von Fachleuten, sah vielmehr in den Naturwissenschaften ein Mittel zu allgemeinster Geistes- und Sittenbildung. Als Knebel berichtete, daß die Studierenden der Naturfächer in Jena die „humansten“, die der Humaniora beflissenen aber die „inhumansten, lichtscheu und voll kleiner hämischer Leidenschaften“ seien,[47] schrieb er die auch gegenwärtig beherzigenswerten Worte zurück:

> „Deine Bemerkung zu Ehren der Naturstudien gilt nicht nur für Jena und für diesen Moment allein; es liegt ein viel allgemeineres dahinter und daran. Schon fast seit einem Jahrhundert wirken Humaniora nicht mehr auf das Gemüt dessen, der sie treibt, und es ist ein rechtes Glück, daß die Natur dazwischen getreten ist, das Interesse auf sich gezogen und uns von ihrer Seite den Weg zur Humanität geöffnet hat.“[48]

Um aber über den Kreis des Faches hinaus wirken zu können, müssen die Naturwissenschaften allgemein zugänglich sein. Das wurden sie um so weniger, je weiter die Forschung über das dem täglichen Leben Vertraute hinausging, und je ausschließlicher sie sich auf Ansammlung von Beobachtungen verlegte. So entstand Fremdartigkeit und Unübersichtlichkeit des Lehrstoffs, und für den Außenstehenden verwandelte sich dadurch die einstige Anziehungskraft dieser Fächer in Abstoßung und Abschreckung;[49] die erhoffte sittlich-allgemeine Einwirkung drohte auszubleiben und die Wissenschaft lief Gefahr, die Anhäufung ungeformten Stoffes für die eigentliche Aufgabe zu halten und das dadurch bewirkte Ergebnis zu überschätzen.[50] Goethes Vorschlag, wie diesem Übelstande abzuhelfen sei, war modern genug gedacht, denn er bestand in Spezialisierung. Er forderte, daß eine exoterische und eine esoterische Lehre gesondert gehalten werde; jene, die Wissenschaft „nach außen“, solle sich die Aufgabe stellen, den Fremden anzulocken, solle hauptsächlich allgemeine Gesichtspunkte hervorkehren, ohne dabei Wert, Gründlichkeit und Gehalt einzubüßen, dahingegen solle die Wissenschaft „nach innen“ sich der Heranbildung von Fachleuten und der Förderung der Einzelerfahrung widmen, dürfe jedoch über aller Gründlichkeit niemals das allgemeine Interesse verscherzen.[51] Also setzte er ohne Bedenken das Bedürfnis, das er selbst empfand, nämlich Kenntnis zu nehmen von dem Fortschritt auf allen Gebieten, als allgemein vorhanden voraus, war überzeugt, daß alle Forschung trotz der vorübergehenden Entfernung zwischen Wissenschaft und Leben doch dem geistigen Besitz der Allgemeinheit zugute kommen und darin wirken wolle, und erwartete bestimmt, daß die Wissenschaft ihre Lehren später einmal wieder ins Einfache und Faßliche leiten werde.[49]

Wenn zweifellos der Allgemeinheit zugute kommen muß, was der Einzelne betreibt, wenn andererseits die Geologie zum Geistesleben der Allgemeinheit etwas Wesentliches beizutragen hat, so gehört die Aufgabe, die Goethe sich stellte, Erdkenntnis in die Grundlagen seiner Weltanschauung einzubeziehen, sicherlich zu denen, die der Wissenschaft auferlegt sind. Die Frage, ob Goethe in seinem Forschen wissenschaftlich verfahren sei, erledigt sich nunmehr von selbst, da er mit Hilfe dieser Forschungen eine allgemeine geistige Höhe erreicht hat, die kein berufsmäßiger Fachforscher je zu erklimmen wagen möchte. Wie sollten die Grundlagen eines Denkens wissenschaftlich wertlos sein können, wenn das reinste Ergebnis dieses Denkens, eine Dichtung wie Faust, den geistig und wissenschaftlich Hervorragendsten die Wege zu gesteigerter Menschlichkeit gewiesen und erleuchtet hat? Goethes geologische Studien sind unstreitig wissenschaftlich wertvoll, denn der Spruch: An ihren Früchten sollt ihr sie erkennen — behält auch hier seine Geltung. Er bediente sich des wissenschaftlichen Werkzeugs, und daher kann eine Betrachtung über das Wesen dieses Werkzeugs an seine Studien anknüpfen; soll aber ihr wissenschaftlicher Gehalt beurteilt und bewertet werden, so muß ihre Absicht noch stärker in Betracht gezogen werden als etwa ihre geschichtliche Stellung oder gar der Aussageinhalt. Der Maßstab, mit dem gemessen, der Gesichtspunkt, von dem aus betrachtet wird, ist nicht der sonst übliche, denn es kommt hier vorzugsweise auf die Kritik von Ergebnissen an, die außerhalb des Faches gelegen sind und sich auf die sittliche und geistige Bereicherung und Erhebung der Allgemeinheit beziehen. Es wäre schlimm für die Wissenschaft, wenn sie in ihrem weiten Reich einer Betrachtungsweise, wie Goethe sie übte, keinen Raum vergönnen wollte, nicht weniger schlimm freilich, wenn solche Betrachtungsweise üblich und herrschend würde.

Denn eine jede Ausdehnung nach der einen Seite erhält ihr Gegengewicht durch Einschränkung nach einer andern; jeder Gewinst erfordert ein entsprechendes Opfer; instinktiv aber wählt sich eine jede Begabung, die sich frei entfalten kann, ihre Ziele so, daß zur Tugend wird, was vor anderen Zielen Not sein würde. Nur weil Goethe jene spezifisch dichterische Phantasie besaß und ein dem Fachgelehrten unerlaubtes Beharrungsvermögen in den einmal gewonnenen Anschauungen, und weil er Störendes ablehnte, Zustimmendes festhielt, nur darum konnte er sein Individuelles als eine historisch und einmalig gegebene Wesenheit entwickeln und den ganzen Umkreis des Wissens in sich aufnehmen. Ohne solche Begrenzung und Fixierung des Erledigten hätte er stets zu den Anfängen zurückkehren und sie umbauen müssen; er wäre an der Weiterentwicklung gehindert und niemals zum persönlichen Abschluß, hier dem wesentlichsten Ergebnis der Forschung, gelangt. Der eigentlich wissenschaftliche Forscher erreicht dieses Ziel niemals, sondern bringt einen Teil seiner Persönlichkeit zum Opfer, da er seinen individuellen Besitz an Wissen in Wandelbarkeit beläßt. In Goethes Begabung lag die Fähigkeit zu individuellem Abschluß; sie forderte das Opfer, daß er seinen individuellen Besitz an Wissen selbst überlebte und verlieh ihm dagegen die Kraft, Früchte einzuernten und der Allgemeinheit als segensreiches Saatkorn zu überliefern, von einer Keimkraft, die ein fachlich abgesondertes und rein wissenschaftliches Denken seinen Ergebnissen niemals mitzuteilen vermag.

Goethe besitzt als Dichter, noch mehr als Forscher und Denker für die Gegenwart größere Bedeutung als er für seine eigene Zeit besaß. Die Literatur über ihn würde sicherlich nicht fast alltäglich anschwellen, wenn sie nicht einem in breiteren Kreisen wirklich vorhandenen Bedürfnis entgegenkäme; sonst würden die meisten dieser Werke nie auf Leser und Käufer rechnen können und höchstwahrscheinlich nie den Weg zum Drucker gefunden haben. Wer aber zurückschaut, der beweist, daß er in der Gegenwart keine volle Befriedigung findet.

Mehr als viele andere hätte unsere selbstbewußte und tatkräftige Zeit guten Grund des Errungenen froh und darin zufrieden zu sein. Nur stehen neben dem in unablässiger Arbeit erworbenen Verdienst doch auch Schulden mancherlei Art angehäuft, und manches Wertvolle fiel dem Fortschritt zum Opfer. Man mag das unvermeidlich nennen, es flüchtig beklagen und dann darüber hinweggehen, als sei es Charakterstärke, solchen Ausgang zu verschmerzen und gefaßt zu ertragen: bei Schaffensfrohen ist solche Resignation aber wohl niemals echt und zu den versteckteren, leiseren Anzeichen, daß ein in der Gegenwart liegendes Sehnen wirklich gestillt und nicht nur oberflächlich zum Schweigen gebracht sein will, gehört das ausgebreitete Bemühen, in Goethes Gedankenwelt einzudringen und darin allseitig heimisch zu werden.

Die Allgemeinheit hat von den Errungenschaften, die dem XIX. Jahrhundert den Beinamen des naturwissenschaftlichen erwarben, nichts weiter geerntet als einen Fortschritt der Technik. Wie sehr in dieser Beziehung das Leben sich seit Goethes Tagen verändert hat, zeigt jeder im Zimmer oder auf der Gasse umherschweifende Blick und in alltäglichster, aber gerade darum eindrücklicher Fassung Goethes Stoßseufzer:

Wüßte nicht, was sie bessers erfinden könnten,
Als wenn die Lichter ohne Putzen brennten![52]

Dafür aber ist mit unabgeschwächter Kraft die Gegenwirkung eingetreten, die Goethe vielleicht vorausahnte, aber damals noch für das geringere Übel hielt.[53] Die technisch verfeinerte Organisation der Forschung, die Zersplitterung der Fächer in Unterabteilungen, deren jede eine gesonderte Lebensaufgabe stellt, ist soweit gediehen, daß jeder einzelne Mitarbeiter nur noch wie durch ein Mikroskop schaut und seine Betrachtung einschränkt auf den kleinen Ausschnitt aus der Wirklichkeit, der sich in diesem Gesichtskreis darstellt. Goethe meinte schon 1830, daß irgendeine Sache von 1000 Gelehrten 999 gleichgültig sei; den einen aber, den sie interessiere, ließe man gehen, ohne ihm dareinzureden, „wie auf dem Bazar kein Kaufmann etwas dagegen habe, daß der andere seine Perlen loswerde, wenn er selbst nur seine Shawls verschleißen könne".[54] Es ist scheinbar dasselbe Verfahren, wie in der Technik, die jedem einzelnen Arbeiter eine möglichst große Handfertigkeit zur Herstellung eines bestimmten Maschinenteils anerzieht; nur fehlt der Forschung der übergeordnete Leiter, der angibt, was geformt werden soll, und die Teile zu einem Ganzen zusammenfügt. Der Techniker würde in seinem Beruf das in der abstrakten Forschung übliche Verfahren, daß jeder den ihm auferlegten Teil nach eigenem Gutdünken forme, nicht sonderlich zu loben wissen, und sich arg verwundern, wenn jemand das Vertrauen ausspräche, daß auf solche Weise eine brauchbare, oder überhaupt nur zusammenschließende Maschine gebaut werden könne.

Den schwersten Schaden trug aber die Allgemeinheit davon, denn sie verarmte geistig, während sie materiell bereichert wurde. Die praktische Benutzung der wissenschaftlichen Errungenschaften durchsetzte das Leben immer mehr mit unverstandenen Vorgängen und gewöhnte daran, das Gebotene gedankenlos hinzunehmen. Das führte einerseits dazu, von der Wissenschaft nicht bloß neue, sondern neue und praktisch verwertbare Erkenntnis zu erwarten, andererseits diejenige Forschung, die nichts materiell nützen konnte, als eine Art von science pour la science beiseite stehen zu lassen. Der ungeheure Aufschwung der Erfahrung, der gefestigtere Ausbau der theoretischen Vorstellungen in den zu technischer Nutzung unbrauchbaren Wissenschaftszweigen ist ohne Wirkung auf die Allgemeinheit geblieben; sie müßte sich in der Auffassung der Weltanschauungsfragen äußern, aber mit unbehaglicher Befremdung sieht man Streitigkeiten, die wie der Konfessionalismus vor hundert Jahren anfingen als erledigt zu gelten, nunmehr in unerhörter Schärfe wieder aufleben, als sei unser Leben an materiellem Gehalt fortgeschritten, aber geistig und moralisch um zwei oder drei Jahrhunderte rückwärts entwickelt. Die Kunst ward des vielen Neuen ebensowenig Herr, wie das Alltagsdenken; die alten Formen wurden zertrümmert, und was neu an ihre Stelle trat, erschöpfte sich im Erfassen der Außenseite, fand schließlich nichts anderes als wesentlich heraus als das Alleroberflächlichste, nämlich die Rastlosigkeit der Bewegung, oder resignierte sich auf die Wiedergabe des „Eindrucks", der Impression, als ob das hastig Festgehaltene das Wichtigste, Kernhafteste sein könne.

Praktische Verwendung einer Erkenntnis bringt dem Geistesleben der Allgemeinheit keine Anregung, denn dem, was ebensogut gedankenlos benutzt werden kann, tut sich die Gedankenwelt überhaupt nicht auf, und an Stelle des Verständnisses tritt Haschen nach Sensation, die rasch gesättigte Bewunderung des als unverständlich-selbstverständlich Hingenommenen. Die rein theoretische Erkenntnis aber hat für die Allgemeinheit nur Wert, wenn sie als lebendiger Geistesbesitz wirksam sein kann: nichts ist überflüssiger, als eine science pour la science oder l'art pour l'art, einen inerten Fremdkörper in den Vorstellungskreis aufzunehmen. Die Gesinnung, die Wissenschaft vom Standpunkt der Praxis her zu betrachten, hat man als Amerikanismus bezeichnet und hat es gerühmt, daß das Deutschtum nun aufgehört habe, das Volk der Dichter und Denker zu sein, wie einst der Spott gereifterer Nationen es genannt hatte. Doch war es das Denken und Dichten, das dem deutschen Volk in seinen schwersten Krisen das Leben erhielt; es ist seines Wesens ein bester Teil und zog nur deshalb Spott an, weil das Dichten und Denken keine Hand, keinen Muskel zum Handeln besaß. Eine jede Entwicklung bewegt sich interpolierend zwischen Extremen: langsam wendet sie sich nunmehr der vor hundert Jahren verlassenen Richtung wieder zu.

Die Spezialisierung der Forschung in Fächer schreitet fort, aber die neuesten, die abgetrennt wurden, sind Verbindungsglieder, die sich mit Grenzgebieten befassen und eine geschlossene Front herstellen, in dem sie die von einer Disziplin zur andern führenden Fäden verfolgen.

Auf allen Gebieten zeigt sich ein Verlangen nach synoptischer Darstellung in Sammelwerken, die durch planmäßiges Zusammenarbeiten der Spezialisten weiter umspannte Felder behandeln mit der ausgesprochenen Absicht, das Fazit der bisherigen Arbeit zu ziehen. Die Philosophie, die in der rein empirischen Forschungsperiode ihre Anziehungskraft und ihren wissenschaftlichen Rang fast völlig eingebüßt hatte, beginnt aufs neue zu wirken und vorbereitend das Wesen von Erfahrung, von Wahrheit und Irrtum, von Wissenschaft und Hypothese zu untersuchen, also Begriffe zu behandeln, die früher für unmittelbar gegeben und keiner kritischen Behandlung bedürftig galten. Die Flut von gemeinverständlichen Schriften über naturwissenschaftliche Gegenstände jeder Art, wie sie jetzt erscheint, läßt erkennen, wie durch alle Schichten des Volks ein Bedürfnis sich verbreitet, Kenntnis zu nehmen, sicherlich nicht wegen der Einzelheiten, der „Tatsachen", sondern aus allgemeinmenschlichen Gründen, weil der einzelne sich orientieren will über die Stellung des Menschen in der Welt oder um seiner Humanität sich bewußt zu werden und sich darin zu befestigen.

Es ist mehr ein moralisches Bedürfnis als eines der Erkenntnis, dem also auch durch Belehrung nur schlecht genügt wird: die Frage geht nach den Idealen, die dem Handeln gesteckt sein sollen, nach Ergebnissen, die nicht in dem Erforschten selbst enthalten sind, aber ihre Gestaltung empfangen aus der Vereinigung des zeitlich-bedingten Wissens mit den bleibenden Eigentümlichkeiten und Werten des Menschengeistes. Wenn diese Vereinigung unterbrochen ist, so tastet das Suchen nach den früheren Gestaltungen, greift lieber zu solchen, deren Wissensgehalt längst überwundenen Epochen angehört, als daß es ins Leere faßte, aber es begehrt Gestaltetes, wie es nicht der Forscher, sondern allein der Dichter schaffen kann: nur solche Weltanschauung kann lebendig sein und wirken, welche in der Phantasie eines denkenden Dichters Person geworden ist. Denn nicht nur von verstorbenen Menschen gelten die Worte, die Goethe der Euphrosyne in den Mund legte:

> Laß nicht ungerühmt mich zu den Schatten hinabgehn!
> Nur die Muse gewährt einiges Leben dem Tod.
> Denn gestaltlos schweben umher in Persephoneias
> Reiche, massenweis, Schatten vom Namen getrennt;
> Wen der Dichter aber gerühmt, der wandelt, gestaltet,
> Einzeln, gesellet dem Chor aller Heroen sich zu.[55]

Auch Gedanken und Weltanschauungen bleiben gestaltlose Schatten, solange sie nur der Welt der Wissenschaft angehören und noch in keines Dichters Wort aufgestanden sind, um zu wandeln und zu tun.

Das Gesamtbild der Natur und des Weltgeschehens, nach dem die Gegenwart sich sehnt, das gestaltete Ideal des Handelns und Denkens, entlehnt sie von Goethe, dem ihr zeitlich nächststehenden unter den Dichtern, die solches darbieten können, und zugleich demjenigen unter ihnen, der durch zahlreiche und feste Bande der Nationalität und der Wesenheit mit dem Deutschtum der Gegenwart auf das engste verknüpft ist. Aber es ist nur Entlehnung; in dem, was sein Denken an zeitlich Bedingtem enthielt, steht er überholt, denn ungemein vieles in seinen Anschauungen, in der Geologie sogar fast alles, hat sich als Irrtum erwiesen; an anderen Stellen, wo er den Zusammenhang geschlossen glaubte, sehen wir in seinem Weltbild empfindliche Lücken klaffen: wenn Goethe alles das geben könnte, was die Gegenwart bedarf, so müßten diese Lücken und Irrtümer für die höchsten, für die allgemein-menschlichen Fragen gleichgültig sein, und wir hätten den Wert der Fortschritte, die das neunzehnte Jahrhundert brachte, weit überschätzt, denn für das tiefste Verständnis des Naturgeschehens hätten sie nichts herbeigeschafft, was nicht dem Wesen nach schon vorher ohne sie errungen worden wäre. Unsere Kenntnis des Weltganzen bleibt stets fragmentarisch; ob unsere Meinungen sich auf ein etwas breiteres oder etwas schmaleres Fragment der Wirklichkeit stützen, das ist schließlich weniger bedeutungsvoll, als der Inhalt unserer Meinungen selbst.

Das Wesentlichste, was die Geologie zur Weltanschauung an Wissen beizutragen hat, liegt an den Grenzen des Faches und handelt von der Geschichte des Lebens und des Menschen. In Goethes Gedankenkreis war davon schlechterdings garnichts vorhanden, weil die philosophisch-rationalistische Betrachtungsweise diese Probleme bereits in ihrer Weise erledigt hatte und somit kein Bedürfnis empfunden wurde, sie noch einmal und von anderer Seite anzugreifen.

Goethes Metamorphosenlehre ist keine Deszendenztheorie, sondern gibt eine „Darstellung der Gedankenentfaltung in der Gott-Natur".[56] Wenn er beobachtete, daß bei der gefüllten Blüte Staubfäden zu Blättern geworden waren, so schloß er auf die Identität des Grundbegriffs, nicht auf Identität des Ursprungs, denn er hat nie behauptet, daß in der Vorgeschichte einer Pflanzenart ein Staubfaden wirklich ein Blütenblatt oder Laubblatt gewesen sei, und niemals unter „Urpflanze" eine Stammform verstanden, aus der alle übrigen, fossilen und rezenten sich ableiten. Zwar scheint in der klassischen Walpurgisnacht Thales den wahres Menschentum ersehnenden Homunculus auf den Weg der natürlichen Deszendenz zu verweisen, wenn er ihm rät, sich dem Ozean zu vermählen und „von vorn die Schöpfung anzufangen":

> Da regst du dich nach ewigen Normen,
> Durch tausend, abertausend Formen
> Und bis zum Menschen hast du Zeit.

Im Gegensatz dazu steht aber, daß er, obwohl bereits von der Unterscheidbarkeit verschiedenaltriger Fossilfloren unterrichtet (S. 215), ein „Analogon urzeitlicher Pflanzensteigerung" zu erblicken glaubte in der Art, wie sich jetzt ein neugebildetes Schwemmland mit Pflanzen, erst mit Salicornia herbacea, dann mit Salsola kali und zuletzt mit Triglochium maritimum, besiedle.[57] Der historisch-genetische Gesichtspunkt der heutigen Deszendenzlehre war zwar damals nicht ganz unbekannt,[58] aber Goethe nahm ihn in wissenschaftlichen Zusammenhängen nicht ein, und zwar teils, weil die ungefähre Koinzidenz der systematischen Stufen und der zeitlichen Reihenfolge der Typen noch unentdeckt[59] und das ganze Lehrgebäude der Geologie innerlich unhistorisch gedacht war, teils weil Goethes spezifisch-dichterische Phantasie, die ein einmal Gestaltetes als individuell und unveränderlich festhielt, wenig geeignet war, den Gedanken an faktische Umbildung eines Bestehenden aufzunehmen. Daher schob sich ihm unbemerkt jedesmal statt der Frage nach der Entstehung einer bestimmten Lebensform die andere, keiner Antwort zugängliche nach der Entstehung des Lebens selbst unter, oder vielmehr: er warf nur diese letzte Frage auf und suchte sie verstandesmäßig und unhistorisch zu lösen, da er die Vorzeit gewissermaßen auf eine „Zeitebene" projiziert, und nicht, wie heute wir, einem „Zeitraum" eingeordnet sah.

So war für ihn der Zusammenhang zwischen den Lebensformen rein ideell, daher der Mensch ebensowenig durch Blutbande mit den Formen des organischen Lebens verkettet, wie es die übrigen Tier- und Pflanzenformen unter sich waren, und daher war schließlich auch der Standpunkt, von dem aus er das Aufsteigen des Menschen zu Gesittung und Kultur betrachtete, ganz anders definiert als der heutige. Aber außerordentlich wenig ist über dieses Thema in seinen Schriften ausgesagt.

Da die Ideen zur Philosophie der Geschichte der Menschheit, ein durch und durch rationalistisch-unhistorisch gedachtes Werk,[60] im Geologischen nichts enthalten, was Goethe mißbilligte (S. 57), so darf man ihm für die Frühzeit die Ansicht zuschreiben, daß der Aufstieg der Menschheit zu Sprache und Kultur rapid, während einer kurzen Epoche zwischen Diluvium und bald nachher beginnender historischen Zeit erfolgt sei, um so mehr, als auch A. v. Humboldt im Kosmos einen dem Standpunkt Herders noch nahe verwandten einnahm.[61] In späterer Zeit stimmte Goethe offenbar mit Cuvier überein, der keinen Fund von Menschenknochen als wirklich fossil anerkannte. Der Säugetierfauna des Thüringischen Quartärs wandte Goethe beträchtliche Aufmerksamkeit zu, deutete nie auf die Möglichkeit hin, daß mit diesen Elefanten, Nashörnern usw. Menschen zusammengelebt haben möchten, und nahm von der Mitteilung v. Schlotheims, daß im Süßwassertuff Thüringens

Menschenschädel Beweis ablegten für die Existenz des Menschen vor der letzten Erdrevolution,[62] keine Notiz. Im Gegenteil belobte er es als naturgemäße Erklärung, wenn derartige Fundberichte durch Umdeutung aus dem Weg geräumt wurden.[63] Steinbeile, wie er deren einige in seiner Sammlung bewahrte und in größerer Menge kannte, hielt er für altgermanische Opfergeräte,[64] die er übrigens nur der Gesteinsbeschaffenheit nach betrachtete.

Über die Entstehungsgeschichte der technischen Kultur läßt sich eine auf Beobachtung ruhende Meinung aufstellen, nicht aber über die urgeschichtliche Entwicklung von Begriffsvermögen, Sprache und Verstand. Dieses letztere war dem auf verstandesmäßiges Begreifen gerichteten Rationalismus das näher liegende Thema, auf das er zudem in seiner spekulativen Forschungsrichtung besser eingestimmt war; jenes erstere war damals noch nicht erblickt und gewann auch erst im Jahrhundert der Technik Interesse. Für die ethische Bewertung der vom Menschen erworbenen Kultur macht es einen kaum zu überschätzenden Unterschied, ob man in ihm ein rasches Aufsteigen vermöge göttlicher, alle materiellen Hemmungen wie im Fluge überwindender Geisteskraft erblickt oder ein ungezählte Generationen andauerndes, mühevolles Ringen, das in harter Arbeit und in langsamen Schritten von der unbedingten Herrschaft der Naturgewalten befreite.

Sicherlich darf nicht nur der Geologe behaupten, daß eine ganz auf dem Boden der heutigen Naturkenntnis gewachsene Dichtung in manchen und nicht unwesentlichen Punkten anders lauten würde, als die Goethes. In welche Form und Gestaltung aber sie gefaßt sein würde, das läßt sich ebensowenig voraussehen, wie Newton, Leibniz, Linné und Buffon dem Faust, oder Thomas von Aquino der göttlichen Komödie Dantes weissagend den Inhalt vorzeichnen konnten.

Synthetische Behandlung der Wissenschaft gleicht dem Ziehen einer Bilanz auch darin, daß der gedeihlich Fortschreitende in Abständen das Bedürfnis empfindet, sich zu überzeugen, wie weit er kam und was er vor sich brachte. Dem geschichtlichen Rückblick erscheinen diejenigen Epochen, in denen die führende Bevölkerungsschicht ihren ganzen Besitz an geistigen Werten zu einer Einheit zusammengefügt hatte, als Höhepunkt der Entwicklung; da aber das Eindringen neuer Eindrücke und Erfahrungen, fördernder und hemmender, niemals unterbrochen wird, so ist der Augenblick vollendeter Reife auch zugleich der Beginn des Niedergangs; die Blütezeiten der Kunst folgen, wie die größte Hitze eines Sommertags dem Mittag, der höchsten Blüte einer Geisteskultur um eine Weile verspätet nach und bezeichnen den Moment, wo das Denken die freieste Herrschaft über den geistigen Besitz der Zeit errungen hat und doch schon die synthetisch gewonnene Weltanschauung sich zu zersetzen beginnt. Ihnen folgt in der Weiterentwicklung der Kunst eine Periode des Realismus, in der Wissenschaft eine starke Betonung der Analyse, doch liegt in beiden Fällen diesem Streben nur der Wunsch zugrunde, eine neue widerstandsfähigere Synthese zu erlangen und eine geistige Herrschaft über die Welt, die tiefer greife und weiteres umfasse, als die vorhergehende, historisch gewordene.

Was von dem Werk vergangener Blütezeiten den Sturz überlebt, das sind die ethischen Errungenschaften, die aber wirksame Kraft erst erhalten, wenn sie in Kunst und Dichtung fest und persönlich gestaltet wurden und so weit offeneres Ohr finden, weit eher in die Tiefen des Bewußtseins eindringen, als wenn sie lehrhaft und wissenschaftlich zu sein schienen. Die Wissenschaft der Vorzeit altert schnell, wird unverständlich und sagt der Folgezeit nichts; aber die Namen Antigone, Parzifal, Göttliche Komödie und Faust, um von anderen Dichtungen zu schweigen, deren jede am Ende einer synthetisch ihre Erfahrungen beherrschenden Zeit steht, bezeichnen etwas geistig Lebendes, die Gewinste, die der Menschengeist auf seinem Zuge zur Eroberung der Welt gesichert hat.

Wenn die Gegenwart versucht, in Goethes Geisteswelt einzudringen und in mühsamer, oft kleinlicher Arbeit seinen Gedanken nachgeht bis in die feinsten Wurzeln, so kommt ihr dabei erst recht zu Bewußtsein, welch bedeutungsvolle Saat zwischen seinen Tagen und den unsern gesät und gepflegt ist und wie sehr sich in allen Teilen das Bild von den Tatsachen im Weltgeschehen geändert hat. Um so heller erwacht dann der Wunsch, auch unser Wissen zu einem dauernden Allgemeingut ausgeprägt zu sehen durch einen Geist, der es, von der Gunst der Zeiten und Umstände gefördert, in sich aufnähme und dem tiefsten Denken unseres Jahrhunderts Wirkungskraft und Leben gäbe für die Jahrhunderte.

Doch dieses Ziel thront allzusehr in den Wolken, als daß man von der Arbeit des Tages fordern könnte, sie solle ihm zuliebe nicht allein auf Einzelheit und Beobachtung, sondern auch auf Zusammenschluß und Klärung Aufmerksamkeit verwenden. Der Tätige verlangt ein näheres Ziel, zu dessen Erringung er beitragen, dem er aus eigener Kraft ersichtlich näher kommen kann; dieses aber läßt sich schon jetzt aufstecken, wenn man einige Gedanken, die bei Goethe angedeutet sind, ein wenig weiter ausbaut.

In einem der letzten, so eigentümlich gewichtigen Briefe heißt es:

„Der eifrige Kunstkenner, wenn er die Ausgrabungen von Pompei und Herculanum mit Entzücken betrachtet, wird doch immer zunächst von einem schmerzlichen Gefühl überrascht, daß soviel Glück durch ein einzelnes Naturereignis zugrunde gehen mußte, um solche Schätze für ihn niederzulegen und zu bewahren. Von einer ähnlichen

Empfindung wird derjenige bedrängt, (der schaut und erkennt), was in der Urzeit allgemeinere unbegreifliche Naturwirkungen in einer großen Weltbreite niedergeschlämmt, niedergedrückt und verschüttet. damit wir von verschwundenen Organismen genugsam erführen, welche in der Urnacht der Zeiten doch auch das Tageslicht und seine Wärme genossen, um kräftig und fröhlich zu leben und sich auf das gedrängteste zu versammeln."[65]

Eine Fülle ethischer Gedanken entsprießt diesen Worten! Sie vollständig zu entwickeln und wirksam zu formen, ist Sache des Predigenden und des Erziehers, dem dazu kräftigere Mittel zur Verfügung stehen, als die des ruhig geschriebenen Wortes.

Der Psalmist rühmte die Größe Gottes, und zahlreiche Dichter sind ihm darin nachgefolgt: „Ehe denn die Berge waren und die Erde und die Welt geschaffen wurden, bist du, Gott, von Ewigkeit zu Ewigkeit. — Denn tausend Jahre sind vor dir wie der Tag, der gestern vergangen ist und wie eine Nachtwache." Der alte Gottesbegriff, das Ergebnis primitiver Naturbetrachtung, ward immer vergeistigter, reiner, metaphysischer gefaßt; je mehr er aber der Anthropomorphismen entkleidet wurde, desto mehr verlor er auch die Beziehungen zur Ethik und zum menschlichen Handeln. Die Taten des Gottes wurden der unpersönlichen Natur zugeschrieben, „von der wir umgeben und umschlungen sind". Soll und muß dieser Begriff auch in der Ethik den alten Gottesbegriff ersetzen, ohne doch vermenschlicht zu werden, so kann das nur geschehen durch anschauliche und eindrucksvolle Vergegenwärtigung seiner konkreten Grundlagen, also durch inniges Zusammenwirken von Denken, Phantasie und Empfinden. Es genügt nicht, die Begriffe „Ewigkeit" und „Unendlichkeit" durch Negation, als Gegensatz zu den menschlichen Maßen von Raum und Zeit zu gewinnen, sondern sie müssen positiv bestimmt werden durch die Dimensionen der Ereignisse, die sich im Dasein der Erde vollzogen, langsame Auftürmung und Abtragung von Hochgebirgen und vieles derart mehr, unbegreiflich als Wirkung und an Dauer, und doch nur einem Bruchteil der Ewigkeit angehörig, vor der die Erde ist „als wie ein Gras, das doch bald welk wird".

In diese uns nicht ermeßliche Dauer der Erde, in eine „relative Ewigkeit" ist „das Leben" eingespannt, in unübersehbarer Formenfülle aufsprossend und in jeder einzelnen Erscheinungsgestalt der Natur genau so wichtig oder so gleichgültig, als der Mensch. Der letzte Versuch anthropozentrischen Denkens muß scheitern im Hinblick auf diesen Lebensstrom, der ungezählte Äonen vor dem Menschen „des Tages Wärme genoß" und kräftig und fröhlich um seiner selbst willen sich drängte.

Goethe forderte, daß die Erziehung zuerst Ehrfurcht vor dem, was über uns ist, dann vor dem, was unter uns ist, lehre;[66] ohne Zweifel ist die Geologie, sobald sie sich nach dieser Seite wenden will, ganz hervorragend befähigt, an der Lösung dieser Aufgabe mitzuwirken und Ehrfurcht vor der Natur über uns, vor dem Leben um uns her, die beide in der Gegenwart so oft schmerzlich vermißt werden, zu erwecken und zu erhalten. Den dritten Grad der Erziehung, zur Ehrfurcht vor sich selbst, suchten die alten Religionen zu erreichen durch die Lehre, daß die menschliche Seele ein göttlicher Odem sei. Stets aber zeigte dieser stolze Glaube Neigung, in Verzweiflung umzuschlagen, sich in das Gefühl der Unzulänglichkeit, in das widerwillig ertragene Bewußtsein der Begrenztheit umzuwandeln, da die göttergleich geträumte Seele doch stets im Irdischen befangen blieb und in ihren kühnsten Flügen sich nie über die einengende und hemmende Materie hinwegschwingen konnte. In Goethes „Grenzen der Menschheit" klingt diese Klage als Unterton vernehmlich mit.[67] Doch wenn der Mensch in schwerem, selbstgewollten Ringen den Aufstieg erzwang, so darf und muß er sich dessen bewußt werden; er darf sich rühmen, weil es ihm gelang, sich so fest auf die wohlgegründete Erde zu stellen, und daher ist in Goethes Prometheus,[68] freilich von anders gewendeten Gedanken dort umgeben, die Stimmung ausgesprochen, mit der ein Rückblick auf die Vorzeit erfüllen soll:

> **Hast du nicht alles selbst vollendet,**
> **Heilig glühend Herz?**

Aus dieser Erkenntnis erwächst nun sogleich das Gefühl der Ehrfurcht, sobald die damit auferlegte Verantwortung ins Bewußtsein tritt, die Pflicht, das durch generationenlang währende Mühe Eroberte nicht nur zu erhalten, gegen gleichgültig zerstörende Naturgewalten sowie gegen innere Zersetzung zu verteidigen, sondern daran weiter zu bauen, im Dienst der kommenden Generationen: Ehrfurcht vor sich selbst, weil man sich empfindet als ein notwendiges, verantwortliches Zwischenglied zwischen einer Vergangenheit, der man dankt, und einer Zukunft, die man liebt.

Nirgends ist der subjektiven Denkungsart soviel Spielraum gelassen als beim Ausdruck und bei der Veranschaulichung ethischer Maximen. Hier kam es nur darauf an, zu zeigen, was keinem Geologen entging, der je nach dieser Seite aussah: daß die Geologie und die ihr eng verbundene Prähistorie berufen sind mitzuwirken an der Lösung einer kulturellen Aufgabe, vor der die Humanitätswissenschaften von Tag zu Tag ärger versagen. Auch ringt ja die Geologie bereits um einen Platz in der Geistesbildung der Allgemeinheit; nur wird dieser ihr bisher noch mit beinahe verblüffender Selbstverständlichkeit vorenthalten.[69] Und das mit Recht, solange die Geologie in ihrer Arbeit grundsätzlich den Standpunkt meidet, den Goethe einnahm und von dem aus er ethische Konsequenzen, wenn auch verschleiert, erblickte.

Vom Inhalt der praktischen Geologie Kenntnis zu nehmen, ist für die Allgemeinheit ebenso unnötig, wie von den rein wissenschaftlichen Theorien, die auf das Menschenleben gar keinen Bezug haben. Im Praktischen wäre das Ergebnis unzulänglich und unvorteilhafter als eingestandene völlige Unwissenheit, die sich stets bei Kundigen Rats erholt; im Wissenschaftlichen kann popularisierende Mitteilung ein luxusartiges Wissen erzeugen, das dem Liebhaber ein edles Geistesspiel bietet, aber, der Allgemeinheit zwangsweise aufgebürdet, nichts als hindernder Ballast bleibt. Der Sachverhalt verschiebt sich, sobald die Geologie ethische Verbindungen zwischen dem handelnden Leben und dem Wissen herstellt und dadurch in den Dienst des wichtigsten Bedürfnisses einer jeden Gemeinschaft tritt. Vielleicht sogar würde sie dadurch eine Gefahr meiden, der sie in ihrer jetzigen Abgeschnittenheit vom allgemeinen Geistesleben unverkennbar ausgesetzt ist.

Eine Wissenschaft, die ausschließlich ihrer praktischen Verwertbarkeit wegen angebaut wird, gleitet unaufhaltsam auf den Rang eines mechanisch betriebenen Handwerks hinab, weil sie sich stets bestrebt, das einmal als erkannt Fixierte festzuhalten und weiter zu benutzen. Die Kraft des reinen Erkenntnistriebes, der allein das Beharrungsvermögen der überlieferten Ansicht überwinden kann, darf zwar gewiß nicht unterschätzt werden, doch zeigt die Geschichte der deutschen Philosophie im XIX. Jahrhundert, daß die Anziehungskraft der Probleme einer Forschungsrichtung und damit der wissenschaftliche Einfluß des Faches sofort schwindet, wenn die behandelten Fragen aus dem Gesichtskreis der Allgemeinheit heraustreten und der Forschungsgegenstand den Zeitgenossen nicht mehr Ehrfurcht gebietend vor Augen steht. Auch dem Forscher gebührt es, Ehrfurcht vor seinem Thema zu empfinden, deren Gegensatz nicht Frivolität, sondern spielerische Behandlung ist. Gerade die Geologie enthält nun viele Forschungsrichtungen, die einer science pour la science gleichsehen und daher leicht spielerischem Betrieb verfallen können, weil sie nur ein Erkennenwollen, nicht ein Erkennenmüssen zu beanspruchen scheinen. Wirken aber diese Gedankenreihen mit zur Bekräftigung und Vertiefung ethischer Maximen, so ist ihre Würde damit gewährleistet und der notwendige Anschluß an das Denken der Allgemeinheit hergestellt: wie die Kunst, so kennt auch die Wissenschaft nur e i n e n Herrn, das Bedürfnis, und sie artet aus, wo sie nur menschlichen Launen gehorcht.[70] Die Art, wie Goethe sich als Forscher betätigte, ist nicht unwissenschaftlich, noch außerwissenschaftlich, sondern nur ungewöhnlich, aber notwendig, und keine Wissenschaft dürfte sie auf die Dauer ohne Schaden vernachlässigen.

3. Betrachtungen über die Logik und die Methode geologischer Untersuchungen.

Die Realen: Was nicht geleistet wird, wird nicht verlangt.
Die Idealen: Was verlangt wird, ist nicht gleich zu leisten.
Goethe, Sprüche in Prosa.

Aus der Weite und Ferne, in die der vorige Abschnitt ausblickte, um die Beziehungen zwischen Geologie und dem allgemeinen Geistesleben Goethes sowie dem der Gegenwart aufzudecken, kehrt nunmehr die Betrachtung zurück in das engere Fachgebiet der Geologie und der durch methodologische Übereinstimmung, meist auch durch Personalunion damit verbundenen Paläontologie. Die einleitende Orientierung über die Beschaffenheit des Themas und die der Bearbeitung aufzusteckenden Ziele hatte ergeben, daß eine wissenschaftsgeschichtliche Untersuchung der fortschreitenden Forschung nutzbar werden kann, wenn sie zu Aufschlüssen über den Wert der Methoden und zur Aufdeckung von Irrtümern in den heutigen Forschungsresultaten führt (S. 5, 9). Diese Erkenntnisse schienen sogar auf einem verhältnismäßig einfachen und sicheren Weg erreichbar: in Goethes Vorstellungen steht neben der frappant unrichtigen Porphyr-Puddingstein-Theorie die Eiszeitslehre, mit der er einen fortgeschritteneren Standpunkt vor der überwältigenden Mehrheit seiner Zeitgenossen einnahm; daher ward die Frage aufgeworfen, ob die heutige Forschung nur den historisch als richtig bewährten Weg oder auch den historisch nachweisbar irrtümlichen einschlüge (S. 9). Es zeigt sich nunmehr, daß diese Problemstellung den Sachverhalt viel zu sehr vereinfacht auffaßte, denn die Methode, durch welche Goethe zur Eiszeitlehre gelangte, ungeprüfte Aufnahme eines — eigenen oder fremden — Gedankens, nur um einen andern, entgegengesetzten zu entgehen (S. 204ff.), ist ohne Zweifel verwerflich, dagegen das Verfahren einer Umdeutung des Befundes, wie Goethe es bei der Porphyr-Breccientheorie und sonst noch öfters anwandte, nicht einmal immer vermeidlich, geschweige denn absolut unzulässig. Bei Venetz u. a. war die Eiszeitslehre Ergebnis unmittelbarer Anschauung und der Heranziehung qualitativ neuer Erkenntnis (S. 206 ff.), doch schützt solches Verfahren nicht vor argen Irrtümern, da über die Verwendbarkeit einer qualitativ-neuen Erfahrung, wie die galvanische und chemische Theorie des Vulkanismus zeigte (S. 162, 187), schwere Täuschungen obwalten können; in ähnlich irreführender Weise hing L. v. Buchs Theorie des tumultuarischen Erratikum mit den Ergebnissen unmittelbarer Anschauung in zusammen (S. 208). Es gibt eben keine absolut zuverlässige oder absolut verwerfliche Methode, sondern wie bei der Auflösung algebraischer Gleichungen können bei einer jeden die Ergebnisse irrig ausfallen infolge von Rechenfehlern oder wegen unrichtiger Ansätze in den zugrunde gelegten Thesen.

Ebensowenig sind Aussageinhalte, wie sie am Ende von erweislich irrigen Schlußfolgen zu erscheinen pflegen, als Irrtumssymptome von absoluter Gültigkeit zu betrachten: die darauf hingehende Frage, die einleitend aufgeworfen wurde (S. 22), faßte gleichfalls den Sachverhalt zu primitiv auf. Allerdings pflegen bei irriger Anordnung des Befundes vereinzelte Tatsachen unerklärt stehen zu bleiben, obwohl sie augenscheinlich in den Zusammenhang eingeschlossen werden müßten (S. 65, 124), auch gelangen irrtümlich orientierte Schlußfolgen immer irgendwie zu der Annahme von jetzt unbekannten Naturkräften oder veränderter Beschaffenheit der jetzt bekannten (S. 70, 75, 87, 89, 134, 146). Andererseits hatte der Vulkanismus durchaus recht, das Vorhandensein einer aus dem Erdinnern heraufwirkenden Glut zu fordern, obwohl Physik und Chemie lange Zeit hindurch die nähere Erklärung schuldig blieben (S. 188). Auch können die Lehren über die heutigen Kräfte irrig sein und so zufällig in Einklang geraten mit irrigen Deutungen des geologischen Befundes (S. 192). Richtig ist, daß eine Erscheinungsgruppe, die tatsächlich Wirkung irgendeiner gegenwärtig bekannten Naturkraft war, aber in der geologischen Analyse mißdeutet und falsch gruppiert wurde, sich in dieser Verunstaltung nicht mehr mit jener Naturkraft, wahrscheinlich sogar mit keiner jetzt bekannten Wirkung in Zusammenhang setzen läßt, aber einem übertriebenen Aktualismus, der etwa behauptete, alle geologischen Erscheinungen müßten sich verstehen lassen durch die gegenwärtig bereits bekannten Naturkräfte und aus der gegenwärtigen Auffassung ihres Wirkens, wird man stets entgegenhalten, daß unsere Kenntnis der gegenwärtig tätigen Faktoren auf einer nach Beobachtungsdauer und Beobachtungsmöglichkeit sehr beschränkten Erfahrungsbasis beruht und ebensowenig etwas absolut Festes und Abgeschlossenes ist, wie irgendeine andere Kenntnis: warum sollte es nicht irgendwelche Bedingungen des Naturgeschehens geben, die in den wenigen Jahrtausenden, denen wir bestenfalls Beobachtungen über das aktuelle Naturgeschehen entnehmen können, noch nicht entgegengetreten sind, also allein aus geologischen Analysen erkannt werden könnten? Das gleiche gilt von den vereinzelten Tatsachen, denn wenn eine Hauptmasse von zusammengehörigen Erscheinungen falscher Gruppierungsweise sich eingefügt hat, so werden vereinzelte sich dem entziehen und als „unerklärt“ oder „problematisch“ übrig bleiben. Jedoch ist Umkehrung nicht statthaft; nicht jede vereinzelte Tatsache beweist unbedingt für irrige Einordnung der zugehörigen, denn warum sollte durch gelegentlich eingetretene außerordentliche Gruppierung der Bedingungen nicht auch einmal ein tatsächlich vereinzeltes Naturgeschehen bewirkt worden sein? Constant Prévost, einer der Begründer des Aktualismus, hat selbst vor Übertreibungen gewarnt: „Wir können annehmen, daß in Zukunft die Erdkruste einmal mächtig genug geworden ist, um keine Vulkanwirkungen mehr zuzulassen. Das gäbe jedoch zukünftigen Geologen kein Recht, die eruptive Natur der Laven zu leugnen und zu Werners Hypothesen zurückzukehren.“[1] Freilich hätte ein solcher Geologe auch nicht das Recht, sich mit der leeren Supposition zu begnügen, daß die Laven Wirkungen einer Glut unbekannten Ursprungs oder gar einer ganz unbekannten Naturkraft seien, sondern es müßte in diesem Fall das Experiment, Beobachtung an Schmelzflüssen und künstlichen Schlacken eintreten, wie beides ja auch zur Begründung der alten vulkanistischen Lehren herangezogen wurde. Auf diese Weise wäre dem Aktualismus wieder Rechnung getragen, da dieser Erklärungen durch überhaupt bekannte Naturwirkungen, nicht bloß durch geologisch-geographisch bekannte fordert.

Demnach schiene die Geschichte der Geologie nichts zu lehren als unbedingte Skepsis: es gibt kein absolut entscheidendes Kriterium, um irgendeine Aussage der Forschung als unbedingt richtig oder irrig zu statuieren. Es kann auch solche Kriterien nicht geben, weil die Forschung es niemals und nirgends mit absoluten und unbedingt feststehenden Tatsachen, sondern überall mit mehr oder weniger genauen Begriffen von Tatsachen zu tun hat. Ein jeder Begriff enthält Falsches und Richtiges zugleich;[2] die Frage ist nur, welches von beiden überwiegt oder im Bewußtsein den Nachdruck erhalten hat. Skeptische Stimmung überfällt ein Denken, das einsieht, sich auf dem Standpunkt, den es einnehmen wollte, nicht behaupten zu können; das einzige Mittel, sich davon zu befreien, besteht im Aufsuchen eines neuen Standpunkts, der sich behaupten läßt, hier also in einer durch Beispiele geleiteten Aufklärung über die Beziehungen zwischen Tatsachen und geologischen Begriffen, wobei sich zeigt, daß die Zusammenhänge zwischen beiden sich bei Weiterführung eines Gedankengangs sehr rasch auflockern.

Eine gewisse Vernachlässigung, die das geistige Handwerkszeug der Geologie erlitten hat, dokumentiert sich nun gleich anfangs an den Begriffen „Theorie“ und „Hypothese“. Der Sprachgebrauch versteht unter ersterer eine wahrscheinlich richtige, unter letzterer eine wahrscheinlich falsche oder sehr bedenkliche Annahme,[3] und unter „Arbeitshypothese“ eine solche, bei der die Frage nach Irrtum und Wahrheit ausgeschaltet und nur die praktische Verwertbarkeit betont sein soll. Das Wort „Theorie“ (wörtlich: Tätigkeit des Anschauens eines Festspiels) bedeutet: wissenschaftliche Erkenntnis im Gegensatz zur Praxis, oder — freier — eine beim Übergang von einem Ganzen zu den subordinierten Einzelheiten betätigte Betrachtungsweise; das Wort „Hypothese" (wörtlich: das Untergelegte) bedeutet: eine als wahr hingenommene wissenschaftliche Meinung, oder — freier — eine beim Übergang von Einzelheiten zu einem Ganzen hinzugezogene Annahme. Das Wort „Arbeitshypothese" kann erst später seine Definition erhalten.

Jede Forschung geht zunächst aus von Beobachtung der Tatsachen, von Sinneswahrnehmungen und einer diese verwertenden Begriffsbildung. Diese faßt zu Anfang, und ausnahmslos bei den vorwissenschaftlichen, dem allgemeinen Sprachgebrauch entnommenen Begriffen, die Definitionen zu weit, entweder — wie bei Goethes Kristallbegriff — dadurch, daß wesentliche (später einschränkend hinzugefügte) Merkmale nicht aufgenommen werden (S. 61), oder — wie bei seinem Begriff der Gesteinsübergänge — durch Zusammenbelassung von (später einschränkend abgetrennten) heterogenen Erscheinungen (S. 75). Unzulänglichkeiten der ersten Begriffsbildung pflanzen sich unaufgehalten durch den ganzen weiteren Gedankengang fort, da das Zugehörige, bei der Begriffsbildung Ausgelassene, im Denken nicht vorhanden, das unzugehörig Einbezogene aber nicht aus dem Denken auszulassen ist. Der meist begangene Fehler ist, daß die Begriffsbildung auf zu schmaler Erfahrungsgrundlage erfolgt;[4] daher ist „alles Wissen nur halb" und das „Halbgewußte hindert das Wissen".[5] Diese Fehlerquelle kann nur geschlossen werden durch Revision oder Neubildung der Begriffe selbst; stets aber enthalten diese an näheren Bestimmungen weniger als die Naturtatsache, da deren Eigentümlichkeiten nie sämtlich bekannt sind, dann aber auch ein Mehr, nämlich mindestens eine naturfremde Bewertung der Qualitäten nach Wesentlich und Unwesentlich (S. 17, 99).

Zu dem Begriff tritt nun eine Hypothese hinzu, die oft schon in die Begriffsbildung aufgenommen ist, so daß ihr Charakter als variable Annahme nicht immer bewußt ist. Im Falle des Kristalls (nach Goethes Definition) könnte es die Annahme sein, daß die regelmäßige Gestalt nachträglich hinzugefügt wäre durch Abschneiden oder Abschnitzen, oder ihm vorgeschrieben sei durch die Gestalt des Raumes, in dem er sich bildete, oder drittens, daß er diese Gestalt annahm, weil und soweit der umgebende Raum ihn nicht einengte. Die Aufstellung der Hypothese ist Sache der Phantasie. Die Absicht ist, dadurch den Begriff in das bereits vorhandene Begriffssystem einzuordnen und das aus der Existenz eines uneingeordneten Begriffs hervorgehende Problem zu lösen. Daher wirkt das Auftauchen eines zur Hypothese geeigneten Gedankens als Offenbarung, als „Aperçu", dessen Richtigkeit, wie selbstverständlich auch Goethe wußte, an der Natur nachzuprüfen ist.[6] Dieses geschieht an Hand eines aus den Prämissen der Begriffsdefinition und der Hypothese abgeleiteten Schlusses. Nun scheidet von den eben genannten Hypothesen die erste aus, weil sie auf die Existenz einer abspaltenden Naturkraft führen würde, wie sie in der Natur unbekannt und unvorstellbar ist; die zweite entfällt, weil die trefflichsten Kristalle sich in Hohlräumen finden; die dritte, an Beobachtungen über künstliche Kristallisationen fernerhin bewährte, bleibt übrig und ergibt den Schluß auf eine der Mineralmasse innewohnende Kraft zu ebenflächiger Gestaltung. Der hieraus abgeleitete Begriff der „Kristallisationskraft" besitzt höheren Abstraktionsgrad als der Begriff Kristall, da sich viele Merkmale des Befundes, wie „undurchsichtig", „verzerrt" usw. nur mit dem zuerst gewonnenen verbinden lassen. Der Beobachtungsgehalt des Begriffs Kristallisationskraft ist demnach verringert, außerdem ist dem im Grundbegriff bereits Hinzugefügten (Bewertung der Merkmale usw.) in der mitwirkenden Hypothese ein weiteres variables beigegeben worden: je höher der Abstraktionsgrad eines Schlusses oder Begriffes, desto ausschließlicher wird sein Inhalt durch Hypothesen und Nichtbeobachtetes bestimmt.

Bei der Auswahl der Hypothesen entscheiden nun nicht allein objektive, naturbetrachtende Erwägungen, sondern ebensosehr die Subjektivität des Betrachters, besonders die Beschaffenheit des in seinem Denken bereits vorhandenen Begriffssystems (S. 150), an das der Anschluß erfolgen soll: „Jeder spricht sich selbst aus, wenn er von der Natur spricht, denn diese spiegelt sich überall analog unserm Geiste."[7] Auch liebt das Denken, um der Absicht des Anschlusses möglichst gründlich und einfach zu genügen, unitarische Auffassung, gibt daher für komplizierte Phänomene stets zu einfache Lösungen (S. 133) und geht erst gezwungen auf höherer Erkenntnisstufe zum Spezialisieren über (S. 199). So ließ Goethe in der obigen Folgerung die zweitgenannte Hypothese ganz außer Betracht, obwohl er darauf hingewiesen war, daß erfahrungsgemäß auch äußere Bedingungen die Form eines Minerals gestaltet haben können (Anm. 93 zu S. 151). Seine Maxime, daß man komplizierte Phänomene nicht in ihrer Kompliziertheit erklären wollen dürfe, sondern sie vereinfachen müsse,[8] bedarf einer schwerwiegenden Einschränkung. Die Tendenz, es mit der Einordnung des Neuen möglichst leicht zu nehmen, bewirkt endlich, daß ein der konkreten Vorstellbarkeit völlig entbehrender Gedanke einem nur schwer konkret vorstellbaren vorgezogen wird (S. 208).

Die Haltbarkeit der Schlüsse wird nachgeprüft, indem ein breiterer Umkreis von Tatsachen aus dem Standpunkt der Schlußaussage betrachtet wird. Die so aufgenommenen Beobachtungen geschehen unter dem Einfluß einer Theorie, sind also von den anfänglichen als Beobachtungen zweiter Reihe zu unterscheiden. Wie nun bei der primären Begriffsbildung die Möglichkeit, den Begriff an das vorhandene Begriffssystem anzuschließen, nichts für die Richtigkeit der Bildung beweist, vielmehr diese Anschlußmöglichkeit auch bei ganz verfehlten

Begriffsbildungen gegeben sein kann (S. 196, 194, 196), so kann auch eine Theorie, die sich bei Anwendung auf ein dem Ausgangsgebiet mehr oder weniger benachbartes fruchtbar zeigt, doch völlig irrtümlich sein (S. 69, 185, 192), und zwar wächst diese Möglichkeit mit der Höhe des Abstraktionsgrades jenes Schlusses oder Begriffes, der in eine Theorie angewendet wurde. Die Anerkennung einer Theorie beeinflußt die Aufnahme neuer Erfahrungen[9] hauptsächlich durch Einengung des Gesichtskreises (S. 98, 139), und indem die Beobachtung veranlaßt wird, das zur Theorie Stimmende des Befundes zu betonen, Widersprechendes aber zu unterwerten oder überhaupt beiseite zu lassen (S. 186, 201, 212). Die Anhäufung einer immer wachsenden Masse von Beobachtungen zweiter Reihe besitzt, solange sie zur Theorie stimmen, höchstens die Beweiskraft negativer Argumentation und besagt nur, daß nichts Widersprechendes bekannt ist. Die Konstatierung einer einzigen Unstimmigkeit wiegt alle Bestätigungen auf und fordert Umformung des Gedankenganges. Dabei wird jedoch die Erkenntnis, daß eine Theorie mit den Beobachtungen unverträglich sei, stets möglichst lange hinausgeschoben (S. 158), weil das Denken sich in seinem Besitzstand zu erhalten sucht. Aus demselben Grund strebt jede Theorie über ihr Ausgangsgebiet hinauszugreifen und ähnlichen Zuständen auch ähnliche Ursachen ohne Sonderuntersuchung unterzuschieben (S. 153): „Wir bedienen uns der Analogie, um uns selbst und andere einstweilen zu überreden und zu beschwichtigen.“[10] Je produktiver eine Theorie auf diese Weise erscheint, oder je geeigneter zu umfassender Assimilierung des Befundes, desto mehr wird die Einsicht erschwert, daß in ihren Grundlagen etwas veränderungsbedürftig oder veränderungsfähig sei (S. 140), ja, es kann sich das Denken mit Theorien zufrieden geben, die eine höhere Erkenntnisstufe unerträglich verschwommen findet (S. 157): die Ausgangsbegriffe gelten eben bis zum Beweis des Gegenteils als klar definiert und jede Zeit hält die Klarheit ihrer daraus abgeleiteten Folgerungen für vollendet.

Wenn trotzdem Umänderung des Gedankengangs sich als notwendig aufdrängt, so wird diese zunächst bei den Hypothesen einsetzen. Es ist bekannt, daß unzutreffende Hypothesen unwiderruflich auf Nebenwege leiten (S. 78, 129), während man die Begriffe fester konsolidiert und eher irrtumsfrei gebildet glaubt. Daher führen Beobachtungen zweiter Reihe in der Regel nicht zur Konstatierung eines bei der Begriffsbildung begangenen Irrtums: wenn man Basaltsäulen unter der Voraussetzung betrachtet, daß sie Kristalle (morphologischer Definition) seien, so wird man Schwierigkeiten des Verständnisses durch Aufstellung asymmetrischer Kristallsysteme, also durch Hypothesenänderung zu beheben suchen. Der Neubau des Gedankengangs beginnt so bei den Fundamenten und schreitet in *aufsteigender Umänderung* allmählich zu den höheren Abstraktionsgraden fort.

Ein Schluß kann nun aber auch zu Beobachtungen erster Reihe aus einem andern Tatsachenkreis als hypothetische Prämisse hinzutreten. Zwei solcher *Schlußketten* sind, früheren Darlegungen entsprechend, (S. 59ff.), hierunter schematisiert:

Beobachtung 1:	Mineralkörper sind ebenflächig begrenzt.
Hypothese 1:	Die Gestalt ist eine physikalische Eigenschaft des Minerals.
Schluß 1: } Hypothese 2:	Es gibt eine Kristallisationskraft.
Beobachtung 2:	Regelmäßig-ebenflächige Gestalt zeigt sich bei Gesteinen (Zerklüftung).
Schluß 2:	Felsen (Gebirge) sind durch Kristallisationskraft gestaltet.

Beobachtung I:	Granit ist das tiefstliegende Gestein, die übrigen halten eine bestimmte Reihenfolge ein.
Hypothese I:	Das tiefste Gestein ist das älteste.
Schluß I: } Hypothese II:	Die Reihenfolge der Gesteine ist eine Altersfolge.
Beobachtung II:	Granit ist regelmäßiger zerklüftet als die übrigen Gesteine; je ferner vom Granit, desto geringer die Regelmäßigkeit.
Schluß II:	Die Regelmäßigkeit der Zerklüftung nimmt mit dem Alter der Gesteine ab.

Der Abstraktionsgrad des zweiten Schlusses in jeder dieser Ketten ist gegen den des ersten nicht erhöht; die bei der Begriffsbildung wirksamen Fehlerquellen können aber nunmehr an zwei Stellen Einfluß üben und erniedrigen daher die Sicherheit der Aussage. Ein höherer Abstraktionsgrad wird erst erreicht, wenn die letzten Glieder zweier Schlußketten ohne Einbeziehung weiterer Beobachtungen zu Prämissen eines Schlusses genommen werden, der also in diesem Beispiel ergeben würde, daß die Kristallisationskraft im Lauf der Erdgeschichte eine Abschwächung erfuhr. Solche beiderseits auf hypothetischen Prämissen ruhenden Schlüsse sind offenbar im Erkenntniswert und daher auch in der Terminologie von den Neubeobachtetes einverleibenden *fortschreitenden Schlüssen* zu unterscheiden und mögen *Verbindungsschlüsse* genannt werden. Die meisten, freilich nicht sämtliche sog. Grundlagen der Forschung, scheinbar auf der breitesten Erfahrungsbasis beruhend, sind tatsächlich Verbindungsschlüsse, also in ihren Aussagen viel stärker durch die konkurrierenden Hypothesen als durch die Beobachtungen und Grundbegriffe bestimmt.

Die aufsteigende Umänderung wird nun immer nur so weit wirklich durchgeführt, als das augenblickliche Erkenntnisbedürfnis dringend erfordert. Die in der Tatsachennähe als nötig empfundene Umformung des Gedankengangs steigt also erst allmählich zu den Verbindungsschlüssen auf. Daher entsprechen die in letzteren enthaltenen Aussagen in der Regel, beim individuellen Forscher sowie in der Allgemeinheit der Wissenschaft, einem Erfahrungszustand, den die eigentliche Tatsachenbeobachtung bereits überwunden hat. Außerdem aber werden diese sog. Grundlagen durch Denkgewohnheit fixiert, so daß zuweilen ein und dasselbe Denken über ein und dasselbe Thema zwei verschieden begründete und Verschiedenes aussagende Schlüsse enthält und gegeneinander operieren läßt. Das trat hervor in der Frage des Granitalters (S. 140), bei der Umschmelzungstheorie der Laven (S. 177), in einem sehr markanten Fall auch darin, daß eine Theorie auf ihrem Ursprungsgebiet aufgegeben war und auf dem Übertragungsgebiet weiterlebte (S. 187). Denkgewohnheit hat als Fehlerquelle, wie mehrfach auseinandergesetzt, sehr starken Einfluß auf Goethes geologische Anschauungen ausgeübt (S. 68, 203 u. a.), obwohl er sich deren Schädlichkeit theoretisch bewußt war: „Die reflektierende Urteilskraft schafft sich irgendein Bild zu ihrem Gebrauch, konstituiert dieses aber nachher als wahr und gegenständlich, wodurch denn das, was eine Zeitlang hilfreich war, im Fortschritt schädlich und hinderlich wird“.[11] Der Gegensatz zu einer durch denkgewohnte Theorien beeinflußten Betrachtungsweise wurde bereits früher als unmittelbare Anschauung bezeichnet. Erfahrungsgemäß stellt diese oft (S. 115), freilich auch nicht immer (S. 147, 187, 217) dauernd haltbare Hypothesen auf, aber sie ist selten vorhanden, und J. v. Charpentier erzählt ein lehrreiches Beispiel dafür, daß sie auch solchen Beobachtern verloren gegangen sein mag, die man für ganz unbeeinflußt halten sollte.[12]

Das Denkgewohnte erscheint als das Selbstverständliche, unbedingt Einleuchtende, und was sich ihm einordnen läßt, gilt als ohne weiteres plausibel. Daher liegt hier die der Wirksamkeit nach stärkste und zugleich die schwerst erkennbare Fehlerquelle überhaupt. Sehr häufig führt nun der Zusammenstoß eines denkgewohnten und eines auf neuer Erfahrung aufgebauten Schlusses Prämissen mit widersprechenden Aussagen zusammen: es resultiert dann eine Abart des Verbindungsschlusses, die man füglich als Überbrückungsschluß bezeichnen kann und deren Aussage meist auf unbekannte Naturkräfte geht (s. o.).

Diese letztgenannte Art von Schlüssen begegnet jedoch auch zuweilen, wenn die Endglieder zweier, in weiter voneinander entlegenen Beobachtungsgebieten verankerten Schlußketten verbunden werden sollen, wenn z. B. in der Gegenwart bei Erwägungen über den Zustand des Erdinnern einerseits auf Grund von Temperaturbeobachtungen und chemisch-physikalischen Erfahrungen über Aggregatzustände dort nur dissoziiertes Gas, andererseits, gestützt auf Messungen der Erdbebenwellen und Untersuchungen über Elastizität, eine stahlharte Materie gefordert wird.

Der Überbrückungsschluß ist in solchen Fällen nicht der einzige sich bietende Ausweg. Als bei Goethes Schlußfolgen über die Ur- und Übergangsgebirge die denkgewohnte Ansicht über das Alter des Granits mit Beobachtungen und Schlüssen über Granitintrusionen (S. 74, 106) zusammenstieß, wurde der Widerspruch beseitigt durch Umformung des Gedankengangs und zwar gerade in demjenigen Teil der Aussage, der sich vor späterer Forschung als allein berechtigt herausstellte. Goethe hielt an dem angegebenen Alter des Granits fest, weil dieses im hellen Bewußtsein eingewurzelt war, während auf dem Schluß, daß die Reihenfolge der Gesteine eine Altersfolge sei, bei dem allgemein unhistorischen Charakter des Lehrgebäudes (S. 68, 203) geringer Nachdruck lag. Daher änderte Goethe diesen letzten um; die neue These, daß die Gesteine des nachgranitischen Urgebirgs und die des Übergangsgebirges gleich alt seien und in den Abschluß der Granitzeit fielen, schien einen wissenschaftlichen Fortschritt zu bedeuten, leitete aber in Wirklichkeit nur die Zersetzung des geologischen Systems ein. Auch andere Fälle wurden genannt, in denen der Zutritt neuer Tatsachen erst durch Umänderung von Hypothesen ermöglicht und diese von den Zeitgenossen als Fortschritt empfunden wurde, während in Wirklichkeit die Schlußaussagen sich dadurch von dem natürlichen Sachverhalt nur immer weiter entfernten (S. 141, 155).

In ihrer durchgeführtesten Form erscheint diese Methode in der Pseudobreccientheorie (S. 146). Hier hielt Goethe das Ergebnis der einen Schlußkette (die Theorie der einmalig abnehmenden Wassermasse) wesentlich aus subjektiven und theoretischen Gründen fest und unterwarf die andere einer absteigenden Umänderung, die bis zu den ersten Schlüssen, den ersten Hypothesen und Begriffen in völliger Umdeutung des Befundes hinabstieg (S. 160, 163). Ein drittes Verfahren beginnt möglichst unter Herbeiziehung qualitativ neuer Erkenntnis (S. 21) in einer oder in beiden Schlußketten den Gedankenaufbau von neuem, bringt also, indem es Überbrückungsschlüsse und offene Lücken des Gedankengangs für unzulässig erklärt, den Widerspruch der Endglieder durch aufsteigende Umänderung und Angleichung zum Verschwinden.

Schlußketten, die durch aufsteigende oder absteigende Umänderung, besser noch auf unabhängiger Erfahrungsgrundlage und mittels selbständiger Hypothesenbildung, sich ohne Widerspruch zu einem Verbindungsschluß zusammenfügen lassen, sollen konsistent heißen. Im Gegensatz zu ihnen sind inkonsistent solche, bei denen Überbrückungsschlüsse nötig werden oder der Widerspruch unversöhnlich klafft. In der Geologie erweist sich die Herstellung von Konsistenz nicht selten als Unmöglichkeit, weil zwischen ihren Ergebnissen und denen der Forschungsgebiete, an die anzuschließen wäre, an Chemie, Mechanik oder Physik im allgemeinen, allzu große Verschiedenheiten des Maßstabs und der in Betracht gezogenen Komplikation der Vorgänge noch bestehen. In solchen Fällen wird es nötig, die Aussage des letzten geologischen Schlusses als Postulat hinzustellen (S. 162).

Es ist zwar Konsistenz ebensowenig ein Beweis für inhaltliche Richtigkeit der darunter vereinigten Schlußketten (S. 70, 160), wie Inkonsistenz es für Unrichtigkeit ist. Aber es ist allgemeine Voraussetzung der Forschung, daß richtige Auffassung des Tatbestandes zu konsistenten Schlüssen führen muß. Daraus resultiert die Aufgabe, Inkonsistenz in Konsistenz zu verwandeln und außerdem die Notwendigkeit, die in den inkonsistenten Schlußketten wirkenden Hypothesen als Arbeitshypothesen von den in Konsistenzen eingeordneten zu unterscheiden.

Durch die Aufstellung eines Postulats wird die bestehende Inkonsistenz dem Bewußtsein verdeckt und das Problem ungelöst aus dem Gesichtskreis geschoben. Somit wird dem dahin führenden Gedankengang eine trügerische Sicherheit und eine Überzeugungskraft mitgeteilt, die unter Umständen den weiteren Fortschritt hemmen und mißweisen kann: „Die größte Kunst im Lehr- und Weltleben besteht darin, das Problem in ein Postulat zu verwandeln, damit kommt man durch", meinte Goethe ironisch,[13] hielt sich selbst aber doch auch von diesem Fehler nicht ganz frei (S. 162).

Ist die Formulierung eines Postulats vielfach unvermeidlich, so stellt sich Umdeutung des Befundes, in der Art wie Goethe, Werner u. a. sie ausübten, als eine sehr bedenkliche Methode dar, da sie tatsachennahe Schlüsse dem alleinigen Einfluß einer aus tatsachenfernen, also irrtumsverdächtigeren Schlüssen umgewendeten Theorie unterwirft. Sie ist es auch, die man im bösen Sinn als deduktiv bezeichnet, und der man so oft entgegenhält, daß Naturforschung, wenn sie gedeihen wolle, ganz allein mit „Tatsachen" operieren dürfe. Trotzdem ist in richtiger Anwendungsweise auch diese vielgeschmähte Methode ein notwendiges und höchst förderliches Mittel wissenschaftlichen Fortschritts gewesen, da z. B. Lyell bei dem Aufbau seines bis zur Gegenwart in den Grundsätzen anerkannten Systems sich ihrer zu bedienen hatte: die neuen Ideen, auf welchen er seine Geologie aufbaute, der Aktualismus und die Betonung des Historischen, waren Ergebnisse von Schlußketten, Theorien, die zu neuen Anforderungen an die Hypothesenbildung Anlaß gaben, nicht durch Deduktion bestimmte Hypotheseninhalte aufzwangen, sondern der Phantasie und der Anschauung die Variationsbreite der Hypothesenbildung einengten (S. 208).

Umgekehrt wirken qualitativ neue Erkenntnisse, neue Forschungsmittel oder Einbeziehung von bisher unberücksichtigten Beobachtungen einschränkend und präzisierend auf die Begriffsbildung und erst von hier aus auf die Hypothesen ein. In der Regel pflegt sich dabei zu zeigen, daß das nunmehr Verwertete vorher nicht durchaus unbekannt war (S. 64); ein deutliches Beispiel dafür bietet die Erforschung der inneren Struktur von Massengesteinen, denn das qualitativ neue Forschungsmittel der mikroskopischen Untersuchung von Dünnschliffen brachte nichts, was nicht dem Gedanken nach und für weittragende Schlüsse ausreichend mit Hilfe wissenschaftlichen Treppenwitzes aus Cordiers 40 Jahre älteren Untersuchungen (S. 153) entnommen werden konnte. Als aber das neue Forschungsmittel in kurzer Zeit eine ungeheure Vermehrung und Verfeinerung der Tatsachenkenntnis bewirkte, griff vorübergehend, infolge der stets vorhandenen Tendenz zu unbeschränkter Verallgemeinerung (s. o.), eine solche Überschätzung desselben Platz, daß Vogelsang in seinem oft zitierten Werk „Philosophie der Geologie" mikroskopische Gesteinsstudien als ein Allheilmittel gegen alle Gebresten dieses Forschungszweigs pries (Ähnliches S. 159, 163).

Diese Übersicht der bei Goethe und seinen Zeitgenossen vorkommenden Wege des Schließens gilt auch noch für die Gegenwart, wenn auch wohl nicht alle Möglichkeiten damit erschöpft sind. Sie zeigt, daß im geologischen Lehrgebäude die Hypothese eine weit größere Bedeutung besitzt als in der Regel zugestanden wird, und daß man bei allem, was über die unmittelbare Beschreibung des heutigen Befundes hinausgeht, nicht von „Beobachtung" oder „Tatsachenfeststellung" mehr reden sollte, sondern von Schlüssen, die mindestens zur Hälfte auf variablen Hypothesen beruhen und deshalb der Irrtumsgefahr ausgesetzt sind. Aus eben diesem Grund ist aber auch die Tragfähigkeit der Schlüsse nicht in allen Fällen die gleiche: je höher der Abstraktionsgrad, desto weniger eignet sich ein Schluß oder ein Begriff, um weiter fortschreitenden Schlüssen als Prämisse zu dienen; tatsachennahe Schlüsse, ob sie nun dem geologischen Fachgebiet angehören oder nicht, verdienen, weil sie den reicheren Beobachtungsgehalt haben, das Übergewicht über tatsachenferne, und das um so mehr, je allgemeiner lautend und je befestigter durch Denkgewohnheit, also je „selbstverständlicher" die letzteren sind.

Zugleich aber läßt sich an Goethe und keineswegs an ihm allein erweisen, daß mit der Kenntnis der Fehlerquellen nicht die mindeste Gewähr, sie in der eigenen Forschung zu vermeiden, gegeben ist. „Beim Anschauen der Natur werden Ideen erweckt, denen wir eine gleiche Gewißheit als ihr selbst, ja eine größere zuschreiben, von denen wir uns dürfen leiten lassen, sowohl wenn wir suchen, als wenn wir das Gefundene ordnen",[14] d. h. ein jeder Forscher wertet seine eigenen Begriffsbildungen und Schlüsse wie tatsachengleich, denkt bei den denkgewohnten Hypothesen nicht mehr an die Möglichkeit einer Umänderung und bedient sich der Kenntnisse über Fehlerquellen, wie auch Goethe, allein zur Debatte und Polemik gegen andere. Darum sind auch vorhandene Meinungsverschiedenheiten niemals durch Diskussion beizulegen (S. 133, 208). „Spräche jeder die Maximen aus, nach denen er urteilt, so gäbe es keinen wissenschaftlichen Streit",[15] meinte Goethe einmal. Debatten aber pflegen „Tatsachen" in möglichst reicher Zahl aufzufahren, ohne zu bedenken, daß es sich viel weniger um diese, als um Auffassungen, Bewertungen und Deutungen, also um Verschiedenheiten der Hypothesen, der Ausgangspunkte und Ziele des Denkens handelt; Beobachtungen beweisen da wenig, weil dem individuellen Denken beim Auslegen und Deuten des Befundes so gut wie keine Grenzen gesetzt sind. Wechsel der Überzeugung, Verzicht auf die bisherige Anschauungsweise ist kein Akt des Wissens, sondern ausschließlich ein solcher des Willens,[16] der durch Debatte wohl vorbereitet werden kann, aber solcher Vorbereitung weder bedarf, noch — zum Glück — ihr zwangsweise folgt.

Weil die Subjektivität des Forschers in ihrem innersten Kern, sein Wollen bei der Bildung seiner Ansichten unerläßlich mittätig zu sein hat, wohnt einem zu Goethes Zeit und in der Gegenwart in polemischen Zusammenhängen oft gebrauchten Argument, dem Hinweis auf die Übereinstimmung der Forscher, keine Bekehrungskraft inne, sondern nur die Fähigkeit, den Gegner zu reizen, zu verärgern und ihm den Gedanken an Überzeugungswechsel auszutreiben. Mit beträchtlicher Schärfe hat Goethe seine Meinung über dieses Argument ausgesprochen,[17] doch sei eine ruhiger gefaßte Stelle hier wiedergegeben, die er selbst für die Öffentlichkeit bestimmt hat:

> „Bei dem Studieren der Wissenschaften, besonders derer, welche die Natur behandeln, ist die Untersuchung so nötig als schwer: ob das, was uns von alters her überliefert und von unsern Vorfahren als gültig erachtet worden, auch wirklich zuverlässig sei, in dem Grade, daß man darauf fernerhin sicher fortbauen möge? oder ob ein herkömmliches Bekenntnis nur stationär geworden und deshalb mehr einen Stillstand als einen Fortschritt veranlasse? —
>
> Im Gegensatz steht die Prüfung des Neuen, wo man zu fragen hat: ob das Angenommene wirklich Gewinn oder nur modische Übereinstimmung sei?, denn eine Meinung, von energischen Männern ausgehend, verbreitet sich contagios über die Menge, und dann heißt sie herrschend — eine Anmaßung, die für den treuen Forscher gar keinen Sinn ausspricht. Staat und Kirche mögen allenfalls Ursache finden, sich für herrschend zu erklären: denn die haben es mit der widerspenstigen Masse zu tun, und wenn nur Ordnung gehalten wird, so

ist es ganz einerlei, durch welche Mittel; aber in den Wissenschaften ist die absoluteste Freiheit nötig: denn da wirkt man nicht für heut und morgen, sondern für eine undenklich vorschreitende Zeitenreihe.

Gewinnt aber auch in der Wissenschaft das Falsche die Oberhand, so wird doch immer eine Minorität für das Wahre übrig bleiben, und wenn sie sich in einen einzigen Geist zurückzöge, so hätte das nichts zu sagen. Er wird im Stillen, im Verborgenen fortwaltend wirken, und eine Zeit wird kommen, wo man nach ihm und seinen Überzeugungen fragt, oder wo diese sich, bei verbreitetem allgemeinen Licht, auch wieder hervorwagen dürfen."[18]

Allgemeine Übereinstimmung der Forscher beweist nur, daß diejenigen, welche sich mit einem Gegenstand näher beschäftigen, entweder ein und derselben Schule angehören und mit den Vorzügen auch die Fehler des Lehrers fortpflanzen,[19] oder daß sie mit denselben Forschungsabsichten und denselben Grundsätzen an den Gegenstand herantreten und deshalb scheinbar selbständig nebeneinander die gleichen Gedanken entwickeln, Gedanken, deren gleichzeitiges Aufsprießen an verschiedenen Stellen wie eine Demonstration der Richtigkeit wirkt, aber eine sehr viel weniger großartige Erklärung darin findet, daß ein zum geistigen Gemeingut gehöriger Gedanke bereits diese Fortsetzung als Keim enthielt, wie der Mutterleib den Embryo (S. 147). Es ist gleichgültig, wieviele Forscher durch äußere und innere Lebensumstände demselben Standpunkt zugeführt wurden; die sachliche Unzulässigkeit anderer Standpunkte und Forschungsziele wird dadurch nicht bewiesen.

Ist die Überzeugungskraft, welche dem Ergebnis von Debatten innewohnt, schon geringfügig, so ist ein Kampf, dessen eigentliche Seele in Negation herrschender Ansichten besteht, völlig aussichtslos (S. 189). Hierdurch wurde das Lebenswerk ausschließlich kritisch begabter Forscher, wie z. B. das Constant Prévosts, zur Unfruchtbarkeit verdammt.[20] Solange eine Hypothese als Arbeitshypothese befriedigt, verhallen alle Einwendungen gegen die physikalische oder sonstige Zulässigkeit ungehört (S. 143), und auch bei neuen Erkenntnissen beruht die Anziehungskraft weniger in der Einsicht, daß dadurch die Auffassung der Tatsachen berichtigt werde, sondern hauptsächlich in der Aussicht auf Produktivität, die sie bieten, wobei oft das noch Irrige, das ihnen anhaftet, das mit früheren und eigentlich bereits überholten Anschauungen Zusammenhängende die stärkste Wirkung äußert (S. 13, 109, 190). Auch dieses ist ein Beweis dafür, daß der Lehrinhalt sich weit stärker nach den psychologischen Bedürfnissen des Menschen als nach der Naturbeschaffenheit richtet, denn das Denken berücksichtigt niemals zuerst oder allein den Inhalt einer neuen Aussage, sondern nimmt stets Thesen, die geeignet sind, uneingeordneten Begriffen ihren festen Platz im vorhandenen Begriffssystem anzuweisen, bereitwilliger auf, als solche, die eine vorhandene Anordnung aufzulösen oder umzubauen zwingen.

Das Extrem dieses Anordnungsstrebens äußert sich in der von Goethe mehrfach und besonders im Anschluß an Cuviers discours sur les révolutions de la surface du globe gekennzeichneten Neigung zu positiver Ausdrucksweise,[21] d. h. zu völliger Ignorierung des in allen Schlüssen mitwirkenden hypothetischen und variablen Elements. Goethes Meinung, daß man auf diese Weise Gefahr laufe, bei historischen Rückblicken sich über sich selbst zu ärgern, dürfte wohl durch ausreichende Erfahrung bestätigt worden sein. „Die Natur ist etwas Inkommensurables, und wer sich mit der Natur abgibt, versucht die Quadratur des Zirkels.“[22] Der weitverbreiteten Neigung, sich auf unbedingt Verläßliches zu beschränken, d. h. nur tatsachennahe Schlüsse mit Hilfe gewohnter Hypothesen von vergessener Variationsfähigkeit noch ziehen zu wollen, setzte Goethe den Rat entgegen, man solle manchmal einen kühnen Gedanken auszusprechen wagen, damit er Frucht brächte.[23] Es ist zwar nicht jedem Temperament möglich und keinem, auch dem Goethes nicht, erfreulich, sich auf die Notwendigkeit, einen Irrtum zu bekennen und zurückzunehmen, gefaßt zu machen; dafür ist aber eine wissenschaftliche Meinung, sei es Hypothese oder Begriff, wenn durch Berichtigung eines Irrtums gewonnen, konsolidierter und deshalb wissenschaftlich wertvoller, als wenn dieselbe Aussage durch Zufall oder genialdivinatorisches Erraten gleich anfangs erfolgt, oder gar — infolge von Vorsicht — überhaupt nicht ausgesprochen wäre.

Da nun das geologische Lehrgebäude von Grund aus mit variablen Hypothesen durchsetzt ist, und da die Auffindung der vielen und einflußreichen Fehlerquellen für den einzelnen bei Beurteilung der eigenen Arbeit durch Subjektivitäten erschwert wird, so darf man Aussageinhalte der oben bezeichneten Art, wenn sie sich unter den heutigen Forschungsergebnissen befinden, ebensogut wie die der früheren Erkenntnisstufe als objektiv erkennbare Symptome von Irrtümern betrachten. Mindestens ist es Gebot wissenschaftlicher Politik, sie als solche aufzufassen und ihnen gegenüber zu fragen, ob Änderungen von Hypothesen und Begriffsbildungen zulässig wären, durch welche sie verschwänden.

Nun sind solche Schlußinhalte auch gegenwärtig keineswegs selten, vielmehr gehört das trefflichste Beispiel einer „vereinzelten Tatsache“, die nichts als Folge von Irrtum war und nur vereinzelt schien, weil das Zugehörige in andere Zusammenhänge eingegliedert war, einer erst vor wenigen Jahren überwundenen Erkenntnisstufe an, nämlich in der Alpentektonik die Schweizer Klippenregion, die anerkanntermaßen der Erklärung ein „schwieriges Problem" bot, bei der Deutung des Gesamtaufbaus gänzlich ausgeschaltet war,[24] dann aber geradezu der Grundstein einer neuen Gesamtauffassung wurde. Eine ähnlich vereinzelte und außer Betracht gesetzte Tatsache ist, um ganz wenige Beispiele zu geben, in der Paläogeographie des Perm die Verbreitung der Landsaurier;[25] vielleicht auch — im Gebiet der reinen Paläontologie — die kleine Systemgruppe der Clymenien, die durch ein einziges Merkmal zusammengehalten wird, in allen andern Merkmalen aber höchst Verschiedenartiges umgreift.[26]

Schlüsse auf unbekannte Naturkräfte oder auf irgendwelche Veränderungen bekannter Naturkräfte sind ebenfalls zahlreich vorhanden; sie ergeben sich z. B. unweigerlich, wenn die Entstehung der quartären Eiszeit von dem meist eingenommenen polyglazialistischen Standpunkt aus erklärt werden soll,[27] oder überhaupt bei jeder paläoklimatischen Betrachtung,[28] und begleiten auf Schritt und Tritt die deszendenztheoretische Behandlung der Fossilien, am auffallendsten, wenn nach den Ursachen des angeblich epochenweis erfolgenden Aussterbens und des jähen Aufblühens neuer Stämme und Gruppen gefragt wird.[29]

Versucht man nun die Methode vorzuzeichnen — und um anderes als Aufstellung theoretischer Anforderungen und Hinweise kann es sich an dieser Stelle nicht handeln —, wie man vor derartigen Irrtumssymptomen zu verfahren habe, so ist zu beachten, daß die Geologie auch jetzt noch aus sehr verschiedenartigen Forschungsabsichten betrieben wird, und daß die dabei geforderten Forschungswege sich untereinander ausschließen: eine allgemein gültige Untersuchungsmethode gibt es nicht, sondern die in einem Fall berechtigte ist im andern ausgesprochen vom Übel.

Nach der eingangs wiedergegebenen Definition vom Inhalt der Geologie (S. 16ff.) ist die Aufgabe 1. analytische Behandlung der gegenwärtigen, 2. hypothetische Rekonstruktion der vorzeitlichen Beschaffenheit der Erde; sie umfaßt also 1. Stratigraphie, 2. Paläogeographie. Die erstere, als Selbstzweck betrieben oder als Grundlage des Bergbaus oder überhaupt der Technik, fährt am besten, wenn sie sich ganz in Tatsachennähe hält und es auf eine möglichst handliche Gruppierung der Beobachtungen absieht. Sie ist durchaus berechtigt, sich mit Inkonsistenzen und Arbeitshypothesen zu begnügen, den Gedankengang abzubrechen, wo er die enge Berührung mit den Tatsachen verliert (S. 49), und auftauchende Probleme fortzuschieben, d. h. durch Postulate zu erledigen oder außerhalb des praktischen Gesichtskreises unerledigt stehen zu lassen (S. 137, 170). Sie strebt nach möglichst genauer Kenntnisnahme des Befundes, einerlei, ob sie dadurch bloß quantitativ oder auch qualitativ die Kenntnis bereichert (S. 187). Auch hat sie keine Veranlassung, sich mit Kontrolle der verwendeten Hypothesen und Theorien aufzuhalten, da in allen Aussagen allein auf der darin enthaltenen Beschreibung des Befundes Nachdruck liegt, also mit der Behauptung, eine Schicht sei gefaltet, nichts weiter gesagt sein soll, als daß sie jetzt gebogen daliege; ob einmal wirklich eine Biegung statthatte und welche Kraft dabei tätig war, das ist für praktische Zwecke und für die stratigraphische Beschreibung gleichgültig. Stratigraphie dieses Inhalts bedient sich mit Vorteil eines künstlichen Systems, das, wie in der Botanik das Linnésche, sozusagen mit einem einzigen Griff die Einordnung neuer Beobachtungen ermöglicht.

Betrachtung und Analyse des gegenwärtigen Befundes hat aber auch der Paläogeographie die Grundlage zu liefern. Dann ist die Konsistenz der Schlußketten unbedingt gefordert, wie sich schon daraus erweist, daß die Überbrückungsschlüsse in paläogeographischen Untersuchungen besonders häufig sind. Niemand würde solche Schlüsse zu ziehen wagen, wenn er nicht Konsistenz für nötig hielte, oder, was gleichbedeutend ist, Konsistenz stets, auch dem Anschein zum Trotz, als vorhanden voraussetzte.

Ganz analog verhält es sich auch in der Paläontologie, die in ihrer einen Richtung, als Leitfossillehre, in den Organismenresten nichts als besonders geformte Steine, medals of creation erblickt und erfahrungsmäßig festgestellt hat, daß deren Form eine Funktion der Zeit ist, in ihrer andern Richtung aber, als Paläobiologie, aus den Überbleibseln den lebenden Organismus zu rekonstruieren sucht und in der Form vorwiegend eine Wirkung biologischen Geschehens sieht. Die Forderung oder Voraussetzung der Konsistenz besteht auch hier nur bei der rekonstruierenden Betrachtungsweise.

Dieser tiefgreifende Unterschied wird nun dadurch verwischt, daß die Stratigraphie bei zusammenfassender Beschreibung stets die Form genetischer Schilderung wählt, ebenso wie die Leitfossillehre ihr Material nach biologischen Gesichtspunkten ordnet, ohne darum ihr Verhalten gegenüber den Theorien und Hypothesen zu ändern. Dieser Übergriff in die Betrachtung der anders orientierten Schwesterdisziplin geschieht aus Bequemlichkeitsgründen, ist aber nicht unbedingt geboten, vielmehr würde die Stratigraphie sich leicht auf Zustandsbeschreibungen beschränken können und die Leitfossillehre vielfach zweckentsprechender von der Biologie sich frei machen, so z. B. wenn sie bei Anordnung der fossilen Gastropoden tatsächlich nach der Form des Schneckenhauses urteilt, aber dann sich stellt, als könne sie sich wie die Zoologie nach der Beschaffenheit der Zungenplatten oder der Lage der Kiemen richten.

Durch solche Grenzüberschreitungen kann es geschehen, daß eine Hypothese, die in der Stratigraphie oder der Leitfossillehre sich bewährt hat und den dort zu stellenden methodologischen Forderungen auch wirklich genügt, mit einem Schein von Autorität in die Paläogeographie oder Paläobiologie eingeführt und als erhaben über alles Abwägen gegen die hier gebotenen methodologischen Forderungen erachtet wird. So ist die Leitfossillehre als rein deskriptive Wissenschaft gezwungen, in der Trennung des Unterscheidbaren bis an die Grenze des Möglichen zu gehen, schon um sich ihrer Aufgabe entsprechend in der Tatsachennähe zu halten und so wenig wie möglich Hypothetisches einzubeziehen. Aber die so erhaltenen „deskriptiven Arten" können nicht als genetische Einheiten in die Paläobiologie eingeführt werden, weil hier zur Herstellung der Konsistenz mit biologischen Schlußketten bei der Aufstellung von „biologischen" Arten der Begriff „Variabilität einer Art" mitbeachtet werden, resp. in eine Theorie umgewendet, die Hypothesenwahl mitbestimmen muß.[30] In der Stratigraphie ist es notwendige Arbeitshypothese, die Vereisungen des Quartärs als an allen Orten gleichzeitig anzusetzen, schon weil man mit jeder anderen Hypothese bei der Aufnahme des Befundes mit einer großen Anzahl von vorläufig ganz unabwägbaren Denkmöglichkeiten zu rechnen hätte, der Beschreibung also ganz überflüssige Schwierigkeiten aufbürdete. Die Paläogeographie hat aber mit den Schlüssen der Klimatologie zu rechnen, nach welchen dieselben Faktoren, die in Nordeuropa eine Zunahme des Eises bewirkten, das Eis in Nordamerika vermindern müßten, oder das Abschmelzen des nordeuropäischen Eises die Vergletscherung der Alpen förderte.[27] Der Einwand: es müsse Gleichzeitigkeit vorausgesetzt werden, weil ohne diese Annahme eine vergleichende Untersuchung ausgeschlossen wäre,[31] ist stratigraphisch gedacht, indem er gewohnheitsmäßig auf Konsistenz verzichtet. Man kann die (Konsistenz fordernde) Paläogeographie unzugänglich nennen oder als eine in den ersten Schritten steckenbleibende Forschungsrichtung außer Betracht setzen, sie aber nicht durch Voraussetzungen ermöglichen wollen, die über den Widerstand wohlfundierter Schlüsse mit einer postulierenden Hypothese hinwegspringen, und denen die Natur, wenn sie Stimme hätte, erwidern könnte: es sei ihr ganz gleichgültig, ob sie vergleichend untersuchbar sei oder nicht.

In den Kreis dieser Betrachtungen gehört auch die Frage nach dem Betrieb der Paläontologie, ob sie wie bisher, jedenfalls in Deutschland, ein Annex der Geologie sein und bleiben oder engeren Anschluß an die Biologie erstreben solle.[32] Untrennbar sind verbunden einerseits Stratigraphie und Leitfossillehre; in der Personalunion von Geolog und Paläontolog sind auch in der Regel diese Arbeitsrichtungen allein eingeschlagen worden. Nur scheinbar, durch die erwähnte Verwischung der Grenzen, wurden — natürlich von Ausnahmen abgesehen — dadurch die rekonstruierenden Richtungen gefördert, manches Mal aber — in einer bisher zwar noch wenig gefühlten Weise — geschädigt. Paläobiologie vermag dagegen eine stratigraphische, genetisch verkleidete Beschreibung des heutigen Zustandes der Erde für ihre Zwecke nicht zu verwerten: sie steht, soweit Geologie in Frage kommt, allein mit Paläogeographie, der gleichfalls rekonstruierenden Richtung in Verbindung: sie hat mit dieser und mit der Biologie in Konsistenz zu bleiben, ebenso wie die Paläogeographie mit der Paläobiologie und der Geographie. Es gibt also keine allgemein gültige, absolut richtige Art des Betriebes, sondern es ist in die Wahl jedes einzelnen Forschers gestellt, auf welche Betrachtungsweise er den Nachdruck legen und wo er für seinen Teil der Herstellung von Konsistenzen ein Ende setzen will. Die Forschung als Ganzes verlangt nur, daß keine der beistehend schematisierten Verbindungslinien ganz vernachlässigt wird:

	Biologie	—	Geographie	
	|		|	
Paläontologie {	Paläobiologie	—	Paläogeographie	} Geologie.
	|		|	
	Leitfossillehre	—	Stratigraphie	

Bei der Prüfung nun, ob die genannten Aussageinhalte Irrtumssymptome sein möchten oder nicht, handelt es sich ausschließlich um Paläogeographie und Paläobiologie und um eine Untersuchung, ob die verwendeten Begriffs- und Hypothesenbildungen der Konsistenzforderung genügen. Das ist nun nicht der Fall, vielmehr wird diese Forderung überhaupt bisher gar nicht beachtet. Schon A. Boué und Brongniart bemerkten, daß bei Verwendung der Leitfossiltheorie die Beobachtungen über die geographische Differenzierung der lebenden Tier- und Pflanzenwelt mit in Betracht zu ziehen sei.[33] In einer Zeit, die sich allein mit Stratigraphie befassen wollte, war mit dieser Forderung über das Ziel hinausgeschossen; in der Gegenwart aber trifft sie auf den entscheidenden Punkt. Wenn dem ungeachtet bis heute die Paläogeographie den ursprünglichen Schluß, der sich auf die Gleichartigkeit der rezenten Fauna an den englischen Küsten gründete, unbegrenzt verallgemeinert, so liefert zu solchem Verhalten das richtige Analogon die Wernerische Geologie, die uneingeschränkt nach der Gesteinsbeschaffenheit parallelisierte und das Formationsschema Mitteldeutschlands der Zeitbestimmung allgemein zugrunde legte. A. v. Humboldts weiter umfassende Erfahrung erkannte die Unzulässigkeit so weit gehenden Generalisierens; er lehnte ab, weit entfernte Formationen mit den europäischen Namen zu bezeichnen und gab daher, um zu trennen, was „festgestellte Tatsache“ und was „Meinung“ sei, den südamerikanischen Formationen provisorisch eigene Lokalnamen.[34] Genau so ist behufs Vorbereitung der Konsistenzherstellung gegenwärtig geboten, zu unterscheiden, was „Beobachtung“ (Identität der Fauna und Flora) und was „Meinung“ (Schluß auf Gleichzeitigkeit) ist. Noch weiter setzt sich die Hypothesenbildung über die vom gegenwärtigen Befund gebotene Einschränkung hinweg, wenn in der Quartärgeologie sogar menschliche Artefakte an Stelle von Leitfossilien und genau in der gleichen Weise verwendet werden. Hier wäre doch wohl Konsistenz mit der Ethnographie herzustellen und demgemäß zu berücksichtigen, daß dicht nebeneinander wohnende Völker, besonders solche, die sich in primitiven Kulturzuständen befinden, sehr verschiedene Stadien der Handwerksgeschicklichkeit aufweisen,[35] daß zweitens die primitiven Kulturzustände weit voneinander entfernter Völker, zwischen denen Übertragungen oder Gemeinsamkeiten nicht anzunehmen sind, überraschende Konvergenzen in der Technik zeigen, und drittens, daß auf der Kulturstufe des Diluvialmenschen Südfrankreich, Belgien, Thüringen usw. völlig getrennte Welten dargestellt haben müssen. Paläogeographische Betrachtung hat also mit der Möglichkeit zu rechnen, daß die einzelnen Bevölkerungsgruppen selbständig und ungleichzeitig, aber in übereinstimmenden Schritten die Anfangsstufen der technischen Kultur erklommen, daß Europa kein kulturell einheitliches Land darstellte, sondern von fortgeschritteneren und zurückgebliebenen Bevölkerungen, vielleicht sogar von verschiedenen Volksstämmen und Rassen neben- und untereinander bewohnt war.[36]

Wenn es nun möglich ist, mit Hilfe von Beobachtungen, die nur für die Gedankengänge der Geologie und Paläontologie qualitativ neu sind, verfeinerungs- oder einengungsbedürftige Hypothesen in den Schlußketten aufzufinden, so liegt auch zu der Verzweiflungstat des Ziehens von Überbrückungsschlüssen noch keine Veranlassung vor. Die bisherigen Aussagen über die klimatischen Faktoren der Eiszeit und Nacheiszeit liefern keine „Rekonstruktion der Vorzeit“, sondern ihre Inkonsistenz ist nur ein Irrtumssymptom und ein Hinweis auf die Notwendigkeit, die Hypothesen zu kontrollieren. Das gleiche gilt dann für alle analogen Fälle und jede andere Disziplin würde aus derartigen Ergebnissen nur diese Verhaltungsvorschrift entnehmen.

Nun ist allerdings in der Paläogeographie die Herstellung von Konsistenz schwieriger als etwa in der Physik, wo das Endergebnis eines von der Elektrizität ausgehenden Gedankengangs, in eine Theorie umgewendet, auf Optik übertragen und dort durch Experimente nachgeprüft werden kann. Solche beiderseits verankerte Konsistenzen gleichen geschlossenen Brückenbogen; die meisten Ergebnisse der Paläogeographie und Paläobiologie lassen sich nur mit den Antennen einer Station für drahtlose Telegraphie vergleichen oder mit den Stangen, die von einem im Nebel fahrenden Schiff ausgestreckt werden, ohne das Ufer aufzufinden. Dann ist kein Urteil zu fällen, ob die Stangen richtig orientiert sind, oder ob die Schiffsbesatzung in ihrer Meinung über den Standort des Schiffs und den einzuschlagenden Kurs sich völlig irrt. Geologische Experimente sind nicht unbedingt beweisend, zunächst weil in dem natürlichen und dem künstlichen Fall ein anderer als der vorausgesetzte Faktor das eigentlich Wirksame sein kann (S. 111), dann wegen der Ungleichheit im Maßstab und in der Komplikation des Geschehens: unzweifelhaft wertvoll sind Experimente nur soweit, als sie den von der Theorie angenommenen Vorgang veranschaulichen; es sind aber auch schon oft Annahmen experimentell belegt worden, die sich später als völlig irrig herausstellten. Bei der Undurchführbarkeit direkt bestätigender Gegenuntersuchungen bleibt der Geologie zur Herstellung von Konsistenz kein anderes Verfahren übrig, als die inkonsistenten Schlußketten so lange abzuändern, bis ein Verbindungsschluß möglich wird. Da sich die Tragfähigkeit eines Schlusses nach seinem Gehalt an wirklich Beobachtetem bestimmt, so müssen dabei die tatsachennahen das Übergewicht über die tatsachenfernen erhalten.[37]

Dieses Verfahren stände nun freilich in ausgesprochenem Gegensatz zu dem jetzt üblichen. Wenn man z. B. aus der Zusammensetzung einer fossilen Flora auf das zugehörige Klima des betreffenden Standorts schließt, so postuliert man nach Analogie lebender Formen bestimmte Temperaturen usw., prüft, ob die mutmaßliche geographische Konfiguration solche bei Einsetzung der heutigen Klimafaktoren ermöglichen würde und findet dabei in der Regel arge Inkonsistenz zwischen Meteorologie und Paläogeographie; die Lösungen solcher Probleme zeigen alle Merkmale von Überbrückungsschlüssen. Nun ist aber die auf der paläogeographischen Seite verwendete Hypothese, daß die systematische Verwandtschaft einen Anhalt zur Ermittlung von Existenzbedingungen gäbe, anerkannt bedenklich und selbst auch nur das Ergebnis zahlreicher Schlüsse mit variablen Hypothesen, das Endergebnis dieser Schlußkette also weniger tragfähig und weit tatsachenferner als das Ergebnis der klimatologischen Rekonstruktion, so wankend auch diese an sich sein mag. Auch ist die Beobachtung nicht verwertet, daß ganz lokal begrenzte Umstände an vereinzelten Orten ein Klima schaffen können, das sehr weit von dem für den ganzen Landstrich gültigen Durchschnittswert abweicht und in der Flora zum Ausdruck kommt. Hinzu tritt die geschichtliche Erfahrung, daß viel behandelte Probleme sich erweisen können als völlig auf den Kopf gestellt (S. 135). So wäre denn in diesem Fall zu versuchen, ob man nicht leichter zu Konsistenzen gelangen würde, wenn man das bisher Postulierte, die Beschaffenheit des der Flora nötigen Klimas, als Problem, das bisherige Problem aber, die Beschaffenheit des Klimas an dem gegebenen Ort zu gegebener Zeit und seine Ursachen, an Hand der heutigen Meteorologie als Postulat einsetzte, und dann, unter Berücksichtigung des möglicherweise durch Faktoren von begrenzt lokalem Charakter bewirkten, auf die Existenzbedingungen der Flora, die Anpassungsfähigkeit der Arten usw. schlösse.

In der Paläobiologie, und zwar sowohl in ihren physiologischen wie in ihren deszendenztheoretischen Teilen, besteht das einzige zur Konsistenzherstellung gegebene Mittel in der Beantwortung der jetzt sehr außerhalb des Gesichtskreises liegenden Frage nach den Ursachen der Formveränderungen, also im Zurückgreifen auf biologische Experimente oder auf Beobachtungen, die künstliche Versuche ersetzen können. Bekanntlich äußern Konvenienz und Opportunität gewichtigen Einfluß auf die systematische und dadurch auch auf die phyletische Anordnung der Organismen; die Wertung der Merkmale geschieht oft nach deskriptiven Rücksichten, d. h. sie geht vor allem aus auf klar definierte und leicht erkennbare Gruppen, wie das im Extrem die sog. Schlüssel, aber deutlich genug auch die früher in der Zoologie aufgestellte Familie der Dickhäuter und jetzt noch vielleicht die Clymenien erkennen lassen. Nun ist es bei sehr vielen ausgestorbenen Formen, gerade bei den Clymenien, unmöglich, den phyletischen Wert von Merkmalen durch Aufsuchung von Konsistenzen mit der Biologie zu kontrollieren; die Paläobiologie ist also oft gezwungen, sich mit entfernten und vieldeutigen Analogien zu begnügen und wird deshalb dort, wo das am wenigsten der Fall ist, also vielfach bei den weniger interessanten, weil den rezenten nahverwandten Formenkreisen, die wertvolleren Ergebnisse zeitigen.

Auch ist es nicht ohne Bedeutung für methodologische Zwecke, daß die aufgestellten Stammbäume am eingehendsten zu sein pflegen bei verhältnismäßig selten und nur in vereinzelten Exemplaren vorkommenden Typen, sich aber immer mehr nur auf die höheren Einheiten des Systems, auf Familien usw. beschränken, je zahlreicher Individuen der Formengruppe gefunden werden. Eine an Säugetierreste anknüpfende Rekonstruktion des lebenden Organismus und seiner Existenzbedingungen kann sich auf weit stärkere und zahlreichere Anhaltspunkte stützen, als wenn es sich um marine Organismen, wie Muscheln, Schnecken oder gar Ammoniten handelt; bei jenen wagt die Phantasie sozusagen fester aufzutreten. Andererseits aber wird die Phantasie gelähmt durch die überwältigende Formenfülle, die bei den häufigeren Typen phyletisch geordnet werden soll; ihr scheint nicht der genügende Spielraum gelassen oder sie fühlt sich abgeschreckt, das über ihre Kraft gehende Unternehmen anzufangen. Wenn sich die Mitwirkung der Phantasie so deutlich dokumentiert, so ist umso mehr den von ihr gelieferten Angaben der Charakter der Variabilität und der Kontrollbedürftigkeit zu belassen.

Hält man die Darstellungen, die etwa Jaekel[38] und Steinmann[39] von den Abstammungsverhältnissen der Säuger gaben, nebeneinander, so bedarf man keines Beweises mehr, um zu erkennen, daß die Tatsachen des Befundes sich in sehr verschiedener Weise zu Stammreihen verbinden lassen, und daß bei der Entscheidung für eine bestimmte Anordnungsmöglichkeit Kriterien gesucht werden müssen, um den Einfluß der zahlreichen Fehlerquellen möglichst zu erkennen und auszuschalten. Das schon jetzt bei manchen, freilich nicht allen Formen geübte Verfahren, bei der Aufstellung von Stammreihen Theorien über die Bedingungen der Umgestaltung zugrunde zu legen, wäre demnach allgemein zu befolgen. Das „biogenetische Grundgesetz" Häckels war eine solche Theorie, die das Beharrende der Vererbung betonte, bescheidenere Bedeutung mag der pseudospontanen Evolution zukommen;[40] die Hauptsache wird aus Beobachtungen über den Wirkungsgrad der faziellen Umgestaltung und dergleichen Anpassungserscheinungen zu entnehmen sein. Hinzutretend zu der so von vornherein bewahrten Konsistenz mit biologischen Schlußketten wäre nunmehr die Konsistenz mit der Paläogeographie herzustellen, und zwar in doppelter Weise, zunächst durch Untersuchungen darüber, ob die geologischen Beobachtungen über Fazies der Gesteine u. dgl. mit der Supposition der herangezogenen Umgestaltungsfaktoren verträglich sind, und zweitens durch Zusammenstimmung der im Stammbaum angenommenen Zeitfolge der Glieder mit der paläogeographischen Chronologie. Diese letztere, wohl zu unterscheiden von der stratigraphischen Chronologie, würde auf Feststellungen besonderer Art, z. B. Beobachtungen über die Beschaffenheit der Sedimente,[41] über stratigraphische und tektonische Pausen[42] u. ä. zu beruhen haben. Selbstverständlich würde die Untersuchung nicht streng in dieser Reihenfolge und unter jedesmaliger Selbständigkeit der Betrachtung vorgehen können, sondern es wäre eine jede neben und mit der andern vorwärts zu treiben; keines der Ergebnisse würde sich prinzipiell dem andern unterzuordnen und zu fügen haben, sondern die Aufgabe bestände darin, wechselseitig durch aufsteigende und absteigende Umformung der Glieder alle Schlußketten so aneinander anzugleichen, daß ein Verbindungsschluß möglich wird, der mitsamt den hergestellten Konsistenzen dem ganzen Gedankengang und dadurch auch dessen Teilen Halt und Berechtigung verliehe.

Auch dieser Forschungsweg dürfte so ziemlich das gerade Gegenteil des sonst für richtig gehaltenen sein, wie er sich auch bewußt und absichtlich von allem — in der Geologie doch immer nur trügerischen — Exaktheitsstreben fern hält. Durch die Gewöhnung an stratigraphisches Behandeln der geologischen Probleme und leitfossilmäßige Betrachtung der Fossilien ist es völlig in Vergessenheit geraten, daß bei allen paläogeographischen und paläobiologischen Untersuchungen der Nachdruck auf den verwendeten Hypothesen, auf ihrer Kritik und auf der Ausmerzung der zu Inkonsistenzen führenden, also danach „irrtümlichen“ Annahmen liegt. Konsistente Schlußsysteme geben klarer als inkonsistente zu erkennen, wo sich Lücken der Erfahrung befinden, und wo neu hinzutretende Beobachtungen Umänderungen erfordern: darin besteht ihre methodologische Überlegenheit, nicht etwa in der größeren Gewähr für dauernden Bestand des Aussageinhalts. Auch soll, wie aus den früheren Bemerkungen über den Wert einer Umdeutung des Befundes hervorgeht, nicht „Konsistenz um jeden Preis“ gefordert sein.

Dem Einwand, solche Untersuchungen seien nicht durchführbar, ist das diesem Abschnitt vorgesetzte Motto entgegenzuhalten, dann aber: daß die Forschung sich bereits diesen Zielen zuzuwenden beginnt. In O. Abels Werk über die Paläobiologie der Wirbeltiere[43] ist z. B. die leitende Absicht, auf das strengste die Konsistenz mit der Zoologie zu bewahren; daneben auch die Verbindungen mit der Paläogeographie aufrecht zu erhalten, lag außerhalb des gesteckten Rahmens. Hier bedarf es also noch einer Befestigung der Schlüsse durch den Hinweis auf geologische Beobachtungen, die für das Vorhandensein der jedesmal geforderten Existenz- und Umgestaltungsbedingungen sprechen. Als ein anderer Versuch zu Konsistenzen zu gelangen charakterisiert sich Steinmanns Darstellung der Abstammungslehre.[44] Hier wird nach oft bewährtem Vorbild zum Eckstein einer neuen Theorie genommen, was in der alten Stein des schwersten Anstoßes war, die Behauptung über das plötzliche Aussterben großer Tiergruppen als Selbsttäuschung und Irrtumssymptom verworfen und deshalb die Hypothesenwahl so eingeschränkt, daß alle zu solchem Ende führenden Schlüsse vermieden bleiben. Die Frage, ob dabei nicht allzu radikal andere, sonst als nötig empfundene Einschränkungen niedergerissen sind, kommt hier nicht in Betracht; dagegen bleibt zu bemerken, daß der Gedankenbau durch hergestellte Konsistenz mit Geologie bedeutend an Festigkeit gewinnen würde. Sind z. B. die Kreideceratiten als Nachkommen der triassischen zu betrachten, als Glieder einer Rasse, die sich während der zwischenliegenden Zeit in Meere zurückzog, deren Lage und Sedimente wir nicht kennen, und mit andern, ähnlich unterbrochen verbreiteten Formen[45] in der späteren Kreidezeit die unserer Forschung zugänglichen Gebiete wieder besiedelten, dann wäre der Besitz etwas näherer Nachweisungen erwünscht. Freilich bot die Erde Raum genug für Juraozeane und faunistische Provinzen auf jetzt meeresbedeckten und ewig unbekannten Flächen; dennoch ist die Zuhilfenahme des Nichtwißbaren ein bedenkliches und unbefriedigendes Auskunftsmittel, um so mehr, als man doch vielleicht durch Beobachtungen über das paläogeographisch-erste Wiederauftreten, über Richtung und Lage der Wanderungswege u. dgl. zu etwas bestimmteren Schlüssen über den Ort dieser Meere gelangen könnte.

Ist nun aber die Behauptung des epochenweis gleichzeitigen Aussterbens größerer Systemeinheiten wirklich ein Irrtumssymptom oder eröffnet sich hier ein Aufschluß über Zusammenhänge der Lebenserscheinungen, die so weit gespannt sind, daß wir sie biologisch nicht, sondern nur paläobiologisch beobachten können? Bejaht man letzteres, wie es wohl meistens geschehen wird, so lautet der einzig mögliche Schluß auf die Existenz einer Lebenskraft oder auf eine Variante derselben, einen dem Tod der Individuen analogen Tod der Rassen, Arten, Familien usw. Nun ist aber zu prüfen, ob durch solchen Schluß wirklich die bisher mangelnde Konsistenz mit Biologie hergestellt würde, wobei zu beachten, daß Inkonsistenz kein absoluter Beweis für Unrichtigkeit der Aussage, sondern für methodologische Unvollkommenheit des Gedankenganges ist und nur das Problem ungelöst einstweilen zurückschiebt. „Bisher ist nur wenig gegen den neuesten Vitalismus geschrieben worden. Es wird am besten sein, wenn es bei diesem Verfahren bleibt", meinte der Pathologe E. Albrecht, der selbst oftmals und auf sehr verschiedenartigen Kampfplätzen gegen diesen Theorienkomplex zu Felde zog.[46] Dieser Aufforderung wäre hier Folge zu leisten, wenn es nicht schiene, als ob eine speziell Goethesche Lehre, die vom „Urphänomen" hier mit Erfolg eingeführt werden könnte.

Alle Naturwissenschaft beruht auf der Voraussetzung, daß die Naturtatsachen untereinander in einem Zusammenhang von gegenseitiger Bedingtheit stehen. Nimmt man nun einen Augenblick an, das Ziel der Forschung sei endgültig erreicht, so daß keinerlei neue Erfahrung quantitativ oder qualitativ mehr übrig gelassen sei, so würde in diesem Lehrgebäude keinerlei Inkonsistenz mehr zulässig sein und die vielleicht vorkommenden Überbrückungsschlüsse wären nicht mehr als Irrtumssymptome zu bewerten. Zwar würden dann wahrscheinlich mehrere Gesamtsysteme möglich sein, aber sie wären wissenschaftlich gleichberechtigt, da die Forschung keine Kriterien mehr besäße, um die verschiedenen Anordnungsmöglichkeiten, die Varianten der Begriffs- und Hypothesenbildung mittels Beobachtungen gegeneinander abzuwägen. Die Auswahl eines bestimmten unter den möglichen könnte nur nach subjektiven Gründen, aus Temperament, Schulung oder kurz infolge von *Glauben* geschehen. Jedes dieser Systeme bestände aus Schlußketten, die, zahlreich in der Tatsachennähe, sich unter Verbindungsschlüssen mehr und mehr zusammenfügten, bis endlich die letzten sich vereinigten zum Begriff des „Ganzen", des „Alls" oder der „Gesamtheit". Dieser *Oberbegriff* wäre vor sämtlichen übrigen ausgezeichnet durch die Art seiner Definition: sein Inhalt wird allein bestimmt durch das ihm Subordinierte, während jeder andere Begriff außerdem noch logisch definiert werden kann durch Abgrenzung gegen ein Nichtzugehöriges als eine Spezies im Genus. Die vollendete Erforschung der Natur hätte den endgültigen (nicht den absoluten) Oberbegriff gewonnen; die unvollendete aber endigt in einer ganzen Anzahl von Begriffen, die sich ebenfalls nicht logisch definieren, sondern nur durch die subordinierten Beobachtungen empirisch beschreiben lassen: es sind „temporäre Oberbegriffe" oder Urphänomene, wie Schwere, Schall, Elektrizität, Licht, Kristallisation usw. Eine Tatsache oder Beobachtung „erklären" heißt: ihr den Platz zu einem übergeordneten Oberbegriff anweisen und dadurch eine logische Definition ermöglichen.[47] So wurden die temporären Oberbegriffe Elektrizität, Licht und Schall „erklärt", als sie unter einem neuen, höheren Urphänomen, etwa: Wellenbewegung oder dergleichen zusammengefaßt wurden. Wenn man, wie es der Sprachgebrauch tut, dem Urphänomen, dem Allgemeinen, das wir nur aus dem zugehörigen Besonderen kennen,[48] eine „Kraft" substituiert, so sind damit freilich die temporären Oberbegriffe formal zu einer übergeordneten Gattung zusammengeschlossen: Schwerkraft ist die Kraft, die in der Schwere, Kristallisationskraft die, welche in der Kristallisation wirkt, aber mit solchen Aussagen ist kein Erkenntnisfortschritt errungen, denn inhaltlich läßt sich von der „Kraft" nichts anderes aussagen als von dem Phänomen selbst.

Genau das gleiche aber gilt von dem Begriff der Lebenskraft: er bezeichnet das Urphänomen Leben ohne es einem höheren Urphänomen unterzuordnen, also ohne es zu erklären. Es ist nicht einzusehen, was für ein Vorteil in der Einführung einer rein formal geänderten Ausdrucksweise liegen soll, die ja vielleicht zuweilen bequem ist, aber doch sehr viel häufiger Anlaß war, um die Beschreibung der Lebensvorgänge in eine äußerst schwer verständliche Terminologie zu verwickeln. Wenn trotzdem das Wort Lebenskraft seinen Inhalt durch einen Konsistenz herstellenden Schluß erhalten zu haben scheint, so ist davon die Ursache, daß das Denken sich im temporären nicht beruhigen, sondern zum wirklichen Oberbegriff gelangen will: es fordert so gebieterisch eine Fortsetzung, daß es sich auch durch die drastischen Beispiele, mit denen sich die Hypostasierung einer „Kraft" als verfehlt erweisen ließe, nicht abgeschreckt fühlt. Daher hat es sich von jeher über die Lücken zwischen dem höchsten Oberbegriff und den temporären hinweggeschwungen mit Hilfe des Glaubens, der dem Wissen nachfolgt, nicht jedoch ihm vorhergeht,[49] und die Bahn über die Grenzen des Forschens hinaus fortgesetzt, wobei die Phantasie nicht mehr, wie bisher durch Beobachten, sondern durch subjektives Wünschen und Wollen geleitet wird. So ist in jedem Denken mehr oder weniger bewußt und stets im Bereich des Glaubens die Stelle bereits bezeichnet, an der die auf Lebenserscheinungen bezügliche Schlußkette sich mit den übrigen verbindet. Der

Vitalismus bezeichnet diese Stelle genauer, indem er sie unmittelbar unter den höchsten Oberbegriff verlegt und dabei die ohnehin verschwimmende Grenze zwischen Glauben und Wissen gänzlich verwischt. Daher hat er vor den entgegengesetzten Meinungen, die das Problem im Reich des Glaubens belassen, den Vorteil voraus, den jede positive Aussage besitzt: die Einordnung von Begriffsgruppen zu ermöglichen, die sonst — im Bereich des Wissens — isoliert daständen, und er drängt sich trotz aller Abweisungen stets von neuem zur Beachtung auf, so oft das wissenschaftliche Denken daran Anstoß nimmt, daß die Lebensvorgänge ein nicht weiter erklärbares Urphänomen, einen temporären Oberbegriff bilden, dessen Inhalt allein durch Beschreibung des subordinierten bestimmt werden kann.[50]

Der Nachweis, daß in der Geologie die Hypothesen stärker als die Beobachtungen den Inhalt der Schlüsse beeinflussen, die daraus resultierende Forderung, den Hypothesen größere Aufmerksamkeit zu widmen, als ihnen jetzt zuteil wird, und die Erkennung irriger Annahmen, die Beseitigung vorhandener Inkonsistenzen, entsprechend dem Verfahren in methodologisch besser durchgearbeiteten Disziplinen, mehr in den Vordergrund zu rücken als das Sammeln von Bestätigungen für vorhandene Hypothesen und Konsistenzen, das sind Ergebnisse dieser weit ausgedehnten und auf die verschiedenartigsten Felder des Denkens übergreifenden Untersuchung, die im ganzen und im einzelnen im Widerspruch zu den heute anerkannten Grundsätzen stehen. Denn gerade das Betonen des Tatsächlichen, das bis an den Rand des Möglichen getriebene Zurückdrängen des Hypothetischen, ist der heutigen Forschung das Ideal, und das Bewußtsein, dieser Forderung weitgehend zu genügen, ist die Ursache ihres stolzen Selbstvertrauens.

> „Gut erforschte Tatsachen in genügender Menge kennen zu lernen, ist das Hauptbestreben der jüngeren Generation unter den Naturforschern. Kleinere Gruppen von Tatsachen sucht man mit exakten Methoden in vertiefter Weise zu studieren, und man erwartet, daß sich aus diesem Studium die allgemeinen Gesetze von selbst ergeben werden. Also nicht die allgemeinen Anschauungen irgendeines erdachten Systems sollen uns die Tatsachen erklären, sondern die Erforschung der Tatsachen soll zu allgemeinen und immer allgemeineren Gesetzen führen, welche dazu beitragen, ganz allmählich ein System aufzubauen."[51]

Das beginnende Denken griff, wenn es sich das Werden der Erde vorstellen wollte, stets zum Bilde eines sich zum Kosmos ordnenden

Chaos, und das gleiche Bild ist anwendbar auf die in obigen Worten ausgesprochene Vorstellung vom Weg der Erkenntnis: Wie in Nebel verschwimmend beginnt die Gestaltung mit zerfließenden Gebilden, die sich in stetem Auflösen und Neuentstehen zusammenballen; allmählich findet sich in der scheinbar ziellosen und zwecklosen Verwirrung, in dem fortdauernden Wogen hin und her, das Zusammengehörige; das Widerstrebende trennt sich, festere Gestalten tauchen auf, verdeutlichen sich als die ersten Konzentrationspunkte in der immer noch chaotisch-gestaltlosen Masse; das Gestaltete gewinnt an Umfang und zehrt das Ungestaltete fortschreitend auf, bis zuletzt das Verbinden und Lösen nur noch zwischen größeren Einheiten geschieht, die zahlreiche Einzelheiten festgeordnet umschließen.

Hier ist ununterbrochener Fortschritt, wie derjenige ihn sich zu denken liebt, der für sein Lebenswerk Fortdauer, unveränderte Einverleibung in den Wissensschatz der Nachwelt beanspruchen möchte. Jedoch lehrt die Geschichte einen andern Verlauf: ein rastloses Wiedereinreißen und Neuerrichten von Grund aus, das niemals mit einem Chaos begann, sondern stets im Rahmen eines Kosmos, eines wohlgeordneten Begriffssystems geschah. Anfänglicher Erkenntnis genügte ein verschwimmendes Bild, erfüllt von den Nebelgestalten der Dichtung und Sage; Widerstrebendes war vereint, Untrennbares geschieden, so wie der Zufall gelegentlich unbeabsichtigte Beobachtung herbeiführte und freischaltende Phantasie den Anschluß an das Bekannte herstellte. Das Ganze war ein Gebilde des Glaubens; erst allmählich begann das Wissen Einfluß auf die Gestaltung zu gewinnen und durch zweckbewußte Beobachtung der Phantasie den Spielraum einzuengen. Ein Vereinzeltes, Zusammenhangsloses konnte es nicht geben, weil der Glaube die Kraft besitzt, ein jegliches zu verknüpfen und es in diesem Verband zu behalten, bis das Wissen vordringend zur Lösung und zu einer neuen, oft wiederum dem Glauben überlassenen Verbindung zwang. Nicht in gleichmäßigem Fortschreiten, sondern ruckweise geschah die Veränderung: überlieferte Denkweisen und herrschende Ideen prägten sich aus, um anderen Platz zu machen, wenn das aus Tatsachennähe aufsteigende Denken bis zu ihrer Höhe vorgedrungen war und nun plötzlich die Ketten in ihren ferner liegenden Teilen anders verband.

Einen Kosmos der Begriffe besaß die Forschung als ganzes zu jeder Zeit, auch in den primitivsten Anfängen, er besteht aber auch, mehr oder weniger deutlich und durchgeführt, mehr oder weniger bewußt in jedem einzelnen der daran mitarbeitenden Forscher. Oft freilich mag durch unbesehen angenommene Überlieferung und spätere, durch Zufall und Gelegenheit bedingte Wahl ein sonderbares Zerrbild zusammengewachsen sein, das in einem fernen Winkel des Denkens ein unbeachtetes Dasein fristet; aber es bleibt dor nicht wirkungslos, sondern es beeinflußt die Auffassung der Einzelheit und leitet das Denken, wie zahlreiche Beispiele zeigen, unbemerkt bei der Bildung von Begriffen und Hypothesen.

Nun lehrt die Wissenschaftsgeschichte ferner, daß Naturbeobachtungen sich in der mannigfachsten Weise zum System ordnen lassen, und daß nicht der mindeste Parallelismus besteht zwischen den Verbindungen der Erscheinungen im Naturgeschehen und denen, die das Denken für die plausibelsten hält. Wer die in Tatsachennähe gewählten Hypothesen für mehr als Phantasieprodukte, die daraus gezogenen Schlüsse tatsachengleich und für beobachtungsartig gesichert hält, wird Überbrückungsschlüsse als einwandfrei zulassen und ebenso bei unvereinbar klaffenden Widersprüchen, ohne an der Richtigkeit seiner Ergebnisse zu zweifeln, auf die Zukunft verweisen; wer diese oft benutzten Hilfsmittel nicht scheut, wird so schließlich auf jeden Fall zu einem Gesamtsystem und zu Begriffen gelangen, in denen sich allgemeine und immer allgemeinere Gesetze auszudrücken scheinen. Aber die so gewonnenen Anschauungen sind das gerade Gegenteil von exakt: sie sind völlig unverbürgt. Die verwendeten Annahmen werden nicht zu Denknotwendigkeiten dadurch, daß nur nicht bewußt ist, wie sie in Wirklichkeit als Hypothesen ausgewählt wurden aus der Fülle der Möglichkeiten, und zwar durch unkontrollierte, als Selbstverständlichkeiten auftretende Theorien.

Auf diese vom Hintergrund des Denkens unbeachtet herwirkenden Einflüsse die Aufmerksamkeit zu lenken, ihr Wirken auch an Beispielen aus der Geschichte der Geologie zu erweisen und sie dadurch in helleres Bewußtsein zu rücken, war eine der diesen Betrachtungen gestellten Aufgaben.

Der Glaube an die Möglichkeit, durch reine Induktion zu sicheren Tatsachenfeststellungen zu gelangen, ruht auf der uralt-menschlichen Hoffnung, es sei möglich, zu absolut gültigem Wissen zu gelangen, eine Hoffnung, die aus der Philosophie, ihrem einstigen Heim und Hort, ausgewiesen, nun ein wie posthumes Leben in der beschreibenden Naturwissenschaft zu führen scheint und dort um so fremdartiger wirkt, als gerade der Hinblick auf die Naturforschung den Philosophen über das Trügerische dieses Wahns belehrt hat. Eine jede Wissenschaftsepoche, die Zeit Goethes wie die Gegenwart, glaubte ihr System auf genügend erforschten, durchaus gesicherten Tatsachen erbaut zu haben, glaubte auf dem Weg zur Wahrheit zu sein und besaß doch nichts als ein System von Konsistenzen, hergestellt aus Beobachtungen mit Hilfe von Hypothesen. Und obwohl die Forschung zu allen Zeiten eine Beschreibung und Erklärung des Naturgeschehens suchte und zu liefern glaubte, so hat sie doch nie etwas anderes erbaut, als ein Begriffssystem, in dem die Beziehungen des Menschen zur Natur ihren dem Zeitalter entsprechenden Ausdruck fanden. Was so gewonnen wird, ist nicht ein ins Begriffliche übertragenes Spiegelbild der Natur oder etwas, das sich in ähnlichen Bildern beschreiben ließe, sondern es ist etwas ganz anderes als die Natur selbst, etwas, das in seiner Beschaffenheit sich weit mehr nach den Denkformen, nach der Psychologie des Menschen, als nach der Natur richtet: Oberbegriff und die ganze Begriffshierarchie sind etwas der Natur völlig Fremdes und existieren in ihr ebensowenig, wie überhaupt irgendeine Abstraktion als Konkretum vorhanden sein kann. Die Aufgabe der Geologie ist also nicht: Rekonstruktion der Erdgeschichte, sondern sie besteht darin, den gegenwärtigen Zustand der Erde bis in alle Einzelheiten hinein, bis zu den Resten der vorzeitlichen Organismen und ihres Lebens begreiflich zu machen, d. h. dem Begriffssystem einzuordnen. Daraus resultiert die Forderung der Konsistenz der Schlußketten, denn das Inkonsistente ist nicht begriffen, nicht eingeordnet; daher auch die Notwendigkeit, alle Schritte, die zwischen der Sinneswahrnehmung und der Einordnung des Begriffs liegen, im Bewußtsein zu halten.

Ist nun das Ergebnis der Forschung ein Begriffssystem, das dem menschlichen Bedürfnis, Klarheit über seine Sinneseindrücke zu besitzen, genügen soll, so ist die „Wahrheit", der diese Forschung zustrebt, nichts anderes. Steuert die Entwicklung des Menschen einem Dauerzustand entgegen (S. 15), so ist „Wahrheit" derjenige Teil des dann vorhandenen Begriffssystems, der dem alsdann bei allen Menschen gleichartig ausgebildeten Teil des Geistes angehört, nicht aber der im Bereich des Glaubens liegende, in dem Unterschiede der Lebenserfahrung, des Temperaments, des subjektiven Begehrens zum Ausdruck gelangen. Solange aber dieser Zustand, wenn er wirklich bevorsteht, nicht erreicht ist, liegt eine schwere Gefahr für den Erkenntnisfortschritt in dem Glauben, etwas definitiv und richtig erkannt zu haben oder erkennen zu können, die Gefahr der Verflachung, für deren drohendes Näherkommen schon manche Spuren im geistigen und wissenschaftlichen Leben der Gegenwart zeugen. In scherzhafter Wendung deutete Goethe auf sie hin:

> „Der liebe Gott könnte uns recht in Verlegenheit setzen, wenn er uns die Geheimnisse der Natur sämtlich offenbarte; wir wüßten vor Unteilnahme und langer Weile nicht, was wir anfangen sollten."[52]

Das Bewußtsein dagegen, daß, so wie Faust niemals an das Ende seines Wollens gelangt, sondern wie er nur träumt am Ziel zu stehen, so auch die Erkenntnis sich wohl einen Beharrungszustand denken kann, ihn aber, solange der Mensch bleibt, was wir jetzt Mensch nennen, niemals, das Unendliche erschöpfend, erreichen kann; das Bewußtsein, daß jede neue Generation das Recht und die Pflicht hat, auf den Schultern der Vorgänger fußend, ihr Werk von neuem zu beginnen, dieses Bewußtsein ist die innerste und die lebendige Kraft der Forschung, ihr wahres Wesen und der Kern einer Begeisterung für sie, der Goethe am spätesten Abend seines Lebens noch jugendfrischen Ausdruck lieh:

> „Es geht nichts über die Freude, die uns das Studium der Natur gewährt. Ihre Geheimnisse sind von einer unergründlichen Tiefe, aber es ist uns Menschen erlaubt und gegeben, immer weitere Blicke hineinzutun. Und gerade, daß sie am Ende doch unergründlich bleibt, hat für uns einen ewigen Reiz, immer wieder heranzugehen und immer wieder neue Einblicke und Entdeckungen zu versuchen.“[53]

Der Praxis gegenüber die Theorie, dem Wissen gegenüber das Fragen, dem Trennen gegenüber das Verbinden zu betonen, das möge nun hier an Hand der Geschichte und im Gefolge eines Großen, der unserm Fach sich mit Vorliebe zuwandte, gelungen sein.

Anmerkungen und Zitate.

Vorbemerkung.

Die Schriften Goethes sind ohne Autornamen nach der Weimarer Ausgabe, die geologischen Schriften nach den Nummern des unter „Quellenstudien" stehenden Verzeichnisses angeführt.

Briefe von Goethe mit vorgesetztem *BR.* und Angabe der Nummer, resp. Band und Nummer, in der *WA.*, des Adressaten und des Datum.

Briefe an Goethe, ohne *BR.*, mit Angabe des Absenders und des Datum.

Tagebuchnotizen Goethes mit vorgesetztem *TB.* mit Angabe des Datum.

Sammlungstufen nach den Nummern des im Goethe-National-Museum niedergelegten handschriftlichen Inventars.

G.A. ist Goethe- und Schiller-Archiv, *G.N.M.* ist Goethe-National-Museum, beide in Weimar. Auf die Frage, ob die von dorther zitierten Schriftstücke bereits irgendwo gedruckt oder noch ungedruckt sind, wurde keine Aufmerksamkeit verwandt.

Zur Einleitung.

[1] E. Radl, Geschichte der biologischen Theorien. Bd. II. 1901. S. 571.

[2] Ebenda S. 570.

[3] Ebenda S. 1 u. a.

[4] Ebenda S. 569.

[5] P. Volkmann, Erkenntnistheoretische Grundzüge der Naturwissenschaften. 1910. S. 1.

[6] Ebenda S. 98.

[7] Zittel, Geschichte der Geologie und Paläontologie. 1899. S. 99.

[8] G. Linck, Goethes Verhältnis zur Mineralogie und Geognosie. 1906. S. 34.

[9] W. v. Biedermann, Goethe und das sächsische Erzgebürge. 1877. S. 177.

Auch die Referenten der Jenaischen Allgemeinen Literatur-Zeitung (Jahrgang 1823) erwogen bei der Besprechung von Goethes Heften zur Naturwissenschaft das Verhältnis des Dichters zum Forscher und schlossen: „Was also an allen naturwissenschaftlichen Werken Gutes ist, muß sich notwendig auch so darstellen lassen, wie Goethe es darstellt, und was sich nicht so darstellen läßt oder darstellen lassen will, ist höchstwahrscheinlich ein bloßes Hirngespinst."

Vielleicht bezieht sich auch eine Bemerkung in L. v. Buchs akademischer Antrittsrede (gedruckt 1808, gehalten 1806) auf Goethe und könnte dann Werners Urteil ergänzen: „Es entsteht neue Schüchternheit — bei der Betrachtung, daß auch sie (die geologische Wissenschaft) zu denen gehört, über welche der geistvollste Naturforscher unserer Zeit die leuchtende Fackel seines weitumfassenden Genies bewegt." (L. v. B. Gesammelte Werke II. S. 5. 1870.)

[10] *BR. 43*, 3 an Sömmering, 12. Aug. 1827.

[11] *BR. 49*, 191 an Mahr, 15. März 1832.

[12] Geol. Schriften Nr. 103 u. a.

[13] Geol. Schriften Nr. 6.

[14] Annalen 1808. Werke (1) XXXVI. S. 20.

[15] W. Ostwald, Vorlesungen über Naturphilosophie. 1905. S. 150.

[16] R. Avenarius, Der menschliche Weltbegriff. 1905. S. XII.

[17] H. Th. Buckle, History of civilisation in England. Vol. III. (The worlds classics vol. 53.) S. 390ff.

[18] J. Petzoldt, Einführung in die Philosophie der reinen Erfahrung. Bd. II. S. 285.

[19] Ebenda S. 324.

[20] R. Avenarius, Bemerkungen zum Begriff des Gegenstandes der Psychologie. Neudruck 1912. S. 273.

[21] E. Mach, Erkenntnis und Irrtum. 1905. S. 144.

[22] E. Spranger, Die Grundlagen der Geschichtswissenschaft. 1905. S. 145.

Zur Geschichte und Analyse von Goethes geologischen Studien.

Erste Periode.

[1] Geolog. Schriften Nr. 49.

[2] Geolog. Schriften Nr. 41.

[3] Linck, Goethes Verhältnis zur Mineralogie und Geognosie. 1906. S. 6.

Magnus, Goethe als Naturforscher. 1906. S. 262.

Morris, Einleitung zu Bd. 40 der Werke, Jubiläumsausgabe Cotta 1907. S. V und VI, und andere.

[4] Linck (l. c. S. 6) bezeichnet Goethes Interesse am Bergbau als „Erwerbssinn, den er wohl aus seiner Vaterstadt mitgebracht hatte", und will belegen, daß „diese Charaktereigenschaft überall in Erscheinung träte". Die dort angeführten Beispiele zeigen, daß das Wort „Erwerbssinn" in der Bedeutung „Erwerbssinn für das allgemeine Wohl" gebraucht ist. Wie wenig persönlichen Erwerbssinn Goethe besaß, kann seine Äußerung gegen den Kanzler von Müller beweisen (Biedermann, Goethegespräche, 1. Aufl. Bd. IV. S. 223).

[5] Geolog. Schriften Nr. 217. Julius Voigt, Goethe und Ilmenau. 1912. Es ist wohl eine unnötige Verteidigung Goethes, wenn Jul. Voigt (S. 137, 138, 280) alle Initiative und Verantwortlichkeit dem Herzog auferlegen will. Nach allen Berichten waren Goethe und der Herzog damals fast ein und dieselbe Persönlichkeit; v. Trebra ist soweit verantwortlich, wie ein Sachverständiger es sein kann; die eigentliche Verantwortung lag bei den Entscheidenden, d. h. bei Goethe und dem Herzog mitsammen.

[6] *TB.* 1776. — v. Trebra, Bergmeisterleben und Wirken in Marienberg. 1818, S. 238.

v. Trebra, geb. 5. April 1740 in Allstädt, war der Sohn eines herzoglich weimarischen Hofjunkers und wurde als erster Hörer auf der Freiberger Akademie bei ihrer Gründung im Mai 1766 eingeschrieben. Seine Erfolge in Marienberg, wo er als Bergmeister ein ganz verfallenes Bergwesen wieder ertragreich gemacht hatte, ließen ihn als geeignete Autorität für die Ilmenauer Sache erscheinen; die Pläne und Ausführungsberichte über den Marienberger Bergbau, die er später veröffentlichte in seinen „Erfahrungen vom Innern der Gebirge" 1785, ebenso seine Selbstbiographie (Bergmeisterleben usw.) machen es begreiflich, daß er mit seinem kühnen und doch bedachten Vorgehen und seiner ruhigen Sicherheit nicht nur als Fachautorität, sondern auch menschlich Goethes Wertschätzung gewann. Siehe auch Anm. 28.

[7] v. Trebra, Lebensverhältnisse mit Oberberghauptmann v. Tr. (Goethe-Jahrbuch, Bd. IX. S. 12. 1888.)

[8] Rede zur Eröffnung des neuen Bergbaus zu Ilmenau am 24. Febr. 1784.

[9] J. C. W. Voigt, Geschichte des Ilmenauer Bergbaus. — Biedermann, Goethe und das sächsische Erzgebürge. S. 134. — Goethe gibt 1795 als Datum des Untergangs an (Annalen, *W.A.* (1) *35.* S. 58), indem er wahrscheinlich einen früheren der zahlreichen Unglücksfälle als entscheidend ansah. Bis 1812 wurde der Martinröder Stollen in fahrbarem Zustand erhalten und dann erst auf Carl Augusts Befehl definitiv aufgelassen.

[10] Äußerung Lavatiers, zitiert bei Bielschowsky, Goethe. Bd. I. S. 297.

[11] Annalen 1794. *W.A.* (1) *35.* S. 58.

[12] *TB.* Juli, August 1776. — *BR.* 489 an Merk, 24. Juli 1776 u. a.

[13] Die Leiden des jungen Werthers. Briefe aus der Schweiz, erste Abt. *W.A.* (1) *19.* S. 193ff.

[14] *TB.* Dezember 1777. Auch Düntzer (Goethe und Carl August. S. 68/69) bezeichnet als Hauptzweck der Harzreise von 1777, Kenntnis zu nehmen von dem dortigen Bergwesen im Interesse des Ilmenauer Werks.

[15] *TB.* Dezember 1777. Mineralienkabinett des Apothekers Ilsemann in Clausthal, besichtigt im Anschluß an die Befahrung der Gruben.

TB. September 1778. Besichtigung des u. a. auch Mineralien enthaltenden Walchischen Kabinetts, das dem Herzog für die Universität Jena zu Kauf angeboten war.

Ebenda: Besuch der Steinschleifer in Jena. Den Zweck des Besuchs lassen die zahlreichen geschliffenen Platten verkieselter Hölzer aus Thüringen in Goethes Sammlung erkennen. Sie sind z. T. mit phantastischen Bestimmungen versehen und recht luxuriös aufgemacht und wurden offenbar der Kuriosität oder der Schönheit wegen gesammelt.

Auch die Mineraliensammlung, die Goethe als Knabe besaß und pflegte, war eine der in jener Zeit beliebten Raritäten- und Kuriositätensammlungen. (Wahrheit und Dichtung, Buch 1. *W.A.* (1) *26* S. 64).

[16] *TB.* 10. Okt. 1779.

[17] Die Leiden des jungen Werthers. Briefe aus der Schweiz. Zweite Abt. *W.A.* (1) *19.* S. 223ff.

[18] *BR.* 855 an Merck, 17. Okt. 1779.

[19] *BR.* 859 an Lavater, 28. Okt. 1779.

[20] Bielschowsky, Goethe. Bd. I. S. 334.

[21] Magnus (Goethe als Naturforscher, S. 22) meint umgekehrt, daß Carl August durch Goethes „stets wiederholten Hinweis auf die interessanten Phänomene der großen Schweizer Natur“ dieses Interesse eingeimpft erhielt. Dem steht eine Bemerkung Goethes entgegen: „Wie der Herzog unterwegs vom Geiste der Naturlehre überfallen worden, wundert mich. Es schienen seine Organe am wenigsten vorbereitet, dieses Wehen zu vernehmen.“ (*BR.* 2028 an Knebel, 15. Dez. 1784.) Die Teilnahme des Herzogs an geologischen Fragen erwachte erst sehr viel später; von einer Einimpfung während der Schweizer Reise ist keine Rede, wohl aber konnte durch diese ein aktuelles, mit der Veranlassung schwindendes Interesse erweckt sein, wie noch heute bei vielen Alpenreisenden, die sich darum doch nicht gleich der Geologie widmen.

[22] Zittel, Geschichte der Geologie. 1899. S. 64.

[23] *BR.* 1008 an S. v. Laroche, 1. Sept. 1780. Siehe auch *BR.* 982a an Knebel (24. Juli 1780), wo als große Neuigkeit mitgeteilt wird: „Ich bin in die Passion der Mineralogie gefallen.“

[24] *BR.* 1952 an Isenflamm, 14. Juni 1784.

[25] Geolog. Schriften Nr. 24.

[26] Geolog. Schriften Nr. 214. Linck (Goethes Verhältnis usw., S. 12) nennt diese Instruktion „ausgezeichnet“ und bemerkt, daß Voigt darin auf „eine ganze Reihe thüringischer Probleme“ hingewiesen werde. Es ist in ihr vom Ilmenauer Gebiet und vom Thüringer Wald nur mit ein paar angehängten Notizen geredet, die nicht die mindeste Eigenbeobachtung, kaum eine irgendwie nähere Landeskenntnis verraten. Sie handelt fast nur von der Umgebung Weimars, aber auch hier beruht alles, was nicht praktisch-wirtschaftliche Fragen betrifft, offenbar auf Zufallsbeobachtungen. Sogar vom Ettersberg ist nur die „Krötenstein“schicht, Bufonites, bekannt, vom sonstigen Aufbau dieses Berges, den Goethe so oft besuchte, aber nichts. Voigt hielt sich zunächst an diese Instruktion. Sein darauf hin verfaßter Bericht (*G.A.*) reicht vom Berkaer Höhenzug bis an die Finne. Als auch der Thüringer Wald hineingezogen werden mußte, erwies sich die Instruktion als unzureichend und wurde beiseite geschoben (J. C. W. Voigt, Mineralog. Reise durch Weimar. S. 1). Der Inhalt dieser Instruktion zeigt eher, daß der Instruierende kein rechtes Verständnis für die Aufgabe besaß, denn sonst hätte er weder die Unkosten einer Instruktion mit so geringem Aufwand an Tatsachen bestreiten wollen, noch auch Detailprobleme für eine allererste Kartierung aufgeworfen. Dagegen wird das alles verständlich unter der Annahme, daß Goethe selbst erst wenige Monate vorher auf das Thema aufmerksam geworden war.

[27] *TB.* 1. April 1780: Fatale Ilmenauer Sache. Wenn man einmal den Kutscher hat, der mit sechs Pferden fährt, wenn er auch einmal eine falsche Kehre nimmt, was hilfts, in die Speichen einzugreifen. Nach Julius Voigt (Goethe und Ilmenau. 1912. S. 101) bezieht sich diese Stelle auf Krafft.

[28] So die Darstellung Lincks (Goethes Verhältnis usw. S. 12) im Anschluß an Goethe (Geolog. Schriften Nr. 2 u. 217. — *BR.* 1025 an Merck, 11. Okt. 1780). Voigt selbst erzählt, daß er durch v. Trebras Persönlichkeit und Tätigkeit für das Studium begeistert worden sei, ohne einer Beeinflussung oder Unterstützung durch den Herzog oder Goethe überhaupt zu erwähnen (Geschichte des Ilmenauer Bergbaus). Nach Düntzer (Goethe und Carl August, S. 47) war v. Trebra mit J. C. W. Voigts älterem Bruder (Justizrat in Allstädt, dem Geburtsort J. C. W. Voigts und v. Trebras) befreundet und bestimmte den jüngeren, mit Unterstützung des Herzogs in Freiberg sich für das Bergfach vorzubereiten.

[29] *BR.* 1025 an Merck, 11. Okt. 1780. Das gleiche hatte übrigens schon Füchsel getan.

[30] *BR.* 1340 an Merck, 14. Nov. 1781. — J. C. W. Voigt, Mineralogische Beschreibung des Hochstifts Fuld und einiger merkwürdigen Gegenden am Rhein und Main. 1783.

[31] *BR.* 1081 an Ernst II. von Gotha, 27. Dez. 1780. — Düntzer (Goethe und Carl August, S. 134) deutete diese Stelle anders: „In gleicher Weise wollte er den Berghauptmann Trebra in Clausthal bitten, von den Granitfelsen des Brockens bis in die tiefsten Schächte der Bergwerke die Schichten stufenweise zu verfolgen.“

[32] *BR.* 1609 an Merck, Nov. 1782.

[33] Kartenzeichnung von L. Güssefeld 1782 im *G.N.M.*

[34] *BR.* 922, 7. April 1780; *BR.* 975, 3. Juli 1780; *BR.* 1340, 14. Nov. 1781; *BR.* 1609, Nov. 1782; *BR.* 1686, 17. Febr. 1783; sämtlich an Merck. — Mitteilungen Mercks über Basalte aus Hessen (undatiert) im *G.A.* — Joh. Heinr. Mercks Briefe an Anna Amalia und Carl August. Leipzig 1911. S. 130, 206ff., 159, 179 u. a.

[35] Trebras Grundsatz war: „Alle im Dienst vorkommenden Geschäfte unaufgehalten, mit auszeichnender Hurtigkeit durchzutreiben.“ (Biedermann, Goethe und das sächs. Erzgeb. S. 25.)

[36] Manuskript im *G.A.* Charakteristisch ist noch, daß die nur-zahlenden Ehrenmitglieder 50 Taler jährlich beitragen sollten; die ordentlichen, mitarbeitenden Mitglieder stellten freiwillige Beiträge. Trebra selbst erklärte sich zur Zahlung von 10 Talern jährlich bereit. Vermutlich hatte er sich mit v. Born, dem andern Leiter der Sozietät der Bergbaukunde, in das stattliche Defizit zu teilen. Außerdem gab es assoziierte Mitglieder, die weder zahlten noch mitarbeiteten, sondern sich nur für die Sache interessierten und bereit waren, Rat zu erteilen.

[37] Biedermann (Goethe und das sächs. Erzgeb., S. 63) erkannte, daß diese Stelle sich auf Goethe bezieht.

[38] Biedermann (l. c. S. 17). Er meint (daselbst S. 64), daß die Jenaische Gesellschaft für die gesamte Mineralogie mit Rücksicht auf Goethes älteren Plan gegründet sei. Diese, erst 1798 durch Lenz gegründet und durch dessen persönliche Leistungen aufrecht erhalten, verfolgte jedoch ganz andere Ziele mit anderen Mitteln (vgl. geol. Schriften Nr. 139 und *BR.* 4913 an Carl August, 3. Aug. 1804).

[39] Goethe hatte die Absicht, eine Beschreibung des Vorkommens von Schwerspat (bologneser Stein) bei Bologna zu den Akten der Sozietät beizutragen. *BR.* 2691 an Knebel, 25. Okt. 1788. Siehe unten Anm. 42.

[40] Im *G.A.* Verschiedentlich in der *W.A.* erwähnt.

[41] Nicht in den Faszikeln, in denen Goethes eigene Auszüge Platz gefunden haben. Als Arbeit Trebras zu erkennen an Schrift und Papier, worin dieses Manuskript mit den andern, vom Februar 1781 datierten, übereinstimmt, sowie an der Zwischenbemerkung, daß „Gärung" die Trennung der Felspartien verursache. Dieselbe Vorstellung findet sich in Trebras Erfahrungen vom Innern der Gebirge.

[42] *BR.* 4420 an Blumenbach, 11. Okt. 1801. Zu vergleichen ist die Darstellung bei Linck (Goethes Verhältnis usw., S. 20), wo noch andere mineralogische Studien angeführt werden.

[43] *TB.* der ital. Reise; *W.A.* (3) *1.* S. 311ff.

[44] *BR.* 2525 an Knebel, 17. Nov. 1786.

[45] Geolog. Schriften Nr. 251. — Sammlung XV, **31**, 1—31.

[46] Goethes Unterhaltungen mit Fr. Soret. 1905. S. 3.

[47] *BR.* 5239 an Wolf, 31. Aug. 1806.

[48] Als ein Beispiel statt vieler sei erwähnt, daß in der systematischen Sammlung bei der Gruppe Antimon viele Stufen von strahligem Pyrolusit und Manganit neben strahligem Antimonit stehen, ebenso bei der Gruppe Mangan. An eine bei irgendeinem Umrangieren der Sammlung oder gar erst nach Goethes Tod versehentlich entstandene Unordnung kann man nicht denken bei der großen Anzahl und der habituellen Ähnlichkeit der betr. Stufen.

[49] *TB.* 30. Juni 1823 über Grüner.

[50] *BR. 36,* 223 an Sternberg, 12. Jan. 1823. Ausführlicher dargestellt in dem zugehörigen Konzept.

[51] *BR.* 2493 an Frau v. Stein, 16. Aug. 1786.

[52] *BR. 36,* 214 an Berzelius, 3. Jan. 1823.

[53] Sternberg, 1. Mai 1823. (Batranek, Briefwechsel zwischen Goethe und Graf Sternberg, S. 97.)

[54] *BR. 35,* 210 an Leonhard, 18. Jan. 1822.

[55] Soret, Catalogue raisonné des variétés d'amphibole et de pyroxène, provenant du Wolfsberg en Bohême. In: Goethe zur Naturwissenschaft, Bd. II, Heft 2. 1824.

[56] *BR. 40,* 213 an Naumann, 24. Jan. 1826. Als Naumann (2. April 1826, Batranek, Goethes naturwissenschaftliche Korrespondenz II, S. 12) seine kristallogra-

phische Bezeichnungsweise motivierte und nachweisen wollte, daß dadurch das Studium erleichtert werde, scheint Goethe überhaupt nicht geantwortet zu haben.

[57] *BR.* 6454 an Lenz, 18. Dec. 1812; *BR.* 7378 an denselben, 19. April 1816 u. a.

[58] Zu vergleichen: Geolog. Schriften Nr. 45, 188, 189.

[59] *BR.* 1603 an Merck, 27. Okt. 1782.

[60] Linck, Goethes Verhältnis usw. 1906. S. 27. Ähnlich Biedermann, Goethe und das sächsische Erzgeb. S. 179 u. a.

[61] Magnus, Goethe als Naturforscher. 1906. S. 272.

[62] Morris, Einleitung zu Bd. 40 der Werke, Jubiläumsausgabe Cotta 1907. S. VIII.

[63] Genaueres im Abschnitt: Geschichte der Sammlung. S. 230ff.

[64] Über August von Goethe als Sammlungsverwalter siehe S. 223.

[65] *BR. 32,* 92 an S. Boisserée, 16. Dez. 1819 u. a.

[66] *BR. 48,* 176 an S. Boisserée, 24. April 1831.

[67] *BR. 49,* 11 an S. Boisserée, 25. Juli 1831.

[68] So unter anderem eine Sendung von Cristofori, eingegangen 7. Nov. 1829. — Sammlung XVI, 46—48. Siehe *BR. 46,* 32 an Cristofori, 31. Juli 1829. Sie enthält Pliocänfossilien von Siena und jurassische aus der Gegend von Como.

[69] *BR. 44,* 53 an Schlotheim, 12./20. April 1828 u. a.

[70] Schweizerreise 1797 (*W.A.* (1) *34.* Abt. 1. S. 345f.). Die Zusammenstellung der bei Weimar vorkommenden Fossilien (Geolog. Schriften Nr. 114) ist von August v. Goethe (*BR. 46,* 82 an Soret, 8. Sept. 1829).

[71] *BR.* 7184 an Carl August, 8. Okt. 1815.

[72] *BR.* 1918 an Knebel, 24. April 1784.

[73] *BR.* 4420 an Blumenbach, 11. Okt. 1801. Ebenso Geolog. Schriften Nr. 137. Derselbe Zahn ist gemeint Annalen 1801 (*W.A.* (1) *35,* S. 92), wo allerdings die Deutung fortgelassen ist.

[74] Geolog. Schriften Nr. 125. Dieses das von Linck angeführte Beispiel. Vgl. Anm. 60.

[75] Saussure, Voyage dans les Alpes, t. IV, S. 505. 1786.

[76] Geolog. Schriften Nr. 14. Dieses das von Magnus angeführte Beispiel. Vgl. Anm. 61.

[77] Sternberg in: Verhandlungen der Gesellschaft des vaterländischen Museums, Prag. Heft 1. 1823. (Batranek, Briefwechsel Goethe-Sternberg, S. 250.) — *BR. 37,* 69 an Sternberg, 20. Juni 1823.

[78] *BR. 49,* 186 an Zelter, 11. März 1832.

[79] Dieser bei der Durcharbeitung der Sammlung gewonnene Eindruck läßt sich freilich durch keine Überlieferungen unterstützen. Siehe auch S. 222.

[80] *BR. 36,* 113 an v. Hoff, 6. Sept. 1822.

[81] *BR.* 1013, 1015, 1016, 1019, 1022 aus dem Jahre 1780. Danach bereist den südlichen Teil des Fürstentums Eisenach, etwa zu umschreiben durch die Orte Schweina, Kaltennordheim, Ostheim, Meiningen, Schmalkalden; dann den Südrand des Thüringer Waldes von Schmalkalden bis Suhl und quer durch das Gebirge bis Ilmenau.

BR. 1268, 1269 von 1781. Danach bereist die nördliche Randzone des Thüringer Waldes von Ilmenau bis Blankenburg, von da das Saaletal hinab bis unterhalb Jena. Schließlich, häufiger und zu nicht näher bestimmbaren Zeiten bereist, das Ilmtal von Weimar bis Ilmenau, die Verbindungsstrecke Weimar—Jena und das nördlich davon liegende Gebiet bis an die Finne. Die Beobachtungen während dieser Reisen sind in Fig. 1 (S. 46) verzeichnet. Dabei wurden die Umgrenzungen der Formationen der geologischen Karte von Lepsius entnommen, jedoch wurde das kleine

Granitvorkommen bei Ilmenau fortgelassen, der Zechstein daselbst aber zu groß gezeichnet. Der Verlauf der Formationsgrenzen war Voigt nur in Ausnahmefällen bekannt.

[82] Der erste Brief Voigts enthält nur die Erläuterung des Querprofils durch Thüringen, das Goethe (*BR.* 1081) Ende Dezember 1780 dem Herzog Ernst II. von Gotha mit einem inhaltlich sehr ähnlichen Brief übersandte. Es war also schon damals definitiv abgeschlossen.

[83] Das Profil I in Voigts Mineralogischen Reisen durch — Weimar (in Umzeichnung S. 47, Fig. 2) geht bis an die Finne durch das von Goethe 1780 bereiste Gebiet, greift aber darüber nördlich hinaus. Von einem Besuch Goethes in Bottendorf und im Amt Allstädt wissen wir nichts. Umgekehrt lauten Voigts Angaben über das Gebiet zwischen Querfurt, Halle, Merseburg im Gegensatz zu seiner sonstigen Präzision so verschwommen, daß man vermuten könnte, er berichte nicht aus eigener Anschauung, sondern auf Grund von Mitteilungen Goethes, der mehrfach auf der Reise nach Dessau dieses Gebiet durchquerte.

Goethe war ferner nicht in Könitz, wo Voigt Bergbausachen und Erzvorkommen zu untersuchen hatte, die Goethe nicht interessierten (*BR.* 1025 an Merck, 11. Okt. 1780). Ein im Juli 1781 von Goethe geplanter Ausflug nach Friedrichroda kam nicht zustande (*BR.* 1269, 1271), und Voigts Bericht (S. 20ff.) zeigt hier gleichfalls eine Lücke, die Goethe in seinem Handexemplar durch einen schriftlichen Nachtrag ausfüllen ließ.

Das kambrische Gebiet zwischen Blankenburg und Schwarzburg ist im ersten Brief Voigts und dem parallelen Brief Goethes (*BR.* 1081) nicht erwähnt. Die Orte, die Voigt in seinem Bericht nennt (S. 20ff.), sind dieselben, die Goethe 1781 aufsuchte; auch sonst ist die Übereinstimmung zwischen dem Bericht Voigts und dem Goethes (*BR.* 1269) so groß, wie sie zwischen ausführlichster und knappster Schilderung desselben Vorgangs nur sein kann.

[84] *BR.* 1025 an Merck, 11. Okt. 1780.

[85] *BR.* 1081 an Ernst II. von Gotha, 27. Dez. 1780. — *BR.* 1237 an Wyttenbach, 30. Mai 1781. — *BR.* 1340 an Merck, 14. Nov. 1781.

[86] Voigt, Mineralogische Reisen durch das Herzogtum Weimar. S. 151.

[87] *BR.* 1258 an Fritsch, 24. Juni 1781.

[88] Der 31jährige Goethe spricht von dem nur 3 Jahre jüngeren Voigt meist recht gönnerhaft als von einem bergbaukundigen „jungen Mann“, ignoriert ihn begreiflicherweise in den an Frau v. Stein gerichteten Briefen, weist ihm aber in den sachlichen Briefen an Merck (*BR.* 975 und 1025) und an den Herzog von Gotha (*BR.* 1081) durchaus die gebührende Stellung an.

[89] Zu vgl. Voigt l. c. S. 84ff. und *BR.* 1081 an Ernst II. von Gotha, 27. Dez. 1780: „Der Mineraloge muß sein wie der Hirsch, der ohne Rücksicht des Territoriums sich äset“ (schon in *BR.* 1025 an Merck, 11. Okt. 1780); der Thüringer Wald setze dem von Süden herandringenden Vulkanismus einen Damm entgegen; die Beurteilung von Füchsel, Historia terrae et maris etc.

[90] *G.A.*

[91] Füchsel, Historia terrae et maris ex historia Thuringiae per montium descriptionem eruta. Acta Acad. elect. Moguntinae t. II. 1761. Infolge eines Druckfehlers bei Hoffmann, Geschichte der Geognosie 1838, wird statt „eruta“ meistens „erecta“ zitiert.

[92] (Füchsel), Entwurf zu der ältesten Erd- und Menschengeschichte nebst Versuch, den Ursprung der Sprache zu finden. Frankfurt-Leipzig 1773.

[93] *BR. 43,* 181 an Glenck, 20. Jan. 1828.

[94] Fr. Chr. Aug. Koch, Kurze Erläuterung des Bottendorfer Kupferflözgebirges 1780. (*G.A.*)

95 Zittel, Geschichte der Geologie. S. 117.

96 Geolog. Schriften Nr. 46.

97 *BR.* 1019 an Frau v. Stein, 21. Sept. 1780.

98 *BR.* 1452 an Knebel, 17. April 1782.

99 *BR.* 1450 an Frau v. Stein, 12. April 1782.

100 *BR.* 1360 an Frau v. Stein, 7. Dez. 1781.

101 *BR.* 922 an Merck, 7. April 1780.

102 Geolog. Schriften Nr. 115.

103 *BR.* 1631 an Knebel, 21. Nov. 1782.

104 Granit vom Brandberg am Kyffhäuser, übersandt durch v. Trebra. Sammlung VIII, **3**, 1 und XI; **23**, 1, 10.

105 *BR.* 1609 an Merck, Nov. 1782.

106 Geolog. Schriften Nr. 224.

107 Geolog. Schriften Nr. 216. Im *G.A.* ein Blatt mit ähnlichen Notizen aus dem tiefen Martinröder Stollen von 1783.

108 *G.A.*

109 Lebensverhältnisse mit Oberberghauptmann v. Trebra. Goethe-Jahrbuch Bd. 9. 1888. S. 16. — Goethes Unterhaltungen mit dem Kanzler Friedrich v. Müller. 1870. S. 40. Nach Düntzer (Goethe und Carl August, S. 909) spielte die Anekdote im Jahre 1784. Trebras Angabe (1783) ist richtig, denn die Stufen vom Rehberger Graben gehören zum älteren Teil der Harzsammlungen, der nach der Reise von 1784 umgeordnet wurde, aber seinem Bestand nach noch zu erkennen ist. Sammlung XIII, **1**, 15, 17, 18, 21—23 von der Rehberger Klippe.) Eine Randbemerkung von Trebra zu einem Aufsatz von Lasius über die Achtermannshöhle (20. Nov. 1812, *G.A.*) bestätigt dieses und zeigt, daß v. Trebra diese Kontakte auch sonst schon beobachtet hatte: „Am Fuß dieser Achtermannshöhle fand ich im Jahre 1782 im September das erste Bruchstück solchen Granits mit aufgesetztem und angewachsenem dunkelblauem Jaspisschiefer, bei einer Reise über Braunlage nach Elbingeroda und 1783 im September mit meinem Freund Goethe das nämliche an der Rehberger Klippe."

110 *BR.* 1793 an Frau v. Stein, 20. Sept. 1783. Der auffallende Ausdruck „alte Kruste der neuen Welt" ist wohl eine Reminiszenz an de Luc, der die heutigen Kontinente erst vor 4000 Jahren entstanden sein ließ, während die Kontinente der älteren Vorwelt um dieselbe Zeit untergegangen sein sollten.

111 *BR.* 1794 an Frau v. Stein, 24. Sept. 1783.

112 *BR.* 1814 an Knebel, 14. Nov. 1783.

113 Im *G.A.* Keine Eigenbeobachtung Goethes, da von dem Besuch eines Stollens bei Andreasberg am 4. Dez. 1783 berichtet wird. Um diese Zeit war Goethe in Weimar. Daher v. Trebra als Autor vermutet.

114 Erschienen 1784—1785. Zitiert nach der Ausgabe von B. Suphan, Herders sämtliche Werke Bd. XIII, 1887 und XIV, 1909. Siehe auch Kohlbrugge, Herders Verhältnis zu modernen Naturerscheinungen. Die Naturwissenschaften. 1913. S. 1110ff.

115 An Knebel. Zitiert nach Goedecke, Einleitung zu Bd. XIV von Goethes Werken in 15 Bänden. Cotta 1881.

116 Herder l. c. Bd. XIV. Schlußwort des Herausgebers S. 697.

117 B. Suphan an der unter Nr. 116 genannten Stelle. Zu vergleichen auch Falks Bericht über Äußerungen Goethes von 1809. (Biedermann, Goethe-Gespräche II, S. 247.)

118 Herder, l. c. XIII, S. 24, 436.

119 Herder, l. c. XIII, S. 21.

120 Herder, l. c. XIII, S. 470ff.

[121] Herder, l. c. XIV, S. 570ff.
[122] Herder, l. c. XIII, S. 22.
[123] Herder, l. c. XIII, S. 34
[124] Geolog. Schriften Nr. 24.
[125] Geolog. Schriften Nr. 25.
[126] *BR.* 1950 an Herder, 20. Juni 1784.
[127] *BR.* 1984 an Frau v. Stein, 5. Okt. 1784.
[128] Geolog. Schriften Nr. 151.
[129] Tagebuch der italienischen Reise. (*W.A.* (3) *1.* S. 160, 189 u. a.)
[130] Geolog. Schriften Nr. 84, 223, 85.
[131] *BR.* 1975 an Herder, 6. Sept. 1784.
[132] Geolog. Schriften Nr. 191, 86, 87, 50.
[133] Geolog. Schriften Nr. 204.
[134] In runden Klammern Gesetztes ist aus Herders Ideen entnommen. Erläuternde und verbindende Ergänzungen in eckigen Klammern.
[135] Geolog. Schriften Nr. 25. Parallele in Herders Ideen.
[136] Geolog. Schriften Nr. 86.
[137] Geolog. Schriften Nr. 50.
[138] Rein morphologische Fassung des Kristallbegriffs!
[139] Geolog. Schriften Nr. 181.
[140] Geolog. Schriften Nr. 184.
[141] Ein Flußspatkristall aus Zinnwald in Goethes Sammlung (I, **34**, 4), der aus Würfeln ein Oktaeder aufbaut, ist erst später erworben. Aber weshalb sollte Goethe, der so viele Sammlungen schon besichtigt hatte, diese Erscheinung nicht kennen gelernt haben? Übrigens läßt sich die dadurch belegte Vorstellung auch rein logisch gewinnen.
[142] Die Darstellung folgt bis hierher und auch in der Fortsetzung eng der Disposition „Gesteinslagerung“ (Geolog. Schriften Nr. 87). Andern Schriften Entnommenes ist gesondert zitiert.
[143] Linck (Goethes Verhältnis usw., S. 23) führt diese abschwächende Deutung ein.
[144] A. G. Werner, Von den äußerlichen Kennzeichen der Fossilien 1774.

§ 92. Regelmäßige Gestalten oder Kristallisationen — nennt man die natürlichen Umrisse fester Fossilien, welche aus einer bestimmten Anzahl Seiten auf eine bestimmte Art zusammengesetzt sind.

Linnée, Systema naturae t. III, Ed. 13, cura Gmelin 1796.

S. 10. Cristalli — figura polyedra differunt a reliquis omnibus lapidibus.

J. F. L. Hausmann, Einleitung in die Mineralogie, 1828.

S. 43. Der Charakter der Kristallform besteht in der Begrenzung durch eine bestimmte Anzahl gerader, unter bestimmten Winkeln zusammenstoßender Flächen. Ein Kristall ist ein Körperindividuum von einer solchen wesentlichen Gestalt.

[145] Werner, l. c. § 118, S. 192, spricht ausdrücklich von „säulenförmigen Basaltkristallen“ als Kristallisationen ungewöhnlicher Größe.
[146] Voigt, Mineralogische Reise durch Weimar, S. 32ff. Ähnliche Beobachtungen an vielen andern Stellen.
[147] Voigt, l. c. S. 48.
[148] Referat über Füchsels Entwurf usw. *G.A.*
[149] Voigt, l. c. S. 55 und daselbst Tafel III, nach welcher Fig. 4, S. 64, umgezeichnet ist.
[150] Voigt, l. c. S. 129ff.
[151] Voigt, l. c. S. 82.

[152] Voigt, l. c. S. 66.

[153] Voigt, l. c. S. 132.

[154] *G.A.* Besprechung von Voigts erstem Jahresbericht.

[155] v. Trebra, Erfahrungen vom Innern der Gebirge, 1784. S. 62

[156] *BR.* 2634 an Seidel, 29. Sept. 1787.

[157] Biedermann, Goethe-Gespräche I, S. 64.

[158] Geolog. Schriften Nr. 25.

[159] Geolog. Schriften Nr. 87.

[160] Eine zu beliebig späterer Zeit eintretende Erkältung als Ursache der Spalten kann nicht wohl gemeint sein, weil man von dieser Auffassung aus nicht zu dem von Goethe gezogenen Schluß gelangt.

[161] A. F. v. Veltheim, Etwas über die Bildung des Basalts und die vormalige Beschaffenheit der Gebirge in Deutschland. 1787.

[162] Dieser Satz ist unheilbar in der Niederschrift verderbt. Meine Redaktion sucht aus dem Gedankengang nur den Sinn, nicht einen mutmaßlich gemeinten Wortlaut herzustellen.

[163] Die Ergänzung beruht auf der Zusammenstellung der „Gneis" genannten Gesteine in Goethes geologisch-systematischer Sammlung.

[164] Diese Stelle, an deren überliefertem Wortlaut der Herausgeber der *W.A.* Anstoß nahm, bietet dem Verständnis große Schwierigkeiten, solange man sich nicht von den heutigen Anschauungen ganz frei macht. Es ist zu berücksichtigen, daß der Porphyr hier unter den Tongesteinen steht, und daß die Bezeichnung „Tonporphyr" für Porphyre mit starker felsitischer Grundmasse auch noch aus späterer Zeit belegt ist. Auf der andern Seite läßt sich die Grundmasse sehr wohl äußerlich mit Jaspis vergleichen, und zwischen diesem und dem Ton wird durch den sog. Porzellanjaspis, metamorphosierten Ton, scheinbar eine Verbindung hergestellt. Auf diese Weise ergibt sich der vom heutigen Standpunkt unverständliche, vom damaligen aber mögliche Sinn, den der Text enthält.

[165] Auch diese Deutung der sehr knapp gefaßten Stelle, die ohne das nur eine leere Wiederholung des schon früher Gesagten wäre, stützt sich auf die geologisch-systematische Sammlung.

[166] Siehe die Darstellung bei Voigt, l. c.

[167] Zur Bestätigung, daß Goethe diese aus Herders Ideen hier übernommene Ansicht teilte, sind die unter seinen geologischen Notizen befindlichen Auszüge über die Entstehung solcher Metallbäume verwendbar. Einer davon: Geolog. Schriften Nr. 275, mehrere andere im *G.A.*

[168] Trebra, Erfahrungen vom Innern der Gebirge, S. 74.

[169] *BR.* 1984 an Frau v. Stein, 5. Okt. 1784.

[170] *BR.* 1975 an Herder, 6. Sept. 1784.

[171] Harzsuite, Sammlung XIII, 1ff.

[172] Geolog. Schriften Nr. 216.

[173] Mappe „Granit" im *G.N.M.* Tafel „Granit im Ockertal".

[174] *BR.* 2021 an Merck, 2. Dez. 1784.

[175] Eine der auffälligsten ist die Erwähnung des sog. Verde antico im Bodetal, Geolog. Schriften Nr. 117 und Trebra, Erfahrungen usw., S. 85, Fußnote.

[176] *BR.* 1947 an Frau v. Stein, 17. Juni 1784.

[177] Siehe darüber Suphan, Herders sämtliche Werke, Bd. XIV. Schlußwort des Herausgebers, S. 687.

[178] Tagebuch der italienischen Reise. *W.A.* (3) *1.* S. 160.

[179] Annalen 1807 *W.A.* (1) *36.* S. 7. Nach einer Tagebuchnotiz vom 20. No-

vember 1804 „Erste Anlage zum geologischen Modell" könnte es scheinen, als ob mit der Ausführung des so lange Geplanten erst sehr viel später Ernst gemacht worden sei.

[180] Geolog. Schriften Nr. 23.

[181] Haberle, Das Mineralreich. 2. Abt. Gebirgskunde. Weimar 1807. Tafel II, Fig. 2. Siehe auch die unter Nr. 179 angeführte Stelle. Ich vermag nicht zu konstatieren, ob sich an der im Text bezeichneten Stelle tatsächlich eine solche Felsgruppe befindet.

[182] Geolog. Schriften Nr. 84, 85.

[183] Voigt, Weimar usw., S. 84.

[184] Voigt glaubte (l. c. S. 7) auf der Spitze des Ascherofens Basalt und poröse Lava gefunden zu haben, war aber über die Deutung unsicher.

[185] Voigt, l. c. S. 149.

[186] *BR.* 1340 an Merck, 14. Nov. 1781.

[187] Zu vergleichen der Katalog der systematischen Mineraliensammlung von 1783 im *G.A.*

[188] Auf diese Vesuvlaven, meist sehr kleine Stücke, dürfte sich wohl *BR.* 1675 an Bertuch, 27. Jan. 1783 über eine vom Kanonikus Dionisi erwartete „Versteinerungssammlung" beziehen.

[189] *BR.* 922 an Merck, 7. April 1780; *BR.* 1014 an Frau v. Stein, 14. Sept. 1780; *BR.* 1340 an Merck, 14. Nov. 1781.

[190] *G.A.*

[191] *BR.* 2640 an C. G. Voigt, 26. Jan.—9. Febr. 1788.

[192] J. C. W. Voigt, Mineralogische Beschreibung des Hochstiftes Fuld usw., S. 94.

[193] Katalog A von 1783: Nr. 43 vv. Säulenförmige Lava von der Mündung des Vesuvs. Die Stufe ist nicht nachweisbar.

[194] Sammlung X, **11**, 21.

[195] Diese Stelle und einige andere zeigen, daß die spätere Fassung der italienischen Reise nicht als Quelle für Goethes gleichzeitige Anschauungen eintreten kann, soweit es sich um Vulkanismus handelt. Es ist dem im Text zitierten Satz am Schluß ein „sagt man" angehängt, während im Tagebuch (*W.A.* (3) *1*, S. 216) die vulkanische Natur uneingeschränkt behauptet wird. Das gleiche zeigt sich bei der Nebeneinanderstellung der vom vulkanischen Terrain bei Otricoli handelnden Stellen in beiden Quellen.

[196] *BR.* 2579 an Knebel, 19. Febr. 1787; *BR.* 2583 an Frau v. Stein, 19. Febr. 1787.

[197] *BR.* 2564 an Frau v. Stein, 1. Febr. 1787.

[198] Die Darstellung folgt, wenn nicht anderes angegeben, der italienischen Reise. *W.A.* (1) *30*.

[199] *TB.* 19. Mai 1787.

[200] *BR.* 2612 an Carl August, 23. Okt. 1787.

[201] *BR.* 2630 an Knebel, 21. Dez. 1787.

[202] Werner, Klassifikation und Beschreibung der verschiedenartigen Gebirgsarten. Abh. Böhm. Ges. der Wiss. 1786. (Zitiert nach E. Gassenmeyer, Die Lehre von der Basaltbildung, 1908.) — Dasselbe, separat erschienen, 1787. Nach S. 25, Anm. n stützte Werner seine Basaltlehre zuerst mit Beobachtungen bei Stolpe (1770), die Erdbrandtheorie mit solchen im böhmischen Mittelgebirge (1777), jedoch trat er an die Tatsachen mit der Überzeugung, wenigstens mit dem Wunsch heran, Beweise für „nassen Ursprung" des Basalts zu finden.

[203] *BR.* 2655 an Knebel, 24. Mai 1788.

[204] Sammlung XV, **31**, 32—48.

[205] Werner, Versuch einer Erklärung der Vulkane durch Entzündung mächtiger Steinkohlenschichten als ein Beitrag zur Naturgeschichte des Basalts. Höpfners Magazin für Naturkunde Helvetiens. Bd. IV. 1789. (Zitiert nach E. Gassenmeyer l. c., dem auch die übrigen Daten über die Polemik Voigt-Werner entnommen sind.)

[206] Geolog. Schriften Nr. 54. Geschrieben in Eisenach. Siehe „Quellenstudien".

[207] *BR.* 2593 an Carl August, 27. Mai 1787.

[208] *BR.* 2780 an Herder, 17. Sept. 1789; *BR.* 2781 an C. G. Voigt, 19. Sept. 1789; Biedermann (Goethe und das sächs. Erzgeb., S. 101) gibt an, daß Goethe Werners Bekanntschaft schon vor der italienischen Reise, vielleicht in Karlsbad, gemacht habe. Die Überlieferung schweigt davon.

[209] Bericht Voigts über Füchsels Entwurf zur ältesten Erd- und Menschengeschichte. *G.A.*

[210] Italienische Reise, Tagebuch. *W.A.* (3) *1*, S. 313, 317.

[211] S. Günther, Erdbrände und ihre angebl. geophysischen Konsequenzen. Sitzungsber. math.-phys. Klasse Akad. Wiss. München 1908.

[212] Aus meinem Leben, zweiter Teil, zehntes Buch. Reise mit Weyland nach Saarbrücken, Johannis 1770. *W.A.* (1) *27*, S. 322ff.

[213] Die Konsequenz der Flözbildung im Thüringer Land schien ihm, jedenfalls in der Frühzeit, einer fortdauernden Neubeobachtung und Neubestätigung bedürftig. Siehe Geolog. Schriften Nr. 221. Linck (Goethes Verhältnis usw., S. 14, 27) zitiert diese selbige Stelle als Beweis für das Gegenteil. Goethe notierte sich, daß er (zum Zweck des Vergleichs) nach dem Bohrprofil von Sulza sich erkundigen wolle. Ich meine das so auslegen zu müssen, daß er eine Bestätigung für den Glauben an die Konsequenz der Flözbildung erwerben wollte.

[214] *BR.* 2781 an C. G. Voigt, 19. Sept. 1789.

[215] *BR.* 2099 an Merck, 8. April 1785.

[216] *BR.* 1971 an Frau v. Stein, 21.—24. Aug. 1784.

Zwischenzeit.

[1] Zweite italienische Reise. *TB.* März 1790. Werke (3) *II*.

[2] Reise nach Schlesien. Juli—September 1790. Werke (3) *II*, und Geolog. Schriften Nr. 235.

[3] Aufsammlungen auf der Reise nach Venedig, Sammlung XV, **35**, **37**.
Arsenikerze bei Reichenstein in Schlesien, Sammlung IV, **20**.

[4] Sammlung XV, **36**. Verzeichnis: Geolog. Schriften Nr. 252.

[5] *BR.* 2828 an Herder, 30. Juli 1790.

[6] *BR.* 2962 an Jacobi, 10. Dez. 1792.

[7] *BR.* 2947 an Herzogin Amalia, 25. Sept. 1792.

[8] *TB.* Juli 1795.

[9] Vorbereitungen zur zweiten Reise nach Italien. Werke (1) XXIV, **2**. S. 154, 164, 176ff.

[10] *BR.* 3199 an Schiller, 14. Sept. 1795.

[11] Hauptsächlich Targioni-Tozzetti, Relazioni d'alcuni viaggi fatti in diverse parte della Toscana per osservare le produzioni naturali e gli antichi monumenti di essa. Goethe zitiert zwar auch die „teoria di Niccolo Stenone", jedoch nach Targioni. Im Hinblick auf Bemerkungen Zittels (Geschichte der Geologie, S. 36, 48) mag erwähnt sein, daß Steno um die Mitte des achtzehnten Jahrhunderts in Toscana nicht verschollen war. Targioni tritt mit Bewußtsein in Stenos Fußtapfen, wie es scheint im Widerspruch zu der sonst gültigen Wertschätzung: „Le ricerche e le speculazioni

che ormai per 40 anni continui ho fatto sopr'alla litologia mi necessitano ad abbracciare la teoria dell'immortale Niccolo Stenone." (T.T. l. c. X, S. 238.)

[12] *BR.* 3429 an C. G. Voigt, 3. Nov. 1796.

[13] *BR.* 3431 an Schiller, 12. Nov. 1796.

[14] *BR.* 2230 an Knebel, 30. Dez. 1785.

[15] Chr. Keferstein, Geschichte und Literatur der Geognosie. 1840. S. 72ff.

[16] Nachweisbar ist folgendes:

1792. Meerschaum aus Euxy in Armenien mit Bericht von Laffert (*G.A.*). Sammlung I, **25**, 2, 3; XIV, **24**, 1—6.

1794. Tungstein aus Karlsbad durch Geh.-R. Voigt mitgebracht. Annalen 1794. Werke (1) *35*, S. 32.

1795. Zirkonkristalle, erhalten von A. v. Humboldt. Briefwechsel Goethe-Gebr. Humboldt, S. 310.

1796. Halbopal von Pap-Lassó bei Telköbanya, erhalten von J. C. W. Voigt. (*G.A.*) u. a.

[17] Mineralogie als Lieblingswissenschaft der Herzogin Anna Amalia genannt. *BR.* 2992, 22. Jan. 1793. Auch sonst wird die Herzogin bisweilen genannt, auch als Sammlerin, doch ist nicht immer zu ersehen, ob sie für sich selbst oder für öffentliche Institute sammelte.

[18] „Mit Einsiedel gesprochen über Erdbau, neuen Buffon", *TB.* 2. April 1780. Sein Bruder war ein leidenschaftlicher Mineraloge. (Düntzer, Goethe und Karl August. 1888. S. 115.)

[19] Knebel war einer der ersten, der in der Hinwendung zum Steinreich Goethes Beispiel befolgte. Schon 1780 übernahm er gelegentlich einer Schweizerreise die Anbahnung eines Tauschverkehrs mit dortigen Sammlern, die Goethe kurz vorher kennen gelernt hatte. (*BR.* 984 an Knebel, 28. Juli 1780.) Er begleitete dann im folgenden Jahr Goethes Exkursionen im Schiefergebiet des Thüringer Waldes und ward „in die Klüfte der Erde initiiert" (*BR.* 1269 an Karl August, 5. Juli 1781). Die Reise in das Fichtelgebirge und nach Karlsbad 1785 wurde gemeinsam unternommen (*BR.* 2117 an Knebel, 5. Mai 1785 u. a.); daran anschließend ging Knebel allein geologisierend nach Tirol (vgl. Anm. 14). Auch von Studien der geologischen Literatur ist die Rede (*BR.* 2040 an Knebel, 6. Jan. 1785; Knebel, 6. März 1798, Briefwechsel Goethe-Knebel I, S. 165). Für Sammlungen konnte Knebel bei beschränkten Mitteln wenig aufwenden, doch beteiligte er sich 1798 mit 1—2 Karolin an einer Mineralsendung vom St. Gotthard (*BR.* 3711 an Knebel, 12. Jan. 1798; Knebel, 18. Jan. 1798. Briefwechsel Goethe-Knebel I, S. 158) und Goethe verdankte dem Tausch mit dem „Urfreunde" manche interessante Stufe (Zinnsand vom Fichtelberg, *BR.* 6720 an Knebel, 29. Jan. 1814 und verschiedenes aus früherer Zeit). Eine produktive Anregung scheint nie von Knebel auf Goethe ausgegangen zu sein, vielmehr ist es Goethe, der von Zeit zu Zeit den Freund auf das einstmals gemeinsame Feld zurückruft (u. a. Knebel, 11. Jan. 1814, Briefwechsel Goethe-Knebel II, S. 123). Später bildete die Lucrezübersetzung den Mittelpunkt von Knebels Gedankenwelt, und so bietet er dichtend und die großen Zusammenhänge bedenkend eine nicht uninteressante Parallelerscheinung zu Goethe. Vielleicht ist der Minister v. Voigt ein ernsterer Sammler als Knebel gewesen, da aber letzterer 1798 nach Ilmenau und 1804 nach Jena übersiedelte, tritt er als mineralogischer Korrespondent in der Überlieferung stärker hervor.

[20] „Geheimrat Voigt, ein getreuer Mitarbeiter auch im mineralogischen Feld" usw., Annalen 1794. Werke (1) *35*, S. 32. Auch sonst öfters von Goethe als Sammler genannt.

[21] Die Vermutung, daß der Herzog Karl August in der Schweiz 1779 auf geologische Probleme zuerst hingewiesen habe, wurde früher ausgesprochen (S. 29). Trifft sie zu, so wäre das Interesse mit dem äußeren Anlaß gleich wieder vorübergegangen, denn es wird nichts davon berichtet, daß er an den praktischen Aufnahmen Voigts oder den theoretischen Studien Goethes irgend Anteil genommen habe. Das meiste, was an Geologischem im Briefwechsel zwischen Karl August und Goethe vorkommt, bezieht sich auf das Aufsuchen nutzbarer Mineralien im Weimarer Land (Düntzer, Goethe und Karl August, S. 462. — *BR.* 3692 an Lenz, 10. Dez. 1797; Karl August, undatiert, fälschlich auf 1802 angesetzt, Briefwechsel Karl August und Goethe I, S. 277, Nr. 176 und, dazugehörig, *BR.* 5192 an Lenz, 19. April 1806 sowie vieles andere). Dabei ließ er allerdings auch das Unwahrscheinlichste, Unmögliche nicht unbeachtet, wie das angebl. Hervorquellen von Quecksilber in einem Schafstall auf dem Denbachshof, das A. v. Humboldt untersuchen sollte (Briefwechsel Karl August und Goethe I, S. 206, Nr. 105, 4. März 1797). Die Edelsteinsammlung, die er später anlegte (jetzt im mineralogischen Museum in Jena) war als Sache der Kuriosität gedacht. Erst in späteren Jahren zogen ihn geologische Probleme an, besonders solche, die mit der Thermenentstehung und dem Vulkanismus zusammenhingen.

[22] An Frau v. Stein sind zahlreiche Briefe mit geologischen Bemerkungen gerichtet. Von aktivem Sammeln ist nichts bekannt.

[23] Frl. v. Göchhausen wird nicht als Sammlerin genannt, dagegen ist von ihrer Hand ein Verzeichnis der Aufsammlungen am Monte Berico. Geolog. Schriften Nr. 252.

[24] *BR.* 2491 an Seidel, 13. Aug. 1786. — *BR.* 2634 an denselben, 29. Sept. 1787.

[25] Schiller an Körner 1787. Zitiert nach Magnus, Goethe als Naturforscher, S. 23.

[26] *BR.* 3400 und 3401 an C. G. Voigt, 25. und 27. Sept. 1796.

[27] *G.A.*

[28] Aus einem im *G.A.* vorhandenen Brief Blumenbachs (20. Aug. 1803) geht hervor, daß Geolog. Schriften Nr. 68 und 77 solche Erläuterungen waren. Die Gegensendungen Blumenbachs bestanden meist in Fossilien für seinen „Freund August". Versteinerungen, von Blumenbachs Hand etikettiert, sind in der Sammlung ziemlich zahlreich.

[29] *TB.* 29. Sept. 1801.

[30] *TB.* 20. Sept. 1801. *BR.* 4420 an Blumenbach, 11. Okt. 1801, und *TB.* 5. Okt. 1801. Der Aufsatz, verfaßt auf Anregung Blumenbachs (Werke (3) *3*, S. 428) und 1802 als „Manuskript für Freunde" bei Jacobi in Leipzig erschienen (Werke (4) *15*, S. 358), ist in der *W.A.* nicht enthalten und war mir nicht zugänglich.

[31] A. v. Humboldt, 21. Mai und 16. Juni 1795. (Briefw. G. u. Gebr. H., S. 307, 310.)

[32] *BR.* 3494 an Karl August, März 1797. *BR.* 3497 an Knebel, 2. März 1797. *BR.* 3516 an Unger, 28. März 1797.

[33] *BR.* 3530 an Schiller, 30. April 1797.

[34] Annalen 1797. Werke (1) *35*, S. 72. *TB.* 20. April 1797.

[35] *TB.* 11. März 1797.

[36] *BR.* 3707 an Schiller, 10. Jan. 1798.

[37] Schweizer Reise von 1797. Werke (1) *34*, S. 381ff.; *34*, 2, S. 111ff.

[38] H. C. Escher, Geognostische Übersicht der Alpen in Helvetien. Bibliothek der schweizerischen Staatskunde von Fäsi. X. Stück. Okt. 1796.

[39] *BR.* 3659 an C. G. Voigt, 26. Sept. 1797.

[40] Ein kurzes Resumé dieser ältesten Darstellung der Alpentektonik bei C. Schmidt, Bild und Bau der Schweizer Alpen. Beilage zum Jahrbuch S. A. C. Jahrg. 42. 1906/07.

[41] H. C. Escher, l. c. S. 874.

[42] H. C. Escher, l. c. S. 868ff., 873, 874.

[43] H. C. Escher, l. c. S. 876.

[44] *TB.* 3. Okt. 1797.

[45] *TB.* 30. Sept., 1. Okt. 1797.

[46] *TB.* 30. Sept., 2., 3. Okt. 1797. Außer dem im Text Zitierten wird noch bemerkt: (Bei Wasen:) Granitfelsen wie aufgebaute Pyramiden; ganz glatte Wände der losen Felsstücke. Obeliskenform." — „Im Hinuntergehen bemerkten wir eigens zackige Gipfel hinter Realp, die daher entstehen, wenn die obersten Enden einiger Granitwände verwittern, die andern aber stehen bleiben."

[47] H. C. Escher, l. c. S. 861ff.

[48] H. C. Escher, l. c. S. 860, 861, 863.

[49] In einem Schema zur Fortsetzung von Wahrheit und Dichtung (Werke (1) *29*, S. 254) ist allerdings bemerkt, daß nach der Rückkehr aus der Schweiz Kunst, Theater, Poesie und Naturforschung wieder angefaßt seien, jedoch wird in den Annalen nichts auf Geologie Bezügliches berichtet; unter den Themen, die für die zunächst „Natur und Kunst", später „Propyläen" genannte Zeitschrift vorbereitet waren, befindet sich an Naturwissenschaftlichem nur ein „Schema über das Studium der organischen Natur" (*BR.* 3804 an Cotta, 27. Mai 1798).

Anregungen, die von außen kamen, wies er ab und übertrug die Verfolgung anderen (*BR.* 3802 an C. G. Voigt, 27. Mai 1798. — *BR.* 3692 an Lenz, 10. Dez. 1797 und Düntzer, Goethe und Karl August, S. 462). Eine Abhandlung August von Herders über den Bergbau in Freiberg, ein später für Goethe sehr anziehendes Thema, blieb ohne jedes Echo, als der Verfasser sie Ende 1797 einsandte (Düntzer, l. c. S. 464).

Später kamen als Hemmungen hinzu die Nöte der Universität Jena, die Gründung der Jenaischen Allgemeinen Literaturzeitung, die der ohnehin schwankenden Gesundheit Goethes eine ungeheure Arbeitslast aufbürdeten. Außer von gelegentlichen Studien im Kabinett der jenaischen Gesellschaft für Mineralogie (*TB.* 20. April, 1. Mai 1803, 24. Juni ff. 1804) wird nur von einem Besuch des Petersbergs und einer Mineraliensammlung gelegentlich einer Reise nach Halle berichtet (*TB.* 7., 8. Mai 1803).

[50] *TB.* 2.—4., 7. März 1798.

[51] Annalen 1801. Werke (1) *35*, S. 96ff., 111.

[52] Knebel, Dezember 1798 (Briefw. G.-Kn. I, S. 196.)

[53] *BR.* 3962 an Knebel, 31. Dez. 1798.

[54] *BR.* 4294 an Schelling, 27. Sept. 1800.

[55] *BR.* 4238 an denselben, 19. April 1800.

Zweite Periode, erster Teil.

[1] *TB.* 2., 4. Juli 1806.

[2] Keferstein, Geschichte und Literatur der Geognosie 1840. S. 133ff.

[3] Keferstein, l. c. S. 137.

[4] J. Schaub, Phys.-mineralog.-bergmännische Beschreibung des Meißner. Cassel 1799. Von J. C. W. Voigt durch Knebels Vermittlung Goethe mitgeteilt (Knebel, 17. Juni 1799. Briefwechsel G.-Kn. I, S. 210). Es ist zwar nur eine Vermutung, daß diese Briefstelle sich gerade auf das Werk Schaubs bezieht, jedoch befindet sich dieses — unaufgeschnitten — in Goethes Bibliothek, und es ist kein Werk aufzufinden, das sonst noch in Betracht kommen könnte (Keferstein, Beiträge zur Geschichte und Kenntnis des Basalts. Halle, 1810). Goethe entnahm hieraus zunächst nur die Anregung, die gleichfalls kontroversen Basalte von Dransfeld anzusehen, als er 1801

bei der Rückkehr von Pyrmont dort vorüberkam (Annalen 1801. Werke (1) *35*, S. 112; *TB.* 14. Aug. 1801). Notizen über Beobachtungen sind nicht bekannt.

[5] W. v. Charpentier, Beobachtungen über Lagerstätten der Erze, 1799.

[6] *TB.* 27. Dez. 1799ff.; 1. Jan. 1800. Geolog. Schriften Nr. 277.

[7] Goethes Brief ist nicht bekannt. Voigts Antwort im *G.A.*

[8] Geolog. Schriften Nr. 45. Schluß der Einleitung.

[9] Reyer, Tektonik der Granitergüsse von Neudeck und Karlsbad usw. Jahrb. k. k. geol. Reichsanstalt. Bd. XXIX, 1879.

Teller, Geolog. Karte des Stadtgebiets von Karlsbad. Jahrb. k. k. geol. Reichsanstalt, 1894. Tafel 19.

Rosiwal, Führer internat. Geol. Kongr. Wien, S. 53.

K. Schneider, Beiträge zur Theorie der heißen Quellen. Geol. Rundschau IV, S. 89ff.

[10] Racknitz, Briefe über das Karlsbad und die Naturprodukte der dortigen Gegend. 1788.

[11] *BR.* 2490 an Knebel, 13. Aug. 1786. Geolog. Schriften Nr. 2.

[12] Sammlungen von 1785. Geolog. Schriften Nr. 193; Sammlungsverzeichnisse (*G.A.*), geschrieben von Voigt, umgearbeitet 1786; *BR.* 2503 an Seidel, 2. Sept. 1786; Inventar XIV, **17**.

[13] Geolog. Schriften Nr. 2.

[14] *BR.* 5219 an C. G. Voigt, 12. Juli 1806.

[15] Geolog. Schriften Nr. 134. Annalen 1807. Werke (1) *36*, S. 13.

[16] Geolog. Schriften Nr. 57.

[17] Im *G.A.*

[18] L. v. Buch, Ein Beitrag zu einer mineralogischen Beschreibung der Karlsbader Gegend, 1792. Gesammelte Werke I, S. 8ff.

[19] J. C. W. Voigt erklärte einmal Werners Abneigung gegen positive Mitteilungen aus der Furcht, daß „mit seinen Gedanken und Äußerungen merkantilischer Verkehr getrieben werden könne". (J. C. W. Voigt, 13. Okt. 1800, *G.A.*)

[20] Bonnard, Geognostischer Versuch über das Erzgebirge Sachsens. Journ. des mines vol. 38, S. 346. Ausführliches Referat: Leonhard, Taschenbuch für die gesamte Mineralogie. 1822 I, S. 94ff.; II, S. 508ff.

[21] Geolog. Schriften Nr. 175.

[22] Müller war es in erster Linie um „die Petrefacten des Wunderbaren Karlsbader Mineralwassers im Königreich Böhmen" zu tun. In seinen Verzeichnissen (*G.A.*) standen diese fast alleinherrschend im Vordergrund. Sie waren auch der verkäuflichste Bestandteil der Sammlungen, und Müllers Nachfolger, Knoll, beschränkte sich später auf diese allein (vgl. Geolog. Schriften Nr. 5).

[23] Geolog. Schriften Nr. 55.

[24] Wiedergedruckt: Neues Jahrbuch für Mineralogie usw. Jubiläumsband 1907.

[25] Gesandt an Charlotte v. Schiller (*BR.* 5407, 28. Aug. 1807), Reinhard (*BR.* 5409, 28. Aug. 1807), Frommann (*BR.* 5413, 31. Aug. 1807).

[26] *BR.* 5224a an Karl August, 4. Aug. 1806. *TB.* 23., 27., 30., 31. Juli, 1. Aug. 1806.

[27] Struve, Mineralogische Bemerkungen über die Umgebung des Karlsbads, Leonhard, Taschenbuch usw. 1807, 1808.

[28] *TB.* 1. Aug. 1806 und Annalen 1806, Werke (1) *35*, S. 266. Die gerundeten Begrenzungsflächen der Massen zeugen gegen Goethes, übrigens durch keinerlei Belege gestützte Autorschaft. Das Original ist eine Federzeichnung (*G.A.*) ohne Angaben über Verfasser und Lokalität.

Die drei Kreuze und der Galgen auf dem Granithügel weisen ebenso bestimmt auf Karlsbad wie die Darstellung des tieferen Landes. Die diskontinuierliche Gneisdecke zwischen Granit und Quarzfels läßt sich ebenfalls mit den Karlsbader Verhältnissen und den damaligen geognostischen Vorstellungen gut in Einklang setzen. Insbesondere erfüllt diese Zeichnung vorzüglich den Zweck, den Struve mit der seinigen verfolgte: den Zusammenhang der Erdbrände mit dem unter- und nebenliegenden Gebirge deutlich darzustellen.

[29] A. Rosiwal, Neue Maßnahmen zum Schutz der Karlsbader Thermen. Jahrb. k. k. geol. Reichsanst. 1894. S. 736, Fig. 7, 8.

[30] v. Struve, l. c. 1807, S. 178; 1808, S. 148. Karsten (Mineralogische Tabellen, Berlin 1800) bezeichnet ganz allgemein großkörnigen Granit als jüngeren, kleinkörnigen als älteren. Goethe kannte dieses Werk (*BR.* 5643 an Karsten, 20. Nov. 1808), das vermutlich den Standpunkt der Wernerischen Schule vertrat, lehnte aber die Frage nach dem Alter des Granits als falsch gestellt recht kurz ab. (Geologische Schriften Nr. 6.)

[31] Geolog. Schriften Nr. 175. In den späteren Ausgaben ist die Einteilung durch Fortlassung der Überschriften verwischt.

[32] Geolog. Schriften Nr. 3.

[33] Struve, l. c. 1808, S. 133, 134.

[34] Geolog. Schriften Nr. 6.

[35] Goethe erwähnt dieser Ähnlichkeit nicht, hatte auch wohl das Rehberger Gestein aus dem Gedächtnis verloren. Die Art, wie er sich später bei v. Trebra für übersendete Belegstücke bedankte, legt eine solche Vermutung nahe. (*BR.* 6403, 6407 an v. Trebra, 27. Okt., 3. Nov. 1812.) Aber die daraus gezogenen Schlüsse und die ganze Vorstellungsweise war für Goethes Geogenie so außerordentlich wichtig, daß er diese kaum vergessen haben konnte.

[36] Inventar XIII, 14, 17—31; XIV, 14, 1—5.

[37] Rosiwal, l. c. (Nr. 9), S. 75 und die daselbst zitierte Karte von Teller.

[38] *TB.* 21. Mai 1802. Geolog. Schriften Nr. 68. Die daselbst beschriebenen Stufen fanden sich in der Sammlung nicht vor.

[39] Die Analyse der Porphyr- und Pseudobreccientheorie siehe S. 144ff.

[40] Racknitz, l. c. S. 65.

[41] Struve, l. c. 1808, S. 135ff.

[42] Geolog. Schriften Nr. 59. Die ausführliche Begründung, die Goethe in den Annalen für seine Stellungnahme gab, unter Berufung auf das in Fig. 5 wiedergegebene oder ein dem ähnliches Profil, ist daraus zu erklären, daß zur Abfassungszeit der Annalen die Kohlenbrandtheorie der weit überwiegenden Mehrzahl anstößig geworden war.

[43] v. Hoff, 4. März 1823. Batranek, Goethes naturwiss. Korr. I, S. 202ff. Als Probe von Müllers Darstellungsweise sei folgender Absatz zitiert:

Aus den gesammelten Pièces läßt sich wahrscheinlich erkennen, daß in der Tiefe ein sehr mächtiges Stockwerk von benannten verbundenen Brennstoffen gegenwärtig ist, welche durch eine ziemlich große Menge herbei- und durchströmenden kalten Wassers nach und nach aufgelöst worden und durch ihre Gärung das Wasser in eine größere oder mindere Hitze bringt, je nachdem es einen größeren oder kleineren Raum des erhitzten Stoffes durchwandert oder auf diesen Stoffen eine längere oder kürzere Zeit verweilet. Denn es ist schon fast nicht mehr zu leugnen, daß das bisher große Wasserbehältnis, das von dem Sprudelbrunnen verborgen lieget und wegen seiner Weitschichtigkeit noch nicht ganz kennbar ist, das meiste, wo nicht alles zu der bewunderungswürdigen Hitze des Sprudels beitrage, indem das Wasser dort auf benannten Stoffen längere Zeit als in einem Troge harret, ehe es durch die Granitklüfte zutage gefördert wird.

[44] Geolog. Schriften Nr. 133.

[45] Göttling, Göttingen, 7. Mai 1786. (*G.A.*)

[46] Racknitz, l. c. S. 36ff.

[47] L. v. Buch, l. c. S. 18ff. Goethe verwechselte in seiner Tagebuchnotiz vom 27. Aug. 1812 die Erklärung L. v. Buchs mit der von Werner.

[48] *TB.* 3. Aug. 1806.

[49] Notiz (*G.A.*) aus „Kaiser Karlsbad" usw. von A. L. Stöhr, S. 115; zitiert aus Dr. Becher, Neue Abhandlung über das Karlsbad, 1789.

[50] Geolog. Schriften Nr. 55.

[51] *BR.* 6420 an Döbereiner, 22. Nov. 1812.

[52] Annalen 1812. Werke (1) *36*, S. 78 sowie Geolog. Schriften Nr. 239. *TB.* 30. Aug. 1823.

[53] *BR.* 5554 an Knebel, 2. Juli 1808.

[54] *BR.* 8142 an Ottilie v. Goethe, 1. Aug. 1818; *TB.* 31. Aug. 1819; *BR. 32*, 9 an Aug. v. Goethe, 16. Sept. 1819; *TB.* 6. Mai 1820 und zahlreiche andere Stellen.

[55] Stadelmanns noch mehrfach zu erwähnender Sammeleifer ist z. B. gerühmt *BR. 32*, 9; *33*, 20 an Aug. v. Goethe, 16. Sept. 1819, 15. Mai 1820.

[56] Geolog. Schriften Nr. 176.

[57] Geolog. Schriften Nr. 1—4.

[58] *BR.* 5426 an Leonhard, 28. Sept. 1807.

[59] *BR.* 5439 an Eichstädt, 24. Okt. 1807.

[60] Journal des mines. Bd. XXIII. 1808.

[61] Trebra, 28. Aug. 1817. Original im Germanischen Museum, Kopie im *G.A.*

[62] Annalen 1807. Werke (1) *36*, S. 19.

[63] *BR.* 5570 an Karl August, 31. Juli, 1808.

[64] Annalen 1807. Werke (1) *36*, S. 20.

[65] *BR. 37*, 58 an Fr. v. Stein, 11. Juni 1823.

[66] Sammlung Anhang **A** 3.

[67] *TB.* 23., 24. Juli, 7. Sept. 1807.

[68] Bonnard (l. c.) berichtet von Hörensagen. Die Stelle lautet: Il n'est pas hors de propos de faire connaître a cet égard, ne fut-ce que pour montrer jusqu'cù peut trainer le desir de faire des systèmes géologiques, qu'un des hommes, dont s'honore le plus avec raison l'Allemagne litteraire, M. de Goethe, a fait sur la constitution et la formation du sol des environs de Carlsbad un ouvrage, dans lequel il affirme, dit-on, que le granite et le grès dont je viens de faire mention, ont eu une formation contemporaine." Bezeichnenderweise hat Leonhard in seinem Referat diese Stelle fortgelassen.

[69] A. v. Humboldt, Essai géognostique sur le gisement des roches dans les deux hemisphères, Paris 1823. (Zitiert nach dem unter 70 genannten Aufsatz.)

[70] G. G. Pusch, Über den Begriff Gebirgsformation usw. Leonhard, Taschenbuch 1826 I, S. 511, II, S. 68.

[71] L. v. Buch, Reise durch Norwegen und Lappland. Gesammelte Werke II, S. 184.

[72] Geolog. Schriften Nr. 59.

[73] Noeggerath, Jenaische Allgemeine Literaturzeitung Nr. 106, S. 366. 1823. Über Noeggerath als Autor dieser Besprechung von Goethes naturwissenschaftlichen Schriften: Nees von Esenbeck, 20, II, 1823. (Naturwiss. Korrespondenz II, S. 47.)

[74] Nach freundlicher Mitteilung von Herrn Prof. Wahle. Siehe auch Knoll 15 III, 1827 (*G.A.*) und *TB.* 21. März 1827.

[75] Annalen 1818. Werke (1) *36*, S. 139.

[76] *G.N.M.* Profilskizze, einem Atlas von Böhmen eingeklebt. Es ist wohl fraglich, ob die Trennungslinien der Formationen, besonders zwischen f und h, Verwerfungen bedeuten sollen.

[77] *BR. 37*, 69 an Sternberg, 20. Juni 1823. Sternberg, 4. Aug. 1823. (Briefwechsel Goethe-Sternberg, S. 106.)

[78] Schlotheim, Beiträge zur Naturgeschichte der Versteinerungen. Leonhard, Taschenbuch usw. 1813. I. S. 40. Goethe kannte und rühmte diesen Aufsatz *BR.* 6738 an Leonhard, 8. Febr. 1814.

[79] Knoll, 13. März; 19. März; 24. Mai 1821. 15. März 1827 (*G.A.*). *TB.* 21. März 1827. Goethe beschränkte sich darauf, Knolls Bestimmungen der Gesteine und die Fundortsangaben zu revidieren, da Müller nach verbreiteter Sammlerunart sein ihm wohlbekanntes Material in Unordnung liegen ließ. Dem Nachfolger wäre es ohne Goethes Hilfe ein wertloser Haufen von Steinen gewesen. *BR.* 8142 an Ottilie v. Goethe, 1. Aug. 1818. *TB.* 28. Febr.; 7.—9. März; 26. Mai 1821. *BR. 34,* 76 an Knoll, 8. Jan. 1821; *34,* 150 an Knoll 8. März 1821.

[80] Struve, Leonhard, Taschenbuch usw. 1812.

[81] Geolog. Schriften Nr. 5. *BR. 49,* 105 u. 145 an Knoll, 15. Nov. 1831, 6. Jan. 1832.

[82] v. Hoff, 4. März 1823. Naturwiss. Corr. I, S. 202ff.

[83] O. Reich, Karl Ernst Adolf v. Hoff. 1905. S. 90ff.

[84] Geolog. Schriften Nr. 6, 59.

[85] Geolog. Schriften Nr. 97.

[86] H. Siebeck, Goethe als Denker. 1905. S. 98ff.

[87] H. Siebeck, l. c. S. 107. *BR.* 3358 an Schiller, 10. Aug. 1796.

[88] *TB.* 9.—21. Juli 1808, besonders 19. Juli ff.

[89] *BR.* 5566 an Riemer, 19. Juli 1808.

[90] *TB.* 29. Juli, 13. Aug. 1808.

[91] *TB.* 30. Aug. bis 11. Sept. 1808.

[92] Geolog. Schriften Nr. 11. Die dem ersten Abdruck in Leonhards Taschenbuch 1809 beigegebene Tafel, hier als Fig. 7. S. 118 wiedergegeben, ist nach einer Zeichnung Goethes hergestellt. *TB.* 4., 7., 9., 28. Sept. 1808.

[93] Die Geschichte der Erforschung des Kammerbühls ist ausführlich dargestellt von Proft, Kammerbühl und Eisenbühl, die Schichtvulkane des Egerer Beckens. Jahrb. k. k. geol. Reichsanst. 1894, S. 44ff.

[94] Annalen 1820. Werke (1) *36*, S. 157. Die Darstellung in Annalen 1808 (ebenda S. 35) steht unter dem Einfluß dieser späteren Gesinnung. In den geologischen Schriften (Nr. 12, 131, 132) vermeidet Goethe seine Rückkehr zum Pseudovulkanismus bestimmt auszusprechen. Der Bericht in Annalen 1820 wirkt beinahe, als sollte der Überzeugungswechsel nicht sowohl begründet, als entschuldigt werden.

[95] Proft, l. c. S. 37ff.

[96] Proft, l. c. S. 41.

[97] *BR.* 5565 an Marianne v. Eybenberg, 17. Juli 1808.

[98] Geolog. Schriften Nr. 28, 222. *BR.* 5643 an Karsten, 20. Nov. 1808.

[99] *BR.* 5643 an Karsten, 20. Nov. 1808. Karsten hatte in seinen mineralogischen Tabellen 1800 und 1808 erklärt: Lava ist keine Gebirgsart, sondern „es sind vorhanden gewesene, durch das vulkanische Feuer und hinzugetretene Materie veränderte Fossilien“.

[100] J. C. W. Voigt, Leonhard, Taschenbuch usw. 1821, III, S. 923ff.

[101] Karsten, 8. Dez. 1808 (*G.A.*), berichtet schon von einer nach Breslau zu Kriegsrat Clausen gekommenen Suite.

[102] *TB.* 16. Mai 1811.

[103] Notiz im *G.A.*

[104] Geolog. Schriften Nr. 12. *TB.* 28. Mai 1820. Grüner in Biedermann, Goethegespräche IV. S. 39ff.

[105] Grüner, 29. Juli 1820 (*G.A.*).

[106] Grüner, 25. Okt. 1820 (*G.A.*).

[107] Geolog. Schriften Nr. 12.

[108] Sternberg, 25. Nov. 1820. Sauer, Briefwechsel Goethe-Sternberg, S. 5.

[109] *TB.* 28. Juli, 30. Juli 1822. Biedermann, Goethe-Gespräche IV, S. 170.

[110] Geolog. Schriften Nr. 181. Biedermann, Goethe-Gespräche IV, S. 170.

[111] Geolog. Schriften Nr. 118, 131, 132.

[112] Der Vermerk über die Meinungsänderung ist von Goethe bei dem Jahr 1820 eingetragen, gehört aber nach allen sonstigen Quellen dem Jahr 1822 an. Es wird eine Verwechslung bei der Abfassung der Annalen anzunehmen sein. (Geol. Schr. Nr. 19.)

[113] Annalen 1810, 1811. Werke (1) *36*, S. 61, 78.

[114] Pietra fungaja aus der Basilikata, in Reisebeschreibungen als Tuffstein bezeichnet, auf dem eßbare Schwämme wüchsen; von Goethe anfänglich für einen Körper gehalten, der auf der Grenzscheide zwischen Mineral- und Vegetabilreich stünde, aber später als reine Schwammvegetation, als trüffelartiges Gewächs von ungewöhnlicher Größe erkannt. *BR.* 5855, 6041 an Lenz, 4. Nov. 1809, 10. Okt. 1810; *BR.* 6045 an Knebel, 20. Okt. 1810; *BR.* 6142 an Leonhard, 8. Mai 1811; *BR.* 6155 an Gautieri, 8. Juni 1811; *BR.* 6257 an Blumenbach, 15. Febr. 1812. *TB.* 4. Nov. 1809; 9., 18. Okt. 1810; 31. Jan., 3., 6. Febr. 1811.

[115] *TB.* 29. Juli bis 1. Aug., 10. Okt. 1810. *TB.* 6. Juni 1810 vermerkt: „An dem Aufsatz über Karlsbad weiter diktiert." Unter den erhaltenen Schriften ist nichts, auf das diese Notiz bezogen werden könnte.

[116] (Berka a. d. Ilm). Geolog. Schriften Nr. 217. Annalen 1812, 1813. Werke (1) *36*, S. 79, 84. *TB.* 30. Okt.; 2ff. Nov., 19. Dez. 1812; 16. Jan. 1813.

BR. 6418 an Erbgroßherzog Karl Friedrich, 13. Nov. 1812.

BR. 6421, 6451 an Großherzog Karl August, 14. Nov., 18. Dez. 1812.

BR. 6476 an v. Trebra, 6. Jan. 1813.

Karl August, 14., 28., 29. Nov. und Dez. 1813 (Briefwechsel II, S. 41, 43, 48ff., 77).

[117] Annalen 1816. Werke (1) *36*, S. 113. Geolog. Schriften Nr. 215.

[118] *TB.* Juli bis August 1812; Annalen 1813. Werke (1) *36*, S. 84

BR. 6579 an Aug. v. Goethe, 27. Juni 1813.

[119] *BR.* 6572 an Riemer, 20. Juni 1813 u. a.

[120] *G.A.* Fascikel zur Zinnformation Nr. 3. Geolog. Schriften Nr. 142.

[121] Geolog. Schriften Nr. 143, 144. Sammlung IV, **13**.

[122] Sammlung XIII, **16**, **17**. Nach der Sorgfalt und Gleichmäßigkeit des Formats offenbar eine angekaufte Sammlung. Daß sie 1813 erworben wurde, ist nicht belegt, wird aber wahrscheinlich durch die Erwähnung des Steinschneider Mende (Geolog. Schriften Nr. 22), dessen Geschicklichkeit im Zuschlagen der Muster von pseudovulkanischen Produkten gerühmt wird. In Betracht kommt aber auch *BR.* 5224 an Karl August, 4. Aug. 1806.

[123] Geolog. Schriften Nr. 11.

[124] Geolog. Schriften Nr. 108. Annalen 1813. Werke (1) *36*, S. 84.

[125] *BR.* *50*, 143 an ?, Nov. 1807 (?). *TB.* 28. Mai 1813. Geolog. Schriften Nr. 6.

[126] *BR.* 6772 an v. Trebra, 13. März 1814.

[127] *G.A.* Fascikel zur Zinnformation Nr. 6.

[128] Geolog. Schriften Nr. 107.

[129] *TB.* 29. April, 14. Mai, 15. Juli 1813. Nicht eingefahren; Ansichten beruhend auf Mitteilungen des dortigen Bergmeisters.

[130] *TB.* 10.—12. Juli 1813. Geolog. Schriften Nr. 22. Mitteilungen von Bergamtsassessor F. A. Schmidt in Altenberg. Befahrung des Bühnaustollens in Zinnwald unter Führung des Steinschneider Mende und des Steigers. *BR.* 6587 an J. H. Meyer, 21. Juli 1813 und Geolog. Schriften Nr. 22.

[131] Geolog. Schriften Nr. 109 und 110. Sammlung IV, **3** und **4**. Eine besondere Suite von Graupen liegt nicht vor.

[132] Noeggerath in Jenaische Allgemeine Literaturzeitung 1823. Nr. 107, S. 371ff.

[133] K. Dalmer, Sektion Altenberg-Zinnwald der geolog. Spezialkarte des Kgr. Sachsen Nr. 119, 1890, und K. Dalmer, Der Altenberg-Graupener Zinnerzlagerstättendistrikt. Zeitschr. f. prakt. Geologie 1894. S. 313ff.

[134] Geolog. Schriften 113. Ähnlich *BR.* 6824 an Leonhard, 9. Mai 1814.

[135] Geolog. Schriften 110. Sammlung IV, **3**, 9, 13ff. In Geolog. Schriften 112 steht S. 120 Z. 9, daß in Zinnwald sich die ganze Bildung aus dem Gneis entwickle und daß auch hier sich ein Porphyr anlege. Obwohl nach freundlicher Mitteilung von Prof. Wahle in der Handschrift deutlich „Gneus" steht, muß doch „Greis" gelesen werden, wie S. 120 Z. 23. Diskussion ist überflüssig, da es sich nur um einen Hör- oder Schreibfehler der Schreiberin (Caroline Ulrich) oder um ein Versprechen Goethes handeln kann. Gneis und Zinn haben in Goethes Vorstellungen hier ebensowenig etwas miteinander zu tun wie in Zinnwald.

[136] *BR.* 6283 an J. C. W. Voigt, 28. März 1812.

[137] *TB.* 14., 16., 26. Juni 1813.

[138] *BR.* 6162 an Karl August, 27. Juni 1811.

[139] Geolog. Schriften Nr. 6, 8. Sammlung VIII, **7**, 5. Augengneis-ähnliche Gesteine auch im Altenberger Bezirk. K. Dalmer, Sektion Altenberg usw., S. 9.

[140] Zu vgl. Geolog. Schriften Nr. 22, S. 141 und K. Dalmer, Zeitschr. f. prakt. Geol., S. 318, Fig. 68.

[141] Die Darstellung gründet sich auf Geolog. Schriften Nr. 22, 112, 113.

[142] Geolog. Schriften Nr. 164, 250, 255, 265.

BR. 6648, 6661 an Lenz, 25. Nov., 3. Dez. 1813.

BR. 6646 an v. Trebra, 24. Nov. 1813; v. Trebra, 4. Dez. 1813 (*G.A.*) u. a.

BR. 6660, 6679 an Leonhard, 3., 30. Dez. 1813.

BR. 6612, 6618, 6697, 6717, 6720 an Knebel, 5., 30. Sept. 1813; 7., 22., 29. Jan. 1814.

BR. *37*, 53 an Soret, 5. Juni 1823.

[143] Lenz, Dez. 1813. J. C. W. Voigt, Jan. 1814 (*G.A.*). Siehe auch Nr. 142.

[144] *BR.* *42*, 191 an F. A. Schmidt, 18. Juni 1827.

[145] Studiert nach Charpentier. Geolog. Schriften Nr. 20.

[146] Suiten erhalten 1818 (Sammlung IV, **11**) von Mawe und 1819 (Sammlung IV, **12**) von Gieseke. *BR.* 7783 an Vogel, 23. Juni 1817; Annalen 1817; Werke (1) *36*, S. 120; *TB.* 2. Jan. 1818.

Gieseke, 28. Mai 1819 (*G.A.*). *BR.* *31*, 222, an Gieseke, 17. Juli 1819; *TB.* 20. bis 22. Juni 1819.

[147] G. Blöde, Versuch einer Theorie über die Bildung des Geyerischen Stockwerks. Leonhard, Taschenbuch usw. 1816 I, S. 7ff.

[148] *BR.* 7915 an Aug. v. Goethe, 28. Nov. 1817.

[149] Leonhard, 2. Jan. 1814, 3. März 1815.

[150] Geolog. Schriften Nr. 254. Gleichlautend in *BR.* 7028 an Leonhard, 27. Febr. 1815. Die einzige Andeutung von Goethes Theorie liegt in den Worten: „Zinn — fein eingesprengt in Granit oder vielmehr in Gebirgsarten, in die er übergeht, als Gneis, Greisen pp.“ Ausführliche Darstellung war geplant, kam aber anscheinend nicht einmal zur Dispositionsskizze. *BR.* 7092 an Leonhard, 1. Mai 1815.

[151] *BR.* 7073 an Windischmann, 20. April 1815. Gemeint ist vielleicht Augengneis, den Goethe von Aschaffenburg, freilich seit längerem, kannte. *BR.* 5440, an Lenz, 24. Okt. 1807, Geolog. Schriften Nr. 6.

[152] *BR.* 8154 an Aug. v. Goethe, 28. Aug. 1818.

[153] Geolog. Schriften Nr. 72.

[154] Geolog. Schriften Nr. 20, 22.

[155] *BR.* *49*, 71 (Konzept) an A. v. Herder, 30. Sept. 1831.

[156] *BR.* 2152, an Knebel, 1. Sept. 1785.

[157] Geolog. Schriften Nr. 133.

[158] Geolog. Schriften Nr. 295.

[159] Charpentier, Mineralogische Geographie der chursächsischen Lande. 1778. S. 246ff.

[160] v. Trebra, Erfahrungen vom Innern der Gebirge. 1785, S. 38, 49.

[161] v. Trebra, l. c. S. 62.

[162] v. Trebra, l. c. S. 50.

[163] v. Trebra, 9. Febr. 1813 (*G.A.*).

[164] v. Trebra, Erfahrungen usw., S. I.

[165] v. Trebra, Erfahrungen usw., S. 29ff.

[166] v. Trebra, Erfahrungen usw., S. 19, 60.

[167] v. Trebra, Erfahrungen usw., S. IV. In dem von mir benutzten Exemplar des Werks verweist eine alte Randbemerkung auf eine Besprechung in der Leipziger neuen gelehrten Zeitung, 143. Stück, 1785. Dort wurde Verwahrung eingelegt dagegen, daß v. Trebra die Möglichkeit einer Verwandlung von Kieselerde in Ton anführe.

[168] v. Trebra, l. c. S. 20.

[169] Werner, Neue Theorie von der Entstehung der Gänge. 1791. S. 78, 80 u. a.

[170] Werner, l. c. S. 113, 194.

[171] Werner, l. c. S. 51, § 29.

[172] Werner, l. c. S. 52, § 30. Die Vorstellung, daß der Urozean verschiedene Zusammensetzung gehabt habe, findet sich, gleichfalls zu Zwecken der Lagerstättenlehre angewendet, schon bei Füchsel (Historia terrae et maris etc. 1761. S. 129—130). Werners Lehre fußt auch hier ganz auf diesem damals ziemlich verschollenen Werk und weicht nur durch die neue Beobachtung über das relative Alter der Gänge davon ab.

[173] Werner, l. c. S. 52, 31.

[174] Leonhard, Taschenbuch 1818 I, S. 224.

[175] J. C. W. Voigt, undatierter Brief von 1800 (*G.A.*).

[176] v. Hoff, Beschreibung des Trümmergebirges und des älteren Flözgebirges. Leonhard, Taschenbuch usw. 1814 I, S. 415, 426ff.

[177] Leonhard, Bedeutung und Stand der Mineralogie. 1816. S. 47, Anm.

[178] Charpentier, Beobachtungen über die Lagerstätten der Erze. 1799. S. VII. Goethes Auszüge daraus: Geolog. Schriften Nr. 277.

[179] Vgl. die Diskussion über Autochthonie und Allochthonie der Steinkohlenflöze. Auch Goethe, Sprüche, Werke (2) *11*, S. 107.

[180] *TB.* 27. Dez. 1799, 1. Jan., 19. April 1801. *BR.* 4238 an Schelling, 19. April 1800. Vgl. Nr. 175.

[181] Annalen 1813. Werke (1) *36*, S. 84. *TB.* 28., 29., 30. Nov., 1. Dez. 1813. Hierzu Geolog. Schriften Nr. 282.

[182] Annalen 1815. Werke (1) *36*, S. 97ff.

[183] *TB.* 14.—17. Juli 1815. Schmidt, Theorie der Verschiebung älterer Gänge. Frankfurt 1810. Zu diesen Studien gehört Geolog. Schriften Nr. 155, 161.

[184] Schmidt in Leonhard, Taschenbuch usw. 1813. II. S. 408 u. 580.

[185] Geolog. Schriften Nr. 45. Sogenannte Gänge und Lager sind „abweichendes Vorkommen der Gebirgsmassen in sich selbst".

[186] Hierfür ein Beleg aus unerwartetem Zusammenhang: Wiegenlied dem jungen Mineralogen Walther v. Goethe („einem Neugeborenen, den die mineralogische Gesellschaft in Jena nicht früh genug an sich heranziehen konnte"). Werke (1) *4*, S. 46.

v. Trebra sandte in Erwiderung eines ihm zugesandten Abdrucks ein geschliffenes Gangstück „vom Halsbrücker Gang aus alter Zeit", krummschaliger Schwerspat mit Schalenblende, und schrieb dazu: „Sieht man nicht hier in dieser eleganten Formation die vollen Beweise der dichterischen Zurechtweisung? Ist nicht in jeder Wendung, in jedem einzelnen Punkte dieses schönen Blattes aus der schönen Natur der Tropfen sichtlich, woraus das Ganze nach und nach erwuchs? Aus Teigen, dichter oder lauterer, nach dem es kam, die aus dem Gestein — aus den Felsmassen ausgezogen waren? O du guter Dichter! Hast in der Natur selbst gelesen. Gestehe es nur, und weißt ihre Sprache, weißt ihre Lettern zu lesen." (*G.N.M.*, Sammlung II, **D**. 5.)

[187] Biedermann, Goethe-Gespräche (27. März 1814), Bd. III, S. 126.

[188] Geolog. Schriften Nr. 271. Werke (2) *13*, S. 403, Z. 15ff.

[189] *BR.* 7868 an Knebel, 17. Dez. 1817.

[190] Annalen 1806. Werke (1) *35*, S. 267. Geolog. Schriften Nr. 232. Ebenso Biedermann, Goethe-Gespräche II, S. 23.

[191] Geolog. Schriften Nr. 209, 211. Der Gedanke findet sich noch 1824 (Geol. Schr. Nr. 37), aber nur zur Veranschaulichung, nicht zur Erklärung des Befundes.

[192] Geolog. Schriften 210.

[193] Annalen 1815. Werke (1) *36*, S. 98. Sammlung, Anhang **A**. 1.

[194] Geolog. Schriften Nr. 93.

[195] Geolog. Schriften Nr. 212 und Werke (2) *11*, S. 373 von 1824 oder 1831 bezieht sich gleichfalls auf diese Täfelchen und drückt denselben Gedanken aus wie Vorgenanntes.

[196] *BR.* *48*, 239; *49*, 188 an Sternberg, 30. Juni 1831, 15. März 1832.

[197] Konzept zu *BR.* 7594 an Leonhard, 24. Dez. 1816.

Zweite Periode, Zweiter Teil.

[1] *BR.* 7753 an S. Boisserée, 27. Mai 1817. *BR.* 7765 an C. G. Voigt, 5. Juni 1817. Auch das Vorwort im ersten Heft zur Naturwissenschaft.

[2] Werke (1) *3*, S. 359.

[3] Zittel, Geschichte der Geologie, S. 86.

[4] L. v. Buch, Geognostische Reisen durch Deutschland und Italien. Werke I, S. 518. „Auch die eifrigsten Vulkanisten sollten es nicht wagen, die Resultate (daß die Basalte der Auvergne vulkanisch sind) als ein Allgemeines zu betrachten und es auf deutsche Basalte anwenden zu wollen."

[5] U. a. Charpentier und besonders v. Trebra in seinen Briefen an Goethe (*G.A.*). Siehe auch *TB.* 28. Juli 1806 und Biedermann, Goethe und das sächsische Erzgebürge, S. 27ff.

[6] Werner, Von den äußeren Kennzeichen der Fossilien, 1774, S. 9: „Sollte

aber die Mineralogie ins künftige einmal nach meinen hier getanen Vorschlägen bearbeitet werden, so würden uns zwar einige mit ihren mineralogischen Lehrbüchern verschonen, indem es alsdann nicht mehr so leicht sein und mehr Mühe und Geschicklichkeit im Beobachten erfordern würde, ein Lehrbuch der Mineralogie auszuarbeiten". Werner, Neue Theorie der Gänge usw., S. XIII: „Doch muß ich diejenigen, welche über diese Theorie urteilen, oder wohl gar ihre Urteile darüber ins Publikum bringen wollen, sehr bitten, diese Abhandlung ja vorher zu lesen, auch wohl zweimal und mit Aufmerksamkeit zu lesen". (Goethe bemerkte dazu ärgerlich, er habe das seit 26 Jahren mehrmals getan. Geolcg. Schriften Nr. 155.)

[7] So war von Hoffs Eindruck. (O. Reich, K. E. A. v. Hoff, 1905, S. 28.)

[8] Werner, Neue Theorie usw., S. XXI.

[9] Zittel, l. c., S. 90.

[10] Keferstein, Geschichte der Geognosie, 1840, S. 43f. Voigt plante 1800 eine genauere Untersuchung der Steinkohle, mußte aber darauf verzichten, weil eine Reise nach Dresden unmöglich sei und eine solche nach Zwickau ihm ein Quartal seiner Besoldung kosten würde (Voigt, 13. Okt. 1800. *G.A.*).

[11] Es sei nachdrücklich auf die Schilderung verwiesen, die Vogelsang (Philosophie der Geologie usw., 1867, S. 75ff.) von Werner und seiner Schule gab.

[12] Vogelsang, l. c., S. 98. Verwandt ist das Urteil Lincks (Goethes Verhältns usw., S. 30).

[13] Leonhard, Aus unserer Zeit in meinem Leben, 1854, S. 619.

[14] Carus, Goethe. Zu dessen näherem Verständnis, 1843, S. 95.

[15] Vom Vorwurf der Unzulänglichkeit wird nicht getroffen Leonhard, der bis nach 1816, und v. Hövel, der nach verschiedenen Aufsätzen in Noeggeraths „Gebirge in Rheinland und Westphalen", Bd. I—IV, 1822—1826, bis zuletzt Neptunist blieb.

[16] *TB.* 23.—25. Aug.; 6., 15. Sept. 1806. Geolcg. Schriften Nr. 45, 188, 189. Angaben ohne besondere Quellenangabe sind diesen Schriften entnommen.

[17] L. v. Buch, Reisen in Norwegen und Lappland. Werke *2*, S. 183ff. Goethe fand freilich (nach freundlicher Mitteilung von Herrn Prof. Wahle) in diesem Werk (*TB.* 14.—17. Aug. 1810) nur notierungswert: „Lustige Art, Enten zu fangen. v. Buch I, S. 300".

[18] K. v. Raumer, Geognostische Fragmente, 1811.

[19] Stroem, Über den Granit, Leonhard, Taschenbuch usw., 1814, I. Bonnard (Journal des mines, vol. *35*) widersprach in bezug auf Freiberg, erkannte aber seinerseits in Sachsen 7 Granitbildungsepochen an.

[20] Hoffmann, Geschichte der Geognosie, 1838, S. 181.

[21] *BR.* 6403 an v. Trebra, 27. Okt. 1812.

[22] Geolog. Schriften Nr. 101.

[23] *TB.* 2. März 1812, Geolog. Schriften Nr. 63.

[24] *TB.* 26. Okt. 1812ff. Annalen 1812 (Werke [1] *36*, S. 79). Geolog. Schriften Nr. 82. *BR.* 6403, 6407 an v. Trebra, 27. Okt., 3. Nov. 1812. v. Trebra, 20. Okt., 21. Nov. 1812 (*G.A.*). In letztgenanntem Brief heißt es: „Wohl erwartete ich, daß die seltene Steinplatte, — die ich am Ende Dir kühnem Forschungsgefährten allein zu verdanken habe —, meinem edlen Freunde gefallen werde. Nun bitte ich aber auch, sie auf ein elegantes Tischgestelle bringen zu lassen. Wenn dann auf solchem Tisch täglich Caffee zu trinken gebracht würde, dann müßte sich der geologische Geschmack wohl noch sicherer festhalten lassen, der, wie ich nach mehreren bedeutenden Beweisen sehe, meinen lieben Freund aufs neue in Besitz genommen."

[25] *TB.* 26. Nov. 1812 (Lesarten).

[26] Lasius, 20. Nov. 1812 (*G.A.*). Noch Veltheim bezeichnet den metamorphen Culmschiefer als Hornfels (Schweiggers Jahrbuch der Chemie, Ref.: Leonhard, Taschenbuch usw., 1827, I, S. 96).

[27] Die instruktivste, vielmehr meist irreführende Platte befindet sich im mineralogischen Museum in Jena.

[28] Jenaische Allgem. Literaturzeitung Nr. 226 (Jahr ?), Ref.: Leonhard, Taschenbuch 1813, I. — Germar (Geogn. Bemerkungen usw., Leonhard, Taschenbuch usw. 1821, I, S. 15) bestritt ebenfalls die Richtigkeit der Beobachtungen v. Raumers. Gegen ihn trat dann Veltheim in der unter Nr. 26 genannten Abhandlung auf.

[29] Heim, Geognostische Beschreibung des Thüringer Waldes. *BR.* 7500 an Heim, 25. Sept. 1816. — Leonhard, Taschenbuch usw. 1808, S. 329.

[30] v. Buch, Norwegen usw. Werke II, S. 184.

[31] Leonhard, Bedeutung und Stand der Mineralogie, 1816, S. 20ff.

[32] Zittel, Geschichte der Geologie, S. 100, 104.

[33] Prinz Christ. Friedrich v. Dänemark in Leonhard, Taschenbuch 1822, I, S. 16. Unbekannt auf dem Kontinent waren die Experimente von Hall und Watt freilich damals nicht mehr, aber doch auch nicht so bekannt, daß ihre Beachtung als unerläßlich gegolten hätte.

[34] Heim schrieb an J. C. W. Voigt (12. März 1800. *G.A.*): „Unsere jetzigen Geognosten kennen nichts als Wasser und Feuer; sie unterscheiden zwar den chemischen Entstehungsweg vom mechanischen, aber sie machen es sich commode. Wenn es mit der Erklärung auf dem chemischen nicht fort will, so treten sie auf den mechanischen über, und zuweilen gehen sie auf beiden, auf einem jeden mit einem Bein, z. B. bei der Übergangsformation. Ew. Liebden sind im Grunde so gut ein Neptunist wie Werner, und glauben, daß alles im und durch und unter Wasser entstanden sei. Und doch sind alle primitiven-Gebirgsarten Produkte chemischer Verbindungen. Ist denn das Wasser ein chemisches Auflösungsmittel für die Bestandteile dieser Gebirgsarten, und namentlich der Kieselerde? Und wollen Sie alle diese Auflösungsmittel in das Wasser hineinsetzen, wer wird denn ein solches Fluidum noch für Wasser halten mögen? Der Granit ist offenbar aus einem elastischflüssigen Zustande, also aus Gasarten, aus einer Wolke in einen tropfbar flüssigen übergegangen und darin erhärtet. — Was mag wohl die Masse dieser Gebirgsarten aufgelöst haben? Feuer gewiß nicht, wiewohl es ex post hinzu gekommen sein mag. — Aber was sonst hat denn die primitiven Gebirgsarten aufgelöst? Ja! Wenn ich das wüßte!"

[35] Leonhard, Bedeutung usw., S. 14, Anm. 1.

[36] Berzelius, Jahresbericht I. Ref.: Leonhard, Taschenbuch 1825, II, S. 183ff.

[37] Carl August, undatiert. (Briefwechsel II, S. 229, Nr. 534. Hier auf 1824, von Düntzer [Carl August und Goethe, S. 807] auf 1822 angesetzt.) Es ist kaum anzunehmen, daß Lenz aus Devotion bloß Verblüffung geheuchelt habe. Auch in der Gegenwart findet der unbeirrte Laienverstand zuweilen instinktiv den schwachen Punkt gelehrter Schlüsse sofort heraus.

[38] *BR.* 6646 an v. Trebra, 24. Nov. 1816.

[39] Die damals vertretenen Theorien sind u. a. zusammengestellt in Leonhards Taschenbuch 1813, II, S. 518ff.; 1815, II, S. 537ff. Ferner: Sternberg, 24. Febr. 1826: „Unsere zahlreichen Eisen- und Mineralschmelzen verflüchtigen eine Menge Substanzen, von denen die Chemiker nie etwas in der Luft entdeckt haben. Metallhaltige Steine werden uns aus der Luft auf den Kopf geworfen, ohne daß je ein fester Bestandteil in der Atmosphäre gefunden ist". Nach Leonhard entstünden

Meteore aus terrestrischen Gasen, die sich auf unbekannte Weise im Innern der Erde gebildet hätten.

[40] Carl August, 5. Aug. 1809. Briefwechsel II, S. 3, Nr. 251.

[41] *BR.* *34,* 72 an Schreibers, 7. Jan. 1821. Ferner:

Durchsichtig erscheint die Luft so rein
Und trägt im Busen Stahl und Stein.
Entzündet werden sie sich begegnen,
Da wird's Metall und Steine regnen.
Denn was das Feuer lebendig erfaßt,
Bleibt nicht mehr Unform und Erdenlast.
Verflüchtigt wird es und unsichtbar,
Eilt hinauf, wo erst sein Anfang war.

(Werke [1] *2,* S. 217.)

[42] Gerhardt, Über Kristallisierung in den Urgebirgen. Abhandl. Kgl. Akad. d. Wiss., Berlin 1816. — Goethe erwähnt den Aufsatz niemals, aber es ist trotzdem möglich, daß er ihn kannte, wenn auch nur aus dem Referat in Leonhards Taschenbuch (1820, I, S. 241ff.).

[43] Geolog. Schriften Nr. 41. Geschrieben erst 1830. Wörtlich heißt es dort: „aus dem Lichtnebel einer Kometen-Atmosphäre".

[44] Zur Erläuterung eine Parallelstelle aus dem unter Nr. 42 genannten Aufsatz Gerhards: „Die Urgesteine bestehen aus Kristallen, erinnern daher an künstlich eingedickte Salzmassen und lehren, daß sie schnell und in einem konzentrierten Zustand gebildet sind". — Zu vergleichen auch der unter Nr. 34 wiedergegebene Brief Heims.

[45] *BR.* 6634 an Knebel, 10. Nov. 1813. — Geolog. Schriften Nr. 291. — *BR.* 7073 an Windischmann, 20. April 1815. — *TB.* 26. Aug. 1797.

[46] Leonhard, Bedeutung usw., S. 25ff.

[47] v. Hoff, Beschreibung des Trümmergebirges und des älteren Flözgebirges, welche den Thüringer Wald umgeben. Leonhard, Taschenbuch 1814, II, S. 339.

[48] Zittel, Geschichte der Geologie, S. 449.

[49] H. Steffens, Beiträge zur inneren Naturgeschichte der Erde, I, 1801, S. 15ff. Darstellung des Wernerischen Systems mit der Absicht, dadurch „gedankenlosen Excerptenschreibern" das Handwerk zu legen.

[50] Cuvier zitierte Steffens mit Oken zusammen in der Blütenlese verunglückter Theorien, durch deren Aufzählung er seinen eigenen Ansichten den günstigsten Hintergrund schaffte. (Discours sur les révolutions de la surface du globe, 1825, S. 49ff.) Trotzdem darf man Steffens als einen berufenen Übermittler des Wernerischen Systems und ernst zu nehmenden Vertreter empirischer Wissenschaften betrachten, wie auch Hausmann (Versuch einer Einleitung in die Mineralogie, 1828, S. 634) ihn zu den Mineralogen und nicht zu den Naturphilosophen stellt. Aber er gehörte, ehe er in Freiburg Werner hörte, in Jena zum Kreise Schellings. Der Titel des oben genannten Werkes atmet Schellingschen Geist, denn „innere Naturgeschichte" bedeutet spekulative, mit dem inneren Sinn erkannte Naturgeschichte, im Gegensatz zur empirischen.

[51] Leonhard, Bedeutung usw., S. 32.

[52] Steffens traf in Jena mehrfach mit Goethe zusammen (K. Fischer, Schellings Leben, Werke und Lehre, 1902, S. 51) und widmete diesem seine „innere Naturgeschichte der Erde". Goethe identifizierte sich mit ihm ebensowenig wie mit Schelling (vgl. Annalen 1806 die Bemerkung über Steffens; ferner: Siebeck, Goethe als Denker, 1905, S. 115ff.). Allerdings sprach er, als er für die erwähnte Wid-

mung dankte (*BR.* 4398 an Steffens, 29. Mai 1801) seine Freude darüber aus, daß Steffens auf anderem Wege zu dem von Goethe selbst erreichten Ergebnis gelangt sei. Jedoch enthält das Werk keine einzige geologische Vorstellung, die irgendwie mit einer spezifisch Goetheschen verwandt wäre. Auch hatte Goethe nur die Vorrede gelesen und dachte wohl mehr an die Berührungen, die er früher während des lebhaften Verkehrs mit Schelling zwischen dessen Naturphilosophie und seiner eigenen geführt zu haben glaubte. (M. Plath, Der Goethe-Schellingsche Plan eines philosophischen Naturgedichts. Preuß. Jahrb. Bd. 106, 1901, S. 44ff.)

[53] *TB.* 23, 24. Juli; 7. Sept. 1807.

[54] Sammlung XV, **48**, 1—5. Das Datum des Erwerbs ist unbekannt.

[55] *BR.* 6767 an Leonhard, 9. März 1814.

[56] v. Hoff, Beschreibung des Tonschiefer- und Grauwackengebirgs im Thüringer und Frankenwald. Leonhard, Taschenbuch 1813, I, S. 135ff.

[57] v. Schlotheim, Beiträge zur Naturgeschichte der Versteinerungen. Ebenda 1813, I, S. 20.

[58] v. Veltheim, Mineralogische Beschreibung der Gegend von Halle. Ebenda 1822, II, S. 343, 349ff.

[59] Zitiert bei v. Hoff (Nr. 56) nach Journal des minés, vol. 29, S. 20.

[60] Gerhard, Bildungsweise zusammengesetzter Felsarten, Abhandl. Kgl. Akad. d. Wiss. Berlin 1816/17. Ref.: Leonhard, Taschenbuch 1821, III, S. 847ff.

[61] J. C. W. Voigt (undatiert) 1800 (*G.A.*). Derselbe, Kleine mineralogische-Schriften I, S. 799.

[62] Reuss, Lehrbuch der Geognosie, S. 417. Zitiert nach D'Aubuisson (Nr. 65).

[63] Sartorius, Beiträge zur näheren Kenntnis des Flözsandsteins, 1809.

[64] Brocchi, Memoria mineralogica sulla valle di Fassa, 1811. Ref.: Leonhard, Taschenbuch 1823, II, S. 439ff. — Letzter Nachzügler wohl: Chr. Hess, Über die geognostische Beschaffenheit des Sachsen-weimarisch-Neustädter Kreises, Leonhard, Taschenbuch 1826, I, S. 204ff.

[65] D'Aubuisson, Journal des mines, vol. 35, 1815. Der Herausgeber des Journals lehnt freilich die Theorie für die Sandsteine der Pariser Gegend ab.

[66] Goethe erhielt solchen 1798 von Dolomieu auf eine durch W. v. Humboldt vermittelte Bitte. *BR.* 3731, 3843 an W. v. Humboldt, 7. Febr., 16. Juni 1798. — W. v. Humboldt in: Briefwechsel Goethe und Gebr. Humboldt, S. 50.

[67] Germar, Geognostische Bemerkungen auf einer Reise über den Harz und das thüringer Waldgebirge. Leonhard, Taschenbuch usw., 1821, I, S. 12.

[68] Vergebliche Nachfrage nach einer 1786 in Regensburg gesehenen Breccie: *BR.* 6824 an Leonhard, 9. Mai 1814. — Hoppe an Lenz, 12. März 1814; Lenz, 25. März 1814; Leonhard, 27. Mai 1814 (*G.A.*). Pseudobreccie bei Bingen: Rheinreise 1814/15. Werke (1) **34**, 1, S. 15. Nachfrage nach pseudobrecciösen Quarziten aus Mecklenburg: *BR.* 7410, 7737 an v. Preen, 2. Juni 1816, 7. Mai 1817. *BR.* 7726 an Kräuter, 28. April 1817. — v. Preen, 25. Aug. 1816; 3. April 1817 (*G.A.*).

[69] In einer auch sonst belegten Fähigkeit, eigenwillig Kongruenz der Ansichten herauszulesen, wo sie eigentlich nicht bestand, ließ Goethe die zahlreichen, viel bedeutsameren Beobachtungen, die v. Hoff mitteilte (Nr. 56), ganz abseits liegen.

[70] Geolog. Schriften Nr. 91.

[71] Sammlung I, **7**, 32.

[72] *BR.* 8084 an Tieck, Ende Mai 1818?

[73] *BR.* 8179, *31*, 124 an Schweigger, 2. Okt. 1818; 12. April 1819. *TB.* 18, 24. März 1819. — Schweigger, 9. März 1819 (*G.A.*). — Sammlung XVI **E**, 6.

[74] Geolog. Schriften Nr. 63, 65, 67.

75 Geolog. Schriften Nr. 66.

76 Geolog. Schriften Nr. 98, 99. — Annalen 1817. Werke (1) *36*, S. 119. Um Goethes Gedanken rein zum Ausdruck zu bringen, würde man sagen müssen, diese Art Solideszenz sei dem Gerinnen von Milch identisch, da man unter Gerinnen nur ein Festwerden aus inneren Ursachen verstand. Die zusammengesuchten Belegstücke werden noch in der Sammlung vorhanden sein, doch sind nur zwei noch kenntlich (Gneis von Petschau VIII, **23**, 2, und Trümmerporphyr von Ilmenau VIII, **23**, 1). Diese sind besonders sorgfältig und ausführlich etikettiert. Die übrigen waren vermutlich ebenso sorgfältig behandelt, aber wahrscheinlich sind die Etiketten, als Goethe die Theorie des Gerinnens wieder aufgegeben hatte, beiseite geschafft worden.

77 H. C. Escher in Gilberts Annalen 1816. Ref.: Leonhard, Taschenbuch 1818, I, S. 199. — Eine Vorahnung des varistischen Gebirgs, freilich ganz anders begründet und vielfach anders gelegt, findet sich bei A. F. v. Veltheim (Etwas über die Bildung des Basalts und die vormalige Beschaffenheit der Gebirge in Deutschland, 1787. Zweite Aufl. 1789). Diese Theorie wurde immer nur als ein wissenschaftliches Kuriosum oder als sonderbare Verirrung erwähnt. Die verwandte Annahme Eschers scheint sehr wenig beachtet, also auch keineswegs als Errungenschaft gewertet worden zu sein.

78 Leonhard, Bedeutung usw., S. 28, Anm.

79 v. Hoff, l. c. (Nr. 47). — Werner, Neue Theorie usw., 1791, S. 178 u. a.

80 Leonhard, Bedeutung usw., S. 75.

81 Geolog. Schriften Nr. 96.

82 Ebel, Über den Bau der Erde in dem Alpengebirge, 1808.

83 v. Buch, Über die Ursachen der Verbreitung großer Alpengeschiebe. Werke II, S. 597.

84 Geolog. Schriften Nr. 215. — *BR.* 6476 an v. Trebra, 6. Jan. 1813.

85 S. Boisserée in Biedermann, Goethes Gespräche III S. 209ff.

86 Reise am Rhein, Main und Neckar in den Jahren 1714/15. Werke (1) *34*, S. 8, 65, und die unter Nr. 85 zitierte Äußerung.

87 Markasit aus der Champagne. *BR.* 2947 an Herzogin Amalia, 25. Sept. 1792, und sonst. — Ähnlich aus Württemberg, übersandt durch von Trebra, Sammlung II, **7**, 32; **8**, 39—41 u. a. — Kugeln aus Sandstein von Jena. *BR.* 6714 an Knebel, 19. Jan. 1814; Knebel, — 1814. (Briefwechsel Goethe-Knebel II, 125.)

88 Kupferlasur von Chessy. Sammlung II, **7**, zahlreiche Stufen.

89 Glimmerkugeln im Karlsbader Granit, *TB.* 23. Aug. 1818 u. a. — Kugeln von Grünstein in Grünsteinporphyr, Sammlung IV, **B**, 9. — Kugelporphyr von Korsika. Annalen 1816 (Werke [1] *36*, S. 110). *BR.* *45*, 203 an Senoner, 20. April 1829. — Hornblendekugel im Schwemmland bei Weimar, Geolog. Schriften Nr. 225.

90 v. Trebra, 21. Nov. 1812 (*G.A.*).

91 *BR.* 6696 an v. Trebra, 6. Jan. 1814. — Siehe auch: Physisch-chemisch-mechanisches Problem, Werke (2) *11*, S. 240ff., und Jul. Schuster, Ber. d. D. bot. Ges. XXIX, S. 722ff., 1911. — Das tertium comparationis zwischen diesen Kugeln und der negativen Elektrizität boten die Lichtenbergischen Figuren.

92 *BR.* 6696 an Trebra, 5. Jan. 1814, bezüglich auf die Kupferlasur von Chessy. — Die Vorstellung, daß bei der Kristallisation das Gestein verdrängt worden sei, wollte Goethe zuerst „nicht zu Sinn", er sah sich aber zu ihr hingezwungen. Trebra dachte an Ersatz der Feldspatsubstanz durch Kupfererz, ausgeschieden aus einer zirkulierenden, den Zementwassern ähnlichen Flüssigkeit (v. Trebra, undatiert, 1814, *G.A.*). Cordier (Annales des mines, vol. IV, Ref.:

Leonhard, Taschenbuch 1823, I, S. 216ff.) fand Schwierigkeiten in der Annahme gleichzeitiger Entstehung der erzführenden und erzfreien Schichten, aber begriff nicht, wie man bei Annahme von Infiltration erklären solle, daß die Lösung alle die leeren Räume im Gestein habe finden können, zu deren Annahme die Reinheit des Erzes berechtige.

[93] Geolog. Schriften Nr. 296. — Voigt erklärte die Knollen im Stinkkalk, um die es sich handelt, für Ausfüllung von Hohlräumen, offenbar in Anlehnung an Drusen in Mandelstein.

[94] Leonhard, Bedeutung usw., S. 83. — Auch H. v. Meyer (Jahrb. f. Min. 1831, S. 214) fand in den Konkretionen und Knollenbildungen eine Vis plastica oder formativa „als eine untere Stufe der Kristallisationskraft chemischer Mischung".

[95] Geolog. Schriften Nr. 96, 202.

[96] Geolog. Schriften Nr. 63, 97.

[97] In der Sammlung befindet sich aus Ägypten nur „Kugeljaspis", kein Nummulitenkalk und keine einzelnen Nummuliten. Im geogn. System der Sammlung ist nichts als „Ägyptenstein" bezeichnet. Es ist aber höchst unwahrscheinlich, daß damit Kugeljaspis gemeint sein sollte.

[98] *TB.* 28. Aug. 1810: Dose von Puddingstein, „an der man das Porphyrartige deutlicher als sonst sehen konnte". Geschliffener Puddingstein in der Sammlung XV, **B**, 40 und sonst.

[99] Cordier zertrümmerte Basalt u. dgl., schlemmte dann die Trümmer (Ann. de chimie III, S. 283ff. Ref.: Leonhard, Taschenbuch 1818, II, S. 441 und Brongniart, Journ. des mines. Bd. 38, S. 383ff.).

[100] L. v. Buch, Porphyr in Gängen bei Christiania. Werke II, S. 164ff. und andere Autoren. — Im Sinne von Werners Gangtheorie bewiesen solche Beobachtungen nichts gegen die Annahme neptunischer Entstehung.

[101] Geolog. Schriften Nr. 79, resp. in dem dazugehörigen, ungedruckten Sammlungsverzeichnis (Sammlung III, **16**, *G.N.M.*):

Nr. 1. Eine Wacke mit undeutlichen, doch eine Gestalt andeutenden Körnern usw.

Nr. 2. Jene Körner erscheinen immer gedrängter und ihre Gestalt könnte doppelt oktaedrisch sein.

[102] Geolog. Schriften Nr. 200.

[103] Geolog. Schriften Nr. 63. — Gerhard, Abh. K. Akad. Wiss. Berlin 1814/15, Ref.: Leonhard, Taschenbuch 1822, I, S. 224.

[104] Rosiwal, Führer internat. Kongreß Wien. — Bonnard, Journal des mines, Bd. 38. — v. Hoff in Leonhard, Taschenbuch 1826, S. 158.

[105] Cordier 1816, Ref.: Leonhard, Taschenbuch 1817, II, S. 572. — Kleinschrodt, ebenda 1821 I, S. 115, Fußnote, u. a.

[106] Ebel, l. c. I, S. 217.

[107] Eduard Suess, Über Zerlegung der gebirgsbildenden Kraft. Mitt. geolog. Ges. Wien VI, S. 22ff. 1913.

[108] v. Trebra (undatiert) 1814. (*G.A.*)

[109] Geolog. Schriften Nr. 64.

[110] Geolog. Schriften Nr. 45.

[111] Leonhard, 15. Dez. 1813 und 15. Febr. 1816 (*G.A.*). — Derselbe, Bedeutung usw., S. 51. — *BR.* 6679 an Leonhard, 30. Dez. 1813.

[112] *BR.* 7382 an Leonhard, 29. April 1816. Geolog. Schriften Nr. 100.

[113] Geolog. Schriften Nr. 149.

[114] Geolog. Schriften Nr. 157.

[115] Geolog. Schriften Nr. 48, 101, 203.

[116] Eckermann, Gespräche 1. Jan. 1827. — Aus früherer Zeit eine abweichende Äußerung: Unterhaltungen mit dem Kanzler v. Müller, 16. Dez. 1812.

[117] Diese Schrift wird erwähnt 1825 im Versuch über Witterungslehre (Werke (2) *12*, S. 121). Die dort angezogene Stelle steht Kant, Werke (herausgeg. von Hartenstein 1867). Bd. I, S. 108.

[118] Laplace wird gleichfalls nur im Zusammenhang mit Witterungslehre genannt (Werke (2) *12*, S. 121). A. v. Humboldt suchte die Theorie von Laplace mit Werners Neptunismus zu verbinden. (Über die Entbindung des Wärmestoffes als geognostisches Phänomen betrachtet. 1799. Zitiert nach Vogelsang, Philosophie usw., S. 92.)

[119] „De la Place äußerte die Idee, daß die Sonne ehemals eine weit höhere Temperatur als jetzt hatte. — Dieser Hypothese zufolge waren die Bestandteile der Erde mithin einmal so erhitzt, daß sie Gasform hatten.“ Berzelius, Jahresbericht I, übersetzt von Gmelin. Zitiert nach dem Ref.: Leonhard, Taschenbuch 1825, II, S. 183ff.

[120] Man vergleiche die Differenzen zwischen den Planetendistanzen in der Wirklichkeit und nach der Titius-Bodeschen Reihe, auch verschiedene andere Unstimmigkeiten im Sonnensystem, über welche die Theorie, jedenfalls in ihrer verbreitetsten Form, anstandslos hinweggeht.

[121] A. v. Humboldt, Kosmos III, S. 557.

[122] Warum spricht man eigentlich von einer Kant-Laplaceschen Theorie, wo doch deren einzige Übereinstimmung darin besteht, daß sie die Entstehung des Sonnensystems erklären wollen? — Siehe G. Gerland, Immanuel Kant, seine geogr. und anthropol. Arbeiten. Kantstudien Bd. X, S. 462, 1905.

[123] A. v. Humboldt, Kosmos III, S. 381ff.

[124] Kant, Allgemeine Naturgeschichte und Theorie des Himmels. 1755. Werke, herausgeg. v. Hartenstein. Bd. I, S. 305ff. 1867.

[125] A. v. Humboldt, l. c. (Nr. 123). — S. Günther, Lehrbuch der Geophysik, Bd. I, S. 57. 1884.

[126] Thiene, Temperatur und Zustand des Erdinnern. 1907. S. 2.

[127] Leonhard, Bedeutung usw. S. 16.

[128] v. Trebra, 21. Dez. 1814. (*G.A.*)

[129] v. Trebra und Hassenfratz, Sur la temperature du globe à divers profondeurs et à sa surface. Annales des mines I. 1817.

[130] De Luc jr., Bibl. universelle. 1816. I. Ref.: Leonhard, Taschenbuch 1819, I, S. 194. Wiederaufnahme einer älteren Vorstellung, die auch bei v. Trebras Erfahrungen vom Innern der Gebirge einspielt.

[131] L. v. Buch, Von den geognostischen Verhältnissen des Trapp-Porphyrs. 1813. Werke II, S. 629. Es heißt daselbst statt „Ursache der (inneren Erdwärme)“: Ursache der Vulkane. Die Umänderung des Wortlauts beeinflußt den Sinn nicht. Der Kuriosität wegen sei noch angeführt: Prechtl (Jahrb. k. k. polytechn. Institut Wien III, Ref.: Leonhard, Taschenbuch 1825, S. 261), Wärmeentstehung durch den Druck der von oben in die Spalten eingepreßten Luft.

[132] Gay Lussac, Ann. de chimie et de physique. Bd. 22. Berzelius, Jahresbericht I. — Ref.: Leonhard, Taschenbuch 1825, S. 25ff. u. 261ff.

[133] Fourier, Annales de chimie. 1824. Ref.: Leonhard, Taschenbuch 1826, I, S. 275. — Erst Cordier (Memoires du museum d'histoire nat. 1827, Ref.: Leonhard, Taschenbuch, 1828 II, S. 903) sprach aus, daß die Beobachtungen das Vorhandensein einer dem Erdinnern eigentümlichen Wärme „bestätigten“. Die Temperaturbeobachtungen wurden erst verallgemeinert, als die geologische Theorie solche Verallgemeinerung forderte.

[134] Werner, Neue Theorie usw., S. 16. — Goethe meinte (Geol. Schr. Nr. 155), der gemeine Mann habe auch nicht so unrecht.

[135] Geolog. Schriften Nr. 201. Die Zeichnung ist in die *W.A.* nicht aufgenommen.

[136] Werke (2)·*11*, S. 106, Z. 3ff.

[137] Geolog. Schriften Nr. 48.

[138] Geolog. Schriften Nr. 6. Besonders *BR. 31*, 194 an Pansner, 20. Juli 1819.

[139] Bonnard, Journ. des mines. Bd. 28, S. 377, Fußnote: „Man kann bemerken, daß von den drei in diesem Aufsatz genannten Thermalquellen die Karlsbader ganz oder zum größten Teil aus einem Hornsteingang im Granit hervortritt; die von Heydelberg und Wolkenstein entspringen am Gneis, in dem Amethystgänge ausgebeutet worden sind. Es wäre interessant, ihre Beziehungen zu diesen Gängen genauer zu untersuchen.“ Das Referat in Leonhards Taschenbuch 1822, II, S. 535, übergeht diese Beobachtungen.

v. Hoff, Der Thüringer Wald, I, S. 89ff. 1807. (Ref.: Leonhard, Taschenbuch 1815, II, S. 485ff.). Erwähnung eines Ganges bei Ruhla, in dem eine Menge von Granittrümmern durch Hornstein zusammengekittet sind.

BR. 6407 an v. Trebra, 3. Nov. 1814: Gestein vom Rehberger Graben steht auf dem „eminentesten Punkt und die wichtigen elektrochemischen Naturwirkungen bei dem Kontakt zweier verwandten und doch heterogenen, im Werden begriffenen Massen legen sich klar vor Augen“. (Doch möchte man hinzufügen: Sie rufen ebensowenig wie der Gang von Ruhla Thermen hervor!)

[140] Geolog. Schriften Nr. 237, vielleicht auch Nr. 145 (Kohlensaures Wasser hält den Wärmestoff länger fest als normales).

[141] Geolog. Schriften Nr. 6. — v. Hoff, Geschichte der natürlichen Veränderungen der Erdoberfläche. Bd. II, S. 89. 1824. — v. Hoff hatte dabei übersehen, daß Goethe nicht von einem „mit etwas Kalkerde und wenig Schwefel imprägnierten Granitlager“ redete, sondern von einer Granit-Hornsteinmasse, die v. Hoff dann 1825 beschrieb.

[142] Steffens, Geogn.-geologische Aufsätze. 1810. S. 313. (Zitiert nach v. Hoff, l. c. S. 90ff.)

[143] Reinhard, 31. Aug. 1807. (Briefwechsel Goethe-Reinhard. 1850. S. 11.)

[144] *BR.* 6429 an Doebereiner, 22. Nov. 1812. — Annalen 1812. Werke (1) *36*, S. 78.

[145] v. Trebra, 28. Aug. 1817; 29. Aug. und 24. Nov. 1818 (*G.A.*). Im zweitgenannten heißt es: „Schreib doch noch ein paar Worte über die Veranlassung, welche die Natur gehabt haben mag, gerade auf diesen Punkt im Tal der Tepl die Ursachen zusammenzuführen, welche diese gewaltigen Bewegungen im Granit hervorbringen konnten, die Wasser mit diesem Gehalt herauszukochen. Laufen denn etwa Täler oder nur Schluchten oder nur besonders geformte Abhänge nach diesem Punkt des Sprudels zusammen?“ Dieses dürfte wohl eines der letzten Lebenszeichen des alten Bergmannsaberglaubens sein, wonach gewisse Abnormitäten der Oberflächenform, prallige Berghänge usw. eine Begleiterscheinung edler Erzgänge wären.

[146] Geolog. Schriften Nr. 21.

[147] Noeggerath, Jenaische allgem. Literaturzeitung 1823, S. 376. Übernommen in Leonhard, Taschenbuch 1824, I, S. 164.

[148] Lesarten zu *BR. 39*, 34 an Sternberg, 14. Dez. 1824. Ferner Geol Schr. Nr. 158.

[149] A. Boué, Allgemeine geologische Beobachtungen über die Entstehung der Gebirge, übersetzt von Kleinschrodt. Leonhard, Taschenbuch, 1823 II, S. 295.

[150] J. C. W. Voigt, 9. Juli 1812 (*G.A.*).

[151] v. Hoff, l. c. (Nr. 141). Bd. II, S. 61.

[152] Leonhard, Taschenbuch 1811, S. 253. Die Gesellschaft setzte einen Preis

aus für diejenige Schrift, welche die Natur des Basaltes und der damit verwandten Gebirgsarten am getreuesten schildern, die befriedigendsten Aufschlüsse beibringen und die Unrichtigkeiten in jeder der bisherigen Vorstellungsraten am gründlichsten aufdecken wird.

[153] Charakteristisch ist die an den Haaren herbeigezogene Erwähnung der Basaltfrage in Werners neuer Theorie der Gänge S. 182, Anm.

[154] Klipstein (1789): Bimstein liegt bei Braubach unter der Dammerde und scheint von den Vulkanen unter Coblenz durch den Wind dahin geführt zu sein (Sammlung IV, 18, 23). Noeggeraths spätere Deutung (Wassertransport) ist weit weniger richtig und entstand wohl nur in Nachwirkung der langen Gewöhnung an die Annahme einer allgemeinen Wasserbedeckung (Leonhard, Taschenbuch 1818, I, S. 180ff.).

[155] Keferstein, Beiträge zur Geschichte und Kenntnis des Basalts, 1819, Leonhards Referat darüber (Taschenbuch 1821, S. 153ff.). — v. Hoff, l. c. (Nr. 141), S. 60.

[156] Geolog. Schriften Nr. 189.

[157] Leonhard, Bedeutung usw., S. 26.

[158] Leonhard, ebenda, S. 29, 35. Der im ersten Passus angedeutete Gedanke ist, daß die Eindeckung durch Sedimente erst die Ansammlung einer elektrischen Spannung ermöglichte.

[159] Siehe S. 120ff.

[160] v. Hoff, 27. Nov. 1808 (*G.A.*); Reich, v. Hoff, S. 78.

[161] v. Hoff, Beobachtungen über die Verhältnisse des Basalts an einigen Bergen in Hessen und Thüringen. Magaz. d. naturf. Gesellschaft, Berlin, Bd. V. 1810.

[162] v. Buch, Geognostische Beobachtungen auf Reisen durch Deutschland und Italien, Bd. II. 1809. (Werke II, S. 468ff.)

[163] Derselbe, Über die Verhältnisse des Trapp-Porphyrs. Erschienen 1816. (Werke II, S. 629ff.)

[164] „Die Welt mußte zufrieden sein und war zufrieden, weil Leopold von Buch die Vulkanität des Basalts mit eigenen Augen gesehen hatte, und dabei blieb es," meinte Vogelsang (Philos. der Geolog., S. 102).

[165] Leonhard, Taschenbuch 1813, II, S. 517.

[166] *TB.* 20. Febr. 1817.

[167] Hundeshagen, Beschreibung des Meißners. Leonhard, Taschenbuch 1817, I, S. 3ff. Vgl. *BR.* 7890 an Karl August, 10. Okt. 1817. — Interessant ist, daß Schaub (S. 308, Anm. 4) gerade am Meißner die Vulkanität des Basalts hatte erweisen wollen.

[168] Leonhard, Taschenbuch 1818 I, S. 223. Referat aus Gilberts Annalen, 1814.

[169] Edling, 26. Juni 1817 (*G.A.*), *BR.* 7794 an Edling, 2. Juli 1817; *BR.* 7934 an Cattaneo, 20. Dez. 1817.

[170] Annalen 1817 und 1818. Werke (1) *36*, S. 119, 139. *TB.* 22. Okt. 1817ff.; 21. Jan. 1818ff.

[171] Geolog. Schriften Nr. 283, 289 rein mineralogisch. Geolog. Schriften Nr. 157 ein paar höchst knappe, unerschöpfende geologische Notizen.

[172] *BR.* 7900 an v. Preen, 29. Okt. 1817.

[173] Geolog. Schriften Nr. 101.

[174] Goethes Quelle ist mir nicht erfindlich; er selbst gibt auch über das Nähere seines Gedankenganges keinen Fingerzeig. In Betracht kommt vermutlich: A description of the Island of St. Helena, London 1805. Deutsche Übersetzung Weimar 1807, auch für v. Hoff (Gesch. d. Veränd., II, S. 472), die einzige Quelle über die Insel.

[175] Sickler, Ideen zu einem vulkanischen Erdglobus. Weimar 1812. *TB.* 8. Juli 1812. — Zu vgl. Ref. in Leonhard, Taschenbuch 1815, II, S. 453, und v. Hoff (Geschichte usw., II, S. XII).

[176] Geolog. Schriften Nr. 205.

[177] Die Durchsicht der Bände von Leonhards Taschenbuch, die eine ersichtlich unparteiische Übersicht des damaligen Schaffens geben, wird in jedem diesen Eindruck erwecken. Die Titel einzelner Arbeiten zu nennen, wäre zwecklos.

[178] Geolog. Schriften Nr. 4, 88, 242.

[179] *TB.* 4. April ff.; 28. Aug. 1818. Annalen 1818, Werke (1) *26*, S. 139.

[180] *TB.* 23., 28. Aug. 1818. Annalen 1818 (l. c.).

[181] Seite 115 und Fig. 6.

[182] *BR.* 7876 an Rittner, 24. Sept. 1817; *BR.* 7890 an Karl August, 10. Okt. 1817.

[183] *BR.* *32*, 9 an Aug. v. Goethe, (11) 16. Sept. 1819. Geolog. Schriften Nr. 13.

[184] Sc. Breislak, Introduzione alla Geologia 1811. Ref.: Leonhard, Taschenbuch, 1819 II, S. 497. Übersetzt von Strombeck 1819. 2 Bde. — Zittel, Geschichte der Geologie. S. 111, 139, 205.

[185] Zittel, l. c. S. 206.

[186] Er plante das Werk „vorzunehmen" im 1821 erschienenen 4. Heft zur Naturwissenschaft (Werke (2) *10*, S. 275), freilich ist nichts davon niedergeschrieben. Vielleicht deutet die Tagebuchnotiz vom 15. Mai 1819: „Entsäuerung des spätigen Eisensteins durch Hitze" auf die Absicht, die grundlegenden Versuche zu wiederholen.

[187] *BR.* *31*, 51 an Leonhard, 8. Jan. 1819.

[188] Leonhard, 26. April 1819 (*G.A.*). — Ausführliche Inhaltsangabe: Leonhard, Aus unserer Zeit in meinem Leben, 1854, S. 620ff. Daselbst wird eine ausführliche Darstellung erwähnt in: Heidelberger Jahrbücher der Literatur, 1819, Nr. 42.

[189] *BR.* *32*, 12 an Leonhard, 19. Sept. 1819.

[190] Geolog. Schriften Nr. 197.

[191] Fichtel, Mineralogische Bemerkungen von den Karpathen, 1791. Zittel, Geschichte der Geologie, S. 128.

[192] Briefwechsel Goethe-Knebel I, S. 210.

[193] *TB.* 15.—17. Juni 1818. Annalen 1818 (Werke (1) *36*, S. 139).

[194] Werke (1) *5*, 1 S. 137.

[195] Geolog. Schriften Nr. 13, verfaßt 11. Sept. 1819. — *BR.* *32*, 9 an Aug. von Goethe, 5.—16. Sept. 1819.

[196] Der eingeklammerte Passus versucht frei aus der Sachlage rekonstruierend eine Stelle zu überbrücken, in der Goethes Entwurf nicht erkennen läßt, wie der Zusammenhang gedacht war.

[197] *BR.* *32*, 163 an Nees v. Esenbeck, 12. März 1820.

Zweite Periode, dritter Teil.

[1] Die Annalen berichten für 1819 überhaupt nichts von naturwissenschaftlichem Treiben. Vielleicht wollte Goethe über einen Zeitraum möglichst rasch hinweggehen, der durch Tod alter Freunde, wie C. G. Voigt und v. Trebra, ferner durch politische Bedrängnis getrübt war.

[2] Zur Morphologie und Naturwissenschaft Bd. I, Heft 3. Inhalt: Geolog. Schriften Nr. 20, 22, 21. Geolog. Schriften Nr. 26, 13, 12, 14. Geolog. Schriften Nr. 35.

[3] Macculloch, A description of the western Islands of Scotland, 1819. Zittel, Geschichte der Geologie, S. 165.

[4] *TB.* 26. März 1820. *BR.* *32*, 175 an Bran, 25. März 1820. Entliehen von der Weimarer Bibliothek (25. März bis 26. Juni 1820) und vielleicht nach Karlsbad mitgenommen.

[5] Geolog. Schriften Nr. 56. Ein Urteil Goethes, das in dem exzerpierten Werk Noses nicht vorkommt.

[6] Geolog. Schriften Nr. 167.

[7] Nose, Historische Symbola, die Basaltgenese betreffend. Zur Einigung der Parteien dargeboten. Bonn 1820. In den Annalen 1820 spricht Goethe von zwei Werken Noses, einer „Basaltgenese" und den „Symbola". Wahrscheinlich sind die Tagebuchnotizen vom 24. Juni und 1. August schuld an dieser Verdoppelung; sie können sich nur auf ein einziges Werk beziehen, das zuerst als „Basaltgenese" und später als „Symbola" eingetragen ist. Die sonst gleichgültige Einzelheit erhält etwas größere Bedeutung als weiterer Beleg für gelegentliche Unzuverlässigkeit der Annalen. (Siehe S. 313, Anm. 112.)

[8] Nose, Symbola, S. 83. Geolog. Schriften Nr. 20.

[9] Noeggerath (Jenaische Allgem. Literaturzeitung 1823, S. 379) meinte etwas geschraubt, daß der (ungenannte) Verfasser der „Kritik" (siehe Anm. 11) wohl derjenige Mann sei, der am besten die Tendenz der Noseschen Symbole zu deuten vermöge. Auch sah Nose sich fortwährend zu Erläuterungen gezwungen, z. B. auch in Noeggeraths „Gebirge von Rheinland und Westfalen", Bd. III, S. 181. Dem Stil nach ist dieser Brief und der ebenda abgedruckte Aufsatz mit der Chiffre O. C. D. von Nose selbst verfaßt.

[10] Geolog. Schriften Nr. 26.

[11] (Nose), Kritik der geologischen Theorie, besonders der von Breislak und jeder ähnlichen. Bonn 1821. (Ders.), Fortgesetzte Kritik der geologischen Theorie. Bonn 1822.

[12] Nose, Kritik, S. 67ff.

[13] Noeggerath (Jenaische Lit.-Zeit., l. c.) bemerkt, Nose habe Goethes Mißverständnisse mit „Zartheit und schriftstellerischer Gewandtheit sanft zurückgedrängt".

[14] Nose, Symbola, S. 26ff.

[15] Nose, Fortgesetzte Kritik, S. 6.

[16] Nose, Kritik, S. 27, Anm.

[17] Nose, Symbola, S. 67 und sonst.

[18] Nose, Symbola, S. 25, Kritik, S. 16, 42.

[19] Nose, Symbola, S. 20.

[20] Nose, Symbola, S. 88.

[21] Nose, Symbola, S. 11.

[22] Nose, Symbola, S. 22 und sonst.

[23] Nose, Symbola, S. 13, 88.

[24] Nose, Kritik, S. 35.

[25] Nose, Fortgesetzte Kritik, S. 36.

[26] Nose, Kritik, S. 16 und sonst.

[27] Nose, Kritik, S. 10, 14, 77.

[28] Nose, Symbola, S. 49ff., 86 und sonst.

[29] Nose, Symbola, S. 9, 83 und sonst.

[30] Geolog. Schriften Nr. 14.

[31] Bereits 1806 in der Karlsbader Sammlung erwähnt, dann 1818 in der Sammlung vom Kammerbühl.

[32] Annalen 1820. Werke (1) *36*, S. 158. Geolog. Schriften Nr. 168.

[33] Sammlung II, **33**, 7—17. Die Stücke waren mit Tonbatzen und darauf eingeritzten Nummern bezeichnet; doch sind diese Etiketten abgefallen und alles ist durcheinander gerollt. Ob geolog. Schriften Nr. 168 zu dieser Sammlung ge-

hört, vermochte ich nicht festzustellen. Die Unordnung bestand schon bei Abfassung der Annalen und bewirkt, daß den sehr allgemein gehaltenen Äußerungen Goethes über das Ergebnis nichts im besonderen hinzugefügt werden kann.

[34] *BR. 33*, 79 an Karl August, 13. Juli 1820.

[35] *BR. 33*, 113 an denselben, 13. Aug. 1820.

[36] Geolog. Schriften Nr. 17, 19.

[37] J. C. W. Voigt (Leonhard, Taschenbuch 1821, III, S. 923ff.): „Der vulkanische Prozeß besteht in Gärung; die gärenden Massen quellen herauf. Wenn eine Bouteille springt, so läuft ja nicht das Glas auf den Boden, sondern das, was in Gärung geriet und die Sprengung verursachte". — Der Grundgedanke ist richtig, aber die Fassung des Arguments ist schief.

[38] Naumann, 30. März 1824. (Batranek, Naturwiss. Corr. II, S. 5.)

[39] Leonhard, 10. Juli 1828 (*G.A.*).

[40] S. 121ff.

[41] Geolog. Schriften Nr. 12.

[42] Biedermann, Goethe-Gespräche, Bd. IV, S. 99 und sonst.

[43] *BR. 37*, 96 an Grüner, 23. Juli 1823. *BR. 37*, 99 an Aug. v. Goethe (14) 25. Juli 1823.

[44] *BR. 37*, 99 an Aug. v. Goethe, (13) 25. Juli 1823.

[45] *BR. 37*, 99 an Aug. v. Goethe, (23, 24) 25. Juli 1823. — *BR. 37*, 100 an Grüner, 28. Juli 1823.

[46] *BR. 37*, 132 an Sternberg, 10. Sept. 1823. Grüner meinte (31. Juli 1823. *G.A.*): „Wenn es Ew. Excellenz nicht zu beschwerlich würde, so möchte ich freilich wünschen, die Lokalität des Wolfsbergs in Augenschein zu nehmen, denn obschon die großen Feuer- und Wasserrevolutionen sich auf einige nicht ungegründete Mutmaßungen zurückführen lassen dürften, so mag doch manches Zufällige sich beigemischt haben, worüber die Umgegend erläuternde Auskunft geben könnte".

[47] Sammlung VII, 1 und 7. Die Bearbeitung der massenhaft gesammelten Kristalle übernahm Soret (*BR. 38*, 23 an O. v. Goethe, 26. Jan. 1824; *TB.* 26. Jan. 1824ff., Geolog. Schriften Nr. 18, und Soret, Catalogue raisonné des variétés d'amphibole et de pyroxène provenant du Wolfsberg en Bohême, in: Goethe zur Morph. und Naturw. Bd. II, Heft 2). Die Sammlung ist erhalten (Hauptsammlung VII, **2**; Doubletten VII, **6**; Material XVI, **K**, 14), doch war schon bei Aufnahme des Katalog D alles durcheinandergefallen. Mit einigem Zeitaufwand dürfte sich die Ordnung wiederherstellen lassen, wodurch vielleicht ein schätzbares Material zum Verständnis der Hauyschen Kristallographie und Methode geschaffen würde.

[48] Geolog. Schriften Nr. 19, 18.

[49] *BR. 38*, 28 an Doebereiner, 4. Febr. 1824.

[50] Sammlung II, **33**, 6. „Augiten vom Wolfsberg in Böhmen, im Weißglühfeuer 3 Stunden lang gehalten." Die Kristalle haben ihren Glanz verloren, lassen aber sonst keine augenfällige Schmelzwirkung erkennen.

[51] *TB.* 23. Aug. 1823. — Geolog. Schriften Nr. 19, 75.

[52] Profft, Kammerbühl und Eisenbühl etc. Jahrb. d. k. k. geolog. Reichsanstalt 1894, S. 70ff.

[53] Nur vereinzelte Stufen, einer Gruppe diverser böhmischer Vorkommnisse eingeordnet. Sammlung IX, **3**, **4**, **5**.

[54] Auch aus der Sammlung ist nicht zu ersehen, was gemeint sein möchte. Vielleicht olivinreiche Bomben?

[55] Geolog. Schriften Nr. 19.

[56] Geolog. Schriften, Nr. 131, 132.

[57] Nees von Esenbeck, 7. Nov. 1823 (Batranek, Naturwiss. Corr. II, S. 76).

[58] Sternberg, 26. Mai 1824 (Batranek, Briefwechsel Goethe-Sternberg, S. 128ff.) Anderes derart mitgeteilt im August 1824 (l. c., S. 131ff.) und 6. Sept. (l. c., S. 136ff.).

[59] Klipstein im Mineralogischen Taschenbuch 1824, I, S. 496ff.

[60] Leonhard, 2. Dez. 1826 (Batranek, Naturwiss. Corr. I, S. 298). — *BR. 42,* 50 an Leonhard, 13. Febr. 1827. Sammlung X, 1, 2. Später ähnlich veränderten Süßwasserkalk von Clermont, Sammlung VI, 4, 1, Leonhard, 19. Febr. 1831 (*G.A.*).

[61] Leonhard, 5. März 1827 (Batranek l. c., I, S. 229). — Schon früher machte Hausmann Ähnliches bekannt (Göttinger gelehrte Anzeigen 1817. Ref.: Leonhards Taschenbuch 1817, II, S. 559).

[62] *BR. 39,* 34 an Sternberg, 14. Dez. 1824, Konzept unter Lesarten.

[63] Singer (Karstens Archiv III, S. 86. Ref.: Leonhard, Taschenbuch 1824, I, S. 127). — Burckhard (Taschenbuch 1823, IV, S. 831). — *TB.* 28. Nov. 1821. Sammlung X, 7, 13. — *BR. 35,* 154 an Fr. v. Stein, 2. Dez. 1821, *BR. 39,* 34, an Sternberg (Konzept), 14. Dez. 1824.

[64] J. C. W. Voigt, l. c. (Anm. 37): „Die isolierten Berge mit ihren Basalthütchen waren keine Berge zur Zeit der Eruptionen, sondern damals war der Meeresboden eben. Die Berge sind erst durch nachträgliche Talbildung, durch Ströme entstanden." — Eine freilich damals noch ganz vereinzelte Anschauung, die auf Goethe, selbst wenn sie ihm bekannt gewesen wäre, wohl keinen Eindruck gemacht hätte.

[65] *BR. 43,* 109 an Leonhard, 9. Nov. 1827. — Leonhard, 20. Nov. 1827 (*G. A.*)

[66] *BR. 45,* 203 an Senoner, 20. April 1829.

[67] *BR. 46,* 48 an Keferstein, 15. Aug. 1829, bezüglich auf Keferstein, Teutschland, Bd. VI, Heft 2, S. 218, 226, 315ff., wonach gewisse Trachyte nicht-vulkanische Lager in Mergel und Flysch, zwar porphyrisch, aber nicht aus dem Erdinnern aufgestiegen sein sollten.

[68] *BR. 36,* 74 an Aug. v. Goethe, 29. Juni 1822.

[69] Zittel, Geschichte der Geologie, S. 94. Die Herausgeber der gesammelten Werke v. Buchs verlegten den Wendepunkt auf 1828.

[70] L. v. Buch überreichte sein Werk über die Canarischen Inseln mit folgendem Begleitschreiben:

> Hochgeehrter Herr Staatsminister! Es macht das beikommende Werk über die Canarischen Inseln Anspruch, einen Platz zwischen Ew. Excellenz Büchern einzunehmen. Es mag ein kühnes Verlangen sein, allein ich darf es entschuldigen. Denn da das Buch sich mit einer der wichtigsten und der größten Erscheinungen auf der Erdoberfläche beschäftigt, mit der Lage und dem Zusammenhang der Vulkane, so wird es nicht ohne Verdienst sein, wenn es durch seine Anwesenheit einen Geist, der mit den allwaltenden Gesetzen der Natur in ihrem ganzen Umfang vertraut ist, zuweilen bewegen kann, auch diese Erscheinungen zum Gegenstand seiner Beobachtungen zu machen.
>
> Mit größter Ehrfurcht habe ich die Ehre zu sein Ew. Excellenz gehorsamer Diener
>
> Leopold von Buch.

Gotha, den 31. Juli 1825.

Goethe erwähnte das Werk kurz im Tagebuch (31. Juli und 1. Aug. 1825), dankte dem Autor höflich (*BR. 40,* 17 an v. Buch, 22. Aug. 1825), sandte auch eine

Empfangsanzeige an v. Hoff (*BR. 41*, 8 an v. Hoff, 14. April 1826), nahm aber sonst weder zustimmend noch ablehnend vom Inhalt Notiz.

[71] L. v. Buch, Mineralogische Briefe aus der Auvergne, 1802. Werke *1*, S. 468ff.

[72] Vogelsang, Philosophie der Geologie, S. 89, Anm. Vogelsangs Darstellung der Lehre v. Buchs ist wohl trotz des S. 85 eingeschalteten Hinweises auf die „unschätzbaren Verdienste" allzusehr als Anklagerede geraten, oder die Abneigung gegen A. v. Humboldt hat auf den Freund abgefärbt.

[73] L. v. Buch, Von den geognostischen Verhältnissen des Trappporphyrs, 1813. Werke II, S. 629ff

[74] L. v. Buch, Über die Zusammensetzung der basaltischen Inseln und über Erhebungskratere, 1818. Werke *3*, S. 3ff.

[75] L. v. Buch, Physikalische Beschreibung der Canarischen Inseln, 1825. Werke *3*, S. 225ff.

[76] Keferstein, Die Basaltgebilde des westlichen Deutschlands, 1820. Ref.: Leonhard, Taschenbuch 1820, II, S. 340.

[77] v. Hoff in: Leonhard, Taschenbuch 1820, II, S. 568ff.

[78] L. v. Buch, Über Dolomit als Gebirgsart, 1822 u. 1823. Werke *3*, S. 55 u. 92. — Derselbe, Über den Thüringer Wald, 1824. Werke *3*, S. 186. — Derselbe, Über einige geognostische Erscheinungen in der Umgebung des Luganer Sees, 1827. Werke *3*, S. 647.

[79] L. v. Buch, Über geognostische Erscheinungen im Fassatal, 1824. Werke *3*, S. 141.

[80] L. v. Buch, Über den Harz, 1824. Werke *3*, S. 203.

[81] A. v. Buch, Brief an Pfaundler, 1822. Werke *3*, S. 82. — A. Boué in Leonhard, Taschenbuch 1827, II.

[82] L. v. Buch, Reisen nach Norwegen und Lappland, 1810. Werke *2*, S. 504.

[83] Schmidt, Beiträge zur Lehre von den Gängen. Siegen 1827. Ref.: Leonhard, Taschenbuch 1828, I, S. 403.

[84] L. v. Buch, Über Dolomit als Gebirgsart, 1822. Werke *3*, S. 55.

[85] L. v. Buch, Über die Verbreitung großer Alpengeschiebe, 1827. Werke *3*, S. 659.

[86] v. Hoff, Das Nadelöhr im Tal der Werra. Jahrb. f. Min. 1830, S. 421ff. — Daubeny, Edinburgh. n. phil. Journ. 1831. Ref.: Jahrb. f. Min. 1832, S. 340. — Omalius d'Halloy, Journ. de Géol. 1830. Ref.: Jahrb. f. Min. 1832, S. 342.

[87] Karsten, Mineralogische Reisen. Ref.: Leonhard, Taschenbuch 1824, I, S. 184ff.

[88] L. v. Buch, Über die Karnischen Alpen, 1824. Werke *3*, S. 174.

[89] L. v. Buch, Über Dolomit als Gebirgsart, 1823. Werke *3*, S. 111. Derselbe, Über die geognostischen Systeme in Deutschland, 1824. Werke *3*, S. 218.

[9] E. de Beaumont, Annales des Sci. nat., vol. 18. Ref.: Jahrb. f. Min. 1830, S. 355. — Derselbe, Brief an A. v. Humboldt, Poggendorffs Annalen d. Phys.-1832. Ref.: Jahrb. f. Min. 1833, S. 210. — Schon Boué 1827 (vgl. Anm. 81) hatte zeitliche Verschiedenheiten der Hebungen behauptet.

[91] Cuvier, Discours sur les révolutions de la surface du globe. Erste Auflage 1821.

[92] v. Dechen und v. Hoevel in: Noeggeraths „Rheinland und Westfalen", I, S. 2, 17. Ref.: Leonhard, Taschenbuch 1825, S. 260. — Sternberg, 6. Sept. 1824 (Batranek, Briefwechsel Goethe-Sternberg, S. 136ff.

[93] Selb, in Leonhards Taschenbuch 1823, I, S. 3ff.

[94] Boué, Essai géologique sur l'Ecosse. Ref.: Leonhard, Taschenbuch 1823, II.

[95] Oeynhausen, in Leonhards Taschenbuch 1824, I, S. 216ff. — Noeggerath, Über aufrecht im Gebirgsgestein eingeschlossene fossile Baumstämme und andere Vegetabilien, 1819. Ref.: Leonhard, Taschenbuch 1823, II, S. 409. — Scrope, Considerations on volcanoes, 1825. Ref.: Leonhard, Taschenbuch 1826, II, S. 527ff. — A. Boué, Synoptische Darstellung der die Erde ausmachenden Formationen. Ref.: Leonhard, Taschenbuch 1827, II. — Die Anerkennung von Schichtenstörungen am Rande des Thüringer Waldes hinderte durchaus nicht, den Schichtenfall des mitteldeutschen Zechgesteins durch ursprünglich muldenförmige Ablagerung zu erklären und die Schlotheimsche Ansicht beizubehalten, daß bei Liebenstein die Küste des Zechsteinmeeres noch unverändert vorliege (Boué, l. c., S. 59, und v. Schlotheim, Beiträge zur Naturgeschichte der Versteinerungen in geognostischer Hinsicht. Denkschrift d. kgl. Akad. d. Wiss. München, Bd. VI. Ref.: Leonhard, Taschenbuch 1821, I, S. 195ff.

[96] Sternberg, 7. Dez. 1822 (Batranek, Briefwechsel Goethe-Sternberg).

[97] Sternberg, Aug. 1824 (Batranek, Briefwechsel Goethe-Sternberg, S. 131ff.).

[98] Berzelius, Jahresbericht II, übersetzt von Gmelin. Ref.: Leonhard, Taschenbuch 1824, II, S. 723.

[99] A. v. Humboldt, Reise in die Equinoktialgegenden, Bd. III. Ref.: Leonhard, Taschenbuch 1822, III, S. 794ff. — A. v. Humboldt, Über den Bau und die Wirkungsart der Vulkane, 1823.

[100] Gay Lussac, Annales de chimie et de physique. Bd. XXII. Ref.: Leonhard, Taschenbuch 1825, I, S. 25.

[101] L. v. Buch l. c. (Anm. 74), nachdem er 4 Jahre früher (Anm. 73) erklärt hatte, die ganz unlösbare Frage nach der Beschaffenheit des Erdinnern meiden zu wollen.

[102] W. J. Girardin, Philos. Journal 1830. Ref.: Jahrbuch f. Min. 1833, S. 79.

[103] v. Seckendorff, Jahrbuch f. Min. 1832, S. 19ff. Die hier vorgetragene Gebirgsbildungslehre gehört in die Vorgeschichte der isostatischen Theorien.

[104] A. v. Humboldt, Kosmos I, S. 247. 1845. Davy starb 1829. Wenn er selbst seine Theorie zurücknahm, so zeigt ihr Fortleben in der Geologie, wie schwer und zufällig Kunde von einem Forschungsgebiet in ein anderes eindringt.

[105] Auch Vogelsang (l. c. S. 88) betont, daß die theoretischen Betrachtungen L. v. Buchs in sehr allgemein gehaltenen Sätzen vorgetragen seien.

[106] *TB.* 7. Jan. 1832.

[107] Aus den Invektiven, in denen Goethe nach Vogelsangs Ausdruck (l. c. S. 99) auf die neue Geologenschule „schimpft", ließe sich nach Konzepten, Briefen, Tagebüchern und Gesprächen ein umfangreiches, freilich eintöniges Bukett zusammenstellen. Das ärgste ist wohl, daß er einmal die bona fides L. v. Buchs anzweifelte und meinte, dieser Ultravulkanist sei nicht ernst zu nehmen, nehme sich auch selbst nicht ernst und geberde sich nur so, um etwas ganz Besonderes aus sich zu machen (Geolog. Schriften Nr. 153, *BR. 36*, 223 an Sternberg, 12. Jan. 1823, Konzept). Wie er selbst solche Explosionen des Unmuts bewertete, geht daraus hervor, daß er ein Thema für mitternächtige Gespräche bei einem Glase Wein darin sah (*BR. 36*, 77 an Aug. v. Goethe, 7. Juli 1822). Auch strich er solche Ergüsse aus den Briefkonzepten sehr oft wieder heraus (z. B. *BR. 39*, 34 an Sternberg, 14. Dez. 1824), empfand es auch dankbar, daß Graf Sternberg ihn davon zurückhielt, diesen Launen die Zügel schießen zu lassen (*BR. 38*, 41 an Nees v. Esenbeck, 21. Febr. 1824).

Wie Heine (die romantische Schule) sagt, brauchte Goethe nur die ambrosischen Locken unwillig zu schütteln, um sich des Schwarms der Dichter um Schlegel zu erwehren, während der alte Voss zu gleichem Zweck mit dem Hammer Thors zuschlagen mußte. Der romantischen Geologie jener Zeiten gegenüber war der Olympier ohnmächtig und sein Donner wäre, wenn öffentlich erklungen, ohne zu schrecken oder zu treffen verhallt. Deshalb hat Goethe in den Schriften, die er selbst veröffentlichte, sich solcher Invektion sorgfältig enthalten. Die schärfste Äußerung der Art steht in den Annalen 1820 (Werke (1) *36*, S. 173.) im Anschluß an die Besprechung von Hermanns Programm über das Wesen und die Bedeutung der Mythologie: „Eine Bemerkung konnte mir nicht entgehen, daß die spracherfindenden Urvölker bei Benamung der Naturerscheinungen und deren Verehrung als waltender Gottheiten mehr durch das Furchtbare als durch das Erfreuliche derselben aufgeregt worden, so daß sie eigentlich mehr tumultuarisch zerstörende als ruhig schaffende Gottheiten gewahr wurden. Mir schienen, da sich denn doch dieses Menschengeschlecht in seinen Grundzügen niemals verändert, die neuesten geologischen Theoristen von eben dem Schlage, die ohne feuerspeiende Berge, Erdbeben, Kluftrisse, unterirdische Druck- und Quetschwerke, Stürme und Sündfluten keine Welt zu erschaffen wissen." Daher war Eckermann unglücklich beraten, als er eine Invektive mit andern Konzepten zusammengeschweißt in die nachgelassenen Werke aufnahm (Geolog. Schriften Nr. 40). Sie wurde durch die Einarbeitung in einen scheinbar abgeschlossenen Aufsatz ihrer unverbindlichen Momentanität beraubt und macht nun, daß Goethe hier ohnmächtig schimpfend nicht als Olympier oder Thor, sondern höchstens als der Poseidon in Spittelers Olympischem Frühling erscheint, wie dieser mit einem Theaterdonner herumlärmt. Soret bewies richtigeren Takt, als er mit einigen kurzen Andeutungen über solche Invektiven hinwegglitt (Soret, Gespräche, 26. Jan. 1828). Es wird durch sie auch nichts Wesentliches zu Goethes Charakterbild beigetragen, denn wer ließe nicht einmal seinem Zorn freiesten Lauf, wo es unter Ausschluß der Öffentlichkeit geschehen kann? Deshalb wäre es gut, wenn wenigstens der letzte Abschnitt der „Geologischen Probleme und Versuch ihrer Auflösung" bald aus den für weitere Zirkulation bestimmten Ausgaben der Werke verschwände, so wie auch das oben genannte Bukett unvorgezeigt bleiben mag.

108 *BR. 37*, 64 an Nees v. Esenbeck, 13. Juni 1823.

109 A. v. Humboldt, Über den Bau und die Wirkungsart der Vulkane. Berlin 1823 und: Leonhard, Taschenbuch 1824, I.

110 Geolog. Schriften Nr. 42 (Werke (2) *10*, S. 382). In Geolog. Schriften Nr. 51 ist dieser Gedanke schon sehr stark abgeschwächt. Die Klage über den Mangel einer Leitidee ward dann nach der Lektüre des Humboldtschen Werks wieder aufgenommen. (Anm. 108.)

111 *BR. 49*, 76 an Zelter, 5. Okt. 1831. Im Anschluß an A. v. Humboldts Fragments de géologie et de climatologie asiatiques. Paris 1831. Goethes Exemplar ist nur an ganz wenigen Stellen aufgeschnitten.

112 *BR. 41*, 62 an Schroen, 1. Juli 1826. Anfrage, wie groß die Höhe des Dhawalagiri, rund 25000 Fuß, im Verhältnis zum Erddurchmesser sei, wenn man den letzteren zu zwei Pariser Fuß annähme. Die Rechnung ergibt 0,4 mm oder 0,18 Linien.

113 Geolog. Schriften Nr. 40.

114 *BR. 44*, 41 (Beilage) an Nees v. Esenbeck, 2. April 1828.

115 Geolog. Schriften Nr. 49, 7 und viele ähnliche, auf Geltenlassen der subjektiven Anschauungsweise plädierende Stellen.

116 Gosselet, Constant Prévost. Annales Soc. géol. du Nord. Bd. 25. 1896.

117 Geolog. Schriften Nr. 9.

118 L. v. Buch schrieb 1842 wörtlich: „Mögen Deutsche sich soweit vergessen, Lyell (!!) für eine Autorität in Deutschland zu halten" . . . usw. Werke *4*, S. 716.

119 Geolog. Schriften Nr. 239, 135.

120 *TB.* 25. März 1830. Das Manuskript im *G.A.* Autor: Kruse. Datiert: 5. Februar 1830. Durch eine oben vertikale, unten horizontale und hier schwer erkennbare Spalte zog von unten nach oben ein Luftstrom, der an kalten Tagen als Dampf erschien und vor Entdeckung der unteren Spalte rätselhaft vulkanähnlich scheinen mochte.

121 Geolog. Schriften Nr. 180. In der veröffentlichten Notiz (Geol. Schr. Nr. 10) ist diese Pointe der Betrachtung abgebrochen; ebenso sind Geol. Schr. Nr. 56 die darauf anspielenden Stellen wieder gestrichen.

122 Geolog. Schriften Nr. 37.

123 Leonhard, Die verglasten Burgen in Schottland. Jahrb. f. Min. 1830.

124 Geolog. Schriften Nr. 80.

125 Geolog. Schriften Nr. 224.

126 „Der bekannte Chalcedonüberzug, durch die Witterung entstanden", auf Quarz bei Bingen, Rheinreise 1814/15. Werke (1) *34*, S. 63.

Vermutung, daß solcher auf dem Relief der Externsteine vorhanden *BR. 38*, 10 an Schultz, 9. Jan. 1824.

127 Geolog. Schriften Nr. 207. — *BR. 47*, 147 an Wackenroder, 14. Aug. 1830.

128 Leonhard, — 1830 (*G.A.*). — *BR. 48*, 47 an Leonhard, 24. Dez. 1830; Leonhard, 1. und 2. Jan. 1831 (*G.A.*). Die übersandten Stufen waren nicht aufzufinden.

129 *BR. 47*, 147 (siehe Anm. 127); Wackenroder, 15. Aug. 1830. Von den damit übersandten vulkanischen und Verwitterungsfritten von Dransfeld nur die Etikette verirrt aufgefunden, Sammlung I, **53**. — *TB.* 16. Dez. 1830. „Wackenroder mit chalcedonisiertem Sandstein aus der Lüneburger Heide." Sammlung III, **18**, 1.

130 Mahr, 28. Aug. 1830. (*G.N.M.* bei Sammlung I, **49**.) Die Stufen wohl ebenda, aber unkennbar durcheinander gefallen.

131 *BR. 48*, 87 an Mahr, 19. (22.) Jan. 1831.

132 Mahr, 25. Jan. 1831 (*G.A.*).

133 *BR. 49*, 13 an Mahr, 26. Juli 1831.

134 Mahr, 24. Aug. 1831 (*G.A.*). Die Stufen stehen XIII, **19**, 1—15.

135 *BR. 49*, 62 an Mahr, 19. Sept. 1831.

136 *TB.* 27. Aug. 1831. — Julius Voigt, Goethe und Ilmenau, 1912, S. 294ff. Nach dem daselbst abgedruckten Bericht Mahrs hätte Goethe sogar ausdrücklich den Porphyr usw. als vulkanische Gebirgsart bezeichnet.

137 Mahr, 10. Okt. 1831 (*G.A.*).

138 Diese Anschauung liegt noch zugrunde in *BR. 49*, 127 an Quandt, 18. Dezember 1831. Dieser hatte im Schreiben vom 6. Nov. 1831 (*G.A.*) eine Schilderung der Umgegend von Dittersbach und der dortigen Dislokationen in der Denkweise L. v. Buchs gegeben und geschlossen: „Es besuchen mich daher häufiger Vulkanisten als Neptunisten, weil erstere in meiner Gegend eine Bestätigung ihrer Lehre zu sehen meinen und sprechen mit solcher Zuverlässigkeit, als wenn sie bei der Erschaffung der Erde zugesehen hätten."

139 Geolog. Schriften Nr. 38, 187, 198. Nach *BR. 36*, 70 an Mahr, 15. Juni 1822, soll die früher stärkere Anziehungskraft sogar bewirkt haben, daß die Pflanzenreste sich besonders im Hangenden der Flöze finden. Der Irrtum kam dadurch zustande, daß man glaubte, die Kohlen des Kammerbergs bei Ilmenau seien unter überhängendem Porphyr abgesetzt (*BR. 35*, 241 an Mahr, 4. März 1822).

140 Annalen 1822, Werke (1) *36*, S. 211. — *BR. 37*, 149 an Hufeland, 15. Oktober 1823. — *BR. 45*, 1 an Zelter, 5. Okt. 1828. — Werke (2) *12*, S. 65, und vielfach sonst.

141 Geolog. Schriften Nr. 105.

[142] Annalen 1818 (Werke (1) *36*, S. 40): Kristallographische Studien mit Weiß an Diamantkristallen. — *BR. 35*, 121, 210 an Leonhard, 31. Okt. 1821, 18. Jan. 1822. — Hauptsächlich wurde Goethe durch Soret beraten und eingeführt. (*BR. 36*, 175 an Karl August, 29. Nov. 1822. — *BR. 36*, 220 an Leonhard, 6. Jan. 1823 und vielfach sonst, zuletzt *BR. 47*, 101 an Soret, 1. Juli 1830.) Doch blieb das Fach für ihn immer wenig anziehend, sogar abschreckend. (*BR. 43*, 170 an Leonhard, 12. Jan. 1828, eine Stelle, die zwar nur von solcher Wirkung auf jüngere Männer spricht, aber doch wohl allgemeingültig sein will.)

[143] Geolog. Schriften Nr. 36.

[144] Basaltbomben: Geolog. Schriften Nr. 13. *BR. 32*, 9 an Aug. v. Goethe (11), 16. Sept. 1821. — Schalig und säulenförmig abgesonderte Basalte: Geolog. Schriften Nr. 27. — Schüssel- oder trogförmig gestalteter Sandstein: Geolog. Schriften Nr. 71; *BR. 32*, 187 an Lenz, 1. April 1820. — Pyramiden- oder obeliskenförmige Gestalt bei Pechstein: *BR. 35*, 47 an Aug. v. Goethe, (23) 26 Aug. 1821; *TB.* 23. Aug. 1821; *BR. 35*, 78 an Sternberg, 26. Sept. 1821.

[145] Mit Carus sprach Goethe bei Vorlage der Harzzeichnungen über Form und Felsen in ihrer Bedeutung für die gesamte Bildung der Erdoberfläche, 11. Juli 1821 (Biedermann, Goethe-Gespräche IV, S. 94). Sternberg gegenüber sprach er nur von einer morphologischen Grille (*BR. 35*, 78 an Sternberg, 26. Sept. 1821), dürfte also ihm (*TB.* 5. Juli 1824) sowie auch Humboldt (*TB.* 13. Dez. 1826) nichts Weiteres mitgeteilt haben, jedenfalls ist nichts darüber berichtet.

[146] *BR. 32*, 163 an Nees v. Esenbeck, 12. März 1820. — Geolog. Schriften Nr. 45 von 1806, Nr. 28 von 1808 beweisen, daß Goethe bereits bei der Wiederaufnahme seiner Studien die Absicht hatte, diese seine Grundtheorie mitzuteilen.

[147] Geolog. Schriften Nr. 36, 37. v. Hoff (18. Jan. 1825, Batranek, Naturwiss. Corr. I, S. 211ff.) entnahm dem Aufsatz nur Einzelheiten und ging über das Gesetz der Felsgestaltung stillschweigend hinweg. Leonhard referierte im Mineralogischen Taschenbuch von 1826 nur die von Goethe in diesem Heft (Zur Morphologie usw., Bd. II, Heft 2) mitgeteilten eigenen und fremden Beobachtungen, gar nichts über die Theorien. Die Vernachlässigung des Äußeren zeigt sich außer in der aphoristischen Form noch darin, daß der Aufsatz in zwei Teilen gedruckt ist; und zwar ist etwas ganz Heterogenes, die Beschreibung des Wolfsbergs, der dortigen Amphibole und des Eisenbühls, dazwischengesetzt. Kein Leser kann auf den Gedanken kommen, daß Goethe in dieser Weise gerade etwas für ihn besonders Wichtiges vortragen wollte.

[148] De la Métherie, Théorie de la terre, Paris 1795. *TB.* 1. Dez. 1814.

[149] Wilhelm Meisters Wanderjahre, Erstes Buch, 3. Kapitel am Schluß. 1829. (Werke (1) *24*, S. 44ff.) In der Ausgabe von 1821 fehlt der auf die Theorie der Felsgestaltung deutende Abschnitt des geologischen Gesprächs.

[150] Goethe verweist hier (Geolog. Schriften Nr. 36) auch darauf, daß der Zeichner den Aufbau der Felsenwände und Gipfel verstehen müsse, wenn er richtig darstellen wolle, eine Forderung, die für den Landschaftsmaler so selbstverständlich sein sollte, wie das Verlangen, daß ein Porträtmaler anatomische Kenntnisse besitze. Sehr oft sind aber Landschaftsgemälde, geologisch betrachtet, wahre Monstra. J. Pontens „Griechische Landschaften" (1914), Schilderungen, wie man sie früher wohl als „empfindsame Reise" bezeichnete, erwiesen neuerdings, daß der Besitz geologischer Kenntnisse auch einer künstlerischen Landesbetrachtung nicht abträglich ist.

Anmerkungsweise sei hier auch Goethes Versuch einer seiner Theorie entsprechenden „Gebirgsdarstellung" wiedergegeben. (Fig. 9. Zu geol. Schriften Nr. 36, S. 235. Original im G. N. M.) Der Raum ist mit Quadraten versehen und „ein landschaftliches Bild, dem man diese Grundzüge kaum anmerkt, in dieses Gewebe hineingezeichnet“. Die Schätzung „kaum“ ist subjektiv; die Mehrzahl der Betrachter wird finden, daß die unnatürliche Steifheit der Zeichnung nur durch ihre Improvisierung entschuldigt wird.

151 Gemeint ist vermutlich die Größe der aus Amerika kommenden Kristalle. Biedermann, Goethe-Gespräche VIII, S. 342.

152 In Geolog. Schriften Nr. 186 ist eine Rückführung der Erschütterung auf elektrochemischen Schlag angedeutet. In der Veröffentlichung wird aber ausdrücklich die Unerforschlichkeit der Erscheinung festgestellt.

Fig. 9.
Nach einer Federzeichnung Goethes.
Zur Illustration des Gesetzes der Felsgestaltung.

153 Die Quelle wird nicht angegeben; auch scheint aus dem Wortlaut und aus der Tatsache, daß Goethe sich mit einem Zitat begnügt, hervorzugehen, daß er das Experiment nicht selbst angestellt hat.

154 Artikel: Aggregatzustände im Handwörterbuch der Naturwissenschaften Bd. I.

155 Herr Prof. W. Seitz hatte die Freundlichkeit, zur Nachprüfung der Behauptung Goethes Quecksilber in einem Brei von Alkohol und flüssiger Kohlensäure gefrieren zu machen, sowohl im Reagenzglas als in der Thermometerröhre. Es war keine Spur von Erschütterung bemerkbar, vielmehr erstarrt das Quecksilber krustenweise von außen nach innen, und wenn dabei eine schütternde Bewegung eintreten sollte, so ist sie so schwach, daß sie sich bei einer sukzessiven Erstarrung der Beobachtung entzieht. Vielleicht würde sie bemerkbar, wenn es gelänge, das Quecksilber stark zu unterkühlen und auf einmal erstarren zu machen. Denn es gibt, worauf mich Herr Seitz aufmerksam machte, immerhin ein Analogon zu dem von Goethe Behaupteten:

glasig-fester (isotroper) Butylalkohol geht bei starkem und andauerndem Abkühlen in flüssiger Luft mit starkem Knacken plötzlich in eine schneeig-kristalline Modifikation (mit deutlichen Kristalldrusen) über. (R. Abegg und W. Seitz, Zeitschr. f. physik. Chemie, Bd. 29, S. 244. 1899.)

Jedoch kann die Erklärung des Goetheschen Versuches auch in anderer Richtung gesucht werden. Stark abgekühltes Eis, wie z. B. die Eisdecke eines Teiches, gleicht bekanntlich bei starkem Frost die durch Kontraktion hervorgerufene innere Spannung plötzlich unter Krachen und Knacken aus. Ebenso tritt, wenn Penthan in einem Thermometergefäß mit sehr enger Kapillare durch Kohlensäure rasch gekühlt wird, durch die schnelle Zusammenziehung eine innere Spannung auf, die sich unter Bildung eines luftleeren Raumes mit Knacken und Erschütterung plötzlich ausgleicht.

Genaueres läßt sich nicht angeben, solange nicht bekannt ist, unter welchen Versuchsbedingungen Goethes Gewährsmann die Erschütterung verspürte. Die aus dem Gefrierexperiment abgeleitete geologische Theorie ist bestimmt irrig; zwar ist es nicht ganz ausgeschlossen, daß unter besonderen Umständen erstarrendes Quecksilber sich verhalten mag, wie oben vom Butylalkohol berichtet, wahrscheinlicher aber ist ein Irrtum in der Hypothesenwahl untergelaufen und das Verhalten des Quecksilbers besser im Anschluß an den Versuch mit Penthan zu erklären.

[156] Die gleiche Einwendung erhebt sich gegen die Beweiskraft des Ludus Helmonti (Geolog. Schriften Nr. 95). Ludus Helmonti ist ein veralteter Ausdruck für Gesteine, deren Inneres zellenartig von Kalkspat durchzogen ist (Referat über Studers Beiträge zu einer Monographie der Molasse in Leonhard, Taschenbuch 1826, II, S. 174, Fußnote). An einer andern Stelle verwahrt sich Goethe nochmals ausdrücklich gegen Werners Theorie, daß Spalten durch Austrocknen entständen (Geolog. Schriften Nr. 90).

[157] v. Hoff, l. c. (Anm. 147).

[158] Sammlung XV, B.

[159] Geolog. Schriften Nr. 69. — *BR. 48*, 230 an Weller, 25. Juni 1831; Weller, 27. Juni 1831 (*G.A.*); *BR. 49*, 1 an Weller, 6. Juli 1831. Die Tagebuchnotizen aus dieser Zeit berichten fast alltäglich von Betrachtungen über die Freiberger Gangformationen.

[160] *TB.* 1. Febr. 1830. Es ist zwar nur eine Vermutung, daß die hier erwähnte „gedruckte Beilage" ein Referat über die Vorträge E. de Beaumonts gewesen sei. Goethes Kenntnis dieser Lehren scheint ganz auf Zeitungsnachrichten beruht zu haben (Geolog. Schriften Nr. 41 u. 162).

[161] v. Hoff bezeichnet Voigt als seinen „verehrten Lehrer und Freund". Leonhard, Taschenbuch 1820, II, S. 569.

[162] v. Hoff, Geschichte der durch Überlieferung nachgewiesenen natürlichen Veränderungen der Erdoberfläche. Bd. I. 1822. S. XIII. Vogelsang, l. c. S. 102ff.

[163] v. Hoff, 3. Sept. 1822 (*G.A.*); *BR. 36*, 113 an v. Hoff, 6. Sept. 1822. — *TB.* 17., 18. Jan., 16. Febr., 18. ff. April 1823.

[164] *BR. 36*, 253 an v. Hoff, 9. Febr. 1823; v. Hoff, 4. März 1823 (Batranek, Naturwiss. Corr. I, S. 202ff.

[165] Geolog. Schriften Nr. 138. Goethe meinte (Geolog. Schriften Nr. 148), der Tempel sei erst zu Diokletians Zeiten erbaut.

[166] Siehe S. 83.

[167] v. Hoff, l. c. (Anm. 162) S. 455ff.

[168] Ebenda Bd. II, S. 203ff. — v. Hoff, 4. März 1823 (Anm. 164).

[169] Hoffmann, Über die Vulkane usw. 1838. S. 416. — C. Semper, Die Philippinen und ihre Bewohner. 1869. S. 100. Zitiert nach E. Suess, Antlitz der Erde. II, S. 498, Anm. 46.

170 Gosselet, Constant Prévost, S. 125.

171 Zittel, Geschichte der Geologie, S. 440. Die Angaben sind in Einzelheiten, besonders in bezug auf Goethes Meinung mißverständlich.

172 Fr. Hoffmann, Karstens Archiv, 1831. Ref.: Neues Jahrbuch für Min. 1833, S. 437.

173 E. Suess, Das Antlitz der Erde II, S. 468ff.

174 Brocchi, Bibl. Ital. 1821. Ref.: Leonhard, Taschenbuch 1822, III, S. 904.

175 Berzelius, l. c. (Anm. 98). Ref.: Leonhard, Taschenbuch 1825, S. 529.

176 *BR. 36*, 253 an v. Hoff, 9. Febr. 1823; Geolog. Schriften Nr. 42; *TB.* 27. Febr. 1828, letzteres bezüglich auf Kefersteins Teutschland Bd. V, Heft 2, S. 219: „Solche Emportreibungen und Senkungen mögen auch jetzt noch statthaben, sind aber, wenn sie allmählich geschehen, schwer zu bemerken; die schwedische Küste hebt sich stellenweise heraus, und an der Teutschen Küste finden vielleicht Einsenkungen statt, wenigstens liegen hier stellenweise Torfmoore unter dem Niveau des Meeres ohngeachtet ihre ganze Beschaffenheit davon spricht, daß sie auf trocknem Lande gebildet sind.“

177 v. Hoff, l. c. (Anm. 162), Bd. I, S. 416ff., besonders S. 425, 427.

178 Geolog. Schriften Nr. 46.

179 J. de Charpentier, Essai sur les glaciers, 1841, S. 194, 214.

180 *BR.* 7609 an Karl August, Ende Dez. 1816.

181 Geolog. Schriften Nr. 46. — *BR. 32*, 212 an v. Preen, 18. April 1820.

182 v. Preen, 8. April 1820 (*G.A.*).

183 Fr. Nicolovius, August 1819 (*G.A.*). — Annalen 1820, Werke (1) *36*, S. 158. Die daselbst erwähnten Urgeschiebe aus Danzig sind in der Sammlung nicht nachweisbar. Die von Berlin gesandten stehen Sammlung XIII, **12** mit einem raisonnierenden Verzeichnis, sind aber unkennbar durcheinander gefallen.

184 v. Preen, 8. April 1820 (*G.A.*). — Geolog. Schriften Nr. 265.

185 Geolog. Schriften Nr. 151, 185.

186 Geolog. Schriften Nr. 35. — *TB.* 25. April 1820; Annalen 1820, Werke (1) *36*, S. 155f. — *BR. 33*, 7 an Zelter, 2. Mai 1820.

187 H. v. Meyer, Über die Felsblöcke im Fichtelgebirge und in Böhmen. Jahrb. f. Min. 1832, S. 1.

188 Siehe S. 185.

189 *BR. 43*, 169 an A. Nicolovius, 12. Jan. 1828. Vermutlich hierzu gehörig Sammlung XIII, **11** mit beiliegendem Verzeichnis. Dieses trug die Überschrift: „Fossilien aus der Mark Brandenburg, größtenteils aus der Umgebung von Berlin als Trümmern, welche von den Harz und Erzgebirgen auf den Abhang dieses Landes hingerollt sind.“ Goethe änderte den Beisatz um in: „namentlich aus der Umgebung von Berlin (vorzüglich nordische Geschiebe)“, strich aber das (erst hier) in Klammern Gesetzte später wieder aus.

190 *BR. 44*, 202 an Zelter, 9. Aug. 1828.

191 Eckermann, Gespräche, 23. Okt. 1828.

192 In der Ausgabe der Werke: Wien 1821, Bd. 26 wird der — auch durch die Umwandlung von Jarno in Montanus provozierten — geologischen Betrachtung ausgewichen durch ein den Notbehelf verratendes: „Auf diesem Punkt verlassen uns unsere Manuskripte; von der Unterhaltung der Freunde finden wir nichts aufgezeichnet“, nachdem unmittelbar vorher Jarno-Montanus sich gegen Wilhelm gerühmt hatte, er könne nun auf Befragen gar manches enthüllen und aufklären, was ihm selbst vor einem Jahr noch ein Rätsel gewesen. Die Vermutung, daß schon damals das erratische Phänomen besprochen werden sollte, liegt nahe, da Goethe es damals viel betrachtete und bei der Überarbeitung des Romans wieder aufnahm. Die Gletscher-

theorie wird ihm aber damals noch nicht gekommen sein, weil er sie sonst doch wohl 1823 in Geolog. Schriften Nr. 46 erwähnt hätte.

[193] Wilhelm Meisters Wanderjahre. Buch II, Kap. 9. Werke (1) *25*, S. 26ff.

[194] Die alte Theorie Werners und Goethes.

[195] Theorie des Erdinnern von Cordier und Fourier, Vulkantheorie von Scrope. (Considerations on volcanoes 1825. Ungenügendes Ref.: Leonhard, Taschenbuch 1826, II, S. 527ff., das kaum Goethes einzige Quelle, wenn überhaupt seine Quelle war.)

[196] L. v. Buch, A. v. Humboldt und ihre Schule.

[197] Heim ließ Fichtelgebirge, Thüringer Wald und Harz vom Himmel fallen (*BR. 32*, 163 an Nees v. Esenbeck, 12. März 1820). Auf Basaltbomben angewendet Geolog. Schriften Nr. 13, auf Erratica von Chabrier (nach Hausmann, Über den Ursprung der in den sandigen Gegenden Norddeutschlands zerstreuten Felsblöcke. Gött. gel. Anz. 1827. Ref.: Leonhard, Taschenbuch 1827, II). Leonhard referiert den Aufsatz Hausmanns unter deutschem Titel, Goethe (Geolog. Schriften Nr. 156) unter lateinischem. Der deutsch verfaßte Auszug in den Gött. gel. Anz. hat einen lateinischen Titel. Der vollständige lateinische Text erschien erst 1832 in Bd. VIII der Commentationes (nach freundlicher Mitteilung von Herrn Dr. J. Reicke in Göttingen).

[198] Wie die Verhandlungen auf der Versammlung der Schweizer naturforschenden Gesellschaft in Neufchatel 1837! Siehe Studer, Jahrb. f. Min. 1837, S. 669, und Zittel, Geschichte der Geologie, S. 341.

[199] U. a. Catteau-Calleville, von Goethe excerpiert (Geolog. Schriften Nr. 294). Geroldingen und Mencke vertraten denselben Standpunkt wie Goethe. Abgelehnt durch Hausmann, l. c. (Anm. 197). Die Annahme verborgener Gebirge im Untergrund Norddeutschlands auch bei Hoffmann in Gilberts Annalen der Physik 1824 (Ref.: Leonhard, Taschenbuch 1824, IV, S. 890), der aber nordischen Ursprung der Geschiebe und deren Herübergeschleudertsein annahm. Vermutlich im Zusammenhang mit dieser Vorstellung begrüßte Goethe die Mitteilung freudig, daß im Untergrund Helgolands Granit anstehe (Buttel, 12. Okt. 1827, Batranek. Naturwiss. Corr. I, S. 79; *BR. 43*, 83 an Buttel, 23. Okt. 1827), wobei freilich nicht recht einzusehen, weshalb die ihm früher zugekommene Angabe, daß Porphyr das Grundgebirge der Insel bilde, ihn „in seinen geologischen Träumen incommodiert" habe.

[200] Geolog. Schriften Nr. 103, 39, 102, 156. — *BR. 44*, 202 an Zelter, 9. Aug. 1828.

[201] Geolog. Schriften Nr. 103, 39, 104, 156.

[202] Ohne diesen bei Goethe fehlenden Zusatz ist nicht einzusehen, weshalb er stets betonte, daß damals die Wasser den Kontinent noch bis 1000 Fuß Höhe bedeckten, so daß während der Tauzeit der Genfer See noch mit den nördlichen Meeren zusammenhing.

[203] Charpentier, Essai sur les glaciers, S. 231.

[204] Geolog. Schriften Nr. 103 (1828).

[205] Geolog. Schriften Nr. 83, gestützt auf die Schilderung einer Jungfraubesteigung von J. R. und H. Meyer aus Aarau.

[206] K. Fr. Klöden, Über die Gestalt und die Urgeschichte der Erde, Berlin 1829.

[207] A. Bernhardi, Wie kamen die aus dem Norden stammenden Felsbruchstücke und Geschiebe an ihre gegenwärtigen Fundorte? Jahrb. f. Min. 1832.

[208] Zittel (Geschichte der Geologie, S. 342) erwähnt Klöden nicht als Vorläufer, wohl aber außer Bernhardi noch Jens Esmarck, und findet es auffallend, daß diese zwei letzten übersehen und vergessen wurden. Die Ursache davon dürfte hauptsächlich sein, daß Klöden und Esmarck (Magazin for Naturvidenskaberne I, Ref.: Leonhard, Taschenbuch 1827, I, nach Berzelius, Jahresbericht V) ihren Gedanken im

Rahmen einer damals schon verfehlt wirkenden, sicherlich den beobachtenden Geologen nicht anziehenden Erdentstehungstheorie mitteilten, während Bernhardi als Außenseiter sich auf einen Mangel an Literaturkenntnis verratenden Aufsatz beschränkte. Noch jetzt dürften Aufsätze, die mit solchen Schwächen behaftet sind, wirkungslos bleiben, weil jeder diese Vorwände benutzt, um sie ungelesen zu lassen. Eine neue Idee braucht, um wirksam zu werden, eines beträchtlichen materiellen Schwergewichts, d. h. die Gestalt eines nicht zu schmächtigen, am besten mehrbändigen Buches, wie etwa Lyells Principles of geology.

[209] Zittel, Geschichte usw., S. 341.

[210] Hugi. Beobachtungen in den Alpen, Leonhard, Taschenbuch 1828, I, S. 189ff.

[211] Venturi, Memoria intorno ad alcuni fenomeni geologici, Pavia 1817. Zitiert nach H. K. Escher, Beiträge zur Naturgeschichte der freiliegenden Felsblöcke in der Nähe des Alpengebirges. Leonhard, Taschenbuch 1822, III, S. 633ff.

Auch Charpentier (l. c. S. 189) kannte Venturis Aufsatz nur aus Eschers Zitat. Es ist aus diesem aber nicht zu ersehen, ob Venturi größere Ausdehnung der Gletscher oder wie Hugi Schollentransport infolge einer Weltüberschwemmung annahm. Hätte Goethe Venturis Aufsatz gekannt, so würde er vermutlich auf das dort besprochene Erratikum der Poebene hingewiesen und sich nicht auf die Gegend des Genfer Sees beschränkt haben.

[212] Playfairs völlige Vorwegnahme der Theorie (Zittel, l. c. S. 105) wird in der kontinentalen Literatur, soweit ich sehe, nur ganz beiläufig in einem Referat Leonhards (Taschenbuch 1818, I, S. 243) über einen Aufsatz von J. Hall (Bibl. britann. 1814, Nr. 436, 438) erwähnt. Lyell grub sie 1839 aus, bezog sich aber auf Reisenotizen Playfairs von 1815 (Charpentier, l. c. S. 246, Anm. 1).

[213] Jahrbuch f. Min. 1837, S. 471, Fußnote, und das ausführliche Referat eines von Charpentier 1834 über Venetz' Ideen gehaltenen Vortrags. Ebenda S. 472ff. Siehe auch Anm. 220.

[214] *BR.* 5825 an Leonhard, 28. Sept. 1808 und vielfach sonst.

[215] Mitgeteilt von Leonhard, Taschenbuch 1818, II, S. 565. Siehe auch Anm. 220.

[216] Leonhard, Taschenbuch 1818, I, S. 248.

[217] Geolog. Schriften Nr. 249.

[218] Eine astronomische Theorie der nordeuropäischen Drift stellte Klöden auf (l. c. Anm. 206), jedoch lehnte Goethe ab, darauf einzugehen. Es ist möglich, aber nicht gerade wahrscheinlich, daß er sich im Bewußtsein, es existiere eine Theorie, über die Ursachenfrage beruhigt hätte. Wenn er nie daran dachte, das Steigen der Urflut oder die Gebirgserhebungen als eine Art von „Urphänomenen" unerklärt hinzunehmen, so konnte er bei der Kälteperiode ebensowenig die Ursachenfrage ungestellt lassen. Zog er aber den Gedanken Klödens überhaupt als zulässig in Betracht, so müßte er sich dadurch von einer drückenden Schwierigkeit befreit gefühlt haben, und man dürfte einen Hinweis darauf in Geolog. Schriften Nr. 41 erwarten.

[219] T. und J. v. Charpentier nebst Venetz untersuchten 1818 das durch Gletschersturz und Aufstau bedrohte Gebiet von Martigny (Leonhard, Taschenbuch 1822, I, S. 228). Einer Studie über Gletscher verdankte Venetz, wie er selbst berichtete, 1816 seine Aufnahme in die Schweiz. Ges. für die Naturwissenschaften (Venetz, Mémoire sur l'extension des anciens glaciers. Neue Denkschriften der Schweiz. Ges. usw., Bd. XVIII, und Charpentier, Essai sur les glaciers, S. 68). Vorrücken der Gletscher zwischen 1812—1817 und weiterer Verlauf. Charpentier, l. c. S. 26, Anm.

[220] Mein Schwager Prof. A. L. Bernoulli in Basel und vordem Herr C. Chr. Bernoulli, damals Oberbibliothekar der Universitätsbibliothek daselbst, hatten die Freund-

lichkeit, aus den Akten und Schriften der Schweizerischen Gesellschaft für Naturwissenschaften einige Unklarheiten in der Geschichte der Eiszeittheorie aufzuhellen. Dem bereits Verwendeten fügt sich noch folgendes an:

Dem Preisausschreiben von 1817 war nach der Angabe Leonhards (Anm. 216) die Versammlung der Gesellschaft von 1820 als Termin beigesetzt. In den Akten ist über dieses Ausschreiben nichts verzeichnet, dagegen teilte 1822 Albrecht v. Haller als Vorsitzender der Berner Versammlung mit, daß „seit der vorigen hiesigen Zusammenkunft (d. h. seit 1816) auf eine Preisfrage eine Abhandlung eingekommen und gekrönt worden sei". Er erwähnte weder Verfasser noch Thema, doch kann nur die 1821 redigierte Denkschrift von Venetz: „Memoire sur les variations de la temperature dans les alpes suisses" gemeint sein, die den 1817 geforderten Inhalt brachte und 1822 gekrönt wurde. Da Goethe gerade im eigentlichen Verfallsjahr auf das Preisausschreiben Bezug nahm unter Hinweis auf einen Freund, der die Schweiz bereist hatte, so dürfte damals (auf der Versammlung in Genf) das Ausschreiben (vielleicht mündlich ?) erneuert worden sein.

Die genannte Gesellschaft wurde 1816 gegründet; die erste Jahresversammlung fand 1817 in Zürich statt, die Versammlung in Bern 1822, eigentlich die sechste, wurde als achte gezählt, weil man bei ihr zuerst eine Zählung einführte und dabei zwei ziemlich unoffizielle Versammlungen mitrechnete, die bereits 1816 je in Genf und in Bern stattgefunden hatten.

Bd. I, Heft 2 der „Denkschriften der Schweiz. Ges." mit Venetz' Abhandlung von 1821 erschien erst 1834. Seine Mitteilungen von 1829 waren nur mündlich, und erst 1834/35 fügte er dem Vortrag, den Charpentier auf der Versammlung in Luzern 1834 gehalten hatte (Annales des mines, B.d VIII, 1835), einige Zusätze bei (erschienen in Fröbel und Heer, Mitteilungen aus dem Gebiet der theoretischen Erdkunde. Bd. I. Ref.: Neues Jahrb. f. Min. 1837, S. 472). 1836 kam Charpentier auf das Thema zurück (Bibl. univ., Juli 1836. Ref.: Neues Jahrb. f. Min. 1837, S. 467). In der Einleitung zu Venetz' letzter, 1857 redigierter, aber erst 1861 posthum gedruckter Schrift (Anm. 219), auf die Charpentier bereits 1834 verwies, wird der Regierung des Kanton Wallis ein Vorwurf daraus gemacht, daß sie Venetz keine Zeit gelassen habe zur Fortsetzung seiner Arbeiten. Daraus erklärt sich, weshalb er den eigentlichen Ausbau der Eiszeitlehre ganz an Agassiz und J. v. Charpentier überließ. Er war Ingenieur en chef du canton de Valais.

[221] Charpentier, l. c. S. 243. Das Tal der Drance oder das Tal von Bagnes war Venetz' Arbeitsgebiet (Charpentier, l. c. S. 187, Anm.). Das abzweigende Tal von Entremonts führt auf den großen St. Bernhard zu. Venetz, l. c. (Anm. 219) fügte noch hinzu, daß er auch damals schon auf die norddeutschen Moränen verwiesen habe. Die älteren Schriften berichten nichts davon. Sollte ihn nicht nach fast 30 Jahren das Gedächtnis getäuscht haben ? Jedenfalls würde Charpentier bei seinem Bestreben, Venetz' Verdienste zu erheben, diese weitausblickende Behauptung nicht verschwiegen haben. Die erste Anwendung der Glazialidee auf Norddeutschland rührt doch wohl wahrscheinlicher von Agassiz her.

[222] Charpentier, l. c. S. 241 ff.

[223] Morris (Einleitung zu Bd. 40 der Jubiläumsausgabe Cotta, S. XVIII) meinte, es sei nicht wahrscheinlich, daß Goethe von Venetz' Gedanken Kenntnis gehabt habe, scheint aber gleichfalls das Schweigen der Überlieferung nicht für vollgültigen Beweis zu halten. Die Übersicht über die Welterschaffungssysteme in Wilhelm Meisters Wanderjahren zeigt, daß Goethe von vielen Autoren und Gedanken Kenntnis besaß, die in seinen Schriften nie erwähnt werden.

[224] Charpentier, l. c. S. 451.

[225] Nau, Über die Umänderung des wärmeren Klimas im Norden unserer Erde, Leonhard, Taschenbuch 1822, III, S. 718ff. und viele weitere Belege aus späterer Zeit.

[226] Vogelsang, l. c. S. 101.

[227] Zittel, Geschichte usw., S. 103ff.

[228] Allgemeine Beobachtungen über die Entstehung der Gebirge Schottlands aus Boués „Essai géognostique sur l'Ecosse", frei übersetzt von Kleinschrod. Leonhard, Taschenbuch 1823, II, S. 240 u. 243. Das gleiche äußerte Studer 1825 (Beiträge zu einer Monographie der Molasse. Ref.: Leonhard, Taschenbuch 1826, II, S. 183ff.). In der Reihenfolge der Aufsätze im Taschenbuch gelesen, wirken diese wie eine Vorwegnahme der neuen Zeit, hervorstechend aus einer Umgebung von Lokalbeschreibungen alten Stils und Diskussionen über verschollene Theorien.

[229] Conybeare, Ann. of phil. new, ser. V, 1823. Übersetzt in Leonhard, Taschenbuch 1826, I, S. 19ff. Ähnlich: Studer (l. c.) und Leonhard im Vorwort des Hilfsbuchs für reisende Gebirgsforscher (abgedruckt Taschenbuch 1828, II, S. 859ff.).

[230] Zittel, Geschichte usw., S. 487. Irrtümlich gibt Zittel an, die Zeitschrift „Teutschland" habe 1826 begonnen zu erscheinen. Ihr erster Band kam 1821 im Mai heraus; aber seit 1826 wurde ihr, von Band IV ab, eine „Geognostisch-geologische Zeitung" beigegeben, die in starken Heften gleichzeitig mit denen der „Zeitschrift" erschien.

[231] Keferstein, Teutschland, Bd. I, Vorwort.

[232] Keferstein, 7. Juli 1821 (*G.A.*). — Derselbe, Teutschland, an vielen Stellen.

[233] *TB.* 12.—27. März 1821; 11.ff. Mai 1821. — Annalen 1821, 1822. Werke (1) *36*, S. 208, 215. — *BR.* *34*, 229 an Keferstein, 12. Mai 1821; *BR.* *35*, 19 an Leonhard, 19. Juli 1821. — Geolog. Schriften Nr. 31.

[234] Geolog. Schriften Nr. 192.

[235] Noeggerath, Jenaische Allg. Lit.-Zeit. 1823, S. 380. Ähnliche Bemerkungen Goethes in den Annalen 1821/22 (Anm. 233).

[236] Keferstein, 8. April 1821; *BR.* *34*, 229 an Keferstein, 12. Mai 1821. Das Blatt des „Großherzoglich und herzoglichen Sachsens" erschien erst 1823 im dritten Heft des zweiten Bandes. Verglichen mit den Angaben Voigts von 1781 (S. 46, Fig. 1), ist der Fortschritt der Erkenntnis natürlich unverkennbar; das Kartenbild sieht dennoch fremdartig aus, weil der Keuper nördlich des Thüringer Waldes zum Muschelkalk, südlich desselben zum Buntsandstein gezogen ist. Als Einzelheit fällt auf, daß das Voigt wohlbekannte Buntsandsteinvorkommen von Berka a. d. Ilm fortgelassen ist.

[237] Außer dem unter Anm. 233 genannten noch *TB.* 30./31. Aug. 1821; 30. Jan., 20. Febr. 1822; 27. Febr. 1828; 10. Juli 1829; 22./23. März 1830 und verschiedene Briefe.

[238] Geolog. Schriften Nr. 32, 125, 126. Dahin gehören ferner, obwohl nicht ausdrücklich darauf bezogen, Geolog. Schriften Nr. 16, 128—130.

[239] Geolog. Schriften Nr. 31. — *BR.* *34*, 249 an Schreibers, 19. Mai 1821; *BR.* *35*, 12 an Keferstein, 12. Juli 1821.

[240] *BR.* *35*, 43 an Karl August, 16. Aug. 1821. — Geolog. Schriften Nr. 8.

[241] Sammlung XIV, 1—5. — Rosiwal, Führer d. internat. Kongr. Wien, Heft 2.

[242] Marienbader Sammlung Nr. 10—13. Sammlung XIV, 1, 12—16. Geolog. Schriften Nr. 8.

[243] L. v. Buch, Werke, Bd. IV, Tafel 51 (ohne Text).

[244] Serpentin nördlich von Marienbad: Sternberg, 8. Sept. 1821 (Batranek, Briefwechsel Goethe-Sternberg, S. 71). *BR.* *35*, 78 an Sternberg, 26. Sept. 1821.

[245] *BR.* *35*, 41, 42 an Aug. v. Goethe, 8., 15. Aug. 1821; *BR.* *36*. 77, 78 an denselben, 7., 11. Juli 1822; *BR.* *37*, 89, 93 an denselben, 8., 11. Juli 1823 u. a.

[246] *TB.* 21. Aug. 1821.

[247] *TB.* 8. Juli 1822. Eine Woche vorher hatte er in längerem Gespräch mit ihm, dem „Ultravulkanisten", jede Wendung auf Geologisches vermieden. *TB.* 1. Juli 1822; *BR.* *36*, 74 an Aug. v. Goethe, 29. Juni (2. Juli) 1822.

[248] Geolog. Schriften Nr. 179 (1821) bezieht sich wie Geolog. Schriften Nr. 8 (1822) auf die unter Anm. 241 genannte Sammlung. Es hat nur eine radikale Umordnung stattgefunden und dabei scheint der anfänglich noch erkennbare topographische Gesichtspunkt ganz ausgeschaltet worden zu sein. Genauere Feststellungen, die nur im Anblick der Sammlung möglich wären, mußten aus Zeitmangel leider unterbleiben.

[249] *BR.* *37*, 90 an Schultz, 8. Juli 1823.

[250] Geolog. Schriften Nr. 8. — *BR.* *35*, 42 an Aug. v. Goethe, 15. Aug. 1821.

[251] *TB.* 9. Sept. 1821, Ausflug nach Haslau zum Fundort des Egeran; *TB.* 26., 28. Juli, 3., 11.—14. Sept. 1822, Ausflüge nach Pograd, Kammerbühl, Falkenau Waldsassen, Redwitz; *TB.* 23. Aug. 1823, Ausflug nach Boden, sämtlich auf Grüners Veranlassung und unter dessen Führung.

[252] *BR.* *36*, 124 an Nees von Esenbeck, 20. Sept. 1822. Auch in den zahlreichen Entwürfen zu geologischen Autobiographien, z. B. Geolog. Schriften Nr. 42, 43.

[253] Beteiligung an der Wiedereröffnung einer zusammengestürzten Grube, der Fundstelle fossiler Knochenreste: *BR.* *44*, 20 an Schottin, 11. März 1828. Siehe auch Anm. 137.

[254] Er bot seine Werke als Tauschgegenstand an: *BR.* 8101 und *31*, 234 an Cogswell, 27. Juni 1818, 29. Juli 1819. — Eintreten für Leonhards und Kefersteins publizistische Unternehmungen, S. 112, 210. Für Grüner suchte er, freilich vergeblich, Tauschverkehr mit dem Heidelberger Mineralienkontor zu vermitteln: *BR.* *41*, 115, 144 an das Mineralienkontor 3., 27. Sept. 1826; Moldenhauer, 17. Okt. 1826 (Batranek, Naturw. Corr. I, S. 392); *BR.* *42*, 204 an Grüner, 2. Juli 1827.

[255] Geolog. Schriften Nr. 147. — *BR.* *37*, 111—113 an Struve, Gesellschaft des vaterländischen Museums in Böhmen, und Eckl. 16., 18. Aug. 1823. — Annalen 1822, Werke (1) *36*, S. 212.

[256] *BR.* *43*, 64 an Zelter, 29. Sept. 1827, mit dem Zelter bei L. v. Buch eingeführt werden sollte.

[257] *BR.* *40*, 224 an Leonhard, 3. Febr. 1826.

[258] *BR.* *36*, 82 an Aug. v. Goethe, 29. Juli 1822; *BR.* *36*, 83 an Karl August, 1. Aug. 1822.

[259] Zu vergleichen die Reiseberichte in Sternbergs Briefen von 1824 (Batranek, Briefwechsel Goethe-Sternberg, S. 125ff.) und so vieles andere.

[260] Anmeldungsschreiben vom 11. Juli 1816 (*G.A.*).

[261] Billett vom 31. Juli 1829 (*G.A.*). Die Namen von anderer Seite mitgeteilt. Unadressierte Bitte, die Ankunft der Genannten sogleich zu melden.

[262] Schlotheim, Beiträge zur Naturgeschichte der Versteinerungen in geognostischer Hinsicht. Leonhard, Taschenbuch 1813, I. — Schmitz, ebenda 1823, II, S. 455.

[263] Rede Sternbergs, abgedruckt Batranek, Briefwechsel Goethe-Sternberg, S. 250ff.

[264] *BR.* *35*, 78 und *37*, 69 an Sternberg, 26. Sept. 1821, 20. Juni 1823.

[265] Sternberg, 15. Nov. 1823 (Batranek, Briefwechsel Goethe-Sternberg, S. 114ff.). Abgelehnt hauptsächlich, da Rhodes „Blumenvisionen" erst wiederlegt sein müßten.

[266] *BR.* *38*, 110 an Sternberg, 31. April 1824; Sternberg, 4. Aug. 1824 (Batranek,

Briefwechsel Goethe-Sternberg, S. 98ff.); *BR. 39*, 78 an Karl August, 26. Jan. 1825; *BR. 43*, 127 an Sternberg, 27. Nov. 1827. Besonders: Bemühungen, für Sternberg die Flora der Kohle von Mattstedt zu erhalten. Sternberg, 4. Nov. 1824 (Batranek, l. c. S. 141ff.); *BR. 39*, 34 an Sternberg, 14. Dez. 1824; Sternberg, 18. Jan. 1825 (Batranek, l. c. S. 146); *BR. 39*, 79 an Günther, 28. Jan. 1825; *BR. 39*, 87, 111 an Sternberg, 5. Febr., 8. März 1825, letzterer mit einem von John aufgenommenen Profil (Batranek, l. c. S. 259); *TB.* 27. Febr., 8. März 1825; Sternberg, 27. März 1825 (Batranek, l. c. S. 125ff.).

267 *BR. 34*, 72 an Schreibers, 7. Jan. 1821.

268 *BR. 36*, 87 an Zelter, 8. Aug. 1822. Ähnlich bei Eckermann, 5. April 1829, mit Bezug auf einen großen versteinten Klotz (Baumstamm, Sammlung XVII, A, 23).

269 Gemeint sind in dem vorstehend zitierten Brief Vorstellungen, wie sie Humboldt in seiner Schrift über den Bau und die Wirkungsart der Vulkane (vgl. Anm. 109) auf Grund bekannter Theorien zum Ausdruck brachte, nicht etwa die damals wenig beachtete Theorie von Laplace.

Bemerkenswert ist, daß Sternberg (7. Dez. 1822) die Identität der Steinkohlenflora mit der rezenten der Tropen, die Martius behauptet hatte, bestritt, sie einem gleichmäßigen und gemäßigten Klima zuwies und meinte, in den Tropen seien ähnliche Formen zurückgeblieben, während ihre Verwandten in Nordamerika, Europa und Sibirien durch eine Revolution vernichtet seien.

270 *BR. 43*, 3 an Sömmering, 12. Aug. 1827; *BR. 43*, 16 an Carus, 16. Aug. 1827.

271 Rengger in Leonhard, Taschenbuch 1824, II, S. 775ff.

272 Er wird bei Goethe zuerst erwähnt gelegentlich von Bohrungen bei Gera. *BR. 36*, 223 an Sternberg, 12. Jan. 1823.

273 Karl August schrieb am 14. (!) März 1824:

Da Du denn alles weißt! so sage, o sage mir an: was für ein Buch soll ich mir zur Hand nehmen, um das System und die Kalkformation in meinen Kopf zu nehmen, ohne ihn gar zu sehr zu zerbrechen? usw. (Briefwechsel Karl August und Goethe, II, S. 243.)

Goethe verwies (*BR. 38*, 66 an Karl August, 13. (!) März 1824) auf das Voigtsche Werk und sprach nur von der Unregelmäßigkeit des Muschelkalks und seiner subalternen Rolle im Bau Thüringens (*TB.* 14. März 1824).

Eine ähnliche Äußerung im Anschluß an Brocchi in Geolog. Schriften 157 wurde S. 156 besprochen.

274 *BR. 43*, 195 an Frommann, 3. Febr. 1828.

275 *BR. 46*, 145 an Zelter, 13. Nov. 1829.

276 Glenck, 23. Mai 1829 (*G.A.*).

277 *TB.* 4. Jan. 1828. Die geognostische Tabelle (*G.A.*) wird auch erwähnt *BR. 43*, 181 an Glenck, 20. Jan. 1828; *TB.* 5., 10. Jan., 19. März usw. 1828.

278 Goethe fiel besonders die Abtrennung des Keupers und des Lias auf, welch letzteren er übrigens in gewohnt petrographischer Fassung des Formationsbegriffs mit einem Kalkgestein Pariser Herkunft, von den dortigen Steinbrucharbeitern „Liais" genannt, verwechselte (*TB.* 12. Jan. 1828; Sammlung X, 3, 14). Auch ging ihm der eigentliche Sinn der Leitfossiltheorie nicht auf, wie seine Bemerkung gegen Zelter beweist (*BR. 49*, 186 an Zelter, 11. März 1832).

279 *BR. 43*, 181 an Glenck, 20. Jan. 1828.

280 *TB.* 16. März, 17. Nov. 1829; 26. Jan. 1831; 7. Jan. 1832, jedesmal ausführliche Notizen über den Inhalt des Gesprächs.

281 Eckermann, Gespräche, 26. Sept. 1827. — Ein Versuch, die vorgefundenen

Reste nach geologischen Niveaus, d. h. auf Grund der Höhenlage zu sondern, scheiterte an dem Mangel der erforderlichen Messungen. *BR. 31*, 51 an Leonhard, 8. Jan. 1819.

282 In Wirklichkeit Fragmente von Rhinozeros-Unterkiefern. Sammlung XVI, 1, 13—18. *BR. 31*, 51 an Leonhard, 8. Jan. 1819; *BR. 37*, 173 an Schultz, 3. Dez. 1823. — Geolog. Schriften Nr. 114.

283 *BR. 41*, 142 an Sternberg, 26. Sept. 1826; *TB.* 19. Febr. 1831 ff. Entliehen in der Übersetzung von Noeggerath Bibl. Weimar 19. Febr. bis 17. Okt. 1831.

284 *BR. 41*, 142 (siehe Anm. 283).

285 Karl August, 8. Okt. 1821 (Briefwechsel Karl August-Goethe II, S. 192); *BR. 35*, 103 an Schreibers, 15. Okt. 1821; Schreibers, 31. Dez. 1821 (*G.A.*).

286 Nach freundlichst mitgeteilter Ansicht von Prof. E. Wüst sind, soweit bei dem Verlust der meisten Etiketten aus dem Erhaltungszustand zu erkennen, sämtliche Fundorte der Weimarer Umgegend vertreten.

287 Zuletzt 13. Mai 1830 (*TB.*). Ausfahrt mit Ottilie v. Goethe nach Süßenborn.

288 Als Beispiele:

Nordische Gebirgsarten: Sammlung III, **1—6**; Reinhard, 13. März 1828 (Briefwechsel Goethe-Reinhard, S. 298); *BR. 45*, 77 an Reinhard, 21. Dez. 1828; *TB.* 18. bis 21. Dez. 1828, 23. Febr. 1829.

Gasteiner Gebirgsarten: Sammlung XV, **38—40**; *BR.* — an? (Batranek, Naturw. Corr. II, S. 401); *BR. 39*, 39 an Storch, 18. Dez. 1824; *TB.* 22.—26. Okt. 1824.

Gesteine und Profile aus Mexiko, zur Ansicht und Äußerung eingesandt von dem deutsch-amerikanischen Bergwerksverein in Elberfeld. *BR. 44*, 124 und *49*, 30 an den genannten Verein, 15. Juli 1828 und 17. Aug. 1831.

289 *BR. 44*, 160 an Zelter, 10. Juli 1828.

290 *BR. 40*, 224 an Leonhard, 3. Febr. 1826.

291 *BR. 45*, 93 an Loder, 2. Jan. 1829 und viele ähnliche.

292 *BR. 43*, 16 an Carus, 16. Aug. 1827.

293 *BR. 44*, 181 an I. H. Meyer, 25. Juli 1828; zuletzt erwähnt *BR. 47*, 35 an Bergrat v. Herder, 28. April 1830.

294 *BR. 44*, 163 an Aug. v. Goethe, 11. Juli 1828.

295 Besonders Graf Sternberg seit 1821, und schon früher Leonhard.

296 In vielen Zusendungen seit 1821.

297 Mit kurzem Einführungsbrief (*G.A.*) übersandt Anfang 1832.

298 *BR. 49*, 190 an B. Cotta, 15. März 1832.

299 *BR. 49*, 191 an Mahr, 15. März 1832.

300 Werke (2) *11*, S. 140, auf Carus' Lehre von den Ur-Teilen bezüglich, also auf 1827 zu datieren.

301 *BR. 48*, 47 an Leonhard, 24. Dez. 1830.

Zu den Ergebnissen und Betrachtungen.

Erster Teil.

1 Inventar XVIII, **22**.

2 *BR.* 922 an Merck, 7. April 1780.

3 *TB.* 5. Juli 1780.

4 Katalog A. Die Datierung ergibt sich daraus, daß alle im Harz nachweislich 1783 gesammelten Gesteine darin enthalten sind, während das nachweislich 1784 Gesammelte fehlt.

5 Siehe oben S. 44.

[6] Katalog B. In mehreren Faszikeln, von denen zwei datiert sind, teils *G.N.M.*, teils *G.A.*

[7] Voigt nahm offenbar Anstoß an den zu ungenauen Fundortsangaben bei den Harzer und Karlsbader Aufsammlungen und ließ deshalb Lücken, um sie nachzutragen. Die Ausfüllung unterblieb jedoch.

[8] Geolog. Schriften Nr. 227.

[9] Notiz im Faszikel zur Zinnformation (*G.A.*).

[10] Inhaltsangabe nach einer Aufstellung August v. Goethes (*G.A.*).

[11] *BR.* 5846 an Knebel, 21. Okt. 1809.

[12] *TB.* 27. Juli ff. 1809.

[13] *TB.* 8. April 1812.

[14] August v. Goethe, 18. Aug. 1814 (*G.A.*).

[15] Katalog C, geschrieben von John, einzelnes von August v. Goethe (*G.N.M.*).

[16] Es fehlt bestimmt das Mundum der systematischen Mineraliensammlung, dessen Vorhandensein aus einer Notiz August v. Goethes (*G.A.*) hervorgeht.

[17] *TB.* 11., 12. Okt. 1812.

[18] Nicht im Einklang mit dieser Tagebuchnotiz steht, daß Goethe noch 1817 an v. Trebra schrieb, seine eigene Karlsbader Sammlung sei unvollständig und nach einem älteren Schema geordnet, was sich doch wohl nur auf das der Suite von 1785 beziehen läßt. (*BR.* 7893 an v. Trebra, 14. Okt. 1817.)

[19] Annalen 1817. Werke (1) 36, S. 120.

[20] *TB.* 14.—24. Nov. 1820; *BR.* *34*, 31 an Knebel, 30. Nov. 1820.
TB. 3., 13. Jan. 1821. *BR.* *34*, 95 an Lenz, 16. Jan. 1821. *TB.* 21.—24. April 1821.
BR. *34*, 268, 312 an Lenz, 27. Mai; 27. Juni 1821.
TB. 17. März; 7., 17. Juni; 3., 12., 28., 29. Juli; 14., 16. Aug.; 10., 12. Dez. 1826.
BR. *41*, 83 an A. v. Herder, 3. Aug. 1826.

[21] *TB.* 9. Juni; 2. Juli 1829.

[22] *TB.* 9. April; 15. Okt. 1831.

[23] Die Schränke I—VI.

[24] *TB.* 22. Juni 1823, 10. Juli 1824, 27. Sept. 1828. Spätere Umräumung wird nicht berichtet.

[25] *BR.* 5862 an Lenz, 22. Nov. 1809.

[26] Annalen 1801, Werke (1) *35*, S. 97ff.

[27] Inventar XV, 11, 4—22.

[28] Blumenbach 4. April 1802 (*G.A.*) und sonst.

[29] Siehe S. 39. Goethe weiß von den Leistungen seines Sohnes selten anderes zu rühmen, als daß er die ihm überlieferte Sammlung in guter Ordnung halte. (*BR.* *42*, 146, 169, 209; *43*, 65, sämtlich von 1827.)

[30] *BR.* *43*, 170 an Leonhard, 12. Jan. 1828.

[31] U. a. Bäreneckzahn als Eckzahn eines Löwen (Inv. XVI, 8, 1), Unterkieferast von Rhinozeros als Paläotherium crassum (Inv. XVI, 2, 13—18), eine Bestimmung, die Goethe, der Vater, zwar mit Vorsicht, übernahm (*BR.* *31*, 51 an Leonhard, 4. Nov. 1818). Das meiste, die Invertebraten mit ganz wenigen Ausnahmen, ist unbestimmt und ist deshalb im Schuchardschen Katalog, der doch sonst möglichst im Einzelnen aufführt, überaus summarisch behandelt.

[32] Geiger, Goethe und die Seinen. 1908. S. 117ff., besonders S. 136.

[33] Goethe selbst besaß wenig Verständnis, hielt z. B. Ammoniten für gegliederte und an den Gliederungen bewegliche Tiere (*BR.* *42*, 146 an Buttel, 3. Mai 1827) und sah die Beschäftigung mit Fossilien eigentlich nur als ein „Pis aller" an.

[34] *BR.* *34*, 210 an Graf Brühl, 30. April 1821. *BR.* *35*, 217 an Rhode, 31. Jan. 1822.

[35] Z. B. mehrere Sendungen von Mahr aus Ilmenau (Mahr, 17. Febr. 1822 u. a.; *G.A.*).

[36] *TB.* 14. Juni 1827.· *BR. 43,* 1 an Soret, 9. Aug. 1827 und *43,* 76 an S. Boisserée, 12. Okt. 1827.

[37] *BR. 48,* 145—146 an S. Boisserée, 20., 22. März 1831.

[38] *BR. 49,* 188 an Graf Sternberg, 15. März 1832.

[39] *BR.* 1508 an Karl August, 8. Juli 1782.

[40] *BR.* 2123 an Karl August, Mai 1785.

[41] *BR.* 4679 an Karl August, 3. Juli 1803.

[42] Leonhard, Taschenbuch für die ges. Mineralogie, 1811, S. 322.

[43] *BR.* 6516 an C. G. Voigt, 17. Febr. 1813. *BR.* 6527 an Lenz, 10. März 1813.

[44] *BR.* 5435 an C. G. Voigt, 17. Okt. 1807.

[45] *BR.* 7015 an C. G. Voigt, 14. Febr. 1815.

[46] Lenz, 13. Febr. 1815 (*G.A.*).

[47] Lenz, 2. Mai 1815 (*G.A.*).

[48] *BR.* 5259 an C. G. Voigt, 20. Okt. 1806. *BR.* 5264 an Lenz, 21. Okt. 1806. (In Faksimiledruck bei Linck, Goethes Verhältnis usw., 1906.)

[49] „Abhängig vom Freiberger Orakel.“ *BR.* 5232 an C. G. Voigt, 23. Aug. 1806. Zu vergleichen die Beurteilung der Lenzischen Bücher bei Hausmann, Versuch einer Einleitung in die Mineralogie, S. 619, 620, bei Keferstein, Geschichte und Literatur der Geognosie, 1840, S. 134, und Leonhard, Min, Taschenbuch 1813, II, S. 546.

[50] *BR.* 5259 an C. G. Voigt, 20. Okt. 1806; *BR.* 5890 an denselben, 14. Jan. 1810 und sonst. Als Beispiel diene folgende Stelle aus einem Brief an Goethe (27. Juli 1804, *G.A.*): „Ich arbeite an ein ganz neues Mineralsystem, worin unter anderem kein Wort vom Talkgeschlecht erscheinen wird. Karsten hat sich mit seiner tabellarischen Übersicht lächerlich gemacht. Reuß ist sein Nachfolger, Emmerling ein elender Kompilator, Ludwig gehört unter aller Kritik und Succow will einen eigenen Gang einschlagen, kennt aber leider! zu wenig die Mineralien und führt daher oft zwei- und mehrmal ein und dasselbe Mineral unter verschiedenen Namen, wie Gmelin auch.

Hier nun eine Revolution, und diese muß von Jena ausgehen, sowie alle Aufklärungen in allen Wissenschaften in Jena ihren Anfang genommen haben.“

[51] *BR.* 3718 an Lenz, 18. Jan. 1798.

[52] Lenz, 11. Jan. 1798 (*G.A.*).

[53] *BR.* 4679 an Karl August, 3. Juli 1803.

[54] *G.A.*

[55] Annalen 1802. Werke (1) *35,* S. 238. Lenz beginnt seine Briefe an Goethe stets mit folgender Anrede: Excellentissime! Hochgebietender Herr Geheimrat! Gnädiger Herr! — Nach Empfang der Galitzinschen Sammlung heißt es einige Zeitlang bloß: Excellentissime! — Als deren Zusendung angezeigt wurde, schrieb er: „O! Wie freue ich mich, daß ich aus Nichts Etwas habe schaffen können. Doch wem müssen insbesondere die Mitglieder alle die glücklichen Fortschritte der Societät verdanken als nur Ew. Hochwohlgeborenen Excellenz, denn Sie nahmen sich derselben gleich bei ihrer Existenz väterlich an und nun die glänzendsten Folgen, Folgen, die sich noch keine gelehrte Gesellschaft rühmen darf.“

[56] Annalen 1803, Werke (1) *35,* S. 155.

[57] Geolog. Schriften Nr. 139.

[58] Intelligenzblatt der jenaischen allgemeinen Literaturzeitung Nr. 9, Febr. 1823.

[59] *BR.* 7397, 7455 an C. G. Voigt, 25. Mai, 13. Juli 1816.

[60] Lenz, 11. März 1804 (*G.A.*).

[61] Soret, 6. Nov. 1829 (*G.A.*).

[62] *BR.* *49*, 11 an S. Boisserée, 25. Juli 1831.

[63] *BR.* 7971 an C. G. Voigt, 6. Febr. 1818. Anerkennungen vielfach in den Briefen, auch im Gedicht zur Jubelfeier von Lenzens fünfzigjähriger Dienstzeit, das einen Tafelaufsatz in Form einer Basaltinsel mit Vulkan, nebst 100 Dukaten und der goldenen Verdienstmedaille begleitete.

[64] Gegen Grüner, Biedermann, Goethe-Gespräche V, 220.

[65] Färber, 14. Nov. 1820 (*G.A.*).

[66] *BR.* 5972 an C. G. Voigt, 1. Mai 1810.

[67] *BR.* *45*, 16 an Walther v. Goethe, 21. Okt. 1828.

[68] *BR.* *47*, 134 an Färber, 3. Aug. 1830.

[69] *BR.* *49*, 182 an Bachmann, 29. Febr. 1832.

[70] *BR.* 5232, 6822, 7455 an C. G. Voigt, 23. Aug. 1806, 8. Mai 1814, 13. Juli 1816.

[71] *BR.* 7433 an Lenz, 23. Juni 1816; *BR.* 5890 an C. G. Voigt, 14. Jan. 1810.

[72] *BR.* *38*, 19, 148 an Karl August, 19. Jan.; 25. Juni 1824. Biedermann, Goethe und das sächsische Erzgebürge, S. 146.

[73] Linck, Goethes Verhältnis usw., S. 38.

[74] *BR.* 5628 an August v. Goethe, 7. Nov. 1808; *BR.* 7447 an Lenz, 10. Juli 1816.

[75] Biedermann, Goethe-Gespräche III, S. 285.

[76] *BR.* *45*, 173 an Lenz, 25. März 1829.

[77] *BR.* *31*, 234 an Cogswell, 29. Juli 1819.

[78] *BR.* *42*, 113 an Helbig, 11. April 1827. Auch Karl August, Mai 1821. (Briefwechsel II, S. 184. Nr. 476.)

[79] *BR.* *41*, 111 an Clementine Cuvier, Aug. 1826; *BR.* *49*, 34 an Cuvier, 20. Aug. 1831; *BR.* *49*, 192 an Weyland, 15. März 1832, dieses die letzte Notiz im geologischen Briefwechsel und im vorletzten Brief überhaupt.

[80] Karlsbader Sammlung für Jena *BR.* 5224a an Karl August, 4. Aug. 1806. Später übervollständig, während die Goethes vernachlässigt war (*BR.* 7893 an v. Trebra, 14. Okt. 1817). Sammlungen vom Kammerberg nur in Jena aufgestellt (Geolog. Schriften Nr. 11), in Goethes Sammlung höchst unvollständig. Marienbader Sammlung: Die Hauptsammlung in Weimar, eine kleinere in Jena *TB.* 14. Okt. 1821.

[81] Als ein Beispiel unter vielen: Gediegen Gold und Platina, je etwas über 100 g oder 24 Solotnik. Cancrin, 15./27. Juni 1830; als Dank für die „Güte“ übersandt „mit der Goethe einigen reisenden Zöglingen des russischen Bergkadettenkorps — Söhnen des Urals — den Zutritt zu seinen Sammlungen gestattet hatte“ (*G.A.*).

[82] Soret, 6. Nov. 1829.

[83] Gegründet von Leonhard und Merz in Hanau 1804. (Leonhard, 24. Juni 1804, *G.A.*). Es hatte einen anscheinend kurzlebigen Vorläufer in einem gleichbenannten Institut in Weimar (1796). Dieses war offenbar ziemlich ärmlich fundiert, jedenfalls erstaunte Goethe über den Umfang, den Leonhard seinem Verkaufslager gegeben hatte (*BR.* 6882 an Chr. v. Goethe, 28. Juni 1814). Als der Aufenthalt in Hanau für Leonhard nach der Restauration unerträglich wurde, riet Goethe ihm nach Bonn, dem Sitz der neugegründeten Universität überzusiedeln. Leonhard ging mit seinen ganzen Sammlungen nach München, konnte sich dort nicht eingewöhnen und folgte freudig dem Ruf nach Heidelberg. Hier wurde das Mineralienkontor ein selbständiges Unternehmen, das noch lange fortbestand und als „Lommelsches Mineralienkontor“ den ersten paläontologischen Studien Zittels diente.

[84] Wie Joseph Müller in Karlsbad oder die Köchin des Gotthardhospizes. Auf höherer Stufe Dr. Halter in Urseren (*BR.* 3668 an Halter, 25. Okt. 1797) und J. C. W. Voigt, der zuerst systematisch geordnete geognostische Sammlungen verkaufte und viele Abnehmer fand (Keferstein, Geschichte der Geognosie, 1840, S. 74).

Die Goetheschen Sammlungsakten würden erlauben, noch eine große Anzahl solcher verkaufenden Sammler zu nennen.

[85] Tiroler und böhmische Mineralienhändler genannt, *BR. 42*, 204 an Grüner 2. Juli 1827, *TB.* 21., 22. März, 5. Nov. 1829 und den zugehörigen Briefen an Soret (*45*, 170; *46*, 132, 134). Auch sonst mehrfach reisende Händler erwähnt.

[86] *BR.* 6579 an August v. Goethe, 27. Juni 1813; *BR. 36*, 233 an Nowack, 29. Jan. 1823; *TB.* 30. Juni 1823.

[87] *BR.* 8160 an Fürst Metternich, 12. Sept. 1818. Die Liste gibt Biedermann, Goethe und das sächs. Erzgebürge, S. 144.

[88] *BR. 35*, 155, 225 an Grüner, 2. Dez. 1821, 8. Febr. 1822.

[89] *BR. 46*, 128, 148 an Cristofori, 2., 14. Nov. 1829. Mehrere darauf bezügliche Briefe im *G.A.* Die eingesandten Gesteine stehen I, **56**; III, **13**; XVI, **46—48**.

[90] *BR. 44*, 84 an Adele Schopenhauer, 17. Mai 1823; *BR. 44*, 162 an August v. Goethe, 10. Juli 1828.

[91] Linck, Goethes Verhältnis usw., S. 13.

[92] Goethe-Gespräche, Bd. IV, S. 102. *BR. 37*, 121 an August v. Goethe, 24. Aug. 1823; *BR. 40*, 224 an Leonhard, 3. Febr. 1826; *BR. 41*, 115 an das Mineralienkontor Heidelberg, 3. Sept. 1826. Moldenhauer, 17. Okt. 1826 (Naturwiss. Corr. I, S. 392); *BR. 42*, 204 an Grüner, 2. Juli 1827. Das Urteil der Frau Grüner über die Mineralienüberschwemmung in der Wohnung war weniger günstig als das Goethes; sie meinte, man solle einen Teil davon „ex voto wegen ihrer bevorstehenden, glücklich zu erzielenden Niederkunft abliefern", um dem Egerer Gymnasiumsbau damit noch ein dringend notwendiges Stockwerk aufzusetzen (Grüner, Mai 1823, *G.A.*).

[93] Biedermann, Goethe-Gespräche V, S. 223.

[94] Inventar XV, **42—48**.

[95] Inventar XV, **13—22**, mit wenigen Ausnahmen von Cramer übersandt.

[96] *BR. 32*, 159 an Cramer, 7. März 1820; Cramer, 16. Okt. 1820 (*G.A.*); *BR. 34*, 22 an Cramer, 20. Nov. 1820. Goethe hatte sich im März mit der Kälte entschuldigt, die die Steinzimmer unbetretbar mache, ließ diese Entschuldigung aber nicht gelten, wenn sie ihm von andern gebracht wurde (Linck, Goethes Verhältnis usw., S. 13).

[97] Leonhard, 10. Jan. 1814; *BR.* 6738 an Leonhard, 8. Febr. 1814; *BR.* 6756 an Karl August, 19. Febr. 1814; *BR.* 6866 an Leonhard, 1. Juli 1814. Leonhard war aus einem Geheimrat und Generalinspektor der Domänen wieder Steuerassessor mit ca. 100 Gulden jährlichem Gehalt geworden. Goethes Bemühungen für ihn waren vergeblich.

[98] Cramer bat um Goethes Vermittlung, da er seine Sammlung nach Jena verkaufen wollte (*BR.* 6978 an Cramer, 8. Jan. 1815). Grüner bat (Naturwiss. Corr. I, S. 159), ihm mit Rücksicht auf das Fortkommen seiner Söhne den Adel zu verschaffen. Als Goethe abschlagend antwortete (*BR. 47*, 149, 15. Aug. 1830), entschuldigte Grüner sich etwas kleinlaut wegen der „Aufwallung väterlicher Gefühle" (Naturwiss. Corr. I, S. 164).

[99] Inventar II, **35**, 1—3, 11, 14, 26 und vieles andere, meist in den Schränken I und II enthalten.

[100] Inventar I, **58**, 1—4 und vieles andere.

[101] Inventar II, **G**. *BR. 45*, 93, 149 an Loder, 2. Jan. und 22. Febr. 1829. Schütte, Das Goethe-National-Museum, S. 78.

[102] Inventar VI, **6—16**. *TB.* 25., 26. Dez. 1830; 16. April, 10.—13., 15., 29., 30. Juni; 5. Aug.; 3. Okt. 1831. *BR. 48*, 204; *49*, 71 an August v. Herder. 7. Juni, 30. Sept. 1831. *BR. 48*, 239; *49*, 188 an Sternberg, 30. Juni 1831, 15. März 1832.

[103] *BR. 33*, 16 an Schreibers, 10. Mai 1820. Schreibers, 18. März; 6. Sept. 1820 (*G.A.*). Sternbergs erster Brief an Goethe und damit die Anbahnung dieser Altersfreundschaft datiert vom 3. Juni 1820 (Sauer, Briefwechsel Goethe-Sternberg, S. 3).

104 Metzler-Gieseke, 28. Mai 1819; 4. Nov. 1819. *BR.* *31*, 222; *32*, 76 an Metzler-Gieseke, 17. Juli, 22. Nov. 1819. Die Stufen stehen teils Inventar IV, **12**, 1—13, teils verteilt in Schrank I, sind aber nicht alle nachgewiesen, da nur ein Fragment des Verzeichnisses erhalten ist.

105 Raum und Gelegenheit wollen leider nicht gestatten, auf die Schilderung dieser sympathischesten Persönlichkeit einzugehen. Er verdiente, weiteren Kreisen näher gebracht zu werden als ein wirklicher Freund Goethes von Grund seines Herzens aus. Die Goethe-Literatur (z. B. Bielschowsky) ignoriert ihn, und doch stand er Goethe weit näher als mancher andere, der mit detaillierten Untersuchungen geschildert wird. Freilich sind seine Briefe schwer zu entziffern und alle auf denselben Grundton gestimmt: treueste und glühende Verehrung des Dichters und Menschen, der keine geistreichen, aber zahllose ehrliche Wendungen zu Gebote stehen.

106 Nur ein Beispiel: „Es war schon lange mein Wunsch, daß der alles vom Nützlichen umfassende Freund Goethe mehr ins Mineralreich eingehen möchte, aber konnte ich es dahin bringen? Nun endlich wird mir's zu meiner großen Freude, und es ist mir höchst erfreulich, daß auch meine „Erfahrungen" dazu beitragen, in der Unterhaltung mit dem Steinreich weiter fortzugehen." v. Trebra, 9. Febr. 1813 (*G.A.*).

107 Mehrfache Klagen über ausbleibende Antworten in seinen Briefen an Goethe. (*G.A.*)

108 Er regte an, August solle zu ihm nach Freiberg kommen, um sich als Kammerassessor in das Bergfach locken zu lassen (11. Jan. 1811). Es ist zu beachten, daß v. Trebra Beziehungen zum Weimarer Hof besaß und über Augusts schiefe, unwillig geduldete Stellung sicher genau unterrichtet war.

109 Inventar IV, **7**, 8.

110 Inventar II, **7** und **35**.

111 *BR.* 6819 an v. Trebra, 7. Mai 1814.

112 Fr. v. Stein, 20. Okt.; 26. Okt. 1821 (*G.A.*). *BR.* *35*, 154 an Fr. v. Stein, 2. Dez. 1821. *TB.* 24. Dez. 1821. Annalen 1821, Werke (1) *36*, S. 209.

113 Außer dem unter 112 genannten *BR.* *35*, 92 an Fr. v. Stein, 5. Okt. 1821, und Fr. v. Stein, 7. Aug. 1823 (*G.A.*).

114 *BR.* 1603, 1686, 1705, 1737 an Merck, Okt. 1782 bis Mai 1783.
BR. 1692, 1704 an Knebel, 3. März, 2. April 1783.

115 *BR.* *43*, 170 an Leonhard, 12. Jan. 1828. *BR.* *43*, 176 an Sternberg, 18. Jan. 1828. *BR.* *43*, 180 an Graf Beust, 20. Jan. 1828.

116 Ohne Gewähr der Vollständigkeit sei die folgende Liste gegeben:

1789 Ehrenmitglied der Sozietät für Bergbaukunde.
1793 Ehrenmitglied der jenaischen naturforschenden Gesellschaft.
1798 Ehrenmitglied der Sozietät für die gesamte Mineralogie in Jena.
1798 Mitglied der Naturforschenden Gesellschaft Westfalens.
1816 Ehrenmitglied der Kgl. Sozietät der Wissenschaft und Künste in —?
1817 Ordentliches Mitglied der mährisch-schlesischen Gesellschaft des Ackerbaus, der Natur- und Landeskunde.
1817 Ordentliches Mitglied der Gesellschaft zur Beförderung der gesamten Naturwissenschaft in Marburg.
1818 Mitglied der Gesellschaft für die gesamte Mineralogie in St. Petersburg.
1818 Ehrenmitglied der Leop.-Carol. Akademie der Naturforscher.
1820 Ehrenmitglied der Wernerischen naturforschenden Gesellschaft in Edinburg.
1823 Auswärtiges Mitglied der phys. Klasse der Kgl. Sozietät der Wissenschaften in Göttingen.

1825 Korrespondierendes Mitglied der Société des sciences, arts et belles lettres de Macon.
1826 Korrespondierendes Mitglied des Lyceum of nat. hist. New York.
1826 Korrespondierendes Mitglied der Roy. Academy of Dublin.
1827 Ehrenmitglied der Akademie St. Petersburg.
1827 Ehrenmitglied der Akademie der Wissenschaften und Künste in Batavia.

[117] Inventar XV, **29, 30.**

[118] Noch 1816 ordnete Goethe die Gebirgsarten der Gegend von Baden „methodisch", nach einer eingesandten Sammlungsliste und nach theoretischen Vorstellungen ohne Berücksichtigung der tatsächlichen Lagerung. Geolog. Schriften Nr. 237.

[119] Geolog. Schriften Nr. 17.

[120] *TB.* 23. Juli, 12. Aug. 1823.

[121] „Seyn Sie doch so gefällig, dem Herrn Kammerrath (August v. Goethe) zu sagen, daß ich in meinen mineralogischen Excursionen so ziemlich glücklich bin —, auch habe ich schon den Befehl erhalten, den Ettersberg auf meine Art zu untersuchen", teilte Stadelmann am 1. April 1817 mit. (Karl Stadelmanns Briefe an Theodor Kräuter, S. 18. Als Handschrift gedruckt. Herausgeber A. Kippenberg, 1912.)

[122] Zu vergleichen ist Lyells: You must lend me your eyes. Judd, the coming of evolution. 1911. S. 157.

[123] *BR. 33,* 16 an Schreibers, 10. Mai 1820.

[124] Karl August, 14. März 1824. (Briefwechsel II, S. 243.) *BR. 38,* 66, 98 an Karl August, 13. (!) März; 19. April 1824.)

[125] Karl August, Januar 1816. Briefwechsel II, S. 65, Nr. 317, 318.
BR. 7274 an Karl August, 25. Jan. 1816.
Karl August, Jan. 1816. Briefwechsel II, S. 66, Nr. 320.
BR. 7280 an Karl August, 29. Jan. 1816.
BR. 7323 an Lenz, 2. März 1816. *TB.* 2. März 1816.

[126] Inventar Nr. XV, **38—40.**

[127] Siehe S. 36.

[128] *BR. 34,* 95 an Lenz, 16. Jan. 1821. Lenzens Antwort (18. Jan. 1821) liegt in der Sammlung (II, **29.** *G.N.M.*).

[129] Inventar Nr. IV, **3, 4.** Geolog. Schriften Nr. 109, 110.

[130] Inventar Nr. IV, **6—8.** Einsendungen von Miltiz, F. A. Schmidt und v. Trebra.

[131] *BR. 36,* 137 an Grüner, 2. Okt. 1822.

[132] Geolog. Schriften Nr. 130. Inventar Nr. XIV, **7.** Bemerkenswert ist, daß in der ersten, von Grüner nach Goethes Anweisung zusammengestellten Suite nur das Nebengestein des Erzes enthalten ist, in Goethes eigener Folgesammlung aber eine Übersicht über das ganze Profil gegeben werden soll.

[133] Geolog. Schriften Nr. 268.

[134] *BR. 49,* 30 an die Direktion des deutsch-amerikanischen Bergwerksvereins, 17. Aug. 1831.

[135] Cuvier, in wissenschaftlichen Dingen Goethes Antipode, übersandte einige geologische Schriften mit folgendem Brief:

L'auteur prie Monsieur de Goethe de vouloir bien agréer quelques petits écrits, qu'il a publié recemment et qui contiennent divers faits propres à intéresser un genie universel comme celui du grand poète et du grand philosophe à qui nous devons tant de jouissance. Il se felicite de cette occasion de lui temoigner sa haute et respectueuse consideration. Cuvier. (3. Juli 1826, *G.A.*)

Goethes Antwort (*BR. 41,* 111, Aug. 1826) enthielt eine Bitte um Gipsabgüsse von Wirbeltieren aus der Pariser Gegend, war aber an Clementine Cuvier gerichtet.

Die Abgüsse trafen am 8. Nov. 1826 ein. (*TB.* 8. Nov. 1826, *BR. 41,* 187 an S. Boisserée, 10. Nov. 1826. Inventar Nr. XVI, F, 10—12.)

[136] *BR. 49,* 188 an Sternberg. 15. März 1832.

[137] *BR. 48,* 145/146 und 176 an S. Boisserée, 20./22. März; 24. April 1831. Inventar Nr. XVI, H, 8, 9; 44, 3—12.

[138] Schütte, Das Goethe-National-Museum zu Weimar, 1910, S. 6.

[139] *BR. 49,* 189 an Grüner, 15. März 1832.

Zweiter Teil.

[1] Werke (1) *4,* S. 284.

[2] Wilhelm Meisters Wanderjahre I, 3 und II, 9. Werke (1) *24,* 44ff.; *25,* 26ff.

[3] Ihro des Kaisers von Österreich Majestät, 1812. Werke (1) *16,* S. 324.

[4] Über das Lehrgedicht. Werke (1) *41,* 2, S. 225.

[5] Faust, zweiter Teil, Akt IV. Werke (1) *15,* S. 246ff.

[6] *BR.* 4016 an Knebel, 20. März 1799.

[7] *BR.* 3976 an Knebel, 22. Jan. 1799. — Knebel, 16. Febr., 19. März, 9. April, 6. Juli 1799. (Briefwechsel Goethe-Knebel I, S. 202ff.)

[8] Die Metamorphose der Pflanzen. 1790. Werke (2) *6,* S. 1—94.

[9] Werke (2) *11,* S. 17.

[10] Werke (1) *4,* S. 46.

[11] Werke (1) *3,* S. 71.

[12] Geolog. Schriften Nr. 81. — Über das Lehrgedicht 1825. Werke (1) *41,* 2. S. 225. Goethes Unterhaltungen mit Fr. Soret. 1905. S. 41ff.

[13] Leonhards Schilderung der geologischen Vorzeit (in der mehrfach zitierten akademischen Rede) und noch mehr Kants Beschreibung der Sonne (in seiner Theorie des Himmels) liefern dafür den Beweis.

[14] E. Kalkowsky, Geologie und Phantasie. Abh. der naturwiss. Ges. Isis, 1910.

[15] Auch Noeggerath (Jenaische Allg. Lit.-Zeitung 1823, S. 382) unterschied zwischen Goethe dem Dichter und dem Naturforscher und deutete an, daß der erstere wohl an Vorstellungen Gefallen fände, wie A. v. Humboldt (Über den Bau usw. der Vulkane) sie als „Mythen der Geogenie" bezeichnet hatte, d. h. Vorstellungen, die der „neugierig regsame Geist des Menschen" ahnend von den Ereignissen entwürfe, die noch nicht klar erkannt werden könnten.

[16] Werke (2) *11,* S. 58.

[17] Schiller, 23. Aug. 1794.

[18] H. St. Chamberlain (Goethe, 1912) gab leider eine in jedem Punkt irrtümliche Darstellung der geologischen Studien Goethes. Das, was sich hier als deren Gegenstand und Inhalt ergeben hat, paßt viel besser in das von Chamberlain entworfene Gesamtbild der Persönlichkeit, als das, was er seinem Werk als Ergebnis der geologischen Studien hinstellt. Dieser sonderbare Sachverhalt wird wohl daraus zu erklären sein, daß Chamberlain von einer Analyse des Dichters und des Philosophen ausging und den der Vollständigkeit halber aufgenommenen geologischen Abschnitt nur oberflächlich in den Organismus der Gedanken verwebte.

[19] Werke (1) *3,* S. 94.

Zu vergleichen: Chamberlain, l. c. S. 452 und sonst.

[20] Werke (1) *3,* S. 95.

[21] Geolog. Schriften Nr. 198.

[22] Kohlbrugge, Historisch-kritische Studien über Goethe als Naturforscher. 1913. S. 53.

[23] H. St. Chamberlain, l. c. an vielen Stellen.

[24] Werke (2) *11*, S. 106, 109. — Geolog. Schriften Nr. 49. — Siehe auch S. 138, 162.

[25] Italienische Reise, 20. Juli 1787. Werke (1) *32*, S. 34.

[26] Oken, Natürliches System der Erze, 1809. *TB.* 6. Juni 1809. Oken, Lehrbuch der Naturgeschichte. 1. Teil. Mineralogie, 1813. In Goethes Bibliothek. — Goethe ignorierte die mineralogischen Schriften Okens oder verulkte sie, indem er das natürliche System der Erze nach Oken in Parallele brachte zu dem „natürlichen System des organisch-gebackenen nach Knebel" (Werke (1) *5*, S. 180). Die zoologischen Schriften nahm er ernster, freilich nicht so sehr, wie die von Carus (*BR. 43*, 16 an Carus, 16. Aug. 1827). Über weitere naturphilosophisch-mineralogische Werke siehe: Hausmann, Versuch einer Einleitung in die Mineralogie. 1828. S. 645.

[27] Leonhard in einem Referat über Okens Werke, Taschenbuch 1813. Drastischer drückte sich der allerdings ganz unphilosophische Lenz aus: „Wer Okens Mineralogie kaufen will, darf sich nur an den Kramladen des Kaufmann Erler und Konsorten wenden." (Lenz, 24. Dez. 1816, *G.A.*)

[28] *BR.* 4440 an Jacobi, 23. Nov. 1801.

[29] Vogelsang, Philosophie der Geologie. S. 85ff.

[30] Geolog. Schriften Nr. 46. Die im Text ausgelassene Stelle lautet: „Wenn es nur die Vulkanität nicht betraf." Die Stellung Voigts zum Vulkanismus ist vielleicht der beste Beweis seiner frischen Sinnlichkeit, d. h. seines Beharrens bei den von unmittelbarer Anschauung eingegebenen Hypothesen.

[31] E. Suess, Über Zerlegung der gebirgsbildenden Kraft. Mitt. d. geolog. Ges. Wien 1913. S. 18.

[32] Die Schlußsätze des oben genannten Werks von Kohlbrugge lauten:

„Goethe wollte an den Erscheinungen der Natur die Gedankengänge der spinozistischen Gott-Natur ergründen und weiter durch die Betrachtung der Natur sich im Beobachten üben, sich als Künstler bilden, als Dichter erheben. . . . Goethe schrieb auch Lustspiele und Singspiele, die zu den Schäferdichtungen der Rokokozeit gehören. So zeigt sich bei ihm auch die Natur im reizvollen Rokokokleid voll Blumenduft. Die moderne Naturwissenschaft geht in Drillich und riecht nach Spiritus, Formol, Paraffin und Kanadabalsam."

Es ist wirklich, um von anderem zu schweigen, nicht besonders empfehlenswert, bei Abwehr von Übergriffen und Verständnislosigkeiten der Goethepanegyristen sich dem Anschein auszusetzen, als wolle man Goethes Dichtung durch „die Laune des Verliebten" charakterisieren und die Rokokozeit bis in das erste Drittel des neunzehnten Jahrhunderts ausdehnen.

[33] Werke (2) *11*, S. 136. Siehe auch S. 191.

[34] *BR.* 1025 an Merck, 11. Okt. 1780.

[35] *BR.* 7044 an Paulus ?, 17. März 1815.

[36] Christiane Brun in: Biedermann, Goethe-Gespräche 8, S. 266. (Das angegebene Datum 1795 ist sehr auffällig und verdächtig.)

BR. 5223 an Frau v. Stein, 21. Juli 1806. — Geolog. Schriften Nr. 45, 188, 189, 196. — Linck, Goethes Verhältnis usw., S. 35ff.

[37] Ortsstudium: *BR.* 6579 an A. v. Goethe, 27. Juni 1823; *BR. 36*, 233 an Nowack, 29. Jan. 1823. *TB.* 30. Juni 1823 u. a.

Karten: Annalen 1815. (Werke (1) *36*, S. 98.) *TB.* 22., 23. Mai 1817; Werke (4) *28*, S. 392 (Anlage zu *BR.* 7751 an Meyer, 23. Mai 1817); Annalen 1821 (Werke (2) *36*, S. 208). *TB.* 6. Okt. 1821; 15. Juli 1823. *BR. 34*, 244 an Färber, 18. Mai 1821; Färber, 20. Mai 1821 (*G.A.*); Geolog. Schriften Nr. 32. Linck, Goethes Verhältnis usw., S. 13. Siehe auch S. 210f.

Abbildungen: *TB.* 9. Dez. 1817. *BR.* *37*, 118, 140 an Nees von Esenbeck, 22. Aug., 29. Sept. 1823; Nees von Esenbeck, 17. Okt. 1823 (Batranek, Naturwiss. Corr. II, S. 72ff.). Werke (4) *50*, S. 248 (Konzept zu einem Brief an Sternberg).

Gipsabgüsse: *BR.* *44*, 209 an v. Müller, 13. Aug. 1818. *BR.* *36*, 82 an A. v. Goethe, 29. Juli 1822.

Kristallmodelle: *BR.* *35*, 210 an Leonhard, 18. Jan. 1822.

Lehrsammlungen: *BR.* 2111 an Kestner, 25. April 1785. *BR.* 5440 an Lenz, 24. Okt. 1807; *BR.* 6701 an denselben, 9. Jan. 1814; *BR.* 6756 an Karl August, 19. Febr. 1814. Linck, Goethes Verhältnis usw., S. 36ff.

[38] *BR.* 6945 an C. H. Schlosser, 25. Nov. 1814.

[39] Geolog. Schriften Nr. 49, 59.

[40] *BR.* *39*, 34 an Sternberg, 14. Dez. 1824 (Konzept).

[41] Geolog. Schriften Nr. 26, 56.

[42] *BR.* *42*, 146 an Buttel, 3. Mai 1827 u. a. — Gegen Eckermann, 16. Okt. 1828.

[43] Biedermann, Goethe-Gespräche, Bd. III, S. 209ff. Ebenso gegen Kanzler v. Müller, 11. April 1827.

[44] *BR.* 4172 an Jacobi, 2. Jan. 1800; *BR.* 4692 an Zelter, 4. Aug. 1803. Geolog. Schriften Nr. 45.

[45] *TB.* 6. Dez. 1799; 22. April 1812; 31. März 1828.

[46] Werke (2) *11*, S. 106.

[47] Knebel, November 1808 (Briefwechsel Goethe-Knebel I, S. 337).

[48] *BR.* 5644 an Knebel, 25. Nov. 1808. Ebenso in Biedermann, Goethe-Gespräche II, S. 228.

[49] *BR.* 6326 an Seebeck, 29. April 1812; *BR.* *40*, 213 an Naumann, 24. Jan. 1826; *BR.* *43*, 170 an Leonhard, 12. Jan. 1828; *BR.* *48*, 224 an Soret, 19. Juni 1831.

[50] „Die neuere Zeit schätzt sich selbst zu hoch" usw. und „Gehalt ohne Methode" usw. (Materialien zur Geschichte der Farbenlehre. Werke (2) *3*, S. 135, 137.)

[51] Geolog. Schriften Nr. 59. Es ist nicht der Gegensatz von wissenschaftlicher und populärer Darstellung gemeint, vielmehr sollen beide Vortragsweisen wissenschaftlich sein. Populäre Exoterik ist gemeint, wenn Goethe sagt, sie dürfe sich nur auf das Praktische beziehen. Werke (2) *11*, S. 115.

[52] Sprüche in Reimen, Sprüchwörtlich. Werke (1) *2*, S. 27.

[53] Die Sprüche: „Für das größte Unheil unserer Zeit" usw. und „So wenig nun die Dampfmaschinen" usw. (Werke (1) *42*, 2, S. 171, 172) scheinen darauf hinzudeuten; die Hinwendung zu Technik und Praxis war damals wichtiger, als die Schäden, die daraus hervorgehen mochten. Vgl. Bielschowsky, Goethe II, S. 562.

[54] Gegen Riemer. Biedermann, Goethe-Gespräche VII, S. 318.

[55] Euphrosyne. Werke (1) *1*, S. 281.

[56] Kohlbrugge, l. c. S. 124. — Die Erkenntnis, daß Goethe nicht zu den Vorläufern Darwins gehöre, ist Gemeingut geworden. (Siebeck, Goethe als Denker, S. 87ff.; Chamberlain, l. c. S. 363ff.)

[57] *BR.* *41*, 142 an Sternberg, 26. Sept. 1826.

[58] Kohlbrugge, l. c. S. 123 und S. 141, Anm. 38.

[59] Goethe hielt, wie damals viele, die Steinkohlenpflanzen für Verwandte des Kaktus. *BR.* *35*, 36 an Karl August, 25. Juli 1821.

[60] Ausführlicher habe ich dieses, hier am äußersten Rande des Rahmens liegende Thema behandelt: Goethe-Jahrbuch 1913, S. 21ff.

[61] A. v. Humboldt, Kosmos I, S. 379ff.

[62] v. Schlotheim, in Leonhards Taschenbuch 1818, II, S. 315.

Flörke (Ref.: Ebenda 1821 II, S. 564) meinte sogar, der vor der letzten Erdrevolution lebende Mensch habe eine bei Crecy (Seine et Marne) unter 25 Fuß mächtigem Mergel entdeckte Landstraße gebaut und mit großen, weit herbeigeschafften Steinen gepflastert.

[63] Geolog. Schriften Nr. 89.

[64] Sammlung Katalog D, S. 288, Nr. 82—84. Eine Notiz Goethes über Steinbeile ist enthalten in dem Aufsatz „Die Donnerkeile" (Curiositäten der physisch-literarisch-artistisch-historischen Vor- und Mitwelt, Bd. V. Weimar 1816, S. 241ff.), dessen Kenntnis ich Herrn Prof. Wahle verdanke.

[65] *BR.* *49,* 190 an B. Cotta, 15. März 1832. Es heißt daselbst, wohl infolge eines Lapsus calami, an Stelle des in Klammern Eingeschobenen: „Das zu schauen und zu kennen."

[66] Wilhelm Meisters Wanderjahre, 2. Buch, 1. Kapitel. Werke (1) *24,* S. 239ff.

[67] Werke (1) *2,* S. 81.

[68] Werke (1) *2,* S. 77.

[69] In einem kürzlich erschienenen Werk „Das Jahr 1913, ein Gesamtbild der Kulturentwicklung", das „die großen bewegenden Gedanken der Zeit auf allen Gebieten der Kultur aufzeigen, die Geschehnisse und Forschungsergebnisse des Jahres in ihrem Einfluß auf die Gestaltung der Gesamtkultur charakterisieren soll", wird sogar Sport, Theaterwesen u. dgl. besprochen, von Geologischem nur ganz kurz über Lagerstättenlehre, also das zur Industrie in Beziehung Stehende referiert.

[70] Gottfried Semper, Kleine Schriften, S. 217.

Dritter Teil.

[1] Gosselet, Constant Prévost, Ann. Soc. géol. du Nord, Bd. 25, S. 172, 1896.

[2] Ähnlich bereits A. Boué in Leonhard, Taschenbuch, 1823 II, S. 294.

[3] Man vergleiche die oft vorkommende Redewendung: dies oder jenes sei noch keine Theorie, sondern höchstens eine Hypothese, oder in andere Sphäre übertragen: dieser oder jener Mann schaue nicht vom Aussichtsturm herab, sondern er schaue höchstens hinauf. Nah verwandt ist auch der Ausspruch, daß durch neu hinzugetretene Beobachtung eine bereits früher aufgestellte Theorie zum Rang einer Tatsache erhoben werde. — Zu den Auseinandersetzungen über Logik und Erkenntnistheorie der Geologie ist außer der in den Zitaten zur Einleitung (S. 294) genannten Literatur noch zu erwähnen: Petzoldt, in Handwörterbuch der Naturwissenschaften, Bd. VII, S. 50ff.; derselbe, Das Weltproblem, 1912; Kleinpeter in Zeitschr. f. pos. Philosophie, Bd. I, S. 157ff., 1913; sowie besonders „die Philosophie des als ob", herausgegeben von Vaihinger 1911, die ich leider erst kennen lernte, als der Druck des Textes bereits abgeschlossen war.

[4] *BR.* 4449 an W. v. Humboldt, 29. Nov. 1801; *BR.* *42,* 90 an Zelter, 29. März 1827.

[5] Geolog. Schriften Nr. 96, ähnlich Geolog. Schriften Nr. 63.

[6] Gegen Eckermann, 1. Okt. 1828.

[7] *BR.* *31,* 52 an Schultz, 8. Jan. 1819; *BR.* *37,* 131 an Zauper, 10. Sept. 1823.

[8] *BR.* *49,* 179 an S. Boisserée, 25. Febr. 1832.

[9] Gegen Eckermann, 18. Mai 1824.

[10] *BR.* *42,* 146 an v. Buttel, 3. Mai 1827.

[11] *TB.* 11. Juli 1817; ähnlich *BR.* 5405 an Knebel, 23. Aug. 1807.— Ein vorzügliches Beispiel für Hemmung der Erkenntnis durch irrtümliche überlieferte Anschauungen berichtet Zeiller (De la méthode dans les sciences, ser. 2. 1911. S. 139ff.). Weil man von sekundärem Holz nur bei Phanerogamen wußte, stellte man anfangs die Kalamitenhölzer zu den Koniferen, Kalamitenreste, bei denen kein Holz erhalten war, zu

Equisetum. Die Lepidodendren gerieten wegen ihres Habitus zu den Lykopodinen, die Sigillarien, von denen man die Holzstruktur kannte, aber zu den Zykadeen, und als nachträglich bei Lepidodendron dieselbe Holzstruktur gefunden wurde wie bei den Sigillarien, wurden nicht etwa beide Typen zueinander gebracht, sondern man bestritt lebhaftestens die Richtigkeit der Beobachtung.

12 Ein Bergführer antwortete auf die Frage, weshalb wohl ein Gletscher die in die Eismasse gelangten Steine u. dgl. über kurz oder lang wieder an die Oberfläche bringe: Die Gletscher stoßen alles wieder aus, was hineinfällt, weil sie die Unreinlichkeit nicht lieben. (Charpentier, Essai sur les glaciers, 1841, S. 24.) — Anthropomorphismus ist Denkgewohnheit des Naiven.

13 *BR.* *44*, 202 an Zelter, 9. Aug. 1828. Ähnlich *TB.* 15. Febr. 1831.

14 *BR.* 1398 an Steffens, 29. Mai 1801; ähnlich Werke (2) *11*, S. 145.

15 Geolog. Schriften Nr. 59; ähnlich *BR.* *40*, 243 an Joh. Müller, 23. Febr. 1826.

16 *BR.* 7880 an Tauscher, 30. Sept. 1817; ähnlich Geolog. Schriften Nr. 6.

17 Geolog. Schriften Nr. 40.

18 Wilhelm Meisters Wanderjahre. Drittes Buch, vierzehntes Kapitel. Werke (1) *25*, S. 269ff. Die ausgelassene Stelle am Ende des ersten Absatzes führt für die Beurteilung der Lebendigkeit einer Ansicht das Kriterium des Erfolges an.

19 Geolog. Schriften Nr. 199.

20 Gosselet, l. c.; Zittel, Geschichte der Geologie, S. 288.

21 *BR.* *41*, 142 an Sternberg, 26. Sept. 1826. Ähnlich gegen Soret, 3. Febr. 1830.

22 Gegen Riemer, 27. März 1814 (Biedermann, Goethe-Gespräche III, S. 125).

23 *BR.* *31*, 189 an S. Boisserée, 18. Juni 1819.

24 Fraas, Szenerie der Alpen, 1892, S. 214.

25 Haug, Traité de géologie, II, S. 821.

26 Geolog. Rundschau, II, S. 274. Siehe auch Pompeckj, Handwörterbuch der Naturwissenschaften, II, S. 292.

27 Handwörterbuch der Naturwissenschaften, III, S. 89ff.

28 Ebenda, VII, S. 469ff.

29 R. Hoernes, Das Aussterben der Arten und Gattungen, 1911.

30 Neues Jahrbuch für Mineralogie, 1899, I, S. 233. — Die dort gegebene Terminologie: physiologische oder descriptive Arten muß ersetzt werden durch biologisch oder descriptiv. Der von E. Wepfer (Zeitschr. d. D. geolog. Ges. 1913, Monatsbericht, S. 410ff.) vorgeschlagene Terminus zoologisch (anstatt: physiologisch) ist ersichtlich zu eng. Die Frage der Bezeichnungsweise des Unterschiedenen wird nach Opportunität zu entscheiden sein. Für die Sache ist es ziemlich gleichgültig, ob man (salva venia) sagt: Meyeria Mülleri, var. magnirostris, longiaurita, Schildensis und lalenburgica, ob man diese Varietäten als spec. descr. subordiniert, oder sie selbständig aufführt. Auch bei paläobiologischer Betrachtung würde man zur Definition der Variationsbreite von Meyeria Mülleri die einzelnen Spec. descr. benennen müssen. Die Belastung des Gedächtnisses bleibt sich gleich und ist unvermeidlich.

31 Auch hier wie bei den in Anm. 3 beanstandeten Ansprüchen wird absichtlich kein Beleg genannt, weil kein besonderer Autor auf diese öfters, wenn auch nicht immer deutlich ausgedrückten Ansichten ausschließliches Eigentumsrecht besitzt.

32 O. Jaekel, Paläontologische Zeitschrift, I, S. 18ff. Die technische und unterrichtspolitische Seite der Frage ist bei dieser prinzipiellen Erörterung nicht zu behandeln.

33 A. Boué, Essai géologique sur l'Ecosse. Übersetzt von Kleinschrod, Leonhard, Taschenbuch 1823, II, S. 282. — Brongniart, Annales des mines, VI, Ref.: Leonhard, Taschenbuch 1824, II, S. 667f. Es wurde dabei ein paläogeographischer Gesichtspunkt in die Stratigraphie übertragen, was ebenso fehlerhaft ist als das Gegenteil.

Wäre etwa der Schluß gewonnen, daß im indischen Gebiet die in Europa jurassische Fauna noch unverändert fortbestand, während in Europa schon die kretazische auftrat, so wurde man mit der Behauptung, die indische Kreide habe eine jurassische Fauna, nur Verwirrung anrichten, da die Begriffe Jura und Kreide ihren einzigen Inhalt durch Hinweis auf eine Fauna bestimmten Charakters erhalten. Man würde damit aussagen, die indische Kreide sei Jura, also einen kompletten Widersinn. Welche Terminologie zu wählen wäre, das wird sich bei eintretendem Zwang zur Entscheidung von selbst ergeben. Ausführlicher ist über die Frage gehandelt Zentralblatt für Min. usw., 1908, S. 434ff. und Verh. d. naturhist. Ver. preuß. Rheinl. u. Westf. 1908, S. 246ff. Natürlich soll mit der These, daß gleiche Faunen und Floren auch verschieden alt sein können, nicht ausgesagt werden, daß sie es immer sein müßten, wenn etwa eine große räumliche Entfernung zwischen den betreff. Ablagerungen besteht. Es handelt sich um einen zur Berücksichtigung gebotenen Gesichtspunkt der theoretischen Betrachtung, deren Ergebnis in keiner Weise prophezeit werden kann (vgl. Soergel, Neues Jahrb. f. Min., Beilageband XXXVI, S. 640ff., 1913). Die räumliche Entfernung spielt in der Frage gar keine Rolle, ebensowenig wie bei Aufstellung der Provinzen rezenter Biogeographie.

[34] A. v. Humboldt, Geognostisches Gemälde von Südamerika, nach Voyages aux regions equinoctiales du nouveau continent, X, pag. 249ff. übersetzt: Leonhard, Taschenbuch 1827, II, S. 97ff., 481ff.

[35] Es ist bekannt, daß in Adamaua das auf höherer Kulturstufe befindliche Herrenvolk der Fullah eine unterjochte Bevölkerung von Bantustämmen gewaltsam in primitiver Kultur und trotz bestehendem Commercium in gesonderten Wohnsitzen erhält. — Würde man hier nach Art der Artefakten-Leitfossiltheorie untersuchen, so käme man sicher zu einer Alterstrennung der doch gleichzeitig bewohnten Stätten, wobei zu beachten, daß nur sehr ausnahmsweise die prähistorisch unterschiedenen Kulturstufen übereinander gefunden sind, und daß die Ausnahmen auch nur eine lokale Reihenfolge beweisen, die durch Besiedlungswechsel erklärt werden kann. Gegen den Schematismus der leitfossilartigen Verwendung von Artefakten wird auch aus andern Gründen seitens der Ethnographen protestiert. Daß im allgemeinen ein Fortschritt in der Technik der Steinbearbeitung zu konstatieren ist, dürfte selbstverständlich sein, zugleich aber auch mit der Hypothese verträglich, daß eine niedere Bevölkerung immer erst in geraumem Abstand der höheren gefolgt sei. Das Argument, daß die Geologie gezwungen sei, so lange Zeiträume zusammenzufassen, daß zeitliche Verschiedenheiten in die Fehlergrenzen fielen, ist hier so wenig zulässig wie sonst, denn wenn es zutrifft, haben paläogeographische Untersuchungen keine Existenzberechtigung und man würde es besser aufgeben, so unnütze und komplizierte Kartenhäuser mühsam zu erbauen.

[36] Ein sehr charakteristischer Fall von Unterlassung der Konsistenzherstellung ist besprochen: Zentralblatt für Min. usw. 1913, S. 234ff.

[37] Genau die entgegengesetzte Maxime vertritt Th. Arldt (Die Entwicklung der Continente und ihrer Lebewelt). Dort wird mit Vorliebe auf ältere bewährte Bücher zurückgegriffen, statt daß sofort jede neue Auffassung zugrunde gelegt würde, deren Resultate oft noch umstritten und oft binnen kurzem widerrufen seien. Der Paläogeograph könne ja den Wert dieser Veröffentlichungen nicht immer selbst kritisch nachprüfen, doch müsse es sein Bestreben sein, möglichst gesicherte Resultate seinen Folgerungen zugrunde zu legen. — Hierbei scheint übersehen, daß ältere Resultate keineswegs gesicherter, sondern nur gewöhnter sind, daß bei solchem Verfahren die verwendeten Begriffe höheren und niederen Abstraktionsgrades in ihrem Beobachtungsgehalt nicht kongruieren, also Scheinprobleme hervorrufen, und drittens, daß jede

Synthese zum Veralten prädestiniert ist, also niemals gesicherte, sondern stets nur provisorische Überzeugungen äußert.

[38] O. Jaekel, Die Wirbeltiere. 1911.

[39] G. Steinmann, Die geologischen Grundlagen der Abstammungslehre. 1908.

[40] Zentralblatt für Min. usw. 1912, S. 140ff.

[41] K. Andrée, Geolog. Rundschau 1911, S. 61ff., 117ff.

[42] Verhandl. naturhist. Ver. preuß. Rheinl. und Westf. 1908, S. 224ff. und Sitzungsberichte desselben 1910, S. 28f. — Herrn Dr. V. Madsen verdanke ich das folgende Beispiel für Nichtkoinzidenz stratigraphischer und tektonischer Pausen: Im Tertiär Dänemarks treten Glimmerton, und darunter bunter plastischer Ton stets zusammen auf, dagegen niemals der bunte plastische Ton mit dem nächstälteren grauen kalkfreien Ton. Letzterer wird ins obere Paleozän gestellt, der Glimmerton ins Oligozän und Miozän. Bei stratigraphischer Betrachtung würde man daher den bunten plastischen Ton ins Obereozän und Oligozän verweisen, also eine Unter- und Mitteleozän umfassende, sowohl tektonische als stratigraphische Pause annehmen. Durch Beachtung des Fossilgehalts wird der bunte plastische Ton in das Untereozän verlegt, wodurch zwischen ihm und dem grauen kalkfreien Ton eine tektonische (nicht stratigraphische) und über ihm, im Widerspruch zum tektonischen Befund eine Mittel- und Obereozän umfassende, vielleicht ins Oligozän eingreifende stratigraphische (nicht tektonische) Pause entsteht.

Dänisches Tertiär		Anordnung nach: Tektonik	Anordnung nach: Fossilien
Glimmerton		Oligozän und Miozän	
	Treten immer zusammen auf		*Mittel- u. Obereozän Stratigr. Pause*
Bunter plastischer Ton		Obereozän, Oligozän	Untereozän
	Treten nie zusammen auf	*Unter- u. Mitteleozän Stratigr. u. tekt. Pause*	*Tektonische Pause*
Grauer kalkfreier Ton		Oberpaleozän	
Kerkmindemergel		Unter- und Mittelpaleozän	

Fälle von Nichtkoinzidenz dieser beiden Arten von Pausen sind keineswegs selten und vielleicht dürfte im Weiterverfolg der Untersuchungen Saalfelds (Neues Jahrbuch für Min., Beilageband XXXVI, S. 236ff., 1913) beim russischen Jura mit Vorteil hierauf geachtet werden.

[43] O. Abel, Grundzüge der Paläobiologie der Wirbeltiere, 1912.

[44] G. Steinmann, Die geologischen Grundlagen der Abstammungslehre. G. Steinmann, Die Abstammungslehre, was sie bieten kann und was sie bietet. Verhandl. Vers. D. Naturf. und Ärzte, 1911. Mit Rücksicht auf die zahlreichen beobachtungsmäßigen Einwendungen, die erhoben sind, muß man freilich gestehen, daß viele der in den Schlußketten wirkenden Begriffe änderungsbedürftig sind. Gegen einen wichtigen Grundgedanken wandte sich Soergel (Das Aussterben diluvialer Säugetiere und die Jagd des diluvialen Menschen, 1912).

[45] G. Steinmann, Zeitschrift für induktive Abstammungs- und Vererbungslehre, IV, 1910, S. 103ff.

[46] Eugen Albrecht, Süddeutsche Monatshefte, II, 2, S. 469, 1905. Ausführlicher und wissenschaftlich gerichtet: Derselbe, Frankfurter Zeitschrift für Pathologie, II, S. 1ff., 1908.

[47] Keinem halbwegs besonnenen Naturforscher fällt es ein, unter „Erklärung" einer Erscheinung etwas anderes zu verstehen als ihre Einordnung unter den übergeordneten Begriff. Wenn Chamberlain (Goethe, S. 311 und sonst) der modernen Forschung eine andere Ansicht zuschreibt, so liegt wohl ein Mißverständnis vor, veranlaßt durch das Bestreben der Biologie, zu noch höher übergeordneten Begriffen aufzusteigen. Freilich sollte man besser sagen: Die subordinierten Beobachtungen und Hypothesen erklären den Begriff. Der Sprachgebrauch verfährt hier ähnlich wie im Fall der „aufgehenden" Sonne.

[48] Geolog. Schriften Nr. 26 und vieles andere. — Siebeck, Goethe als Denker, S. 57ff.

[49] *BR. 49*, 179 an S. Boisserée, 25. Febr. 1832.

[50] Eine nicht-vitalistische, allerdings größtenteils dem Bereich des Glaubens angehörige Betrachtung zur Erklärung der Lebensvorgänge gab B. Moore (The origin and nature of life. London, New York, ohne Jahr).

[51] Fr. Doflein, Schützende Ähnlichkeit im Tierreich. Süddeutsche Monatshefte, VII, 2, S. 692. 1910.

[52] *BR.* 8094 an J. G. Voigt, 19. Juni 1818.

[53] Gegen Soret. Biedermann, Goethe-Gespräche, VIII, S. 101.

Quellenstudien.

I. Die Schriften und Notizen Goethes zur Mineralogie und Geologie.

(Weimarer Ausgabe, Abtlg. 2. Bd. IX, X, XIII, S. 267—424.)

Verzeichnis der Schriften in der Reihenfolge der Weimarer Ausgabe.

Laufende Nr.	Abfassungsjahr	Band und Seite in der *W.A.*	Titel
1	1817	*9*, 5	Zur Kenntnis der böhmischen Gebirge.
2	1817	7	Karlsbad.
3	1817	10, 30	Joseph Müllerische Sammlung. Rekapitulation.
4	1817	33	Nachträge.
5	1831	35	Ferneres über Joseph Müller und dessen Sammlung.
6	1807	41	An Herrn v. Leonhard.
7	1824	52	Freimütiges Bekenntnis.
8	1822	53	Marienbad überhaupt und besonders in Rücksicht auf Geologie.
9	1824	73	Recht und Pflicht.
10	1823	74	Durch das Gas des Marienbrunnens angegriffenes Grundgebirg.
11	1808	76	Der Kammerberg bei Eger.
12	1820	95	Kammerberg bei Eger.
13	1819	98	Der Horn.
14	1820	100	Produkte böhmischer Erdbrände.
15	1824	104	Zur Geognosie und Topographie von Böhmen.
16	1822	105	Fahrt nach Pograd.
17	1823	112	Der Wolfsberg.
18	1824	115	Nachschrift.
19	1823	117	Uralte neuentdeckte Naturfeuer- und Glutspuren.

Laufende Nr.	Abfassungsjahr	Band und Seite in der *W.A.*	Titel
20	1820	*9*, 124	Zur Geologie, besonders der böhmischen.
21	1820	129	Problematisch.
22	1813	139	Ausflug nach Zinnwalde und Altenberg.
23	1784	155	Geognostisches Tagebuch der Harzreise.
24	1784	169/171	Über den Granit.
25	um 1784	178	Der Granit als Unterlage aller geologischen Bildung.
26	1820	183	Karl Wilhelm Nose (Historische Symbola zur Basaltgenese).
27	1824	196	Die Basaltsteinbrüche am Rückersberge bei Oberkassel am Rhein.
28	1808	209	An Herrn v. Leonhard.
29	1823	214	v. Leonhard: Handbuch der Oryktognosie. Heidelberg 1821.
30	1821	216	Bildung des Erdkörpers.
31	1821	216	Deutschland, geognostisch dargestellt von Chr. Keferstein. Weimar 1821.
32	1821	220	Carte générale orographique et hydrographique d'Europe. Par le Baron Soriot de l'Host. Vienne 1816.
33	1821	223	D'Aubuisson de Voissins Geognosie. Übersetzt von Wiemann. Erster Band. Dresden 1821.
34	1821	223	Aphoristisch.
35	1820	229	Die Luisenburg bei Alexandersbad.
36	1824	232	Gestaltung großer anorganischer Massen.
37	1824	241	Gebirgsgestaltung im ganzen und im einzelnen.
38	1829	253	Geologische Probleme und Versuch ihrer Auflösung, 1.
39	1829	253	Dasselbe, 2—4.
40	1823	257	Dasselbe, 5.
41	1830	259	Verschiedene Bekenntnisse, 1.
42	1823	262	,, ,, 2.
43	1823	263	,, ,, 3.
44	1825	265	,, ,, 4.
45	1806	268	Bildung der Erde.
46	1823	280	Herrn v. Hoffs geologisches Werk.
47	1807?	288	Entwurf einer allgem. Geschichte der Natur.

Laufende Nr.	Abfassungsjahr	Band und Seite in der *W. A.*	Titel
48	1817	*9*, 289	Schema zum geologischen Aufsatz.
49	1820	291	Verhältnis zur Wissenschaft, besonders zur Geologie.
50	1785	296	Gesteinslagerung.
51	1823	299	Über den Bau und die Wirkungsart der Vulkane in verschiedenen Erdstrichen. Von Alexander v. Humboldt. 1823
52	1823	300	Zur Naturwissenschaft und Morphologie.
53	um 1824	302	Ursache der Vulkane wird angenommen.
54	1789	304	Vergleichsvorschläge, die Vulkanier und Neptunier über die Entstehung des Basalts zu vereinigen.
55	1807	317	Sammlung zur Kenntnis der Gebirge von und um Karlsbad.
56	1823	390	Auszüge aus: Kritik der geologischen Theorie, besonders der von Breislack und jeder ähnlichen. Bonn 1821.
57	1806	400	Biographisches über Joseph Müller.
58	1821	405	Konzept zum Aufsatz über Marienbad.
59	1808	406	Konzept zum Brief an v. Leonhard.
60	—	408	Konzeptbruchstück zur Kampagne in Frankreich.
61	1822	408	Zitat aus „Zückert, Naturgeschichte des Unterharzes".
62	1784	409	Notizen zur Harzreise 1784.
63	1812	*10*, 7	Über den Ausdruck Porphyrartig.
64	1817	18	Kristallisierte Gesteine.
65	1817	19	Trümmerporphyr zu Ilmenau im Ratssteinbruche.
66	1817	20	Gestörte Formation.
67	1817	21	Gestörte Bildung.
68	1803	22	Scheinbare Breccie.
69	1831	24	Trümmerachat.
70	1820	26	Gestaltung unorganischer Körper.
71	1820	27	Gestalteter Sandstein.
72	1818	29	Granit.
73	1807	32	Granit.
74	1807	37	Rückkehr zum Granit.
75	1823	38	Vulkanische Produkte.

Laufende Nr.	Abfassungsjahr	Band und Seite in der *W.A.*	Titel
76	1823	*10*, 39	Von den Augiten insbesondere.
77	1803	40	Vulkanischer Ruß.
78	1785?	41	Quarziges Tongestein.
79	1815	42	Trappformation.
80	1830	43	Verglaste Burgen.
81	1829	46	King Coal.
82	1816?	51	Gestein vom Rehberger Graben am Harz.
83	1829	52	Goufferlinien.
84	1789	54	Todtes Liegendes um Eisenach.
85	1789	56	Todtes Liegendes.
86	1785	57	Schichtung des Granits.
87	1785	60	Gänge.
88	1819	62	Unter Fischern.
89	1817	63	Siehe Annals of Philosophy. London, August 1816. Nr. 44. pag. 153.
90	1824	65	Austrocknen an freier Luft.
91	?	66	Analoga von Breccien.
92	1822	67	Geologie.
93	1817	68	Zur Lehre von den Gängen.
94	1821	69	Egeran.
95	1824	71	Ludus Helmontii.
96	1817?	75	Entstehung unorganischer Formen.
97	1812?	78	Der Dynamismus in der Geologie.
98	1817	83	Das Gerinnen.
99	1817	84	Das Gerinnen.
100	1816	85	Über Bildung von Edelsteinen.
101	1817	88	Chemische Kräfte bei der Gebirgsbildung.
102	1829	90	Umherliegende Granite.
103	1828	92	Erratische Blöcke.
104	1829	95	Kälte.
105	1829	96	Lage der Flöze.
106	1813/14	99	Mineralogie und Geognosie, besonders des Leitmeritzer Kreises, vorzüglich Zinnformation.
107	1813	101	Gebirgsarten des Leitmeritzer Kreises in Böhmen.
108	1813	104	Aus Teplitz.
109	1813	112	Zinnwalder Suite.
110	1813	114	Altenberger Suite.

Laufende Nr.	Abfassungsjahr	Band und Seite in der *W. A.*	Titel
111	1813	*10*, 116	Steinkohlengrube bei Dux.
112	1813	117	Zinnformation.
113	1813	122	Zinnformation.
114	1828	129	Die Umgebung von Weimar in geologischer Beziehung.
115	1782	135	Mineralogie von Thüringen und angrenzender Länder.
116	1785	138	Kalkgebirg.
117	1784	140	Auf der Harzreise im September 1784.
118	1822	142	Verzeichnis der am Kammerberg bei Eger vorkommenden Mineralien.
119	1822	144	Verschiedene Folgen aus mehr oder weniger voneinander entfernten Gegenden.
120	1822	146	Verzeichnis der bei Pograd vorkommenden Steinarten mit mehr oder weniger Eisengehalt.
121	1822	147	Verzeichnis der bei Rossenreut vorkommenden Gebirgsarten.
122	1822	149	Gegend von Radnitz und Wischkowitz im Pilsener Kreis.
123	1822	150	Redwitz im Königreich Bayern.
124	1821	151	Böhmen. vor Entdeckung Amerikas ein kleines Peru. Von Andr. Chr. Eichler. Prag 1820.
125	1821	153	Zu Kefersteins geologischer Karte von Deutschland.
126	1821	158	Brandschiefer.
127	1823	160	Die Gesellschaft des vaterländischen Museums in Böhmen.
128	1823	165	Fossiler Backzahn, wahrscheinlich vom Mammouth.
129	1823	167	Anthrazit mit gediegenem Silber.
130	1824	169	Folgesammlung (des Silbervorkommens von Sangerberg).
131	1823	170	Kammerbühl.
132	1823	171	Wunderbares Ereignis.
133	1785	174	Bernhardfelsen.
134	1821	177	Echte Joseph Müllerische Steinsammlung, angeboten von David Knoll zu Karlsbad.

Laufende Nr.	Abfassungsjahr	Band und Seite in der *W.A.*	Titel
135	1824	*10*, 183	Auszug eines Schreibens des Herrn Baron v. Eschwege. Lissabon, d. 2. Juni 1824.
136	1822	185	Geognostisches Gemälde von Brasilien. Von Obrist W. v. Eschwege. Weimar 1822.
137	1801	186	Eine Versteinerung.
138	1823	191	Architektonisch-naturhistorisches Problem.
139	1805	202	Mineralogische Gesellschaft.
140	1789?	205	Hypothese über die Erdbildung.
141	1821	250	Kartenskizze der Gegend von Haslau.
142	1814	251	An Knebel. Begleitbrief des Faszikels zur Zinnformation.
143	1813	252	Aufsammlungen bei Aussig.
144	1813	253	Aufsammlungen in der Gegend von Teplitz.
145	1813	253	Wärmestoff und Kohlensäuregas.
146	1813	253	Notizen über Mineralvorkommen.
147	1822	254	Memorandum über Sammlungsversendungen.
148	1823	255	Tempel zu Puzzol.
149	1817	255	Drei Epochen der Weltbildung.
150	?	256	Gestaltung des sich kondensierenden Wassers.
151	1785	257	Reisetagebuch von Weimar bis Karlsbad.
152	1832	260	David Knollsche Sammlung von Sprudelsteinen.
153	1822	263	Ultravulkanist.
154	1822	264	Vermischte Notizen.
155	1817	266	Zu Werners neuer Theorie von der Entstehung der Gänge.
156	1829	267	Eiszeit.
157	1817	269	Zu Brocchis Fassatal.
158	1824	269	Wärmeentstehung durch terrestrischen Galvanismus.
159	1823	270	Invektive gegen Hebungstheoretiker.
160	1822	270	Alpenerhebung durch Porphyr.
161	?	271	Literaturnotizen zur Ganglehre.
162	1830	272	Literaturnotiz, Elie de Beaumonts Theorien betreffend.
163	?	272	Hauptepochen der Geologie.

Laufende Nr.	Abfassungsjahr	Band und Seite in der *W.A.*	Titel
164	1814	*10*, 273	Zur Zinnformation. Aus Heims geolog. Beschreib. des Thüringer Waldgebirgs. III, S. 86.
165	1822	273	Geolog. Bau Europas und Amerikas. Zu Struves „Beiträgen" 1822.
166	1813	274	Notizen aus v. Trebras Erfahrungen vom Innern der Gebirge.
167	1820/21	275	Inhaltsschemata zu Bd. I, Heft 3 u. 4 „Zur Naturwissenschaft".
168	1820	277	Verzeichnis der geglühten Gebirgsarten.
169	?	278	Aufsammlungen bei Lessau.
170	?	279	Aufsammlungen bei Hohdorf.
171	?	280	Aufsammlungen bei Karlsbad.
172	?	281	Verzeichnis geglühter Gebirgsarten aus Karlsbad.
173	?	281	Verzeichnis einer supplementären Gesteinssendung.
174	1805	*13*, 269	Paralip. 274. Mineralog. Gesellschaft.
175	1806	270	„ 275. An Freunde der Geognosie.
176	1819 oder 1820	276	„ 276. Verzeichnis einer Müllerische Sammlung.
177	1824	281	„ 277. Freymütiges Bekenntnis. Auszug eines Schreibens des Herrn Barons v. Eschwege.
178	?	282	„ 278. Auf Karlsbad oder Marienbad bezüglich.
179	1821	283	„ 279. Raisonnierter Katalog der Marienbader Sammlung.
180	1823	287	„ 280. Zersetztes Gestein an der Marienbader Quelle.
181	1822	289	„ 281. Kammerberg bei Eger.
182	1813	289	„ 282. Reisenotiz von Zinnwald.
183	1806	289	„ 283. Notizen über Geschichte Karlsbads und Joseph Müller.
184	1784	291	„ 284—288. Aus dem Tagebuch der Harzreise.
185	1785	296	„ 289. Reisenotiz von der Luchsburg.

Laufende Nr.	Abfassungsjahr	Band und Seite in der *W.A.*	Titel
186	1824	*13*, 296	Paralip. 290. Solideszenz mit elektrochemischem Schlag.
187	1829?	296	„ 291. Höherer Chemismus der Vorzeit.
188	1806	297	„ 292. Entwurf zu „Bildung der Erde".
189	1806	297	„ 293. Ausgeführterer Entwurf zu demselben.
190	1806	302	„ 294. Notiz über Telliamed.
191	1785	307	„ 295. Entwurf über Theorie der Felsgestaltung.
192	1821	308	„ 296. Färbung von Kefersteins geologischer Karte.
193	1785	309	„ 297. Verzeichnis von Aufsammlungen bei Karlsbad.
194	1823	310	„ 298. Pholaden des süßen Wassers.
195	?	310	„ 299. Entwurf einer geologischen Autobiographie.
196	1807	311	„ 300. Dispositionen zu Vorträgen über Bildung der Erde.
197	1819	314	„ 301. Eines verjährten Neptunisten Schlußbekenntnis. Abschied von der Geologie.
198	1826	314	„ 302. Höherer Chemismus der Vorzeit.
199	1817	315	„ 303. Wernerischer Schüler.
200	?	315	„ 304. Notizen aus einer Schrift Werners.
201	1817	315	„ 305. Trappformation.
202	1820	316	„ 306. Runde Form der freien Materie.
203	1817	316	„ 307. Hervortreten des Unterschiedenen.
204	1785	316	„ 308. Kristallisation des Granits.
205	?	317	„ 309. Wackenformation ohne Vulkanität.
206	1789	317	„ 310. Regelmäßige beständige Form ist Vollendung eines Dinges.

Laufende Nr.	Abfassungsjahr	Band und Seite in der *W.A.*	Titel
207	1830	*13*, 318	Paralip. 311. Modifikation der Gesteinsoberflächen durch Kieselsäure.
208	1815	318	„ 312. Schema des rheinischen Übergangsgebirges.
209	1817	319	„ 313. Verrückung der Gänge, verglichen mit Lichtbrechung.
210	?	319	„ 314. Verrückung der Gänge: Mineralgesetz.
211	1817	319	„ 315. Verrückung der Gänge, verglichen mit Lichtbrechung.
212	1824 oder 1831	319	„ 316. Ausfüllung der Gangspalten.
213	?	320	„ 317. Notiz aus v. Trebras „Erfahrungen".
214	1780	320	„ 318. Instruktion für den Bergbeflissenen J. C. W. Voigt.
215	1812	322	„ 319, 320. Gutachten über das Bad Berka.
216	1783	340	„ 321. Beobachtungen bei Ilmenau.
217	1781	340	„ 322. Gutachten über die Wiederaufnahme des Ilmenauer Betriebs.
218	1781?	354	„ 323. Agenda für eine Inspektion des Ilmenauer Bergwerks.
219	1816	355	„ 324. Hypothetischer See bei Tennstedt.
220	1816	356	„ 325—327. Aufsammlungen bei Tennstedt.
221	1780—1785	359	„ 328. Salzbohrung bei Stotternheim.
222	1808	360	„ 329. Granit und Basalt bei Liebenstein.
223	1789	360	„ 330. Beobachtungen im Thüringer Wald bei Eisenach.
224	1783	361	„ 331. Agenda für eine Exkursion nach Ilmenau.
225	1818	361	„ 332. Hornblendekugel bei Weimar
226	?	362	„ 333. Selbstbereiste Gebiete.

Laufende Nr.	Abfassungsjahr	Band und Seite in der *W. A.*	Titel
227	1785	*13*, 363	Paralip. 334, 335. Bruchstücke aus dem Katalog der Harzsammlung.
228	?	364	„ 336. Notizen über Mineralien.
229	1778? 1823?	365	„ 337. Granit bei Potsdam.
230	?	365	„ 338. Quarz und Glimmer bei Plauen.
231	?	365	„ 339. Mineralnotizen aus Schlesien.
232	1806	365	„ 340. Streichen der Erzgänge in Sachsen.
233	1786	366	„ 341. ReisenotizenüberSchneeberg.
234	1784	367	„ 342. Notizen von der Harzreise.
235	1790	367	„ 343, 344. Notizen von der schlesischen Reise.
236	1826	369	„ 345. Xylomorphischer Schiefer.
237	1816	370	„ 346. Methodische Folge der Gebirgsarten in der Gegend von Baden, zu leichterem Verständnis der geologischen Karte.
238	?	371	„ 347. Bohrprofil von ?.
239	1823	372	„ 348. Zur Entstehung von Vulkanen und heißen Quellen.
240	1821	372	„ 349. Reisenotiz bei Sandau.
241	?	372	„ 350. Reisenotiz bei Eger.
242	1819	373	„ 351. Kobesmühle.
243	1785	373	„ 352. Reisenotiz bei Leopoldsdorf.
244	1824	374	„ 353. Erdbeben am Erzgebirge.
245	1807	374	„ 354. Geolog. Notiz bei Karlsbad.
246	?	374	„ 355. Aufsammlungen bei Poppen.
247	1823	375	„ 356. Wiederauflebender Vulkanismus.
248	?	376	„ 357. Zu Cuviers Recherches sur les ossements fossiles.
249	1820	376	„ 358. Über das Wachstum der Schweizer Gletscher.
250	nach 1813	377	„ 359. Notizen über französisches Zinnvorkommen.

Laufende Nr.	Abfassungsjahr	Band und Seite in der *W. A.*	Titel
251	1786—1788	*13*, 377	Paralip. 360. Verzeichnis der Aufsammlungen während der italienischen Reise.
252	1790	385	„ 361. Profil des Monte Berio.
253	1790	386	„ 362. Pflastersteine vom Mte. Sedece.
254	1815	386	„ 363. Artikel „Zinn“ in Leonhards Propädeutik der Mineralogie.
255	?	386	„ 364. Zinn in Sumatra.
256	—	386	„ 365. Eisenerze und ihre Verhüttung.
257	—	387	„ 366. Zur Chemie.
258	1820	388	„ 367. Bergkristalle neuerer Formation.
259	?	388	„ 368. Anlaufen des polierten Gesteins.
260	—	388	„ 369. Tonerde und Wolle.
261	?	388	„ 370. Bernstein und Braunkohle von verschleppten urzeitlichen Bäumen.
262	—	388	„ 371. Varia.
263	—	389	„ 372. Zur Chemie.
264	?	389	„ 373, 374. Agenda für Reisen nach Jena.
265	1820	393	„ 375. Verschiedene geol. Notizen.
266	—	393	„ 376, 377. Zur Chemie.
267	1817	395	„ 378. Geologischer Ausflug nach Devonshire von Mawe, übersetzt von Goethe.
268	1818	398	„ 379. Verzeichnis einer Tauschsendung an Mawe.
269	1817	400	„ 380. Begleitbrief zur Übersendung von Aufsätzen Doebereiners.
270	—	401	„ 381. Register der im Goethe-Archiv vorhandenen Mineralverzeichnisse.

Laufende Nr.	Abfassungsjahr	Band und Seite in der *W. A.*	Titel
271	1817—1823	*13*, 402	Paralip. 382, 1—3. Vor- und Schlußworte zu den Heften zur Naturwissenschaft.
272	1817—1823	406	„ 382, 4. Inhaltspläne zu den Heften zur Naturwissenschaft.
273	1822	411	„ 383, 1. Notiz aus: Zückert, Zur Naturgeschichte des Oberharzes.
274	1782	411	„ 383, 2. Notiz aus: Füchsel, Historia terrae etc.
275	um 1783	411	„ 383, 3. Notiz aus: Homberg, Mém. de l'acad. des sci. 1710.
276	vor 1785	412	„ 383, 4. Notiz aus: ?, über den Fichtelberg.
277	1800	412	„ 383, 5. Inhaltsverzeichnis von Charpentier, Beobachtungen über die Lagerstätten der Erze, 1799.
278	1783	412	„ 383, 6. Verschiedene Auszüge über Schichtung des Granits.
279	?	413	„ 383, 7. Diverse Buchtitel.
280	1783	413	„ 383, 8. Notizen aus: Bouguer, La figure de la terre 1749.
281	um 1785	414	„ 383, 9. Auszug aus: Füchsel, Entwurf der ältesten Erd- und Menschengeschichte usw.
282	1813	415	„ 383, 10. Auszug aus: Trebra, Erfahrungen vom Innern der Gebirge.
283	1818	417	„ 383, 11. Auszug aus Bossi (Brocchi), Conchyliologia.
284	?	418	„ 383, 12, 1. Notizen aus: Fischer, Bergreisen, T. II.
285	—	418	„ 383, 12, 2—3. Notizen über ausländisches Bergwesen.
286	?	418	„ 383, 12, 4. Verwitterungsstärke in Ägypten.

Laufende Nr.	Abfassungsjahr	Band und Seite in der *W.A.*	Titel
287	1826	*13*, 418	Paralip. 383, 12, 5. Zitat aus: Russel, Bd. II, 169 (ungenanntes Werk).
288	—	418	„ 383, 12, 6—7. Diverse Zitate.
289	1817	419	„ 383, 13. Trappformation im Tal von Fassa.
290	—	420	„ 383, 14. Notizen über Kristallographie.
291	1813	420	„ 383, 15. Notizen aus: G. Staunton Reise der engl. Gesandtschaft an den Kaiser von China 1792/93. Übersetzt von Hüttemann, Zürich, 1799.
292	1823	421	„ 383, 16. Zitat aus: Isis, 1823, Heft 12.
293	?	421	„ 383, 17. Zitat aus Plutarch, Lysander, Über einen Meteorstein.
294	1828	421	„ 383, 18. Notizen aus: Catteau-Calleville, tableau de la mer baltique. Paris, 1812.
295	1786	—	Aufzeichnungen über Geologie und Bergbau in Schneeberg.
296	1814	—	Knolliger Stinkstein von Ilmenau.

Anmerkungen, betr. Abfassungszeit, Berichtigungen zur W.A. und Verschiedenes.

[1] Gesamtübersicht der geologischen Aufsätze in Bd. I, Heft 1 „Zur Naturwissenschaft".

[2–4] Der Text der *W.A.* folgt dem Druck in Bd. I, Heft 1 „Zur Naturwissenschaft". Gleichlautend sind die Sonderdrucke von 1817 (bis auf den Titel: „Beschreibung der Müllerischen Sammlung. Zur Kenntnis der böhmischen Gebirge") und von 1827. Die Abweichungen der älteren Drucke von 1807 siehe bei Nr. 55.

[5] Das Verzeichnis der Sprudelsteinsammlung Nr. 152 gehört zu Nr. 5, nicht, wie die *W.A.* angibt, zu Nr. 134. Zur Datierung siehe *TB.* 14. Nov.; 20., 24. Dez. 1831 und einen Brief Göttlings an Goethe mit dem Titel des im Aufsatz zitierten Werks von Übelacker (20. Dez. 1831. *G.A.*).

[6] Erster Druck: Leonhard, Taschenbuch 1808. Wiedergedruckt 1824 „Zur Naturwissenschaft", Bd. II, Heft 2.

[7] Siehe Nr. 177.

[8] Erster Druck: „Zur Naturwissenschaft", Bd. I, Heft 4.

[9, 10] Erster Druck: „Zur Naturwissenschaft", Bd. II, Heft 2. |

[10] Zur Datierung: *TB.* 15. Dez. 1823.

[11] Dem ersten Druck (Leonhard, Taschenbuch 1809) ist eine Kupfertafel, anscheinend nach einer Zeichnung Goethes, beigegeben. Die *W.A.* folgt dem Wiederdruck in Bd. I, Heft 2 „Zur Naturwissenschaft", 1819. Im ersten Druck heißt die Stelle von *W.A.* S. 76, Z. 14, 15: „Wir geben zu unserer Darstellung ein Kupfer und legen dabei" usw. Dagegen fehlen im ersten Druck die Absätze S. 76, Z. 21 bis S. 77, Z. 19 der *W.A.*

[12–14] Gedruckt „Zur Naturwissenschaft", Bd. I, Heft 3. Die Reihenfolge der Aufsätze (bezeichnet mit den Nummern des vorliegenden Verzeichnisses) ist: Nr. 20, 22, 21, 26, 13, 12, 14.

[13] Zur Datierung: *BR. 32*, 9 an A. v. Goethe, 5.—16. Sept. 1819.

[15] Die Überschrift ist die Gesamtüberschrift für die geologischen Aufsätze in Bd. II, Heft 2 „Zur Naturwissenschaft". Als Titel von Nr. 15 wäre besser: „Vorwort".

[15–19] Gedruckt: Bd. II, Heft 2 „Zur Naturwissenschaft" in der Reihenfolge Nr. 15, 16, 19, 17. Hierauf der in Nr. 18 erwähnte Katalog der Amphibol- und Pyroxenkristalle von Soret, dann Nr. 18.

[16] Zur Datierung siehe *TB.* 26. Juli 1822.

[20] Die Überschrift ist Gesamtüberschrift für die geologischen Aufsätze in Bd. I, Heft 3 „Zur Naturwissenschaft". Als Titel von Nr. 20 wäre mit dem Inhaltsschema (Nr. 167) besser „Vorwort" einzusetzen. Die Schlußworte verweisen auf Nr. 22.

[20–22] Gedruckt: Bd. I, Heft 3 „Zur Naturwissenschaft". Siehe Nr. 12—14.

[21] Die Anfangsworte knüpfen an den Schluß von Nr. 22. Dieser Aufsatz ist im Inhaltsschema (Nr. 167) mit „Bernhardsfelsen" betitelt. Siehe Nr. 133.

[22] Abfassungszeit: siehe *TB.* 13.—15. Juli 1813 und Nr. 106.

[23] Liegt nur in einer von John geschriebenen Kopie vor. Diese ist nach Papier und Schrift gleichzeitig mit dem Begleittext zu den Harzzeichnungen entstanden (Nr. 36). Demnach hätte Goethe die Publikation des Tagebuchs beabsichtigt. Jedoch ist die unmittelbar anschließende Fortsetzung (Nr. 117) nicht kopiert.

[24, 25] Dem Inhalt nach sind beide Aufsätze ungefähr gleichzeitig entstanden. Nr. 24 liegt vor von Seidels Hand, Nr. 25 in Konzept und Reinschrift auf Briefpapier, von ungeübter Hand geschrieben. Von den Briefstellen, die in Betracht kommen, spricht die eine (*BR.* 1859, 18. Jan. 1784) von einem in Weimar diktierten Aufsatz, bezieht sich also auf Nr. 24. Die andere (*BR.* 2132, 7. Juni 1785) redet, in deutlichem Gegensatz zu anderm Diktierten von eigener Niederschrift und paßt besser auf Nr. 50. Die Abfassungszeit von Nr. 25 bleibt unbestimmt.

[24] S. 175, Z. 3 ist zu lesen „beneidet" statt „bemerkt" (Jub.-Ausg. Cotta, Bd. 40, S. 11).

[26] Gedruckt: Bd. I, Heft 3 „Zur Naturwissenschaft". Siehe Nr. 12—14.

[27] Gedruckt: Bd. II, Heft 2 „Zur Naturwissenschaft".

[28] Gedruckt: Leonhard, Taschenbuch für 1809.

[29] Gedruckt: Bd. II, Heft 1 „Zur Naturwissenschaft".

[30] Überschrift des geologischen Abschnitts in Bd. I, Heft 4 „Zur Naturwissenschaft".

[31–34] Gedruckt: Bd. I, Heft 4 „Zur Naturwissenschaft".

[35] Gedruckt: Bd. I, Heft 3 „Zur Naturwissenschaft".

[36, 37] Gedruckt: Bd. II, Heft 2 „Zur Naturwissenschaft". Die Anfangsworte von Nr. 36 beziehen sich auf Nr. 10, das vorangehend gedruckt war. Nr. 36 und 37 bilden einen einzigen, aber fortsetzungsweise gedruckten Aufsatz.

[38–44] Die Aufsätze „Geologische Probleme“ und „Verschiedene Bekenntnisse“ sind als postum von Eckermann angefertigte Zusammenstückelungen in ihre Bestandteile aufzulösen. Siehe darüber Milch in Goethe-Jahrbuch, Bd. 31, 1910.

[38] *W.A. 9* S. 253, Z. 3—14 und S. 379, Z. 22—24. Siehe L. Milch, l. c. S. 137ff. — Nr. 105 ist eine inhaltlich und teilweise wörtlich übereinstimmende Parallele, daher als gleichzeitig anzusetzen.

[39] *W.A. 9*, S. 253, Z. 15 bis S. 257, Z. 3. Siehe L. Milch, l. c. S. 139ff. — Nr. 39 stimmt inhaltlich völlig überein mit Nr. 102, 104 und 83, daher zu datieren.

[40] *W.A. 9*, S. 257, Z. 4ff. Siehe L. Milch, l. c. S. 141ff. — Ist das Mundum des Nr. 159 abgedruckten Konzepts. Zur Datierung vgl. *BR. 36*, 223 an Sternberg, 12. Januar 1823.

[41] *W.A. 9* S. 259—262, Z. 9. Siehe L. Milch, l. c. S. 143ff. und S. 149ff. — Vermutlich Konzept zu einem Brief an v. Klöden. Siehe *TB.* 15. Nov. 1829 (Übersendung der zweiten Auflage der Grundlinien zu einer neuen Theorie der Erdgestaltung von Direktor v. Klöden). Zu vgl. mit *9*, S. 262, Z. 1, 2.

[42] *W.A. 9*, S. 262, Z. 10 bis S. 263, Z. 19, und S. 381, Z. 3 von unten bis S. 382, Z. 4 von unten. Siehe L. Milch, l. c. S. 145ff. — Ist der Stoßseufzer der Wernerischen Schule, der sich an Nr. 247 anschließen sollte.

[43] *W.A. 9*, S. 263, Z. 20 bis S. 265, Z. 21. Siehe L. Milch, l. c. S. 147ff.

[44] *W.A. 9*, S. 265, Z. 22ff. Siehe L. Milch, l. c. S. 148. — Datierung wegen der Erwähnung der Synopsis mundi subterranei von Kircher, die Goethe Februar 1825 von der Weimarer Bibliothek entlieh. *TB.* 9., 10. Febr. 1825.

[45] Datiert nach Morris (Jub.-Ausg. Cotta, Bd. 40, S. 329). Über die Anordnung der Absätze siehe M. Semper, Goethe-Jahrbuch, Bd. 30, 1910, S. 231. Nach der Ansicht von Morris (l. c. und *W.A.* (2) *13*, S. 423) ist Nr. 140 als Einleitung zu Nr. 45 zu betrachten, doch enthält Nr. 45 in sich selbst alles zur Einleitung nötige Material, nur ist es im Manuskript in die Mitte geraten. Auch unterscheiden sich Nr. 45 und Nr. 140 grundsätzlich durch ihre wissenschaftliche Betrachtungsweise.

[46] Siehe die Berichtigung hierzu *W.A.* (2) *13*, S. 303. Ist infolge eines Lesefehlers in der *W.A.* auf 1827 datiert. Vgl. *TB.* 17. Jan. 1823.

[47] Der Schluß des Entwurfs steht unter den Lesarten *9*, S. 385. Die Datierung ist zweifelhaft; sie beruht darauf, daß geologische Modelle „vorgezeigt“ werden sollten. Das Ganze ist also eine Vortragsdisposition, wie Nr. 196, und vermutlich gleichzeitig. Jedoch kam Goethes Gebirgsmodell 1807 abhanden. Annalen (1) 36, S. 7ff.

[49] Siehe die Berichtigung hierzu (2) *13*, S. 303.

[50] Zur Datierung: *BR.* 2132, 2. Juni 1785, und Anmerkung zu Nr. 24, 25. Der Schluß des Aufsatzes steht unter Lesarten *9*, S. 386. Siehe die Berichtigung (2) *13*, S. 303. — Eigenhändige Niederschrift, nicht von Riemers Hand (siehe (2) *9*, S. 316, 386). Der Sinn von S. 297, Z. 4—6, unheilbar in der Niederschrift entstellt, ist: Das Wasser hat die Grundmassen der ersten Felsen mit in Auflösung erhalten usw. S. 298, Z. 3—5 lauten im Manuskript: Sehr kieselhafter Jaspis, wenn sich der Quarz und Feldspat mehr oder weniger darin kristallisiert: Porphyr.

[51] Gedruckt: „Zur Naturwissenschaft“, Bd. II, Heft 1. — Gehört als Fortsetzung an Nr. 132.

[52] Gedruckt: „Zur Naturwissenschaft“, Bd. II, Heft 1.

[53] Nach Schrift und Papier gleichzeitig mit der Kopie von Nr. 23. Ist eine Zusammenstellung der Literatur über Ursachen des Vulkanismus.

[54] Siehe die Berichtigung (2) *13*, S. 303. — Dem auffallenden Papier nach sind Nr. 54, 84, 223, 317 gleichzeitig entstanden, nach dem Inhalt von Nr. 84 und 223 während eines Aufenthalts in Eisenach. Nr. 54 bezieht sich auf den zwischen Werner

und Voigt entbrannten Streit über die Entstehung des Basalts, in dem Goethe anfangs vermitteln wollte (*BR.* 2640, 9. Febr. 1788), während er nach einer Aussprache mit Werner ganz auf dessen Seite trat (*BR.* 2781, 19. Sept. 1789). Der Aufsatz ist vor dieser Aussprache entstanden, weil als neptunistische Erklärung der Erhitzung nicht, wie Werner lehrte und Goethe übernahm, Erdbrände, unterirdisch glühende Kohlenflöze genannt werden, sondern die Zersetzung von Schwefelkiesen. Dagegen wird erwähnt, daß Werner, was erst 1789 geschah, Lava für geschmolzenen Basalt erklärt habe. Hiernach kommt nur August 1789, wo Goethe sich kurz vor dem Zusammentreffen mit Werner in Eisenach aufhielt, als Abfassungszeit in Betracht.

[55] Bd. IX, S. 317, Z. 7—21 und S. 10—33, Z. 12. — Dies der Wortlaut des Druckes in Leonhards Taschenbuch 1808 und des Sonderdruckes Karlsbad 1807. Siehe Nr. 2 bis 4 und 106.

[56] Zur Datierung: *TB.* 20. Juni 1823ff. — S. 394, Z. 14 von unten muß es heißen: Scheinen und Vermeinen (nicht: Verneinen), vgl. das exzerpierte Werk, S. 56.

[59] Konzeptdisposition zu Nr. 28.

[61] Ist dasselbe wie Nr. 273.

[63] Zur Datierung: *TB.* 12. März 1812.

[64–67] Sämtlich von Kräuter geschrieben und zusammengehörig als Bemerkungen zu Stufen der Sammlung. Der Text von Nr. 65 liegt in der Sammlung VIII, **23**, 1.

[68] Konzept eines an Blumenbach gerichteten, nicht erhaltenen Briefes, zusammengehörig mit Nr. 77. Siehe Blumenbachs Antwort vom 20. Aug. 1803 (*G.A.*).

[69] Zur Datierung: *BR. 48*, 230, 25. Juni 1831.

[70] Zur Datierung: *TB.* 22. April 1819, Annalen 1820 (Werke (1) *36*, S. 158). Übergebrannte Ziegelsteine.

[71] Zur Datierung: *BR. 32*, 187, 1. April 1820. In Papier und Schrift identisch mit Nr. 70.

[72] Zur Datierung: *TB.* 28. Aug. 1818. Das im Text erwähnte Zinn von Cornwall in Chloritschiefer erhielt Goethe Januar 1818. Der in der *W.A.* gegebene Titel deckt nur die Einleitung und lautete richtiger: Zinnformation.

[73, 74] Dem Inhalt nach zusammengehörig als Disposition zu einer Beschreibung Karlsbads. Äußere Kriterien der Zusammengehörigkeit fehlen. In der *W.A.* ist (*10*, S. 222) Nr. 73 als Studie zu Nr. 3, resp. dem entsprechenden Teil von Nr. 55 bezeichnet. Übersehen ist, daß eine teilweise Ausarbeitung dieser Disposition als „erste Niederschrift H" in Bd. *9*, S. 317, Zeile 23 bis S. 329, Zeile 6 abgedruckt ist. Die Ausarbeitung von Nr. 73, Abschnitt VIII und von Nr. 74 fehlt. Auch scheint die sonstige Überlieferung der Handschrift unvollständig und die Reihenfolge der Blätter gestört zu sein. Der Titel lautete dementsprechend besser: Karlsbad.

[75] Vorläufige Niederschrift zu Nr. 19.

[76] Gehört zur Untersuchung der Wolfsberg-Augite, also auf 1823 zu datieren.

[77] Zur Datierung siehe Nr. 68. Der Schluß des Aufsatzes steht unter „Lesarten", S. 223.

[78] Siehe die Berichtigungen Bd. (2) *13*, S. 422. Eigenhändige Notiz auf einem abgerissenen Zettel, deshalb mit Zweifel auf 1785 zu datieren.

[79] Der Schluß der Notiz steht unter „Lesarten" S. 224. Das anschließende Gesteinsverzeichnis liegt in der Sammlung *G.N.M.* Inv. III, **16**. Daher datiert auf 1815.

[80] Zur Datierung: *BR. 47*, 147 (14. Aug. 1830), wo der Aufsatz als Beilage an Wackenroder mitgeteilt wird. Den Schluß bildet dabei das hier als Nr. 207 bezeichnete, untrennbar zugehörige Abschnitzel.

[81] Zur Datierung: *TB.* 15. Okt. 1829.

82 Der Schluß steht unter „Lesarten" *10*, S. 226. Siehe auch die Berichtigung Bd. (2) *13*, S. 422. Die Datierung bleibt zweifelhaft. Sicherlich nach Oktober 1812, wo Goethe die Berichte und Skizzen der Achtermanns Höhe erhielt, auf die Z. 17—18 und am Schluß hingewiesen ist. Das Ganze ist offenbar briefliche Mitteilung, deren Anfang nicht überliefert ist, möglicherweise (nach einer Notiz im Handexemplar der Werke im *G.A.*) die in *BR.* 7274 (25. Jan. 1816) als nach Wien gesandt vermerkte.

83 Zur Datierung: *TB.* 17. Okt. 1829. Siehe auch Nr. 39.

84 Zur Datierung siehe Nr. 54. Vgl. auch Nr. 140.

85 Siehe die Berichtigung (2) *13*, S. 422. Erscheint dem Inhalt nach als eine daheim entworfene Disposition zur Ausarbeitung der in Nr. 84 enthaltenen Reisebeobachtungen. Es ist nach der Harzreise 1784 entstanden, da es die Terminologie „Flöz-" und „Gangklüfte" verwendet, aber auch nach der italienischen Reise, da die Notizen zur thüringischen Geologie, die vor 1786 gesammelt sind, in ein Faszikel eingeheftet sind (Mineralogie Thüringens und der angrenzenden Länder, siehe Nr. 115), diese aber lose liegt. In späterer Zeit (nach 1790) hat Goethe über Beobachtungen dieser Art nichts mehr notiert. Vgl. auch Nr. 140.

86 Ist kein fortlaufender Aufsatz, sondern ein dreimaliger Anlauf zur Ausarbeitung der Disposition Nr. 191. Zur Datierung siehe daselbst.

87 Siehe die Berichtigung (2) *13*, S. 422. Gleichfalls Durchführungsversuch von Nr. 191. Der in der *W.A.* gegebene Titel deckt den Inhalt nicht und begründet sich allein auf die in Bd. *10* unterlaufene Verunstaltung der Anfangszeilen. Im Manuskript stand neben S. 60, Z. 16 ursprünglich das Wort „Modell"; es wurde später gestrichen, weil es in die S. 60, Z. 10—15 abgedruckten, im Manuskript nachträglich zugefügten Ausführungen hineingeriet. Zur Datierung siehe Nr. 191.

88 Der Schluß (Datum) unter „Lesarten" S. 228.

90 Datiert wegen des seit 1824 belegten Gedankens „Solideszenz mit Erschütterung". Der in der *W.A.* gewählte Titel bezeichnet das Gegenteil des im Text Vorgetragenen.

92 Steht auf demselben Bogen mit Nr. 153 und 153. Das Ganze sind Reisenotizen von der Marienbader Reise 1822, zu denen sich aus *TB.* und *BR.* deckende Belege finden lassen. Z. B. *TB.* 16., 18. Juni; 2. Juli 1822. *BR.* *36*, 77 (7. Juli 1822) usw. Zu Nr. 92 siehe die Berichtigung (2) *13*, S. 422.

93 S. 68, Z. 1—11 und zugehöriger Schluß (unter „Lesarten" S. 229) ist eine von Kräuter geschriebene Sammlungserklärung zu Inventar Anhang **A**, 1. Das übrige, S. 68, Z. 12—16 und der Nachtrag (2) *13*, S. 422 hastige Bleistiftnotiz.

94 Die Kartenskizze (Nr. 141) gehört untrennbar zum Text von Nr. 94.

95 Zur Datierung: *TB.* 24. Okt. 1824.

96 Siehe die Berichtigung (2) *13*, S. 422. Die Beziehung zwischen Nr. 96 und Nr. 149, die in der *W.A.* hervorgehoben wird, ist ganz äußerlich; beide enthalten eine Dreiteilung, die sich zwar auf Kristallisation bezieht, aber in ganz verschiedener Betrachtung des Gegenstandes. Der Gedanke, daß alle in Freiheit sich bildende Materie runde Form annähme, findet sich auch auf einem Notizblatt von 1820 (Nr. 202) ist aber nicht Goethes Eigentum und erlaubt keine Datierung. Auch die übrigen Gedanken kommen in Aufsätzen der verschiedensten Entstehungszeit vor.

97 Nach Angabe der *W.A.* (2) *13*, S. 422 fehlt es an äußeren Beweisen für Goethes Autorschaft. Inhaltlich ist jedenfalls starke Beeinflussung durch Goethesche Vorstellungen unverkennbar, so sehr, daß vielleicht nur einiges rein Äußerliche (ungewöhnlich sorgfältiges Mundum, unbekannte Schrift auf sonst nicht verwandtem Papier) Anlaß gibt, Goethes Autorschaft überhaupt zu bezweifeln. Allerdings finden sich in Goethes geologischen Papieren manche Aufsätze von anderen Autoren aufbewahrt,

jedoch zeigt *TB.* 6. Dez. 1799 und, besonders in Betracht kommend, *TB.* 22. April 1812 eine ebenso starke Beeinflussung durch Schellingsche Vorstellungen und Ausdrucksweise. Danach wäre mit Zweifel die Karlsbader Reise von 1812 als Entstehungszeit zu vermuten.

[100] Zur Datierung *BR.* 7382, 29. April 1816.

[101] Ist eine Verarbeitung der am 3. und 14. Dez. 1817 niedergeschriebenen Bemerkungen Nr. 149 und 201. Der Schluß steht unter „Lesarten" S. 223 des Bandes. Der in der *W.A.* zugefügte Titel wäre zu ersetzen durch: Einmaliges Sinken der Urflut.

[102] Bildet im Manuskript ein Ganzes mit Nr. 104. Zur Datierung siehe daselbst.

[103] Nach Morris (Jub.-Ausg. Cotta, Bd. 40, S. 326) zu den Entwürfen von Wilhelm Meisters Wanderjahren gehörig. Zur Datierung: *BR.* *44*, 202, 9. Aug. 1828, der, wie sich vermuten läßt, unter frischer Erinnerung an diese Ausarbeitung geschrieben ist. Siehe auch S. 202ff.

[104] Unmittelbar anschließend an Nr. 102. Datum unter „Lesarten" S. 233.

[105] Zur Datierung: Goethe entlieh das hier genannte Werk Voigts von der Weimarer Bibliothek 24. Aug. bis 20. Sept. 1829, 4. Nov. 1829 bis 7. Jan. 1830. Siehe Nr. 38.

[106] Titel eines 1813—1814 angelegten Faszikels, das außer verschiedenen Briefen und Mitteilungen anderer folgende Nummern dieses Verzeichnisses enthält: Nr. 142, 55, 107, 108, 143, 144, 22, 145, 109, 110, 111, 146, 112, 113, 164.

[107–113] Zur Datierung siehe Nr. 106.

[114] Zur Datierung: *BR.* *46*, 82 (8. Sept. 1829). Ist wohl ein Aufsatz August v. Goethes. Siehe Soret, Gespräche, 26. Sept. 1828.

[115] Befindet sich in dem unter Nr. 85 genannten Faszikel, dessen Überschrift in der *W.A.* der Titel eines Einzelbeitrags geworden ist. Geeigneter wäre: Reisebeobachtungen aus dem Thüringer Wald. Einige Sätze aus Nr. 115 ließ Goethe in sein papierdurchschossenes Handexemplar der Voigtischen mineralogischen Briefe über Weimar eintragen. Zur Datierung: *BR.* 1469 (13. Mai 1782).

[116] Siehe die Berichtigung (2) *13*, S. 423. Zur Datierung: Der Aufsatz vergleicht thüringische Gesteine mit englischen. Vgl. das Studium einer „englischen Mineralogie", *BR.* 2132 (5. Juni 1785).

[117] Unmittelbar anschließend an Nr. 23. Siehe daselbst.

[118–123] Sammlungsverzeichnisse zu den unter Nr. 147 verzeichneten, datierten Aussendungen.

[124–126] Gedruckt: Zur Naturwissenschaft, Bd. I, Heft 4.

[127–129] Gedruckt: Zur Naturwissenschaft, Bd. II, Heft 1.

[130] Gedruckt: Zur Naturwissenschaft, Bd. II, Heft 2, anschließend an einen Aufsatz des Freiherrn v. Junker-Bigatto über die Beschaffenheit des Silbervorkommens von Sangerberg. Erst in der *W.A.* angehängt an Nr. 129.

[131, 132] Gedruckt: Zur Naturwissenschaft, Bd. II, Heft 1.

[132] Hieran anschließend muß Nr. 51 folgen.

[133] Das Tagebuch der Reise zum Fichtelgebirge und nach Karlsbad 1785 ist in der *W.A.* in drei Stücke zerschnitten: 1. Weimar bis Karlsbad (Nr. 151 und das Sammlungsverzeichnis zu Anfang von Nr. 133). 2. Bernhardsfelsen und Sammlungsverzeichnis (Nr. 133, Z. 11 bis S. 175, Z. 15). 3. Engelhaus und Joachimstal (S. 175, Z. 16 bis S. 176, Z. 5 und anschließend unter „Lesarten" S. 246ff.). Der Grund dieser Zerstückelung ist ein Irrtum, nämlich die Verkennung, daß der von Goethe für Bd. I, Heft 3 nach den Inhaltsentwürfen beabsichtigte Aufsatz über den Bernhardsfelsen dort tatsächlich, freilich unter dem Titel „Problematisch" steht. Siehe Nr. 21 und *W.A.* (2) *10*, S. 257.

[134] Der Schluß steht Bd. (2) *13*, S. 423. Gedruckt: Zur Naturwissenschaft Bd. I, Heft 4.

[135] Siehe Nr. 177.

[137] Zur Datierung: *TB.* 29. Sept.; 3., 5. Okt. 1801; *BR.* 4420 (11. Okt. 1801) und Blumenbach, 4. April 1802 (*G.A.*). Ist eine Kopie des dem *BR.* 4420 beigelegten Blattes.

[138] Gedruckt: Zur Naturwissenschaft, Bd. II, Heft 1.

[139] Siehe Nr. 174.

[140] Über die von Morris angenommenen Beziehungen zwischen Nr. 140 und Nr. 45 siehe oben bei Nr. 45. Der in der *W.A.* gegebene Titel ist dem Inhalt entsprechend zu ergänzen: „Einleitung zu einer Hypothese über die Erdbildung", denn es wird eine neue, eine von Goethe aufgestellte Hypothese eingeführt, aber nicht ausgesprochen. Morris datiert den Aufsatz (Jub.-Ausg. Cotta, Bd. 40, S. 29 und 329) auf die Zeit um 1790 oder auf die achtziger und ersten neunziger Jahre. Der erkennbare Einfluß Kants und die Tatsache, daß Goethe nach der Rückkehr von Italien sich vorübergehend mit Beobachtungen über die Gesetzmäßigkeiten der Felsgestaltung befaßte (siehe Nr. 84, 85), verweisen auf 1789. Der Schluß ist ein Zitat aus einem Werk über Elektrizitätslehre.

[141] Siehe Nr. 94.

[142–146] Siehe Nr. 106.

[147] Siehe Nr. 118—123.

[148] Vornotiz zu Nr. 138, anknüpfend an v. Hoffs Veränderungen der Erdoberfläche.

[149] Über die Beziehungen zu Nr. 96 siehe daselbst.

[151] Siehe Nr. 133.

[152] Siehe Nr. 5.

[153, 154] Siehe Nr. 92.

[155] Siehe die Berichtigung (2) *13*, S. 424. Zur Datierung vgl. die Bemerkung zu S. XVIII des Wernerschen Werks: „Das haben wir seit 26 Jahren mehrmals getan", nämlich das 1791 erschienene Werk sorgfältig studiert, was Werner an dieser Stelle von etwaigen Opponenten fordert; ferner Annalen (1) *36*, S. 119.

[156] Siehe den Nachtrag (2) *13*, S. 424. Zur Datierung vgl. L. Milch (Goethe-Jahrbuch, Bd. 31, S. 141, 1910), doch sind einige geringfügige Berichtigungen einzufügen. Die Mitteilung von Preens über die granitbeladenen Eisschollen im Sund erhielt Goethe 1820 (v. Preen, 8. April 1820, *G.A.*). Er schrieb dann 1823 (nicht: 1827, vgl. oben Nr. 46), daß er diese Nachricht „in diesen letzten Jahren", und hier, sicher nach 1827, dem Erscheinungsjahr des besprochenen Hausmannschen Aufsatzes, daß er sie „vor mehreren Jahren" erhalten habe. Das andere, in Nr. 156 erwähnte Heft ist vermutlich die von Milch in anderem Zusammenhang erwähnte Arbeit von Klödens (siehe oben Nr. 41), wodurch die Abfassungszeit auf 1829 fixiert würde.

[157] Auf demselben Blatt wie die datierte Notiz Nr. 149.

[158] Zu vergleichen *BR. 39*, 34 (die ausgefallene Stelle), 14. Dez. 1824.

[159] Siehe Nr. 40.

[160] Ist Kopie einer Zeitungsnotiz, die Sternberg in einem Brief vom Sept. 1822 einsandte (Batranek, Briefw. Goethe-Sternberg, S. 90ff.).

[164] Zur Datierung siehe Nr. 106.

[165] Siehe Büchervermehrungsliste Nov. 1822.

[166] Siehe Nr. 282.

[174] Wörtlicher Wiederabdruck des schon unter Nr. 139 Gegebenen.

[176] Datiert, weil die stark betonten Verzeichnisnummern 16a—c von Stadelmann 1819 und 1820 zahlreich gesammelt wurden und ein Novum waren. Siehe *TB.* 4.—16. Sept. 1819; 5. Mai 1820.

[177] Wiederabdruck des in Nr. 7 und 135 gegebenen Textes mit Ergänzung eines dort ausgelassenen Verbindungssatzes, entsprechend dem ersten Druck in Bd. II, Heft 2 zur Naturwissenschaft.

[178] Ganz unbestimmbar, könnte nach Papier und Schrift auch zur Karlsbader Reise von 1785 gehören.

[180] Ältere Fassung von Nr. 10. Siehe *TB.* 8. Aug. 1823.

[181] Vornotiz zu Nr. 132. Siehe auch Biedermann, Goethe-Gespräche IV, S. 170.

[182] Vornotiz zu Nr. 22.

[185] Vornotiz zu Nr. 151.

[186] Vornotiz zu Nr. 90.

[187] Vornotiz zu Nr. 105. Siehe aber auch Nr. 198.

[188], [189] Vorentwürfe zu Nr. 45.

[190] Zur Datierung: *TB.* 25. Okt. 1806.

[191] Die Manuskripte von Nr. 191 und 278 befinden sich in einem Aktenfaszikel mit der Aufschrift „Granit und Generalia", das zu einer im Äußeren gleichartig behandelten Aktengruppe über Geologie gehört. Dasselbe Äußere (Papier des Umschlagblattes, eigenhändige Aufschrift) haben auch die Faszikel des von 1785 datierten Katalog B der Sammlung. Inhaltlich beruht Nr. 191, sowie die davon abhängigen Nrn. 86, 87 auf Beobachtungen, die auf der Harzreise 1784 zur Klarheit kamen. Natürlich enthält das Faszikel auch ältere Notizen.

[193] Nach Schrift und Inhalt zu Nr. 133 gehörig.

[194] Vornotiz zu Nr. 138.

[199] Datiert wegen der auf demselben Blatt befindlichen Zusammenstellung der „Urteilsworte französischer Kritiker".

[202] Steht auf demselben Blatt wie Nr. 265, daher zu datieren. Siehe auch Nr. 96.

[203] Die Identität des Titelstichwortes mit (2) *9*, S. 271, Z. 9 (Nr. 45) könnte veranlassen, die Notiz auf 1806 anzusetzen, jedoch verweist nicht nur Schrift und Papier auf spätere Zeit, sondern ebenfalls der Gedanke an Ungleichzeitigkeit gleicher Gesteinsformationen. Hierin schließt sich Nr. 203 an Nr. 101 und 149 an und ist dementsprechend zu datieren.

[204] Datiert auf Grund der darin zitierten Literatur, da Saussure später nie mehr in diesem Zusammenhang erwähnt wird und mit „Kirwan" vermutlich die 1785 studierte „englische Mineralogie" (*BR.* 2132, 2. Juni 1785) gemeint ist.

[206] Zur Datierung siehe Nr. 54.

[207] Zu Unrecht abgetrennt von Nr. 80. Siehe daselbst.

[208] Zur Datierung: *BR.* 7125 (8. Juni 1815).

[211] Inhaltlich dasselbe wie die datierte Notiz Nr. 209.

[212] Untrennbar zu dieser Notiz und trotz einer Anspielung auf Farbenlehre zur Geologie gehörig ist die Bd. (2) *11*, S. 373 abgedruckte Notiz. Zur Datierung kommt in Betracht die inhaltliche Übereinstimmung mit dem entsprechenden Abschnitt von Nr. 37, ferner *TB.* 18. Sept. 1824 oder *TB.* 11. Juni 1831, die auch durch das ungewöhnliche Wort „mikromegisch" auf jenen älteren Aufsatz zurückweist.

[216] Gehört inhaltlich mit Nr. 224 zusammen und außerdem, wie die Ausdrücke „Trennungen" und „Kreuzstunde" an Stelle von „Flözklüfte" und „Gangklüfte" zeigen, der Zeit vor der Harzreise 1784, auf der die letztgenannten Termini, der Bergmannssprache entnommen, aufgestellt wurden. Andererseits wurde der „Übergang von Granit ins Schiefergebirge" erst nach 1782, nach der Abfassung von Voigts Mineralo-

gischer Reise durch Weimar entdeckt; er ist aber im Katalog A von Goethes Sammlung 1783 bereits erwähnt. Nr. 216 ist also ein Notizblatt von einer Exkursion nach Ilmenau, April oder September 1783. Nr. 224 fragt u. a. nach Normen der Felsgestaltung und des Spaltenverlaufs, erwähnt aber des ebenfalls erst nach 1782 entdeckten „quarzigen Überzugs" auf dem Totliegenden, kann demnach nicht beträchtlich älter sein als Nr. 216 und stellt vermutlich eine Agende zu einer der genannten Exkursionen dar.

221 In dem bei Nr. 115 genannten Faszikel, also zwischen 1780 und 1785.

222 Reisenotiz zu Nr. 11.

223 Zur Datierung siehe Nr. 54.

224 Zur Datierung siehe Nr. 216.

229 In der *W.A.* mit ? auf 1778 datiert, weil es wegen des anzubindenden Kofferschlosses eine Reisenotiz zu sein schien, und Goethe nur 1778 auf der Reise nach Berlin in diese Gegend gelangte. Nun ist freilich sehr unglaubwürdig, daß jemand auf der Reise sich unter anderen Bemerkungen notiert, er müsse sein Kofferschloß anbinden. Ferner ist diese geologische Beobachtung erst 1823 (in Nr. 46, S. 283) verwertet, und wäre dann eine Erscheinung ohne jedes Analogon: als geologische Notiz vor 1780 und als Beweis, daß Goethe sich ausnahmsweise hier einer vereinzelten konkreten Beobachtung, die in irgendwelchen Papieren vergraben lag, nach so langer Zeit noch erinnert hätte. Wahrscheinlicher ist, daß hier eine der vielen Mitteilungen über erratische Blöcke, die Goethe in den zwanziger Jahren zahlreich, u. a. von Nicolovius und v. Preen erhielt, fixiert ist. Das Kofferschloß bleibt ein Rätsel und um es zu lösen, müßte man feststellen, wem Goethe 1778 nach der Rückkehr die während der Reise als nötig empfundene Maßregel anempfehlen wollte, oder ob er es für nützlich hielt, in den zwanziger Jahren irgendein Kofferschloß irgendwo anbinden zu lassen.

232 Zur Datierung: Annalen 1806. (Werke (1) *35*, S. 267), Mitteilungen A. v. Herders über den Erzgehalt verschieden streichender Gänge.

233 Vornotiz zu Nr. 295.

236 Zur Datierung: *BR. 40*, 262 (19. März 1826).

239 Der Schlußsatz erhält durch den Brief Eschweges in Nr. 135 eine Bestätigung. Die Notiz ist also vor Juli 1824 und nach August 1823 niedergeschrieben.

243 Vornotiz zu Nr. 151.

244 Zur Datierung: *BR. 38*, 47 (28. Febr. 1824) und Grüner (Batranek, Naturw. Corr. I, S. 142).

247 Hieran als Fortsetzung anschließend Nr. 42. Die in Nr. 247 abgedruckten Korrespondenzen sind mit einem entsprechenden „Stoßseufzer" auch in dem an Sternberg gerichteten *BR. 36*, 223 (12. Jan. 1823) enthalten.

250 Von den zwei Notizen, die sich auf französisches Zinn beziehen, Nr. 250 und Nr. 265, gehört die letztere dem Jahre 1820 an, und die darin genannten Fundorte kehren allein in den Soret gegebenen Aufträgen wieder (*BR. 37*, 53. — 5. Juni 1823). Also dürfte Nr. 250 damals vergessen gewesen und wesentlich älter sein. Da Goethe 1813 durch v. Trebra einen Brief C. de Laumonts erhielt (vom 29. Febr. 1813, *G.A.*) mit genauen Angaben über Zinnvorkommen im Dept. Haute Vienne, so ist es möglich, daß Nr. 250 das Resultat der daraufhin angestellten Erkundigungen enthält. Von solchen ist freilich nichts überliefert und die Franzosen mochten damals auch (nach v. Trebras Ausdruck) abweichend von Goethe „ganz andere als zinnerne Pferde zu reiten haben". (v. Trebra, 4. Dez. 1813, *G.A.*)

254 Zur Datierung: *BR.* 7028 (27. Febr. 1815).

258 Zur Datierung: *TB.* 4. Okt. 1820; *BR. 33*, 231 (20. Okt. 1820) und *BR. 34*, 43 (17. Dez. 1820).

[265] Die beiden Notizen „Wacken auf Eis transportiert" und „troggestalteter Sandstein" verweisen auf das Jahr 1820. Siehe Nr. 71 und *BR.* *32*, 212 (18. April 1820) sowie Nr. 202 und 250.

[273] Schon unter Nr. 61 abgedruckt. Zur Datierung: *TB.* 16. Febr. 1822.

[274] Auf demselben Blatt eine Mineralientabelle von J. C. W. Voigts Hand. Danach waren dessen Mineralogische Briefe aus Weimar damals soeben erschienen.

[275] Außer diesem gedruckten noch mehrere ungedruckte ähnlichen Inhalts im *G.A.* Sie gehören zu den Vorarbeiten zu Herders Ideen z. Phil. d. Gesch. d. Menschheit.

[276] In einem Faszikel „Fichtelberg, Böhmen, Sachsen", der zu den erwähnten „Granit und Generalia" (vgl. Nr. 191), „Mineralogie von Thüringen" (vgl. Nr. 85) gehört, gleichalt mit Katalog B der Sammlung.

[277] Zur Datierung: *TB.* 27. Dez. 1799; *BR.* 4238 (19. April 1800).

[278] Im Faszikel „Granit und Generalia" (vgl. Nr. 191), jedoch älter, da in Nr. 24 bereits verwertet.

[280] Auf demselben Bogen wie Nr. 216, wahrscheinlich mit im Zusammenhang von Vorarbeiten zu Herders Ideen studiert. Siehe Nr. 275.

[281] Ein ausführliches kritisches Referat von J. C. W. Voigt über dieses Buch (im Faszikel „Mineralogie von Thüringen") fixiert ungefähr die Zeit, zu der Goethe es kennen gelernt haben mag.

[282] Unvollständig schon unter Nr. 166 abgedruckt. Zur Datierung: *BR.* 6476 (6. Jan. 1813); Annalen 1813 (Werke (1) *36*, S. 84.

[283] „Bossi" ist ein Schreibfehler für „Brocchi". Goethe erhielt das Buch zweimal, im Juni 1817 (*TB.* 29. Juni 1817; Edling, 26. Juni 1817 (*G.A.*); *BR.* 7794, 2. Juli 1817) und im Mai 1818 (Cattaneo an Karl August, 2. Mai 1818), das erste Mal auf Befehl, das zweite Mal durch Vermittlung von Karl August. In dem Begleitbrief Cattaneos ist sehr viel von einem Künstler namens Bossi die Rede, nur am Schluß steht ein einziges Mal der Name Brocchi als des Autors der mitgesendeten Bücher. Daraus wäre obiger Schreibfehler zu verstehen und das Datum fixiert. Jedoch steht der Name Brocchi im Tagebuch mehrfach richtig geschrieben, u. a. auch am 21. Jan. 1818, also früher als der genannte Brief Cattaneos. Für Januar 1818 als Entstehungsdatum von Nr. 283 sprechen die Annalen (1) *36*, S. 139) und die letztgenannte Tagebuchstelle, besonders, da das Buch nach dem Januar im Tagebuch nicht wieder vorkommt; doch bleibt dann oben erwähnter Schreibfehler unerklärt.

[287] Zur Datierung: *BR.* *41*, 142 (19. Sept. 1826).

[289] Zur Datierung: *TB.* 16. Dez. 1817.

[291] Zur Datierung: Der Weimarer Bibliothek entliehen am 12. Okt. 1813.

[294] Zur Datierung: *TB.* 16. Dez. 1828.

[295] Fehlt in der *W.A.* Das Manuskript im *G.A.* Gedruckt bei Biedermann, Goethe und das sächsische Erzgebürge, 1877, S. 80ff.

[296] Fehlt in der *W.A.* Gedruckt: Leonhard, Taschenbuch für die gesamte Mineralogie, X. Abt. 1. S. 300. 1816.

II. Goethes Sammlungen zur Mineralogie und Geologie.

Über den geologisch-mineralogischen Sammlungen Goethes haben zum Teil sehr ungünstige Sterne gewaltet. Im Vorraum des Arbeitszimmers befanden sich die mineralogisch-systematischen Sammlungen, einige kleinere geognostische Suiten und verschiedene Eingänge aus Goethes letzten Lebensjahren; diese haben meist, außer durch Staub und unvermeidliche Verwitterung, keinen Schaden gelitten. Die Hauptmasse der geognostischen Suiten und die Petrefaktensammlung waren ursprünglich in den Gartenpavillons aufgestellt, mußten, als diese baufällig wurden, vorläufig im Untergeschoß des Hintergebäudes, im einstigen — leider durchfeuchteten und dumpfigen — Pferdestall vorübergehend untergebracht werden und hatten dabei die ganze Kraft zerstörender Umstände, besonders eine arge Verwirrung der Anordnung infolge Umzugsmißgeschick zu erfahren. Auf diesen Teil der Sammlung paßte nur allzusehr die Beschreibung, die Goethe bei Übernahme der Büttnerschen Bibliothek von deren Zustand gab.[1]

Die weitaus meisten Stufen waren lose und ohne irgendwelche Bezeichnung in die Schubkästen gelegt; bei einer Anzahl verwiesen aufgeklebte Nummern auf Listenverzeichnisse und ganz wenigen waren Etiketten beigegeben gewesen, diese aber infolge eingerissener Unordnung stets von den zugehörigen Stufen getrennt worden. Den nächsten Anhaltspunkt zur Wiederherstellung der Ordnung boten die bei einer früheren Inventaraufnahme jeder Schieblade eingelegten Zettel, auf welchen die darin enthaltenen Nummern des gedruckten, sog. Schuchardschen Inventars[2] verzeichnet waren. Mit Hilfe der Diagnosen in diesem Verzeichnis war in der Regel eine sichere Identifizierung möglich; erwies sich dieses Hilfsmittel unzureichend, was fast ausnahmslos der Fall war bei den lose auf Schränken, Borten und Vitrinen aufgestellten Stufen, so konnten nur ganz besonders markante oder irgendwie markierte Stücke identifiziert werden. Hier erklärte sich, bei rein äußerlich hergestellter Ordnung, eigentlich nur die innere Unordnung in Permanenz.

Dieses Schuchardsche Inventar erwies sich aber bald als lückenhaft und unzuverlässig. Es behandelt manches bis zur Unkenntlichkeit summarisch und leider vielfach gerade solches, was für das Verständnis von Goethes geologischen Anschauungen besonders wichtig ist.[3] Auch werden zuweilen Stücke aufgeführt, die schon zu Goethes Zeiten nicht mehr an der betreffenden Stelle standen,[4] oder auch einfach ein Verzeichnis abgedruckt, das sich auf eine analoge Sammlung bezog, aber auf die vorliegende nur in den gröbsten Zügen paßte.[5]

Außerdem gibt das Schuchardsche Inventar vielfach Beschreibungen, die mit Goethes Ansichten in Widerspruch stehen. So sind z. B. im mineralogischen System in der Abteilung „Antimon“ zahlreiche Pyrolusite aufgestellt,[6] umgekehrt unter „Mangan“ verschiedene Antimonite,[7] die offenbar infolge von Bestimmungsirrtümern diesen Platz gefunden haben. Im gedruckten Katalog ist die richtige Bestimmung eingesetzt. Ferner sind die Kristallformen angegeben, und zwar mit den Naumannschen Symbolen, Angaben, die sicher nicht von Goethe oder von Soret, der allein als kristallographischer Berater genannt wird,[8] herrühren, da Goethe unbedingt ablehnte, von der Zeichen- und Zahlensprache Naumanns auch nur Kenntnis zu nehmen,[9] während Soret sich der Hauyschen Bezeichnungsweise bediente.[10] Schließlich zeigt das im *G.N.M.* aufbewahrte Manuskript dieses Katalogs, daß in ihm nicht das Verzeichnis einer lebenden, noch fortgeführten Sammlung vorliegt, sondern die Blätter sind fortlaufend beschrieben, ohne Raum zur Einschaltung von Neuerwerbungen, bilden also das Inventar einer toten, abgeschlossenen Sammlung. Nur das Vorwort und einige durch summarische Aufzählung besonders hervorstechende Abschnitte sind von Schuchard geschrieben, manches ist von Kanzlistenhand aus älteren Listen kopiert, der Rest offenbar von einem, im übrigen nicht bekannten Fachmann verfaßt. Dieser hat außerdem häufig einen Taxwert der Stufen beigesetzt, so daß man in Ermangelung bestimmter Anhaltspunkte vermuten darf, dieses Inventar sei erst 1834/35 im Auftrag der Vormundschaft oder 1842/43, gelegentlich der Verhandlungen über den Ankauf der Sammlungen durch den deutschen Bund angefertigt.[11] Dem Verfasser müssen die — jetzt verschwundenen oder doch nicht wiedergefundenen — lebenden Inventare noch vorgelegen haben, weil ohne sie die Abfassung eines posthumen Katalogs mit so genauen Fundortsangaben unmöglich gewesen wäre.[12]

Eine vollständige Durcharbeitung und Bestimmung des gesammelten Materials nach heutigen Ansichten war schon aus äußeren Gründen undurchführbar und wäre zudem in einigen Jahrzehnten wahrscheinlich ebenso veraltet gewesen, als es jetzt die in den dreißiger oder vierziger Jahren geschehene ist. Auch hat Goethe selbst die Richtlinien bezeichnet, nach welchen eine Sammlung von vorwiegend wissenschaftsgeschichtlichem Wert zu behandeln ist:[13] sie muß, wie damals die vulkanistisch geordnete Sammlung J. C. W. Voigts, die für die Jenaische mineralogische Gesellschaft angekauft wurde, nach historischen Gesichtspunkten, d. h. im ganzen und im einzelnen, in Anordnung und Bezeichnungsweise nach den Anschauungen der Entstehungszeit aufgestellt bleiben. Sollte die Sammlung oder ein Teil von ihr einmal im Rahmen moderner Untersuchungen verwendet werden, so müßte doch ein jeder selbst die Stufen entsprechend den zu seiner Zeit modernen Gesichtspunkten und nach seinen eigenen Anschauungen durchbestimmen.

Die lückenhafte Überlieferung der alten Kataloge ließ jedoch die Emanzipation vom Schuchardschen Inventar verhältnismäßig selten gelingen, nur dann, wenn entweder für selbständige Sammlungsteile noch die Originallisten vorhanden waren, oder wenn die Stufen etikettiert oder schließlich „signiert“ waren, d. h. durch aufgeklebte Etiketten auf die Listennummern einer älteren und wieder aufgelösten Gruppierung verwiesen. Übrigens plante Goethe selbst eine durchgehende Etikettierung und ließ dazu Formulare drucken. Doch kam die Ausführung sehr bald ins Stocken; nur z. T. sind die Formulare den Stufen beigelegt und auch diese sind nur selten beschrieben. Jetzt ist die Etikettierung allgemein geschehen, und zwar in der Art, daß die Benennung der Stufe stets der ältesten zugänglichen Quelle entnommen wurde. Ebenso sind, was Goethe nur teilweise für nötig gehalten hatte, die Stufen zur Vermeidung abermaligen Durcheinanderrollens in Kästchen gelegt. Außerdem wurde ein ausführliches Inventar hergestellt, und da der Druck aus verschiedenen Gründen vermeidlich schien, handschriftlich im Goethe-National-Museum niedergelegt.

Dabei wurden zunächst die Sammlungsschränke fortlaufend numeriert (I—XVIII) und die nicht in den eigentlichen Sammlungsräumen befindlichen Stufen als „Anhang“ zusammengefaßt. Für jeden Schrank wurden die Schiebladen besonders gezählt (z. B. **1—24**) und in jeder Schieblade in gleicher Weise die Schachteln (z. B. 1—12), so daß die Bezeichnung einer Inventarnummer durch drei Ziffern (z. B. II, **3**, 11) erfolgt. Die Borte und Vitrinen wurden durch Buchstaben bezeichnet, ebenso die verschiedenen Aufbewahrungsorte des zum „Anhang“ Gestellten (z. B. III, **A**, 4 oder Anhang **B**, 2).

Das Inventar gibt zunächst eine Aufzählung der Stufen nach der Reihenfolge der Aufstellung, dann eine Übersicht der handschriftlichen und sonstigen Quellen, ferner eine Übersicht über die der gegenwärtigen und einigen älteren Aufstellungen zugrunde liegenden Systeme; weiterhin eine Aufzählung der Stufen nach Fundorten, diese mit Ausschluß der Petrefaktensammlung, für welche solche Behandlung zwecklos schien, und schließlich eine Zusammenstellung der in Goethes Schriften, den an ihn gelangten Briefen oder sonst erwähnten Sammlungsstufen in chronologischer Anordnung und möglichst mit Angabe der zugehörigen Nummer des heutigen Inventars. Letztere wurde freilich nur im Fall gesicherter Erkennbarkeit vermerkt, mußte also meist ausfallen.

Die Inventareinrichtung, die sich in diesem Fall als sinngemäß ergab und in ähnlichen wahrscheinlich auch anwendbar sein dürfte, ist aus den beigegebenen Proben zu ersehen. (Anlage A.)

Ebenso werden bezüglich des Inhalts Proben genügen in Gestalt einer allgemeinen Übersicht der Einteilung, mit Hervorhebung dessen, was vermutlich noch am ehesten in irgendeiner Weise als Material für anderweitige Untersuchungen Wert besitzen könnte. (Anlage B.)

Anmerkungen.

[1] *BR.* 4474 an C. G. Voigt, 22. Jan. 1802.

[2] Goethes Sammlungen. III. Mineralogische und andere naturwissenschaftliche Sammlungen. Jena 1849.

[3] Harzsuite: Sammlung XIII, 1ff. Schuchard, S. 253.
Fichtelbergsuite: Sammlung XIV, **22**. Schuchard, S. 262.

[4] In der Thüringer Suite (Sammlung. XI, 1ff. Schuchard, S. 219ff.

[5] Karlsbader Sammlung: Sammlung XIII, **13—15**. Schuchard, S. 253ff.

[6] Vgl. Sammlung II, **22**, und Schuchard, S. 85, Nr. 2097—2109.

[7] Vgl. Sammlung II, **11**, und Schuchard, S. 74f., Nr. 1829—1861.

[8] *BR. 38,* 23 an Ottilie v. Goethe, 26.—30. Jan. 1824 und vielfach sonst.

[9] *BR. 40,* 213 an Naumann, 24. Jan. 1826.

[10] Soret, Catalogue raisonné des variétés d'amphibole et de pyroxène, provenant du Wolfsberg en Bohême. In Goethe, Zur Naturwissenschaft, Bd. II, 1824. Etiketten von Sorets Hand sind zahlreich in der Sammlung vorhanden. Sie enthalten aber niemals eine Kristallbestimmung.

[11] Schütte, Das Goethe-National-Museum in Weimar, 1910, S. 13.

[12] Bei Erzen ist sehr oft die Grube genannt.

[13] *BR.* 5888 und 5890 an C. G. Voigt, 10. und 14. Jan. 1810.

Anlage A.

Textproben aus dem handschriftlichen Inventar.

Erster Teil.

Aufzählung der Stufen in der Reihenfolge der überlieferten Aufstellung. — Schrank II.

Schieblade	Schachtel	Bezeichnungsart	Name und Fundort	Bemerkungen
1			(Aufschrift): Platina, Gold, Quecksilber.	
	1	unbez.	[Gold (Kotrynza) von Vérespatak in Siebenbürgen.] Kat. D. II. 1402.	
	2	etik.	Reines Gold von der Insel Aruba bei Curaçao. Vom Prediger Borsch aus Curaçao dem G-e B. gegeben und von diesem Sr. Exzellenz v. Goethe als ein schwacher Beweis seiner innigsten Verehrung angeboten.	Ein Nugget und einiges Waschgold.
	3	unbez.	[Gold in Quarz (durch Feuer auf die Oberfläche getrieben) aus Armentières in der Dauphiné.] Kat. D. II. 1404.	5 Bruchstücke. Siehe Kat. A. Nr. 90b.
	4	sign.	90a. Gediegen Gold in Quarz aus Schemnitz in Ungarn. Kat. A.	
	5	unbez.	[Gold in Quarz mit Eisenkies und Amphibol aus Arabien.] Kat. D. II. 1406.	Siehe Kat. A. Nr. 90c. Angekauft 1783 von Jordan in Braunschweig.
	6	etik.	1. Eine Goldstufe aus Voeroespatak in Siebenbürgen.	
	7	sign.	90. Gediegen Gold in kristallisiertem, bläulichweißem Quarz aus Altsohl in Ungarn. Kat. A.	
	8	sign.	90e. Gediegen Gold mit Quarz in Eisenstein aus Beresofsk. Kat. A.	
	9	etik.	Goldreicher Kies mit Quarz und Gneis aus Ungarn	

Anlage A (Fortsetzung).

Zweiter Teil.

III. Inhalt der mineralogisch-geologischen Sammlungen (Schrank I—XV, XVIII), geordnet nach Fundorten.

Ort	Name	Inventar-Nr.	Bemerkungen
Dalherda	Basalt	X, **11**, 4.	Systematische Samml. Kat. A. 1783.
Fulda	Hornblendekristalle aus Basalt	I, **4**, 8; **23**, 7, 8.	I, **4**, 8. Systematische Samml. Kat. A. 1783.
(Fuldisches Gebiet)	Basalt	VIII, **24**, 12—14 X, **7**, 17; **8**, 3, 10.	X, **8**, 3, 10. Systematische Samml. Kat. A. 1783.
Vogelsberg	Ton aus den Basalten	IV, **18**, 26.	
Langenpreiß bei Gießen	Basalt	X, **11**, 37, 51.	Systematische Samml. Kat. A. 1783.
Grünberg am Vogelsberg	Traß	IV, **22**, 24.	Weilburg-Suite 1785.
Büdingen	Gefritteter Sandstein aus der Nähe des Basalts	X, **1**, 2.	Erhalten von Leonhard (Etikette). *BR. 42*, 50; *TB*. 13. Dez. 1826. Leonhard, 2. Dez. 1826; 5. März 1827. (Batranek, Naturw. Corr. I. S. 298, 299.)
Kleinostheim	Weißstein, Opaljaspis, Chalcedon aus der Nähe des Basalts	XV, **8**, 15.	Sendung Windischmann mit Brief vom 7. Juli 1815.
	Hyalit auf Basalt	XV, **9**, 6.	Sendung Windischmann mit Brief vom 7. Juli 1815.

IV. Chronologische Übersicht der auf die Sammlungen bezüglichen Stellen in Goethes Schriften und den an ihn gerichteten Briefen.

Jahr	Goethes Tagebücher	Goethes Briefe	Sonstiges	Gegenstand	Nachweisungen
1823	—	—	24. III. Soret (Gespräche).	Künstliche Edelsteine aus der Fabrik Dumas Raisin in Genf.	—
	—	—	4. IV. Berzelius (Naturwiss. Corr. I. 36ff.).	Übersendet: Fer titané von Egersund	II, **27**, 11, 18 (siehe 3. I. 1823 und 16., 19. VI. 1823)
				Sphène von Haistorp.	II, **27**, 14, 19
				Craitonit von Bisperg.	II, **27**, 15
				Rutil von Käringbricka.	II, **27**, 16
				Selenkupfer.	II, **27**, 20
				Pyrosmalit von Nordmark.	—
				Tantalit von Finbo.	—
	—	23. IV. Nr. *37*, 24 an Leonhard.	10. IV. Leonhard.	Übersendet: Nephelin in Dolerit, Katzenbuckel.	I, **44**, 31.
			1. V. Leonhard (Naturwiss. Corr. I. 285,286)	Trachyt, Mt. Dore.	I, **58**, 4.
				Trachytartiger Porphyr.	—
				Domit.	I, **58**, 2, 3.
	—	30. IV. an Karl August (Briefwechsel II, 216)	1. V. Karl August (Briefwechsel II, 217).	Facettierter Bernstein aus dem Schanzenkies.	—
	13. V.	—	—	Mineralogisches und Geologisches mit Soret.	—
	—	13. V. Nr. *37*, 36 an Grüner	Geolog. Schr. Nr. 129.	Anthracit mit gediegenem Silber.	—
	25. V.	—	23. V. Mahr (*G.A.*).	Angebl. Schilfwurzel v. Kammerberg.	—
	—	5. VI. Nr. *37*, 53 an Soret	—	Zur Besorgung aufgegeben: Gebirgsarten der Auvergne, Zinnstufen von Vautry und Piriac.	—

Anlage B.

Übersicht über Aufstellung und Inhalt der Sammlungen.

I. Systematische Sammlungen.

1. Mineralien. (Vorraum des Arbeitszimmers.)
   Schränke I, **1—43**; II, **1—31**.

   a) Erdartige Mineralien. I, **1—43**.
   Edelsteine (Diamant-, Zirkon-, Augit-, Granat-, Spinell-, Saphir-, Beryll- und Turmalingruppe) I, **1—4**.
   Kiesel (Quarz-, Opal- und Obsidiangruppe) I, **5—15**.
   Zeolith I, **16**.
   Tonartige (Feldspat-, Ton-, Glimmer-, Basaltgruppe) I, **17—24**.
   Talkartige (Talk-, Asbest-, Strahlsteingruppe) I, **25—28**.
   Kalkartige I, **29—37**.
   Barytartige I, **38—39**.
   Strontianartige I, **40—41**.
   Kryolithartige I, **42—43**.

   b) Metalle II, **1—28**.
   Gold, Quecksilber, Silber II, **1—4**.
   Kupfer, Eisen, Mangan II, **5—11**.
   Blei, Zink, Zinn II, **12—16**.
   Kobalt, Nickel, Wismut, Arsen, Antimon II, **18—22**.
   Tellur, Molybdän und Graphit, Uran, Wolfram, Titan, Selen, Chrom II, **23—28**.

   c) Salze. —

   d) Brenze (Schwefel, Bernstein, Kohle und Verwandtes) II, **31**.

2. Gesteine. (Gartenhaus.)
   Schränke VIII und X.
   Einteilung siehe S. 43.

3. Geschliffene Gesteine. (Gartenhaus.)
   Schrank XVIII.
   Hervorzuheben: Italienische, antike Marmore u. a. antike Gesteine mit den italienischen Steinmetzbenennungen XVIII, **1—12**.

4. Zinnformation. (Vorraum des Arbeitszimmers.)
   Schrank IV, **1—12**.
   (Schlaggenwald, Altenberg, Zinnwald, Johann-Georgenstadt, Ehrenfriedersdorf und andere Fundorte im sächsisch-böhmischen Erzgebirge; Cornwall. Hierzu ferner: Guanaxuato II, **16**, 8—9.)

5. Paläozoologie und Paläobotanik. (Gartenhaus.)
   Schrank XVI, XVII.
   Hervorzuheben: Wirbeltiere aus dem Weimarer Diluvium, meist ohne genaue Fundortangabe, XVI **A, B, L**; **1, 2, 4—7** u. a.

II. Sammlungen zur regionalen Geologie.

(Geologische Suitensammlungen.)

Schrank III, **16—17**; IV, **13—24**. (Vorraum des Arbeitszimmers.)

Schrank VII, IX, XI—XIV, XV, **1—41**. (Gartenhaus.)

Hervorzuheben:

Geogn. Suite von Kursachsen, zusammengestellt von Charpentier, erworben 1780. XII, **1—4**.

Geogn. Suite des weimarischen Landes, gesammelt von J. C. W. Voigt 1780/81. X, **1—10, 13—21**.

Gebirgsarten des Harzes, gesammelt von Goethe 1783/84. XIII, **1—9**. (Anschließend XIII, **10** wohlkristallisierte Harzmineralien ohne nähere Fundortangabe.)

Gebirgsarten des Fichtelgebirges, von Goethe gesammelt 1785. XIV, **10—12**.

Geogn. Suite aus dem Weilburgischen, gesammelt von ? 1785. IV, **22**.

Sammlungen Goethes auf der italienischen Reise 1786/88. XV, **25—31**.

Geogn. Suite aus Hessen-Darmstadt, gesammelt von Klipstein 1789. IV, **18**.

Karlsbader Sammlung (sog. Müllerische Suite). XIII, **13—15**; XIV, **12—23**.

Vorkommen des Egeran von Haslau bei Eger. VII, **4—5, 8, 9**.

Marienbader Sammlung Goethes, angelegt 1822, 1823. XIV, **1—6**.

Silbervorkommen bei Sangerberg; erworben 1824. XIV, **7—8**.

Amphibol und Pyroxen vom Wolfsberg bei Tscherloschin, gesammelt 1823. VII, **1—3, 6, 7, 10**; XVI, K, 14.

III. Eingänge (nicht eingeordnet).

Schrank I, **44—60**; II, G; III, **1—15, 18—24**. (Vorraum des Arbeitszimmers.)

Schrank VI. (Treppenflur des Mansardenstockwerks.)

Hervorzuheben sind:

Mineralsuite aus der Umgegend von Arendal, erhalten 1828. III, **1—6**.

Russische und sibirische Mineralien, ausgesuchte Kristalle, in Lederkassette, erhalten von Loder 1828. II, G.

Gangsuite aus Freiberg, mit einem Abriß der Lagerstättenlehre von A. v. Herder als Beschreibung (diese gedruckt in: Goethes Sammlungen III, S. 112ff.). VI, **6—16**.

IV. Doubletten und Zurückgestelltes.

Schrank II, **32—36**. (Vorraum des Arbeitszimmers.)

Schrank XV, **42—48**; XVI, C, K. (Gartenhäuser.)

Reicher vertretene Vorkommen, die über die Sammlung verteilt sind, u. a.:

Kobalt- und Kupfererze aus der Gegend von Eisenach, Camsdorf und Könitz (meist kleine Stücke, mit Angabe der Grube).

Mangan- und Kupfererze aus der Gegend von Ilmenau.

Cölestin aus dem Muschelkalk von Jena und Umgegend.

Zinnober aus der Pfalz, meist mit Angabe der Grube.

Kupferlasur (Knottenerz) von Chessy bei Lyon.

Grani

Aus der Sammlung von Belege

Nach Anweisung Goetl

Oker.
mäßigkeit der Felszerklüftung.
net von Krause 1784.

Kolibri 360 GmbH
Ferdinand-Jühlke-Straße 7
99095 Erfurt, Deutschland
produktsicherheit@kolibri360.de